I0047227

*Adolf Erik Nordenskjöld*

# Die schwedischen Expeditionen nach Spitzbergen und Bären-Eiland

*ausgeführt in den Jahren 1861, 1864 und 1868*

Verlag
der
Wissenschaften

*Adolf Erik Nordenskjöld*

**Die schwedischen Expeditionen nach Spitzbergen und Bären-Eiland**

*ausgeführt in den Jahren 1861, 1864 und 1868*

*ISBN/EAN: 9783957002112*

*Auflage: 1*

*Erscheinungsjahr: 2014*

*Erscheinungsort: Norderstedt, Deutschland*

Hergestellt in Europa, USA, Kanada, Australien, Japan
Verlag der Wissenschaften in Hansebooks GmbH, Norderstedt

*Cover: Foto ©Birgit Winter / pixelio.de*

# Die schwedischen Expeditionen

nach

# Spitzbergen und Bären-Eiland

ausgeführt

in den Jahren 1861, 1864 und 1868

unter Leitung

von

O. Torell und A. E. Nordenskiöld.

Aus dem Schwedischen übersetzt

von

L. Passarge.

Nebst 9 großen Ansichten in Tondruck, 27 Illustrationen in Holzschnitt und einer Karte von Spitzbergen in Farbendruck.

Neue Ausgabe.

---

Gera,
C. B. Griesbach's Verlag.
1874.

Walrosse.

# Inhalt.

## I. Expedition von 1861 unter Torell's Leitung.

### Erstes Kapitel.

### Von Tromsö bis Bären-Eiland.

Seite



### Zweites Kapitel.

### Bären-Eiland und Spitzbergen.



### Drittes Kapitel.

### Die Nordküste von Spitzbergen.

Seite

## Siebentes Kapitel.

### Torell's und Nordenskiöld's erste Bootfahrt.



## Achtes Kapitel.

### Chydenius' Bootexcursion.



## Neuntes Kapitel.

### Torell's und Nordenskiöld's zweite Bootfahrt.



## Zehntes Kapitel.

### Chydenius' zweite Bootfahrt.

Seite

Zweites Kapitel.

## Bären-Eiland.



Drittes Kapitel.

## Fahrt nach Spitzbergen. — Der Eisfjord.



Viertes Kapitel.

## Der Eisfjord.



Fünftes Kapitel.

## Der Bell- und Hornsund.



Sechstes Kapitel.

## Der Storfjord.

# Verzeichniss der Illustrationen.

**1. Grössere.**



**2. In den Text gedruckte.**

1861.

# Erstes Kapitel.

**Abreise von Tromsö zur Karlsö. — Man ankert daselbst. — Ursprung, Entwicklung, Plan und Ausrüstung der Expedition; Verhältnisse der Theilnehmer und Vertheilung der Arbeiten. — Fahrt von Norwegen nach Bären-Eiland.**

Selten ist wohl dem Momente der Abreise mit einer solchen Ungeduld entgegengesehen worden, als von den Theilnehmern der schwedischen Expedition nach Spitzbergen, welche sich den 15. April 1861 in der größten und vornehmsten Stadt des nördlichen Finmarken vollzählig eingefunden hatten. Die Freundlichkeit und die Gastfreiheit, welche man uns in so reichem Maße zu Theil werden ließ, trugen zwar dazu bei, den Gang der Zeit angenehm zu beschleunigen; aber trotzdem beschäftigte uns fortwährend der Gedanke an die kostbare Zeit, die verloren ging, und die Vorstellung, daß eine Thätigkeit in viel nördlicheren Gegenden vielleicht schon lange möglich wäre. Allerlei Hindernisse stellten sich unserer Abreise entgegen, vor allen die Natur selbst. Der Wind wehte nämlich vom Meere her, aus Norden und Nordosten, andauernd heftig, oft von Nebel und Schnee begleitet. Kamen wir auch glücklich aus der wirren und blos von engen Sunden durchschnittenen Schärenflur Tromsö's, so war dennoch nichts gewonnen; denn die norwegischen für die Fahrten nach Spitzbergen gebauten Schiffe, zu denen auch unsere beiden Fahrzeuge gehörten, sind überhaupt schlechte Segler, und ein Laviren — wenn bei dem stürmischen Wetter möglich — hätte uns nur sehr langsam nach Norden weiter gebracht. Auch andere Fahrzeuge, welche für den Fang in den spitzbergischen Gewässern ausgerüstet waren, wurden seit Wochen von diesem Nordwind im Kvalsund zurückgehalten, wohin die

Westfahrt von Tromsö geht, so daß sie es nicht wagten die Anker zu lichten und ihr Glück auf dem Meere zu versuchen.

Obwohl der Wind fortwährend conträr war, schlug doch endlich am 7. Mai, nach dreiwöchentlichem Warten, die Stunde der Abreise. Capitän Lysholm, Befehlshaber auf einem zur norwegischen Marine gehörigen Dampfboote, kam unseren Wünschen freundlich entgegen und erbot sich unser Fahrzeug bis in die äußere Schärenflur zu bugsiren. Da der Dampfer Aegir die Verbindung auf der langen Küstenstrecke zwischen Drontheim und Hammerfest unterhielt und sich eben auf dem Wege nach Norden befand, so konnte unser Fahrzeug, ohne daß der Cours des Dampfbootes geändert zu werden brauchte, ein gutes Stück nordwärts durch die Schärenflur bis zu einem geeigneten Ankerplatze bugsirt werden, von wo aus wir bei günstigem Winde leicht in See stechen konnten. Dadurch erhielten wir vor den im Kvalsund liegenden Spitzbergenfahrern den Vortheil: wir befanden uns nördlicher, konnten leichter in die offene See gelangen und durften daher hoffen, unser Ziel zeitiger zu erreichen, das heißt so zeitig als es in diesem Jahre überhaupt gestattet war das Feld unserer Thätigkeit zu betreten.

Unsere in Tromsö geheuerten und ausgerüsteten Fahrzeuge, der Schoner Aeolus und die Slupe Magdalena wurden, gemäß Verabredung, am 7. Mai Mittags zwölf Uhr vom Aegir in's Schlepptau genommen. Magdalena war schon früher am Aegir mit Tauen befestigt worden. Aeolus aber, welcher ein Stück draußen im Hafen dem Fahrwasser näher lag, warf erst bei der Vorbeifahrt dem Dampfer sein Kabel zu. Das erste riß sofort, wurde aber durch ein anderes vom Aegir ersetzt. Den dadurch entstandenen Aufenthalt von wenigen Minuten benutzten wir, um noch einmal dem freundlichen Tromsö und den zahlreich am Ufer versammelten Menschen Lebewohl zu sagen. Dann führte uns die Kraft des Dampfes weiter, hinaus durch den Tromsösund.

Tromsö verschwand bald unseren Blicken. Die Stadt liegt in 69° 39′ 12″ nördlicher Breite und 18° 57′ 40″ östlicher Länge*), auf der Ostseite der gleichnamigen Insel, in anmuthiger Lage. In der malerischen Umgebung zieht besonders der hohe Tromsdalberg auf der andern Seite des Tromsösundes durch seine imposante Gestalt und ansehnliche Höhe (zwischen 4 und

*) Hier wie später immer von Greenwich gerechnet.

5,000 Fuß) die Aufmerksamkeit auf sich. Die Stadt, welche in den letzten Decennien sehr in die Höhe gekommen sein soll, ist der Sitz eines Amtmanns, schickt seit 1842 einen Deputirten zum Storthing und erhebt daher den Anspruch Finmarkens Hauptstadt zu sein. Sie treibt einen nicht unerheblichen Handel, und ist einer der wenigen Plätze, wo Schiffe für die Jagd und den Fischfang in den spitzbergischen Gewässern ausgerüstet werden. Die drei übrigen Städte im Amte: Hammerfest, Vardö und Vadsö liegen zwar noch etwas nördlicher, aber Tromsö ist immerhin einer der nördlichsten Punkte auf der Erdkugel, wohin das Licht der Civilisation gedrungen. Unter allen Umständen mußte dieser Ort den Theilnehmern an der Expedition von Interesse sein, als der Ausgangspunkt ihrer Reise in die unbewohnten Gefilde des hohen Nordens.

Die Fahrt ging erst durch den Tromsösund, später durch den südlichen Theil des Grötsundes und den langen, engen Langesund. Das Wetter war schön und klar; der Wind nördlich, doch schwach. Auf beiden Seiten erschienen schöne Aussichten und Bilder, in jenem ernsten und würdevollen Charakter, welchen die norwegische Küste überall zur Schau trägt. Noch war das Land mit Schnee bedeckt. Nur hier und da zeigten sich ein paar bloße Stellen, wenn man die in's Meer senkrecht abfallenden Felswände ausnimmt, welche immer schneefrei bleiben. Das Auge weilte bewundernd bei den starken Contrasten: den starren Felsen, den weichen Formen des Schnees und der fast spiegelglatten Wasserfläche, welche dieser ganzen Natur einen so eigenthümlichen ernsten Ausdruck verleiht.

Am Abend um 7 Uhr kamen wir zur Karlsö, wo das Dampfboot anlegen und das Bugsiren aufhören sollte. Die Taue wurden gelöst und die Anker ausgeworfen; vom Aeolus bei acht Faden Tiefe in der Nähe der Karlsö, von der Magdalena bei zwölf Faden Tiefe weiter draußen im Sunde, zwischen der Karlsö und Reenö, fast genau gegenüber der Kirche auf der ersteren Insel. Der Wind, der wieder an Stärke zugenommen und nach Nordosten gegangen, sowie die Erklärung des Lootsen, daß an eine Fahrt durch das noch übrige Band der Schärenflur unter diesen Umständen nicht zu denken, zwangen uns unsere Ungeduld zu zügeln und hier noch einige Zeit zu verweilen. Diesen unfreiwilligen Aufenthalt können wir zu einem Blick auf die Entstehung, die weitere Entwickelung und die Organisation der Expedition benutzen. Auch wird es natürlich sein, wenn wir vor unserer Weiterreise eine wenigstens oberflächliche Bekanntschaft mit den Männern machen, deren Wirksamkeit und Abenteuer wir später schildern werden.

Wie lebhaft während der letzten Jahrhunderte die Blicke der Forscher nach dem hohen Norden gerichtet waren, mit welcher Beharrlichkeit die Gedanken und die Interessen der Menschen sich namentlich den amerikanischen arktischen Regionen zugewendet, ist noch in gutem Angedenken. England, Amerika, Frankreich, sie rüsteten alle eine Reihe von Expeditionen „nach dem Nordpol" aus, ebenso Dänemark, welches im Laufe der Zeit aus seiner Colonie Grönland Schätze und reiche wissenschaftliche Resultate heimbrachte. Mittlerweile machten sich die Folgen einer Entdeckung geltend, durch welche die Natur des hohen Nordens eine besondere Bedeutung für Skandinavien erhielt, ich meine die Entdeckung einer Eiszeit, jene geologische Periode, da ein großer Theil der nördlichen Hemisphäre sich in demselben Zustande wie noch jetzt Grönland befand: bedeckt mit einer ungeheuren Eismasse, worauf sie, bald sich hebend, bald sich senkend, erhebliche klimatische Veränderungen erfuhr, bis die gegenwärtigen Verhältnisse eintraten. Es war der Schotte Playfair, der Norweger Esmarck, die Schweizer Venetz und Charpentier, welche zuerst dieses wichtige geologische Factum erkannten, das durch die späteren Arbeiten vieler Forscher so sicher begründet worden. Otto Torell beschloß alle einschlagenden Verhältnisse zu studiren, für Schwedens Museen reichlichstes Material zu sammeln, und damit zu beginnen, daß er sich selbst mit der Natur des hohen Nordens bekannt mache. So besuchte er unter Begleitung des Magister Olsson Gadde im Jahre 1857 Island. Drei Monate lang durchkreuzte er diese Insel, studirte auf mühe- und gefahrvollen Wanderungen die Gletscherphänomene und sammelte an den Küsten eine große Menge von Seethieren. Im Jahre 1858 war er, schon im Mai, zusammen mit Professor Nordenskiöld, in Hammerfest, um nach Spitzbergen zu reisen. Während dritthalb Monaten wurden auf der westlichen Seite Hornsund, Bellsund, der Isfjord, Amsterdam-Eiland, Cloven Cliff (79° 51' nördl. Br.) besucht, überall reiche Beobachtungen gemacht und Sammlungen angelegt, sowohl auf dem Gebiete der Zoologie, als auch der Botanik und Geologie. Im folgenden Jahre, Ende

Mai 1859, befand sich Torell auf einem Fahrzeug der Königl. Grönländischen Handelsgesellschaft in Kopenhagen, unter Führung des Capitäns Ammondsen, auf dem Wege nach Grönland, wo Egedes Minde den zehnten Juli erreicht und darauf Godhavn, Omenak und Upernavik, die nördlichste der Colonien besucht wurde. Auch hier konnte Torell sich wichtige Resultate zu eigen machen. Es glückte ihm, das Binnen-Eisplateau Grönlands zu besteigen, welches — ein unermeßlicher Gletscher — das Land bedeckt; auch untersuchte er an der Küste den Meeresboden bis auf 280 Faden Tiefe mit dem Schleppnetz. Von allen diesen Fahrten kehrte Torell mit reichen Sammlungen zurück. Dazu hatte er seine Erfahrung bereichert und gelernt, wie man diese Regionen zu bereisen habe.

Ein solcher Eifer, eine solche aufopfernde Hingebung für des Vaterlandes wissenschaftliche Ehre mußte nothwendig das allgemeine Interesse erregen. Die Reichsstände bewilligten zur Förderung der wissenschaftlichen Expedition nach dem Eismeere, welche Torell in Gemeinschaft mit anderen Naturforschern zu unternehmen beabsichtigte, 8,000 Reichsthaler*). Aber der Staatsausschuß, welcher während der Verhandlungen von dem erweiterten Plane Kenntniß erhalten hatte, war der Ansicht, daß die erbetene Staatsunterstützung nicht genüge, um alle zu einer solchen Reise erforderlichen Ausgaben zu decken. Damit war aber wenigstens für das Unternehmen die Bahn gebrochen. Es hatte im Sommer desselben Jahres ausgeführt werden sollen, aber eine kostbare Zeit war verloren gegangen, und es blieb nichts übrig, als es auf das folgende Jahr zu verschieben. Mittlerweile war Torell eifrig bestrebt, Alles vorzubereiten. Er begab sich nach Kopenhagen und London. Der in allen Eismeerfahrten erprobte dänische Polarfahrer Karl Petersen, dessen Name jedem Leser von Parry's, Kane's, Hayes' und M'Clintock's kühnen Fahrten bekannt ist, erklärte sich bereit, an dem Unternehmen Theil zu nehmen und bei der Ausrüstung thätig zu sein. Capitän Ammondsen übernahm es, von Grönland Schlittenhunde und Anderes zu besorgen. In London erregte sein Plan das lebhafteste Interesse der berühmten Nordpolfahrer, Sir Leopold M'Clintock's und Capitän Sherard Osborne's, sowie Sir Roderic Murchison's, Präsidenten der Geographischen Gesellschaft.

---

*) 1 Reichsthaler = 11 Silbergroschen 3 Pfennigen.

In der zweiten Hälfte des Sommers 1860 besuchte Torell Norwegen, wo er sich erst mit Beobachtungen der Gletscher und damit in Verbindung stehender Erscheinungen beschäftigte, um später mit den zurückkehrenden Spitzbergenfahrern in Tromsö und Hammerfest zusammen zu treffen und von ihnen Aufklärungen zu erhalten, sowie das Unternehmen vorzubereiten.

Torell wandte sich nun an die Königliche Akademie der Wissenschaften in Stockholm mit einem Bericht über die vorbereitenden Schritte, welche er gethan, und unter Vorlegung des in verschiedenen Punkten abgeänderten Planes. Nach diesem Plane war das Unternehmen auf zweierlei Ziele gerichtet: eine umfassende physikalische Untersuchung Spitzbergens und seiner Küsten, und eine weitere geographische Excursion nach Norden und Nordosten. „Es wird darauf ankommen," — hatte Torell in seinem Schreiben geäußert — „beide Unternehmungen so zu vereinigen, daß, wenn auch das letztere, schwierigere, wider Erwarten ohne Erfolg bleiben sollte, die Expedition dennoch in Bezug auf das erstere ein befriedigendes Resultat aufweisen kann."

„Diese Auffassung" — so heißt es in dem Bericht, welchen zwei Mitglieder der Akademie, Selander und S. Lovén, abstatteten — „erscheint so sehr richtig und von solcher Bedeutung, daß sie dem Plane für das ganze Unternehmen zu Grunde gelegt werden muß. Es ist Grund vorhanden zu hoffen, daß die nach Norden gerichtete Expedition auf die Geographie dieser hohen Breiten ein neues Licht werfen werde; aber eine gut organisirte Untersuchung von Spitzbergen selbst wird ganz besonders wichtige Daten und Materialien darbieten, welche auf lange Zeit nicht blos für den hohen Norden, sondern auch für die Naturgeschichte Skandinaviens fruchtbringend sein müssen. Die Maßregeln zur Erreichung dieser beiden Ziele — hier gewiß, dort wahrscheinlich — sind daher so zu treffen, daß das erstere durch die Vollständigkeit der Resultate ersetzt, was möglicher Weise bei dem letzteren unerfüllt bleibt."

In Uebereinstimmung hiermit sollte die Expedition an dem Principe festhalten: so zeitig als möglich zu Spitzbergens nördlichster Küste vorzubringen und von dort das feste Eis zu erreichen. Dorthin geht ein Theil der Expedition ab, bestehend aus Torell, Nordenskiöld, Petersen und einer auserwählten Mannschaft, welche mit einer Anzahl von Hunden, Booten auf Kufen, Schlitten u. s. w. in nördlicher oder nordöstlicher Richtung vorgehen; achtend auf alle Verhältnisse, welche zu einer genaueren Kenntniß des Polareises, der Luft und des Wassers dienen; ferner ist — wenn möglich — die Thierwelt, nach Zahl und Beschaffenheit, und, wenn Land entdeckt wird, dessen Lage, Höhe, geognostische Structur, Vegetation u. s. w. festzustellen, besonders Alles was zur Lösung der brennenden Frage der Geographen beitragen kann, ob am Pole ein offenes Meer oder nicht.

Mittlerweile sollten die übrigen Mitglieder der Expedition auf Spitzbergen selbst naturwissenschaftliche Untersuchungen ausführen und Naturproducte sammeln.

„Die Geologie Spitzbergens, sowohl des Festlandes als der Inseln," — äußern sich die Referenten der Akademie der Wissenschaften — „ist noch unvollkommen bekannt, selbst in Ansehung der Configuration der Küsten. Hier ist ein reiches Feld der Thätigkeit. So wird zum Beispiel auf den Karten der Eisfjord halb so lang als der Bellsund gezeichnet, während er wahrscheinlich doppelt so lang ist und eine mindestens 10 Meilen*) tiefe Bucht bildet. Wijde Jans Water oder der Storfjord wird auf den Karten immer als ein Busen gezeichnet, während er in Wahrheit ein Sund ist, durch den man in das Innere des Landes gelangen kann. Von dem geologischen Bau des Landes kennt man, hauptsächlich nach Nordenskiöld's Beobachtungen, Folgendes:

„Im Norden und wahrscheinlich bis zum Nordstrande der Kingsbai Granit. Auf dem Südufer der Kingsbai, an der Englischen Bai, dem Eisfjord, Bellsund breiten sich sedimentäre Lager von ungleicher Beschaffenheit in großen Massen aus, entweder der Kohlen- oder der permischen Formation angehörig; darauf eine secundäre Formation, wahrscheinlich Jura, sammt einer mächtigen tertiären Bildung mit Blattabdrücken phanerogamer Pflanzen. Diese Lagerungsverhältnisse sind so mannigfaltig und reich, und ziehen in so hohem Grade die Aufmerksamkeit auf sich, daß man wünschen muß die gegenseitigen Grenzen und die Mächtigkeit der einzelnen Bildungen näher untersucht zu sehen. Welche Bedeutung dem Studium der neueren geologischen Erscheinungen beizulegen, den Gletscher-Phänomenen, den Zeichen für deren frühere wahrscheinlich größere Ausdehnung; den erratischen Blöcken, deren Vorkommen und Beschaffenheit; den Erscheinungen, welche eine Er-

*) Schwedische, ungefähr gleich 1½ geographischen.

hebung oder Senkung des Landes andeuten; dem Treibeise, seinem Ursprunge und seiner Structur: — über alles dieses dürfen wir uns füglich hier nicht besonders auslassen. Die Gletscherzeit, jene geologische Periode, da Eismassen weite Strecken der Erdoberfläche bedeckten, ist nicht blos eine der bedeutendsten Erscheinungen in der Geschichte der Natur, sie wird um so erkennbarer und prägnanter, je vertrauter wir mit den Regionen werden, welche noch heute der Schauplatz aller jener Phänomene sind.

„Auch bei der Zoologie können wir auf eine wichtige Erweiterung unseres Wissens rechnen. Durch die rastlosen Bemühungen Torell's sind in Hinsicht der Seethiere des hohen Nordens bereits bedeutende Schätze gesammelt; durch die bevorstehende Expedition kann das Material bedeutend vermehrt werden. Zu dem Zwecke muß der Meeresboden mit dem Schleppnetze untersucht werden, auf möglichst vielen Stellen, am Ufer und im offenen Meere, über Sandbänken und in den erreichbar größten Tiefen. Welche Bedeutung eine systematisch bearbeitete Meeresfauna des hohen Nordens für die Kenntniß unseres eigenen Landes haben muß, wird aus den zahlreichen Schriften über diesen Gegenstand, unter anderen aus Torell's eigener werthvoller Arbeit, ersichtlich. Das große nordpolare Gebiet, mit seiner der antarktischen so seltsam analogen Thierwelt, während sie sich von der dazwischen liegenden ganz und gar unterscheidet, erscheint von der größten Bedeutung für die Kenntniß der Gesetze, nach welchen sich die Organismen über die Erde verbreiten.

„In Ansehung der Pflanzenwelt wird die Zahl der uns bereits bekannten Phanerogamen wahrscheinlich nicht erheblich zu vermehren sein. Anders mit den weniger ausgebildeten Pflanzen. Eine genaue Erforschung Spitzbergens nach dieser Seite hin läßt gute Resultate erwarten.

„Für die Physik werden magnetische und meteorologische Beobachtungen, Bemerkungen über Meeresströmungen, die Temperatur des Seewassers in verschiedenen Tiefen, über Ebbe und Fluth, vielleicht über gewisse Lichterscheinungen, dankbare Aufgaben sein. Auch könnten spätere wichtige astronomische Arbeiten jetzt wenigstens schon vorbereitet werden. Wir meinen Sabine's Vorschlag zu einer Gradmessung in Spitzbergen, auf welche Adjunct Torell hinweist.

„Eine Gradmessung auf Spitzbergen, also fast in der unmittelbaren Nähe des Poles, muß ohne Widerrede von der größten Bedeutung sein für die Feststellung der wahren Gestalt des Erdballs. Schon vor mehr als dreißig Jahren wurde der Vorschlag dazu von dem damaligen Capitän Sabine*) gemacht, der auf Grund seiner eigenen an Ort und Stelle erlangten Kenntniß und der von dritten Personen erhaltenen Nachrichten die Sache für ausführbar erachtete. Er war selber bereit die Messung vorzunehmen, wurde aber durch andere ihm gemachte wissenschaftliche Aufträge daran verhindert. Nach Sabine's Vorschlag sollte die Messung, beginnend von Hope-Eiland — südlich vom eigentlichen Spitzbergen — sich bis zu den Sieben Inseln (Seven Islands) erstrecken und somit einen Meridianbogen von fast 4½ Graden umfassen. Nördlich von Hope-Eiland befindet sich ein Fjord, Jans Water oder Storfjord, auf dessen beiden Seiten eine Triangulation vorgenommen werden könnte. Hierdurch würde die Verbindung zwischen den einzelnen Stationen bedeutend erleichtert. Ob aber hier solche geeignete Punkte zu finden, könnte nur durch eine genauere Untersuchung an Ort und Stelle ermittelt werden. Es bleibt daher zu erforschen, nicht blos, ob solche geeignete Punkte vorhanden, sondern auch ob eine Standlinie an passender Stelle gemessen und mit den Haupttriangeln in Verbindung gesetzt werden kann. Ebenso ist allgemein auf die Umstände zu achten, welche für die Ausführung des Unternehmens von irgend welcher Bedeutung sein können. Ein solcher Auftrag würde allerdings für eine Person zu schwer sein. —

„Wir haben im Vorstehenden kurz angedeutet, welch ein großes Feld für wichtige Forschungen hier offen liegt, selbst wenn man die geographische Excursion ganz außer Acht läßt. Diese Arbeiten der Expedition versprechen ein durchaus zufriedenstellendes Resultat. Aber freilich, dies kann nicht geschehen, wenn dieselbe nur über ein Fahrzeug disponirt, welches an einer bestimmten Stelle liegen bleiben muß, um die Rückkehr der geographischen Abtheilung zu erwarten.

„Aus diesem Grunde bitten wir die Königliche Akademie ihre Aufmerksamkeit auf den vom Adjuncten Torell gemachten Vorschlag, um Beschaffung zweier Schiffe, zu richten. Geschieht dieses, so voll-

*) Sabine's Brief vom 8. Februar 1826 an Davies Gilbert in Beechey Voyage of discovery towards the north pole. London 1843. p. 344.

zieht sich Alles mit Leichtigkeit. Das eine Fahrzeug dient dann den Zwecken der geographischen Expedition und untersucht die Umgebungen des Hafens, in welchem es deren Rückkehr zu erwarten hat. Das andere unternimmt dagegen die möglich vollständigste wissenschaftliche Erforschung der Küsten. Diese Vertheilung der Arbeiten auf zwei Fahrzeuge ist nach der Ausdehnung, welche dem ganzen Unternehmen gegeben werden soll, auch kaum noch zu vermeiden.

„Es soll nämlich von Finmarken nach Spitzbergen ein nicht unbedeutendes Personal und Material geschafft werden, zu welchem letzteren eine ausreichende Zahl von Booten, das eigentliche Beförderungsmittel der Expedition, gehört. Fehlt es irgendwo an einem solchen Boot, so kann ein wichtiges Resultat verloren gehen, vielleicht gar ein Unglücksfall eintreffen. An Booten sind aber erforderlich: zwei Eisboote für die geographischen Excursionen — die kostspieligen, in England von amerikanischem Ulmenholz erbauten, gekupferten, jetzt in Molde in Norwegen befindlichen Fahrzeuge müssen natürlich mit äußerster Sorgfalt behandelt werden —; zwei „Dreggboote“ für die zoologischen und botanischen Excursionen; zwei oder drei kleinere zur Disposition des Physikers, Astronomen und Geologen. Alle diese Boote beanspruchen einen größeren Raum, als ihn ein einziges Fahrzeug gewähren kann, will man sich nicht zu einem Schiffe von den Zwecken der Expedition nicht entsprechenden Dimensionen verstehen.

„Aus diesen Gründen, nämlich weil zwei Schiffe für die Resultate der Expedition von natürlich größerer Bedeutung, weil das Personal und das erforderliche Material nicht auf einem Schiffe untergebracht werden können, und weil endlich die Expedition dadurch weit besser gegen die Gefahren geschützt wird, denen sie in diesen Regionen entgegengeht, können wir Adjunct Torell's Vorschlag auf Bewilligung zweier Schiffe nur befürworten.“

Mit Rücksicht hierauf beschloß die Akademie der Wissenschaften bei Sr. Königl. Majestät die Bedeutung der Expedition hervorzuheben, sowie deren Ausrüstung in der angegebenen Weise in Vorschlag zu bringen, worauf Se. Königl. Majestät behufs Ausführung derselben 12,000 Reichsthaler aus Staatsmitteln anzuweisen geruhte. Zugleich hatte Se. Königl. Hoheit Prinz Oskar die Gnade, die Expedition durch die reiche Gabe von 4,000 Reichsthalern zu unterstützen. Auch im Publikum fand sie wohlwollende Förderer; ihre Mittel waren so reichlich vorhanden, daß sie in größeren Dimensionen ausgeführt werden konnte, als je zuvor in Schweden der Fall gewesen. Die Zurüstungen für die zoologischen Sammlungen bot das Naturhistorische Reichsmuseum dar. Sie gründeten sich auf bewährte Erfahrungen. Das wissenschaftliche Material für die physischen und astronomischen Beobachtungen gewährten die Akademie der Wissenschaften und die Universitäten Lund und Helsingfors, sowie einige Privatpersonen. Uebrigens hatten sich alle Theilnehmer ausdrücklich dazu verpflichtet, die Kosten der Reise bis Tromsö und zurück, sowie den Unterhalt an Bord, und die Kosten, welche die veränderte Einrichtung der Cajüte heischte, aus eigenen Mitteln zu bestreiten. Diese Ausgaben waren auf ungefähr tausend Reichsthaler veranschlagt; es zeigte sich indessen später, daß sie diesen Betrag nicht unerheblich überstiegen. Man hatte zwar auch angenommen, daß ein erheblicher Theil der Expeditionskosten aus dem Fange der Walrosse und Seehunde ꝛc. werde bestritten werden können; aber auf diese Einnahmequellen wollte man sich doch nicht gerade verlassen.

„Es wird ohne Zweifel sich ereignen," — heißt es in dem Bericht der oben genannten Referenten — „daß manche gewinnversprechende Jagd auf Seethiere den wissenschaftlichen Bestrebungen zum Opfer gebracht werden muß, und wir sehen darum schon jetzt, daß die Mitglieder der Expedition neben den erheblichen Opfern, welche sie schon auf früheren Reisen gebracht, um des Gelingens willen weit größere Ausgaben werden zu machen haben, als für einen jeden der Theilnehmer durchschnittlich berechnet worden sind. Es liegt in der Natur der Sache, daß man nicht Alles im Voraus feststellen kann; und die Dimensionen eines Unternehmens lassen sich nicht mehr einschränken, sobald es einmal in's Leben getreten ist."

In der That zeigte es sich bei der Rückkehr der Expedition, daß die Kosten derselben den Anschlag erheblich überstiegen. Die Reichsstände beschlossen indessen dem Leiter des Unternehmens die gemachten Vorschüsse zu ersetzen. So viel über den Ursprung und das weitere Schicksal der Expedition.

Alle Theilnehmer fanden sich am bestimmten Tage den 15. April 1861 in Tromsö ein. Zuerst Professor A. E. Nordenskiöld, der Secondelieutenant in der schwedischen Marine B. Lilliehöök und der Candidat der Medicin A. Goës von Stockholm auf dem

Winterwege über Falun, Röräs und Drontheim. Später trafen ein: die Magister K. Chydenius und A. J. Malmgren, Beide Finnen, von Helsingfors, und Magister F. A. Smitt von Upsala. Sie hatten ihren Weg über den Sund genommen, während Adjunct L. W. Blomstrand und N. Dunér in Lund nebst C. Petersen von Dänemark über Hamburg nach Drontheim gereist waren. Torell, Capitän Kuylenstjerna und von Yhlen kamen über Christiania und das Dovrefield. Die zuerst ankommende Partie rüstete in Tromsö die gemietheten Fahrzeuge aus, heuerte die Mannschaft 2c., während Torell in Lund und Kopenhagen noch andere sehr wesentliche Vorbereitungen zu treffen hatte.

Das außerordentliche Wohlwollen, welches der Expedition überall in Norwegen zu Theil wurde, ermöglichte es, daß alle Fäden, der Verabredung gemäß, an einem weit entfernten und abgelegenen Orte sicher zusammenliefen. Schon früher hat Norwegens Regierung wiederholt den schwedischen Forschern freie Fahrt auf den Dampfbooten des Staates bewilligt. Dieser große Vorzug wurde der Expedition auch diesesmal im ausgedehntesten Maße zu Theil. „Wir können" — so schrieb einer unserer Genossen in die Heimath — „nicht genug die Freundlichkeit rühmen, mit der wir überall in Norwegen empfangen sind." Die Commandanten der Postdampfer, welche zwischen Drontheim, Tromsö, Hammerfest und Vadsö gehen, die Lieutenants Petersen, Otto, Knap und Lysholm, haben uns, weit über ihre Verpflichtung, alle in gleicher Weise freundlich unterstützt, wofür wir um so dankbarer sein müssen, als wir ihre Geduld durch unsere Bagage und Boote sehr auf die Probe stellten. Mit jener warmen Hingebung, welche den Seemann auszeichnet, haben sie oft unaufgefordert und unter Verzicht auf eigene Bequemlichkeit unsere Bemühungen in jeder Weise erleichtert und uns eine hülfreiche Hand dargereicht. Mit dem gleichen Dankgefühl müssen wir alle norwegischen Autoritäten erwähnen, mit denen wir in irgend eine Berührung kamen. Was die Gastfreundschaft der Norweger betrifft, so ist sie bei uns genug bekannt und ich brauche sie deshalb nicht mehr zu schildern. Sie ist uns im reichsten Maße zu Theil geworden.

Eine Zeit lang hatte Torell wegen des Heuerns des von M'Clintock's Reise so wohlbekannten Dampfbootes Fox in Unterhandlung gestanden. Da hieraus nichts wurde, so mußten wir uns mit dem Aeolus und der Magdalena begnügen. Sie waren unzweifelhaft weniger kostspielig, dafür hatten wir aber auch auf die unersetzlichen Vorzüge, welche der Dampf vor dem Segel voraus hat, Verzicht zu leisten. Indessen es waren — wie es in dem Gutachten des „Besichtigers" in Tromsö heißt — beide Fahrzeuge „in jeder Hinsicht stark, solide gebaut und von innen und außen so verstärkt, wie wohlausgerüstete finmarkensche Fahrzeuge für die Expeditionen nach dem Eismeere zu sein pflegen. Aeolus ist von 29½ Commerzlasten, Magdalena von 26, welche Größe für die nach Spitzbergen bestimmten Schiffe die gewöhnliche ist, auch zugleich die zweckentsprechende, weil man mit ihnen leichter durch die Oeffnungen des Eises in die Fjorde und zu den vielen kleinen Inseln, von denen Spitzbergen umgeben ist, gelangen kann. Außer den gewöhnlichen Booten zu den Excursionen und den Jagdausflügen befinden sich auf den Fahrzeugen ein eisernes und zwei größere Boote. Die letzteren sind von England und scheinen in Hinsicht der Construction und des Materials von vorzüglicher Beschaffenheit."

Diese beiden Boote waren unter der Leitung von Capitän Sherard Osborne von einem berühmten Bootbauer Mr. Searl in London erbaut. Das eiserne Boot wog zwanzig Liespfund und war in Kopenhagen von gekupferten Eisenplatten zusammengesetzt.

Auf den beiden Schiffen waren die Mitglieder der Expedition in folgender Weise untergebracht. An Bord des Aeolus, geführt von Lilliehöök, befanden sich Torell, der Chef der Expedition, Nordenskiöld, welcher an der Führung des ganzen Unternehmens Theil nahm und zugleich die geologischen Untersuchungen und geographischen Ortsbestimmungen leitete; Chydenius als Physiker und Explorant für die Gradmessung, und Petersen als Wegeführer. Auf der Slupe Magdalena, geführt von Kuylenstjerna, war Blomstrand Geolog und Leiter der wissenschaftlichen Arbeiten; Dunér, Astronom und Physiker; Goës und Smitt, Geologen und Botaniker, Ersterer zugleich Arzt der Expedition; endlich von Yhlen, Jäger und Zeichner.

Der siebenzig Jahr alte Anders Jakobsson von Fiskebäkskil in Bohuslän, den Zoologen auf dem Aeolus beigeordnet, gehörte mehr zu der Zahl der Mitglieder als der Besatzung. Dieser Alte, der nach manchen Fahrten und Schicksalen als Seemann schon seit Langem den in seiner Heimath arbeitenden Naturforschern zur Hand gegangen und auch mit Torell auf dessen Reisen in Island,

Grönland und Spitzbergen gewesen war, interessirte sich lebhaft für diese Reise und war trotz seines hohen Alters noch kräftig und gesund.

Als Steuermann auf dem Aeolus fungirte E. Breii. Die Besatzung bestand aus fünfzehn Mann, die meisten Norweger, einige Schweden und Seefinnen (Quänen). Zur Ausübung der eigentlichen Jagd befanden sich unter ihnen drei Jäger und zwei Harpunirer. Der eine von ihnen, der Quäne Uusimaa hatte schon fünfundzwanzig Sommer auf Spitzbergen zugebracht und 1858 auch Torell und Nordenskiöld dorthin begleitet. Er war ein guter Lootse, sicherer Schütze und flinker Harpunirer.

Die Besatzung auf der Magdalena bestand aus elf Mann, darunter ein Harpunirer und drei Jäger. Steuermann war F. Mack von Tromsö. Außer dem Harpunirer, einem Finnen, und einem schwedischen Jäger waren alle Norweger.

Die beiden Besatzungen, welche zum größten Theile erst in Tromsö geheuert worden, empfingen zu der üblichen Heuer noch einen kleinen Zuschuß, mit Rücksicht auf die anhaltenden Arbeiten, auch das etwaige größere Risico, dem sie mit der Expedition entgegen gingen. — —

Der geneigte Leser möge sich vorstellen, daß während der Zeit, die er gebraucht hat, um sich mit dem Personal der Expedition und deren Plan bekannt zu machen, die zwei Tage verflossen sind, welche man bei der Karlsö zubringen mußte. Der Wind wehte ohne Unterbrechung aus Nordosten, und zuletzt so heftig, daß noch zwei Anker ausgeworfen werden mußten. Mittlerweile unternahmen wir Excursionen auf der Insel zu Fuß und auf Schneeschuhen. Schon war der Schnee hier und da geschmolzen und Saxifraga oppositifolia begann ihre schönen violetten Blüthen zu entfalten. So lange der Wind es gestattete, brachten die Zoologen auf den Schleppbooten zu, auch wurde eine für die Tiefmessungen bestimmte Maschine versucht. Im Uebrigen richteten wir uns in den Cajüten ein, besuchten uns gegenseitig an Bord der beiden Schiffe, gasteten bei der freundlichen Pfarrerfamilie auf Karlsö und schrieben die letzten Abschiedsbriefe. Denn die Abreise — so hofften wir — konnte nicht mehr lange auf sich warten lassen.

Länger als zwei Tage brauchten wir nicht zu harren. Den 9. Mai Punkt 8 Uhr des Abends lichtete Magdalena ihre Anker, da der nach Südost herumgegangene Wind gleichmäßig wehte.

Etwas später, ungefähr um 9½ Uhr, hatte Aeolus seine Segel aufgezogen. Wir steuerten, vor einer schwachen Brise fahrend, durch den Sund zwischen Arnö und Vandö. Im Norden hatten wir Fuglö, eine steil aus dem Meere bis 2,500 Fuß Höhe aufsteigende Felsklippe, welche mit den rings sie umschließenden Fjelden und Schären in ihrer nackten und grauenvollen Wildheit uns einen Vorschmack von den Inseln des nordwestlichen Spitzbergen gab. Im Nordwesten, auf Vandö, ragte mehr als 3,000 Fuß der Vandtind auf mit seinem Gletscher, der sich im Meere spiegelt. Der Wind ließ mehr und mehr nach. Als wir Skaarö erreichten, war es ganz still geworden. Die Sonne sank nunmehr nur zwei Stunden lang unter den Horizont; Morgen- und Abendroth verschmolzen mit einander. Im Osten, Westen und Norden erglänzte der klare, ruhige Nachthimmel, bald in Purpur, bald in Gold, zurückgestrahlt von dem schneebedeckten Pipertind im Südosten — ein wahres „Alpenglühn", das die Großartigkeit und Wildheit des Gemäldes zur milden Schönheit verklärte.

Gegen Morgen begann der Wind wieder zuzunehmen. Mit der frischen Brise passirten wir am 10. Mai 4 Uhr Spennen und erreichten bald den Ausgang des Fuglösundes, eine der nördlichen Straßen, welche aus Westfinmarkens Schärenflur führen. Immer frischer wehte der Wind; das heiß ersehnte Meer lag vor uns; majestätisch rauschten uns seine schäumenden Wogen entgegen. Das Schiff begann zu schaukeln, sich auf die Seite zu legen, und mit einem „Gott nehme Sie in seinen gnädigen Schutz" — verabschiedete sich unser Lootse. Um 8 Uhr hatten wir Loppen und Arnö hinter uns und entfernten uns mehr und mehr von Europas Festland. —

Im Logbuch des Aeolus liest man: von 4 bis 8 Uhr starker Seegang, und für die acht folgenden Stunden: starkes Rollen. Die See bot uns ihren Gruß so kräftig, daß bald der Eine und Andere das Deck verließ und die einsame Stille seiner Koje aufsuchte.

Der starke Wind führte uns mittlerweile rasch vorwärts. Um Mittag waren wir in 70° 44′ nördl. Breite und 20° 32′ östl. Länge. Am Abend begegneten wir den ersten Möwen (Procellaria glacialis), einem Vogel des hohen Nordens, welcher von seinen Brüteplätzen auf den Inseln des Eismeeres und dem Festlande weit umherstreift und dem Segler andeutet, daß er die Grenze der arktischen Regionen überschritten habe. Sein norwegischer

Name „Hafhäst" (Seepferd), den er auch auf den Farøern führt (Heafhestur), ist nicht leicht zu erklären. Die Holländer, welche schon sehr früh diese Gegenden besuchten, nannten ihn Mallemuck, ein noch jetzt oft gehörter Name, der nach des alten Martens Deutung so viel wie „dumme Mücke" bedeutet. Seine graue Farbe, sein Umherschwärmen und die ihm eigene Dummdreistigkeit mögen ihm diesen Namen eingebracht haben.

Mit Verwunderung betrachteten wir diesen in Wahrheit einheimischen Boten der Polarländer mit seinem stieren, listigen Blick, seinem schleichenden Schweigen und dem nur selten von einigen hastigen Flügelschlägen unterbrochenen gleichen, schwebenden Fluge. Er pflegt lange Zeit mit ausgespannten, unbewegten Flügeln dem Schiffe in dessen Fahrwasser zu folgen, ohne ihm jedoch je zu nahe zu kommen, bald die eine, bald die andere Flügelspitze gegen die Wellen senkend. Selten ruht er einen Augenblick in dem Gischte aus und schwebt gleichsam auf den Wellen mit ausgebreiteten Flügeln. Dann schnellt er sich wieder von dem Wasser in die Höhe, ohne einen einzigen Schlag seiner Schwingen. Keilhau bemerkt treffend, daß die Gestalt seiner aschgrauen Flügel ihn an den „Todtenkopf" (Sphinx Atropos) erinnere. Es ist ein listiges, falsches Geschöpf. Mit äußerster Geschicklichkeit stürzt er sich auf alles vom Schiffe Geworfene; Speck und Fleisch sagen ihm am meisten zu; getrockneten Fisch verschmähte er. Es ist eine gewöhnliche Unterhaltung der Seefahrer, am Hinterende des Fahrzeuges ein am Kabeltau befestigtes Stück Speck auszuhängen. Kaum ist der Köder im Wasser, so stürzt der ganze Schwarm darauf zu. Nun beginnt ein Geschrei, Schnattern und wogendes Getümmel, indem der eine den andern zu vertreiben sucht, und erst nach vielem Streit und verzweifelten Anstrengungen gelingt es einem von der Gesellschaft sich des Leckerbissens zu bemächtigen und ihn — zugleich mit einem Theile der Schnur — hinabzuschlucken. Der Schlinger merkt aber bald, daß es mit der Sache nicht recht zugeht; er sieht sich vom Schiffe bugsirt, leistet Widerstand, schwingt sich auf, und wird endlich gezwungen, das so schwer Errungene wieder von sich zu geben. Kaum erscheint der Speck wieder auf dem Wasser, so beginnt dasselbe Spiel von Neuem und wiederholt sich so lange, bis vom Köder nichts mehr übrig ist. Wirft man eine kürzere Schnur mit einem Köder an jedem Ende aus, so wird die

Mahlzeit doppelt animirt. Steckt man ihn auf einen Angelhaken, so ereignet es sich nicht selten, daß der Vogel gefangen wird.

Seine gewöhnliche Nahrung sind die unzähligen Schalthiere und Mollusken, von denen das Meer immer wimmelt. In dem Magen eines von uns geschossenen fanden wir die schöne Schnecke **Limacina arctica.**

Eigentlich zu Hause ist der Vogel im höchsten Norden, auf den Farörern, Islands Klippeninseln, Grönland, dem arktischen Amerika, Kamschatka und Novaja Semlja. Er brütet in Colonien von vielen Tausenden auf den steilsten Felsen, legt aber nur ein, freilich sehr großes, Ei anfangs Mai, ausnahmsweise im Juni.

**Procellaria glacialis.**

Das Junge ist aber vor der Mitte des September nicht flügge. Neben der großen Möwe (**Larus glaucus**) und der Raubmöwe (**Lestris parasitica**) ist er der gefährlichste Feind der Vogelwelt, indem er deren Nester, Eier wie Junge, plündert. Vielleicht sind es die Jungen des letzten Jahres, welche weiter durch die Meere schweifen. Nur selten kommt er im Winter bis zu den Küsten Finmarkens; er hält sich dann immer auf dem Meere zwischen den Eisschollen auf und kehrt bald wieder zu seinen Brutplätzen zurück.

Der Vogel sowie die Stelle, darauf er sitzt, haben einen erstickenden, aasartigen Geruch. Lebendig gefangen, spritzt er, wenn man ihn unvorsichtig zu greifen sich bemüht, aus dem Schnabel eine thranige, übelriechende Flüssigkeit.

> Obscenae pelagi volucres, foedissima ventris
> Proluvies, uncaeque manus, et pallida semper
> Ora fame. — —

Den 11. Mai wurde der Wind noch stärker und blieb südlich. Um 5 Uhr Nachmittags hatten wir 72° 57′ nördl. Br. und 20° 4′ östl. L. erreicht. Wir befanden uns nunmehr auf der Polhöhe, wo in dieser Jahreszeit die Sonne nicht mehr untergeht, und sahen zum ersten Mal der Mitternachtssonne entgegen. Aber eine schwere Wolkenbank im Nordosten entzog uns das Schauspiel. Etwa um 8 Uhr zog ein nicht erhebliches Schneewetter über uns hinweg; einige Segel wurden eingezogen, bald aber wieder beigesetzt. Im Laufe der Nacht ging der Wind weiter nach Norden. Den 12. Mai wehte ein eisiger Nordnordost; Steven und Bugspriet waren mit Eis überzogen. Wir fürchteten, unsere Schiffe möchten während des Sturmes von einander getrennt werden und später nur schwer wieder zusammentreffen. Es wurde deshalb vom Aeolus aus nach der Magdalena telegraphirt: „Magdalena richtet ihren Cours nach dem Aeolus, so lange bis wir die nördliche Küste von Spitzbergen erreichen und die Eisexpedition abgesandt ist. Sollten die Schiffe bei Sturm oder Nebel von einander getrennt werden, so treffen wir uns in der Kobbe- oder Smeerenberg-Bai, oder an der Nordspitze von Prinz Charles Vorland. O. Torell."

An eben diesem Morgen des 12. Mai kam Bären-Eiland in Sicht. Im Laufe des Tages näherten wir uns dieser Insel mehr und mehr. Die große Zahl von Alken, welche nunmehr ununterbrochen unser Schiff umschwärmten, gaben uns zu erkennen, daß ein arktisches Land vor unseren Blicken lag.

## Zweites Kapitel.

Bären-Eiland. — Seine Geschichte. — Klimatische Verhältnisse. — Eis und Strömungen. — Tiefmessungen. — Jagd während einer Eisfahrt. — Ankunft auf Spitzbergen. — Das Schiff ankert zwischen Amsterdam-Eiland und Vogelsang.

Bären=Eiland kam — wie schon bemerkt — am 12. Mai, nachdem wir nicht ganz zwei Tage uns auf hoher See befunden, in Sicht. Da wir mit aller Macht nach Norden hinstrebten, um noch alle der projectirten Eisfahrt günstigen Umstände zu benutzen, so war beschlossen worden, die Reise durch eine Landung auf dieser Insel nicht zu verzögern. Als aber der Wind am Nachmittage nachließ und wir nur äußerst langsam vorwärts kamen, änderten wir unsern Plan und richteten unsern Cours nach der Insel, um, so weit die Zeit es gestattete, dieses vollkommen isolirte Eiland, das in so vielen Beziehungen lehrreiche Beobachtungen und Resultate in Aussicht stellte, zu untersuchen. Magdalena, welche sich um Mittag in 74° 1' nördl. Br. und 17° 15' östl. L. befand, also nördlicher als Aeolus, dessen Lage zu eben der Zeit 73° 59' 7'' nördl. Br. und 17° 22' 3'' östl. L., war schon am Vormittage auf Treibeis gestoßen. Vom Aeolus aus wurde dagegen das erste Eisstück erst ungefähr um 5 Uhr Nachmittags wahrgenommen. Während wir gegen den Ostwind kreuzten, um die Nordküste der Insel zu erreichen, durchschnitten wir mehrere Bänder des sogenannten „Strandeises" oder „Baieneises", welches dicht am Lande noch als Packeis festlag. Wir wagten es nicht mit dem Boote in dieses Eis einzudringen. Denn wenn es uns auch glückte an's Land zu kommen, so hatte voraussichtlich eine solche Excursion doch einen zu langen Aufenthalt im Gefolge.

Nachdem wir einen Theil der Nacht nach Westen gerudert, machten wir am 13. wieder einen Versuch, uns der Insel zu nähern. Da aber das Treibeis und die übrigen Verhältnisse unverändert waren, so blieb es bei dem Entschlusse, nicht an Land zu gehen.

Obwohl in leichten Nebel gehüllt, traten uns doch die Umrisse der Insel erkennbar entgegen. Sie stellt sich als ein dunkles, steil in's Meer abstürzendes, tafelförmiges Felsland dar, das sich nördlich ziemlich schnell zu einem weiten Flachlande herabsenkt. Die kegelartige Klippe, welche sich südlich neben der Insel erhebt, nennen die Norweger „Stappen". Keilhau erzählt, daß er Gull Island, die früher viel besprochene Insel, auf welcher man einst einige Bleierzgänge für Silber gehalten hatte, nicht habe finden können, und sagt, auch die norwegischen Seefahrer wüßten die Lage von Gull Island nicht anzugeben. Diese Insel ist indessen nichts weiter als ein unbedeutender Fels an der Südostküste.

Die Ufer der Insel sind in kurzen Zeiträumen erheblichen Veränderungen unterworfen gewesen. Nach Keilhau — dessen Beschreibung, neben der von Marmier und Scoresby, wir folgen, da unsere eigene Kenntniß eine sehr geringe — ist Bären-Eiland rings an der Küste von Steinpfeilern umgeben, deren schon in älteren Berichten Erwähnung geschieht. Sie entstehen dadurch, daß das Felsgestein verwittert, zusammenstürzt und Steinpyramiden übrig läßt, welche eine Zeit lang, ruinenartig, von der Macht des Frostes und der Zerstörung der Wogen Zeugniß ablegen, um endlich angefressen und verwitternd im Meere zu verschwinden. Gewöhnlich stürzt das Inselplateau steil in's Meer. Doch findet man hier und da schmale, niedrige Landstreifen und Strandwälle, an denen es möglich ist, an Land zu kommen.

Das Plateau fällt von Süden nach Norden ab. Die höchste Höhe von 2 bis 300 Fuß erreicht es im Südosten, doch überragt von zweien Bergmassen. Der östliche von ihnen, Mount Misery, wurde von der französischen Expedition bei deren Besuche der Insel im Jahre 1839 gemessen. Er ist 1,200 Fuß hoch. Im Uebrigen bietet das Land keine auffälligen Gegensätze dar, es seien denn die Schneeflecke (Bären-Eiland hat keine wirklichen Gletscher), welche in den Vertiefungen vorkommen, der sie umgebende farblose, fast schwarze Erdboden und die kleinen Seen auf dem Bergplateau. Aber einen so widrigen Eindruck, wie ältere Beschreibungen es darstellen, macht es keineswegs. Denn auch hier findet man freundliche grüne Flecke, und der Blick über das weite grenzenlose Meer, welches die phantastischen Strandklippen umrauscht, erfrischt den Blick.

Keilhau berichtet, daß er am Fuße des Mount Misery ein kleines Thal angetroffen, reichlich von einem Bache bewässert, mit einer Grasoase, welche in einer Ausdehnung von mehreren Hundert Fuß Länge und 400 Fuß Breite den Steinboden mit fußhohem Grase bedeckte. Hier wuchsen Kinder der hochnordischen Flora: Cardamine, Polygonum viviparum und Saxifraga cernua und entfalteten hier und da selbst ihre zarten Blüthen. Rhododendrum lapponicum erreicht hier — nach Malmgren, der die Insel 1864 besuchte — seine Nordgrenze. Keilhau sammelte achtzehn verschiedene Arten höherer Pflanzen und dreiundzwanzig Kryptogamen.

Unter den größeren Wasserläufen der Insel ist der Engelsk-Elf (Engländerfluß) nach einem an seiner Mündung begrabenen Engländer benannt. Ganz nahe dieser Stelle treten zwischen den übrigen Steinlagen des hohen Ufers zwei Steinkohlenflötze zu Tage. Auch an der Ostküste, der sogenannten Steinkohlenbucht, kommen vier Steinkohlenschichten über einander in gleichen Abständen vor. Außer dieser Formation — dem Product eines einst milderen Klimas, treten am häufigsten Thonschiefer, Sand- und Kalkstein — letzterer Petrefacten führend — auf und geringe Spuren von Bleierz *).

Das Streben der Menschen nach Gewinn hat dieser kleinen Insel eine Geschichte verliehen. Sie wurde den 8. Juni 1596 **) von dem berühmten Holländer Barents entdeckt, auf dessen dritter und letzter Reise, von welcher er selber nicht mehr zurückkehren sollte, indem er sein Grab auf der ungastlichen Küste Novaja Semljas fand. Drei Tage lang hielt er sich mit seiner Begleitung auf Bären-Eiland auf. Zu Lande erbeutete man außer einer

*) True description of three voyages by the North-East towards Catay and China undertaken by the Dutch in the years 1594, 1595 and 1596 by Gerrit de Veer. Amsterdam 1598. Edited by Ch. Beke. Works issued by the Hakluyt Society. London 1853.

**) Der 9. Juni wird gewöhnlich als der Tag, an welchem Bären-Eiland entdeckt worden, angesehen; aber aus Gerrit de Veer's Reisebericht ist ersichtlich, daß man die Insel am 8. wahrnahm, ihr am 9. nahe kam und am 10. landete. G. de V. S. 74. 75.

großen Menge von Vogeleiern nichts; aber auf dem Wasser tödtete man einen Bären von 12 Fuß Länge, ein Ereigniß, das der Insel den Namen gab *).

Als er am 1. Juli von seiner höchst merkwürdigen Nordreise, auf welcher auch Spitzbergen entdeckt wurde, zur Insel zurückkehrte, betrat er sie nicht. Die Uneinigkeit, die zwischen Berents und John Cornelisson Rijp, dem Befehlshaber auf dem zweiten Schiffe der Expedition, herrschte, bewirkte, daß die beiden Schiffe sich trennten und das eine nach Osten, das andere nach Norden ging. Mehr als sieben Jahre blieb die Insel nun unbesucht, bis am 17. August 1603 **) der Engländer Stefan Bennet zu ihr kam, ausgesandt von Francis Cherie im Interesse des Handels mit den Lappmarken und zu weiteren Entdeckungsfahrten. Er gab der Insel nach seinem Patron den Namen Cherie Island ***). Obwohl die ganze Beute nur aus zweien Füchsen, einem Stücke Bleierz und einigen Walroßzähnen bestand, kehrte er doch im folgenden Jahre dorthin zurück und ward der Veranlasser aller jener auf die Ausbeutung des Polarmeeres gerichteten, gewinnbringenden Unternehmungen, deren sich die Völker Europas nach seiner Reise, mit einander wetteifernd, hingaben. An Vögeln fand man auf dieser Insel eine solche Menge, daß sie den Erdboden dicht bedeckten. Wenn sie aber aufflogen, verdunkelten sie die Sonne. Man stieß auf Tausende von Walrossen. Auch in den folgenden Jahren blieben die Verhältnisse unverändert, und das Thier wurde ein Ziel regelmäßiger Jagdzüge. Immer vortheilhafter ward diese Jagd, seitdem man in der Art und Weise das Walroß zu tödten erfahrener geworden, und nicht blos auf die Zähne, sondern auch auf den Speck und das Fell des Thieres ausging. Als Beispiel, wie unermeßlich gewinnbringend diese Jagden waren, wollen wir anführen, daß man einmal im Jahre 1608 in weniger als sieben Stunden 900 bis 1,000 Walrosse erlegte. Auf einem der beiden Schiffe, welche damals bei Bären-Eiland waren, versuchte man sogar zwei lebendige junge Walrosse

---

*) Der ursprüngliche Name lautete Het Beyren Eylandt. G. de V. S. 76.

**) Nach Scoresby und J. Barrow in dessen Arbeit: A chronological history of voyages into the arctic regions. London 1818 p. 218. Nach Ch. Beke 1604.

***) Cherie Island ist später corrumpirt in Cherry Island. Die Russen nennen die Insel nach Beke's Angabe Medvyed.

nach England zu bringen; aber das eine starb schon unterwegs; dem andern ward zwar die Ehre zu Theil bei Hofe „präsentirt" zu werden, doch unterlag es gleichfalls den fremdartigen Verhältnissen.

Im folgenden Jahre, das heißt 1609, waren die Engländer wieder an der Insel. Sie wurde von der schon 1555*) gegründeten Handelsgesellschaft für die nördlichen Länder förmlich in Besitz genommen. Diese sogenannte Moscovy Company oder Russia Company hieß ursprünglich Company for the discovery of unknown countries**). Man fing wieder eine große Menge Bären und Füchse, und entdeckte nicht blos das oben erwähnte Bleierz auf Gull Island, sondern auch Steinkohlen. Dieser Fund ist von um so größerem Interesse, als man in unseren Tagen von dem Vorkommen der Steinkohle in viel nördlicheren Regionen Gewißheit erlangt hat. Poole, von der Gesellschaft im folgenden Jahre ausgesandt, um weiter im Norden neue Entdeckungen zu machen und es mit dem Walfischfange zu versuchen, fand selbst auf Spitzbergen Steinkohlen, „die ganz gut brannten"***).

Diese Reise Poole's sammt seiner folgenden im Jahre 1611 war die Veranlassung, daß man aufhörte ausschließlich Walrosse zu jagen und die Wale zu verfolgen begann. Infolge dieser weit vortheilhafteren Jagd war man genöthigt, das Feld der Thätigkeit weiter nach Norden an die West- und Nordküste Spitzbergens zu verlegen. Zwar wurde Bären-Eiland noch oft von Engländern und Holländern besucht, aber die Insel verlor ihren Werth als Jagdplatz im Vergleich mit Spitzbergen, bis die Walfische dort auch beinahe ganz ausgerottet waren und Seehunde nebst Walrossen wieder als gute Beute betrachtet wurden. Seit dem Jahre 1820, da man den Walfischfang in diesen Gegenden als beendigt ansehen darf, begannen die Norweger und Russen — so ziemlich die einzigen Nationen, die noch nach Spitzbergen fuhren — wieder den Walroßfang bei Bären-Eiland zu betreiben, aber so unklug und schonungslos, daß man jetzt kaum noch eins dieser merkwürdigen Thiere in der Nähe der Insel zu sehen bekommt. Noch 1827 sah Keilhau eine Heerde Walrosse auf dem Strande der Insel; aber wahrscheinlich waren es die letzten Jahre ihres Er-

*) Nach Xavier Marmier in dessen Bericht über die französische Expedition war sie 1606 gegründet.

**) Scoresby, An account etc. Tom. II, pag. 20.

***) Barrow, A chronological history etc. p. 224.

scheinens in größerer Menge. Denn man überwinterte damals oft auf der Insel und setzte das Werk der Vernichtung das ganze Jahr hindurch fort. Keine Art von Thieren wurde verschmäht: Vögel, Füchse, Bären und Walrosse, alles fiel der Gier nach Gewinn zum Opfer. Ja man mordete, blos um zu morden, unbekümmert, ob man alle Beute mit sich fortschaffen konnte. Auf dem Strande ließ man ganze Haufen von Cadavern zurück, ohne zu bedenken, daß diese Stellen von den noch übrig gebliebenen Thieren gescheut werden müßten. Auf diese Weise hat bei Bären-Eiland der Walroßfang schon lange aufgehört eine Quelle des Reichthums zu sein. Dafür haben später in seiner Umgebung die unternehmenden norwegischen Fischer ihre Thätigkeit entfaltet, obwohl größere Unternehmungen noch nicht in Gang gekommen sind. Aber der Anfang verspricht Bedeutendes und verdient die Aufmerksamkeit der die Fischerei treibenden Nationen. Malmgren theilt von seiner letzten Reise mit, daß gewisse im Handel sehr gesuchte Fischarten hier in großer Menge vorkommen: der Dorsch (Gadus morrhua), Flundern oder Queiten (Hippoglossus maximus), ferner Gadus aeglefinus, der für die Thranbereitung so wichtige Hai; der Haakjäring (Scymnus microcephalus), von dem nur die Leber gebraucht wird, und der kleine leckere, zugleich farbenprächtige Königsfisch (Sebastes norvegicus).

Die Haakjäringsfischerei wird nunmehr schon jährlich mit mehreren Fahrzeugen von Ost- und Westfinmarken betrieben, und nicht blos hier, sondern zuweilen auch an Spitzbergens Westküste, selbst bis zum 78. Grade nördlicher Breite. Glaubwürdige Eismeerfahrer wissen zu erzählen, daß der Dorsch sich im Frühling bei Bären-Eiland in so ungeheuren Massen versammelt, wie in Finmarken und bei den Lofoten, welche man dort „Dorschberge" nennt. Die Hälleflunder soll hier sehr zahlreich vorkommen. Der Capitän, welcher im Jahre 1864 die schwedische Expedition nach Spitzbergen führte, erzählte, er habe einmal mit Angeln im Laufe einer kleinen Stunde nicht weniger als dreißig große Flundern gefangen, von denen keine unter 20, mehrere aber mehr als 40 Pfund schwer waren. Darum sprechen auch die Walroßjäger auf ihrer Rückkehr zuweilen bei der Insel an, um, wenn das Wetter es zuläßt, Hälleflundern zu fangen. Denn von allen Fischen in Finmarken wird dieser Fisch am höchsten geschätzt.

Auch der Lodde (Mallotus villosus), den man als Köder bei

der Dorschfischerei benutzt, kommt hier wahrscheinlich in großen Zügen vor; und daß der Häring nicht fehlt, beweist die Wahrnehmung Malmgren's im Jahre 1864, der ihn südwestlich von Spitzbergen vorfand. Kurz es spricht Alles dafür, daß Bären-Eiland noch eine große Zukunft haben wird, wenn auch nicht in dem Grade, als die fischreichen Küsten und Bänke der Lofoten, der Shetlandsinseln und Newfoundlands.

Zu den Leuten, von welchen man bestimmt weiß, daß sie auf der Insel freiwillig überwintert haben, gehört auch der Schiffer, mit welchem Keilhau reiste. Er war in den Wintern von 1824 auf 25 und 1825 auf 26 dort gewesen, ohne daß ein Einziger von seinen acht Leuten krank geworden. Freilich sind Ueberwinterungen nicht immer so glücklich abgelaufen; manche von Tromsö und Hammerfest mit aller nur denkbaren Vorsicht ausgerüsteten Expeditionen sind dem Skorbut zum Opfer gefallen. Die größte Gefahr liegt nicht in dem Klima, sondern in der ungewohnten Lebensweise während der kalten, düstern Winterzeit.

Von Bären-Eilands klimatischen Verhältnissen hat man keine genauere Kenntniß. Wer längere Zeit dort zugebracht, hat keine meteorologischen Beobachtungen angestellt; wer aber solche gemacht, hat sich nur ganz kurze Zeit dort aufgehalten, so Keilhau 1827 nur einige Tage, und die französische Expedition unter Gaimard nur einige Stunden. Indessen hat man allen Grund anzunehmen, daß das Klima der Insel weit rauher sei, als seine Lage vermuthen lasse.

Alle Reiseberichte stimmen darin überein, daß die Temperatur in der Nähe Bären-Eilands sinkt. Die Nebel werden häufiger. In den Monaten Mai, Juni und Juli trifft man gewöhnlich noch Eis im Meere an.

Als Hudson, eben so bekannt durch seine Reise und Entdeckungen in den arktischen Regionen, wie durch sein unglückliches Ende, das erste Mal in die Nähe der Insel kam, überfiel ihn ein Sturm und Nebelwetter. Doch ließ es bald nach und er konnte sie wahrnehmen. Poole, von dem wir schon oben sprachen, hat Bären-Eiland oft besucht und meint, Spitzbergen habe ein milderes Klima. Buchan und der berühmte John Franklin, ein zweiter arktischer Märtyrer, erlebten auf ihrer Reise am 24. Mai 1818 in der Nähe Bären-Eilands einen Sturm. In der Richtung nach Spitzbergen lag das Eis so fest, daß es unmöglich war hindurch zu kommen. Clavering und Sabine trafen auf ihrer Fahrt nach Spitzbergen am 27. Juni 1823 das erste Eis bei dieser Insel an, auch überfiel sie hier ein starker Sturm. Die französische Expedition versuchte 1838 bei ihrer Rückkehr von Spitzbergen auf Bären-Eiland zu landen, stieß aber überall auf Eis. Auch nachdem sie durch das Treibeis gelangt, fand sie — es war am 8. August — noch die ganze Insel mit Eis umgeben, so daß es unmöglich war, ihr näher zu kommen. Lord Dufferin traf bereits in sechs Meilen Entfernung auf Eis, und hatte schon vorher vernommen, es würde immer kälter, je mehr man sich der Insel näherte. Das Eis erstreckte sich in westlicher Richtung ungefähr 140 Meilen weit und zog sich dann nördlich nach Spitzbergen hin. Diese Wahrnehmung wurde Ende Juli und Anfang August gemacht. Auch Torell und Nordenskiöld stießen hier 1858 auf Eis. Lovén wurde 1837 durch Nebel und Stürme gehindert an Land zu steigen. Er theilt auch mit, daß die Spitzbergenfahrer vor dem Fahrwasser hier allen Respect hätten — was auch wir erfuhren — und daß im Jahre vorher Spitzbergen und diese Insel durch eine Eisbank verbunden gewesen wären. Auch die Passage nach dem östlichen Spitzbergen war durch Eis gesperrt, wie er selber, weiter nördlich in 75° 8′ nördl. Breite, sich überzeugte.

Auch wir — wie schon berichtet — stießen bei Bären-Eiland auf Eis und hatten auf unserer Weiterfahrt nach Spitzbergen noch lange damit zu kämpfen. Die Grenze ging ungefähr in der Richtung nach Nordwesten. Während wir in der Nähe der Insel segelten, war dieselbe zeitweise in Nebel gehüllt; die Temperatur der Luft und des Wassers nahm aber merklich ab, als wir uns ihr näherten. Beweis: unsere Journale, die wir nach Maury's Vorschlag führten, nachdem wir Norwegens Küste verlassen hatten. Am 10. und 11. Mai betrug die Temperatur der Luft zwischen +2° und +4° C., sie fiel aber, als wir uns der Insel näherten, unter 0, und hielt sich die ganze Zeit über, die wir in ihrer Nähe kreuzten, nämlich am 12. und 13. Mai, zwischen —$1{,}_4$° und —5° C. Als wir uns von ihr entfernten, stieg sie wiederum und sank während zweier Tage, da wir nach Norden und Nordwesten segelten, nicht unter —$1{,}_4$° C. Beim Wasser war dieser Temperaturwechsel noch auffallender, während die Temperatur der Luft zwischen +2° und +$4{,}_2$° C. schwankte, fiel die des Wassers unter den Nullpunkt und hielt sich zwischen —1° und —$1{,}_6$° C. Sobald wir uns aber von der Insel entfernten, stieg sie auf $+2{,}6^{0}$ bis $3{,}3^{0}$ C. und hielt sich auf dieser Höhe, selbst als wir uns den Küsten Spitzbergens näherten. Hier sank sie wieder aus anderen Ursachen, aber doch sehr selten so tief als bei Bären-Eiland.

Diese auffallende niedrige Temperatur der Luft und des Wassers rührt nicht blos vom Treibeise her; denn wir trafen Eis im Wasser, dessen Temperatur über 0° war, zum Beispiel am 14. Mai, wo wir längere Zeit durch Treibeis segelten, während das Meerwasser 3° Wärme hatte. Da wir auf unserm Course in nordwestlicher Richtung wärmeres Wasser, in der Richtung nach Osten und Nordosten aber kälteres antrafen, so folgt daraus, daß das letztere aus diesen Gegenden kommt. Personen, die auf Bären-Eiland überwintert haben, theilen mit, das Meer befinde sich zuweilen rings um die Insel, den größeren Theil des Winters über, frei von Treibeis und friere blos an den Küsten zu; das Treibeis komme aber immer aus Norden, Nordosten und Osten. Der Schiffer, welcher — nach Keilhau — auf Bären-Eiland überwinterte und über die klimatischen Verhältnisse dieses Winters berichtete, sagt, in der Weihnachtswoche sei Regen und Schnee gefallen, der April aber der kälteste Monat gewesen, weil das Eis da erst die Insel rings eingeschlossen. Im Mai brach es auf, das erste Treibeis aber erschien im Juli, von Nordost kommend. Erwägt man, daß der Golfstrom mit seinem wärmeren Wasser seine östliche Grenze westlich von der Insel hat, so wird man erkennen, daß der Grund für die Erniedrigung der Temperatur während der Sommermonate in diesen eigenthümlichen Verhältnissen der Insel zu finden ist. —

Das Eis, welches wir bis dahin durchsegelt hatten, bestand aus Treibeis oder größeren und kleineren aufeinander gehäuften Eisstücken. Werden die Eisblöcke durch den Einfluß des Windes und der Wellen dicht auf einander gestapelt, so nennt man sie Packeis oder „Schraubeneis", englisch „hummocks." Solch ein Packeis bildet gewöhnlich ein undurchbringliches Hinderniß. Aber bei Bären-Eiland trafen wir nur auf loses, sogenanntes „segelbares" Treibeis.

Ein solches Segeln durch Eis erfordert immerhin eine eigene Methode und große Erfahrung. Am oberen Ende des Mastes ist eine Tonne befestigt, in welcher sich ein des Eises kundiger Mann befindet. Er ist der Späher, des Schiffes Auge gleichsam, und schaut sich nach den Lücken um, durch welche man gelangen kann; seinem Wink folgen Schiffer und Steuermann; auf sein Wort hört Jeder; alle Mann befinden sich auf Deck, um, wenn es erforderlich, das Fahrzeug weiter zu schieben, oder seine Flanken gegen den Anprall der schwersten Eisblöcke zu schützen; immer unter Geschrei und Lärmen, unterbrochen von des Ausschauenden „luff" und „fall", der warnenden Stimme aus der Höhe. Der Wind mag immerhin kräftig wehen, das Meer bleibt ruhig, weil die ziehenden Massen die Wellenbildung verhindern; nur ein Sturm vermag eine Art Dünung zu erzeugen. Sonst wäre auch die Gefahr zu groß. Das Fahrzeug wendet sich hierhin und dorthin. Zuweilen findet es einen etwas freien Weg. Dennoch muß es sich manchen Stoß gefallen lassen und bedarf seines verstärkten Steven und Buges und seiner inneren Verkleidung. Des Steuermanns ganze Aufmerksamkeit aber ist auf das Steuer gerichtet und daß es keinen Schaden nehme. Für die Meisten von uns war es etwas Neues, als das Fahrzeug gegen einen Eisblock prallte und in seinen Fugen erbebte. Einer äußerte: „Das wird fortan unsere Musik sein!" Und in der That, wir gewöhnten uns bald daran. Ein kleineres Schiff hat vor einem größeren den Vortheil voraus, daß es verhältnißmäßig fester ist und seinen Weg leichter durch das Eis findet.

Das Eis selbst verfehlte nicht auf unsere ungewohnten Augen einen neuen eigenthümlichen Eindruck zu machen. Wie sehr auch manche Reiseschriftsteller die Größe und die vielgestaltigen Formen der Eisstücke übertrieben haben, das Schauspiel fesselt uns doch wunderbar. Man glaubt eine weite Schärenflur schwimmender Inseln vor sich zu haben im mannigfaltigen Wechsel von Formen und Farben. Bald ist es ein von zwei unförmlichen Pfeilern getragener Block, nicht unähnlich einem Riesenmonumente, bald ein ungeheurer Pocal oder ein Schiffssegel. Jetzt erscheint ein Tisch oder Pilz mit smaragdgrünem Fuß und schöngestaltetem schneeweißen Hute, bald darauf ein Schwan mit graziösem Halse und weißen Schwingen. Oft ist die Oberfläche der Eisstücke wagrecht und eben, oft aber das eine Ende heruntergedrückt und das andere steht zerklüftet in die Höhe. Die Bruchflächen wechseln von Blau zu Grün; Schnee bedeckt die Oberfläche, zuweilen auch ein schmutziger, erdiger Grus der Küsten, von welchen die Eisblöcke ausgegangen sind. Auch wenn das Meer ruhig ist, gleiten doch diese Erscheinungen mit den Strömungen an uns vorüber. Bald liegt das seltsame Bild in den Strahlen der tiefstehenden Mitternachtssonne vor uns, bald hier und da in den Nebel des arktischen Meeres gehüllt. Wenn die Wellen, unermüdlich an den Blockkanten leckend, einen Theil des Eises fortspülen, entstehen jene sonderbaren Gestaltungen: nach obenhin überhangende Massen, unter der Oberfläche des Wassers aber vortretende Spitzen und Kanten, dem unvorsichtigen Schiffer heimlich Verderben bereitend. —

Den 13. Mai um Mittag befanden wir uns in 74° 25′ nördl. Br. und 17° 3′ östl. L. Wir waren also durch das Kreuzen am letzten Tage ein wenig nördlicher und westlicher gekommen. Der Wind wehte den ganzen Tag über aus Norden; das Wetter war kalt; dann und wann fiel etwas Schnee. Bären-Eiland verloren wir Nachmittags aus dem Gesicht. Die „Seepferde" zeigten sich seltener, die Alken dagegen häufiger. Die ersteren folgten noch immer im Fahrwasser, die Alken flogen dem Schiffe entgegen, tauchten unter dessen Kiel unter und erschienen nach einer Weile wieder ein Ende seitwärts.

Den 14. Mai Vormittags trafen wir Treibeis noch häufig, sogenanntes Baieneis, oder, wie die Spitzbergenfahrer es auch nennen, „diesjähriges Eis." Der Wind wehte aus Nordnordost. Wir kreuzten und änderten unsern Cours, je nach der Lage des Eises. Um Mittag befanden wir uns in 74° 40′ nördl. Br. und 15° 14′ östl. L. Sobald wir aus dem Eise gelangten, das hier in einem 3 Grad warmen Wasser schwamm, wurde es still; zuweilen kamen Windstöße aus Westen, Süden und Südwesten; auch schneite es ein wenig. Später sprang der Wind nach Norden herum, blieb nördlich und nahm gegen Abend zu. Die Zoologen fingen zahlreiche Mollusken, Crustaceen und Medusen, die in ungeheuren Mengen hier das Meer bevölkern.

Die Temperatur, welche sich bis zum 14. Morgens eben so niedrig wie bei Bären-Eiland gehalten, stieg am Tage etwas, ohne doch im Laufe des 15. $+0{,}_2{}^0$ C. zu übersteigen. Am Morgen stießen wir wieder auf ein Eisband. Der Wind verblieb in derselben Richtung und Stärke, ging aber gegen Abend nach Nordosten herum und wurde matter. Es schneite beinahe den ganzen Tag. Am Mittage befand sich Magdalena in 74° 45′ nördl. Br. und Nachmittags 4 Uhr in 13° 59′ östl. L. Den 15. zeigten sich uns zum ersten Male Walfische. Wir hörten ihr Blasen schon aus weiter Ferne. Sie kamen uns ganz nahe, steuerten geradeswegesauf das Fahrzeug los und folgten ihm zu zwei, drei und vieren eine Weile. In ihrer scheinbaren Unbeweglichkeit glichen sie kolossalen auf dem Meere treibenden Balken. Es waren Finwale, dem Delphingeschlecht Hyperoodon angehörig, mit stumpfer Stirn und aufrecht stehenden, nach hinten gerichteten Rückenflossen, nach oben zu grünlichgrau, nach unten zu heller.

Am Mittag des 16. waren wir in 74° 59′ nördl. Br. und 11° 11′ östl. L. Der Wind wehte aus Nordnordost, also uns dauernd entgegen; gegen die Nacht hin ging er nach Westen herum. Die Temperatur blieb dieselbe wie am Tage vorher, doch stieg sie etwas gegen den Mittag hin. Nachmittags schneite es unbeträchtlich. Am Abend um 9 Uhr nahmen wir den Cours nach Nordost. Am 17. Vormittags 2 Uhr wurde von der Magdalena die zweite Flasche ausgeworfen. Mittags befanden wir uns in 75° 18′ nördl. Br. und 11° 19′ östl. L. Der Jahrestag der norwegischen Verfassung wurde mit Ausflaggen des Schiffes und einer Extraverpflegung gefeiert. Der Wind nahm mehr und mehr ab. Ein Segel wurde sichtbar; am folgenden Tage kamen zwei in Sicht. An diesen Tagen empfingen wir Besuch von Schneesperlingen (Emberiza nivalis), die aus dem Süden zurückkehrten und sich auf dem Takelwerk und Deck des Schiffes niederließen. Es befanden sich unter ihnen auch einige ein Jahr alte Junge. Sie schienen sehr ermüdet und zeigten nicht die geringste Furchtsamkeit. Nach einer kurzen Ruhe setzten sie ihren Flug nach Norden fort.

Den 17. und 18. war der Wind fast immer schwach und das Meer ruhig. Torell beschloß daher auf dem Aeolus eine Tiefenmessung vorzunehmen. Um aus der bedeutenden Tiefe des Oceans Proben vom Grunde und mit denselben — wie man hoffte — ein oder das andere Thier oder Gewächs, die dort unten noch leben könnten, heraufzuholen, war die Expedition mit zwei, unter Chydenius' Leitung in Tromsö sorgfältig verfertigten Apparaten versehen. Der eine war ein Instrument für Tiefmessungen nach Brooke's Modell, der andere ein Bodenhauer, in der Hauptsache mit demjenigen übereinstimmend, welcher kurz vorher auf dem Fahrzeug Bulldog benutzt war und unter dem Namen Bulldog Machine bekannt ist, nur mit wesentlichen Verbesserungen. Von einem mit fünf Matrosen bemannten Boote aus bewirkte Chydenius die Messung, während Aeolus in der Nähe kreuzte. Sie währte von 4 bis 9 Uhr Nachmittags. Mit der Bulldog-Maschine wurde bei 1,200 Faden der Grund erreicht, jedoch wirkte der Apparat nicht. Das Aufwinden erforderte zwei Stunden Zeit. Nach einer Weile wurde er wieder hinabgelassen, diesesmal mit Brooke's Apparat, der den Grund in 1,320 Faden Tiefe erreichte. Ein wenig Thon und kleine, beinahe mikroskopische Thiere: Polythalamien, waren die ganze Ausbeute.

Den 18. Nachmittags wurde die Tiefmessung in ungefähr 75° 40′ nördl. Br. und 12° 31′ östl. L. erneuert. Mit Brooke's Apparat erreichte man den Boden bei 1,000 Faden, mit der Bulldog-Maschine bei 1,050 Faden, da die zum Senken des Apparats bestimmten Kugeln bei 50 Faden Tiefe verloren gingen und erst wieder neue vom Aeolus geholt werden mußten. Der Apparat bewies sich als vollständig brauchbar, woran man, trotz früherer Versuche, nach den Erfahrungen des letzten Tages hatte zweifeln müssen. Nach der Rückkehr wurde die Ausbeute untersucht. Der heraufgezogene Thon bestand aus verschiedenen Lagen mit Organismen, unter anderen Aneliden und Holothurien, Thierklassen, die man früher in so bedeutender Tiefe nicht angetroffen. Wir waren mit dem Funde natürlich sehr zufrieden. —

Mittlerweile hatte sich ein Schneewetter erhoben. Die beiden Fahrzeuge konnten sich nicht mehr wahrnehmen und steuerten jedes für sich nach dem verabredeten Punkte. Die Finwale, die uns schon seit dem 15. Gesellschaft geleistet, hatten aufgehört. Die Zone des Eismeeres, in welchem sie sich aufhielten, hatte eine wechselnde Temperatur von $+2{,}_5{}^0$ und $+3{,}_8{}^0$ C. und die Farbe des Wassers war eine schöne azurblaue. Als wir uns aber den 18. Mai in 75° 45′ nördl. Br. und 12° 31′ östl. L. befanden, sank die Temperatur, zwischen 0° und $+1{,}_3{}^0$ C. schwankend, und das Wasser zeigte eine schmutziggrüne Farbe, die zum großen Theile von einer Menge mikroskopischer, schleimiger, übelriechender Algen, aus den Familien der Diatomaceen und Desmidiaceen, herrührte. Wir hatten die Grenze des an seiner blauen Farbe erkennbaren Golfstromes und des eigentlichen Eismeeres überschritten. Finwale ließen sich erst wieder im September auf unserer Rückreise in 78° nördl. Br. sehen. Auch dort betrug die Temperatur des Wassers ungefähr $+3{,}_8{}^0$ C. Diese Beobachtung ist interessant. Sie macht es wahrscheinlich, daß Finwale sich niemals im kälteren Wasser aufhalten, und daß dieser Wärmegrad die Grenze ihres Vorkommens nach Norden hin bestimmt. Doch muß man sich vergegenwärtigen, daß diese Grenze im Sommer einige Grade nördlicher liegt als im Winter.

Der 19. Mai war ein sehr schöner Tag, obwohl der Thermometer nicht über den Gefrierpunkt stieg und der Wind, wie früher, aus Norden wehte. Um Mitternacht erblickten wir zum ersten Male die Sonne vollkommen klar im Norden, wie sie ihre Strahlen über das Meer und das Treibeis goß, welches wir in der zweiten Nachthälfte durchsegelten.

Wie sehr auch der Anblick der Mitternachtssonne von denjenigen gepriesen wird, welche oft weite Reisen machen, blos um während einer einzigen Nacht ihre Herrlichkeit von einem hohen Berge zu schauen, so kann doch ihre großartige Schönheit und ihr heilbringender Nutzen nirgends so bewundert und erkannt werden, als in diesen Regionen, wo sie — wenn auch oft in Nebel gehüllt — nicht mehr untergeht und der einzige Leitstern inmitten des polaren Eismeeres ist.

Das erste Mal berechnete Nordenskiöld hier die Polhöhe nach der Mitternachtssonne und fand sie 75° 49′. In der Nacht zum 20., da Aeolus sich in 76° 9′ nördl. Br. und 11° 49′ östl. L. befand, wurde die Beobachtung wiederholt. Treibeis, welches den ganzen vorhergehenden Tag erst im Osten, dann im Südosten sichtbar gewesen, später im Norden, trafen wir wieder an. Wir segelten beinahe den ganzen Tag darin. Es war nur mit Schnee bedeckt und viel großartiger und mannigfaltiger gestaltet als bei Bären-Eiland. Schaaren von Rotjes (Mergulus Alle) und Teisten (Uria grylle) wimmelten fliegend und tauchend zwischen dem Treibeise; das Wetter war das schönste von der Welt, obwohl die Temperatur den ganzen Tag —1° nicht überstieg. Der Wind ließ nach und Nordenskiöld, Malmgren und Chydenius fuhren auf die Jagd nach Vögeln. Das Boot war bald hinabgelassen und glitt zwischen den hohen Eismassen auf der ruhigen Wasserfläche dahin. Daß eine schwache Dünung vorhanden, konnte man erkennen, wenn das Wasser an die Eisblöcke spülte und diese seinen Schwingungen langsam folgten. Die Luft war klar und blau, der Himmel hier und da mit Wölkchen bestreut; in Verbindung mit den durchsichtigen blauen Bruchflächen des Eises verlieh er der ganzen Umgebung zugleich entzückende Schönheit und feierlichen Ernst. Aeolus kam nur unmerklich vorwärts, die Segel hingen schlaff herab, die lungernde Besatzung blickte in die Nähe und Weite, und die Vögel kamen furchtlos dem Schiffe ganz nahe. Alles athmete Frieden und Ruhe, allein unterbrochen von vereinzelten Schüssen und dem Flügelschlage der aufgescheuchten Vögel. Dann wieder dieselbe feierliche Stille. Nachdem die Drei etwa zehn Rotjes und einige Teiste erlegt und zur Genüge das Eis und die Scenerie betrachtet hatten, die sich übrigens von der Oberfläche des Wassers aus weit besser ausnahm, als vom Deck des Schiffes, kehrten sie an Bord zurück. Der Wind sprang nach Südost herum, eine gute Brise füllte die Segel, und in rascherer Fahrt als bis dahin fuhren wir nach Norden.

Aus der Erscheinung der Vögel konnten wir schließen, daß wir uns nicht fern von Land befänden, und in der That am Mittage kam es in Sicht. Schon Vormittags hatte man auf dem Aeolus geglaubt, den Schimmer eines aufdämmernden Landes wahrzunehmen. Auch ein Segel erschien nordnordöstlich, doch nicht das Fahrzeug unserer Gefährten, nach denen wir ununterbrochen bis 10 Uhr Abends ausschauten. Endlich zeigte sich uns im Nordwesten die bekannte Gestalt der Magdalena.

Die Slupe hatte nach der Trennung vom Aeolus ihren Cours mehr westlich genommen, überall, wo sie auf Treibeis gestoßen, sich etwas nach Westen und Norden gehalten, und so — weniger vom Eise belästigt — einen Vorsprung vor uns erlangt. Den 19. traf sie wiederholt auf Eis und warf zwei Flaschen aus; den 20. befand sie sich in 76° 21′ nördl. Br. und 9° 17′ östl. L. Wie Aeolus war sie durch blaue und grüne Strömungen gekommen, mitunter rückwärts getrieben, ohne jedoch von Dünungen beunruhigt zu werden. Es hatten sich Wale gezeigt, einige ganz nahe, immer aber nur von unbedeutender Größe. Fern im Osten nahm man den Schimmer von einem Schneelande wahr, das ein Neuling leicht für bloße Wolkenhaufen gehalten haben würde, aber die Kundigen behaupteten, es wären die schneebedeckten Spitzen der Bellsundstinde.

Das Land, welches am vergangenen Tage nur das geübte Seemannsauge oder die Phantasie zu erblicken glaubte, wurde am 21. wirklich wahrgenommen und zeigte sich immer deutlicher. Es war Spitzbergen.

Nachdem die beiden Schiffe mit dem frischen Südost nach Norden gesteuert, befanden sie sich Mittags ziemlich nahe bei einander und gemäß Messung des soeben aus den Wellen aufgetauchten Landes in 77° 54′ nördl. Br. und 10° 35′ östl. L., übereinstimmend mit der Coursberechnung der Logbücher.

Morgens um 5½ Uhr erkannte man von der Slupe aus deutlich die Bergspitzen um den Bellsund und Eisfjord, um 9 Uhr aber erblickte man von beiden Schiffen Prinz Charles Vorland. Mittags sahen wir schon deutlich die noch schneebedeckten Spitzen und segelten Nachmittags mit günstigem Winde längs seiner langgestreckten Küste. Das Land erinnerte sehr an Norwegen, wie wir es in seiner Wintertracht verlassen hatten, nur deuteten die in's Meer senkrecht abstürzenden Gletscher mit ihrer schönen grünblauen Farbe auf ein weit kälteres Klima. Eine niedrige, nicht erhebliche Landstrecke theilt die Insel in zwei Gruppen wild zer-

Prinz Charles Vorland.

rissener, wenngleich nicht sehr hoher Alpen. Aus dem wilden Chaos von Spitzen und Kämmen erhebt sich hier und da ein vereinzeltes Berghaupt, der gewaltige, doppelgipfelige „Sortepynt" (die alte Swart-Hoek der Holländer), dessen dunkle Felsmassen mit dem ihn rings umgebenden Schnee contrastiren, und der prächtige sattelförmige 4,500 Fuß hohe Berg am Nordende der Insel, von Kopf bis zum Fuß in einen einzigen Schneemantel gehüllt. Der Wind wehte besonders Nachmittags durchdringend kalt, die Temperatur schwankte zwischen —3° und —4° C., aber das Meer war vollkommen eisfrei, mit Ausnahme eines kleinen Stückes schwimmenden Gletschereises. Die Temperatur des Wassers von Bären-Eiland bis Prinz Charles Vorland war nicht unter

Die drei Kronen.

$+0{,}4^{0}$ C. gewesen, mit Ausnahme der Fahrt durch das Eis am 20., wo die Beobachtungen $-0{,}2^{0}$ und $-0{,}3^{0}$ C. ergaben.

Am 21. Mai Abends 8 Uhr passirten wir die Nordspitze des Vorlandes. Die Luft zeigte jene außerordentliche Klarheit und Durchsichtigkeit, welche diesen Gegenden eigenthümlich ist. Als wir kurz darauf an den Oeffnungen der Kings- und Croß-Bai vorübersegelten, zeigten sich uns, im Gegensatz zu den wilden Bergspitzen des Vorlandes und der übrigen Umgebungen, die sogenannten drei Kronen, welche sich gleich drei Pyramiden, weit im Osten, im Grunde der Kings-Bai, aus dem meilenweiten Gletscherbette erheben. Sie waren ganz mit Schnee bedeckt, mit Ausnahme der beinahe senkrechten Abfälle, welche gleich rothen Bändern in dem Sonnenscheine leuchteten und sich scharf von der glänzend weißen Schneehülle abhoben.

Dann folgte eine Strecke von etwa 15 englischen Meilen, welche fast ganz von einem einzigen ungeheuren Gletscher eingenommen wird, nur hier und da unterbrochen und getheilt von aufragenden Felsgraten. Darum wird er „die sieben Eisberge" genannt. Die unerhörte Eismasse stürzt in steilen Abbrüchen und Wänden in's Meer; nach dem Innern des Landes zu zieht sie sich unabsehbar hin.

Am Morgen des 22. passirten wir Magdalena-Hook, Deenes-Eiland und Amsterdam-Eiland mit seiner nördlichen, berüchtigten Spitze Hakluyts Headland. Die Slupe erhielt den Befehl, wenn möglich einen Hafen bei den Norsköer (Norway Islands) oder bei Cloven Cliff aufzusuchen. Aber sie traf bald auf Packeis, welches nördlich von „Vogelsang" zwischen dem Festlande, den Norsköer und Cloven Cliff festlag und, so weit das Auge reichte, nach Norden und Nordwesten sich erstreckte. Es wurde daher beschlossen, einen Ankerplatz nördlich von Amsterdam-Eiland aufzusuchen und von dort aus im Boot die Lage des Eises zu erforschen. Der Wind nahm mehr und mehr ab und hörte schließlich ganz auf. Am Nachmittage warf Aeolus neben der Magdalena, die einen Vorsprung von einigen Stunden gehabt, bei zwölf Faden Tiefe vor Amsterdam-Eiland Anker. Vier andere Fahrzeuge, welche wir schon am Morgen in Sicht bekommen, lagen in unserer Nähe, da auch sie wegen des Eises nicht weiter vordringen konnten. Es waren Walroßfänger von Hammerfest und Tromsö.

## Drittes Kapitel.

Bootfahrt behufs Untersuchung des Eises. — Walroß- und Seehundsjagd. — Ausflug zum Amsterdam-Eiland. — Eine Bootfahrt nach Norden. — Besuch der Kobbe-Bai. — Ein Süßwassersee. — Segeln nach Norden und längs der Nordküste von Spitzbergen. — Sturm und Kreuzen in der Wijde-Bai. — Süßwasserseen. — Ankunft in der Treurenberg-Bai.

Wie sonderbar es auch dem ungewohnten Auge erscheint: die Lage des Treibeises wird von Wind und Strömung oft urplötzlich verändert, und es bildet sich ein Weg, wo man es am wenigsten erwartete. Es kam uns darauf an, bald zu erfahren, ob wir noch irgend eine Aussicht hätten, nordwärts von Spitzbergen weiter zu kommen. Kaum war daher der Anker gefallen und das Schiffsdeck von den Booten klar gemacht, als eine Bootpartie zu diesem Zwecke ausgesandt wurde. Sie bestand aus Dunér, Chydenius und drei in diesen Gewässern am meisten fahrkundigen Männern: dem Lootsen Uusimaa, dem Harpunirer vom Aeolus, Hellstad, und einem Matrosen von der Magdalena. Sie sollten an der großen Norskö landen, um magnetische Beobachtungen anzustellen, an demselben Punkte, wo Sabine es schon vor 38 Jahren gethan, während die Mannschaft vom höchsten Punkte der Insel die Lage des Eises nach Osten hin zu erkunden hätte. Nachdem dieselben das Schiff um 5 Uhr Nachmittags am 22. Mai verlassen hatten, versuchten sie zuerst zwischen der Insel Vogelsang und dem festen Lande nach Osten vorzudringen, doch war dieses wegen des Treibeises, das den Sund ausgefüllt und ein norwegisches Fahrzeug fest eingeschlossen hatte, unmöglich. Man wandte sich daher nach Nordost, um Cloven Cliff oder die Norsköer von Westen zu erreichen; doch vergebens. Auch der Versuch, von Norden aus zu

Oestliche norwegische Insel.
Nordspitze.

ihnen zu gelangen, wurde durch das Treibeis zunichte. Die Boote mußten zwischen über die Eisstücke gezogen werden, und man kam so langsam vorwärts, daß man schließlich einsah, auf die Weise sei das Ziel nicht zu erreichen. Dazu war die Temperatur während der stillen kalten Nacht bis auf —1,5° C. gesunken, so daß sowohl im offenen Wasser wie zwischen den Eisstücken sich Eis bildete, welches das Rudern je länger desto schwieriger und schließlich unmöglich zu machen drohte, denn die neugebildeten Eisnadeln erschwerten es mehr und mehr. Mittlerweile konnte man von 10 bis 12 Fuß hohen Eisstücken aus die Beschaffenheit der Eisfelder, selbst bis Grey-Hook hin, ganz deutlich erkennen. Jenseits dieser Spitze zeigte sich eine offene Rinne, aber der Weg bis dahin war von einem breiten Eisgürtel geschlossen, der, so weit das Auge reichte, sich nach Nordosten fortsetzte. Dieses Eis erschien überall zerbrochen, und da nirgends ein zusammenhängendes Eisfeld zu erblicken, so konnte man allerdings vermuthen, daß es unserm Schiffe den Weg nicht verschließen werde, wenn nur ein Ost- oder Südostwind ihm zu Hülfe käme. Da die Partie es unmöglich fand, nach Nordosten vorzudringen, so wandte sie sich nach Nordwesten, wo beinahe das ganze Meer offen schien. Nur hier und da ließ sich ein vereinzeltes Eisstück sehen. Als sie ungefähr den 80. Grad erreicht hatten — nach der Entfernung von Cloven Cliff gerechnet — und das Eis mehr gepackt auftrat, während der Treibeisgürtel im Nordosten sich unverändert zeigte, ruderten sie zu einem Schiffe, das sich die ganze Zeit über von einem schwachen Winde hatte treiben lassen. Der Führer desselben, der erfahrene Quäne Mattilas, theilte ihnen mit, daß auch im Norden die Passage durch ein Eisband vollkommen geschlossen sei, was man auch vom Mastkorb aus deutlich wahrnehmen konnte. Mit dieser Nachricht wandten sie zu ihrem Fahrzeuge zurück, anfangs von einer aus Norden wehenden Brise begünstigt. Dann wurde es still und sie mußten zu den Rudern greifen. Am Morgen des 23. Mai 7 Uhr waren sie dann wieder an Bord.

Während der ganzen Fahrt bis zur Höhe von Vogelsang hatten sich keine anderen Thiere gezeigt als Alken und Teiste, die in ungeheuren Schaaren nach Norden zogen, um ihre alten Brutplätze aufzusuchen. In derselben Nacht erblickte man vom Schiffe aus große Schaaren von Gänsen (Anser Bernicla), die nach Nordosten, vielleicht zu einem noch nördlicheren Lande als Spitzbergen strebten. Die Walroßjäger sind von der Existenz eines solchen Landes vollkommen überzeugt, denn wie weit man auch nach Norden vordringe, solche Schaaren ziehender Vögel sehe man in raschem Fluge immer weiter ihren Weg nehmen.

„Als wir noch ganz mit dieser Hypothese beschäftigt waren, deren Feststellung der Zukunft vorbehalten ist, wurden wir durch ein Abenteuer unterbrochen, das um so weniger unbeschrieben bleiben darf, als es für uns den ganzen Reiz der Neuheit hatte. Zwei von der Besatzung waren, wie schon erwähnt, Harpunirer und gehörten zu den besten Walroßjägern. Die mit Spitzkugeln geladenen Gewehre lagen zur Hand, die blankgeschliffenen Lanzen und sorgfältig aufgewickelten Fangleinen an ihren bestimmten Stellen, und die Harpunen hingen vorne neben dem sitzenden Harpunirer, der ebenso wie der nicht minder geschickte Lootse — welcher mit dem hintersten Ruderpaar das Boot steuerte — eifrig nach der erwarteten Beute spähte.

„Bis dahin war uns nichts zu Gesicht gekommen. Nun aber gab der Ruderer zu erkennen, daß in der Ferne, wohin er mit seiner Hand wies, Walrosse wären. In der angedeuteten Richtung nahm man in der That auf dem Eise zwei schwarze Punkte wahr, die ein ungeübtes Auge, bei einem solchen Abstande, niemals beachtet und noch weniger für Thiere gehalten haben würde. Die Jäger behaupteten indessen, es wären zwei auf einem Eisblock schlafende Walrosse; wir setzten daher unsere Fahrt fort, um zu erkennen, wie weit zwischen dem Treibeise die Thiere lägen. Es wurde kurz berathen, wie man am besten und leichtesten ihnen auf den Leib rücken könne. Wir beschlossen in eine offene Rinne oder Eisbucht zu gehen, an deren Ende wir ungefähr hundert Ellen weit unsern Weg zwischen den Eisstücken nehmen mußten, um in die Schuß- und Wurflinie zu kommen. Als wir begannen längs dieser Rinne hastig vorwärts zu kommen, erschienen die Thiere noch immer nur als ein paar gelbbraune unförmliche Klumpen. Plötzlich tauchten ganz in der Nähe des Bootes die Köpfe zweier Walrosse aus dem Wasser auf, mit ihren beiden langen, weißen, vom Maule nach unten stehenden Hauern. Einen Theil des runden unförmlichen Körpers über die Oberfläche hebend, betrachteten sie das Boot, um sofort, mit dem Kopfe voran, unterzutauchen. Einige Augenblicke darauf kamen sie wieder in die Höhe, aber es schien nicht rathsam, sie zu verfolgen, um nicht die zuerst als Beute auserkorenen Thiere zu verscheuchen. Mittlerweile waren wir diesen so nahe gekommen, daß der Harpunirer zu rudern aufhörte, seine Leine an der Harpune befestigte und diese auf die Lanze steckte. Er stand nun an der Spitze des Bootes und bezeichnete mit der Hand den Weg, welchen das Boot nehmen sollte. Nur das Nothwendigste wurde gesprochen; die acht umwickelten Ruder tauchten sich unhörbar in das Wasser, und in stiller aber hastiger Fahrt glitt das Boot über die Fläche. Die Thiere rührten sich nicht. Endlich gelang es uns, hinter einen gewaltigen Eisblock zu kommen. Man brauchte nun nicht länger zu befürchten, daß die Thiere verscheucht würden, sondern begann nach der Anweisung der Harpunirer sich mit Rudern und Bootshaken durch die Eisschollen hindurch zu arbeiten. Bald befand sich nun das Boot dicht unter dem großen Eisblock, an welchem sich die Dünung in schäumender Brandung brach, während sie die kleineren Eismassen in schaukelnde Bewegung versetzte. Diese Brandung mußte vermieden werden; das Boot kam wieder in den Gesichtskreis der Walrosse; und obwohl jenes Getöse das durch die Bewegung des Bootes im Eise verursachte Geräusch fast ganz verschlang, dauerte es doch nicht lange, bis die Thiere sich zu rühren begannen und das eine von ihnen den Kopf erhob. Augenblicklich hielt das Boot an; Alle kauerten, so gut es ging, nieder, und man hörte nur ein wisperndes: „Seid still!“ — Der Harpunirer stellte sich mit seiner Harpune bereit, und die Gewehre lagen ihm so nahe als möglich zur Hand. Noch einige Faden, und die Harpune konnte sie erreichen, während die Thiere wieder ihre Köpfe in die Höhe hoben, uns mit stolzen Blicken betrachteten und den oberen Theil ihres Körpers aufrichteten, wobei die dicke Haut am Halse sich in große Falten und Wulste legte.

„Sie gehn 'runter! — Schieß! — Ich den — Du den — dicht hinter dem Ohre!“ Das Boot hielt an, die Harpune pfiff durch die Luft, zugleich fielen zwei Schüsse. Beide Thiere sanken auf's Eis, das eine ohne sich zu rühren, — denn die Kugel des Lootsen hatte es getroffen — das andere gab noch Lebenszeichen von sich. Dunér reichte seine Büchse dem Steuermann. Wieder ein Knall. Der Blutstrom aus dem Halse zeigte, wo die Kugel saß. Das Thier erhob sich mit seinem halben Leibe. — „Schieß, ich kann nicht die Büchse nehmen“ — rief Uusimaa Chydenius zu. Der Schuß fiel, das Thier sank, und ein neuer Blutstrom aus der

Brust ließ hoffen, daß es genug habe. Aber das Walroß war schon mit einem Theil seines Körpers über der Eiskante, es fiel in's Wasser und verschwand.

„Das Boot schoß nun an die Kante der flachen Eisscholle, auf welche wir Alle sofort sprangen. Das zurückgebliebene Walroß, ein Thier von zehn Fuß Länge, erhielt der Sicherheit wegen noch einen Lanzenstich und wurde seiner Haut mit dem drei Zoll dicken Speck, sowie seines Kopfes nebst den 1½ Fuß langen elfenbeinartigen Zähnen beraubt. In diesem Falle hatte nicht die Harpune, sondern die Büchse die Entscheidung herbeigeführt. Die Kugel war in der That hinter dem Ohre eingedrungen, der einzigen Stelle, wo sie augenblicklich tödtet. Denn trifft sie eine andere Stelle des Kopfes, so prallt sie entweder von dem unglaublich harten Schädel ab, oder sie verletzt zwar einen Theil des Gehirns, doch hat dieses nicht unmittelbar den Tod zur Folge. Dringt sie in einen andern Theil des Körpers, so bleibt sie unschädlich in der dicken Specklage sitzen, — man trifft oft Walrosse, die solche Kugeln im Körper haben — oder der Tod tritt erst ein, nachdem das Thier das Wasser erreicht hat, was hier der Fall war. Wird ein schwimmendes Walroß tödtlich verwundet, so sinkt es sofort unter; man darf die Büchse in diesem Falle also nur brauchen, um es eine Weile zu verwirren, bis es von der Harpune erreicht werden kann; denn sie und die Lanze bleiben bei dieser Jagd doch immer die Hauptwaffe.

„Wir hatten kaum unser Boot beladen, als eine unzählige Menge von Möwen, welche gleich nach dem Falle des Thieres sich in der Nähe versammelt hatten, auf dasselbe stürzte, um die Ueberreste zu verschlingen. Hier wie überall war die große Möwe (Larus glaucus), welche von dem alten Martens wegen ihrer vornehmen Haltung und steifen Würde den Namen „Burgemeister" erhielt, die zudringlichste und unverschämteste unter den Gästen; demnächst die schöne, schneeweiße Eismöwe (Larus eburneus), Martens „Rathsherr", als Dritte im Bunde aber die eine und andere „Kryckie" (Larus tridactylus) und das „Seepferd".

„Wir waren nicht lange gefahren, als wir wieder die beiden schwimmenden Walrosse zu Gesicht bekamen. Wir konnten ihnen indessen nicht mehr nahe genug kommen, um die Harpune zu brauchen, und der Gewehre bedienten wir uns ohne Erfolg.

„Eine Weile darauf sahen wir wieder ein Walroß. Wir

schickten ihm eine Kugel nach, es tauchte sofort unter, und als es wieder heraufkam, erschien es auf einer ganz andern Stelle, mit offenbaren Zeichen der Verwirrung, tauchte wieder unter, wieder auf, aber nunmehr in voller Raserei. Es stieß ein kurzes Gebrüll aus, erhob sich aufrecht und warf sich hierhin und dorthin. Als das Boot sich ihm näherte, verschwand das große prächtige Thier in der Tiefe und kam erst in so weitem Abstande wieder in die Höhe, daß wir es nicht der Mühe werth hielten, es weiter zu verfolgen."

Wenn man sich dem Walroß nähert, besonders da es auf dem Eise liegt, muß man so still als möglich sein, um es nicht zu erschrecken. Beim Seehund ist dieses nur dann nöthig, wenn er sich auf dem festen Eise neben seinem Loche befindet, denn dann ist er leicht zu verscheuchen. Im offenen Wasser oder zwischen dem Treibeise kann man ihn dagegen durch Pfeifen und andere Töne bewegen, dem Boote näher zu kommen, wie wir auf dieser Fahrt oftmals beobachtet haben. Solche Musik und besonders das Blasen auf der Signalpfeife vermochte einen Seehund ganz nahe an das Boot zu locken. Er hielt dann seinen Kopf lange über dem Wasser, offenbar den reizenden Klängen lauschend, tauchte unter und kam an einer andern Stelle wieder herauf. Ein Büchsenschuß scheuchte ihn nur eine Weile fort.

Den 22. und 23. war ein Jeder in seiner Sphäre thätig. Die Zoologen hatten die Schleppboote im Gange, und wir erblickten zum ersten Male mit freudigem Erstaunen die seltsamen Thiergestalten, die man aus der Tiefe des nördlichsten Eismeeres heraufholte. Die kolossale Crangon boreas mit ihrem schwarzen klumpenförmigen Körper und den heftigen Sprungbewegungen, Haufen aus der zarten Familie der Hippolyten, Myriaden von Merlen und Gammari wimmelten in unseren Netzen und Bodenkratzern, zuweilen auch ein Fisch aus dem Geschlechte Cottus oder Liparis. In dem mit Sand vermischten Thon des Meeresgrundes krabbelten wunderliche Krebse aus der Cumafamilie, ganze Schaaren von Muscheln und Schnecken, Tellina, Yoldia, Astarte und Tritonium, untermischt mit großen, bald festwohnenden, bald nomadisirenden Würmern von bunten, glänzenden Farben: Terebella, Nephtys, Phyllodoce, Polynoë und andere. An dergleichen waren wir nicht gewöhnt. Denn an unseren Küsten sucht man vergebens nach einem solchen Reichthume von Individuen üppigster

Entwicklung, die womöglich die Vorstellungen, welche wir uns auf Grund der Berichte von Augenzeugen gebildet hatten, noch übertraf. Die Excursionspartien gingen nun nach dem Lande ab. Während des ruhigen, angenehmen Wetters bestiegen wir nicht ohne Mühe zuerst das Amsterdam-Eiland. Die Ufer ragten überall mit etwa zehn Fuß hohen senkrechten Wänden, dem sogenannten „Eisfuß", auf, welcher unten aus Eis, oben aber größtentheils aus Schnee bestand und noch von dem letzten Winter herrührte. Mit den Händen und Füßen hauten wir uns Stufen in den festen Schnee und krochen so hinauf. Das ganze Land war noch mit acht bis zehn Fuß tiefem Schnee bedeckt, darauf sich eine harte Kruste gebildet hatte; nur die steilen Bergabhänge, auf denen kein Schnee haften konnte, waren bloß, bewachsen mit Cetraria nivalis, cuculata, islandica und der schwarzen Umbilicaria arctica, diesem „Rothbrode" des hohen Nordens, mit dem schon mancher Polarfahrer sein Leben gefristet hat, nebst noch anderen Flechten. Die braungrünen Matten auf den Absätzen und in den Spalten wurden von Salix polaris und Moosen gebildet, unter denen die häufigsten waren: Ptilidium ciliare, Dicranum scoparium, Rhacomitrium lanuginosum, Gymnomitrium concinnatum, Hypnum cupressiforme, Polytricha und andere. Hier und da ließ sich Cerastium alpinum und Cochlearia blicken, die bekannte Pflanze, welche wider den Skorbut hilft, noch vom vergangenen Jahre, aber beinahe so grün als im Sommer.

Das Wüste und Einsame der ganzen Umgebung wurde in etwas durch das Schreien der Seevögel gemildert, die auf den Klippen hausen, und durch den Frühlingsgesang des Schneesperlings, welcher an den der Lerche erinnert. Am greulichsten erschienen die Rotjes, die in zahllosen Schaaren die Berggipfel umkreisten, an den steilen Abhängen in schnellem Fluge umherschwärmten und ein widriges Girren und Knirren hören ließen. Alken und Teiste saßen in großen Haufen auf den oberen Terrassen. Die ersteren mischten ihr knarrendes Schreien in den betäubenden Chorus, dessen einförmige Melodie nur dann und wann unterbrochen wurde von der klangvollen Stimme der großen Möwe, zurückgegeben von dem Echo der Bergwände.

Die Felsen, welche diese und die rings umliegenden Inseln bilden, sind etwas über 1,000 Fuß hoch. Ihre Basis wird bis zu mehreren Hundert Fuß Höhe von Grus umgeben, scharfkantigen größeren und kleineren Blöcken, oft auf kleineren Stücken ruhend und schwankend, — ein Resultat des Eises — wodurch eine Bergbesteigung im Sommer nicht nur beschwerlich, sondern auch höchst gefährlich wird, da die Stücke leicht in's Rollen kommen und wohl gar einen ganzen Bergsturz verursachen. Die Felsen bestehen zum größten Theile aus gewöhnlichem, feinkörnigem Granit, und ihre rundgeformten Rücken erinnern an die ähnlichen Granitbildungen Schwedens. Auf Amsterdam-Eiland geht er in Gneisgranit und Glimmerschiefer über, mit Adern von wirklichem Granit. Wirft man von hier den Blick auf die eigenthümlichen sargförmigen Kämme, die dem Festlande eigen, so erkennt man sofort, daß man das Gebiet des Gneises und Glimmerschiefers vor sich hat. Der Gneisgranit ist für den Mineralogen hier von geringem Interesse. Es treten einige Gänge von Urkalk auf mit schön ausgebildeten Mineralien, die man leicht mit den in unseren Kalkbrüchen vorkommenden verwechseln könnte: Idokras, Kalkgranat, Wallastonit, Augit, Skagolit, Chondrodit, Graphit und andere.

Das Jagdboot der Magdalena, welches den 23. seine erste Ausflucht machte, brachte ein Walroß und eine Menge von Vögeln, die sich bei einer solchen Jagd einzufinden pflegen, heim. In der Nacht vorher hatten Dunér und Blomstrand auf einer Bootexcursion zwei Seehunde geschossen. Die Mannschaft war die ganze Zeit über mit der Reinigung des Fahrzeuges von draußen und drinnen und mit anderen nothwendigen Schiffsarbeiten beschäftigt.

Der Führer unseres Schiffes hatte unsern gegenwärtigen Ankerplatz immer für ein wenig unsicher erachtet: er lag nach dem Meere geöffnet da und war den von Norden her treibenden Eisschollen ausgesetzt. Die Slupe war schon einmal fertig gemacht, um zur Kobbe-Bai, bei der etwas südlicheren Danskö (Deenes-Eiland) abzugehen, aber man meinte, dem aufgehenden Eise so nahe als möglich bleiben zu müssen, und verweilte daher noch länger hier.

Den 24. Mai wehte ein starker Nordost. Magdalena, die nur vor einem Anker lag, um ihn jeden Augenblick lichten zu können, trieb am Morgen dem Lande zu, zog die Segel auf und ging nordwärts, um das Eis zu untersuchen. Mittlerweile kam von einem nahen nördlichen Hafen ein Schiffer Namens Rönnbäck an, welcher Torell von der Lage des Eises unterrichtete und von diesem für die Magdalena den Befehl erhielt, zur Kobbe-Bai abzugehen, wohin auch er, nach einer kurzen Recognoscirungsfahrt zu kommen gedachte. Da Magdalena das Eis dichter als früher gepackt fand, so änderte sie sofort ihren Cours, aber schon hatte sich ein Treibeisband gebildet, das von den nördlichen Inseln nach dem Amsterdam-Eiland herunterging. Nach einigem Suchen glückte es ihr trotzdem eine Straße durch diesen Eisgürtel zu finden, welchen auch Aeolus durchsegelte. Dieser hatte um 1 Uhr Nachmittags die Anker gelichtet, nachdem man lange Zeit vergebens auf Nordenskiöld gewartet, der am Morgen mit dem Jagdboote und vier Mann auf eine Eisrecognoscirungsfahrt ausgegangen war. Später am Tage wurde es windstill. Magdalena ankerte eine Weile in dem kleinen Sunde zwischen dem Amsterdam- und Deenes-Eiland, Deens-Gat genannt, bis eine schwache Brise ein im Wege liegendes Eisband auflöste, wurde zwischen der Insel und deren Schäre, wo sie blos zehn Faden Tiefe fand, weiter bugsirt und gelangte schließlich in die Kobbe-Bai, wo sie auf vier Faden Tiefe einen sandigen Ankergrund fand. Der Schoner ward während der Windstille von dreien Booten bugsirt und ankerte die Nacht gleich außerhalb der Bucht. Nordenskiöld war mittlerweile sammt seiner Gesellschaft zurückgekehrt. Mit großer Mühe war es ihm gelungen, durch das noch ganz dichte Treibeis bis zum Sunde zwischen Norway-Eiland und Vogelsang vorzubringen. Dort traf er Mattilas, den glücklichsten, stillsten und originellsten aller spitzbergischen Walroßjäger. Er war vom Eise im Sunde eingeschlossen gewesen, aber kurz vor ihrer Ankunft daraus befreit worden. Eine von seiner Slupe ausgesandte Partie war bis zur Red-Bai gekommen, da sie aber keinen Ausweg nach Osten gefunden, wieder nach Süden gesegelt. Unsere Reisenden zogen die warme Cajüte des Schiffes ihrem offenen Boote vor, ließen dasselbe in's Schlepptau nehmen und kamen an Bord, wo Mattilas sie mit einem vortrefflichen Kaffee bewirthete. Aber kaum waren sie ein paar Stunden nach Süden gesegelt, als ihr bis dahin schweigsamer Wirth zu erkennen gab, obwohl man den Grund davon nicht einsah, daß er seinen Cours zu ändern und nordwärts zu steuern gedenke, ein bei diesen Eisfahrern nicht ungewöhnlicher Zug einer launischen, unerklärlichen Neigung zu Veränderungen und plötzlichen Entschlüssen. So waren sie gezwungen im Boote heimzukehren. Der Wind wehte nur schwach aus Norden, und das bei ihrer Ausfahrt angetroffene Treibeis schien theils verringert, theils verschwunden. Sie zogen einen kleinen zu einem Jagdboote gehörigen Segellappen auf und freuten sich bereits auf eine angenehme Fahrt. Aber das Treibeis war nicht weit gerückt, es hatte sich vielmehr weiterhin zu einem undurchdringlichen Bande zusammengeschlossen, das sich von Nordosten nach Westen, zwischen ihnen und dem Ankerplatz des Schoners hinzog. Ueber dieses eine Viertelmeile breite Band von Packeis mußte das Boot nothwendig gezogen werden, eine für fünf Mann keineswegs leichte Arbeit. Während sie noch damit beschäftigt waren, sahen sie durch das Fernrohr, wie unsere Fahrzeuge die Anker lichteten und sich zur Kobbe-Bai begaben, wo die Partie sie der Verabredung gemäß aufzusuchen hatte, wenn sie bei ihrer Rückkehr Amsterdam-Eiland verlassen fände. Nach einer beschwerlichen Ruderfahrt, wobei sie oft das Boot über große Eisschollen zu ziehen genöthigt waren, erreichten sie endlich die beiden Schiffe in der Kobbe-Bai.

Während der ganzen Fahrt hatten sie keine Walrosse, sondern nur Seehunde erblickt, ohne einen zu schießen. Fast wäre dabei ein Unglück passirt. Eine zum Schoner gehörige Büchse war so verrostet, daß die Kugel nicht weit genug in's Rohr gestoßen werden konnte, und als der Harpunirer sie trotzdem abschoß, sprang das Gewehr in tausend Stücke, glücklicher Weise ohne eine der fünf im Boote befindlichen Personen zu beschädigen. Nur der Schütze selbst erhielt eine unbedeutende Contusion am Daumen.

So waren wir den glücklich in der Kobbe-Bai beisammen. Die Nacht blieb am Anfange ruhig und schön, und einige Personen waren auf die Alkenjagd gegangen; mit einem Male brach aber von Nordosten ein so gewaltiger Sturm herein, daß der Schoner am Morgen sich genöthigt sah den Hafen aufzusuchen, wo er einige Hundert Ellen von der Slupe entfernt Anker warf. Die Zoologen mußten den Versuch, das Schleppnetz auszuwerfen, aufgeben; mit genauer Noth gelang es, durch Sturm und Wellen einander zu besuchen; aus reiner Barmherzigkeit mußten wir sogar unsere Hunde wieder an Bord nehmen, da sie auf dem kleinen Holm, wo wir sie ausgesetzt, keinen Schutz vor den rasenden Wellen fanden. —

Danskö, 79° 41′ 59″ nördl. Br. belegen, ungefähr fünf englische Meilen lang und halb so breit, besteht zum größten Theile aus steilen, abgerundeten Felsmassen, die nach Norden hin in

Spitzen und endlich bis zu einer Höhe von 1,200 Fuß aufsteigen. Auf der Westseite schneidet zwischen diese Klippen die Kobbe-Bai (die Robben-Bai der Holländer) zwei englische Meilen weit ein und bietet dem Segler einen einladenden, ziemlich geschützten und leicht zugänglichen Ankerplatz dar. Ein kleiner Holm am Eingange gewährt gegen Westen und Südwesten Schutz. Die Spitzbergenfahrer haben auf demselben als Seemarke einen Steinhaufen oder, wie die Norweger es nennen, ein „Varde" errichtet, welches zuweilen auch als Briefkasten benutzt wird. Kommt man von Süden, so darf man nicht außer Acht lassen, daß vom Seeufer aus ein Felsriff weit in das Meer schießt, auf welchem schon mancher der Situation unkundige Schiffer gestrandet ist. Die ganze Kunst besteht also darin, daß man sich dem Lande nicht zu sehr nähert und sich nicht zu weit von ihm entfernt, bis man inmitten der Bucht ist, und daß man vorzugsweise den tieferen und sicherern Nordstrand aufsucht. Das Felsriff hängt wahrscheinlich mit der westlich vom Lande zwei englische Meilen entfernten Blindschäre zusammen, die bei Sturm und aufgeregter See leicht an der schäumenden Brandung erkannt wird. Kobbe-Bai ist von Alters her als ein guter Hafen berühmt, der, obwohl dem Nordwest offen, viele Vorzüge besitzt. Im Frühjahre wird er am frühesten eisfrei, im Herbste bleibt er am längsten offen. Er bietet auf 3 bis 14 Faden Tiefe einen sichern sandigen Ankergrund und — was von größter Bedeutung — man erhält hier gutes Trinkwasser. Auf dem Südufer befindet sich nämlich eine Thalsenkung, welche die Insel durchschneidet und mit scharfkantigen, schwer zugänglichen Blöcken bedeckt ist. In ihr liegt ein tiefer Landsee, welcher in jeder Jahreszeit Wasser enthält; denn alle Spitzbergenfahrer stimmen darin überein, daß er niemals bis zum Grunde gefriert.

Diese Angabe, welche uns mit Rücksicht auf die langen Winter und die präsumtiv niedrige Bodentemperatur unter einem so hohen Breitengrade fast unglaublich schien, konnten wir als richtig bestätigen. Wir durchhauten die nicht weniger als 6 Fuß starke Eisdecke und fanden darunter Wasser von 12 bis 14 Fuß Tiefe. Der Grund war mit einer hohen Lage von grünem Schlamm bedeckt, der fast ausschließlich aus kieselschaligen Algen bestand: Diatomaceen und andere Algen niedriger Ordnungen, Oscillatorien und Desmidiaceen. Unter ihnen lebte eine Art Insectenlarve, Chironomus, mikroskopische Crustaceen, Cyklops nebst kleineren

Würmern. Unsere Physiker untersuchten die Temperatur des Wassers und fanden am Boden $+1{,}_{1}{}^{\circ}$ C., an der Oberfläche $0^{\circ}$ C. und in einem halben Fuß Tiefe $+0{,}_{2}{}^{\circ}$ C. Nach diesen Resultaten kann man mit ziemlicher Gewißheit schließen, daß die Winter — in dieser Gegend Spitzbergens wenigstens — nicht besonders streng sind, und daß die Kälte nicht in eine so beträchtliche Tiefe dringt, als unter gleichem Breitengrade in Sibirien.

Der Hafen wurde von Kuylenstjerna und Lilliehöök aufgenommen. Die Abweichung der Magnetnadel betrug 23° 15′ W. Die magnetischen Messungen wurden theils in der erwähnten Thalsenkung, theils auf einem Sandriff am Nordstrande neben den Ueberresten einer verfallenen Hütte gemacht. Sie war vordem wahrscheinlich von russischen Jägern bewohnt gewesen, deren Gräber sich dicht dabei befanden. Eine melancholische Stimmung kam über uns, als wir in der stillen Nacht, während die niedrig stehende Sonne ihr eigenthümliches mattes Licht über die wüsten, erstarrten und eisbedeckten Ufer warf, auf eins dieser von schwarzen, flechtenbedeckten Felsen umgebenen Gräber stießen. Ein ellenhoher Pfahl und ein kleiner Steinhügel darum geschüttet, aus welchem noch zwei guterhaltene Stiefel von Rennthierleder mit Walroßsohlen herausstaken, sammt ein paar offenbar von Raubthieren herausgezerrten Beinknochen: — so wird man hier begraben. Denn der Felsboden hat nicht genug Erde, um die Todten gegen die Eisbären und Polarfüchse zu schützen. Nichts deutet das Schicksal an, welchem diese und Tausende von Menschen hier zum Opfer gefallen. Aber an den Todesengel der früheren Zeiten, den Skorbut, denkt man wohl zunächst. Vielleicht waren es dieselben Menschen, zu welchen im Jahre 1818 Franklin's und Buchan's Officiere kamen und deren würdiges Benehmen und wahre Religiosität sie mit so lebhaften Farben schilderten. —

Die unveränderte Lage des Eises nöthigte uns einige Tage in diesem Hafen zuzubringen. Jeden Tag kamen neue niederschlagende Nachrichten von den Fahrern, welche in die Bucht einliefen, unter anderen mit der Brigg Jaen Mayen von Tromsö, die von einer mißlungenen Seehundsjagd nach Jaen Mayen zurückkehrte.

Der Wind, welcher schon nach einigen Tagen sich beruhigt hatte, wechselte seitdem dauernd in Richtung und Stärke. Die Durchschnittstemperatur in den sechs Tagen unseres Aufenthaltes schwankte zwischen —1,7° und —4,6° C. Der höchste Grad betrug +0,5°, der niedrigste —5,4° C.

Die Temperatur des Wassers überstieg in geringer Tiefe die der Luft um 2 bis 3 Grade, wie folgende Tabelle ausweist:

Den 26. Mai betrug die Temperatur

| | | | | | | | | | |
|---|---|---|---|---|---|---|---|---|---|
| der Luft | 4 Uhr | Vormittags | —3,9° | und die | des | Wassers | | | —0,6° |
| | 12 | = | —2,4° | = | = | = | | = | —0,4° |
| | 10 | = Nachmittags | —1,8° | = | = | = | | = | +—0° |
| | 12 | = | —2° | = | = | = | | = | —0,5° |

Erst am 30. Mai, da wir, weiter segelnd, uns von den eisbedeckten Ufern entfernten, trafen wir wieder auf Wasser, dessen Temperatur über 0° war.

Die Witterung konnte nicht angenehm genannt werden. Neben der unbehaglichen, eisigen, wenngleich nicht heftigen Kälte hatten wir am ersten Tage Sturm, am dritten Nebel und Schlackenwetter, welches wir — allerdings mit Unrecht — als „Spitzbergenwetter" bezeichneten. Ueberall war die Landschaft noch mit tiefem Schnee bedeckt und die Aussicht, weiter nach Norden vorzudringen, sehr schwach. Es schien, als ob ein bis dahin unbekanntes Gefühl von Niedergeschlagenheit sich unserer zu bemächtigen drohte; auf der Magdalena nahm aber die Hoffnung ab, die längst ersehnte Fahrt längs der Westküste nach Süden anzutreten, als der Leiter der Expedition, aus verschiedenen Gründen, beschloß, daß dieses Schiff auch ferner dem Aeolus nach Norden folgen solle. Es schien nämlich schwer, bei dem Segeln durch das eiserfüllte Meer alle nothwendigen Boote nebst dem erforderlichen Zubehör für die Eisfahrt blos auf dem Aeolus zu transportiren; auch rechnete man auf eine Unterstützung dieser Eisfahrt in den ersten Tagen Seitens der Mannschaft von der Magdalena.

Auf die Vorbereitungen zu dieser Fahrt — lange Zeit das Hauptziel der ganzen Expedition — wurde denn auch alle nicht von den laufenden Geschäften in Anspruch genommene Zeit verwandt. Nur mit den Jagdbooten wurden weitere Ausflüge unternommen. Dieselben galten besonders den Küsten der Bucht, den nächsten Bergen und dem Thal auf der Südseite. Die steilen Klippen waren damals wenig zugänglich; die Schneekruste machte zwar das Hinaufklettern möglich, aber die Rückfahrt war oft schneller als man wünschte, selbst wenn man sie aus allen Kräften und durch alle möglichen Positionen und Stellungen zu mäßigen suchte, zuweilen selbst nicht ohne Bedenken.

Die Gebirgsart ist hier Gneisgranit, vollkommen mit dem auf Amsterdam-Eiland übereinstimmend. Die botanische Ausbeute blieb gering. Denn vor einem Monat war an keine jungen Pflanzen zu denken und die Moose waren zum größten Theile mit Schnee bedeckt. Die üppige Flechtenvegetation ließ den Reichthum an Arten vermissen. Außer Cetrarien und Umbilicarien beobachteten wir Peltigera aphthosa, canina und venosa, Cladonia bellidiflora; digitata und furcata, Lecanora tartarea, turfacea, chlorophana, varia und cinerea, Lecidea geographica, atroalba, nebst vielen anderen.

Lunnen, Mormon articus.

Die Jagd verschaffte uns am 27. einen ungewöhnlich großen Eisbären, welcher während einer Excursion von der Mannschaft des Aeolus harpunirt wurde; den 29. brachte dasselbe Boot zwei große Seehunde heim, und die Jäger der Magdalena erschlugen ein Walroß.

Unsere Vogelschützen versorgten uns mit einer Menge von

Alken und Teiste zur Speise, schossen auch zum ersten Male einen Lunnevogel, der sich durch seinen hohen, zusammengedrückten, roth und weißen Papageienschnabel auszeichnet. Zusammen mit dem sonderbaren Auge und der ganzen steifen Haltung verleiht er ihm einen eigenthümlichen Ausdruck erstaunlicher Dummheit und Selbstgefälligkeit. Man könnte ihn Spitzbergens „Geschworenen" nennen. Die Isländer heißen ihn den Pfarrer, wegen seiner ernsten, patriarchalischen Haltung, mit der er neben seinem Neste sitzt, und wegen seines schwarzweißen Gefieders. Er ist ein Vogel von entschieden phlegmatischem Temperament. Stunden lang sitzt er, besonders des Abends, vor seinem Neste, sonnt sich und läßt bald ein O-ho hören, das einem lauten Gähnen gleicht, bald ein schnarrendes Hrro. Oft sitzt er in hockender Stellung; zieht aber etwas seine Aufmerksamkeit auf sich, so erhebt er sich, die Brust senkrecht aufgerichtet, und macht mit dem Kopfe allerlei eigenthümliche Wendungen, als wollte er mit aller Anstrengung seiner Geisteskräfte sich mit dem Ereigniß bekannt machen. Er fliegt nicht gerne, außer in der Zeit wenn er Junge hat. Dann sieht man ihn in ziemlich schnellem Fluge und mit hastigen Flügelschlägen sich von seinem Brutplatze in's Meer stürzen, aber wie ein kunstgeübter Schwimmer mit dem Kopfe voran, als ob der schwere Schnabel ihn in's Wasser drückte, und für einen Augenblick verschwinden. Niemals trifft man ihn im Innern des Landes an, sondern nur am Seeufer, und selten fliegt er höher als bis zu seinem Brutplatze. Erschreckt man ihn, während er im Wasser ist, so fliegt er nicht fort, sondern taucht unter, oder flüchtet, halb schwimmend, halb fliegend fort, und endigt gewöhnlich mit einem Untertauchen, während dessen er, wie die Teiste und Alken, mit den Flügeln schwimmt und mit den Füßen steuert. Einzelne Vögel lassen sich sehr schwer ankommen, weil sie fortwährend untertauchen. In Gesellschaft aber — die sie nicht lieben — verläßt sich der eine auf den andern, sie werden verwegen und kommen oft bis dicht an das Boot. Es ist ein komischer Anblick, wenn man unter eine Schaar schwimmender Lunnen einen Schuß abfeuert: in einem Augenblick sind alle unter dem Wasser verschwunden, um im nächsten nahe dem Boot, neugierig, wieder aufzutauchen. Sie sehen dann im höchsten Grade verwirrt und lächerlich aus; haben sie sich aber einen Augenblick rings umgesehen, so verbergen sie sich wieder unter dem Wasser.

Die Lunne ist eigentlich kein arktischer, sondern ein nordatlantischer Vogel. In Spitzbergen und Grönland kommt er nicht häufig vor. Seine südlichste Grenze in Europa möchte Bohuslän sein, wo einige Paare auf den Wetterinseln brüten, und in Amerika die Gegend um die Fundy=Bai. Die spitzbergische Lunne ist größer und hat einen höheren Schnabel als die südlicheren Genossen, gehört aber doch zu derselben Art. In Gesellschaft mit Alken und Teisten bewohnt sie die am steilsten in's Meer abstürzenden Felswände. Auf den Stufen derselben, wo der Felsboden nicht zu hart oder verwittert ist, gräbt sie mit den Krallen und dem starken Schnabel einen Gang, der zu einer Art Höhle führt, groß genug, um zwei oder drei Vögel aufzunehmen. Hier legt sie ein einziges, im Verhältniß zu ihrer Größe sehr großes Ei. Hahn und Henne brüten abwechselnd — oft haben sie ein oder mehrere Brutflecken (liggfläckar) — und warten demnächst das Junge, so daß wenn der eine zu Hause, der andere ausgeflogen ist, um Futter zu holen. Die Jungen sind, im Gegensatz zu denen anderer Schwimmvögel, der Gänse, Enten, Schwäne und Lummen, bald nach dem Auskriechen so hülflos wie die der Singvögel und müssen noch lange Zeit im Neste geätzt werden. Erst wenn sie ihre Flaumbekleidung gegen Federn umgetauscht haben, wagen sie sich auf's Wasser. Gleich den anderen Seevögeln, welche einen Vogelberg bewohnen, ist die Lunne während der Brütezeit ihrer Pflicht so hingegeben, daß man sie leicht mit der Hand greifen und aus ihrem Loche ziehen kann. Ihr häufiges Vorkommen auf den Inseln Finmarkens, Island und den Faröern, wo sie für einen großen Theil der Bevölkerung ein wichtiges Nahrungsmittel abgiebt, hat sie zum Ziele jener berühmten und sehr gewinnreichen, aber zugleich auch gefährlichen und verhängnißvollen Jagden gemacht.

Ihr Hauptbrüteplatz in Finmarken ist die nördliche Fugkö (Vogelinsel), wo in den letzten Decennien ein wahrer Vernichtungskrieg gegen sie geführt worden ist. Auf dieser einem Privatmanne gehörigen Insel werden nunmehr jährlich 30= bis 40,000 Vögel umgebracht, unter denen allerdings Alken und Tordmule keinen unbedeutenden Bruchtheil bilden. Der Fang wird von armen Gebirgslappen vollführt, welche als Lohn das Fleisch der getödteten Vögel erhalten, während sie Federn und Eier dem Eigenthümer abliefern müssen. Beinahe jedes Jahr kommt es vor, daß einer oder mehrere Lappen von den einige Hundert Fuß senkrechten Felswänden hinabstürzen. Trotzdem melden sich jährlich mehr Fänger, als der Eigenthümer braucht.

Blos auf einigen Stellen, zum Beispiel auf Westmannö bei Island, übt man diese Jagd mit einiger Auswahl aus: dort tödtet man nur die Jungen und läßt die Alten in Ruhe. So weiß man, daß es im nächsten Jahre an einer Nachkommenschaft wiederum nicht fehlen wird.

Auf Spitzbergen soll der Fang der Lunne nicht lohnend sein. Sie stellt nur ein unbedeutendes Contingent zu den Bewohnern der Vogelberge und tritt vor den ungeheuren Schaaren derselben ganz und gar in den Hintergrund. —

Obwohl der Wind die ganze Zeit über aus Norden geweht hatte, also entgegen war, und die Nachrichten von dem Zustande des Eises immer dieselben blieben, so beschloß Torell doch, es zu versuchen, nördlich um Spitzbergen vorzudringen. Es zogen uns vorbei nach Süden große Eismassen; wir durften also vermuthen, daß sich im Norden einige Veränderungen zugetragen hätten. Punkt 10½ Uhr am Abend des 30. Mai gingen deshalb unsere beiden Fahrzeuge unter Segel, gefolgt von der Brigg Jaen Mayen, und wir begannen bei einem schwachen Nordnordost in der Richtung nach Norden zu kreuzen. Schon in der Nacht stießen wir auf ein festes Treibeisfeld, welches, so weit das Auge vom Mastkorbe aus reichte, sich nach Westen hin erstreckte. Gegen Norden war das Fahrwasser offen, doch trafen wir auch hier auf vereinzelte Eisschollen. Große Schaaren von Teisten, Rotjes und Alken flogen und schwammen rings um die Eisstücke. Auf einem waren rings um einen todten Seehund ungeheure Schaaren von „Burgemeistern" versammelt und erfüllten die Luft mit betäubendem Lärmen und Kreischen. Zuweilen hob ganz in unserer Nähe ein Seehund seinen schönen Kopf über das Wasser. Es kam jedoch seltener vor, als wir erwarteten, vermuthlich wegen der niedrigen Lufttemperatur, indem er sich nicht gerne anders an der Oberfläche des Wassers zeigt, als um Athem zu schöpfen.

Der Wind nahm mehr und mehr ab; aber Magdalena war in eine nordwärts gehende Strömung gekommen und hatte dadurch einen bedeutenden Vorsprung vor dem Aeolus gewonnen. Sie erreichte bald Vogelsang, traf dort auf ein Eisband, wandte nach Süden und legte vor Amsterdam-Eiland bei, um den Schoner zu erwarten. Nachdem beide zusammengetroffen, begannen sie Nachmittags sich durch das ziemlich sparsame Eis durchzuarbeiten. Der Wind wurde frischer, und am Abend hatten wir die Höhe der doppelgipfeligen Klippe Cloven Cliff, Spitzbergens nordwestlichsten Vorposten erreicht, ohne daß die Schiffe mit dem Eise in schlimmere Collision gerathen waren. Wir wandten uns nach Osten; die Rinnen zwischen dem Eise wurden immer schmaler; im Norden und Nordosten lag eine übersehbare Strecke hoch aufgethürmten Packeises; kleinere und flachere Stücken umgaben uns auf allen Seiten, und es bedurfte einer unablässigen Wachsamkeit und Aufmerksamkeit, um bei dem nunmehr etwas nebeligen Wetter, so gut es sich thun ließ, den im Wege liegenden Blöcken auszuweichen. Sehr oft rannten wir zusammen, jedoch ohne Schaden für das Schiff. Wir zählten den 31. Mai und das Thermometer zeigte nicht mehr als —6,8° C. Der Wind war eisig kalt und man konnte kaum auf Deck verweilen. Aber unsere Hoffnungen waren lebhafter und die Aussicht auf ihre Verwirklichung weit glänzender als das erste Mal, da wir in dieser Richtung vorzudringen suchten.

Den 1. Juni Vormittags begann die Luft sich aufzuklären und der Wind nachzulassen. Wir befanden uns der Norskö gegenüber in 79° 49′ nördl. Br. und waren somit seit dem 22. Mai nur 3 Minuten weiter nach Norden vorgeschritten. Mittags trat volle Windstille ein, und das Wetter wurde so milde und schön, wie wir es bis dahin nicht gehabt hatten. Das Meer lag wie ein Spiegel da, kein Hauch bewegte die Segel, Magdalena legte sich, um Aeolus zu erwarten, zwischen der kleinen Norskö und dem Biscayer Hoek, bei 10 Faden Tiefe, vor Anker. Die Fänger, Jäger und Zoologen machten sich den günstigen Augenblick zu Nutze. Das Jagdboot ging nach Rood-Bai (die rothe Bai der Norweger) ab und kehrte mit einem Seehunde und einem Rennthiere (dem ersten!) zurück. Es war eine ausgewachsene, kräftige Kuh, aber, wie alle Rennthiere in dieser Jahreszeit, so mager, daß sie nur zu einem Mahle ausreichte. Aeolus erhielt ein 7 Fuß langes Seehundsweibchen. Es hatte vor Kurzem den größten Theil seiner alten, grauen, langhaarigen Kleidung abgeworfen, die nur noch an einzelnen Stellen des Körpers zurückgeblieben war.

Willkommene Windhauche aus Südosten begannen am Abende die Stille zu unterbrechen; um 9 Uhr lichtete Magdalena den

Anker und begann in Gemeinschaft mit dem Aeolus den Kampf gegen das Treibeis fortzusetzen. Es kam in großen, bis 12 Fuß hoch aus dem Wasser ragenden Blöcken auf uns zu, und alle Mann waren beschäftigt, es mit Bootshaken und Stangen von uns fern zu halten. Es wurde dichter und dichter. Von Grey-Hook aus im Ostsüdosten streckte sich ein undurchdringliches Eisfeld nach Norden, nach Nordost und Nordwest, so daß wir gleich nach Mitternacht uns nach Westen wenden und, nachdem wir eine Stunde zwischen schwimmenden Eisschollen gekreuzt, wieder umkehren mußten, erwartend, daß das Packeis sich vor Wind und Strom öffnen werde. Den ganzen 2. Juni brachten wir so vor Rödestrand lavirend zu, bei bald mäßigem Winde, bald Windstille, klarer Luft und —2° Kälte. Das in Sicht bleibende Land bietet einen von der Nordwestküste verschiedenen Anblick dar. Weniger zerklüftete Formen, mäßigere Abfälle, regelmäßigere und sanftere Contouren geben zu erkennen, daß hier andere Felsarten als Granit und Gneis überwiegen. Bei Rödestrand — so benannt nach der rothen Farbe des Sandsteins und des Conglomerats, die hier vorherrschen — steigen, was äußerst selten auf Spitzbergen, die Berge allmählich bis zu einer flachen, einförmigen, weitgestreckten Ebene herab, die in ihrer Schneedecke kaum von dem daneben sich ausbreitenden Eisfelde zu unterscheiden ist.

In der interessanten Grey-Hooks-Kette erheben die Berge sich wieder zu ihrer gewöhnlichen Höhe von etwa 2,000 Fuß und erscheinen höchst mannigfaltig in ihren eigenthümlichen, mehr oder minder isolirten Gestaltungen, regelmäßigen Pyramiden, abgerundeten Kuppen, quer durchgeschnittenen oder kesselförmig ausgehöhlten Kegeln. Oestlich von Wijde-Bai erschien, so weit das Auge nur blicken konnte, ein langsam nach dem Meere sich abdachender Schneerücken, von keiner einzigen Bergspitze unterbrochen.

Die Temperatur des Wassers hielt sich etwa auf $-1,_5{}^0$ und seine Farbe spielte bald in's Grüne, bald in's Blaue, letzteres besonders bei Grey-Hook. Erst am Morgen des 3. Juni hatte sich das Packeis etwas von dieser ärgerlichen Spitze entfernt. Wir umschifften sie ohne Schwierigkeit in einer schmalen Rinne und gelangten zur Oeffnung der Wijde-Bai, welche jetzt nur aus einer rings von Eis umgebenen kleinen offenen Wasserfläche bestand. Im Süden war das Baieneis kaum aufgebrochen, im Norden erschien das unübersehbar weite Packeis, das sich im Osten durch ein

Eisband mit dem Flachlande bei Verlegen-Hoek verband. Dahinter erblickten wir offenes Wasser. Wir waren also von Neuem eingesperrt und erwarteten den Aufbruch des Eises, in der Bucht hin und her lavirend. Die Luft war trübe; von Zeit zu Zeit fiel etwas Schnee; der Wind wechselnd und schwach; das Thermometer seit dem Tage vorher im beständigen Fallen; alle Zeichen deuteten auf einen heftigen Wind, der die Entscheidung bringen und uns nach Osten zu dem Ziele unserer Wünsche führen oder im Eise vollends einschließen mußte. So war schon Mancher vor uns in diesen Regionen gefangen und vom Packeise eingemauert, dann mastenlos von den mit Wind und Strömung treibenden Eismassen fortgerissen und schließlich von den erdrückenden Bergen zerquetscht worden. Für diesen Fall wären die Boote, darauf wir uns zu jeder Zeit retten konnten, unsere Hülfe gewesen; aber der Zweck der Expedition war verfehlt. Schon jetzt stand er offenbar auf dem Spiel. Die Losung des Tages lautete: Wir müssen vorwärts; in Erwartung des Kommenden blieb Keiner unthätig. Jagd- und Schleppboote waren in Thätigkeit; man fing große und prachtvolle Seesterne und Seeigel auf Felsboden in 90 Fuß Tiefe. Magdalenas Jagdboot kehrte mit einem ausgehungerten Rennthiere zurück. Um 9 Uhr Abends erhob sich plötzlich ein frischer Südsüdost, der uns mit Hoffnung auf Befreiung und Vorwärtskommen erfüllte. Er wehte die ganze Nacht, auch den folgenden Tag, den 4. Juni, während wir etwas tiefer in der Bai kreuzten. Gegen Abend wuchs er zum vollen Sturme an, die Segel wurden theilweise eingezogen und wir hielten uns im Schutze des Landes. Auch am 5. vermochte der Sturm nicht die Lage des Eises zu ändern. Wir machten am Abende, nachdem der Wind abgenommen, vergebens den Versuch, uns an Verlegen-Hoek vorbeizuschmiegen, und mußten zu unserm einförmigen Kreuzen wieder zurückkehren. Mehrfach befanden wir uns bei Grey-Hook, dessen überall steil abfallendes Plateau eine vortreffliche Seemarke bildet. Gegen Abend ging eine Excursion nach dem Innern der Bai ab, über deren Erfolg Nordenskiöld berichtet:

„Die Gelegenheit durch eine Jagd die Langeweile des Kreuzens zu unterbrechen, aus diesen abgelegenen Regionen einige Naturproducte zu sammeln und die uns vollkommen unbekannten geognostischen Verhältnisse des Landes zu untersuchen, wurde von Malmgren, Petersen und mir mit Eifer ergriffen. Als es sich daher darum handelte, ein Boot an das Land abzuschicken, erklärten wir uns zur Mitfahrt bereit und ruderten wenige Minuten später im Jagdboote, mit vier Mann, dem Oststrande der Wijde-Bai zu. So lange wir uns auf dem Schoner befanden, hatten wir von dem hohen Seegange nicht viel gespürt; in dem kleinen Boote machte er sich dafür um so mehr bemerkbar, und die für dergleichen Ausflüge wenig passionirten Seeleute prophezeiten daher, die Brandung würde uns unbedingt hindern an Land zu steigen. Wir ruderten trotzdem munter vorwärts. Als wir dem Lande näher kamen und das Boot über einen schmalen Eisgürtel gezogen hatten, welcher sich einige Tausend Ellen weit von der festen Eiskante des Strandes, parallel mit demselben, erstreckte, ließen die Wellen plötzlich nach, so daß wir ohne alle Mühe an's Land gelangen konnten. Das Boot wurde ein Ende auf das feste Eis gezogen und der gutmüthige Quäne Bergström zur Bewachung zurückgelassen, während die Uebrigen in's Land hineingingen, Jeder sein Ziel verfolgend, Petersen und Hellstad um Rennthiere zu jagen, Malmgren um Flechten zu sammeln, ich um zu „geologisiren".

„Das Land auf der Ostseite der Weiten-Bai ist ganz flach und ohne Vergleich die wüsteste Landschaft, welche ich bis dahin auf Spitzbergen gesehen. Niedrige, kahle, kaum mit Flechten bewachsene Hügel, oder vollkommen unfruchtbare Grus- und Steinwälle — nicht zu verkennende alte Moränen — wetteifern mit einander an Unfruchtbarkeit. Die großartige Wildheit, welche den steilen Bergspitzen der Westküste eigen und der Landschaft so viel Reiz und Abwechslung verleiht, fehlt hier durchaus. Die sanft abfallenden Hügel bieten nicht einmal den Vögeln geeignete Brutplätze dar. Darum ist hier auch das Thierleben nur ganz unbedeutend. Alles vereinigt sich, um der Landschaft den Stempel unbeschreiblicher Kälte und Oede aufzudrücken.

„Die lose Erdlage besteht fast ausschließlich aus Granit- und Gneisfragmenten, welche offenbar durch Gletscher aus dem Innern des Landes hinuntergeführt sind. Das anstehende Felsgestein ist dagegen aus senkrechten Quarzitlagen gebildet, welche mit Schichten von Hornblende und Glimmerschiefer abwechseln. Versteinerungen führende Bildungen kommen hier nicht vor. Dagegen sind andere Verhältnisse von großem Interesse. Wie die alten Moränen nämlich ausweisen, ist das Land früher mit Gletschern bedeckt gewesen, die gegenwärtig beinahe vollständig verschwunden sind. Die

Vertiefungen zwischen den Bergen, Grus- und Steinwällen werden dafür von größeren und kleineren Seen eingenommen, welche, allen Vermuthungen in Betreff der Süßwasseransammlungen unter dem 80. Breitengrade zuwider, im Winter nicht bis auf den Grund gefrieren. Nach den Angaben der Jagdfahrer befindet sich der größte dieser Seen gleich südlich an der Mossel-Bai; aber auch dicht an unserm Landungsplatze trafen wir, einige Tausend Ellen vom Strande entfernt, auf einen ganz bedeutenden, ungefähr 50 bis 100 Fuß über dem Meeresspiegel belegenen See. Er schien eine halbe Meile lang und etwa halb so breit zu sein und wurde noch von einer ebenen, allerdings schon ganz von Wasser durchzogenen Eisdecke bedeckt. Weiter nach dem Lande war er von einem gewaltigen Gletscher begrenzt, welcher eben so steil gegen den See hin abstürzte als die zum Meere niedersteigenden.

„Nachdem wir einige Stunden längs dieser in klimatischer Hinsicht interessanten Küste gewandert und mehrere vor Hunger ganz ausgemergelte Rennthiere geschossen worden waren, beschlossen wir zu unserm Boote zurückzukehren. Aber der schon vorher frische Wind war seitdem zu einem vollkommenen Sturme angewachsen, so daß wir zuvörderst nicht daran denken konnten, mit dem Boote in See zu gelangen. Wir mußten uns ruhig gedulden und mit der Vorstellung trösten, daß unsere Jagdbeute, nämlich die drei Rennthiere, den Anforderungen unseres Magens während des unfreiwilligen Arrestes nothdürftig genügen würden. In der Erwartung nämlich, daß unser Ausflug nur einige Stunden dauern werde, hatten wir keine Fourage mitgenommen, eine große Unvorsichtigkeit bei einer spitzbergischen Bootfahrt, da auf einer solchen der Eßkober ein eben so nothwendiges Zubehör bildet wie Ruder und Steuer.

„Wie schon erwähnt, hatten wir unser Boot, an's Land steigend, auf die Eiskante gezogen, welche noch unzerstört sich neben dem Strande befand. Während unserer Abwesenheit war aber diese Eiskante von den Wogen und dem nach dem Lande zu blasenden Sturme zerbrochen und zerschlagen, und nur mit äußerster Anstrengung hatte der allein bei dem Boote zurückgebliebene Mann es vermocht, das Boot weiter auf das Land zu ziehen. Bei unserer Rückkehr fanden wir ihn total ermüdet und ganz verzweifelt, auch hätte er noch länger die Arbeit und Anstrengung nicht ertragen. Unsere auf einige Stunden berechnete Excursion hätte sich daher leicht auf einen Wochen langen Besuch dieser kahlen, ungastlichen Küste ausdehnen können. Durch das drohende Malheur gewarnt, zogen wir das Boot, bevor wir es von Neuem verließen, hoch auf den Strand und zwar hinter einen vom letzten Herbste her befindlichen Grundeisblock, der gegen Sturm und Treibeis eine sichere Schutzwehr bildete.

„Wir wandten uns darauf wieder der Jagd zu, es wurde aber nur ein Schneesperling und ein großes schönes Schneehuhn geschossen, letzteres von Petersen. Nach einigen Stunden hatte der Wind so weit sich abgestillt, daß wir wiederum an unsere Rückkehr denken konnten. Aber ein neues Hinderniß stellte sich uns in den Weg. Das Treibeis hatte sich nun in beträchtlichen Massen längs dem Strande aufgehäuft, und dieses Eisfeld, das aus lauter kleinen unter unseren Füßen weichenden Stücken bestand, mußten wir, um hinauszukommen, passiren. Das war keineswegs leicht; wir suchten daher, theils um uns ein wenig ausruhen zu können, theils um einen Ueberblick über die Lage des Eises zu bekommen, das hohe Grundeis zu erreichen, welches ein Ende vom Strande entfernt lag. Zwischen diesem und der Eisklippe lag das Treibeis beinahe ganz still und unbeweglich, und dorthin zu gelangen war zwar mühsam, aber ohne Gefahr. Weiterhin bildete dagegen das Treibeisfeld einen mit unglaublicher Schnelligkeit und starkem Krachen nach der Mündung des Fjords hin eilenden Eisstrom, welcher zum größten Theile aus mächtigen, noch nicht zerbrochenen Stücken bestand. Es war offenbar ein zweifelhaftes Ding, das Boot in diesen Eisstrom zu bringen; wir mußten daher, trotz unserer Ungeduld, noch eine Weile hinter der festen Klippe auf den günstigen Moment lauern, bis das Eis im Strome sich seltener und zerkleinert zeigte, und die Gefahr der Zertrümmerung des Bootes geringer wurde. Dieses traf endlich zu; das Boot wurde in's Wasser geschoben, wir erreichten nach einigen tüchtigen Stößen, nach kurzem aber anstrengendem Mühen, ein Ende vom Strande, den beinahe eisfreien Fjord und mit aufgezogenem Segel auch bald das in der Oeffnung desselben kreuzende Schiff."

Ich brauche kaum anzuführen, daß man auf dem Aeolus wegen dieser Booterpediton in großer Sorge gewesen. Die Befürchtungen waren noch vermehrt bei dem Anblicke der aus dem Innern des Fjordes kommenden Eisdrift. Mit um so größerer

Freude wurden die aus der zweifelhaften Lage unbeschädigt zurückgekehrten Gefährten empfangen.

Während des anhaltenden Sturmes machten wir am folgenden Vormittage einen neuen vergeblichen Versuch, die Eismassen bei Verlegen-Hoek zu forciren, und mußten uns daher wieder zum Kreuzen verstehen.

Endlich vermochte das Eis nicht länger dem starken Drucke des Südostwindes zu widerstehen. Die Passage nördlich von Verlegen-Hoek wurde frei, und am Morgen des 6. Juni segelten wir, bei schwächer werdendem Winde, an dieser Spitze vorbei und gelangten in das offene Fahrwasser nördlich von der Treurenberg-Bai und der Waigats- oder Heenloopen-Straße. Nicht zufrieden mit diesem Vorwärtskommen, versuchten wir weiter nach Nordosten zu der Brandwijne-Bai vorzudringen, aber unser alter Widersacher, das Eis, trat uns sofort entgegen und sperrte uns den Weg. Es wurde ausführlich berathen, was nunmehr zu thun. Der Weg war blos niederwärts nach der Heenloopen Strat und Treurenberg-Bai offen. Aber aus jener kamen Eisschollen, sogenanntes Baieneis oder ein Jahr altes Flacheis, und bewiesen, daß dieser Sund in seinem südlichen Theile noch nicht eisfrei sei. Da wir für den Augenblick in diesem Sunde nichts zu thun hatten, so blieb uns nur die Wahl, entweder zwischen dem Treibeise zu kreuzen oder in der Treurenberg-Bai vor Anker zu gehen. Der Wind sprang nach Norden um und wir liefen in die Bai ein, um vor dem Treibeise geschützt zu sein. In der Nacht zum 7. Juni warfen wir in dieser Bucht, an deren westlichem Strande bei Grafnäs, Anker, Aeolus auf sechs und Magdalena dicht neben ihm auf sechzehn Faden Tiefe.

Im Laufe einer Woche hatten wir also eine Strecke zurückgelegt, zu der wir unter günstigeren Verhältnissen kaum einen Tag gebraucht haben würden. Unserm Beispiel folgten vier andere Schiffe, die am Morgen in der Bucht Anker warfen; ein kluges Unternehmen; denn der Wind war nun vollkommen nach Norden herumgegangen.

## Viertes Kapitel.

### Treurenberg-Bai.

Es war allerdings unsere Absicht gewesen, mit den Schiffen noch weiter nach Norden vorzudringen; aber wie die Verhältnisse einmal lagen, konnten wir uns glücklich schätzen, so zeitig im Jahre nahe dem 80. Breitengrade einen Hafen erreicht zu haben, wo wir während des Nordwindes gegen das Eis geschützt waren, und von wo aus wir bei der ersten günstigen Gelegenheit nach den noch von Pack- und Baieneis gesperrten Küsten des Nordostlandes segeln konnten. Treurenberg ist dieselbe Vik, in welcher Parry, der berühmte Polarfahrer, sein Schiff Hecla ließ, um die weltbekannte Eisexpedition, auf welcher er 82° 45′ nördl. Br. erreichte, zu unternehmen, eine Polhöhe, zu welcher weder vor noch nach ihm jemals ein Mensch gelangt ist. Während seiner Abwesenheit vom 21. Juni bis zum 22. August untersuchten seine Officiere die Umgebungen der Bucht nach allen Seiten; wir durften daher nicht hoffen, eine naturhistorische Nachlese halten zu können, da wir diesen Theil Spitzbergens für einen der am besten gekannten halten mußten. Unsere Schiffe ankerten dicht am westlichen Ufer, ganz nahe der Oeffnung der Bucht, um zu geeigneter Stunde sofort in See stechen zu können.

Nachdem wir ein wenig Raths gepflogen, wie die voraussichtlich kurze Zeit unseres Aufenthaltes am besten anzuwenden, gingen wir fast Alle an Land. Neben unserm Ankerplatz erhob sich ein Hügel von etwa fünfzig Fuß Höhe. Es befand sich über ihm auf einem Piedestal von Steinen ein hohes Kreuz, das wir schon aus weiter Ferne, beim Passiren von Verlegen-Hoek, wahrgenommen und als Seemarke benutzt hatten. Es war keins der russischen Doppelkreuze, denen man so oft in diesem Lande begegnet, sondern das einfache Kreuz der civilisirten Nationen. Dorthin richteten wir unsere Schritte und lasen nicht ohne Verwunderung:

| | |
|---|---|
| Opsat D. 26te Juni af | (Errichtet den 16. Juni von |
| Kapt. J. Holmgren, | Capitän J. Holmgren, der |
| Skoneren Aeolus af Bergen | Schoner Aeolus von Ber- |
| Ankom den 5te Juni och er | gen kam den 5. Juni an und |
| Omringet af Is. | ist vom Eise eingeschlossen.) |

Wie wir von einem Manne unserer Besatzung erfuhren, galt dieses gerade von unserm Aeolus. Dieses Kreuz wurde im Jahre 1855 während seiner sechs Wochen langen Gefangenschaft aufgerichtet. Aber er war schon früher einmal auf derselben Stelle neun Wochen lang eingesperrt gewesen, beide Male jedoch ohne Schaden für Besatzung oder Fahrzeug losgekommen. Wir gaben dem Kreuze daher den Namen Aeoluskreuz. Dicht dabei befand sich ein „Varde" von älterem, unbekanntem Ursprunge. Erst von dieser Stelle überblickten wir die vor uns liegende Bucht, diesen von jeder menschlichen Wohnstatt so weit entlegenen Hafen, in welcher damals Leben und Bewegung herrschte. Da lagen die sechs Schiffe mit ihren 102 Mann, eine in diesen Gegenden gewiß seltene und zahlreiche Bevölkerung. Mehrere Boote waren in Bewegung, einige hatten ihre Segel aufgezogen und fuhren in schneller Fahrt dahin; der Fjord wogte unruhig; Alken, Möwen und „Seepferde" erhoben sich hier und da über die dunkeln Wogen, welche im Vergleich mit dem „Eisfuß" des Strandes beinahe schwarz erschienen und ihn mit ihrem regelmäßig wiederkehrenden Wellenschlage untergruben. Nahe der Eiskante lagen schon die Boote vom Aeolus und der Magdalena. Smitt und der greise Anders zogen bald die „Bodenkratzer" herauf, bald ruderten sie hinaus, um sie wieder einzusenken, alles mit ihrem lauten Gesange begleitend.

Dieses Gemälde war in einen Rahmen von hochnordischem, winterlichem und wüstem Charakter gefaßt. Uns gerade gegenüber auf der andern Seite der Vik erhob sich der stattliche Hecla Mount, dessen nördliche steile Felswände nach einer Ebene abstürzten. Mit seinem ringsum gelagerten, bald festen, bald zerbrochenen Eisbande bildete sie ein Schneefeld, das sich mit geringer

Unterbrechung in dem unübersehbaren Eisfelde nach Norden verlor. Je weiter zurück, desto undeutlicher erschienen seine luftigen, gebrochenen Contouren, theilweise in einen leichten Nebelschleier gehüllt. Im Nordosten schimmerte die nördlichste Spitze des Nordostlandes herüber, aus ungeheuren Eis- und Schneemassen auftauchend. Südlich von der Hecla-Mount-Kette öffnete sich eine weite Thalsenkung, um sich längs dem südöstlichen Strande weiter in die Vik hinein zu ziehen. Obwohl ungefähr dreiviertel Meilen von uns entfernt, konnten wir dennoch einen Gletscher erkennen, der sich kaum von der Eis- und Schneedecke, womit die Hälfte des Fjordes noch bedeckt war, unterschied.

Südwärts von uns breitete sich ein flaches Land aus, darauf sich einzelne niedrige, abgestumpfte und — wie es schien — isolirte Kegel erhoben, die sich nach Süden mehr und mehr dem Strande nähern, bis sie schließlich nur einen schmalen Rand zwischen sich und dem Meere lassen. Der nächste dieser plateauförmigen Berge, ausgezeichnet durch seine Kesselform, erhielt nach einem unserer Schiffe den Namen Magdalenenberg, auch wurde auf ihm ein Steinhaufe, als Erinnerung an unsern Besuch hierselbst, errichtet. Gleich vor und nördlich von diesem Hügel befindet sich eine wüste Ebene, die sich nach dem Strande und auch nach dem Innern des Landes zu abdacht und beinahe schneefrei ist. Der Boden besteht aus nichts als Grus und Steinen. Es befinden sich auf ihr dicht nebeneinander eine Menge kleiner Hügel von Rollsteinen, die meisten mit einem kleinen Pfahl in der Mitte. Wir erkennen in ihnen wieder einen hochnordischen Begräbnißplatz. Nördlich und nordwestlich wird die Aussicht durch kleine abgeschnittene Bergrücken, welche zur Verlegen-Hoeks-Kette gehören, begrenzt. Noch herrschte hier der Winter. Das Land war größtentheils mit tiefem Schnee bedeckt. Aber die steilen, schwarzen Abhänge der umliegenden Berge zeigten nur einzelne Flecken, und der Schnee hatte sich in den Rinnen und Felsklüften angesammelt. Alles erschien entweder schwarz oder weiß, und diese Farben nebst dem Kreuze und den Gräbern vereinigten sich, um den Geist des Beschauers wehmüthig ernst zu stimmen und ihn an jene nun längst vergessenen Ereignisse zu erinnern, welche vor mehr als hundert Jahren dieser Stelle den Namen „Treurenberg", das heißt Trauerberg, gaben.

Der Kreuzeshügel besteht aus Hyperit, reich an Titaneisen; die oberste Lage war von dem festen Gestein losgelöst und in größere und kleinere Blöcke zersprengt. An manchen Stellen erblickt man große Löcher, aus welchen Blöcke von 50 bis 100 Cubikfuß Inhalt herausgefallen sind, hauptsächlich in Folge des Einflusses der Kälte und des Eises.

Auf den Felsblöcken und im Gerölle wuchs eine große Menge von Moosen und Flechten, besonders Encalypta rhabdocarpa, Hypnum moniliforme, Distichium capillaceum; auch sahen wir hier zum ersten Male die hochnordische Voitia hyperborea und andere. Von Flechten zeichneten sich aus: Parmelia elegans, saxatilis, Lecidea artobrunnea, Solorina crocea und Psoroma hypnorum. Die Fruchtbildung bei den Moosen schien unter diesem Breitengrade im Allgemeinen nur langsam vor sich zu gehen; einen großen Theil aber fanden wir ganz steril.

Der hier und da auf dem Hügel oder in der Nähe schneefreie Boden entbehrte jeder Krume und bot nur ein paar Halmen von Cerastium alpinum, dessen weiße Blüthen vom vergangenen Jahre fast unverändert erschienen, eine dürftige Nahrung dar. Saxifraga oppositifolia und cornua, Cochlearia, eine und die andere kleine Draba und die Polarweide, Salix polaris, die einzige baumartige Pflanze dieser Regionen, die sich indessen auch nur ein paar Zoll über die Erdoberfläche erhebt, begannen ihre ersten Knospen zu entwickeln; alle halb verkümmert und isolirt, fast zu einem Nichts verschwindend zwischen den Steinblöcken, den Trümmerstücken und Geröllmassen.

Wir stiegen zum Begräbnißplatze nieder und zählten fast 30 Steinhügel. Sie waren länglich geformt und etwa 1½ bis 2 Fuß hoch. An dem einen Ende befand sich ein kleiner Pfahl mit ein paar verrosteten Nägeln, womit eine kleine Tafel befestigt gewesen war. Wir fanden ein paar derselben auf dem Boden und lasen auf der einen:

Hier leut begraven Michel Pieter van
Silt op t Schip de Mey Boom. Da-
rop Commandeur Claas Daniels Meijer.

Auf einer andern stand:

Jacob Hans
Gestorv op Schip
de Josua
Commandeur
Jan de Ines
Anno 1730 den 26. Juni.

Die Farbe, mit welcher man die Buchstaben geschrieben, hatte das darunter befindliche Holz gegen die Witterung geschützt. Die Buchstaben erschienen daher höher als der übrige Theil der von Wind und Wetter angegriffenen Oberfläche.

Hier und da lagen zerstreute Knochen neben Brettern von Särgen, deren Holz sich gut erhalten hatte — so langsam verrottet Alles in diesem Lande — auf welchen noch ein paar Baumflechten, **Caloplaca cerina** und **Lecanora subfusca** sich entwickelt hatten.

Es ist offenbar, daß diese Gräber nicht aus einem Jahre, auch nicht von einem einzigen Schiffe herrühren, die Stelle wird vielmehr Jahre lang als Begräbnißplatz benutzt worden sein, in jener Zeit, als Holländer und andere Nationen zu Tausenden nach Spitzbergen auf den Walfischfang fuhren. Parry fand auf der Ostseite der Bucht eine ähnliche Tafel mit der Jahreszahl 1690. Die Stelle erschien jetzt, da ein kalter Nordwind die nackten Grabhügel fegte, als ein Bild grenzenlosen Elends. Der Beschauer glaubt sich selbst in tiefster Einsamkeit und Verlassenheit, wo keine Hülfe, kein Ausweg zu finden. Auch uns würde der ganze Anblick sicher trübe gestimmt haben, hätte nicht unsere glückliche Ankunft, hier, nahe dem 80. Breitengrade, uns mit der lebhaftesten Hoffnung erfüllt, daß unsere Wünsche in Erfüllung gehen und unsere ungehinderte Thätigkeit nunmehr beginnen werde.

Wir machten über das Eis einen Ausflug zur andern Seite der Bucht nach Hecla Cove, Parry's Hafen, welcher im Norden vom Cap Crozier und dessen Quarzitberg geschützt wird. Auf dieser Seite haben Parry und sein Lieutenant Crozier ihre magnetischen und astronomischen Beobachtungen angestellt, auf der Höhe aber eine Flaggenstange mit einer Kupfertafel errichtet, deren Inschrift von ihrem Aufenthalte hierselbst Kunde geben sollte. Als wir dorthin kamen, fanden wir zwar eine Stange, indessen nur den obersten Theil von Parry's Flaggenstange. Die übrigen Stücke lagen auf dem Boden und die Kupferplatte war abgerissen und zerbrochen, so daß wir blos noch unter den Köpfen der Nägel, womit sie befestigt gewesen war, einige kleine Reste vorfanden, als ein trauriges Denkmal der barbarischen Zerstörungswuth der Spitzbergenfahrer. Auf dem niedrigen fast schneefreien Strande lag eine Menge Treibholz, theils in der Größe gewöhnlichen Langholzes, theils ganze Stämme mit ihren Wurzeln. Fast ohne Ausnahme waren die Bäume ihrer Rinde beraubt. Aber das Holz war gesund, hier und da von Seethieren durchbohrt, so daß es einem Schwamme glich. Wir fanden besonders zwei Arten: Kiefern, welche als Treibholz gern eine rothbraune Farbe annehmen, und Weiden, die ihre Weiße beibehalten.

Nachdem wir Steinproben und Flechten gesammelt hatten, nahmen wir unsern Weg zu dem großen runden Berge östlich von Hecla Cove, dem wir den Namen Hecla Mount gaben. Wir gingen an seiner Westseite hin, so lange, bis wir glaubten, eine zu seiner Besteigung passende Stelle gefunden zu haben. Wir waren aber kaum 4- bis 500 Fuß hoch ziemlich steil hinaufgeklettert, als wir erkannten, daß der gewählte Weg beschwerlich und gefährlich sei. So wurde die Rückkehr beschlossen. Der Bergabhang war nämlich in dem Grade zerrissen und zersprengt, daß er aus lauter kleinen losen Steinfragmenten zu bestehen schien, die bei jedem Schritt unter unseren Füßen wichen und hinabrollten. Je weiter nach oben, desto größere Stücke fanden wir in dem Gerölle, zuweilen sogar wirkliche Blöcke, welche, wenn sie einmal in's Fallen gekommen wären, einen großen Theil des Gerölles in Bewegung gesetzt und eine wahre Lawine erzeugt haben würden. Dieser uns auszusetzen, erschien allerdings nicht rathsam.

Von Nordosten ist der Berg mehr zugänglich. Er besteht aus zwei ungleichen Theilen, von welchen der nördliche, etwa 800 bis 1000 Fuß hohe, einem abgestumpften Kegel gleicht, mit beinahe senkrecht abfallenden Wänden. Auf seinem Gipfel befindet sich aber ein Plateau, welches nach dem Innern des Landes langsam bis zu einer Höhe von ungefähr 1,720 Fuß aufsteigt. Es besteht aus verschiedenen Lagen: grauem, keine Versteinerungen führendem Kalk, Quarzit von verschiedener Structur und wechselnden Farben, einigen ungleichartigen Schieferschichten, einer eigenthümlichen Mischung von Thonschiefer und Sandstein, endlich aus Hyperit. Die sedimentären Lagen streichen meist nach Osten oder Nordosten und stehen beinahe aufrecht, mit einer geringen Neigung nach Norden oder Süden. Beim ersten Anblick glaubt man, sie seien aufgerichtet und umgestürzt durch das Zusammenbrechen der gewaltigen Hyperitmassen, welche so häufig in diesem Theile Spitzbergens auftreten. Doch ist dieses, wie spätere Beobachtungen der jüngeren, mit Hyperit bedeckten wagerechten Formationen im südlichen Theile von Heenloopen Strat ausweisen, nicht der Fall.

Die Oberfläche des Berges ist durch den Einfluß der Kälte und der Atmosphäre so zerstört, daß man nur an wenigen Stellen das anstehende Gestein erblicken kann. Der größte Theil des weiten, meist schneefreien Plateaus ist ganz und gar von kleinen scharfkantigen Brocken und Scherben bedeckt, auf welchen sich eine mannigfaltige und verhältnißmäßig reiche Vegetation von Flechten entwickelt hat. Hier und da trat auch Papaver nudicaule auf, der hochnordische Mohn, Ceractium alpinum und Carex misandra, freilich jetzt nur in verwelkten Ueberresten vom vorigen Jahre.

Das Einzige, was an das Thierleben erinnerte, waren einige Mückenschwärme (Chironomus arcticus), welche in einer für Spitzbergen ungewöhnlichen Menge im Sonnenscheine rings um den Steinhaufen spielten, der wahrscheinlich nach Parry's Aufenthalt auf der Spitze des Berges errichtet war.

Wir hatten eine weite Aussicht: Nach Nordosten und Osten das Nordostland, nach Süden das Innere von Nieuw Vriesland, nach Westen die hohen Bergspitzen auf der andern Seite von Wijde-Bai. Das Nordostland erschien an den Küsten flach, mit Bergkuppen von geringer Erhebung. Sein Inneres bestand aus einem einzigen, ununterbrochenen Schneefelde von ungefähr gleicher oder etwas größerer Höhe über dem Meeresspiegel als der Gipfel des Hecla Mount. Auch das Innere von Nieuw Vriesland wurde von einem ähnlichen zusammenhängenden Schneeplateau eingenommen. Vom Meeresstrande aus gesehen, hatten die Berge um die Treurenberg-Bai das Aussehen isolirter, abgestumpfter Kegel. Von dem Gipfel des Hecla Mount konnte man dagegen deutlich wahrnehmen, daß sie alle nur Theile eines gemeinsamen Bergplateaus von 1,000 bis 2,000 Fuß Höhe bildeten, welches nach dem Meere zu durch die Einwirkung der Kälte, des Eises und der Ströme in Thäler und abgesonderte Massen geschieden war, daß sie jedoch sämmtlich nach dem Innern zu mit dem Hauptplateau zusammenhingen.

Hecla Mount wurde später ein Hauptziel unserer Ausflüge und Untersuchungen, nicht blos wegen seiner interessanten geologischen Bildung, sondern auch, um von ihm die Lage des Eises zu überschauen.

Während unserer Wanderung längs dem Fuße des Berges weiter nach dem Innern der Bucht überfiel uns ein ziemlich heftiger Schneesturm. Wir kehrten daher, etwa noch eine Viertelmeile von dem Ende der Bai entfernt, um und erreichten unser Heim, ziemlich ermüdet und reichbeladen mit unserer geognostischen und mineralischen Ausbeute. Wir nahmen den Weg über das Eis bis zu dessen Kante, wo wir, auf unser Boot wartend, noch einige Alken und eine Eismöwe schossen. Unter dem Gestein, das wir heimbrachten, befand sich auch Hyperit, über den Parry's Expedition schweigt, obwohl er in großen Massen auftritt. Wie schon erzählt, fand er sich am Aeoluskreuz vor und war mit seinem Eisengehalt wahrscheinlich die Veranlassung, daß sich bei den magnetischen Beobachtungen mancherlei Abweichungen und Schwankungen zeigten. Für die Geologen war das Auffinden dieses eruptiven Gesteins auf der andern Seite der Bucht von großem Interesse, nicht so für unsere Physiker, deren magnetische Beobachtungen mehr oder weniger durch sein Vorhandensein afficirt wurden.

Unser Ankerplatz in der Treurenberg-Bai — die Norweger nennen sie „Sorge-Bai" — befand sich in 79° 56′ 31″ nördl. Br. und 16° 55′ 30″ östl. L. An der Oeffnung hatte der Fjord eine Breite von ungefähr zwei englischen Meilen, von Grafnäs dringt er ein wenig weiter westlich ein und wird breiter. Will man an dieser Spitze Anker werfen, so muß man gleich hinter dem Holme, der vor ihr liegt, längs dem Lande steuern, bis man dem Steinhügel und dem Kreuze gegenüber ist. Hier trifft man guten Ankergrund auf 12 bis 15 Faden Tiefe. Südöstlich von Grafnäs 1½ Meilen von der westlichen Küste und eine halbe Meile von der östlichen entfernt befindet sich eine Steinbank bei 2½ bis 3½ Faden Tiefe. Im Uebrigen beträgt die Tiefe in der Bucht 12 bis 60 Faden. Auf der Ostseite bietet Hecla Cove einen vorzüglichen Hafen mit gutem Ankergrunde und Schutz vor allen Winden dar. Ebbe und Fluth wechselt hier in sieben Stunden und ihr Unterschied beläuft sich auf 4 bis 6 Fuß.

Bald nachdem wir an Land gestiegen und vom Kreuzeshügel die weite Landschaft betrachteten, landete ein Boot von einem der Jagdschiffe und machte uns die Mittheilung, das eine jener Schiffe, welches versucht habe in See zu gehen, werde von einem die Oeffnung der Vik verschließenden Eisgürtel gefangen gehalten. In der That entdeckten wir ein quer über die Bucht von Osten nach Westen laufendes weißes Band, und ehe wir von unserer Besteigung des Hecla Mount zurückgekehrt, hatten wir die Gewißheit, daß wir vollkommen eingeschlossen waren. Unsere Hoffnung auf baldige

Befreiung war indessen nicht so leicht zu vernichten. Ein Eisband kann vergehen, eben so schnell als es gekommen. Ein paar Tage mußten wir uns freilich gedulden und die Untersuchung unserer Umgebungen fortsetzen.

Es gingen einzelne Partien auf die Jagd und den Fang aus, doch mit geringem Erfolg. Nur Alken, die in zahlreichen Haufen die Mitte des Fjordes belebten, fielen den Jägern leicht zur Beute. Sie waren keineswegs scheu. Mit einem Schusse tödtete man oft fünf und brachte daher nach einer Jagd von einigen Stunden mehrere Dutzend heim. Die Alke hat die Größe, doch nicht das Fleisch einer kleinen Grasente. Ist der Vogel gerupft, so löst man die Brust und die Flügel los und wirft das Uebrige als nicht genießbar fort. In Butter gebraten, haben sie einen ganz guten Geschmack, obwohl nicht einen so feinen als Enten. Von den übrigen Vögeln Spitzbergens hält man nur die Eidergans, die hier keinen Thrangeschmack hat, die wilde Gans und die Rotjes für brauchbares Jagdwild. Die übrigen eßbaren Vögel sind theils so klein, wie der Schneesperling und die Schnepfen, theils so selten, wie das Schneehuhn, daß ihre Jagd wenig lohnend erscheint. Die Teiste sind oft so trocken und mager, daß man nur im Nothfalle nach ihnen greift.

Der Wind blieb nördlich und das Eisband im Norden verstärkte sich mehr und mehr. Erst am 9. Juni trat Windstille ein, und gegen Abend erhob sich ein Südost, der die nächsten zwei Tage anhielt, auch das Eisband ein wenig mürbe machte, ohne es jedoch zu lösen. Der 9. war ein Sonntag, sonst überall der Ruhe geweiht. Aber zwischen den Eisblöcken zeigte sich ein Walroß, und bei solchem Anblick vermag nichts die Lust der Jäger zu stillen. Vom Jaen Mayen wurde ein Jagdboot ausgesetzt. Es war ein Weibchen mit seinen Jungen. Das letztere tödtete der Harpunirer unvorsichtiger Weise zuerst. Bei seinem Aufschrei stürzte die Mutter in wilder Raserei nach dem Boote, erhob sich mit einer für ein so unförmliches Thier unglaublichen Gewandtheit und hieb mit einem seiner Hauer nach dem Schenkel des an der Bootspitze stehenden Mannes. Glücklicher Weise war die Wunde nur einen Zoll tief und der Schenkelknochen unverletzt. Für diesen Mann endigte dieses Abenteuer, das unglücklich genug für ihn ablaufen konnte, also damit, daß er einige Wochen in seiner Koje zu Bette liegen mußte.

Einige Stunden nach diesem Ereigniß nahm man einen prächtigen Eisbären mit nankingelbem Pelze wahr, wie er aus dem Innern des Fjordes ruhig und sorglos Hecla Cove zuschlenderte. Unsere beiden Steuerleute machten sich sofort auf, um dieses schöne Thier zu jagen; aber die Jagd wurde dadurch gestört, daß die Leute von den übrigen Schiffen sich unbefugt in unsere Sachen mischten. Von dem Lärm und seinen vielen Verfolgern erschreckt, begann der Bär sich uns zu entziehen. Wir sahen von unserm Fahrzeuge, wie er bald still stand, um seine unklugen Feinde zu betrachten, bald so schnell als er konnte nach dem Innern der Vik galoppirte. Nun ergriff die Jagdlust auch uns. In einem mit drei Leuten bemannten Boote fuhren wir nach dem festen Eise. Der Nachmittag war schön und herrlich. Auf eine Scholle war ein gewaltiger Seehund gekrochen, um sich an dem milden Sonnenschein zu erfreuen und die erquickende Luft zu genießen, während zwischen den Eisstücken in der Nähe der Eiskante ein paar kleinere Thiere schwammen und von Zeit zu Zeit ihre Köpfe erhoben, als ob sie wißbegierig die fremden Gäste kennen lernen wollten. Nach dem großen Seehund warf Uusimaa in Hast seine Lanze. Die beiden anderen durften ungestört weiter schwimmen. Der Bär war mittlerweile, von einigen Hunden verfolgt, an's Land geflüchtet und verschwand bald zwischen den Bergen. So schloß die erste Bärenjagd, an welcher wir Theil nahmen.

Den folgenden Tag spät am Abend bestiegen Torell, Blomstrand und Dunér Hecla Mount von der Nordostseite. Dort sahen sie, wie der Südostwind in der Heenloopen Strat raste, sich noch über die Mündung unserer Bucht hin erstreckte und das Eisband daselbst bildete, so daß der nördliche Theil des Sundes und ein kleiner naher Theil des Meeres offen war. Als sie bei der Rückkehr am frühen Morgen, bei Parry's Flaggenstange, mit Nordenskiöld, Lilliehöök und Chydenius, welche die ganze Nacht über mit magnetischen und anderen Beobachtungen beschäftigt gewesen waren, zusammentrafen und vernahmen, daß die Temperatur des Wassers gestiegen sei, schienen sich die Aussichten wieder günstig zu gestalten und man freute sich bei der Vorstellung, daß die Eisfahrt nun bald ihren Anfang nehmen, Aeolus nach dem Nordostlande und Magdalena nach Süden werde abgehen können. Die letztere war nun zur Abfahrt bereit. Das für die Eisfahrt bestimmte Boot nebst Zubehör befand sich bereits auf dem Aeolus;

der Pemmikanvorrath war in der Robbe-Bai untergebracht, und sie wartete nur auf die Möglichkeit, aus der Vik herauszukommen. Bei einem lodernden Treibholzfeuer bereiteten wir unsere Mahlzeit und vergaßen aller Bekümmernisse, wenn wir der Zukunft gedachten.

Aber das Eis schien nicht weichen zu wollen. Drei von den Jachten, die neben uns in der Bucht lagen und am Morgen ausgegangen waren, kamen uns nicht einmal aus dem Gesicht. Selbst die Brigg Jaen Mayen mußte nach kurzer Fahrt wieder umkehren und sich von Neuem neben uns legen. Schließlich kehrte eine in das Land zum Recognosciren ausgesandte Partie mit der Nachricht zurück, das Eis sei nicht „segelbar".

Die Aussichten wurden also schlimmer. Wir beschlossen am 12. die Anker zu lichten und das Eis zu forciren; aber Windstille und Nebel machten diesen Plan zunichte und — wie wir bald erkannten — zu unserm großen Glücke.

Von den drei Jachten, welche sich in die Heenloopen-Straße begeben hatten, kehrten zwei nach beschwerlichem Kreuzen wieder in die Treurenberg-Bai zurück und ankerten im Schutze des östlichen Flachlandes, wo sie gleich uns eingesperrt waren; die dritte aber blieb im Sunde zurück und hatte einen schweren Stand gegen Sturm und Eis, bis sie am Ende des Monats in das Packeis eingeschlossen wurde und sich endlich nur mit großer Mühe daraus befreite.

Bis dahin hatten sich in dem offenen Theile der Bucht blos vereinzelte kleinere Stücke von Treibeis gezeigt, so daß man mit den Booten leicht zu der festen Eiskante im Süden und an dem östlichen Strande gelangen konnte. Als aber die starke Dünung, verursacht durch den vom Meere wehenden Sturm, diese Eiskante aufbrach und die losgebrochenen Schollen umher zu treiben begannen, da wurden auch unsere Fahrzeuge von prasselnden Eisstücken umgeben und Bootfahrten waren nur schwer auszuführen.

Die Windstille am 12. verkündigte eine Veränderung in der Windrichtung, und diese ließ nicht lange auf sich warten. Schon am folgenden Tage begann wieder ein nebliger Nordwind zu wehen und bereitete uns ein sonderbares Schauspiel. Während ein Jeder auf seinem Posten beschäftigt war, verzog sich der Nebel ein wenig und wir nahmen große Blöcke von Treibeis wahr, welche, einer nach dem andern, von Norden her in heftiger Fahrt in die Bucht segelten, getrieben von Strömung und Wind. Es war ein eigenthümlicher, großartiger Anblick, wie diese Ehrfurcht gebietenden, 20 bis 30 Fuß hohen Eisthürme und Schneemassen, von denen manche bis zur großen Raa Jaen Mayens reichten, gleichsam von einer unsichtbaren Kraft bewegt, gerade auf unser Schiff lossegelten. Es war keine Zeit zu verlieren. Die Boote wurden auf Deck geborgen, die Ziehboote heimgerufen, während alle Mann nöthig waren, um das Schiff in Sicherheit zu bringen. Es glückte

Das Schiff im Eise.

dem Aeolus bald, sich an's Land zu holen, wo er in flacherem Wasser vor den größeren und gefährlicheren Eisstücken gesichert lag. Ein kleiner Berg von solch aufgethürmtem Eise näherte sich der Magdalena und würde sie unzweifelhaft mit sich genommen haben. Aber die Fluth war glücklicher Weise noch nicht bis zu ihrer größten Höhe gestiegen, und so strandete der Eisberg über dem Anker, welcher in acht Faden Tiefe lag. Mit der steigenden Fluth wurde der Eisthurm wieder flott. Aber schon hatte Magdalena ihr Kabel an der Brigg Jaen Mayen befestigt, die bereits in Sicherheit lag, und holte sich an's Land. Der Anker war so gut wie verloren. Man befestigte die Slup mit Eishaken am Lande und warf den andern Anker auf fünfzehn Faden Tiefe aus, während sie selber in vier Faden tiefem Wasser zwischen zwei großen Grundeisblöcken lag. Auf diese Art befanden sich beide Schiffe in einem aus solchen, auf dem Grunde feststehenden Blöcken gebildeten Hafen, wodurch sie gegen das treibende „Schraubeneis" und die flachen, ungefähr 12 Fuß dicken Eisschollen, deren oberer Theil etwa 4 Fuß die Oberfläche des Wassers überragte, geschützt waren. Immer mehr wurde der Fjord mit Eis gefüllt, und bevor der Abend kam, waren wir buchstäblich von den Schollen gefesselt. Wir konnten kaum mit dem Boot an's Land oder von dem einen Schiffe zum andern gelangen. Es schien, daß wir sobald nicht von hier fortkommen sollten. Von unserm Ankerplatze aus, so weit wir nur nach Norden und Nordosten blicken konnten, thürmten sich in wilder Unordnung diese Eismassen, scharfkantigen Blöcke, Spitzen und Schneeberge über und durch einander und trotzten jedem Versuche über sie hinweg zu gelangen. Das Eis hatte Alles, was die Natur hier von Behaglichem und Freundlichem besitzt, in kalte, unbewegliche Starrheit verwandelt, und hätten wir nicht den 13. Juni geschrieben, wir würden eher an Vorbereitungen zu einer Ueberwinterung als an Excursionen und Sommerarbeiten gedacht haben.

Unsere Beschäftigungen auf dem Meere wurden nun in hohem Grade eingeengt. Ebbe und Fluth veränderten wohl zuweilen die Lage des Eises und öffneten hier und da eine Rinne zwischen den Blöcken, aber die Arbeit mit den Schleppnetzen mußte auf die wenigen Oeffnungen in der Nähe des Schiffes beschränkt werden. Die Alken, Teiste und „Seepferde" verschwanden und zogen nach den offenen Wasserstellen. Nur verschiedene Möwen blieben zurück. Auch die Fußwanderungen auf dem Lande und über das Eis wurden im hohen Grade beschwerlich. Die Schneekruste thaute unter der stärkeren Einwirkung der Sonnenstrahlen auf und verlor ihre Tragfähigkeit; das Eis wurde „faul" und brach oft unter unseren Füßen. Fast bei jedem Schritte sank man bis über die Kniee ein, so daß der siebente Theil einer Meile dieselbe und vielleicht eine größere Kraft in Anspruch nahm, als sonst eine ganze Meile. Zuerst stießen auf diese Schwierigkeiten Blomstrand und

Smitt, welche am 14. Juni eine Meile weit nach dem Innern der Vik wanderten. Smitt berichtet über diesen Ausflug:

„Der Weg geht längs dem nunmehr schneefreien Strande über Rollsteine, die zu einem Walle aufgehäuft worden, vom Meere durch eine mit Eis und Schnee bedeckte Lagune getrennt. Wo der Fjord weiter nach Westen in's Land dringt, nimmt man den kürzeren Weg über die See. Auf dem Eise liegt ein weicher, wassergetränkter, mit einer dünneren Eislage bedeckter Schnee. Bei jedem Schritte schwankt und bricht diese Eisdecke unter unseren Füßen und wir waten bis an die Kniee in einem mit Eis gemischten Schneebrei. Ein Ende von uns neben einer Wake scheint ein Seehund sich der Stille der Luft und des Sonnenscheins zu erfreuen. Da die Büchse geladen und zur Hand, so können wir ihn unmöglich in Ruhe lassen. Wir nähern uns vorsichtig dem dunkeln Flecke, doch nicht geräuschlos, da das Eis unter jedem Fußtritt bricht. Noch ist er nicht in der Schußweite und schon merkt er Unrath. Er hebt seinen Kopf, blickt unruhig umher und lauscht auf die fremden Laute, die der Wind seinem Ohre zuführt. Hier ist keine Zeit zu verlieren: ein Knie auf's Eis und die Büchse an die Backe. Der Schuß geht los, aber der Seehund taucht ruhig in seine Wake. Wir wollten erfahren, ob Uusimaa Recht habe, welcher uns gestern versicherte: ein nicht verwundeter Seehund komme nach einer Weile wieder herauf. Wohl eine halbe Stunde warteten wir, den Hahn gespannt, aber kein Seehund erschien. Nur ein kaltes Fußbad war der Lohn für unsere Mühe und abgekühlte Jagdlust. — Nach einer Viertelmeile erreichten wir wieder das Land, welches überall die Einwirkung und Spuren früherer Gletscher zur Schau trägt. Ihr Resultat ist das Vorland zwischen dem Strande und der steilen, eine Viertelmeile vom Fjorde im Westen sich erhebenden Bergkette. Man muß über einige Klafter hohe Wälle und Hügel schreiten, die aus Glimmerschiefer- und Quarztrümmern von den nahen Bergen bestehen. Der Andrang des Schneeeises hat diese langgestreckten Wälle gebildet, hier und da von den Frühlings- und Sommerwassern durchbrochen. Noch ist es Winter, aber seine Macht zu Ende. Die von den Bergen stürzenden Lawinen — oft glaubt man in der Ferne eine Kanonade zu hören — erzählen von der Beweglichkeit des durch die Sonnenstrahlen erweichten Schnees. Die Hügel des flachen Vorlandes liegen schon ganz frei da. Die kleine Saxifraga beginnt ihre

Blüthenknospen zu entwickeln und ihre rothen Spitzen schimmern hier und da freundlich zwischen Geröll und Moos. Der Strandkibitz (Tringa maritima), der „Fjaereplytt" der Norweger, springt pipend zwischen den Steinen umher und streckt nach seiner sonderbaren Gewohnheit die Flügel aus, bald den einen und bald den andern. Man nimmt das kleine Wesen wahr; aber bevor der Hahn gespannt, ist er schon zwischen den Steinen verschwunden, deren Farbe sich von der seinigen nicht unterscheidet; schließlich fällt er uns doch als Beute zu. Zwischen den Hügeln ist der Weg über den mit einer Kruste bedeckten Schnee sehr ermüdend. Der Fuß durchbricht die schwache Decke und sinkt eine Elle tief ein. In der Ferne schimmert ein weißlich grauer Fleck, nach dem Fernrohr ein Rennthier; schneller wird unser Schritt. Aber das Thier wird zu frühe aufgescheucht, denn ihm genügt der Schimmer einer menschlichen Erscheinung, um mit der Schnelligkeit des Windes zu entfliehen.

„Nun mußte der Speisekober hervor. In jeder Vertiefung des Flachlandes findet man Wasserlachen von geschmolzenem Schnee. Rings herum, in ungeheurer Menge, springen kleine stahlgraue Poduren, die sonderbaren Bewohner des ewigen Alpenschnees, welche ihre Nahrung wahrscheinlich in der beschränkten Welt animalischer und vegetabiler Organismen, denen der Schnee als mütterliche Erde dient, vorfinden. Zu Tausenden schwimmen die Todten und Lebenden auf dem Wasser, welches kälter und klarer ist als unser Quellwasser. Man trinkt vorsichtig, aber, aus Furcht man werde auf eine weitere gleiche Erfrischung lange zu warten haben, mit tiefen Zügen. „Rathsherren" mit „Burgemeistern" und Raubmöwen kreuzen in der Nähe. Sie lassen sich bei den Eingeweiden eines Rennthieres nieder, welches offenbar erst vor Kurzem durch den von uns in jener Richtung gehörten Schuß erlegt ist. Der Schütze ist mit seiner ausgewaideten Beute verschwunden, bald aber läßt er wieder von sich hören, denn zwei Rennthiere stürzen in wilder Flucht von zweien Seiten her, von wo der Knall kam. Wir treffen auch bald die Schützen am Ende des Golfs an. Hallstad, der Harpunirer vom Aeolus, hatte zwei Rennthiere erlegt, und der Harpunirer vom Jaen Mayen eins. Da die Gegend arm an Wild ist, so waren sie stolz auf ihren Erfolg, obwohl die Thiere in dieser Zeit äußerst mager sind.

Wir sagten uns in einem Athem Guten Tag und Lebewohl und trennten uns.

„Der niedrige Landstreifen wird allmählich schmäler und die Berge treten dem Meere näher. Von einem hohen Hügel, einer alten Moräne, blickt man auf einen gewaltigen Gletscher, der in steilem Absturz, doch ohne eine eigentliche Eiswand, eine Viertelmeile vom Fjorde endigt. Unmittelbar vor ihm befindet sich ein mit rundgeschliffenen Schiefer- und anderen Steinen bedecktes Flachland, nebst zweien kleinen Süßwasserseen, neben denen die wilden Gänse schon an's Brüten zu denken scheinen. Es gleicht einem von einer Menge Gletscherbäche durchflossenen Delta. Weiter nach uns zu geht dieses flache Land in einen etwa 70 Fuß hohen Thon- und Sandwall über, wahrscheinlich eine alte Stirnmoräne. An manchen Stellen breitet der Thon sich stromartig aus; vom Gletscher werden bedeutende Massen von Schlamm und Grus herabgespült, und das Wasser der Bäche ist davon trübe und dick. Westlich von hier befindet sich eine schmale Oeffnung zwischen den Bergen, und wir nehmen unsern Weg nach der steilen, an ihrem Fuße befindlichen Muhre. Es herrscht hier neben Glimmerschiefer und Kalk ein röthlichgelber Quarzit vor.

„Die Wanderung wurde immer beschwerlicher, und da die Ausbeute an Mineralien nur gering blieb, so machten wir uns auf den Rückweg. Er war so ermüdend, daß wir erst am 15. Morgens 5 Uhr auf dem Deck der Magdalena anlangten." —

Ueber unserm Fjord lag oft ein erdrückender Nebel, aber klare und ruhige Tage gehörten auch nicht zu den Seltenheiten, so daß man es schon in leichter Kleidung beim Arbeiten warm hatte. Das Licht und die Wärmestrahlen der Sonne wurden dann kräftig von den blendenden Eisblöcken zurückgeworfen. Sie standen meist sechs Faden tief fest auf dem Grunde. Auf all' den Irrgängen und Rinnen, durch die Oeffnungen und Lücken zwischen den weißen, scheinbar leichten und luftigen Eisklippen mit dem Boote hin zu fahren, war in der That wunderbar. So weit das Auge nach Norden reichte, erhoben sich diese zerbrochenen Thürme und Mauertrümmer von Schnee und übereinander gestapeltem Eise. Je weiter man sie verfolgte, um so mehr verwischten sich ihre feinen, aber bestimmten Linien, bis sie sich verloren und in der weiten Ferne gleich einer dünnen Schneedecke mit dem reinsten Blau des Horizontes zusammenschmolzen. Das in der Nacht etwas gedämpfte, aber am Mittage sehr starke, fast blendende Licht wurde Manchem sehr beschwerlich; Kuylenstjerna mußte sogar mit der in diesen Regionen oft auftretenden, schmerzhaften Schneeblindheit Bekanntschaft machen. Die Meisten von uns waren zwar mit Schneebrillen — einem Netze von schwarzem Metalldraht — versehen, während einer topographischen Excursion hatte aber Kuylenstjerna es unterlassen, sich ihrer zu bedienen, und mußte diese Unvorsichtigkeit nicht blos mit einem unerträglichen Schmerz an der Stirn und auf dem Scheitel büßen, sondern auch seine Arbeiten unterbrechen und sich sofort in eine Schneewehe niederlegen. Er kam nur mit Mühe heim, konnte kaum die Augen öffnen, fühlte sich nach einigen Stunden Ruhe jedoch besser. Ein paar Tropfen Opiumwein in die Augen gilt bei den Polarfahrern als ein erprobtes Heilmittel bei Schneeblindheit und wurde mit Erfolg auch bei Einigen von unserer Mannschaft in Anwendung gebracht.

Während solcher schönen Tage, wenn unsere Bucht und die nächste Umgebung im klarsten Sonnenscheine dalag, erblickten wir die Berge im Süden und Südosten meist in dichten Nebel gehüllt. Er kam aus der Heenloopen Strat und stieg zu den Bergen auf, welche diese Straße von der Treurenberg-Bai trennen. Die Eigenthümlichkeiten dieses Sundes sind schon frühe von den holländischen Walfischfängern richtig erkannt worden und werden von dem Hamburger Martens 1671 dahin geschildert: „Das Weyhegat, oder die Straht von Hindelopen, wird also genennet von den Winden, weil ein harter Südenwind daraus wehet"*). An einer andern Stelle erzählt er, wie er und seine Mannschaft an der Oeffnung dieser Straße — er weiß nicht, ob es ein Sund oder eine Vik ist — eine begonnene Walroßjagd nicht fortzusetzen gewagt hätten, da ein so starker Nebel sie überfallen, daß sie gefürchtet hätten, ihr Fahrzeug nicht wieder zu erreichen. Dieser Süd- oder vielmehr Südostwind herrschte die ganze Zeit, da wir in der Treurenberg-Bucht lagen, in der Heenloopen-Straße, während in unserer Vik und beinahe an der ganzen Nordküste — mit geringer Unterbrechung — nur Nordwinde wehten. Er war immer äußerst heftig und oft von einem unglaublich dichten Nebel begleitet, der nahe der Oeffnung des Sundes seinen Anfang nahm

*) Friedrich Martens Spitzbergische oder Grönländische Reisebeschreibung, gethan im Jahre 1671. Hamburg 1675. (S. 24.)

und gleich einer dunkeln Wand sich nordwärts bis nach Low-Island ausdehnte. Auf diese Wolkenbank achteten wir unausgesetzt und wünschten von Herzen, wenngleich vergebens, es möchte nur ein geringer Hauch von dem Winde, der dort wehte, auch zu uns gelangen. Ohne das Geringste von dem Sturme zu merken, der in einer Entfernung von kaum einer halben Meile wüthete und dessen Brausen doch bis zu uns herüberklang, sahen wir Tage lang Wolkenmassen ohne Unterbrechung hinter einander in rasender Eile hinjagen und nordwärts verschwinden. Von diesem eilenden Wolkenstrome stiegen die Nebel auf, von welchen wir gesprochen, und deren Entstehung nun leicht zu begreifen. Obwohl das Meer nördlich von Spitzbergen ganz mit Eis bedeckt war, stieg die Temperatur nach dem 10. Juni dennoch so schnell, daß sie schon nach vier Tagen sich über den Gefrierpunkt erhob. An der Ostküste von Spitzbergen dagegen und im südlichen Theile von Heenloopen Strat bleibt das Meer das ganze Jahr hindurch, oder doch länger als anderswo auf Spitzbergen, von Eismassen bedeckt. Denn es bildet gleichsam eine Fortsetzung des sibirischen Eismeeres und ist daher, nach den Angaben aller Spitzbergenfahrer, auch kälter als irgend ein anderer Theil der Inselgruppe. Obwohl der Sund, so weit man ihn von den Höhen überschauen konnte, offen erschien, so war er es doch nicht in seiner südlichen Hälfte; das lehrten die von hier kommenden Eismassen, das erfuhren wir später von einem der Jagdfahrer, welche am 11. Juni unsern Fjord verlassen hatten. Aus dieser Eisregion strömt nun die kalte Luft durch den Sund und vermischt sich mit der wärmeren und dünneren im Norden desselben. Hierdurch wird ein Theil der in der letzteren enthaltenen Feuchtigkeit, verdichtet, zu Nebel und so lange weiter getrieben, bis eine wärmere Luftschicht ihn aufzehrt. Ist das gestörte Gleichgewicht wieder hergestellt, so hört das Phänomen eine Zeit lang auf, und während an dem einen Tage der dichteste Nebel herrscht, erfreut uns an dem folgenden die klarste Luft, bei welcher das ferne Nordostland mit erstaunlicher Bestimmtheit und Deutlichkeit erscheint; eine Täuschung, der man so oft in diesen Regionen ausgesetzt ist, wenn es sich um die Schätzung von Entfernungen handelt.

Das bis dahin passirbare Eis wurde immer unsicherer und demgemäß auch die Excursionen beschwerlicher. Blomstrand ging am 19. auf Schneeschuhen nach dem östlichen Strande und nahm seinen Weg über das allein noch gangbare Eis im Innern der Bucht. Die Länge des Weges und die Last der gesammelten Mineralien verzögerten seine Rückkehr; wir warteten die ganze Nacht auf ihn und machten uns schließlich auf, um ihn aufzusuchen. Da das Eis an manchen Stellen schon so zerfressen war, daß es einen Menschen nicht mehr tragen konnte, hatten unsere Befürchtungen auch allen Grund. Zu Aller Freude kehrte er nach vielen überstandenen Schwierigkeiten, und nachdem er 18 Stunden ohne Nahrung vom Schiffe entfernt gewesen, zurück, von Niemand als einem treuen Hunde, der freilich durch sein Springen dem auf Schneeschuhen laufenden Wanderer oft lästig geworden war, begleitet. Am folgenden Tage brachen drei Mann vom Aeolus wirklich durch das Eis, als sie darauf bestanden, einen geschossenen Seehund an Bord zu schaffen, wurden aber sammt der Jagdbeute durch den vierten, nicht hineingefallenen Genossen gerettet.

Die Seehunde sind zwar ein wenig neugierig, auch wenn sie auf dem Eise liegen, und betrachten den Jäger sehr aufmerksam; zugleich sind sie aber auch äußerst vorsichtig und lassen ihn nicht zu nahe herankommen. Darum ist die Seehundsjagd auf dem Eise keine leichte Sache. Aber Petersen lehrte uns, wie man nach Weise der Grönländer ihnen nahe kommen könne. Auf zwei mit einander verbundenen kleinen Schlittenkufen befestigt man einen etwa 1½ Ellen hohen und 1 Elle breiten Holzrahmen, daran, eine halbe Elle über den Kufen, sich ein Querholz befindet. Ueber diesen senkrecht stehenden Rahmen hängt man ein Stück weißen, bis untenhin reichenden Zeuges mit einem Loch, welches mit der Mitte des Querholzes correspondirt und so groß ist, daß der Büchsenlauf darin Platz hat. Der Jäger steckt nun den Lauf durch den Schirm, läßt die Büchse auf dem Querholz ruhen und schiebt an diesem den ganzen Jagdschlitten vor sich her. So nähert er sich dem Seehunde, dem das weiße Zeug unverfänglich erscheint, bis es zu spät ist. Uusimaa, der geübte Schütze, machte von der Vorrichtung Gebrauch und lernte ihren großen Werth schätzen.

Von Seehunden trifft man auf Spitzbergen drei Arten an: Storkobbe oder Hafert (Phoca barbata); den gewöhnlichen Seehund (Phoca hispida), den die Norweger Stenkobbe nennen, und welcher überall in der Ostsee und dem Bottnischen Meerbusen verbreitet ist, und den grönländischen oder Jaen Mayenschen Seehund (Phoca groenlandica), Sortsiden genannt, der jedoch, wenigstens

Junge Grönländische Seehunde. (Phoca grœnlandica.)

an den Nord- und Westküsten und verglichen mit den beiden ersteren, sehr. selten vorkommt. Unter diesen dreien wird Phoca barbata wegen ihrer Größe und dicken Specklage am meisten geschätzt. Man darf sich indessen nicht vorstellen, daß einer von ihnen sehr häufig ist; denn schon Martens sagt, „daß in Spitzbergen mehr Walrosse als Seehunde leben.“ Ueberdies hat er, sowie das Walroß, in Folge der ununterbrochenen, schonungslosen Jagden in diesen Gegenden seitdem eine beträchtliche Verringerung erfahren.

Aeolus in Treurenberg-Bai.

## Fünftes Kapitel.

Treurenberg-Bai. — Eisbären. — Ankunft des Sommers. — Befreiung.

Der 19. Juni war der Jahrestag der Entdeckung Spitzbergens. Freilich wurde er nicht so gefeiert, wie die Erinnerung an den großen Mann es verdient hätte, welcher den meisten Völkern Europas die Bahn zum Walfischfange eröffnete: während zweier Jahrhunderte eine solche Quelle des Reichthums, daß man sie allein mit der Entdeckung der californischen und australischen Goldlager in unseren Tagen vergleichen kann.

Die Vorstellung, daß je näher dem Pole man das Meer durchsegle, welches sich nach der Ansicht der Alten ununterbrochen zwischen Asien und Europa ausdehnte, desto kürzer der Weg nach Catay oder China sein müsse, hatte die beiden Venezianer Johann und Sebastian Cabot, Vater und Sohn, um das Jahr 1497 bestimmt, von England aus nach Westen zu schiffen, um Catay aufzusuchen. Sie kamen nach Labrador oder Newfoundland und wähnten Catay aufgefunden zu haben. Es war dem jüngeren Cabot, welcher 1498 seinen Weg über Island nahm, vorbehalten, in dem gesuchten Catay einen zwischen Asien und Europa gelegenen Continent zu vermuthen. Diese ersten auf die Entdeckung einer Nordwestpassage gerichteten Versuche leiteten jene Reihe von Unternehmungen nach einem Ziele ein, das sich erst in unserm Jahrhundert als ein imaginäres erweisen sollte. Die Expeditionen des Portugiesen Gaspar Cortereal und seines Bruders in den Jahren 1500, 1501 und 1502, welche die Angaben Cabot's in Betreff des Reichthums der Newfoundländischen Bänke bestätigten und die großen und zahlreichen Fischereiunternehmungen der Portugiesen und Franzosen im 16. Jahrhundert zur Folge hatten; die Expeditionen der Franzosen Aubert und Jacques Cartier 1508 und 1534; des Spaniers Gomez 1524; des Engländers Thoren 1527, mit der zum ersten Male bestimmt ausgesprochenen Absicht, den Nordpol zu erreichen; Hore's aus 120 Mann, darunter 30 muthigen und wißbegierigen Gentlemen bestehende Expedition; die drei Frobisher's 1576, 1577 und 1578, deren Angedenken noch jetzt bei den an der Vik gleichen Namens wohnenden Eskimostämmen fortleben soll; Georg Weymouth's 1602; James Hall's drei in Dänemark ausgerüstete Expeditionen 1605, 1606 und 1607; John Knight's 1606: — alle diese Vorgänger der späteren nach Nordwest und Norden gerichteten Unternehmungen hatten sämmtlich zwar das Geschick, ihr Ziel zu verfehlen, aber auch das Gute, daß sie unsere geographischen Kenntnisse vermehrten.

Es war Sebastian Cabot nicht gelungen, China auf dem Nordwestwege zu erreichen; er wandte daher seinen Blick nach Nordosten, nach den Nordküsten Asiens. Es hatte sich eine Handelsgesellschaft gebildet, die sogenannte Company of Merchant Adventurers, die spätere Moscovy Company; von ihr wurde Hugh Willougby 1553 mit dreien Schiffen ausgesandt, von denen zweie an der Mündung der Arzina einfroren, so daß die Besatzung sammt dem Führer dem Hunger und der Kälte zum Opfer fiel. Der Befehlshaber des dritten Schiffes, Chancelor, erreichte das weiße Meer und kehrte, nachdem er dem Czaren in Moskau einen Besuch abgestattet, glücklich zurück. Dieser ersten Unternehmung nach Nordosten folgten Chancelor's und Borough's Expeditionen 1556 und 1557, Bassendini's, Woodcock's und Browne's 1568, Pet's und Jackmann's 1580, welche zwar Novaja Semlja erreichten, aber Alle mit demselben ungünstigen Resultat in der Hauptsache zurückkehrten. Sie waren sämmtlich Engländer. An der Spitze des Handels und der Seefahrt standen in Europa aber die Holländer. In Middelburg lebte der große Kaufmann Balthasar de Moucheron, ein belgischer Emigrant, in Amsterdam ein anderer Emigrant, der gelehrte Geograph Peter Plancius, der Stifter einer Navigationsschule, aus welcher die größten Seefahrer jener Zeit hervorgehen sollten: William Barents, Davis, Drake, Jakob van Heemskerk und Naï. Moucheron war der Urheber jener ersten holländischen Expedition, welche 1594 mit dreien Schiffen auslief und gleichfalls den Weg nach Nordosten nahm. Eins der Schiffe, von Amsterdam, stand unter Barents' Leitung; gemäß Plancius' Instruction gelang es ihm, Novaja Semljas Nordostspitze bis zu den Oranien-Eilanden zu umsegeln, während die beiden übrigen Fahrzeuge nicht weiter als bis zur Kara-Bai gelangten. Im folgenden Jahre wurde eine neue Flotille von sieben Schiffen ausgesandt, von denen Barents zwei befehligte. Ohne weiter als die früheren vorzudringen, mußten sie umkehren. Zum dritten Male wurde 1596 eine Expedition allein von Amsterdam ausgerüstet: zwei Fahrzeuge, eins unter Heemskerk's und Barents', das andere unter der Führung von Jaen Cornelis Rijp. Diese Expedition ist darum von besonderem Interesse für uns, weil sie die Entdeckung Spitzbergens im Gefolge hatte.

Wenn man das von Gerrit de Veer geführte Schiffsjournal als zuverlässig ansieht, so steht diese Reise einzig in ihrer Art da. Nach seinen Angaben hat — wie auch Beke und Petermann annehmen — Barents ganz Spitzbergen umsegelt, und zwar mitten im Juni, also zu einer Zeit, wo das Packeis ohne Unterbrechung Bären-Eiland mit Spitzbergen verbindet und das ganze Meer im Osten bis Novaja Semlja bedeckt. Die Möglichkeit der Umschiffung muß also in den ungewöhnlichen und in jenem Jahre eigenthümlichen Verhältnissen des sonst festen Eises gesucht werden. Leider ist de Veer's Journal nicht mit der Genauigkeit geführt, welche wünschenswerth wäre, um alle gegen den behaupteten Cours erhobenen Zweifel zu beseitigen.

Er soll folgender gewesen sein.

Von Bären-Eiland segelte das Schiff vor einem West- und Südwestwinde vier Tage lang nach Norden und Nordnordosten, bis es am 16. Juni, und nachdem man vermuthen durfte, 120 englische Meilen zurückgelegt zu haben, auf Eis stieß. Man kreuzte am 17. und 18. nach Süden hin, um die äußerste Spitze einer nach Südost sich erstreckenden Eiszunge zu umfahren. Am folgenden Tage, als man sich in 79° 49′ nördl. Br. befand, erblickte man Land. Nun wandte man sich westlich und warf am 21. Anker in 79° 42′ nördl. Br., nahe der Küste und einem Fjord, der sich nach Norden und Süden erstreckte (Heenloopen Strat?). Man unternahm hier eine Bootfahrt bis zu ein paar Inseln (man möchte auf die Foster-Inseln rathen). Den 23. fuhr man nordwestlich, mußte aber wegen Eises (Verlegen-Hoek?) umkehren und ging auf der früheren Stelle vor Anker. Man lichtete dieselben wieder und segelte „längs der Westseite des Landes" (wahrscheinlich wieder in Heenloopen); aber der Südwest hinderte das Schiff an der Erreichung der Inseln, es kehrte um und legte sich sechzehn englische Meilen westlich von der großen Bucht in einer Vik (Treuenberg-Bai?) vor Anker. Den 25. fuhr man längs des Landes, traf auf eine andere Bucht (Wijde-Bai?), fuhr in dieselbe hinein und segelte 40 engl. Meilen südwärts; man kehrte um, erreichte kreuzend am 28. „Vogel-Hoek" (Hakluyts Headland?) und wandte sich erst nach Süden und dann nach Westen. Den 29. steuerte man nach Südosten und Osten; in 76° 50' mußte man wegen Eises vom Lande abhalten; den 31. südwärts, und am 1. Juli erblickte man Bären-Eiland wieder.

Die Entdeckung Spitzbergens war also zugleich zu einer Umschiffung geworden, eine Fahrt, welche — so weit man weiß — Niemand nach Barents während einer einzigen Reise ausgeführt hat; um so merkwürdiger, wenn man die kurze Zeit der Ausführung und die Beschaffenheit der damaligen Schiffe erwägt. Wir dürfen hier freilich nicht unerwähnt lassen, daß Asher in seiner interessanten Einleitung zu „Hudson the Navigator" die Richtigkeit der von Beke und Petermann ausgesprochenen Ansicht über Barents' Reise in Zweifel stellt und zum Gegenbeweise auf eine Karte von Hondius hinweist (herausgegeben 1611 und 1614), auf welcher man einen mit de Veer's Bericht nicht übereinstimmenden Cours angegeben findet, der nur die West- und einen kleinen Theil der Nordküste bis Wijde-Bai berührt. Dieser selbe Cours findet sich von einem Holländer mit der Signatur H. G. A., welcher während des über den Besitz Spitzbergens zwischen Holland und England geführten Streites 1613 eine Arbeit über dieses Land und dessen Entdeckung edirte, gleichfalls angegeben. In dieser Abhandlung ist er nicht allein von Gerrit de Veer's Bericht abgewichen, behauptend, derselbe sei von Barents selbst geschrieben, er führt auch — was seine Darstellung sehr verdächtig macht — den Namen „Spitsberghe" an, eine hier zum ersten Male vorkommende, von Barents niemals gebrauchte Bezeichnung. Dieser, wie seine Nachfolger, nannten die Inselgruppe vielmehr Greeneland, da sie zu einem Theile des bekannten arktischen Landes glaubten gekommen zu sein. Später unterschied man zwischen Greeneland und Groneland oder Engroneland. Hudson, der dies zuerst that, verstand unter dem ersteren Spitzbergen und unter dem

6*

letzteren Grönland. Er nennt jenes auch Newland — das „Nieuland" der Holländer, woraus die Engländer **King James his Newland** machten. — —

Nach dieser Abschweifung kehren wir wieder zur Treurenberg-Bai zurück. Blomstrand, welcher bis dahin beständig auf dem Lande und den Bergen thätig gewesen und sich durch kein Hinderniß hatte abschrecken lassen, beschloß mit dem Steuermann Mack einen Ausflug nach Westen zu machen. Als sie auf die noch schneebedeckte Ebene gelangten, nördlich von der Bergkette, welche Treurenberg-Bai von Wijde- und Mossel-Bai trennt, machte er — „halb zum Scherz", wie es in seinen Aufzeichnungen heißt — den Vorschlag, nach der letzteren Bucht hinabzusteigen. Ein Rennthier mit stattlichen Hörnern, das sie nach einer Stunde Wanderns — auf Schneeschuhen — zu Gesicht bekamen, verleitete sie, sich nach Süden zu wenden. Aber nach fruchtlosem Jagen kehrten sie wieder nach Nordwesten zurück. Sie suchten nun, unter Vermeidung der eigentlichen Bergkette, eine einzelne aus der Schneefläche aufragende Felsspitze zu erreichen, welche den letzten Vorsprung nach der Ebene im Norden zu bilden schien. Bei einem heftigen Gegenwinde erreichten sie endlich dieses Ziel und bestiegen, in dem tiefen Schnee freilich ermüdend, die Bergspitze. „Zu meinem Erstaunen" — sagt Blomstrand — „fand ich, daß der ganze Berg aus einem krystallinischen, äußerst leicht verwitterten Kalkgestein von hellgrauer Farbe bestand, an der Außenseite schalenartig ausgehöhlt und gefurcht, wahrscheinlich durch die Wirkung der Wellen, zu einer Zeit, als der Berg die äußerste Spitze Spitzbergens bildete."

Nachdem sie eine mit Schnee gefüllte Kluft, welche den Berg in zwei Theile theilte, überschritten hatten, mußten sie wieder zum eigentlichen Bergplateau hinaufsteigen, wo sie mit dem Sturm, dicker und nebliger Luft und den feinen darin befindlichen Eisnadeln zu kämpfen hatten. Nachdem sie eine Weile — wie sie annahmen in der früheren Richtung — weiter gewandert waren, befragten sie den Kompaß und fanden, daß sie in dem Nebel den Weg nach Süden genommen hatten. Sie schlugen nun die rechte Richtung ein und gelangten zu einer mäßig abfallenden Schneefläche. Auf ihren Schneeschuhen glitten sie dieselbe hinab, ohne bei dem Nebel zu wissen, wohin es ging. Als sie auf diese Weise an den Fuß des Berges gekommen waren, erkannten sie, daß ihr gutes Glück sie gerade zu dieser Stelle geführt habe, wo ein Niedersteigen möglich war; denn überall sonst, so weit man sehen konnte, stürzte das tausend Fuß hohe Plateau beinahe senkrecht zu der Thalsenkung, darin sie sich nun befanden, hinab. Nachdem sie sich eine Weile ausgeruht, setzten sie ihre Wanderung fort, erst auf Schneeschuhen, dann zu Fuß, weil schon bloße, schneefreie Stellen hier und da hervortraten. Der Weg ging nun weiter nach Süden längs dem Strande auf der einen, und den lothrechten Felswänden auf der andern Seite. Hinter einem Vorsprunge hofften sie die gesuchte Mossel-Bai zu finden; lange indessen vergebens. Vier Rennthiere kamen in Sicht; eins wurde erlegt.

„Bald" — so fährt Blomstrand fort — „öffnen sich neue Aussichten über neue Flächen, immer aber in dieselbe Schneedecke gehüllt, die nur von schmalen Grusbänken und niedrigen Bergrücken unterbrochen wird. Diese bestehen theils aus Quarzit mit weißen länglichen Glimmerblättchen, theils aus einem dunkelgrünen Hornblendeschiefer, oft in scharf begrenzten Lagen, ohne Uebergangsbildungen. Noch immer erschien nichts, was auf die gesuchte Mossel-Bai deutete. „Hinter dem nächsten Vorsprunge haben wir sie sicher!" — Wir hatten ihn erreicht, und es verdeckte ein anderer und noch einer den lange ersehnten Fjord. Endlich lag er vor uns.

„Mossel-Bai ist — wie die gewöhnlichen Seekarten, abweichend von Parry, richtig angeben — ein von Norden nach Süden tief in's Land einschneidender Fjord, im Osten durch ein weites etwa eine Meile breites Flachland von der eigentlichen Bergkette geschieden, welche auf der Westseite dagegen dem Strande ganz nahe zu treten scheint. Die Grey-Hook-Kette mag sich weiter nach Norden erstrecken als der letzte niedrige Ausläufer der Bergkette, welche den Fjord begrenzt." —

Nachdem sie vergebens nach dem eigentlichen Ziele des Ausfluges, dem Russenhause, gesucht hatten, welches von der Besatzung des Aeolus, als er vor einigen Jahren gleichfalls in der Treurenberg-Bai eingesperrt war, zu einem Unterkommen, während einer etwaigen gezwungenen Ueberwinterung, in Stand gesetzt worden, wählten sie ihr Nachtquartier in einer Felsspalte, die sie mit ihren Schneeschuhen und Stäben, Steinen und Moosstücken bedeckten. Nur nothdürftig gegen Wind und Schnee geschützt, vermochte Mack zwar einzuschlafen; aber Ermüdung und Kälte machten es Blomstrand unmöglich, der dafür umherstreifte und das Felsgestein in der Nähe untersuchte, bis sie Morgens um 6½ Uhr ihre Rückfahrt antraten. Die Luft war klar und der Sonnenschein erquickend. Sie erblickten nun am Ende des Fjordes auch die Hütte, fanden jedoch keine Veranlassung mehr sie aufzusuchen.

Bei dem letzten Vorsprunge der Bergkette trafen sie wieder auf Rennthiere und verwundeten eins, ohne es jedoch weiter zu verfolgen. Sie hatten überdies an dem geschossenen Thiere genug, das sie nicht weiter forttragen konnten. Sie ließen es daher liegen, nachdem sie es zum Schutze gegen Raubthiere mit Steinen bedeckt hatten. Während sie noch damit beschäftigt waren, entdeckten sie dicht am Strande zwei Hütten in dem üblichen Spitzbergenstyle, vierkantig, mit plattem Dache, die eine von ihnen noch gut erhalten, die andere verfallen. Um dieselben näher zu beschauen, hätten sie jedoch einen Umweg von etwa einer Meile machen müssen. Sie gingen daher weiter, und zwar um den äußersten Bergabsatz. Aber der Schnee war locker und tief, der Weg wollte kein Ende nehmen, und die Müdigkeit drückte sie zu Boden. Sie schieden daher von einander unten am Kalkberge. Der Eine kehrte in den alten Spuren zurück, ein Weg, den die Rennthiere mittlerweile ganz ausgetreten hatten, der Andere hielt sich näher am Strande. Beide traf das gleiche Loos, nämlich in einen tiefen Schlaf zu fallen, als sie sich einmal, um auszuruhen, ein wenig in den Schnee gelegt hatten. Nach einer Abwesenheit von sechsunddreißig Stunden, während welcher Zeit sie nur ein wenig Schiffszwieback genossen, kamen sie ziemlich gleichzeitig am Aeoluskreuz an, wo ihre Genossen sie mit Freuderufen und Schüssen empfingen.

Denn es war der Mitsommerabend gekommen, zufällig ein Sonntag, den wir Alle heilig hielten, und wir waren einig, das nordische Fest, das Fest der Sonne, in heimischer Weise zu feiern. An ihrer Wärme und ihrem Lichte hatten wir uns so manchen Tag erfreut, auch jetzt schien sie klar von dem heitersten blauen Himmel herab. Aber aus dem stiefmütterlichen Boden hatte sie nicht vermocht Blätter und Blüthen hervorzurufen, davon wir einen Kranz winden, geschweige denn eine Johannisstange hätten schmücken können. Und was war das Fest ohne sie! Die Verlegenheit währte indessen nicht lange. Da das Land uns keine

Gewächse zum Schmucke darbot, mußte das Meer sie uns liefern. Dort wuchsen üppige Wälder von Algen, braunen Laminarien mit vier Fuß langen Blättern und fast eben so langen Stielen. Mit ihnen bekleideten wir eine hohe Stange auf dem Aeolushügel und schmückten sie mit allen uns zu Gebote stehenden Flaggen und Standarten. Da wehten die skandinavischen Farben in freundlichem Wechsel von gelb und blau, roth und weiß; die alte Flagge Schwedens, die Unionsflagge und der Danebrog, so daß der dunkle Grundton der Mitsommerstange schnell in ein Zukunftsbild stattlichster Art verwandelt erschien. Daneben zündete man ein Freudenfeuer von Treibholz an, einen gewaltigen „Baldersbål", und an dieser Feuerpyramide, die ihren Rauch hoch zum Himmel schickte, bei dem Donner der Kanonen und dem Lärm der Signaltrompeten, versammelte sich von den drei Schiffen Alles was nur Leben und Odem hatte. Auf einem festen, von der Natur selbst zum Tische bestimmten Felsblock, belegt mit einem Teppich von Flechten, wurden Erfrischungen aufgetragen, auf einem andern trat aber ein Redner auf, uns zu unserer freudigen Ueberraschung zu verkündigen, daß Spitzbergens vier größte Dichter um Gehör bäten, zur Ehre des Tages.

Man lagerte sich so bequem als möglich zwischen Steinen, Grus und Schnee, und lauschte den Schöpfungen der Phantasie, Dichtkunst und Musik. Einem ernsten Recitativ folgte ein heiteres Allegro, diesem eine Erinnerung an die verflossenen Ereignisse, zuletzt Anspielungen auf die Gegenwart. Wir genossen dazu Erfrischungen, wurden später am Abend mit Rennthierbraten und anderen arktischen Leckerbissen regalirt, während die Mannschaft eine Extraverpflegung erhielt, und suchten erst spät nach Mitternacht unsere Kojen auf. Es war ein echt skandinavisches Fest vom Anfang bis zu Ende, unvergeßlich für einen Jeden, der daran Theil nahm. Die vier nordischen Völker: Schweden, Norweger, Dänen und Finnen waren hier vertreten, und selbst Lappländer fehlten nicht. Der Scheiterhaufen, die Johannisstange, das Aeoluskreuz und die seltsame von dem Feuer beleuchtete Gesellschaft, der Hügel mit den Gräbern, das unübersehbare Packeis, über welchem die Mitternachtssonne recht im Norden an dem wolkenfreien Himmel strahlte, mild und verheißend: — dieses alles bildete ein wunderbares Gemälde, das mit seinen Contrasten einen unauslöschlichen Eindruck auf uns machte. Das heitere Spiel und der trübe Ernst kämpften mit einander, und jenes siegte. „Denn selten haben wohl Gläser heller und lauter geklungen, als an den Gräbern der Sorge-Bai.“ —

Während wir noch auf dem Hügel zusammen waren, hatte ein schwacher Südost unsere Flaggen nach Norden geweht. Mit Freude nahmen wir diesen Gruß von Süden wahr, denn er weckte in uns die leise Hoffnung auf einen kräftigen und lange ersehnten Südwind, der allein das Eis aus dem Fjord treiben und unser Gefängniß öffnen konnte. Aber die Freude dauerte nicht lange, denn ein paar Stunden nach Mitternacht ging der Wind wieder nach Norden herum.

Auch der folgende Mitsommertag führte keine Veränderung herbei; der Wind blieb nördlich. Nachdem wir uns am Strande mit Spielen belustigt hatten, versammelten wir uns Abends Alle auf der Magdalena.

Während wir gerade am wärmsten in der Cajüte bei einander saßen, hörte man den Ruf: „Ein Bär!“ — Wie wir auf Deck geeilt waren, erblickten wir in der That einen Eisbären, der ganz in der Nähe unseres Fahrzeuges einherschlenderte und von einem Eisstücke zu dem andern sprang. Sofort wurde ein Boot ausgesetzt, von Yhlen, der Harpunirer und einige Mann sprangen hinein, und bald befanden sie sich an einem hohen Eisberge, hinter welchem auf einer flachen Eisscholle der Bär gerade stand. Es dauerte eine Weile, bis das Gewehr in Ordnung war, sodann versagte es. Mittlerweile setzten die Leute von der Brigg Jaen Mayen zu unserer Ueberraschung gleichfalls aus, eilten auf den Bären los, erlegten ihn mit einem glücklichen Schusse und nahmen die Beute ohne alle Umstände mit sich. Wir waren anfangs über dieses Verfahren etwas erstaunt, vernahmen aber bald, daß dieses auf Spitzbergen so üblich. Unsere Jäger waren unzweifelhaft ärgerlich, daß die Beute ihren Händen entschlüpfte, aber trotzdem gegen die Leute vom Jaen Mayen nicht im mindesten aufgebracht. Sie würden es in gleichem Falle geradeso gemacht haben. Man kann eine Jagdbeute entdecken, lange verfolgen und sogar verwunden, und trotzdem darf eine Partie von einem andern Schiffe kommen, das Thier tödten und es für sich behalten, ohne daß zwischen diesen keineswegs leidenschaftslosen und durchaus interessirten Menschen ein Zank entsteht. Die Leute vom Jaen Mayen kamen vielmehr sogleich, als wenn nichts Ungewöhnliches sich ereignet hätte, zur Magdalena und zeigten das große schöne Thier vor; wir aber, schon ein wenig mit dem spitzbergischen Gewohnheitsrechte bekannt, thaten als ob nichts geschehen wäre.

Der Eisbär ist in diesen Gegenden Alleinherrscher und König, obwohl die norwegischen Walroßjäger ihm den zwar geringeren, aber nicht weniger bezeichnenden Titel „Spitzbergens Länsmann“ (oder „Amtmann“) gegeben haben. Seine Kraft und Behendigkeit, — trotz seines unförmlichen Aeußern — sein scharfes Gesicht, sein Geruchssinn und die Leichtigkeit, mit der er sich über und unter dem Wasser bewegt, machen ihn zum gefährlichsten Feinde der Seehunde und Walrosse. Er lauert an dem Rande ihrer Waken (Eislöcher) dem Raube auf, stürzt sich mit einem gewaltigen Satz — oft 15 Fuß weit — von irgend einer Eisscholle auf sein Opfer, und vermag vermöge seiner Kraft ein Walroß fortzuschleppen oder aus dem Wasser zu ziehen, obwohl es weit schwerer ist als er selber. Man staunt über seine Stärke, wenn man ihn mit einem einzigen Schlage seiner Tatze ein Walroß tödten sieht. Die Seehunde und Walrosse halten sich im Sommer gern auf dem Treib- und Packeise auf. Auch der Eisbär haust hier, macht weite Ausflüge, und kommt mit dem Eise im Winter nach Bären-Eiland, so daß er oft 20 bis 30 Meilen weit vom nächsten Lande angetroffen wird. Parry fand ihn auf dem Eise noch unter 82½° nördl. Br. Er besucht daher nicht selten die Küsten Islands. Ja er ist in älterer und neuerer Zeit sogar an der Nordküste Norwegens wahrgenommen worden, bei welcher Reise er wahrscheinlich länger als 24 Stunden im offenen Wasser zugebracht hat. Zuletzt soll ein solcher Emigrant am Kjöllefjord in Ostfinmarken geschossen sein. Ungefähr acht bis zehn Fuß lang und vier bis fünf Fuß hoch, von plumper Erscheinung, aber leicht und geschmeidig im Gange, macht er besonders dann einen stattlichen Eindruck, wenn er mit langsamen Schritten sich zwischen und auf den „Hummocks“ bewegt, oder von den Spitzen der Eisberge lange Zeit hindurch in die Weite nach Beute schaut. Erregt etwas Außergewöhnliches seine Aufmerksamkeit, so richtet er sich senkrecht auf, erhebt seine Schnauze und wittert in der Luft umher.

Man trifft ihn nicht eben selten auch auf dem Lande, in den Thälern oder auf den Bergabhängen, wo er wahrscheinlich Füchse, Vögel und Rennthiere jagt, oder nach Eiern spürt, auch wohl im Nothfalle sich mit Pflanzenspeise begnügt. Hier findet man im

Schnee oft die fußlangen und fast eben so breiten Spuren seiner Tatzen. Die tiefen und breiten Furchen der Schneeabhänge aber, welche hinab zu den Thälern laufen, sind seine Rutschbahnen und er versteht vortrefflich auf ihnen hinabzufahren. Zuweilen trifft man auf einen ganzen Haufen von Eisbären. Im Jahre 1863 legte ein norwegisches Jagdboot an einer der „Sieben Inseln" an, wo dieselbe Mannschaft im Herbste vorher eine Menge Walrosse getödtet hatte. Sie trafen diesesmal keine Walrosse an, wurden dafür aber durch den Anblick der großen Zahl von Bären, von denen die Insel wimmelte, überrascht. Ein wilder Geselle, ein Quäne, greift mit seiner Lanze sofort die Schaar an; einige Bären setzten sich zur Wehr, aber er erlegt einen nach dem andern. Die im Boote gebliebenen Kameraden, durch sein Beispiel angefeuert, fallen ebenfalls über sie her, und in kurzer Frist waren fünfundzwanzig von ihnen getödtet, die übrigen ergriffen die Flucht.

Trifft er auf Menschen, so verräth er keine Neigung sie anzufallen, eher eine mit Vorsicht gepaarte Neugier, eine Eigenschaft fast aller höheren Thiere in Gegenden, wo die Verfolgungen und die Grausamkeit des Menschen — so zu sagen — noch nicht zur Tradition bei ihnen geworden sind. Oft nähert er sich ganz dreist, aber mehr um kennen zu lernen, als um anzufallen. Greift man ihn dann an, so setzt er sich zwar oft zur Wehr, meist läuft er aber in vollem Galopp davon. Uebrigens ist sein Charakter und sein Muth, wie bei den meisten Thieren, sehr ungleich, je nachdem er durch Hunger, Mutterliebe oder andere Affecte angereizt wird.

Wir haben nicht viele Nachrichten, daß er Menschen angefallen. Die Grönländer, welche ihn oft jagen, haben sicher alle Achtung vor seinem Muth und seiner Stärke, wissen aber doch nichts von eigentlichen Unglücksfällen zu berichten.

Wir erinnern uns nur zweier Fälle, in denen der Bär angriffsweise zu Werke ging. In Betreff des einen hat de Veer in seinem auf Barents' zweiter Reise 1595 geführten Tagebuche eine Beschreibung nebst einer Federzeichnung hinterlassen, ein Ereigniß, das sich auf Staaten-Eiland, einer kleinen Insel zwischen Novaja Semlja und dem Festland, zugetragen haben soll.

„Den 6. September" — erzählt er — „gingen Einige unserer Leute an Land, um Steine, eine Art von Diamanten, zu suchen, die dort in großer Menge vorhanden. Während Zwei, hiermit beschäftigt, sich dicht bei einander befanden, kam ein großer, magerer, weißer Bär ganz still auf sie los und packte den Einen im Nacken. Dieser — nicht wissend wer ihn faßte — rief laut: „Wer greift mir da in's Genick?" — worauf der Andere sich aufrichtete, den Bären erblickend, schrie: „Kamerad, es ist ein Bär!" und sich auf und davon machte. Aber der Bär biß den Kopf des Menschen entzwei und sog ihm das Blut aus. Nun eilten die übrigen am Lande befindlichen Leute, ungefähr zwanzig, zur Stelle, um den Unglücklichen zu befreien oder den Bären von dem todten Körper zu verjagen, und fielen ihn mit Piken und Gewehren an. Dieser fraß an dem Gefallenen ruhig weiter; als er aber merkte, daß man auf ihn los kam, stürzte er in wilder Wuth auf sie zu und zerriß noch Einen von den Leuten, worauf die Uebrigen die Flucht ergriffen. Wir auf dem Schiffe, die an dem Strande Fliehenden wahrnehmend, warfen uns eiligst in die Boote, um ihnen zu Hülfe zu kommen. Als wir an Land kamen, erblickten wir ein schreckliches Schauspiel: die beiden von dem Bären zerrissenen Leichname. Wir forderten nun die Leute auf, mit uns zu gehen und mit Flinten, Säbeln und Piken den Bären anzugreifen. Sie weigerten sich aber, es zu thun, indem sie sagten: „Zwei von uns sind schon todt, und wir werden noch genug Bären antreffen, ohne so große Gefahr zu laufen. Wenn wir unseren Kameraden das Leben retten könnten, würden wir uns gewiß sputen; aber nun hat es keine Noth mehr sich zu beeilen, vielmehr müssen wir auf bessere Zeit warten; denn wir haben es mit einem grimmigen, wilden und blutdürstigen Thiere zu thun." Da gingen Drei von uns auf den Bären los, welcher noch immer fraß und uns durchaus nicht fürchtete, obwohl wir dreißig Mann stark waren, und die Drei waren: Cornelis Jakobs, Steuermann auf Wil. Barents' Schiff, Wil. Gijsen, Lootse auf der Pinasse, und Hans van Nuffelen, Barents' Schreiber. Und nachdem der Steuermann und der Lootse dreimal auf den Bären geschossen hatten, ohne ihn zu treffen, ging der Schreiber noch weiter vor, und als er dem Bären nahe genug war, legte er an und traf ihm in den Kopf, gerade zwischen den Augen. Aber der Bär hielt noch immer den Todten im Nacken fest, hob seinen Kopf auf, den Leichnam im Maule, und begann dabei etwas zu taumeln. Da zogen der Schreiber und ein schottischer Matrose ihre Säbel und schlugen so heftig auf den Bären los, daß dieselben entzweibrachen. Aber auch da wollte der Bär den Mann nicht fallen lassen. Schließlich kam Wil. Gissen hinzu und schlug mit aller Macht mit seiner Büchse auf die Schnauze des Bären. Da fiel er endlich unter furchtbarem Gebrüll auf den Boden, und Wil. Gissen sprang auf ihn und schnitt ihm die Kehle durch. — Den 7. September begruben wir unsere beiden Leute auf Staaten-Eiland, zogen dem Bären das Fell ab und nahmen es mit uns nach Amsterdam." —

Folgende Geschichte erzählt Scoresby:

„Als ein Capitän Cook auf dem Schiffe Archangel im Jahre 1788 in Spitzbergen an Land ging, in Gesellschaft des Arztes und Steuermanns, wurde er unvermuthet von einem Bären angefallen, der ihn im nächsten Augenblicke zwischen seinen Tatzen hatte. In dieser Gefahr und während der geringste Verzug seinen Tod zur Folge haben konnte, rief er dem Arzte zu, er möge schießen. Dieser zielte mit bewunderungswerther Geistesgegenwart und Sicherheit, drückte ab und traf den Bären in den Kopf. Der Capitän war gerettet." —

In den Gegenden, wo er sich aufhält, ereignet es sich häufig, daß er in Folge seines Geruchssinnes und von dem Dampfe und Rauche angelockt den Wohnplätzen der Menschen einen Besuch abstattet. Die Grönländer und Andere, welche in den arktischen Gegenden den Winter zugebracht haben, wissen von ihm zu erzählen, und auch wir haben dicht an den Eingängen unserer Zelte mit ihm Bekanntschaft gemacht. So berichtet Rink von einer Eskimofamilie in Südgrönland, welche, Nachts von ihren Hunden aufgeweckt, zu ihrem Entsetzen einen Bären wahrnahm, der zur Hälfte schon in den zu ihrer Hütte führenden Gang gekrochen war. Da derselbe ihm aber zu enge wurde, so kroch er wieder zurück, untersuchte rings die Wohnung, kam wieder, wurde nun aber von ein paar Kugeln empfangen, schleppte sich bis an den Strand und verendete. Ein anderes Mal besuchte ein Bär eine Eskimohütte, um sich an dem außerhalb liegenden Speck und Seehundsfell gütlich zu thun. Nur die Frau und die Kinder waren zu Hause; der Mann aber auf der Jagd. Die Frau machte sich auf einen intimen Besuch des Bären gefaßt, nahm ihre Lampe, hielt ein Büschel trockenes Gras in Bereitschaft und postirte sich an ihrem Fenster von Darmhaut. Es dauerte nicht lange, so steckte der Bär den Kopf durch das Fenster, wurde aber sofort mit feuriger Lohe empfangen. Er zog sich brummend zurück und begann an der Wand zu kratzen, um sich einen Weg zu bahnen, und hatte sich auch eine ziemlich große Oeffnung gemacht, als zufällig einige Eskimos vorbeikamen und ihn tödteten.

Oft trifft man ihn im Wasser, von einer Eisscholle zur andern schwimmend, und er ist dann leicht zu harpuniren, was besonders die Grönländer gut verstehen. Aber auf größeren Eisfeldern oder auf dem vom erweichten Frühlingsschnee bedeckten Lande, wo er sich mit seinen breiten Füßen sehr leicht bewegt, während der Jäger bei jedem Tritte bis an die Kniee einsinkt, ist er schwer zu erreichen. Bei einer solchen Jagd auf dem Eise war es, daß einmal ein Bär seinen Verfolger anfiel.

W. Scoresby, der Sohn, berichtet:

„Vor einigen Jahren, als ein Walfischfänger an der Küste von Labrador vom Treibeise eingeschlossen wurde, erlaubte sich ein Bär, der sich schon vorher ganz in der Nähe des Schiffes gezeigt hatte, bis an das Fahrzeug selbst zu kommen, wahrscheinlich um sich an den über Bord geworfenen Küchenabfällen gütlich zu thun. Alle Mann befanden sich unter Deck; eine Wache war nicht ausgestellt. Ein dreister Geselle aber, der zufällig den Bären wahrnahm, sprang, blos mit einem Knüttel bewaffnet, auf das Eis, wahrscheinlich um die Ehre des Tages mit Niemand zu theilen. Der Bär aber, offenbar rasend vor Hunger, entwaffnete seinen Gegner sofort, packte seinen Rücken mit den gewaltigen Kiefern und lief mit seiner Beute so eilig davon, daß, als die bestürzten Kameraden ihre Mahlzeit verlassen hatten, der Bär mit seinem unglücklichen Opfer schon auf und davon war. — Ein ähnliches Abenteuer hatte einen heiterern Schluß. Der Held desselben war ein Matrose auf dem Schiffe „Neptunus“ von Hull, das sich 1820 auf dem Walfischfange bei Grönland befand. Es zeigte sich auf dem Eise fern vom Schiffe ein großer Bär. Einer von der Besatzung, der sich zufällig aus dem Glase Courage getrunken, zog — trotz Aller Abrathen und nur mit einer Walfischlanze bewaffnet — gegen den Bären in's Feld. Nach einem ermüdenden Marsche über weichen Schnee und geborstenes Packeis kam er schließlich seinem Gegner auf einige Klafter nahe. Dieser machte, zu des Matrosen Ueberraschung, Front und schien ihn zum Zweikampfe herauszufordern. Da begann ihm das Herz in die Hosen zu fallen, theils weil der Spiritus etwas verdunstet war, theils weil des Feindes Aussehen und unerwartete Taktik ihn verwirrte.

Er fällte seine Lanze und nahm eine Stellung ein, gleich passend für den Angriff wie die Abwehr. Der Bär rührte sich ebenfalls nicht. Vergebens nahm unser Held all' seinen Muth zusammen zum Angriff eines Feindes von solcher Haltung; vergebens schrie er und streckte seine Lanze vor und affectirte einen Ausfall. Der Feind, welcher ihn entweder nicht verstand oder seinen Mangel an Muth verachtete, hielt ruhig Stand. Schon begann der Matrose an allen Gliedern zu zittern, die Lanze verlor ihre feste Haltung; der bis dahin sichere Blick begann verlegen umherzuirren; aber die Scheu, von den Kameraden ausgelacht zu werden, bewirkte, daß er wenigstens nicht das Hasenpanier ergriff. Der Bär indessen, weniger zweifelhaft, begann nun vorzugehen. Sein Kommen und sein sicherer Tritt löschten den letzten, mühsam lebendig erhaltenen Funken von Muth bei dem Matrosen aus. Er floh. Nun war aber die Gefahr groß. Die Flucht des Menschen belebte den Bären. Mehr geeignet und gewohnt auf dem weichen Schnee zu laufen, erreichte er den Fliehenden bald. Dieser aber warf die Lanze, seine einzige Waffe, weil sie ihn jetzt hinderte, fort. Jetzt zog diese des Bären Aufmerksamkeit auf sich, er stand still, betastete sie, biß hinein und setzte dann die Jagd fort. Wieder war er dem Matrosen auf den Fersen. Dieser hatte aber die gute Wirkung der Lanze gemerkt und warf einen Handschuh hin. Die List gelang; aber der Bär verfolgte ihn nach einigen Augenblicken von Neuem. Nun wurde der andere Handschuh geopfert. Der Matrose gewann wieder einen kleinen Vorsprung; bald eingeholt, ließ er nun den Hut fallen, der den Bären so lange beschäftigte, daß er endlich die zu seinem Beistande herbeigeeilten Kameraden erreichte." —

Die Bärin sorgt mit Hingebung für ihre Jungen, welche im Winter geboren werden und ihr mindestens zwei Jahre lang folgen; daher ist es nicht ungewöhnlich, sie in Begleitung eines ein oder zwei Jahre alten Jungen zu treffen. Diese vertheidigt sie nun mit Muth und Klugheit. Scoresby erzählt von einer Bärin und deren beiden Jungen, die auf dem Eise von einigen Matrosen verfolgt wurden. Sie that Alles, um die Flucht der Jungen zu beschleunigen, sprang ängstlich bald vor, bald hinter sie, und legte durch eigenthümliche Laute und Geberden ihre Unruhe und Angst an den Tag.

Die Grönländer wollen wissen, daß das Weibchen sich beim

Beginne des Winters von ihrer Familie trenne, sich einschneien lasse und aus dem Winterschlafe nicht eher erwache, als bis die Sonne wieder ziemlich hoch steht. Nun gebäre sie meist zwei Junge und sei von dem langen Fasten so schwach, daß sie sich nur mit Mühe aus dem Schnee graben könne und daher den Eskimohunden leicht zur Beute falle. Die nicht trächtigen Weibchen dagegen sollen ebenso wie die Männchen während des ganzen Winters munter sein.

Die niedrige Stirn, die nach hinten stehenden Ohren und die kleinen Augen verleihen dem Eisbären einen verschlagenen und perfiden Ausdruck; von der intelligenten Physiognomie des braunen Bären besitzt er beinahe gar nichts. Während seiner Jagd auf Seehunde ist er vorsichtig und listig. Zuweilen überrascht er den neben seiner Wake schlafenden Seehund dadurch, daß er unter dem Eise bis zur Wake schwimmt; der Seehund ist erschreckt, weiß keinen Ausweg und springt in's Wasser, fast in den offenen Rachen des Bären. Er versteht sich darauf, gegen den Wind die Seehunde zu beschleichen, indem er die Vordertatzen einzieht und sich nur mit den Hinterbeinen vorwärts schiebt. Man findet daher die Außenseite seiner Vordertatzen oft abgerieben und fast ohne Haare.

Man will auch gesehen haben, daß er, verwundet, mit einer Tatze Schnee genommen und ihn auf die Wunde gelegt habe, wie um das Blut zu stillen. Auch weiß er schlau allen Fallen und Gruben zu entgehen.

Das Fleisch des Eisbären ist, obwohl grobfaserig, recht gut genießbar, die Leber dagegen — wenngleich ziemlich wohlschmeckend — soll nach dem Zeugniß vieler Seefahrer äußerst ungesund sein. Ihr Genuß hat Fieber, Abschulferung der Haut und zuweilen selbst den Tod zur Folge. Sein Fell und die darunter befindliche zwei Zoll dicke Specklage machen ihn eben so gesucht als das Walroß. Man zahlt für beide bis zehn Speciesthaler (15 preuß. Thlr.) und darüber.

Der Eisbär ist den Europäern frühe bekannt geworden; schon im zehnten Jahrhundert machten die ersten Colonisten in Grönland mit ihm Bekanntschaft und setzten eine gewisse Ehre darein, mit einem Bären gekämpft zu haben. Um 1060 reiste ein Isländer mit Namen Audun nach Grönland und tauschte sich hier für sein ganzes Vermögen einen lebendigen Eisbären ein, welchen er erst nach Schweden und dann nach Dänemark zum König Sven brachte, dem er ihn verehrte. Als Ersatz hierfür erhielt Audun eine lebenslängliche Pension. — —

So viel über die Eisbären. —

Von den vier Schiffen, welche gleichzeitig mit uns in die Treurenberg-Bai gekommen waren, hatten — wie schon erwähnt — drei unsern Ankerplatz bald verlassen und nur die Brigg Jaen Mayen war zurückgeblieben. Während unseres Zusammenseins empfingen wir oft Besuch von der Besatzung derselben: zwei Norweger und zwei Quänen. Die letzteren glichen ganz und gar jenem Mattilas, mit welchem wir schon Bekanntschaft gemacht hatten. Der eben so wortkarge Vercola kümmerte sich wenig um das, was um ihn her passirte. In ihrem Pelze, das unentbehrliche „Priemchen“ Kautabak im Munde, ließen sie sich unsere Bewirthung gern gefallen, den Kopf ohne Zweifel voll von Walrossen, Thran und Speciesthalern. Die Norweger waren mittheilsamer, und Haugan kein unwillkommener Gast mit seinen Berichten von Eisfahrten, den Jagden bei Jaen Mayen und den Verheerungen, welche die „Hinterlader“ unter den Seehunden angerichtet hätten. Zuweilen machte er auch den Wirth und tractirte uns mit „Markknochen“, einem der rarsten Leckerbissen auf Spitzbergen.

Oft werden die hiesigen Schiffe nur von Matrosen und simpeln Harpunirern geführt, selten von gebildeten Schiffern. Kaum haben sie eine geringe Kenntniß von Seekarten und Coursberechnung. „Sie berechnen den Cours“ — wie man sagt — „mit dem Bootshaken“; noch weniger vermögen sie die Polhöhe zu bestimmen, — „sie sehen die Sonne“ — wenn sie gerade scheint — „am liebsten durch den Boden einer Flasche“. Wie die Zugvögel ziehen sie gerade hin nach Norden, und haben sie nur erst Spitzbergen vor sich, so sind Kompaß, Sextant und Karte überflüssig, denn jede Spitze und Klippe ist ihnen bekannt. Hier sind sie zu Hause die kühnen, unermüdlichen Fischer und Jäger, die, mit Gefahr im Eise unterzugehen, zu überwintern, Hunger und Skorbut zu erdulden und so viele andere Leiden zu ertragen, oft erstaunliche Reichthümer ihren Rhedern zurückgebracht haben. Aber die Sage weiß auch zu erzählen, daß zuweilen, wenn Wind und Strömung sie verschlagen, der Nebel zu lange anhält und der Kompaß, der größeren Bequemlichkeit halber, aus dem Gehäuse genommen wird, der Spitzbergenfahrer verirrt und nach Jaen Mayen oder den Shetlandsinseln geräth. —

Drei Wochen waren schon verflossen und unsere gezwungene Unthätigkeit wurde immer drückender. Die Zoologen allein konnten, trotz des Eises, ihren Arbeiten dauernd obliegen. Das Schleppnetz gewährte eine reichliche, wenn auch nicht immer mannigfaltige Ausbeute. Die Uebrigen copirten Karten für spätere Excursionen oder berechneten die gemachten Beobachtungen. Auf dem Aeolus wurden jede Stunde die Thermometerscalen abgelesen und die Temperatur des Wassers bestimmt, auch Ebbe und Fluth gemessen.

Aber unsere Ungeduld wuchs mit jedem Tage und wir spähten eifrig nach jedem leisen Schimmer, der eine Aenderung unserer Lage versprach. Den 27. entfernte sich das Eis endlich ein wenig aus dem Innern der Bucht, und zum ersten Male seit dem 13. konnten wir wieder zu Boote nach dem östlichen Ufer fahren. Am Abend kehrte das Eis mit dem Nordwinde zwar wieder zurück, aber es war nicht mehr so fest und dicht gepackt.

Lilliehöök begab sich nun mit Petersen zum andern Ufer, um die Lage des Eises in dem nordöstlichen Theile der Bucht genauer zu untersuchen. Nach einigen Stunden kehrten sie mit der Nachricht zurück, daß der Weg noch immer gesperrt und die Lage des Eises dieselbe wie früher, daß dagegen Heenloopen Strat, so weit man nach Süden sehen könne, eisfrei sei. Diese Angabe wurde von Einigen von uns, die sich zum Hecla Mount aufmachten, bestätigt.

Den 29. wurde beschlossen, zwei Bootpartien auszusenden. Beide waren für alle Fälle mit Proviant auf fünf Tage ausgerüstet. Es war ein freudiger Anblick, als die starkbemannten Boote unter lautem Hurrah am Abend durch die jetzt nur noch sparsamen Eisstücke hinfuhren. Auch wir genossen schon im Voraus die Lust der endlichen Befreiung, die uns so nahe schien.

Nordenskiöld fuhr mit Petersen und vier Mann in dem kleineren englischen Boote. Sie wollten die Verhältnisse des Eises untersuchen und, wenn ausführbar, an irgend einer Stelle nördlich ein kleineres Proviantdepot einrichten. Als sie zu der Nordostspitze des Bergzuges, welche Heenloopen Strat von der Treurenberg-Bucht trennt, kamen, — welche Spitze nach Nordenskiöld's Berechnung in 79° 57′ 50″ nördl. Br. und 17° 13′ 30″ östl. L. endigt und von ihm Cap Forster genannt wurde — mußten sie ihren Plan, über den Sund zu segeln und längs der Westküste des Nordostlandes vorzudringen, aufgeben, da der Sturm aus der Heenloopen-Straße in dem Grade wehte, daß er selbst in der Treurenberg-Bai noch zu merken war. Sie legten deshalb an einer kleinen Bucht, nicht weit von der Spitze, an, um im Schutze des Bootes und eines Zeltes günstigere Verhältnisse abzuwarten.

Die zweite Partie ging unter Leitung von Dunér und Chydenius ab, um das am weitesten nach Norden ragende Vorgebirge des eigentlichen Spitzbergen, Verlegen-Hoek, zu erreichen. Sie sollten auf dem Jagdboote mit dem Zimmermann Nielsson und vier Mann so weit fahren, als das Eis es zuließ, und sodann zu Lande bis zur äußersten Spitze vordringen.

„Nach fünf Stunden angestrengter Arbeit im Eise, in schmalen, tausendfach gekrümmten Kanälen, hatten wir bald nach Mitternacht drei Viertheile des Weges zurückgelegt. Da das Eis ein weiteres Rudern und Schieben des Bootes nicht zuließ und der Rest des Weges nicht mehr lang war, so schafften wir alle Effecten auf den hier ebenfalls flachen Strand und beluden einen Schlitten damit. Dieser wurde von fünf Mann gezogen, — zwei blieben beim Boote — aber in dem weichen, wassergetränkten Schnee ging es nur langsam vorwärts. Noch schlimmer waren die bloßen Grus- und Sandstellen. Als schließlich die ganze Ebene an der Spitze schneefrei wurde, trugen wir die Sachen bis zum äußersten Punkte und schlugen Morgens 3 Uhr unser Zelt auf. Die nun überflüssige Mannschaft kehrte zum Boote zurück.

Die Spitze liegt blos ein paar Fuß über dem höchsten Wasserstande, und der kleine anstehende Fels, welcher den äußersten Vorsprung bildet, ist eben so niedrig. Ein paar Dutzend Faden von dieser Spitze, auf welcher wir eine Weile die alte schwedische Flagge aufzogen, schlugen wir ein längliches Zelt auf für die magnetischen Beobachtungen, und ein Ende davon ein anderes für uns zum Schlafen. Im Westen zeigte sich eine andere Spitze mit einigen kleinen Klippen, die sich noch weiter nach Norden zu erstrecken schien. Nachdem Dunér einige Stundenwinkel und Monddistanzen genommen, begab er sich dorthin und zwar an den Strand der Bucht, welche beiden Spitzen scheidet. Chydenius aber ordnete mittlerweile, was zu den magnetischen Beobachtungen erforderlich war. Dunér kam Mittags zurück, nachdem er in der That gefunden, daß die andere Spitze sich ein wenig weiter nach

Norden erstrecke. Wir begaben uns deshalb zwischen 5 und 6 Uhr Nachmittags mit unseren Instrumenten dorthin und kamen nach etwas mehr als einer Stunde an die Bucht, welche wahrscheinlich dieselbe ist, welche auf alten Karten den Namen Willem-Tolkes-Bucht führt. Das nordwestlich von ihr gelegene Land ist ebenso wie der große Vorsprung nördlich von dem Berge, den Blomstrand besucht hatte, eine einzige Ebene; doch besteht die äußerste Spitze aus einem fünfzig Fuß hohen Felsen. So weit es bei dem scharfen und unbehaglichen Südost möglich war, wurden astronomische und magnetische Beobachtungen angestellt. Bald nach Mitternacht kehrten wir zu unserm Lagerplatze zurück. Nach Dunér's Messung liegt die Spitze in 80° 3′ 21″ nördl. Br. und 16° 32′ 15″ östl. L. Aber ferner im Westen erschien eine dritte Spitze, die sich noch etwas weiter nach Norden erstreckt.

Während wir unsere Abendmahlzeit bereiteten, nahm der Wind immer mehr zu. Nicht weit von uns erblickten wir die Jachten Vercola's und Nielsson's, die mitten in's Packeis und in eine höchst gefährliche Situation gerathen waren. Ein heftiger Regen begann; er fiel in großen Tropfen und dicht; aber das Zelt schützte uns vor ihm. Aus unserer Ruhe wurden wir häufig von dem Heulen des Sturmes und dem Prasseln des Regens aufgeschreckt. Oft drohte unser Zelt den Umsturz; wir suchten es jedoch rings mit Steinen und Treibholz zu beschweren und zu schützen, und brachten es schließlich zum Stehen. Der Regen hielt bis zum Nachmittage des 1. Juli an. Wir waren nur erst vor Kurzem aufgestanden, als wir von bekannten Stimmen überrascht wurden, von Boten der Magdalena, um uns an Bord zu holen. Denn man gedachte die Anker zu lichten und unter Segel zu gehen.

Nun wurde das Zelt abgebrochen und die Bagage auf den Schlitten geladen. An Verlegen-Hoek hatte der Wind das Eis zusammengepackt, darum war es auch unseren Leuten unmöglich, mit dem Boote so weit zu kommen als vorher. Der Weg zu Lande wurde dadurch erheblich länger; der Schnee war vom Regen erweicht; schließlich mußten wir unsere Sachen tragen, während der Schlitten mehrere Fuß in den tiefen Schneebrei einsank; so erreichten wir das Boot erst nach 4½ Stunden schwerer Arbeit. Der Wind behielt dieselbe Richtung bei; er durchschnitt die Bucht in einer von Südost nach Nordost gehenden Linie; südlich von dieser war es stille, während nördlich der Sturm raste.

Während unserer Excursion hatten wir keinen andern Vogel gesehen, als eine Lestris und zum ersten Male einen Phalaropus fulicarius, der sich in einer kleinen Oeffnung des Eises am Strande aufhielt. Um nicht diese kleine schöne Schnepfe zu verstümmeln, forderten wir Uusimaa auf, eine Kugel so dicht über ihrem Kopfe weg zu schießen, daß sie von der bloßen Contusion falle. Er that dieses, und in der That, es war ein Meisterschuß. Der Vogel hatte zwei Brutflecken.

Wir schoben das Boot in's Wasser. Während der drei Stunden langen schweren Fahrt durch das so dicht gepackte Treibeis, daß wir das Boot oft darüber hinweg schleppen mußten, sprachen wir von den Ereignissen des letzten Tages und der Möglichkeit einer Befreiung. Unser Bedauern, daß die Beobachtungen an Verlegen-Hoek so frühe hatten abgebrochen werden müssen, hörte erst dann ganz und gar auf, als das Boot wieder auf dem offenen Wasser schaukelte und das Meer im Nordosten, so weit man nur sehen konnte, offen erschien. „Haben wir den einen ersehnten Platz zum Beobachten verloren, so stehen uns doch tausende offen, wenn wir endlich wirklich aus unserm Gefängnisse gelangen" — dachten wir im Stillen. Die Wogen spielten und schäumten vor unserm Boote, und wir steuerten zu unserm Schiffe, das bereits seinen alten Platz verlassen und am östlichen Strande der Bucht Anker geworfen hatte."

Denn der aus der Heenloopen-Straße wehende Wind hatte das Eis in langsame Bewegung gesetzt, es nach Nordwesten getrieben und rings um Verlegen-Hoek gepackt. Kuylenstjerna war am 30. Juni zu zweien Jachten am Oststrande hinübergegangen und hatte von ihnen erfahren, daß in der Heenloopen-Straße kein Eis zu erblicken. Mit dieser Nachricht kehrte er zurück, und es wurde der Vorschlag gemacht, um Cap Forster zu segeln und in der Heenloopen-Straße nach Süden vorzudringen. Aber es schien mehr als wahrscheinlich, daß der südliche Theil dieses Sundes bei den Waigatsinseln noch vom Eise gesperrt sei, und da der Südoststurm anhielt, so wurde der Plan verworfen. Mittlerweile beschloß man indessen die Anker zu lichten und zum östlichen Strande hinüberzugehen, da er freier von Eis war und man von hier aus leichter die offene See erreichen konnte, sobald das Eis in der

Oeffnung des Fjordes und bei Verlegen-Hoek es zuließ. Magdalena war bald segelfertig; es herrschte eine vollkommene Windstille; die Bugsirboote wurden herabgelassen, und alle Mann an Bord legten Hand an, um das Eis vom Schiffe abzuhalten und dieses mit großen Rudern weiter zu bewegen. Selten hat wohl Jemand, aus langer Gefangenschaft befreit, in volleren Zügen seine Freiheit genossen, als in jener Stunde die Mannschaft der Magdalena, und das Gefühl, das in Aller Brust einzog, da nun das Schiff in offenes, freies Wasser kam, mag leichter vorgestellt als geschildert werden. Nach einer Stunde Arbeit gelangte das Schiff ungefähr mitten in der Bucht in offenes Wasser und zugleich in den Windstrom von Heenloopen; die Bugsirboote wurden eingezogen, und Magdalena segelte vor einer steifen Kühlte an den Strand bei Cap Forster, wo sie Abends 8 Uhr auf sechs Faden Tiefe Anker warf.

Als Aeolus gleichzeitig mit der Magdalena zur Abfahrt bereit war, fand man, daß die Ankerkette unter einem großen Grundeisblock festlag. Die Besatzung mußte den Block zerkleinern, und erst nach einer Arbeit von fünf Stunden hob er sich so weit, daß die Kette frei wurde. Mittlerweile hatte das Treibeis sich wieder nach dem westlichen Strande zu in Bewegung gesetzt, und es gelang ihm erst am folgenden Morgen, die Anker zu lichten und sich durch das Eis zu bugsiren. Wie die Magdalena kam auch er bald in den Bereich des von Heenloopen wehenden Windes, hatte aber kaum die Segel aufgezogen, als der Wind zu einem vollkommenen Sturm anschwoll und ihn wieder dem Eise zutrieb. Die Gefahr war dringend; Alles was an Bord war, beeilte sich die Segel zu reffen. Ein paar ausgeworfene Anker brachten ihn eben so wenig zum Stillstehen wie die Bugsirboote. Zuletzt trettete ein noch zur rechten Zeit ausgeworfener Eisanker und ein vom Jaen Mayen zum Beistande herbeigeeiltes Boot unsern Aeolus; er zog wieder die Segel auf und gelangte glücklich zu dem östlichen Strande, wo er ein paar Kabellängen von der Magdalena Anker warf.

Wir hofften nun in jedem Augenblicke die Bucht verlassen zu können, darum wurde der Steuermann Mack mit einem Boote nach Verlegen-Hoek abgesandt, um Dunér und Chydenius abzuholen. Ueber den Ausflug der Letzteren haben wir schon berichtet; sie kehrten in der Nacht zum 2. Juli zurück.

Auch Nordenskiöld traf schon am 1. Juli wieder ein, da er durch den Sturm aus der Strat aufgehalten war. Auf dieser Fahrt hatte Petersen ein bearbeitetes Stück Holz mit einigen Zeichen gefunden, das unsere Leute sofort als ein Netz-Schwimmholz von den Lofoten erkannten.

Nachdem die eine der beiden Jachten glücklich aus dem Eise losgekommen und in die Bucht gesteuert war, lagen nun wieder fünf Schiffe auf dem Ankerplatze nördlich von Hecla Cove versammelt. Dem sechsten, Vercola's Jacht, das sich beinahe 48 Stunden außerhalb der Bucht im Packeise befunden hatte, gelang es schließlich durch ein verzweifeltes Manöver, nämlich mit vollen Segeln, sich hindurch zu pressen, indessen auch nur nach Westen in Wijde-Bai. Von hier aus konnte es später sich zu neuen Fahrten aufmachen, welche freilich mit dem Untergange des Schiffes endigten.

Da nunmehr im Fjorde bis Verlegen-Hoek nur wenig Eis vorhanden war, so wurde beschlossen, die Anker zu lichten und vorwärts zu dringen: die Magdalena nach Westen, Aeolus nach Norden.

Am 2. Juli 11 Uhr Vormittags gingen erst zwei von den Jachten aus, um Mittag Jaen Mayen, und gleich darauf begannen Magdalena und Aeolus sich aus der Bucht zu bugsiren. Denn obwohl der Südostwind noch immer in Heenloopen Strat raste, herrschte hier Windstille, nur zeitweise von einigen schwachen Windstößen aus Westen unterbrochen.

Vor der Abreise hatte Kuylenstjerna von Torell folgende Instruction erhalten. Magdalena sollte, sobald Wind und Eis es gestatteten, von Treurenberg-Bai absegeln. Ihr Cours sei von Blomstrand und Kuylenstjerna gemeinschaftlich zu bestimmen. Die Leitung der wissenschaftlichen Arbeiten sollte Ersterer allein haben. An den Stellen, wo die Expedition lande, seien Nachrichten über die bisherige Fahrt und die Schicksale des Schiffes unter einem Steinhügel (Varde) niederzulegen. In erster Reihe müßten besucht werden: der Eisfjord mit der Russenhütte an der Advent-Bai; das Südcap und das südliche Ende des Storfjord; an dem letzteren: Whales Point, an der Ostseite. Wenn angänglich, sollten in zweiter Reihe an folgenden Stellen Nachrichten deponirt werden: am Aeoluskreuz in der Treurenberg-Bai, an den Russenhütten in der Mossel-Bai, der Red-Bai und Wijde-Bai; an dem Südwestende der großen Norskö; am Begräbnißplatze der Magdalena-

Bai; bei Lord Dufferin's Varde in der Englischen Bai; an der Nord- und Südspitze von Prince Charles Foreland; im Bel-Sund auf den Holmen vor Middel-Hoek oder dem Begräbnißplatze im Nordhafen; bei den russischen Ruinen im Horn-Sund; am Whales Head auf der Westseite des Storfjord; bei Ryck Yse's Inseln auf der südlichen Spitze von Stord. Sollte Magdalena in der zweiten Hälfte des Sommers mit dem Aeolus nicht zusammentreffen, oder von ihm keine Nachrichten erhalten, so müßte sie in der Mitte des September die Kobbe-Bai zu erreichen suchen, wo auch Aeolus — von den nördlichen Küsten zurückkehrend — die geographische Expedition erwarten würde.

Sollte diese Expedition in Folge unerwarteter Ereignisse so lange ausbleiben, daß ein längeres Verweilen sich mit der Sicherheit des Schiffes nicht vereinigen ließe, so sollte es nach Tromsö absegeln, vorher aber in der Russenhütte an der Red-Bai den entbehrlichen Proviant, Gewehre und Munition zurücklassen. So weit es ferner die Sicherheit des Schiffes zuließe, solle auf der Magdalena ein Boot mit zwei Mann Blomstrand und Dunér zur Disposition stehen, ein anderes mit drei Mann aber ausschließlich zu den zoologischen Excursionen benutzt werden. Ein Jagdboot mit drei Mann und dem Harpunirer sei für die große Jagd zu verwenden.

Schließlich heißt es:

„Genauere Bestimmungen in Ansehung des von hier aus zu wählenden Weges brauche ich nicht zu treffen, überlasse es vielmehr den Herren Blomstrand und Kuylenstjerna, zwischen Heenloopen Strat und dem westlichen Wege um Verlegen-Hoek zu wählen."

Die Trennung von einander, eben so lange ersehnt als unsere Befreiung, schien nun endlich wirklich gekommen. Gegenseitige Glückwünsche wurden ausgetauscht. Sämmtliche Aeoliden begleiteten die Freunde von der Magdalena noch ein Ende in Booten, während des herrlichsten Wetters. Anfangs waren nur unbedeutende Eisbänder zu durchfahren; bald wurden die Schollen dichter und größer; die Boote wurden heraufgewunden und das Schiff mittels Stangen weiter geschoben. Die Begleiter nahmen Abschied und schieden endlich unter lauten Hurrahrufen. Nach einer Stunde mühsamer Fahrt durch die Eisblöcke kam Magdalena in offenes Wasser; zugleich wehte ein guter Wind; es wurden die Segel aufgezogen, und um 3 Uhr passirte sie das schmale Eisband, welches sich in der Oeffnung der Bucht gleich südlich von Verlegen-Hoek befand. Vom Marskorbe konnte man keine Oeffnung wahrnehmen; sie steuerte nach Nordosten und gerieth in die Strömung des heftigen, aus der Heenloopen-Straße wehenden nebligen Südoststurmes. Zwischen 5 und 6 Uhr richtete sie ihren Cours daher wieder nach Nordwesten. Als sie aus der Nebelbank auf die Höhe von Verlegen-Hoek kam, erkannte man, daß das um diese Spitze — welche ihren Namen mit Recht führt — gelagerte Eis ununterbrochen mit dem unübersehbaren Packeise im Norden zusammenhing und den Weg sperrte. Sie mußte deshalb wieder nach Osten wenden, kreuzte die Nacht hindurch in der Mündung von Heenloopen, kam dabei einmal dem Nordostlande ganz nahe und konnte die volle Gewalt des Sturmes erproben. Die Temperatur sank bis auf —1°, die See ging höher und höher. Da hiernach nichts zu erreichen war, kehrte sie in die alte Bai bei Cap Forster zurück und warf am 3. Juli Morgens 1 Uhr wieder Anker.

Auch Aeolus hatte kurz nach der Magdalena die Anker gelichtet und sich bis zur Oeffnung der Bucht bugsirt. Hier legte er sich bei einem Grundeisblock vor Anker und erwartete die Rückkunft des am Morgen ausgegangenen Jagdbootes. Es kehrte um 6 Uhr Nachmittags zurück. Um 11 Uhr Abends ging Aeolus unter Segel, steuerte nach Osten mitten vor Heenloopen Strat, wandte aber, da das Unwetter so heftig war, daß man es nicht wagen durfte, in dem unbekannten, engen Fahrwasser weiter zu segeln, um 1½ Uhr nach Westen. Da der Wind an Stärke zunahm, so beschloß man zu dem früheren Ankerplatz zurückzukehren und ankerte Morgens 4 Uhr neben der Magdalena. Aeolus gerieth hier, ohne Schaden zu nehmen, auf den Grund, kam aber mit der Fluth wieder los. So lagen denn die beiden Schiffe in derselben Bucht wieder neben einander, aber das Wiedersehen war auf beiden Seiten kein frohes: unsere Versuche waren mißlungen. Der Südoststurm hielt den ganzen Tag an. Der Himmel war klar, über dem Nordostlande und der Oeffnung des Sundes lag aber, wie gewöhnlich, ein dichter Nebel. Am 3. Juli Mittags begann endlich Sturm und Nebel ein wenig nachzulassen. Aeolus lichtete wieder die Anker und steuerte mit gerefften Segeln nach Norden, mußte indessen nach etwa zwei Stunden guter Fahrt wieder umkehren, wegen des Packeises, das sich von Shoal Point, der westlichsten Spitze des Nordostlandes, unübersehbar weit nach Westen und Norden erstreckte. Nun kreuzte er südlich und legte um 11 Uhr Nachts bei, während Lilliehöök im Boote nach dem Nordostlande fuhr, ohne indessen einen geeigneten Ankerplatz zu finden, da das Treibeis den Strand weit und breit bedeckte. Am Morgen entdeckten wir schließlich eine kleine Insel am Oststrande von Heenloopen Strat, nahe dem Nordostlande, wo die drei alten bekannten Walfischfahrer schon vor Anker lagen. Wir segelten ebenfalls dorthin und warfen am 5. Juli Morgens 4 Uhr auf der Ostseite der Insel Anker. Der Schoner und die Slupe waren nun also von einander getrennt; aber mit freudigen Gedanken, wenn auch nicht mit so stolzen Hoffnungen als früher, blickten wir in die Zukunft.

Magdalena blieb einige Tage an ihrem Platze neben dem niedrigen östlichen Ufer der Treurenberg-Bai, gleich nördlich von Point Crozier, ohne daß der noch immer aus der Straße wehende Sturm die Lage des Eises veränderte, oder die offene Rinne — die Fortsetzung des Sundes — erweiterte. Es schien fast, als ob der Wind aufhörte, sobald er, über das offene Wasser wehend, die dichtgepackten Eismassen erreichte. Die dunkle niedrige Nebelbank, welche das Gebiet des herrschenden Sturmes andauernd bezeichnete, endigte am Eise. Kaum kräuselte ein Windhauch die Oberfläche des Wassers in der Bucht. Bei Verlegen-Hoek, das einige Meilen von der Windströmung entfernt lag, hatte der Sturm schon seine Gewalt verloren; auf der andern Seite der Halbinsel aber, in der Wijde-Bai, wehte — wie wir nachher erfuhren — der Wind nur an der Westseite. Wir hatten später noch oft Gelegenheit, die auf ganz localen Ursachen beruhenden Verhältnisse der Gebirgswinde, die sich hier so greifbar zu erkennen gaben, zu studiren. Die Strat auf der einen, wie Wijde-Bai auf der andern Seite sind beide offene, langgestreckte Gewässer, beide von fast parallel laufenden hohen Gebirgsketten eingeschlossen; man kann sie daher mit zweien Schornsteinröhren vergleichen, durch welche die Luft anhaltend heftig strömt, gleichviel ob es rings umher ganz stille ist. Die beiden Meerbusen treffen bei Verlegen-Hoek in einem Winkel zusammen; die Kraft der Winde hebt sich hier gegenseitig auf, und das Treibeis verharrt in seiner Ruhe, als ob es von einer unsichtbaren Gewalt zurückgehalten würde. —

Man darf sich indessen nicht vorstellen, daß der Winter noch immer unbeschränkt herrschte, obwohl wir noch ganz vom Eise eingeschlossen waren. Der Sommer nahte mit großen Schritten, denn der Juni ist der Frühlingsmonat auf Spitzbergen. Die Sonne stieg immer höher und ihre Strahlen waren keineswegs kraftlos. Der Schnee wurde erst weich, dann wassergetränkt und verschwand stellenweise ganz. Die Lagunen nahmen allmählich ihren Sommercharakter an und verwandelten sich in kleine Süßwasserseen. Auf dem Hügel am Aeoluskreuz und dem niedrigen Vorsprunge bei den Gräbern, den einzigen Stellen, welche schon bei unserer Ankunft schneefrei waren, begannen am 11. Juni Cochlearia fenestrata und die Polarweide ihre Knospen zu öffnen. Den 22. pflückten wir die erste Blüthe von Saxifraga oppositifolia, ein Zeichen, daß die Hochsommersonne endlich über den Winter den Sieg davon getragen; am 26. aber blühten Draba alpina, Cochlearia, Cardamine bellidifolia und Saxifraga cernua, hier und da auch Oxyria und Weiden, denen sich am Anfange des Juli Cerastium alpinum anschloß. Aber nicht blos Schnee, Eis und Pflanzen empfanden den zunehmenden Einfluß der Sonne, auch das Thierreich wurde durch sie zu neuem Leben gerufen. Kleine Poduren hüpften munter auf dem Schnee; schon am 7. fanden wir auf Hecla Mount, mehr als 1,500 Fuß über dem Meere, eine große Anzahl Mücken, und am 21. fingen wir neben dem Aeoluskreuze Dipteren, welche jedoch — die Wahrheit zu sagen — sich nur ein paar Fuß über den Boden zu erheben wagten. Hier und da traf man auf kleine Spinnen und eine Art Würmer, welche in dem bereits aufgeweichten Boden lebten und unseren Regenwürmern glichen.

Während unseres ganzen Aufenthaltes in der Bucht stand das Thermometer meist auf dem Gefrierpunkte, nach dem 22. Juni sank es niemals darunter. Einmal stieg es in der Sonne sogar bis auf $+15^\circ$ C. Die Durchschnittstemperatur im Juni — mit Einschluß der kalten Tage beim Beginne des Monats, da wir vor der Red-Bai kreuzten — stellte sich nach den 305 auf dem Aeolus gemachten Beobachtungen auf $+1,_7{}^\circ$ C. heraus.

Die Erwärmung der Luft, das Aufthauen des Bodens, das Schmelzen des Schnees, das Loslösen des Eises in der Bucht und an den Küsten und sein Abschmelzen an den Kanten: — alles war ein Resultat der niemals untergehenden Sonne, welche sich am Mittage mehr als 30 Grade über den Horizont erhob. Auch das Wasser, obwohl von kolossalen Eismassen erfüllt, zeigte eine merkliche Temperaturerhöhung. Während dieselbe sich in der ersten Woche unter dem Gefrierpunkte gehalten und selbst bis auf $-1{,}_5{}^\circ$ C. erniedrigt hatte, stieg ihre Wärme jetzt oft über 0° und erreichte zuweilen sogar $+2{,}_6{}^\circ$ C., so daß die im Westen schwimmenden Eisschollen merklich schmolzen und demselben dafür Wärme entzogen. Diese Steigerung, welche man nicht dem unmittelbaren Einflusse der Sonne allein zuschreiben kann, nahm man besonders in der Zeit des Tages wahr, wenn die Fluth aus dem Meere in die Bucht eindrang. Von dort also kam das wärmere Wasser, das eben so viel als die Wärme der Sonnenstrahlen und der Wogenschwall zu der Lösung der Eisdecke im Innern der Bucht beitrug und die Eisschollen in unserer Nähe schmolz, namentlich den unteren im Wasser befindlichen Theil derselben, welcher sich dem Einflusse der Sonne entzog. Am Schlusse des Monats hatte die Kante des festen Eises im Innern der Bucht sich ein wenig weiter zurückgezogen, als sie — nach Parry's Angabe — bei dessen Ankunft gewesen war.

Der Niederschlag, in der ersten Hälfte des Juni ganz erheblich, blieb in der zweiten fast ganz aus. Am häufigsten fand er in der Form von Schnee statt; nur einmal, am 11. Juni, regnete es, das erste Mal während unseres spitzbergischen Aufenthaltes. Am 1. Juli brachte ein Südsüdost wieder strömenden Regen. Am Ende des Monats verschwand auch der Nebel, der uns früher oft beschwerlich gefallen, wenngleich nicht so oft als der Schnee. Nur einmal war er so stark gewesen, daß die Signaltrompeten geblasen werden mußten, damit das vom Aeolus ausgesandte „Dreggboot" den Weg zurück nicht verfehle.

Bei Beginne des Juli stellte sich auch der Sommer ein, und zwar mit jener erstaunlichen Schnelligkeit, von der sich ein Bewohner südlicher Regionen kaum eine Vorstellung zu machen vermag. Der Schnee, der noch in den letzten Tagen des Juni Berg und Thal einhüllte, sowie das Eis in dem Innern der Bucht schienen mit ihrer Mächtigkeit der geringen Wärme des arktischen Sommers Trotz bieten zu können. Aber wir waren bald Zeugen, wie selbst unter dem 80. Breitengrade die Sonne Wunder bewirken und gleichsam mit einem Zauberstabe die schlafende Natur zum Leben erwecken kann. Die Kante der Eismassen, von Dünung und Wogenschwall untergraben, brach und stürzte in's Meer. Das Grundeis wurde von den Wogen und Sonnenstrahlen angefressen und verzehrt; es theilte sich in gewaltige Blöcke, die mit ungeheurem Krachen in die Tiefe stürzten. Fast stündlich konnte man wahrnehmen, wie die kahlen Flecke an den Abhängen und auf den Ebenen größer und größer wurden. Wo man eben noch mit Schneeschuhen umhergeschweift, brausten reißende Ströme hernieder, das Erdreich und Gerölle von den Terrassen und Abhängen mit sich führend. Immer größer wurden die Wasseransammlungen auf dem Flachlande. Sie erschwerten die Excursionen und bereiteten Manchem von uns ein unfreiwilliges Bad in dem eiskalten Wasser. Die Blumen begannen hastig zu sprießen, Blätter und Blüthen zu treiben, und die Botanisirkapsel wurde hervorgesucht. Mit einem Wort: der Frühling hatte sein Werk vollendet und der Sommer war da. Die Temperatur stieg nun zuweilen auf +11° C. im Schatten; das energische Licht blendete unsere Augen; die Wärme wurde bei den Arbeiten im Sonnenschein drückend, und die niederen Luftschichten verloren in Folge des Höhenrauches ihre Durchsichtigkeit.

Das Vorgebirge, an welchem wir lagen, steigt terrassenförmig nach dem Hecla Mount auf. Seiner Wintertracht entkleidet, glich der Erdboden mit seiner lockern Oberfläche von Grus, Schiefer-, Hyperit- und Kalksteinfragmenten einem umgebrochenen Acker, nur sparsam von einigen Saxifragen, Draben, Cardamine bellidifolia und Cerastium alpinum, diesen jetzt in voller Blüthe stehenden Plebejern der arktischen Flora bewachsen. An den Schneewasserteichen erblickte man den Fjäreplytt, Tringa maritima, in kleinen Haufen, Würmer suchend, hier und da auch den schönen Phalaropus, die in diesem Wasser häufigen, wenngleich noch unentwickelten Algen — Nostoc commune — pickend. Die eine und andere Eidergans hatte in ihrem kunstlosen Neste bereits Eier gelegt. Am Strande, und besonders am Ausflusse der Bäche, zeigten sich große Schaaren von Krykien, Larus tridactylus, die in Gesellschaft von „Seepferden" und Meerschwalben, Sterna arctica, stets unruhig und lärmend, Limacinen fraßen, Schnecken, welche in dieser Jahreszeit in ungeheuren Massen an die Küsten Spitzbergens und in das Innere der Fjorde kommen und sich am liebsten in der Nähe der Gletscherabflüsse an der Oberfläche des Wassers aufhalten. Die Meerschwalben stürzten sich in schnellster Flucht auf ihre Beute, während die Seepferde, auf dem Wasser schwimmend, in aller Gemächlichkeit ihre Nahrung suchten.

Um die Lage des Eises genauer zu untersuchen, fuhr Dunér mit dem Steuermann Mack im Jagdboote nach Verlegen-Hoek. Die Rückfahrt gegen den wachsenden Sturm war schwierig; sie berichteten, daß das Packeis unverändert und keine Oeffnung vorhanden sei. Blomstrand und Smitt hatten schon vorher den Hecla Mount bestiegen und von ihm aus jenseits Verlegen-Hoek einen Streifen offenen Wassers gesehen. Er muß sich indessen bald wieder geschlossen haben, da die Bootpartie ihn nicht mehr wahrnahm. Sie schilderten die Hitze bei der Bergbesteigung als drückend und hatten auf der Spitze vollkommene Stille, während der Nebelsturm, wie gewöhnlich, dicht dabei durch den Sund raste. Am Abend des 4. Juli ging wieder eine Partie nach dem Weststrande ab, diesesmal von Yhlen mit dem Harpunirer. Sie kehrten am folgenden Tage mit derselben unangenehmen Nachricht zurück. Die Jagd war während dieses Ausfluges freilich glücklich gewesen, denn sie brachten einen Seehund, ein Rennthier, einen Bären und eine Menge von Pflanzen mit. Ein Gleiches in Betreff der Lage des Eises berichtete eine Slupe und die Brigg Jaen Mayen, die beide, nach einem mißlungenen Versuche, Verlegen-Hoek zu passiren, neben der Magdalena Anker warfen.

Den 6. begaben sich Blomstrand und Dunér zu dem Innern der Bucht, erst mit dem Boote bis zu der festen Eiskante, welche südlich von Hecla Cove noch dalag, und von hier zu Fuß auf den festen Eisbänken neben dem Strande. Sie erkannten aber bald, daß das Fjordeis sie noch zu tragen vermochte, setzten auf diesem mitten durch die offenen Waken ihren Weg fort und gelangten so zu dem Ende der Bucht.

Blomstrand berichtet weiter:

„Wir bestiegen einen beinahe 1,200 Fuß hohen Berg, bei welchem zwei mächtige Hyperitgänge den Thonschiefer und Kalk durchsetzen, und gingen über die innerste breite Strandebene, eine Art Fortsetzung der mächtigen Moränenbildung jenes großen Gletschers, welcher in der Tiefe zum Fjorde niedersteigt und von zweien Kalkbergen begrenzt wird, deren weiße Farbe, schon von Ferne gesehen, einen starken Contrast gegen die schwarzen Felsen der Hecla-Cove-Kette bildet. Von dem einen dieser Kalkberge aus, dem Gletscher zur Seite, strömte durch eine enge Schlucht und in wilden Sätzen ein ansehnlicher Gletscherbach, der sich unten in einer Süßwasser-Lagune verlor. Wir machten den Versuch, auf die Oberfläche des Gletschers zu gelangen, und kletterten den Berg hinan durch eine enge, steil abstürzende Kluft, wo wir alle unsere Kräfte zusammennehmen mußten, um uns über das schneidend scharfe Steingerölle hinaufzuarbeiten. Die Aussicht von oben war indessen ein reichlicher Ersatz für unsere Mühe. Im Vordergrunde die wild zerrissenen jähen Felsabhänge, unter uns die brausende und schäumende Gebirgsfluth, und in der Mitte des großartigen Gemäldes die wunderbare, kolossale Eismasse des Gletschers, im Hintergrunde begrenzt von den vielgestalteten Bergzügen, dem Fjorde und den Höhen jenseits Verlegen-Hoek, wo zwischen dem Packeise im Sonnenscheine deutlich eine offene Stelle erglänzte und uns baldige Befreiung aus unserer langen Gefangenschaft in Aussicht stellte. Um das beschwerliche steile Gerölle zu vermeiden, machten wir einen Umweg nach Norden hin. Hier mußten wir zum Schlusse über ein Schneefeld gleiten, ein Beförderungsmittel, das, wenn man nur erst entschlossen ist, sich der Schwerkraft und „dem natürlichen Schlitten" — wie Scoresby es nennt — zu überlassen, ohne Zweifel auch das bei Weitem schnellste ist.

„Der Heimweg war ermüdend und ohne Abenteuer; die Augenlider fielen uns zu, und wir erfreuten uns der verhältnißmäßig angenehmen Ruhe während der Ruderfahrt über den Fjord. Der wachsende Sturm machte indessen, als wir aus dem Schutze der Berge kamen, unseren Armen so viel zu schaffen, daß wir uns gerne wieder eine Weile auf die Beine gemacht hätten. Obwohl dicht unter Land, hatten wir eine weite Strecke nichts Anderes zu thun, als mit aller Kraft gerade auf das Ufer los zu rudern, bis wir allmählich von dem Strome nach unserm Fahrzeuge geführt wurden."

Mit Rücksicht auf die glänzenden Schilderungen, welche die am 4. ausgegangene Jagdpartie von der üppigen Vegetation an einigen Stellen der Westküste gemacht hatte, unternahm von Yhlen mit einem Manne am 7. Juli einen botanischen Ausflug quer über den Fjord. Sie stiegen eine Viertelmeile südlich von unserm früheren Ankerplatze bei einer Elf an's Land, welche die ungefähr fünfzehn Fuß hohe, vom Strande steil aufsteigende Grus- und Thonbank durchschneidet. Die große Menge darin gebetteter fossiler Schnecken und Muscheln verräth sofort den alten Meeresboden. Außer den im Fjorde noch lebenden Arten trifft man Schalen von Mytilus edulis, nunmehr auf Spitzbergen ausgestorben, ein interessanter Fund, der später indessen noch oft gemacht wurde. Eine Schale der Mya truncata mit ihrem Mantel und Sifonkleide zeigte, daß — im geologischen Sinne — dieses Ufer nur erst vor Kurzem über die Meeresfläche getreten war. Ueber diesem Abfalle öffnet sich eine Grusebene und steigt dann in breiten Terrassen zu dem niedrigen Bergzuge im Westen hinan. Der Boden war fast ganz schneefrei, aber ohne Pflanzen, wie gewöhnlich auf solchen Flächen. Aber neben dem Ausflusse der Elf hat das alte Meer eine bessere Krume zurückgelassen. Hier erfreuen den Botaniker einzelne Pflanzenbüschel, die zwar nicht so dicht stehen, um den Boden zu bedecken, indessen für diese Erde und dieses Klima immerhin stattlich genug erscheinen.

Es sah hier nun schon ganz nach dem Hochsommer aus. Einige Draben setzten bereits Körner an. Es wechselten in bunten Bouquetten mit einander: Ranunculus nivalis, der großblumige Mohn papaver naudicale, Potentilla pulchella, Saxifraga oppositifolia, nivalis, cernua, rivularis, caespitosa und flagellaris, Polygonum viviparum, Pedicularis hirsuta, Braya purpurascens, Silene acaulis, außer den häufigen: Salix polaris, Oxyria reniformis, Cerastium alpinum, Cochlearia fenestrata und Cardamine bellidifolia. Ihre Blüthen waren sparsam über den schwärzlich grauen Boden von Grus, Thon und Schiefer zerstreut. Am schönsten war Andromeda tetragona, Spitzbergens Erika, die kaum der Muttererde zu bedürfen scheint; sie sprießt zwischen den Schieferbrocken, wo kein Grus vorhanden und keine andere Pflanze Nahrung findet, und ihre weißen Blüthen nach Art der Maiblümchen heben sich hell von dem dunkeln Trümmerboden ab. Hier und da hatte sogar Dryas octopetala ihre großen weißen Blüthen entfaltet. Alles prunkte, wenngleich nur in seiner einfachen Schönheit. Trotzdem aber ging durch diese arktische Blumenwiese mit aller ihrer Milde und Fülle ein Zug verlassener Oede und Erstarrung. Man vermißte die Grasmatte mit ihrem dichten Grün von Gräsern, die hier allein durch einige Halme von Carex nardina und rupestris, Juncus biglumis und Luzula hyperboraea vertreten waren. Ein paar Arten Dipteren umschwärmten die Blumen und vervollständigten dieses Bild eines Lebens, das die Natur gleichsam nur in Miniatur und ohne allen

Wechsel der Formen in's Leben treten läßt, um es nach kurzer Frist wieder auszulöschen. Hier hören die für ihre Schöpfungen nothwendigen Voraussetzungen mehr und mehr auf. Sie kargt mit dem Leben.

Dieses war unser letzter Ausflug in der Treurenberg-Bai. Wir erfuhren von einem Spitzbergenfahrer, daß sich bei Verlegen-Hoek eine Rinne geöffnet habe, lichteten die Anker und gingen mit der Brigg und einer andern Jacht unter Segel.

Es fehlte wenig, so wären wir auch diesesmal nicht durch das Eis gekommen. Der bei Heenloopen Strat frische Wind nahm wie gewöhnlich ab, da wir uns Verlegen-Hoek näherten. Wir stießen auf Eis, hielten es für unmöglich hindurch zu gelangen und warfen in einer der kleinen Buchten an der Spitze der Halbinsel Anker. Bei einem Ausfluge in's Land hinein nahmen wir jedoch wahr, daß man durch das nicht dichte Eis recht gut gelangen konnte. Wir lichteten daher Nachmittags zwei Uhr die Anker und die Magdalena wurde in der Richtung nach Westen bugsirt. Während dieser Fahrt kamen vier Walrosse in Sicht. Die Bugsirboote wurden sofort in Jagdboote umgewandelt, und selbst vom Jaen Mayen fuhr ein Boot behufs Verfolgung der Thiere ab. Wir konnten von unserm Schiffe die Jagd ganz bequem ansehen. Die Walrosse wälzten sich gleichsam über die Wasserfläche, während die Mutter, — denn es war offenbar eine solche — je näher die Gefahr kam, sich mit ihrer ganzen Schwere über ihr beinahe erwachsenes Junge warf, um es mit Gewalt unter das Wasser zu pressen, während sie für sich durchaus nichts zu fürchten schien. Unterdessen waren die Jäger näher gekommen und die Harpune bohrte sich in ihren Körper. Wir konnten deutlich wahrnehmen, wie das Boot bei dem gewaltigen Anrucken des Thieres sich bald hob, bald senkte, bis endlich eine wohlgezielte Kugel ihrem Todeskampfe ein Ende machte. Die Jagdleine wurde an einem Eisstücke befestigt, die Beute dort gelassen und die Jagd fortgesetzt. Wir hörten, wie das Junge brüllte, gleichsam in Verzweiflung seine Mutter suchte, bis es ebenfalls der Harpune zum Opfer fiel. Die Befriedigung, Zeugen einer Walroßjagd gewesen zu sein, vermochte nicht den unangenehmen Eindruck, den dieses Schauspiel zurückließ, aufzuheben. Und was will dieses sagen gegen die Mord- und Schlachtscenen, da man das Walroß auf dem Lande zu Hunderten tödtet, wo das ganze Geheimniß der Jagdkunst darin besteht, daß man die dem Meere zunächst befindlichen Thiere zuerst erschlägt, damit ihre Leichen den übrigen den Weg sperren! — Die Leute vom Jaen Mayen bemächtigten sich der beiden anderen Walrosse; die Beute wurde also brüderlich getheilt. Die Zoologen beeilten sich, das Fell der Thiere, behufs der Ausstopfung, zu retten. Die Walrosse wurden an das Schiff bugsirt und ihnen das Fell ganz abgezogen, während man es sonst in zwei Hälften zu zerschneiden pflegt. Die Wärme des Thieres, obwohl es eine starke halbe Stunde unter Wasser gelegen hatte, betrug + 34° C.

Blomstrand und Dunér waren unterdessen an's Land gegangen, um ihre Beobachtungen vom Vormittage zu beendigen, und kehrten nach kurzem Aufenthalte wieder zum Schiffe zurück. Gelassen — denn der Wind war schwach und Magdalena hatte keine Eile — steuerten wir im Zickzack zwischen den Eisblöcken hin. Gegen Abend trat Nebelwetter ein, das uns die Aussicht beinahe ganz benahm und die Nachbarschaft des Eises doppelt bedenklich machte. Kurz vor Mitternacht zeigte sich im Süden, gerade der Sonne gegenüber, ein lichter Hof oder Bogen, der durch die Brechung und das Zurückwerfen der Strahlen an der Nebelbank erzeugt wurde. Der Wind nahm zu, die Fahrt ging schneller, und die häufigen und heftigen Stöße, welche Magdalena empfing, gemahnten uns daran, daß der Raum zwischen den Eisblöcken enger und enger wurde. Noch zur rechten Zeit verlor sich der Nebel, und wir überzeugten uns bald, daß wir bereits tief in's Packeis eingedrungen seien und keineswegs länger nach dem Kompaß segeln dürften. Das Schraubeneis umgab uns von allen Seiten, aber einige Kabellängen entfernt im Süden erschien doch der östliche Theil von Wijde-Bai, so weit man sehen konnte, offen und wir durften uns glücklich preisen, als wir nach einigen Stunden Schiebens und Bugsirens das offene Wasser des Fjordes erreichten.

Aber noch war unsere Gefangenschaft nicht zu Ende. Ein ansehnliches Band Treibeises lag gepackt an dem Weststrande des Fjordes und verband sich über Grey-Hook mit den ungeheuren Eismassen im Norden. Wir kreuzten, um jede sich bildende Oeffnung zu benutzen, den ganzen 9. Juli vor dieser Spitze an der Eiskante hin. Gegen Abend hörte der Wind auf, und es gingen zwei Partien an das Land, die eine um zu botanisiren, die andere um eine an dem Oststrande des Fjordes stehende Russenhütte in Augenschein zu nehmen. Nach einer langen, aber angenehmen Wanderung während der stillen Nacht kehrten sie erst am folgenden Morgen an Bord zurück. Die Windstille hielt an; die Eisblöcke schwammen mit der Fluth in den Fjord, und die Bugsirboote brachten die Magdalena hinter einer Sandbank, nördlich von Albert Dirkse's Bucht, in Sicherheit.

Das Eis hatte also noch einmal einen Strich durch unsere Rechnung gemacht, aber wir durften hoffen, nicht lange hier zu bleiben; ein Jeder ging darum an seine Arbeit, froh, der Sorge-Bai für immer Lebewohl gesagt zu haben.

# Sechstes Kapitel.

## Der Plan einer Eisfahrt. — Walrosse.

Wir sind den beiden Schiffen bis zu dem Augenblicke gefolgt, da Aeolus nach Osten und Magdalena nach Westen steuerte. Bevor wir unsern Bericht über die Fahrten derselben wieder aufnehmen, wollen wir einen Blick auf das Unternehmen werfen, das Torell bis in alle Einzelnheiten hin mit so großer Umsicht erwogen und ausgedacht hatte, das aber durch unsere Monate lange Gefangenschaft in der Treuenberg-Bai zu Wasser wurde: ich meine die geographische Expedition nach Norden. Wir entlehnen seinem officiellen Bericht, in welchem er mit der ihm eigenen Klarheit alle uns von den früheren Polarfahrern überlieferten Angaben benutzt hat, folgende Darstellung:

„Wenn man sich unter dem 80. Breitengrade, also nur hundert schwedische Meilen vom Nordpol entfernt befindet, so tritt ganz von selbst die Frage an uns heran, ob sich der Erreichung des Poles wirklich unüberwindliche Hindernisse entgegenstellen, oder ob nicht mindestens ein Theil des dazwischen liegenden Gebietes durchfahren werden könne. Man wiederholt in seiner Erinnerung alle die Unternehmungen, welche einander gefolgt sind; die neuen Hypothesen in Betreff der physischen Beschaffenheit der Polarwelt, welche die alten beseitigt oder wenigstens erschüttert haben. Noch immer ist das Problem ungelöst, obwohl Männer wie Barrow, Scoresby, Wrangel und Petermann, welche sich durch ihre persönlichen Anschauungen oder durch ihr tiefes Wissen auszeichnen, der Ansicht sind, daß der Nordpol nicht außerhalb des Bereiches der geographischen Entdeckungen liege.

„Es ist daher sehr natürlich, daß gerade wir, Nordenskiöld und ich, die wir schon früher wissenschaftliche Zwecke in den arktischen Regionen verfolgt hatten, von derselben Sehnsucht — wie unsere zahlreichen Vorgänger — ergriffen wurden, bis zu dem höchsten Norden vorzudringen, und, so viel an uns lag, die schwedische Wissenschaft bei diesem Streben betheiligt zu sehen. Ungünstige Verhältnisse stellten sich dieser Arbeit zwar hindernd entgegen, ich halte mich indessen trotzdem für verpflichtet, über die Art und Weise, wie die geographische Expedition vorbereitet worden, Rechenschaft abzulegen.

„Bevor dieses geschieht, wird es nöthig sein, einen Blick zu werfen auf die Meinungen über die Beschaffenheit des Polarmeeres, so weit sie wissenschaftliche Geltung erlangt haben; ferner auf die früher gemachten Versuche, bis zu dem nördlichsten Punkte der Erdkugel vorzudringen; die Methoden, welche die allmählich bereicherte Erfahrung für solche Entdeckungsreisen an die Hand gegeben; endlich auf die Resultate, welche, trotz aller fehlgeschlagenen Hoffnungen, für die Wissenschaft errungen worden sind.

„In Betreff der Beschaffenheit des Polarmeeres sind lange zwei entgegengesetzte Meinungen von verschiedenen Schriftstellern und Reisenden verfochten worden. Auf der einen Seite hat man behauptet, daß das nördliche Polarmeer entweder ganz eisfrei oder doch in dem Grade offen sei, daß es von Schiffen durchsegelt werden könne. Der Geograph Barrington suchte zu beweisen, daß sogar der 89. Grad von Walfischfängern erreicht sei, und das englische Parlament setzte im vorigen Jahrhundert große Belohnungen für diejenigen aus, welche die höchsten Breitengrade erreichen würden, ja sogar eine für die Erreichung des Nordpoles selbst.

„Unter dem Einflusse dieser Ansichten wurde die große Expedition des Capitän Phipps nach dem Nordpol ausgerüstet. Sie stieß schon unter dem 80. Breitengrade bei Spitzbergen auf undurchdringliche Eismassen und kehrte nach vielen Mühen unverrichteter Dinge zurück, nachdem die Besatzung einmal schon im Begriffe gewesen war, das Schiff zu verlassen. Capitän Buchan's Expedition 1818, bei welcher John Franklin das eine Schiff befehligte, hatte ungefähr denselben Verlauf.

„Anstatt nördlich von Spitzbergen, oder zwischen Spitzbergen und Grönland ein eisfreies Meer zu finden, kehrten Phipps und

Buchan mit der Ueberzeugung zurück, daß von Spitzbergens nördlichstem Breitengrade ab die Bahn von undurchdringlichen Eismassen gesperrt werde, deren südliche Grenze zwar veränderlich, überall aber vorhanden sei. Alle Expeditionen von Cook bis auf uns, welche durch die Behringsstraße nach Norden fuhren, haben noch südlicher diese unbeweglichen Eismassen angetroffen. Die Sunde zwischen den amerikanischen Inselgruppen sind ebenfalls verschlossen gefunden, und das offene Polarmeer, welches Capitän Penny — nach Maury — im Wellington-Kanal, und Kane im Smiths-Sund angetroffen, erwies sich voll von Eis, als Belcher und Hayes es später zu durchsegeln versuchten.

„Maury hat aus rein theoretischen Gründen zu beweisen gesucht, daß das Polarmeer offen und segelbar sei. Petermann trat ihm bei und bezog sich auf die bis dahin gemachten Erfahrungen. Mit Ausnahme von Kane und Hayes hat indessen Keiner von den Männern, welche selbst das Polareis beobachtet, diese Ansicht getheilt. Im Gegentheil, Sir Leopold M'Clintock, vielleicht die erste Autorität auf diesem Gebiet, hat die Existenz eines offenen Polarmeeres bestimmt in Abrede gestellt. Die aufgestellte Theorie ist indessen, in Folge des großen, wohlbegründeten Ansehens derjenigen Männer, welche sie adoptirt haben, zu einer wichtigen Streitfrage in der Wissenschaft geworden und kann nur auf empirischem Wege gelöst werden. Alles was zu ihrer Beantwortung beiträgt, erscheint von größter Bedeutung. Ich für meinen Theil bin durch die für die Existenz eines offenen Polarmeeres angeführten Gründe nicht überzeugt, und da meine ersten Eindrücke und Wahrnehmungen in Spitzbergen für das Gegentheil sprachen, schloß ich mich unbedingt der Ansicht an, daß das nördliche Polarmeer mit Eis bedeckt, obwohl nicht ohne größere und geringere offene Stellen sei.

„Außer M'Clintock huldigten dieser Meinung die vieljährigen Vertrauten des Eismeeres und seiner Natur: Scoresby, Parry und Franklin. Auf diesem Meere kann man nicht segeln; will man vorwärts, muß das Eis den Reisenden tragen. — Kann man aber auf diesem Eise überhaupt vorwärts kommen? — Scoresby ist, so viel mir bekannt, der Erste, welcher sich ausführlich über die Art und Weise einer solchen Eisfahrt geäußert hat. Seine langjährigen Erfahrungen, seine Wahrheitsliebe und die gründliche, für seine Beschäftigung als Walfischfänger ungewöhnliche wissenschaftliche Bildung machen ihn zu einer der ersten Autoritäten auf diesem Gebiet; auch ist er anerkanntermaßen zu Schiffe weiter als irgend ein Anderer nach dem Nordpol vorgedrungen. Seine Meinung hat ein um so größeres Gewicht, als er Jahre lang sich mit der Möglichkeit beschäftigt hat, dieses Polareis mit Schlitten zu befahren. In einer Reihe von Abhandlungen (in den **Memoirs of Wernerian Society**) und in seinem bekannten Werke: **Account of arctic regions** sucht er, gestützt auf eigene Erfahrungen und die Beschaffenheit des Eises, sowie die in Canada und Sibirien ausgeführten Schlittenfahrten, zu beweisen, daß man von Spitzbergen aus, auf dem Eise, nach oder gar bis zum Nordpole wohl vordringen könne. Er meint, daß Rennthiere recht gut zum Ziehen benutzt werden könnten, und daß die großen Eisfelder, die er als Walfischfänger kennen gelernt habe, keineswegs zu uneben für Schlittenfahrten seien. Er hatte einmal ein Eisfeld getroffen, das etwa eine halbe englische Meile lang und so eben war, daß man darauf hätte mit Wagen fahren können. Andere über die Beschaffenheit des Eises befragte Walfischfänger — bevor Parry seine Nordpolexpedition unternahm — gaben eine ähnliche Antwort.

„Während Capitän Phipps' Expedition bei den sogenannten Sieben Inseln, nördlich von Spitzbergen, fest im Eise lag, bestieg Capitän Lutwidge eine der Inseln. Er berichtete, daß nach Norden hin weder Land noch Wasser zu erblicken gewesen; das Eis wäre eben und zusammenhängend, „**flat and unbroken**".

„Sir John Franklin reichte der englischen Admiralität einen Vorschlag ein, worin er sich bereit erklärte, mit Booten, auf Schlitten gestellt, den Nordpol zu erstreben. Der Plan fiel, da Franklin anstatt dessen eine seiner großen Landreisen im arktischen Amerika antrat. Capitän Parry nahm, nach der Beendigung der drei Reisen zur Entdeckung der Nordwestfahrt, Franklin's Plan auf und erbot sich, in der vorgeschlagenen Weise denselben auszuführen. Der Vorschlag wurde von der Admiralität angenommen, der „Hecla" zur Fahrt nach Spitzbergen in Stand gesetzt und Boote nebst Schlitten und anderm Zubehör angeschafft. In Hammerfest nahm man acht Rennthiere nebst einer Quantität Rennthiermoos als Futter an Bord. Smeerenbergs Hafen, von wo die Bootexpedition ausgehen und Hecla deren Rückkehr erwarten sollte, war so mit Eis angefüllt, daß man einen andern Ankerplatz an der Nordküste Spitzbergens zu suchen gezwungen war. Die wenigen zuverlässigen Karten gaben geringe Auskunft, und so verging über dem Aufsuchen eines Hafens ein guter Theil der besten Jahreszeit. Schließlich lief das Schiff in Treurenberg-Bai ein und die Bootexpedition konnte abgehen. Parry traf weit mehr offenes Wasser an, als wir, und ruderte unbehindert nordwärts, auf Strecken, wo wir den ganzen Sommer über nur Eis wahrnahmen.

„Als das Eis dichter und dichter wurde, begann die eigentliche Schlittenfahrt. Doch fand man die Beschaffenheit des Eises ganz anders, als man erwartet hatte. Anstatt aus flachen Schollen und Feldern, bestand es fast ausschließlich aus Schraubeneis (hummocks). Unermüdet, wenngleich langsam, arbeitete sich die Mannschaft indessen vorwärts und erreichte einen höheren Breitengrad als irgend ein Lebender vor oder nach ihnen. Zuletzt merkte Parry, daß er sogar die Strömung gegen sich habe; die Abnahme des Proviants gebot die Umkehr; er erreichte glücklich den „Hecla" und fuhr mit demselben nach England zurück.

„Den Hauptgrund, weshalb Parry nicht weiter kam, findet er selbst in der Beschaffenheit des Eises. Es war keineswegs „flach, eben und ununterbrochen", wie Scoresby, die Walfischjäger und Lutwidge es hatten vermuthen lassen. Dazu kam die ungünstige Meeresströmung, welche das Eis nach Süden trieb, die weit vorgeschrittene Jahreszeit und der weiche Schnee. Die Boote waren zu schwer, — 14 Mann gehörten dazu, um nur eines weiter zu schleppen — die Schlitten von unpraktischer Construction, die daran angebrachten Räder unbrauchbar. Die Ausrüstung und Verproviantirung war ungefähr ebenso wie bei den späteren Expeditionen, aber die erstere zu schwer und die letztere unvollständig. Das Rennthier erwies sich auch nicht als brauchbares Zugthier, denn es verzehrt täglich vier Pfund Rennthiermoos, während es nicht mehr als 150 bis 200 Pfund zu ziehen vermag. Es ist daher für solche Fahrten lange nicht so geeignet als Hunde.

„Parry's Reise blieb einzig in ihrer Art. Ein zweiter Versuch, auf dem Eise nach Norden vorzudringen, wurde nicht gemacht. Aber die Reise beschloß keineswegs die Reihe der arktischen Expeditionen. Erst kam Sir John Roß mit der Victoria und entdeckte den magnetischen Pol; darauf Sir John Franklin's durch ihren unglücklichen Ausgang berüchtigte Fahrt, und die vielen Unternehmungen, die von England und Amerika 1848 bis 1858 zu seiner Aufsuchung ausgerüstet wurden, bis es endlich Doctor Rae und Capitän M'Clintock gelang, den Schleier zu heben, der so lange über sein Schicksal gebreitet lag. Diese für die geographische Wissenschaft so wichtigen sogenannten Franklin-Expeditionen führten auch zu erheblichen Veränderungen bei Ausrüstung arktischer Schlittenfahrten. Durch M'Clintock, der an drei arktischen Expeditionen Theil genommen, eine befehligt hatte, lernte man, wie man weite Entfernungen überwinden, sich längere Zeit unter freiem Himmel aufhalten, die Menge des Proviants berechnen und die größtmögliche Quantität von Nahrungsstoff in dem kleinstmöglichen-Raume unterbringen und auf das geringste Gewicht reduciren könne. Knochenloses, bei solcher Temperatur getrocknetes Fleisch wurde zerstoßen, mit Fett zusammengeschmolzen und in großen, hermetisch verschlossenen Blechbüchsen aufbewahrt. Dieser sogenannte „Pemmican", zusammen mit Speck, geriebenem Brode, Zucker, Thee, Gewürz und concentrirtem Rum, bildete den Proviant. Bei 2½ bis 3 Pfund solcher Nahrung kann ein Mann den ganzen Tag in dem arktischen Klima arbeiten. Talg in Säcken von Segeltuch diente zum Kochen der Speisen und zum Schmelzen des Schnees, dazu sehr zweckmäßig eingerichtete Kochapparate von Eisenblech vorhanden waren. Die Kleidung bildete einen wichtigen Theil der Ausrüstung. Das Erste war: Alle Kleider müssen dicht anschließen. Darum erwies sich Pelzwerk als ungeeignet. Man trug also dafür unmittelbar auf dem Leibe Wolle, und darüber eine Blouse nebst Hosen von feinem Segeltuch. Die Fußbekleidung bildet einen der wichtigsten Gegenstände bei Reisen im hohen Norden. So lange der Schnee fest war, brauchte man „Mokassins" von gegerbtem Leder, darin sich „Wrappers", ein viereckiges Stück Wollenzeug, befand, und Strümpfe. Sobald der Schnee weich wurde, bewährten sich Stiefel von Segeltuch am besten. Auf diese Weise erreichte man die erste und unentbehrlichste Voraussetzung für lange Märsche, nämlich daß der Fuß weder eingeengt noch gedrückt, und dadurch Frostschäden vermieden wurden. Außer den Kleidern auf dem Leibe führte jeder Mann noch sieben Pfund Extrakleider mit sich, die in kleinen Ränzeln untergebracht waren. Ein Schlafsack von dickem Filz bildete sein Bett. Unter den letzteren wurde auf den Schnee oder Boden zuvörderst eine geölte Decke oder ein wasserdichtes Stück Zeug und darüber ein Büffelfell oder eine Filzdecke gebreitet. Alle Mann deckten sich mit einer gemeinschaftlichen Decke zu. Anfangs brauchte man auch ein Zelt von Baumwollenzeug, 7 bis 8 Pfund schwer, in welchem sieben Mann Platz fanden, aber in den letzten Jahren baute man während des Februar und März jeden Abend Schneehütten, nach Art der Eskimos. Einige Werkzeuge zum Ausbessern des Zerbrochenen oder Zerrissenen, Gewehre nebst Munition und astronomische Instrumente vollendeten die Ausrüstung. Alles wurde auf Schlitten geladen. Die Construction derselben war von größter Bedeutung. Darum wurden an Stelle der alten schwer zu regierenden, welche Parry und Franklin benutzt hatten, neue construirt. Dünne mit Stahlschienen versehene Kufen wurden so gerundet, daß sie beinahe einen Kreisbogen bildeten. Auf diesen befanden sich Träger und darüber Langhölzer. Anstatt die Kufen fest mit einander zu verbinden, vereinigte man sie blos durch lose Querstücke und befestigte diese mit Riemen von Seehundsfell. So gelang es, die schwer belasteten Schlitten über unebenes Eis zu ziehen, ohne daß sie zerbrachen. Man bedeckte den Schlitten mit einem so großen Stücke Segeltuch, daß die Ecken über das Gepäck geschlagen werden konnten. Am Vordertheil wurden die Leinen mit den Ziehgürteln für die Männer und den Sielen für die Hunde befestigt. Auf einem solchen Schlitten konnte ein Mann 200—220 Pfund und ein Hund 100 Pfund fortbewegen.

„Gewöhnlich wurden auf einen von sieben Mann gezogenen Schlitten 14—1500 Pfund gepackt. Wo das Land es gestattete, führte man ein System von Depots ein, wodurch die Reisenden in den Stand gesetzt wurden, von dem letzten Depot mit so viel Proviant auszugehen, als auf dem Schlitten fortgeschafft werden konnte. Erfahrungsgemäß vermochten auf diese Weise sieben bis acht Mann sich für 40 Tage mit Proviant zu versehen, ungerechnet das Quantum, welches die Depots enthielten oder zurückkehrenden Partien überlassen wurde. Während M'Clintock auf seiner ersten Expedition 1848 nicht länger als 40 Tage abwesend sein konnte, verlängerte er diese Frist während seiner dritten Reise auf 105 Tage und legte 200 schwedische Meilen zurück. Zu einem gleichen Resultat kamen auch die anderen Officiere. Wenn Franklin's Mannschaft schon diese Erfahrung besessen hätte, so würde sie sich wahrscheinlich haben retten können. M'Clintock sagt deshalb auch in seiner dritten Reise, daß es keinen Punkt der nördlichen Hemisphäre gebe, von welchem aus Menschen nicht menschliche Wohnstätten erreichen könnten.

„Erfahrung und Nachdenken hat allmählich dieses Reisesystem für Gegenden, welche man früher für unzugänglich ansah, ausgebildet und vervollkommnet; auch eignete man sich immer mehr die Sitten der Eskimos an und lernte von ihnen die Kunst, die Schwierigkeiten des Polarmeeres zu überwinden. So adoptirte man zum Beispiel die Sitte, Schneehütten zu bauen. Doctor Rae überwinterte in solchen, und M'Clintock führte in Begleitung von Petersen mit ihrer Hülfe eine der merkwürdigsten arktischen Reisen aus, während welcher er, Petersen und noch ein Mann die Monate Februar und März in solchen Schneehütten schliefen, bei einer Kälte, die oft das Quecksilber gefrieren machte. Noch wichtiger war eine andere Sitte der Eskimos, die man sich aneignete: die Einführung der Ziehhunde, während bei den früheren Expeditionen die Mannschaft selbst ihren ganzen Bedarf fortgeschleppt hatte.

„Admiral Wrangel hatte schon lange vorher in Sibirien gezeigt, mit welchem Vortheil Hunde zu Entdeckungsreisen verwendet werden könnten. Carl Petersen lebte seit etwa 20 Jahren in Nordgrönland und verstand nicht nur vollkommen mit Hunden zu reisen, sondern war auch von ihrer Brauchbarkeit überzeugt und nahm deshalb, als er Capitän Parry's Expedition zur Aufsuchung Franklin's folgte, sein Hundegespann mit sich. Es leistete dort so vortreffliche Dienste, daß auch Belcher und Kane Hunde zu gebrauchen versuchten; bei M'Clintock's letzter Reise aber bildeten sie einen wesentlichen Theil der Ausrüstung und leisteten vollkommen, was man von ihnen erwartete. Ohne sie wäre Franklin's Schicksal wahrscheinlich noch jetzt ein ungelöstes Räthsel. Ein Hund braucht außer seiner Nahrung nichts und vermag bei einem Pfunde Pemmican täglich 100—150 Pfund zu ziehen, während ein Mann $2^1/_2$—3 Pfund Nahrung braucht, außer der unnützen Last an Zelten, Kleidern 2c., und dennoch nicht mehr als das Doppelte zu ziehen im Stande ist. Schließlich kann in der äußersten Noth der Hund geschlachtet und verzehrt werden. Von den verschiedenen Racen des Hundes aber hat sich keine brauchbarer erwiesen, als die bei den Eskimos lebende.

„Nach dieser Darstellung wird es klar sein, daß die Kunst, in dem hohen Norden zu reisen, sich nicht mehr auf demselben Standpunkt befindet wie damals, als Parry seine Expedition von Spitzbergen aus in's Werk setzte.

„Es blieb daher die Frage bestehen: Welche Aussicht auf Gelingen hat ein auf Erreichung des Nordpols gerichtetes Unternehmen, und wie muß es eingerichtet werden?

„Parry schließt den Bericht über seine Expedition im Jahre 1827 mit der Erklärung, daß er es nicht für ausführbar erachte. Aber 1845, also nach vielen Jahren gereiften Denkens und neu gesammelten Erfahrungen in Betreff von Schlittenexpeditionen, erklärte er in einem an Sir John Barrow*), den Secretär der Admiralität gerichteten Briefe, daß wenn eine Schlittenexpedition im Monat April von Spitzbergen ausginge, sie den Nordpol erreichen könnte, weil die drei Hauptschwierigkeiten: die Unebenheit des Eises, die Weichheit des Schnees und die südliche Meeresströmung, welche sich ihm in den Weg gestellt, dann vermieden würden. Das Eis werde eine harte und ununterbrochene Oberfläche haben, auf welcher man täglich fünf schwedische Meilen zurücklegen könne; es werde still liegen und für Rennthiere praktikabel sein. Er schlägt die Bildung von Depots und die Absendung von Partien vor, die den Rückkehrenden entgegen zu gehen hätten. Der Mann, welcher allein den Versuch gemacht und ihn nach dem Mißlingen für hoffnungslos erklärt hatte, kam also nach langem Erwägen schließlich zu der Ueberzeugung, daß eine solche Fahrt ausführbar sei. Auch Admiral Wrangel war dieser Ansicht. Er fuhr in Sibirien auf Hundeschlitten zweimal weit nach dem Norden, gerieth aber wegen Mangels an Booten in Ungelegenheiten. Selbst Neusibirien, das ungefähr fünfzig Meilen vom festen Lande entfernt ist, erreichte er auf solchen Hundeschlitten.

„Nach dieser historischen Uebersicht der Polarfahrten will ich weiter berichten, in welcher Weise ich ein gleiches Unternehmen vorzubereiten und auszuführen mich bemühte. Nicht mich begnügend mit den Mittheilungen und Aufklärungen, welche ich über die Verhältnisse des hohen Nordens aus der Literatur erhielt, suchte ich bei praktischen Männern, deren Urtheil und Rath von Bedeutung sein mußte, weitere Belehrung zu erlangen. Schon bei meiner Rückkehr nach Hammerfest — von meiner ersten spitzbergischen Reise — äußerte einer der entschlossensten und angesehensten Walroßjäger, welcher wiederholt in Spitzbergen ge-

*) Barrow, Voyages of Discovery and Researches within the arctic Regions. Pag. 313.

wesen, daß er die Erreichung des Poles für ausführbar halten müsse; auch wünschte er selber daran Theil zu nehmen und sprach sich sehr lebhaft für die Anwendung von Hunden aus.

„Die naturhistorischen Arbeiten, welche mich nach Island und Spitzbergen geführt hatten, forderten fortgesetzte Untersuchungen; ich reiste daher 1859 nach Nordgrönland. Da die Bewohner dieses Landes sich immer der Hunde zum Ziehen bedienen und viel auf dem Eise fahren, so hoffte ich mit Recht, dort werthvolle Nachrichten und guten Rath zu erhalten. Die Mittheilungen aller dort wohnhaften Personen, welche sich mit Hundeschlitten und Eisfahrten bekannt gemacht hatten, bestärkten mich in der That in meinem Vertrauen auf die Ausführbarkeit einer solchen Expedition.

„Während meines Aufenthaltes in Grönland lernte ich M'Clintock kennen, der eben von seiner so berühmten Expedition zurückkehrte. In seiner Begleitung befand sich Carl Petersen, welcher an drei Franklin-Expeditionen Theil genommen und fünf Winter in den arktischen Ländern verlebt hatte. An ihn wandte ich mich. M'Clintock äußerte sich über ihn sehr warm. Wenn man erwägt, daß Petersen nicht blos die englischen und amerikanischen Unternehmungen mitgemacht, sondern auch zwanzig Jahre in Grönland zugebracht hat, so muß man ihn in der That für einen Mann ansehen, auf dessen Urtheil man sich verlassen kann. Er kannte aus dem Grunde die Fahrt mit Hunden und wie weit sie brauchbar, nicht weniger die physikalischen Verhältnisse der arktischen Länder. Ihm hatte wahrscheinlich Kane's Expedition ihre Rettung zu danken; vor Allem, er hatte einen ganzen Winter in dem Treibeise der Baffinsbucht zugebracht, hatte also mit eigenen Augen sich überzeugt, wie das Eis auf hoher See beschaffen und ob man darauf mit Hunden fahren könne. Er äußerte sich sehr günstig über den ganzen Plan und erklärte sich bereit, selbst an der Fahrt Theil zu nehmen.

„Ich glaubte nun mit Recht zu praktischen Vorbereitungen schreiten zu können. Die Angelegenheit kam beim Reichstage zur Sprache. Ich wünschte namentlich mit den naturwissenschaftlichen Zwecken geographische zu vereinigen und wurde in dieser Ansicht durch Professor Nordenskiöld bestärkt, welcher an der Expedition Theil zu nehmen und ihr seine Kräfte zur Disposition zu stellen sich bereit erklärte. Ich durfte hoffen, wenn nicht besonders ungünstige Verhältnisse sich mir in den Weg stellten, gerade nach

Norden oder nach Nordosten vorzubringen. Trafen wir ein Land, so sollte hier ein Depot errichtet werden. Und wenn alles Andere auch mißglückte, so konnten wir doch mit unseren Booten Vieles zur Erforschung der noch sehr unbekannten geographischen Verhältnisse Spitzbergens beitragen. Ich begann mittlerweile die Vorbereitungen zu der Expedition nach besten Kräften zu treffen und reiste zu dem Zwecke zuvörderst nach England und Finmarken.

„Der Plan für die geographische Expedition war folgender: Wenn wir in der zweiten Hälfte des April von Finmarken ausfuhren und das Eis nicht zu schwer zu durchbrechen war, so konnten wir darauf rechnen, Nordspitzbergen spätestens Mitte Mai zu erreichen. Die Spitzbergenfahrer hatten mir mitgetheilt, daß sie schon Ende April bis zum Nordostlande vorgedrungen waren. Aber selbst wenn wir nicht so weit nach Osten gelangten, so durften wir dennoch hoffen, dieselbe nördliche Breite zu erreichen, wenn wir vom nordwestlichen Spitzbergen aus nach Nordosten gingen. Nordenskiöld, Petersen und ich nebst zwei Mann sollten mit dem eisernen Boote und zweien Hundeschlitten vordringen. Wir konnten annehmen, daß wir mit drei Gespann der besten Hunde und mit eigenen Kräften ungefähr 3,000 Pfund fortbewegen würden. Das Gewicht des Bootes betrug 400 Pfund, die Bagage der fünf Menschen, nämlich Zelt, Schlafsäcke, Kleider und Kochapparate, ungefähr eben so viel, zusammen 800 Pfund, wozu noch das Gewicht der Ruder kam. Den Rest von 2,200 Pfund bildete der Proviant, wovon jedoch täglich verbraucht wurden: 24 Pfund für die Hunde, 12 Pfund für die Menschen und 3 Pfund Talg als Brennmaterial.

„Nach dieser Berechnung konnten fünf Mann, auch ohne Depots und Reserve, 40 bis 50 Tage auf die Expedition verwenden. Daß diese Annahme nicht zu hoch gegriffen, folgt aus der Thatsache, daß Parry trotz seinem viel schwereren Boote und ohne Hunde 60 Tage von seinem Schiffe entfernt bleiben konnte. Ueberdies durften wir erwarten, daß die Jagd auf Seehunde und Eisbären unsern Proviant verstärken werde. Trotzdem war ich der Ansicht, daß außer unserm eigenen Boote noch zwei andere Reservepartien uns folgen müßten. Diejenige derselben, welche zuerst umkehrte, konnte während 4 bis 5 Tagen die ganze Expedition unterhalten, nämlich 15 Mann und alle mitgenommenen Hunde, und dennoch selber noch so viel Proviant behalten, um wieder zum Schiffe zu gelangen. Die zweite Partie sollte uns 9 bis 10 Tage folgen und dann gleichfalls umkehren. Auf diese Art blieb der Proviant der Hauptpartie 9 bis 10 Tage lang unberührt, und wir konnten um so viel länger fortbleiben. Ein oder mehrere Depots sollten trotzdem an bestimmten Stellen, so weit nördlich als möglich, angelegt werden.“ — —

So war der Plan dieses neuen Versuches, bis zu den unbekannten Regionen des höchsten Nordens vorzudringen. Torell hatte ihn mit Sorgfalt entworfen und bis in alle Einzelnheiten ausgearbeitet. Leider stellten sich seiner Ausführung zwei bedeutende Momente entgegen: die anhaltenden Nordwinde, welche unsere zeitige Abreise von Tromsö verhinderten, und die ungünstige Beschaffenheit des Eises in der Jahreszeit, als wir endlich Spitzbergen erreichten. Schon bei Amsterdam-Eiland fanden wir das Eis im Treiben und unfahrbar; aber das Unternehmen schien uns dadurch gefördert, indem wir hofften, mit dem Schiffe selbst weiter nach Norden vordringen zu können. Die letzten Ausrüstungen wurden daher beeilt, und Magdalena folgte dem Aeolus mit einem Theile derselben, um ihm zugleich Beistand zu leisten, da er an den ersten Tagen der Eisfahrt den größten Theil seiner Besatzung missen sollte. Während der langen Gefangenschaft in Treurenberg-Bai zeigte es sich aber, daß das Eis, welches uns einsperrte, für eine Schlittenfahrt ganz ungeeignet war. Als endlich unser Schiff frei wurde, konnte bei der vorgerückten Jahreszeit und dem ausgedehnten Aufbrechen des Eises an eine Ausführung der Eisexpedition gar nicht mehr gedacht werden. Wenn wir auch nach Wochen langer Arbeit wirklich zu festerem und ebenerem Eise gelangt wären, hätten wir doch keinesfalls einen erheblich hohen Breitengrad erreichen können. Diese Ueberzeugung war um so niederschlagender, als der Erreichung des so nahen Zieles so viele Kräfte gewidmet und alle Arbeiten und Vorbereitungen nun vergebens gemacht waren. Allerdings wurde noch eine Excursion vom Ankerplatze des Aeolus — neben dem Holm am Nordostlande — von Chydenius und Petersen gemacht. Längs dem Lande war ein Ende nach Norden hin offenes Wasser, dann aber kam Eis, das einem Schiffe die Fahrt verlegte, und weiterhin, so weit das Auge reichte, Wasser und Eisbänder, die mit einander abwechselten. Mit Bestimmtheit konnte man nicht erkennen, ob das Eis weiter nach dem Horizonte hin zusammenhänge oder nicht,

Petersen gab indessen sein Urtheil dahin ab, daß die anhaltende ungünstige Beschaffenheit des Eises das Gelingen einer Schlittenfahrt sehr zweifelhaft erscheinen ließe. So mußte man den Gedanken daran ganz und gar aufgeben. Auch auf diese Möglichkeit war von vornherein Rücksicht genommen worden, und der Plan so angelegt, daß, wenn die Eisfahrt nach Norden unterbleiben mußte, die geographischen Untersuchungen an anderen Orten vorgenommen werden sollten. Das nordöstliche Spitzbergen mit seinen Inseln war bis dahin sehr wenig oder beinahe gar nicht bekannt geworden, hier waren also dankbare Forschungen anzustellen. Das Wintereis verschwand von den Fjorden und Küsten; wir durften also auf werthvolle Resultate rechnen. Während daher Lilliehöök und Malmgren an Bord blieben, um auf das Schiff zu achten und wissenschaftliche Untersuchungen fortzusetzen, rüsteten sich Torell und Nordenskiöld mit Petersen zu einer Bootfahrt durch Heenloopen Strat, während Chydenius es übernahm, mit dem kleineren eisernen Boote nach Norden zu gehen und die Recognoscirungsarbeiten für die Gradmessung auszuführen.

Die Insel, an welcher Aeolus nun vor Anker lag — später Depotinsel genannt — liegt in der Mündung einer ziemlich großen, bis dahin unbekannten Bucht, welche den Namen Murchisons-Bai erhielt. Die nördlichste Spitze der Insel liegt nach Nordenskiöld's Bestimmung in 79° 59′ 51″ nördl. Br. und 18° 13′ 30″ östl. L. Schnee lag nur noch hier und da in den Ritzen der niedrigen Felsen, und der Boden verrieth eine außerordentliche Unfruchtbarkeit. Die nicht Petrefacten führenden, leicht zerbrechlichen und undeutlich gelagerten Kalkklippen, welche Kiesel und Quarz eingesprengt enthalten, — aus diesem Gestein bestehen alle Inseln und Umgebungen der Bucht — bedecken den Boden mit ihren gelbgrauen, vegetationsfeindlichen Trümmern und verleihen dieser ungastlichen Landschaft einen unheimlichen Ausdruck von Oede und Verlassenheit.

Nachmittags besuchten Nordenskiöld, Malmgren, Chydenius und Petersen einige der nächsten Inseln und die Umgegend.

„Wir nahmen auf Grund der alten Karten an, daß das Gewässer, an dessen Mündung wir lagen, der Anfang eines Sundes sei, welcher erst nach Osten laufe, dann nach Norden und Süden sich verzweige und das ihm zunächst im Norden und Süden belegene Land von dem eigentlichen Nordostlande trenne, so daß das

Land nördlich die große Steininsel (mit der westlichsten Spitze Shoal Point) sei, das südliche aber die auf den Karten so genannte Nordostinsel. Parry, der keinen andern Theil des Nordostlandes als die Küste bei Shoal Point besuchte, hat auf seiner Karte diesen Sund offenbar als zweifelhaft angedeutet; wir konnten daher nicht viel auf die späteren Angaben geben, um so weniger, als die alten holländischen Karten ziemlich zuverlässig sind. Wir ruderten an der zunächst nordöstlich belegenen Insel vorüber, auf welcher ein ziemlich gut erhaltenes Russenhaus und ein großes griechisches Kreuz steht, weshalb die Spitzbergenfahrer diese kleinen Inseln auch gewöhnlich Russeninseln benennen. Dann steuerten wir auf die dritte Insel in derselben Richtung zu, vermuthend, daß sie mit dem größeren Lande zusammenhänge, konnten mit dem Boote aber nicht weiter als bis zu der festen Kante des Eises gelangen, das die Insel noch ringsum einschloß und sich nach Osten hin fortsetzte. So verließen wir das Boot und begaben uns zu Fuß über das schwache, faulige Eis an das Land, welches wir erst jetzt als eine durch einen eisbedeckten Sund von dem Lande im Nordosten geschiedene und aus demselben Kalkgestein wie die Depotinsel bestehende Insel erkannten. Nordenskiöld blieb auf derselben zurück, um die Polhöhe um Mitternacht zu nehmen; wir Anderen begaben uns über das Eis erst zu einem kleinen Holm, und von hier zu dem Lande, das ziemlich steil gegen das Meer abstürzt, passirten ein Thal, durch dessen mit Schnee bedeckten Boden ein starker Bach rauschte, und bestiegen darauf einen etwa 700 Fuß hohen Berg. Der Blick über die Lage des Eises im Norden nahm uns die letzte Hoffnung auf ein Vordringen in dieser Richtung, so daß wir etwas niedergeschlagen unsern Rückweg antraten. Wir erreichten das Schiff am Morgen während eines starken Windes." —

Den 7. Juli fünf Uhr Nachmittags begaben sich Nordenskiöld und Malmgren wieder auf eine Excursion nach Osten. Nachdem sie in einem Boote bis zur Eiskante gefahren, gingen sie mit einem Mann erst zu der Insel, welche schon besucht worden war, und von hier längs der Südkante des Landes nach Osten. Das Eis war zum Theil schon zerfressen; sie mußten bis an die Kniee in dem Schneebrei waten, kamen jedoch glücklich an das feste Land der Halbinsel, welche auf älteren Karten Große Steininsel genannt wird. Ihr westlicher Theil besteht aus einem von kleinen Kalkfelsen und Steingetrümmer bedeckten Flachlande, welches weiter im Osten — da, wo die Bootpartie landete — in eine Berghöhe von jener Bildung übergeht, die wir schon am Hecla Mount gesehen: brüchigen Schiefer, Quarzit, graulich weißen Kalk mit Kieselkugeln. Das Land erhebt sich in Terrassen, deren Abhänge bald mit Steingerölle bedeckt sind, bald steil abstürzen. An den senkrechten Kalkwänden saßen große Schaaren von Möwen, die ihre Nester in den Klüften und Ritzen des Gesteins hatten. Zu oberst erblickte man Krykien (Larus tridactylus) und Große Möwen (Larus glaucus), darunter, in einer Höhe von 50 bis 150 Fuß, Eismöwen (Larus eburneus), sämmtlich beim Brüten beschäftigt. Den bis dahin unbekannten und von den Besuchen der Naturforscher verschonten Brutplatz der Eismöwen entdeckte Malmgren's scharfes Auge. Er erblickte die über ihren Eiern sitzenden Weibchen. Augenblicklich war es aber unmöglich, eine genauere Untersuchung anzustellen. Erst später sollte es uns gelingen, die Eier und das Nest dieses Vogels kennen zu lernen. — Nachdem sie eine Ortsbestimmung gemacht hatten, setzten sie die Fahrt nach dem Innern der Bucht zu fort und nahmen darauf den Weg über das Eis nach der sogenannten Walroßspitze auf der Südseite der Bai. Hier machten sie eine zweite Ortsbestimmung und gingen zur Ruhe.

Gruppe von Eisbären.

In der Nacht entstand ein Sturm, welcher gegen den Morgen stärker wurde. Man fand kaum Schutz gegen ihn, brach zeitig auf und nahm den Weg zurück über das Eis zu einer der kleinen Kalksteininseln. Hier wurden sie von einer Bärenfamilie überrascht, die eben einen Seehund verspeiste und den allein vorhandenen Weg über das Eis versperrte. Nur die Bärin mit ihren beiden Jungen hatte ihre „Fausthandschuhe" auf die Beute gelegt, während das schwächere Männchen an dem Mahle keinen Theil nahm. Es hielt sich in gebührender Entfernung, unruhig hierhin und dorthin schreitend, und offenbar in deprimirter Stimmung, während seine egoistischen Angehörigen in aller Gemüthlichkeit wie Hunde dasaßen, ihre blutigen Tatzen beleckten und unsere Wanderer mit Seelenruhe beschauten. Diese waren auf die „große Jagd" nicht eingerichtet und mußten daher die sonst leicht zu erlangende Beute fahren lassen. Nach einer Weile brach die Familie auf, wahrscheinlich um eine neue Jagd auf Seehunde anzustellen, die in großer Zahl neben ihren Eislöchern lagen.

Nach der Verabredung sollte eigentlich ein Boot vom Aeolus am frühen Morgen die Gesellschaft von der Eiskante abholen, aber während des Sturmes waren alle Mann zur Sicherung des Schiffes, das auf dem offenen Ankerplatze nur an zweien Ankern lag und beinahe in's Treiben kam, erforderlich. Aus dem südlichen Theile der Bucht kamen mit dem Sturm überdies treibende Eisblöcke so hastig wie ein mit vollem Dampfe arbeitendes Dampfboot. Nur mit Mühe gelang es dem Aeolus, ihnen auszuweichen. Später wurde er gegen den starken Wogenschwall durch die Depotinsel geschützt, als der Wind sich mehr und mehr nach Südsüdwesten wandte. Doch herrschte er mit wechselnder Heftigkeit so ziemlich während unseres ganzen Aufenthaltes daselbst. Dieser Umstand zeigt, daß die aus Heenloopen Strat herausstürzende zusammengepreßte Luftmasse sich nach allen Seiten hin ausbreitet und im nördlichen Theile der Treurenberg-Bai als Südostwind, beim Nordostlande aber als Südsüdwestwind auftritt.

Nachdem sie von dem Holme noch das Schulterblatt eines Walfisches geholt, das Nordenskiöld bei der früheren Excursion vorgefunden hatte, kehrten sie am 8. Juli sieben Uhr Nachmittags mit dem Boote zurück, welches man ihnen, nachdem der Wind etwas nachgelassen, an die Eiskante entgegenschickte.

Es war nunmehr erforderlich, die auszuführenden Arbeiten in Uebereinstimmung mit dem abgeänderten Plane der Expedition zu bringen. Die für jede Partie bestimmte Mannschaft wurde noch denselben Abend ausgewählt, und zwar sollte die nach dem Süden bestimmte Excursion zuerst gemacht werden. Es wurde aber vorläufig noch nichts daraus, da aus der Heenloopen Strat, wo — nach dem Berichte eines Spitzbergenfahrers — trotz des heftigen Windes das Eis noch massenhaft auftrat, große Treibeisblöcke mit der südlichen Strömung ankamen und mit ihnen eine große Menge von Walrossen. Sie nahmen unsere ganze Aufmerksamkeit in Anspruch. Man hörte schon in weiter Ferne ihr wunderliches Geschrei: halb ein Brüllen, halb ein lautes Bellen. Die Jagdboote wurden sogleich ausgesetzt, und man sah mit gespannter Erwartung den kommenden Dingen entgegen. In kurzer Frist war ein Thier von der Harpune getroffen und von der Lanze durchbohrt, jetzt ein zweites. Einige von uns bestiegen ein Boot, um das blutige Schauspiel mehr in der Nähe zu betrachten. Die Jäger waren beinahe von allen Seiten von Walrossen umgeben, Uusimaa stieß ihnen eine Lanze nach der andern in den Leib, und es war ein merkwürdiges Schauspiel, da er einmal zu gleicher Zeit fünf dieser Kolosse vor sein Boot gespannt hatte, die es in wilder Fahrt vorwärts zogen. Eine Harpunleine nach der andern wurde eingeholt; jedes Thier erhielt mit der Lanze seinen Todesstoß; das Wasser war von ihrem Blute roth gefärbt, und sie wurden auf das Eis gezogen. Dieses Blutbad wurde bis um vier Uhr Nachmittags fortgesetzt; das Eis schwamm mit der rückkehrenden Strömung nach Süden, die Walrosse folgten ihm, und die Jagd war zu Ende. Vierzehn erwachsene Thiere und ein Junges waren erlegt, und die Mannschaft hatte genug zu thun, um die Beute heimzuführen und abzuziehen. Die ganze Walroßheerde bestand nur aus Weibchen mit ihren Jungen.

Das Walroß bildet das Glied der Kette, welches die auf dem Lande und im Meere lebenden Säugethiere mit einander verbindet. Sowohl ältere wie neuere Untersuchungen, letztere von Bär, Steenstrup und Sundewall, lehren, daß dieses Thier, in Ansehung seines Baues und seiner Art zu leben, der Familie der Ottern ganz nahe steht und im Systeme seinen Platz zwischen ihnen und den eigentlichen Seehunden einzunehmen hat.

Ungefähr zwölf Fuß lang und rings um den Bauch fast eben

so dick; mit einem im Verhältnisse zu seiner Größe kleinen Kopfe, welcher ohne Einkehlung am Halse aus dem sackartigen Körper herausschießt; mit seinen unvollkommenen Extremitäten, welche wie ein paar Hautlappen ihm an den Seiten hängen, macht es beim ersten Anblick den Eindruck eines Thieres, das sich noch nicht vollkommen zu entwickeln vermocht hat. Es ist ein verpupptes Thier, mit einem Chaos von unförmlichen Organen, und läßt den Gedanken an eine plastisch gegliederte Masse gar nicht aufkommen. Darum nennt Keilhau sie mit Recht bloße Embryonen, Versuche zu einem Thiere. Sie sind gleichsam nur der Block, aus welchem

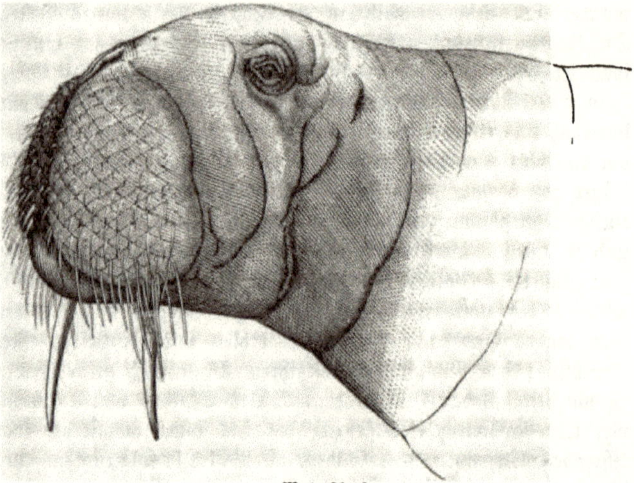

Walroßkopf.

der Künstler erst eine Gestalt zu schaffen hat. Die dicke, oft zerschlitzte und narbige Haut, die am Halse und den Schultern dicke Falten bildet, sobald das Thier sich bewegt, ist mehr oder weniger von ziemlich kurzen hell- und dunkelbraun gefärbten Haaren bewachsen, je nach dem Alter des Thieres, indem die älteren immer heller werden. Genau von vorne gesehen, nimmt es sich nicht gerade schlecht aus. Die bei den Männchen bis zwei Fuß langen, an der Wurzel drei Zoll dicken, etwas nach hinten und innen gebogenen beiden Hauer; das große Maul, bewachsen mit einem Barte, daran jedes Haar eine Borste ist von vier Zoll Länge und fast Linien Dicke an der Basis; die glühenden, spähenden Augen mit ihrem röthlichen Weiß, verleihen ihm ein durchaus würdiges Aussehen, wenn es auf dem Eise liegt, seinen Kopf erhebt und das nahende Boot betrachtet.

Es ist leicht begreiflich, daß seine Bewegungen auf dem Lande nur höchst beschränkte sein können und mehr in einem Fortwälzen des unförmlichen Körpers als in einem eigentlichen Gehen bestehen. Es scheint dabei, daß seine Vorderfüße, mit welchen es gleichsam nur den Versuch macht zu gehen, ihm von geringem Nutzen sind. Denn bald hängt der schlottrige Fuß unter ihm, mit der Rückseite nach unten, bald dreht es ihn nach außen, bald nach innen. Auch geht es nicht gern weit auf's Land oder Eis, sondern hält sich dem Wasser so nahe als möglich, damit es mit einer nur ganz schwachen Regung seinen Körper aus dem Gleichgewicht bringen und sich in die See rollen kann. Im Herbste dagegen, wenn es nach seiner Gewohnheit in großen Haufen auf die niedrigen Strandflächen geht und mehrere Wochen auf dem Lande zubringt, werden die zuerst Angekommenen von den Nachrückenden, oft mit Hauen und Schlagen, hinaufgedrängt, und befinden sich, wenn sie zufällig überfallen werden, in einer höchst hülflosen Lage.

Im Wasser schwimmen sie meist in dicht aneinander geschlossenen Schaaren und heben gleichzeitig ihre Köpfe auf, um zu athmen. Auch stoßen sie wie die Delphine ein Schnauben aus, das weithin zu hören, und es bildet sich vor ihnen eine kleine Wolke von Dunst und Wasserdampf. Aus der Ferne und von vorne gesehen, haben besonders die Jungen — die nicht große Hauer besitzen — Etwas, das an ein menschliches Antlitz erinnert, und es ist, wie Scoresby bemerkt, nicht gerade unwahrscheinlich, daß die Walrosse nicht wenig zu der Entstehung der Sagen von „Meermännern“ beigetragen haben, mit welchen die nordische Phantasie die Meerestiefe bevölkert. Oft schläft es sogar im Wasser und zeigt dann entweder blos seinen Kopf oder auch einen Theil des Rückens, so daß es in dieser Lage leicht vom Harpunirer überrumpelt werden kann. Es hält sich nicht gern weit vom Lande, und man trifft es — ebenso wie die Seehunde — niemals jenseits des weit ausgedehnten Treibeises an der Ostküste Grönlands an. Wahrscheinlich sucht es deshalb das weniger tiefe Gewässer auf, um vom Grunde seine Nahrung heraufzuholen. Hierüber und seine sonstige Art und Weise zu leben theilt Malmgren Folgendes mit:

„Wie die Seehunde bewegen sich die Walrosse nur mit Hülfe ihrer Füße, sowohl auf dem Eise, als auch auf dem sandigen Vorstrande; darum ist die Annahme, ihre Hauer seien eine Art Ergänzung der unvollkommenen Extremitäten, eine nicht haltbare Hypothese. Unzweifelhaft brauchen sie dieselben auch als eine furchtbare Waffe, aber ihre Bestimmung ist nicht, als Bewegungsorgane zu dienen, sondern um ihnen ihre Nahrung zu verschaffen. Ich fand, daß die Walrosse sich ausschließlich von zwei Muscheln nähren: Mya truncata und Saxicava rugosa, welche, in dem Thon des Seegrundes 3 bis 7 Zoll eingegraben, bei einer Tiefe von 10 bis 50 Faden zu leben pflegen. Um zu ihnen zu gelangen, muß das Walroß den Grund aufgraben und sie herausscharren. Mit Hülfe seiner Zähne und Zunge nimmt es geschickt das Thier aus der Schale und verschluckt es ungekaut. Bei vielen erwachsenen Weibchen von 10 bis 11 Fuß Länge, welche ich Gelegenheit hatte zu öffnen, fand ich den Magen stets von diesen beinahe vollständig erhaltenen Thieren gefüllt, doch meist mehr Myen als Saxicaven. Die Muscheln waren vortrefflich herausgeschält; unter mehreren Tausenden gab es nur eine Mya, an welcher noch ein Stückchen der Schale saß. Ein einziges Mal fand ich in dem Magen auch ein anderes, nicht der Klasse der Mollusken angehöriges Thier: einen riesengleichen Priapulus caudatus, welcher gleichfalls im Thon des Seegrundes lebt. Doch war — wie gesagt — der Magen nur bei den erwachsenen Thieren ganz gefüllt. Die über ein Jahr alten Jungen dagegen, welche noch der Mutter folgten, hatten entweder nichts darin, oder etwas, das geronnener Milch glich, oder vielmehr solche war. Ihre Hauer waren blos ½ bis 1 Zoll lang und reichten nicht bis unter den Unterkiefer. Sie müssen, damit das Junge sich nach Art der Alten von Muscheln nähren kann, mindestens 3 bis 4 Zoll lang sein. Diese Länge erreichen sie erst nach zwei Jahren. Bei zwei Jungen, von denen die Walroßjäger behaupteten, daß sie drei Jahre alt wären, hatten die Hauer diese Länge und der Magen war zur Hälfte mit Muscheln gefüllt. Ein zwei Jahre altes Walroß nährt sich also schon ohne Beihülfe seiner Mutter, während dieselbe das Junge bis dahin säugt. Ich fand daher in den Eutern solcher Thiere, welche einjährige und ältere Junge bei sich hatten, immer reichliche Milch. Hieraus folgt, daß das Walroßweibchen das Junge noch weit in das zweite Jahr hinein säugt, das heißt so lange, bis dessen Hauer so groß geworden, um zum Aufsuchen der Nahrung zu dienen; ferner, daß das Weibchen nicht jedes Jahr Junge zur Welt bringt. Solche, die erst vor Kurzem geworfen haben, halten sich, so lange das Junge noch klein ist, von den Heerden entfernt; diejenigen aber, welche schon im zweiten Jahre säugen, trifft man in Haufen mit ihren Jungen an, während die erwachsenen Männchen sich anderswo aufhalten; doch weiß man nicht, an welchen Orten. Die Walroßjäger meinen, daß sie in großen Heerden auf den „Bänken" umherstreifen, das heißt auf dem Meeresgrunde, weiter vom Lande ab, während die Weibchen mit ihren Jungen die Fjorde besuchen und sich mehr in der Nähe des Landes halten. Die erwachsenen beider Geschlechter leben stets in getrennten Haufen, die Weibchen für sich und die Männchen für sich."

Ihr Lieblingsaufenthalt im Sommer ist das Treibeis, besonders die flachen Eisschollen, auf welchen sie gerne im Sonnenscheine schlafen. Bei dieser Gelegenheit kann man oft ihre Formen und Bewegungen betrachten. Das eine hat seinen Kopf über die Eiskante gestreckt und schlägt das Eis mit den Hinterfüßen, ein anderes erhebt sich auf den kurzen Vorderbeinen und kratzt sich mit einem Hinterfuße den Kopf — eine im hohen Grade überraschende und komische Handlung bei einem so unbeholfenen Fleischklumpen. Die meisten liegen in festem Schlafe. Oft befinden sie sich auf einem Eisstücke in so großer Zahl, daß es tief unter die Oberfläche des Wassers gedrückt wird und das entstehende Gedränge sich nicht recht mit dem Sinne für Frieden und Eintracht in Einklang bringen läßt. Sie hauen auf einander los und tragen noch lange die Spuren dieses häuslichen Zwistes. Glückt es dem Harpunirer, einen auf solcher Eisscholle schwimmenden Haufen zu überrumpeln, so macht er meist einen guten Fang; denn die Neigung dieser Thiere, einander gesellig beizustehen, reißt noch andere als die zuerst angegriffenen in's Verderben.

Das Boot nähert sich ihnen so still und so nahe als möglich. In eins der schlafenden Thiere stößt der Harpunirer seine Harpune, die mehr einem Bootshaken als einer Pfeilspitze gleicht, und mit einem losen Schaft versehen ist, welcher sich von der Harpune loslöst, sobald dieselbe das Thier getroffen hat. An der Harpune ist eine dünne, aber starke, zehn Faden lange Leine befestigt, welche durch besondere Einschnitte in dem Bordrande des Bootes läuft. Wenn nun ein Walroß getroffen ist, so wirft es sich sofort vom Eise hinab, und der von dem Geräusche natürlich erweckte Rest des Haufens beeilt sich gleichfalls kopfüber in's Wasser zu stürzen. In hastigem Lauf taucht das Thier sofort unter, die mit dem einen Ende am Boote befestigte Leine läuft ab, es raucht um den Einschnitt in der Bootkante, oft brechen Stücke davon los, und die Spitze des Bootes wird ganz in's Wasser gedrückt. Drei Ruder halten es mit aller Kraft zurück, aber trotzdem braust es dahin, gezogen von der gewaltigen Muskel- und Knochenmaschine. Nun

Walroßjagd.

erscheint der breite Rücken des Thieres wieder über dem Wasser, eine blutige Spur folgt ihm, auch das Fahrwasser des Bootes ist roth. Es erhebt seinen Kopf über das Wasser, um Athem zu holen, dreht sich um und stiert seine Verfolger mit den großen, rothen, heraussstehenden Augen an, die wie glühende Kohlen leuchten. Dann schlägt es das Wasser mit seinen Hinterfüßen und verschwindet, um nach einigen Augenblicken wieder heraufzukommen. Seine Kameraden, anfangs etwas verdutzt, eilen zu seiner Hülfe herbei, sammeln sich rings um das Boot in Schaaren von zehn bis dreißig Köpfen und erheben ihre schreckenerregenden Blicke, unter lautem Gebrüll, gegen die Friedensstörer. Jetzt erfordert die Jagd die ganze Geistesgegenwart und Aufmerksamkeit des Jägers. Ist der Harpunirer gut ausgerüstet, so wirft und trifft er, so lange Harpunen und Leinen ausreichen, den einen Zuschauer nach dem andern und fesselt ihn an sein Boot. Dasselbe muß daher oft die Kraftanstrengung von zehn und mehr dieser Kolosse, welche nach allen Richtungen auseinanderstieben, aushalten. Die Gefesselten werden nun nach einander, Stück für Stück an's Boot geholt, der Harpunirer faßt seine zweispitzige Lanze, giebt dem Thiere einen Schlag über den Kopf, damit es sich nach dem Boote hin wende, und senkt die mörderische Waffe tief in seine Brust. Das sterbende Opfer schlägt verzweifelt um sich, das Boot zittert und knarrt in allen Fugen, und das Wasser färbt sich immer mehr mit Blut. Nun folgt dieselbe Scene mit den übrigen Gefangenen. Ist das Thier todt, so schleppt man es auf eine Eisscholle, zieht ihm die Haut mit dem Speck ab, zerlegt es in zwei Hälften und haut den vorderen Theil des Kopfes ab, um die Zähne zu erlangen. Hat ein Harpunirer ein zu einem Haufen gehöriges Thier fest an seinem Boote, so verlangt es der Jagdbrauch, daß kein anderes Boot sich einmischt, weil sonst die Heerde auseinander stiebt. Es soll auf Spitzbergen vorgekommen sein, daß ein Harpunirer einen andern, welcher ihm durch seine Einmischung die Jagd verdarb, mit seiner Lanze getödtet hat. Der Beruf des Walroßjägers ist ein gefährlicher, und Unglücksfälle dabei sind nicht gar so selten.

Uebrigens fällt das Walroß niemals zuerst an. Parry erzählt, daß er bei seiner Nordfahrt von Low Island aus auf große Heerden von Walrossen gestoßen sei, die vom Eise herabsprangen und dem Boote folgten, und sagt dann weiter: „Unter unseren damaligen Verhältnissen hüteten wir uns wohl, sie zu beunruhigen. Denn wäre eins von ihnen verwundet worden, so hätten sie schnell unsere Boote zerstört. Aber ich bin der Ansicht, daß sie Menschen niemals zuerst anfallen."

Im Anschlusse hieran mag angeführt werden, daß das Boot, welches von Phipps' Schiff „Racehorse" ausgegangen war, um Low Island zu untersuchen (1773), während einer Jagd von Walrossen so wüthend angefallen wurde, daß die Besatzung unterlegen sein würde, wenn nicht ein Boot von dem zweiten Schiffe „Carcaß" ihnen zu Hülfe gekommen wäre. Der später so berühmte Nelson war Führer dieses Bootes.

Auch Martens erzählt ein ähnliches Abenteuer von seiner Reise 1671. Nachdem zehn Walrosse auf dem Eise vor Heenloopen Strat getödtet worden waren, „kamen die anderen rings um das Boot und schlugen Löcher durch die Bretter, so daß viel Wasser hereinfloß; wir mußten vor dieser Menge die Flucht ergreifen, denn je länger es dauerte, um so mehr versammelten sich und folgten uns, so lange wir nur blicken konnten.“ — Eins der gefährlichsten Abenteuer mit diesen Thieren bestand ein Boot unter Buchan's und Franklin's Expedition 1818, in der Nähe von Cloven Cliff. Sie fielen eine auf dem Eise schlafende Walroßheerde an; aber die Thiere stürzten mit einer solchen Gewalt in's Wasser, daß die Mannschaft sich auf die Flucht begeben mußte. Hierauf machten sie einen so heftigen Angriff auf das Boot, daß man nicht mehr Zeit hatte die Büchsen zu laden, sondern sich mit Aexten und Lanzen wehren mußte, so gut es gehen wollte, bis endlich Einer, welcher ein Gewehr hatte, dasselbe in den Rachen des Thieres, welches — nach Aller Ueberzeugung — den Anfall leitete, abschoß. Nun versammelten sich alle Thiere um den verwundeten Anführer, hielten ihn mit ihren Zähnen über Wasser und entfernten sich so schnell als nur möglich. Nur ein kleines Junges, noch ohne Zähne, blieb zurück und setzte den Anfall fort, indem es wie rasend mit dem Kopfe gegen das Boot rannte. Obwohl durch mehrere Lanzenstiche verwundet, ließ es nicht nach und verfolgte seine Gegner so lange, bis es endlich verendete.

„Sie sind beherzte Thiere und stehen einander bei bis zum Tode“ — sagt Martens, und die alten Reiseberichte, sowie die norwegischen Walfischjäger wissen noch mehr Proben von ihrem Muthe und ihrer Hingebung für einander zu erzählen. Es ist nicht ungewöhnlich, daß während des Kampfes mit einem Walrosse das Boot mehrere Löcher und Lecke erhält, und wäre es noch so stark. Dieses Loos traf während unseres Aufenthaltes auf Spitzbergen auch den Schiffer Nielsson, welcher mit einem Boote seinen Harpunirern zu Hülfe eilte, als sie gerade mitten im Kampfe mit einer Walroßheerde waren. Einige der Thiere wandten sich sofort gegen ihn, durchbohrten sein Boot mit fünf Löchern, und er mußte machen, daß er wieder sein Fahrzeug erreichte. Die beste Art, sich in dieser mißlichen Lage zu vertheidigen, besteht nach Scoresby darin, daß man den Thieren Sand in die Augen streut, worauf sie sich von dem Boote entfernen. Die norwegischen Jäger er=

zählen aber auch eine Geschichte von der Geistesgegenwart eines ihrer Berufsgenossen, dessen Boot während einer Walroßjagd durchbohrt wurde. Aber der Harpunirer hatte keine Lust, das Schlachtfeld zu räumen; er warf seine Jacke ab, stopfte das Loch zu, griff wieder zur Lanze und machte reiche Beute.

Wie wir schon gesehen, besitzt das Weibchen große Hingebung für ihr Junges. Während einer Gefahr ergreift sie es mit dem Vorderfuß, drückt es an ihren Leib, taucht mit ihm unter und kommt mit ihm auf dem Rücken wieder herauf. Wird das Junge zuerst gefangen, so sucht sie es wieder aus dem Boote herauszuholen, und die Walroßjäger wissen eine Geschichte zu erzählen, daß sie, an Stelle des Jungen, den Harpunirer mit ihrem Fuße ergriffen und mehrmals untergetaucht habe, bevor sie ihren Irrthum bemerkte. Dieses soll, ohne daß es weitere üble Folgen für ihn hatte, einem Quänen passirt sein.

Das Walroß ist, wie der Eisbär, ein hochnordisches Thier und kommt in größerer oder minderer Zahl an den meisten Küsten des Polarmeeres vor. Man findet — so weit unsere geringe Kenntniß von diesen Gegenden eine solche Annahme gestattet — gleichwohl einige Lücken in dieser Verbreitungszone: an den Küsten Sibiriens zwischen der Mündung des Jenisey und Kolyma, im arktischen Amerika zwischen Cap Barrow und Prince Regents Inlet. Die Gegenden um die Behringsstraße, das nordwestliche und nordöstliche Amerika, wo sie das Hauptnahrungsmittel der Eskimos bilden, Novaja Semlja und Spitzbergen dürften die Plätze sein, wo sie noch immer häufig auftreten, obwohl die Menschen Alles gethan haben, um sie auszurotten. Im Osten läuft ihre südliche Verbreitungsgrenze gleich nördlich von den Aleuten oder zwischen dem 56. und 57.° nördl. Br., im Westen ging sie, wenigstens noch im vorigen Jahrhunderte, bis zur Mündung des St. Lorenz, also bis zum 48.° nördl. Br. hinab. An Grönlands bewohnten Küsten zeigt es sich selten. Nur an der unbewohnten Strecke der Ostküste, zwischen den Districten Nord- und Südgrönlands, soll es jährlich seine Herbststation haben und an's Land gehen, ohne indessen gejagt zu werden. Schon die alten Skandinavier in Grönland haben mit Walroßzähnen einen lebhaften Handel getrieben und wahrscheinlich nicht wenig zu ihrer Ausrottung beigetragen. Auf der andern Seite der Baffins-Bai kommen sie wieder häufiger vor, und zwar in den größeren und kleineren Buchten, dem nördlichen Theile der Hudson-, Repulse- und Jones-Bai.

Von Bären-Eiland ist das Walroß so gut wie verjagt. Dasselbe Geschick erwartet es auf Spitzbergen, wo schon 1820 — in welchem Jahre die Jagd der Norweger im Eismeere eigentlich begann, nachdem sie längere Zeit geruht hatte, — acht bis fünfzehn kleine von Hammerfest und Tromsö ausgesandte Fahrzeuge den von anderen Stationen, besonders den Russen, geführten Vernichtungskrieg gegen die Walrosse fortsetzten. Uns fehlen genauere Angaben, wie viele Thiere während der drei nächsten Decennien getödtet worden, wir besitzen indessen einen Bericht für die Jahre 1820 bis 1829, nach welchem in keinem dieser Jahre weniger als 340 Thiere erlegt sind, durchschnittlich aber 500, und im Jahre 1829, da die Jagd von 16 Schiffen ausgeübt wurde, sogar 1,302 Thiere als Opfer fielen. Diese Zahl erscheint an sich klein, ist aber eine sehr große im Verhältnisse zu dem beschränkten und schon früher stark ausgebeuteten Jagdgebiete, und mit Rücksicht auf die geringe Vermehrung des Thieres. Die früher so reichen Jagdplätze an der Westküste, Prince Charles Vorland, die Croß- und Kings-Bai, die Magdalenen-Bai und der Bellsund, von welchen ältere Berichte erzählen, sind nun so gut wie aufgegeben. Noch um 1820 erlegte der ältere Scoresby in der Magdalenen-Bai 120 Walrosse; während Buchan's Expedition sah man große Heerden in dieser Bucht, und nur wenige Jahre später tödtete man dort 200 Walrosse. Jetzt sind sie nach der Nordküste gedrängt, aber auch nicht mehr so zahlreich als früher, und wir haben sie niemals in größeren Haufen als von 30 bis 40 Köpfen gesehen. Die nordöstlichen, östlichen und südöstlichen Küsten dagegen, welche den größten Theil des Jahres durch das Eis gesperrt und höchstens im Herbste zugänglich werden, bieten dem Walrosse eine einigermaßen vor den Jägern geschützte Freistatt dar. Hier kommen sie noch in großen Schaaren vor. Mit Gefahr, ihr Schiff im Eise zu verlieren, machen die Walroßjäger hier noch immer reiche Beute. Aber von einer so gewaltigen, wie Rijke Jise sie um das Jahr 1640 an den Inseln, welche noch jetzt seinen Namen tragen, machte, hört man nichts mehr.

Das Walroß kommt auch an der östlichen Küste des weißen Meeres vor und wird von den dortigen finnischen Stämmen gejagt. Wahrscheinlich verirrt es sich von hier zuweilen an die Küsten der russischen Lappmark und — wie ältere und neuere Berichte lauten — auch bis zu den norwegischen Finmarken. Aus älteren Zeiten berichten dieses Kund Leem und Pantoppidan; im Jahre 1816 wurde aber eins bei Lurö im Nordlande erlegt, und sogar noch 1827 eins bei Ingö angetroffen. Daß es in vorhistorischer Zeit seinen eigentlichen Aufenthalt in Finmarken gehabt und Gegenstand der Jagd gewesen, ist eine Behauptung, die sich auf ein Mißverständniß gründet. In des Orosius, von König Alfred bearbeiteter Weltbeschreibung findet man den Bericht über eine Reise, welche Other, ein Norweger aus Halogoland, um das Jahr 870 längs der norwegischen Küste bis Bjarmaland, das heißt die Landschaften am weißen Meere, nach Vikingsart ausgeführt hatte, wahrscheinlich um sich Walroßzähne, einen damals hochgeschätzten Handelsartikel, zu verschaffen. Er hat Alfred diese Reise mündlich erzählt; er schildert ihren Verlauf, das Walroß — „horshvaelum“ — als ein ihm bis dahin unbekanntes Thier, das von den Bewohnern des Bjarmalandes gejagt wird, spricht zum Schlusse von seinem Privatleben und stellt sich als einen reichen Mann dar, an welchen die Skritafinnen, oder die Lappen Finmarkens, jährlichen Tribut entrichteten, unter Anderm Fischbein — hvales bane — und Schiffstaue von Wal- oder Delphinhaut, — hvales hyde — wie es in dem angelsächsischen Urtext lautet. Diese Worte sind von Forster in der Mitte des vorigen Jahrhunderts mit Walroßzähnen und Walroßhaut wiedergegeben, und man hat geschlossen, daß das Walroß von diesen Tributpflichtigen gejagt worden sei. Wie wir gesehen haben, braucht aber Other ganz verschiedene Bezeichnungen für Walfisch und Walroß, und aus seinem Bericht geht nicht im mindesten hervor, daß irgend einmal, oder während seiner Zeit, an Finmarkens Küsten die Walroßjagd betrieben worden sei. Eben so zweifelhaft sind die Angaben, welche auf einen früheren Walroßfang bei den Orkney-Inseln oder Island deuten.

Die ältesten Nachrichten über das Walroß datiren von Other's Reisebericht; es wurde den civilisirten Nationen also etwa hundert Jahre früher bekannt, als Grönland von den skandinavischen Stamme colonisirt wurde. Seine älteste angelsächsische Bezeichnung war „horshvaelum“ oder „Pferdewal“; im Speculum regale, einer Arbeit aus dem dreizehnten Jahrhundert, wird er Rostungur genannt, wahrscheinlich nach der Bezeichnung der grönländischen Colonisten. Sein gegenwärtiger Name ist holländisch und bezeichnet ganz dasselbe wie der angelsächsische. Es dauerte gleichwohl lange, bis das Aussehen und das Leben des Walrosses in Europa genauer bekannt wurden; der „See-Elephant", Elephas marinus, wie er von den mittelalterlichen Gelehrten genannt wurde, blieb der Gegenstand höchst abenteuerlicher Abbildungen und Beschreibungen. So spricht der gelehrte Pole Mathias Machowius in der Mitte des 16. Jahrhunderts von Fischen im Eismeere, genannt M o r ß — die finnische und slavische Benennung, wovon das französische Morse kommt — welche mit Hülfe ihrer Zähne auf die Berge klettern, und sich von ihnen hinabwerfen, um zu fliegen; Olaus Magnus in Rom weiß aber zu berichten von „Fischen in der Größe von Elephanten, welche Morsi oder Rosmari genannt werden, sich auf die Menschen am Meeresstrande stürzen und dieselben mit ihren Zähnen zerreißen."

Wir können hier nicht alle Berichte aus der Zeit des Mittelalters anführen, einer immer unglaublicher als der andere, wir verweisen denjenigen, welcher sich genauer mit der Geschichte des Walrosses bekannt machen will, auf Baer's gelehrte und höchst interessante Abhandlung in den Memoiren der Petersburger Akademie für 1838. Erst durch die Expeditionen der Engländer und Holländer nach dem Eismeere im 16. Jahrhundert erhielt man zuverlässige Nachrichten über das Walroß, bis es — wie schon früher erwähnt — am Anfange des 17. Jahrhunderts lebendig nach London gebracht wurde. Von diesem Zeitpunkte ab datirt die eigentliche Kenntniß dieses merkwürdigen Thieres.

Damals begann auch erst die Jagd auf Walrosse bei Spitzbergen, vorzüglich um seiner Zähne willen, wovon das Pfund auf 3 Gulden geschätzt wurde, ein mittelgroßer Zahn von 3 Pfunden also 9 Gulden. Ein größerer Zahn kostete verhältnißmäßig mehr, einer von 5 Pfund bis zu 25 Gulden. Der Werth des Specks wurde bei einem mittelgroßen Thiere auf 18 Gulden berechnet, so daß ein Walroß überhaupt gemeinhin 36 Gulden werth war. Dieser Preis schwankte indessen, je nachdem der Fang in dem Jahre ausfiel, zwischen 25 und 70 Gulden. Das Fell wurde als unbrauchbar bei Seite geworfen. Der Fang an Walrossen, Seehunden und Weißfischen auf zweien holländischen Schiffen, welche die Engländer 1613 bei Spitzbergen kaperten, wurde 130,000 Gulden werth geschätzt, mit Einschluß der Geräthschaften und der Boote. Jetzt macht besonders der Speck und die Haut das Walroß zu einem so gesuchten Handelsartikel. Die Specklage unter der Haut ist etwa drei Zoll stark, unter dem Bauche aber etwas dünner; ein erwachsenes Thier liefert daher ungefähr eine Tonne Thran. Die Haut bildet, roh oder gegerbt, mit das stärkste Material zu Geschirr- und Maschinenriemen, und steht sehr hoch im Preise. Die jährliche Ausfuhr solcher rohen Waare aus Norwegen beläuft sich auf 100- bis 130,000 norwegische Skaalpfunde, wovon mehr als die Hälfte nach Rußland geht, um als Sielenzeug verwendet zu werden. Der Rest wird nach Altona, Hamburg und Bremen abgesetzt. Die Zähne, welche an Weiße und Härte mit dem Elfenbein wetteifern, werden nach Hamburg und Altona im Betrage von 500 bis 1,500 norwegischen Skaalpfunden ausgeführt. Der Preis für ein ganzes Walroß zur Stelle wechselt zwischen 10 und 20 Speciesthaler.

Wie der Seehund, wird es jung leicht gezähmt, aber bis jetzt ist es nicht gelungen, es in dem europäischen Klima lange am Leben zu erhalten. Sein Fleisch ist wie das des Seehundes dunkel von Farbe und grob, aber nicht von schlechtem Geschmack und läßt sich daher in Ermangelung einer bessern Speise wohl genießen.

## Siebentes Kapitel.

### Torell's und Nordenskiöld's erste Bootfahrt.

Den 10. Juli war die Ausrüstung des kleinen englischen Bootes vollendet. Es war Proviant für sieben Mann auf vier Wochen eingenommen und das Boot mit Allem versehen, was in diesen wüsten Gegenden bei einer längeren Fahrt erforderlich sein mochte: ein Kochapparat und Talg zur Feuerung, Werkzeug, Leinen, eine Harpune, Munition, ein Zelt, Schlafsäcke und Anderes, namentlich auch astronomische Instrumente und Wrede's Apparat zu magnetischen Bestimmungen. Vor der Abreise gab Torell an Lilliehöök einige Instructionen, nach welchen Aeolus sich an der Nordspitze von Spitzbergen zwischen Wijde-Bai im Westen und Brandewijns-Bai und Cap Fanshaw im Osten halten sollte. Der Cours des Schiffes sollte von Lilliehöök, nach Berathungen mit Chydenius und Malmgren, bestimmt werden. Beim Verlassen eines Hafens wäre in einem leicht zu erkennenden „Varde" die nächste Bestimmung des Schiffes anzugeben. Wenn die Sicherung des Schiffes nicht etwas Anderes erforderte, sollte ein Boot mit drei Mann für Chydenius bereit bleiben und ein gleiches Malmgren zur Hand gehen. Für den Fall, daß keine der abgegangenen Bootpartien vor dem 20. August zurückgekehrt sei, sollten geeignete Maßregeln zu ihrer Aufsuchung getroffen werden. Trotzdem dürfte sich das Schiff zum Zwecke solcher Aufsuchungen in dem Gewässer nördlich von Spitzbergen nicht länger aufhalten, als sich mit seiner Sicherheit vereinigen ließe, vielmehr, wenn die Beschaffenheit des Eises und der Jahreszeit es erforderten, zurückkehren, nachdem es am Aeoluskreuz genügenden Proviant nebst Munition zurückgelassen. Außerdem ging die Verabredung dahin, daß der Schoner an dem gegenwärtigen Ankerplatze ein kleines Depot errichten solle.

Um 7 Uhr Abends stiegen Torell, Nordenskiöld, Petersen und vier Mann in das Boot und verließen unter gegenseitigen Glückwünschen das Schiff. Diese Fahrt wird von Nordenskiöld nachstehend geschildert:

„Wir nahmen unsern Weg von dem Ankerplatze nach Süden, an der Oeffnung der Murchisons-Bucht vorbei, nach dem nördlichen Theile der sogenannten Nordostinsel. Vor der Bucht legten wir an einem kleinen Holme an, auf dessen Mitte russische Jäger ein hübsches Kreuz mit einer Menge von Inschriften, Zeichnungen von Lanzen und Anderm errichtet hatten. Nachdem wir hier einige Peilungen gemacht, ruderten wir zu dem Lande, welches auf alten Karten Nordostinsel genannt wird und einen erheblichen Theil der Südwestküste des Nordostlandes bilden soll. Wir kamen um 6 Uhr Morgens dort an und wählten unsern Ruheplatz an dem nordwestlichen Strande. Nachdem das Boot auf's Land gezogen und das Zelt ausgespannt worden war, gingen wir in's Land hinein zu einigen ziemlich hohen Kalkfelsen am südlichen Strande der Murchisons-Bai, von welchen man eine weite Aussicht über den ganzen von Holmen erfüllten Fjord genießt. Gleichwohl konnten wir den Anfang des Sundes, welcher nach den Karten die Nordostinsel vom Nordostlande trennen soll, nicht entdecken. Das Felsgestein war ein geschichteter Kalk ohne Petrefacten, die Lager im hohen Grade unregelmäßig und oft verworfen, eine Folge der Eruptionen des Hyperits, welcher sie mehrfach durchsetzt hatte. Am Strande lagen zerstreut erratische Blöcke von anderen Gebirgsarten: eine auf Spitzbergen oft zu beobachtende Erscheinung. Sie zeigt, wie das Eis die Steine von einer Stelle zur andern fortgeführt hat, und beleuchtet die Frage in Betreff des Auftretens der erratischen Blöcke in Europa. Uebrigens bestand der Boden zum größten Theile aus scharfkantigen Steinen und Geschieben: eine Folge der Kälte, welche das festeste Gestein sprengt. Auf Spitzbergen bedecken beinahe überall ungeheure Massen von losen Steinen sowohl das flache Unterland bei den Küsten und Thälern als auch die Abhänge der Berge bis zu mehreren Hundert Fuß Höhe.

„Zu unserm Boote zurückgekehrt, nahmen wir unser Frühstück ein, krochen in unsere Schlafsäcke und schliefen auf dem Boden des Bootes ganz gut bis zum Abend, wo wir von dem für den ersten Reisetag ernannten Koch zu einem duftenden Kaffee erweckt wurden. Die Verpflichtung, für die Gesellschaft zu kochen, lag nämlich unserer Mannschaft der Reihe nach ob. Wer „die Jour" hatte, mußte daher zeitiger aufstehen, um unser warmes Morgenmahl — meist Kaffee — zu bereiten, und durfte sich nicht eher niederlegen, als bis er alle unsere — allerdings nicht vielen — Hausgeräthe ausgewaschen und in Ordnung gebracht hatte. Die übrige Mannschaft war natürlich, lange bevor der Koch damit fertig, in ihre Schlafsäcke gekrochen; und da, wie man leicht denken kann, die Ruhezeit nur sehr knapp zugemessen werden konnte, so wäre das Amt eines Koches ein sehr drückendes gewesen, wenn die Verpflichtung dazu nicht täglich gewechselt hätte. Wir schliefen fast immer in dem Boote, über welches während der Ruhezeit ein dünnes, dachartiges Baumwollzelt gespannt und an dem Bootsrande so gut befestigt war, daß wir selbst während des stärksten Sturmes keinen Zugwind spürten. Auch gegen den Regen schützte das Zelt, wenn es gut angebracht worden war. Ueber den Boden des Bootes wurde ein ölgetränktes Stück Zeug von demselben Stoffe wie die Zeltleinwand gebreitet; auf diesem schliefen wir, ein Jeder an seiner bestimmten Stelle, in warmen Schlafsäcken von dickem Filz, welche rings zusammengenäht waren und nur an einem Ende eine Oeffnung von etwa einer halben Elle hatten, durch welche man hineinkroch. Selbst wenn man nur halb bekleidet — wie es gewöhnlich der Fall war — in diesen Säcken schlief, war das Bett ganz warm, und man ruhte in ihm eben so gut als auf den besten Matratzen; nur freilich, daß der weder weiche noch ebene Holzboden sich ein wenig fühlbar machte.

„Da die Sonne während unseres Aufenthaltes in diesen Gegenden niemals unter den Horizont sank, war der Unterschied zwischen Tag und Nacht ganz gering, es kam also auch nicht darauf an, welchen Theil der vierundzwanzig Stunden wir dem Schlafe widmeten. Indessen war die Temperatur fast immer bei Tage höher als in der Nacht; so wurde es denn zum Gesetze, während des kälteren Theiles, der Nacht, zu reisen und bei Tage zu rasten. Kaffee ging, wie schon erwähnt, jedem Aufbruche voraus; um Mitternacht genossen wir kalte Speisen; Morgens aber, bevor man sich zu Bette legte, wurde das Hauptmahl eingenommen, gewöhnlich aus einer warmen Suppe, oft aus Wildpret bestehend, welches am Tage vorher geschossen war. Während der ersten Hälfte dieser Bootfahrt trafen wir auf keine Rennthiere; aber schon am Cap Fanshaw wurden einige stattliche Thiere geschossen, und später sorgte Petersen's vortreffliche Büchse dafür, daß der Koch niemals ohne frisches Rennthierfleisch war, welches wir immer dem Fleische der Eidergänse, Alken und Fischmöwen vorzogen. Fast überall diente das im Ueberfluß vorhandene Treibholz zur Feuerung. Uebrigens war die Art zu reisen und die täglichen Bedürfnisse zu befriedigen Tag aus Tag ein dieselbe, und ich würde mir eine genauere Beschreibung erspart haben, wenn sie nicht darlegte, wie man in einem rauhen Klima, und ganz und gar auf eigene Hülfsmittel angewiesen, nicht blos ohne alle Schwierigkeit weiter kommen, sondern auch mit einem gewissen Grade von Bequemlichkeit reisen kann.

„Den 11. Vormittags ruderten wir weiter nach Süden. Nach einer Weile gingen wir an's Land, um von einem Hügel, der nicht weit entfernt schien, einen Ueberblick zu gewinnen. Wie so oft in diesen hochnordischen Gegenden hatten wir uns in Bezug auf die Entfernung aber geirrt, und unsere Wanderung wurde wider Erwarten ziemlich lang. Wir hatten gehofft, von diesem Hügel den Sund zu erblicken, welcher die Nordostinsel vom Nordostlande trennen soll, fanden aber, daß das mit Eis und Schnee bedeckte Land sich zu einem Eiskamme erhebt, welcher in ununterbrochener Verbindung mit den Gletschern im Innern des Nordostlandes steht. Ueberall zeigten Spuren, daß das Land in einer erst späteren Periode gehoben worden. Walfischknochen und Muschelschaalen von noch lebenden Arten befanden sich häufig weit über dem gegenwärtigen Meeresspiegel.

„Erst um Mitternacht kehrten wir zu dem Boote zurück und ruderten noch ein Ende nach dem Innern des Sundes. Walroßweibchen mit ihren Jungen zeigten sich hier und da und die Jäger begannen ihre grausame Jagd. Ein Weibchen wurde schnell das Opfer seiner Mutterliebe. Das Junge konnte nämlich nicht rasch genug folgen und die Mutter wollte ihren Liebling nicht verlassen. So nahm sie es zwischen ihre Vorderfüße und tauchte unter, verlor es in dem Eifer zu entkommen, mußte wieder zur Oberfläche und tauchte von Neuem mit dem Jungen unter, oder trieb es mit Püffen aus der gefährlichen Nachbarschaft. Dies wiederholte sich mehrere Male, bis zuletzt ein glücklicher Harpunwurf die Jagd änderte. Das nunmehr mittels der Harpune und der starken Leine vor das Boot gespannte Walroß riß uns mit unglaublicher Schnelligkeit fort, immer gefolgt von seinem Jungen. Nach einer Weile wurde es müde, die Fahrt langsamer, das Thier zum Boote „geholt" und mit einigen Lanzenstichen getödtet. Darauf zogen die Jäger es auf eine Eisscholle und zogen es ab, das heißt, beraubten es seiner Haut und seines Speckes. Auch das Junge wurde getödtet, sank indessen auf den Grund. Da unser Boot schon vorher stark beladen war, so ließen wir das Fell mit dem noch daran sitzenden Speck auf einem Holm bis zu unserer Rückkehr und bedeckten es zum Schutze mit großen Steinen.

„Der Theil des Nordostlandes, sowie die daneben liegenden kleinen Holme und Schären, welche wir bis dahin besucht hatten, bestehen ausschließlich aus einer einförmigen, für die Geologen und Botaniker wenig interessanten Kalkformation, in welcher keine Spur einer Versteinerung zu erblicken. Eine schwarze Spitze, die südlich vom festen Lande auszugehen schien, indessen — wie wir bei der Rückkehr sahen — eigentlich eine Insel in der Wahlenberg-Bucht war, bot uns eine angenehme Abwechslung in dieser Einförmigkeit dar, und wir beschlossen, dort unser Tagquartier zu nehmen. Nach einer sehr langen Ruderfahrt erreichten wir diese östlichste Spitze. Wir hatten einige Mühe, an dem steilen Strande einen Platz für unser Boot zu finden, und mußten noch lange rudern, bis wir endlich das Boot auf's Eis ziehen konnten. Diese Art das Boot zu bergen stellte sich seitdem als die geeignetste heraus; es wurde immer mit Treibholz, oder was sonst zur Hand war, unterstützt, so daß es auf dem Kiele stand.

„Der Hyperit herrschte mehr und mehr vor und stieg vom Meere in lothrechten Wänden von zwei- bis dreihundert Fuß Höhe auf, oft zersprengt in die dem Basalt eigenthümlichen Formen: gigantische, aufrecht stehende, meist vierkantige Pfeiler. Der schwarze Boden sah hier weit fruchtbarer aus, als der nackte gelbgraue Kalkstein; eine zwar dürftige aber schöne Vegetation zeigte sich in den Klüften, welche von großen Schaaren Alken, Teisten und Möwen bewohnt waren, wenngleich nicht mit der ungeheuren Vogelcolonie zu vergleichen, welche wir später auf einem großen Hyperitberge an der andern Seite des Sundes antrafen. Wir hätten nun am Ende der sogenannten Nordostinsel sein müssen, fanden aber, daß sie blos ein vortretender Theil des Nordostlandes sei. Der auf alten Karten eingezeichnete Sund ist also offenbar eine bloße Vermuthung gewesen. Wir rasteten hier, verspeisten unsere während der Nacht geschossenen Eidergänse und Alken, und ruderten am 12. Nachmittags 4 Uhr an der tiefen nun beginnenden Bucht vorüber, welcher wir den Namen Wahlenberg-Bucht gaben. Hier trafen wir auf Massen von Eis und legten an einem hohen Grundeisblock an, um uns von seiner Spitze zu orientiren und einen Ausgang zu finden. Im Hintergrunde der Bucht schienen sich noch drei Fjorde in das Land zu erstrecken. Der Weg zu den Fosterinseln erschien ziemlich frei, und so wurde dorthin gesteuert. Unsere Weiterfahrt wurde wieder durch ein schon ganz zermorschtes Eisfeld gesperrt, durch welches wir uns brechen mußten. Wenn nämlich das Eis nicht stark genug ist, um das Boot darüber zu ziehen, so muß man sich einen Weg durch dasselbe bahnen, vermittels Schaukeln des Bootes, Schlagen mit Rudern und Eisäxten und Anderm. Es ist eine äußerst ermüdende Arbeit und wir waren froh, als wir wieder in offenes Wasser kamen. Eine Menge von Walrossen erschien, sehr neugierig und ganz nahe. Während wir das Boot weiter schaukelten, erhob sich ein Walroßweibchen, mit einem kleinen Jungen zwischen den Vorderfüßen, hoch über das Wasser, neugierig, den Grund des ungewöhnlichen Lärmes kennen zu lernen. Diesesmal blieben die Walrosse indessen in Ruhe. Um Mitternacht kamen wir zu den Fosterinseln.

„Wir bestiegen die Spitze der einen ein paar Hundert Fuß hohen Insel und genossen die großartigste Aussicht. Hohe Berge mit senkrechten Wänden begrenzen hier beide Seiten der Heenloopen Strat. An mehreren Stellen erblickt man gewaltige Gletscher, von denen einer, über eine Meile breit, mit seinem senkrechten Absturz bis in's Meer steigt. Zwischen dem Eise hielten sich ungeheure Schaaren von Alken auf, um dort Nahrung zu suchen. Aus der Richtung ihres Fluges konnte man erkennen, daß sie ihre Brutstätten auf der Westseite von Heenloopen hatten. Eine Menge Walrosse zogen schnaubend durch den Sund. Die prachtvolle Beleuchtung durch die in dieser Jahreszeit nicht untergehende Sonne und der Reichthum der Thierwelt verliehen der ganzen Natur einen großartigen Charakter, der seines Eindrucks auf den Beschauer nicht verfehlte.

„Von diesen in der Mitte von Heenloopen Strat belegenen, an Leben und Vegetation armen Hyperitklippen steuerten wir den

13. Juli 2 Uhr Nachmittags durch den am meisten eisfreien Theil des Sundes zu dem Lande südlich von der Wahlenberg-Bucht. Schon aus der Ferne konnten wir erkennen, daß diese Küste in geologischer Hinsicht ganz verschieden sei von den einförmigen Gegenden, welche wir bis dahin besucht hatten. An Stelle der im nordwestlichen Theile des Nordostlandes öden Kalkhügel erblickt man hier 1,500 bis 2,000 Fuß hohe, gegen das Meer hin steil abstürzende Berge, zu unterst aus horizontalen, regelmäßigen graulichen Lagen bestehend, denen weiter nach oben eine mächtige, dunkle Hyperitschicht folgt, auf welcher hier und da wieder weißliches Kalk- und Kieselgestein ruht. Wir landeten an mehreren Stellen der Küste und fanden, daß die sedimentären Bildungen abwechselnd aus Kalk-, Sandstein- und Quarzitlagen bestanden. An dem Ausflusse eines Baches entdeckten wir erst in dem Strandgerölle Petrefacten, durchschritten dann das niedrige Unterland und fanden die schönsten Versteinerungen unter dreien Kalksteinpfeilern, welche sich aus einer Masse losen Gesteins erhoben. Dieser Fund erfreute uns um so mehr, als wir vorher Versteinerungen führende Schichten auf Spitzbergen nicht angetroffen hatten. Aus den hier vorgefundenen schlossen wir, daß sie der permischen Formation angehörten.

„Nachdem wir ein paar Meilen längs der Küste gerudert hatten, ruhten wir eine Weile an einer Stelle, wo die Hyperitbildung sogar bis an den Meeresstrand reicht und einen einige Hundert Fuß hohen schwarzen Kegel bildet, welcher nach dem Ufer zu langsam abfällt. Von seiner Spitze aus konnten wir erkennen, daß das Eis fest und ohne Unterbrechung den ganzen südlichen Theil des Sundes bedecke. So weit das Auge reichte, war das Eis ganz eben und kein Wasser zu erblicken. Der Plan, rings um das Nordostland zu rudern, mußte also aufgegeben werden; wir beschlossen dafür an der Westküste der Heenloopen Strat zu unserm Schiffe zurückzukehren, um, wenn das Eis es zuließe, von dort eine neue Bootfahrt zu den Sieben Inseln und der Nordküste des Nordostlandes zu unternehmen.

„Etwas nach Mitternacht (13. zum 14. Juli) steuerten wir nach den Waigats-Inseln. Wir hatten erst eine kleine Weile gerudert, als ein dicker Nebel sich über die ganze Gegend legte, so daß wir jede Landmarke verloren und es schwer genug wurde, blos mit dem Kompasse den Weg durch die Eisflarden zu finden. So sehr verwirrt der Nebel in diesen Regionen. Unzählige Walross tummelten sich im Wasser oder lagen dicht neben einander auf den ringsum zerstreuten, flachen Schollen. Oft war eine einzige von Walrossen so vollgepackt, daß nicht blos das Eisstück, sondern auch ein Theil ihrer Körper unter die Oberfläche des Wassers gedrückt wurde, während andere Walrosse rings herum schwammen und, da sie keinen Platz mehr fanden, mit ihren großen Hauern den einen und andern ihrer ruhenden Kameraden fortzutreiben suchten. Einmal, da wir mit unserm Boote, im Nebel, einer solchen mit 30 bis 40 Walrossen bepackten Eisscholle ganz nahe kamen, ohne daß sie sich um uns oder das nahende Boot im mindesten kümmerten, stieß Einer von der Mannschaft plötzlich einen Schrei aus. Sofort stürzten sich die Walrosse in großer Verwirrung und mit vielem Lärm in's Wasser, kamen aber bald wieder hinter einem nahegelegenen Eisstück in die Höhe, schienen sehr neugierig, traten gleichsam Wasser, so daß sich ein Drittheil ihres Körpers über die Oberfläche erhob, und machten mit ihren kolossalen Körpern und langen Hauern eine höchst sonderbare Figur.

„Nachdem wir viel mit Cours und Strömungen zu thun gehabt und mehr als einmal einen von Erde geschwärzten Eisberg, der ganz nahe dem Boote trieb, für ein fernes großes Land mit Bergspitzen und Gletschern gehalten hatten, erreichten wir endlich die Wahlberg-Oe, die größte der Waigats-Inseln. Wir zogen das Boot auf die feste Eiskante, der Nebel verzog sich und Torell bestieg die Spitze der Insel. Hier fand er eine frische Vegetation, ja es wuchs etwas tiefer, etwa 200 Fuß über dem Meere, eine solche Menge des arktischen Mohns — Papaver nudicaule — daß der Boden davon beinahe bedeckt war. Um Mittag, nach ein paar Stunden Schlafes, kroch ich wie gewöhnlich aus meinem Schlafsack, um die Sonnenhöhe zu bestimmen. Während ich die Instrumente verwahrte, bemerkte ich eine Bärin mit ihren Jungen, welche von einem naheliegenden Eisstücke aus den Beobachter und das Boot betrachtete und wahrscheinlich schon lange betrachtet hatte. Da kein Gewehr zur Hand war, weckte ich Einen der Leute im Boote; bevor aber die Büchsen geladen wurden, merkte die Bärin Unrath und begab sich auf die Flucht. Der Harpunirer Hellstad verfolgte sie eine Weile, ohne sie zu erreichen, und nahm in der Entfernung noch ein Bärenmännchen wahr, das wahrscheinlich diese Familie vervollständigte.

„Den folgenden Nachmittag machten wir einen Ausflug nach dem Innern der Insel, das ziemlich ausgedehnt ist und ein ungefähr hundert Fuß hohes Hyperitplateau bildet, aus welchem sich ein kleinerer Kegel — das Ziel unserer Wanderung — zu einer Höhe von etwa 500 Fuß erhebt. Schon während seines letzten Ausfluges hatte Torell einige Junge des Fjeldhundes, **Canis lagopus**, bemerkt, welche so zahm oder so wenig an den Anblick von Menschen gewöhnt waren, daß eins von ihnen vor Torell's Füßen hin und her sprang und mit einem soeben gefangenen Schneesperling spielte. Auf dem Gipfel eines kleineren Alkenberges trafen wir nun auf einen beträchtlichen Fuchsbau, welcher den Zufluchtsort einer großen Colonie solcher Thiere zu bilden schien. Der Boden wär nach allen Richtungen von kleineren Gängen durchzogen, in welchen sich Knochen und halb verfaulte Körper von Alken begraben fanden. Wenn wir die Jungen aus ihren Höhlungen verjagten, so nahmen sie ihren Weg meist zu dem nach dem Meere hin senkrecht abfallenden Alkenberge und dessen Klüften; manche blieben auch ein Ende von der Stelle, wo sie aus der Erde gekrochen, hinter einem Stein stehen und ließen sich dort in aller Ruhe nieder, um uns zu betrachten. So wurden ein paar von ihnen, die ganz fett waren, geschossen. Während dieser Jahreszeit hat der Blaufuchs auf Spitzbergen reichliche Nahrung, indem er die Alken und die auf dem Flachlande brütenden Eidergänse heimsucht; denn gewöhnlich bauen die letzteren ihre Nester auf solchen Holmen, welche während der Brütezeit zu Eise nicht zugänglich sind. Man begreift dagegen kaum, wo er im Winter seine Nahrung findet, da mit Ausnahme des nur seltenen Fjeldhuhns alle Vögel von hier fortziehen. Er liegt auch nicht etwa im Winterschlaf, denn die Leute, welche auf Spitzbergen überwintert, haben ihn oft in großer Menge gefangen.

„Wir spähten noch immer nach dem Sunde, welcher sich zwischen Heenloopen Strat und dem Nordfjorde befinden soll, konnten ihn indessen nicht entdecken. Wir zählten acht Gletscher, die zwischen der östlichen Spitze des eigentlichen Spitzbergen und Duim Point bis zum Meere reichten. Im Osten und Südosten erschien nur Eis. Das Meer dort ist so gut wie unbekannt.

„Am Abende ruderten wir zurück zu dem an Versteinerungen

reichen Berge auf der Südwestseite des Nordostlandes, den wir Angelinsberg tauften. Bei der Ueberfahrt erblickten wir wieder unzählige Walrosse, deren Anblick die Lust unserer Jäger in dem Grade erregte, daß wir endlich die schon lange erbetene Erlaubniß zur Jagd geben mußten. Bald war eins der friedlichen, nichts Böses ahnenden Thiere mit Leine und Harpune vor unser Boot gespannt, ermüdet, eingeholt und getödtet. Während dieses Walroß, ein Weibchen, uns noch bugsirte, eilte sein Junges zu den anderen hin, und plötzlich sammelten sich von allen Seiten über fünfzig Walrosse rings um das Boot und schwammen in einem Halbkreise, fast in Schußweite, uns nach. Selbst der an die nordische Thierwelt so gewöhnte Petersen wurde bei diesem Anblicke anfangs etwas betreten und bat uns, alle Büchsen in Bereitschaft zu halten, um wenigstens mit Ehren zu fallen. Aber sie waren nicht zur Rache, sondern nur aus Neugier gekommen und folgten uns in allem Frieden, indem sie oft ihre unförmlichen Köpfe so hoch als möglich über das Wasser hoben, um unser Vorhaben besser überschauen zu können. Selbst als wir das getödtete Walroß auf ein Eisstück gezogen hatten, um es abzuhäuten, betrachteten seine Kameraden uns noch immer, indem sie zwischen den schwimmenden Eisschollen umherpatschten, bis endlich das in's Wasser strömende Blut sie vertrieb.

„Nachdem wir am Angelinsberge eine möglichst große Menge von Versteinerungen eingesammelt hatten, ruderten wir am 16. Morgens 3 Uhr von dort zur Westseite des Sundes, um zu sehen, ob es nicht möglich wäre, weiter nach Süden zu dem neu entdeckten Sunde zwischen dem Storfjord und der Heenloopen Strat vorzubringen. Während dieser Fahrt überfiel uns wieder einer jener in dem arktischen Meere so häufigen und so störenden Nebel. Indem er sich uns entgegenwälzte, nahmen wir bald nichts Anderes mehr wahr, als das Boot und die nächsten Eisschollen. Trotzdem erschien uns in kurzer Frist ein lebhaftes Schauspiel. Auf einem Eisstücke, das wahrscheinlich auf dem Grunde stand, entdeckte Petersen's scharfes Auge eine Bärin mit ihren beiden Jungen; er schickte ihr sofort eine Büchsenkugel zu, ohne sie jedoch tödtlich zu verwunden. Zur größten Freude der Mannschaft, welche behauptete, „daß der Bär trotz seiner Unbeholfenheit zu Wasser sich für einen großen Seemann hält und deshalb, wenn die Gelegenheit dazu sich darbietet, seine Zuflucht zur See nimmt, wo er jedoch rettungslos verloren und eben so leicht zu tödten ist wie ein Schaf" — sprangen alle Bären von dem Eisstücke sofort in's Wasser und schwammen davon. Wir ruderten an den Jungen vorbei, welche uns anschnoben, erreichten die Mutter und erlegten sie. Als sie in's Boot gezogen war, ruderten wir den Jungen nach, von denen ich eins schoß. Es dauerte nicht lange, so war auch das andere getödtet. Denselben Tag sahen wir im Süden auf dem festen Eise noch einen Bären. Während wir nun weiter über die spiegelglatte See ruderten, erblickten wir unermeßliche Schaaren von Alken zwischen den Eisschollen. Im Allgemeinen ist es eine sonderbare Erscheinung, daß man im Meere ein reiches Thierleben nur bei und zwischen dem Eise findet. Dieses gilt nicht blos von solchen Thieren, welche sich daselbst, um auszuruhen, verweilen, wie Seehunde und Walrosse, sondern auch von anderen. Der Grönlandswal, eins der größten uns bekannten Thiere, findet nur zwischen dem Eise hinreichende Nahrung, ebenso der Narwal. Die meisten Seehunde fängt man in Grönland in den sogenannten Eisfjorden, wo das Binneneis im Meere mündet. Man kann sicher sein, bei den Eisbergen Seepferde und andere Vögel zu finden, welche hier ihre Nahrung suchen, und die Alken machen lange Wege, um wieder Eis zu erreichen, sobald dasselbe in der Nähe ihrer Nester aufgebrochen ist.

„Um Mittag erreichten wir den Weststrand des Sundes und legten an einem hohen und prachtvollen Berge an, welcher große Aehnlichkeit mit Angelinsberg hat, obwohl er weit höher und großartiger ist. Dieser Berg ist auf der Karte mit Lovén's Berg bezeichnet. Sein oberer, zum größten Theile aus Hyperit bestehender Theil hat mit seinen ebenen, steil abstürzenden dunkeln Seitenflächen große Aehnlichkeit mit einem Dache. Die unter dem Hyperit horizontalen hellen Kalk- und Sandsteinlagen, mit ihren nach dem Sunde fast lothrecht abfallenden Seiten, geben dem ganzen Berge das Aussehen eines regelmäßigen, kolossalen Bauwerks. Zu unterst ist sein Fuß von steil abfallendem Gerölle bedeckt, das unter den Füßen bei jedem Tritt fortgleitet, und nur an wenigen Stellen dürfte eine Ersteigung des Berges überhaupt möglich sein. Die ganze Bildung unterscheidet sich durchaus von denen des Granits und Gneises, dagegen ist die Aehnlichkeit mit dem Kinnekulle und den anderen westgöthischen Bergen, obwohl sie weit niedriger sind, in die Augen fallend. Sowohl die Kalkstein- als auch die Sandsteinschichten waren reich an Versteinerungen, die ersten besonders an kolossalen Arten des Geschlechtes Productus.

„Ein Berg, gleich im Norden von diesem, zeigt, wie das Eis auf seine Unterlage einwirkt. Der geschichtete Kalk war zum Theil mit Hyperit bedeckt und zu oberst ruhte ein Gletscher. So weit der Hyperit reichte, war seine Form unverändert, ebenso die Gestalt des Berges; denn der Hyperit ist ein äußerst hartes Gestein. Dagegen waren auf der andern, nicht vom Hyperit geschützten Seite des Berges die horizontalen Kalklagen zum großen Theile abgenutzt, so daß er halb rund erschien. Ebenso sind wahrscheinlich auch bei unseren westgöthischen Bergen die silurischen Lagen einst von Gletschern abgeschliffen und fortgeführt, so weit der feste Trapp ihnen keinen Schutz verlieh, und ihre Trümmer später über das Flachland bis zu der norddeutschen Ebene zerstreut. Wir sahen hier, welche große Massen von kleinen Steinen ein einziger kleiner Gletscher vor sich her zu schieben vermag, wenn seine Unterlage aus einem lockern Gesteine besteht. Wanderungen neben oder auf solchen Bergen sind ziemlich gefährlich. Oft kann man bedeutende Bergfälle sehen und hören. An einer Stelle, über die wir Tags zuvor gewandert waren, stürzte eine ungeheure Steinmasse mit Donnergetön vom Berge hernieder in die See. Frost, Eis und Wasser sind in dauernder Thätigkeit, um diese prachtvollen Denkmäler einer längst dahingegangenen Thierwelt zu zerstören und zu zersplittern.

„Nachdem wir eine große Menge von Versteinerungen gesammelt hatten, ruderten wir am Abend des 17. Juli weiter nach Süden, um womöglich den neu aufgefundenen Sund zwischen dem Storfjord und der Heenloopen Strat zu erreichen und näher zu untersuchen. Wir fuhren an zweien Gletschern vorüber, von denen der eine ein halbmondförmig vortretendes Flachland vor sich zu haben schien, gebildet von den durch die Gletscher beständig hernieder geführten Stein- und Grusmassen. Sie bestanden aus scharfbegrenzten, etwa einen Fuß dicken Schichten, welche möglicher Weise die Menge der jährlichen Schneeanhäufung bezeichnen. Diese Gletscher zeigten überdies sehr gut, daß das Eis sich nach seiner Unterlage zu formen vermag, ohne zu brechen. Denn in ihrer Mitte waren die Lagen beinahe wagrecht, näher dem Ende aber, wo sie zwischen den Bergabhängen zusammengedrängt wurden, gingen sie in unregelmäßige Linien über, welche offenbar nichts Anderes waren als die Fortsetzungen jener Lagen.

„Nach ein paar Stunden weiteren Ruderns setzte das ununterbrochene, selbst mit dem Lande noch in Verbindung stehende feste Eis unserm weiteren Vordringen eine nicht zu überschreitende Grenze. Wir kehrten daher zurück, wie wir gekommen, und hielten uns an das westliche Ufer von Heenloopen Strat. Um einen breiten Gletscher, der steil in's Meer stieg, zu passiren, brauchten wir eine ganze Stunde. Dann kam ein anderer, welcher wie eine Gebirgsschicht auf einem senkrechten Hyperitberg ruhte und mit seinen Eisklippen hinab in das Wasser stürzte. Wir fanden den Hyperit schön abgeschliffen und gefurcht; hier, wie an manchen anderen Stellen, ein Beweis, daß das Eis auf Spitzbergen sich einst weiter ausgedehnt hat als gegenwärtig.

„Von einer starken Strömung begünstigt, erreichten wir bald Duim Point und zogen das Boot auf das Land. Auf einem nahen Holme hatte eine Schaar Eidergänse ihre Nester, in denen wir trotz der vorgeschrittenen Jahreszeit noch frische Eier fanden: ein willkommener Fund, da wir in den letzten Tagen — wenn wir von dem Versuche absahen, einen der erlegten jungen Eisbären zu verzehren — fast nur Alkensuppe genossen und sie etwas überdrüssig bekommen hatten. Obwohl die meisten Eier schon Junge enthielten, so verzehrte die Mannschaft doch auch diese mit gutem Appetite. Die große Möwe — Larus glaucus — hatte schon beinahe flügge Junge.

„Am Abende des 18. Juli ruderten wir zum Cap Fanshaw. Ungefähr in der Mitte des Weges passirten wir den größten Vogelberg, welchen wir bis dahin gesehen hatten. Schwarze 800 bis 1,000 Fuß hohe Felswände stürzen hier in einer Breite von etwa einer Viertelmeile vollkommen senkrecht in's Meer, bewohnt von Millionen Alken, welche dicht aneinander gedrängt alle Ritzen und Vorsprünge und Klüfte besetzt halten. Wenn man nach einem solchen Alkenberge hin ein Gewehr abschießt, so verdunkeln die auffliegenden Schaaren in der eigentlichsten Bedeutung die Luft, ohne daß man doch bei den Zurückbleibenden die geringste Verminderung merken kann. Die meisten bleiben so ruhig dasitzen, daß man den unten Nistenden mit dem Boote nahen und sie mit den Händen ergreifen kann. Ueberdies fanden wir stets zahlreiche Schaaren von Alken auf und zwischen den Eisschollen, um dort ihre Nahrung zu suchen.

„Zwischen unserm Wendepunkte, 1½ Meilen südlich vom Lovénberge und Cap Fanshaw, herrschen Kalk und Hyperit vor. Der mehr als 2,000 Fuß hohe Lovénberg besteht, wie schon oben erwähnt, aus abwechselnden Lagen von Kalk- und Sandstein, welche derselben Bildung angehören, wie die Versteinerungen führenden Schichten am Angelinsberge und an der Mündung des Bellsundes. Durch ein mächtiges schwarzes Hyperitband ist dieser weißlichgraue untere Theil des Berges von dem während des größeren Theiles des Jahres mit Schnee bedeckten Scheitel getrennt, der aus Kalkstein besteht. Auf beiden Seiten des Lovénberges steigt der Hyperit hinab, so daß er im Norden schon vor Duim Point das Niveau des Meeres erreicht. Am großartigsten tritt dieses Gestein jedoch am Alkenberge, mitten zwischen Duim Point und Cap Fanshaw auf. Vollkommen lothrecht erhebt sich eine Felswand etwa tausend Fuß hoch über dem Meere, überall in verticale, basaltartige, aufrecht stehende, vier- und achtkantige Pfeiler gespalten, welche oft mit einem großen Theile ihrer ganzen Länge vollkommen frei stehen, oder nur mit einer schmalen Kante am Hauptberge festsitzen, während ihr oberster Theil zuweilen aus einer Lage von graulichweißem Kalk besteht und gleichsam als Capitäl die Säule zum Abschluß bringt.

„Geologische Arbeiten nahmen den ganzen Tag in Anspruch. Zu unterst lag hier ein weißer und dunkelrother Sandstein mit undeutlichen Abdrücken niederer Meerespflanzen, darüber ein grauer Kalkstein in beinahe horizontalen Schichten mit Petrefacten, welche den früher untersuchten nahe kamen. Ueber diese Lagen breitete sich eine mächtige Hyperitmasse aus, auf welcher wieder eine, zuweilen von Hyperitgängen durchsetzte Kalkschicht ruhte. Der Kalk enthielt eine große Menge Kieselkugeln und Drusen mit Kalkspathkrystallen. Solche Bildungen treten auf dem Oststrande der Lomme-Bai, ein Ende im Fjorde auf, während der westliche Strand geologisch an Hecla Mount erinnert: dieselben fast senkrechten Schichten von dunkelgrauem Kalk ohne Versteinerungen, brauner und grauer Schiefer. Im Norden, an dem Ausgange der Bucht, trifft diese Bildung auf einen Gletscher, den größten, welchen wir bis dahin auf Spitzbergen gesehen hatten. Er schießt bogenförmig in den Sund hinab und stürzt in seiner ganzen, fast eine halbe Meile langen Ausdehnung in das Meer. Die Lagen des Eises waren bei ihm wagrecht.

„Nachdem wir Cap Fanshaw passirt hatten, suchten wir anfangs vergebens nach einer geeigneten Raststelle. Die Trümmerabfälle und Muhren gingen bis zum Meeresstrande nieder, und der Eisfuß, das heißt der nach dem Aufgehen des Meereises noch übrig gebliebene Theil des Wintereises, auf welches wir bis dahin gewöhnlich unser Boot gezogen hatten, war hier schon ganz und gar geschmolzen. Nachdem wir etwa eine Meile in die Lomme-Bai gerudert waren, erreichten wir einen schmalen, niedrigen, zwischen dem Steingerölle und dem Fjorde belegenen sandigen Vorstrand, auf welchen wir unser Boot ziehen konnten. Etwas weiter nach dem Innern des Fjordes entfernt sich der Bergkamm noch mehr vom Strande, und seine Seiten bilden nicht mehr steile Abhänge, sondern bestehen aus terrassenförmigen, im Vergleiche mit anderen Theilen Spitzbergens grasreichen Absätzen, welche ein Lieblingsaufenthalt der Rennthiere sind. Gleich nachdem wir gelandet waren, ging Petersen auf die Jagd und erlegte binnen Kurzem drei große, prächtige Thiere. Wir hatten Mühe uns vorzustellen, daß dieses dieselben Rennthiere wären, welche wir vor kaum vier Wochen in der Sorge-Bai geschossen hatten. Denn diese waren damals so mager, als ob sie nur aus Haut, Knochen und Sehnen beständen, wogegen diese an Feistigkeit mit einem gemästeten Ochsen auf einer englischen Thierausstellung wetteifern konnten; das größte hatte auf den Lenden eine vier bis fünf Zoll dicke Fettlage.

„Den 19. Juli Abends ruderten wir über den Sund zu der Insel, auf welcher bei der Hinreise das Fell des erlegten Walrosses deponirt worden war. Obwohl wir mit Absicht unsere Beute auf einer Insel, von welcher das feste Eis sich schon losgelöst, und überdies unter einem Haufen großer Steine verwahrt hatten, war die Stelle der Witterung der Bären nicht entgangen. Die in zwei Hälften getheilte Haut fanden wir nur schwer wieder. Sie hatten die Steine fortgewälzt, die eine Hälfte und den Kopf in's Wasser, die andere Hälfte aber ein Ende weggeschleppt und den Speck überall abgenagt. Nur der Kopf, offenbar zu zähe selbst für Bärenzähne, war unbeschädigt.

„Von dieser Insel segelten wir mit gutem Winde weiter zur Depotinsel in der Murchisons-Bucht. Aeolus war nicht mehr da;

dagegen hatte Lilliehöök, der Verabredung gemäß, in einem Varde ein kleines Depot und ein Schreiben zurückgelassen, in welchem er von den wichtigsten Begebenheiten während unserer Abwesenheit, dem genommenen Course ꝛc. Nachricht gab. Wir waren schwer beladen mit Walroß-, Bären- und Rennthierfellen nebst einer Menge von Mineralien. Um unsere Last zu erleichtern, ließen wir daher einen Sack mit Versteinerungen, ein nicht nöthiges Brodfaß und die von den Bären abgespeckte Walroßhaut zurück, und segelten ohne Aufenthalt weiter bis zum 20. Abends, wo wir Shoal Point erreichten.

„Diese Spitze wird von einem niedrigen Sandlande, einer Art Sandbank (daher auch der Name), gebildet, aus welchem nur hier und da kleine Kalkfelsen, — wie bei den Russeninseln und der Nordostö, zu Tage treten. Der Strand ist überall mit einer unerhörten Masse von Treibholz bedeckt, zwischen welchem man Stücke von Bimstein, Birkenrinde, Kork, Floßhölzer von den Lofoten und andere durch südliche Strömungen dorthin geführte Dinge findet. Das Treibholz lag in einer langen Linie längs dem Strande. Weiter hinauf befand sich ein anderer Wall, wohin das Wasser kaum mehr, selbst nicht während einer Springfluth, reicht. In diesem, wahrscheinlich mit dem Lande gehobenen Walle war das Treibholz viel älter und schon im Begriff zu zerfallen. Während Torell dieses alles untersuchte, fand er unter Anderm eine wohlerhaltene Bohne von Entada gigalobium, eine westindische Hülsenfrucht. Diese im Durchmesser 1½ Zoll große Bohne kommt mit dem Golfstrome über den Atlantischen Ocean, wird nicht selten an den Küsten Norwegens ausgeworfen und bildet den besten Beweis, daß der Golfstrom auch die Nordküsten Spitzbergens erreicht. Wir hatten diese Raststelle offenbar zu einer glücklichen Stunde erwählt, denn wir fanden dicht dabei ein Varde mit einem Briefe Lilliehöök's, des Inhalts, daß Aeolus nur Tags zuvor von hier abgesegelt sei und seinen Cours nach der Branntwein-Bucht genommen habe. Wir fuhren daher gleichfalls nach Norden, versuchten erst zwischen Lågö und dem Nordostlande durchzubringen, mußten aber, durch das feste Eis am Weiterkommen gehindert, umkehren und westlich um die Insel fahren. Nach einer durch Nebel und ein weit in's Meer vortretendes Kalkriff verzögerten Fahrt kamen wir am 21. Juli zu der Nordseite dieser großen niedrigen Insel, welche sehr treffend Low Island, Het laage Eiland genannt worden ist. Auch hier trafen wir den Aeolus nicht, dagegen den Quänen Mattilas mit seiner Jacht. Er theilte uns mit, daß Lilliehöök die Nacht vorher zur Strat abgesegelt sei und daß man von der Mastspitze der Jacht mit dem Fernrohr Chydenius' Boot an dem Rande des festen Eises, das noch immer die Branntwein-Bucht bedecke, erblicken könne.

„Am Anfange unserer Reise durch den Sund waren wir von einem außerordentlich klaren und schönen Wetter begünstigt worden. Aber schon bei den Südwaigatsinseln begann der Nebel sich zeitweise einzustellen, und während unserer Fahrt vom Cap Fanshaw bis Low Island herrschte ununterbrochen ein feiner Nebelregen. Unsere Sachen waren davon so durchweicht worden, daß wir uns auf der Insel nothwendig etwas länger aufhalten mußten, um uns zu trocknen. Es wurde ein großes Feuer von Treibholz angezündet, das hier, wie bei Shoal Point, an dem Strande häufig vorkommt, und unser kleines Bootssegel zum Schutze gegen den Wind ausgespannt. Auch Haar und Bart wurden verschnitten, und wir fühlten uns — wie die Engländer sagen — so comfortable, als die Verhältnisse es nur gestatteten.

„Nachdem wir uns so ausgeruht und dem Mattilas unsere Walroß- und Bärenfelle übergeben hatten, ruderten wir am 22. Morgens weiter zur Branntwein-Bucht, um Chydenius aufzusuchen. Wir steuerten anfangs in der von Mattilas angegebenen Richtung bis zu einem Vorgebirge, das im Süden den Fjord begrenzt. Als wir ihm näher kamen, konnten wir am Rande des festen Eises deutlich das von Chydenius benutzte kleine rothe eiserne Boot erkennen. Wir ruderten sofort dorthin und fanden ihn im Begriff, einen Ausflug zum Cap Hansteen zu unternehmen. Nachdem wir über unsere Erlebnisse der letzten Wochen kurz berichtet und Chydenius uns mitgetheilt, daß Lilliehöök in Kurzem zu diesen Gegenden zurückkehren werde, beschlossen wir am Strande, nördlich vom Fjorde, seine Ankunft abzuwarten und steuerten deshalb durch ein ziemlich dichtes Treibeis sofort dorthin.

„Das Land zwischen der Bird- und Branntwein-Bucht wird ganz und gar von hohen Bergen eingenommen, welche bis zum Meeresstrande gehen und hier entweder in steil abfallenden Felswänden oder in ungeheuren Muhren endigen. An dem Eisfuße einer solchen zogen wir unser Boot auf das Land. Gleich westlich erhob sich ein hoher Berg, den wir bestiegen. In einer Höhe von 1,500 Fuß kamen wir auf ein fast schneefreies Plateau, welches im Norden nach der Bird-Bai im senkrechten Abfall niederstürzt. Aus diesem Plateau erhob sich eine mit tiefem Schnee, oder besser mit losem, feinkörnigem Eise bedeckte Kuppe, von deren höchsten Spitze wir bei dem herrlichen Wetter eine außerordentlich weite und großartige Aussicht genossen. Im Norden dehnte sich bis zum Horizonte ein endloses Eisfeld hin, in welchem wir selbst von dieser Höhe keine Oeffnung erkennen konnten, und dessen Monotonie nur an einzelnen Stellen von den im Norden des Nordostlandes belegenen Inselgruppen, den Sieben Inseln, Walden Island, dem großen und kleinen Table Island und dem Lande unterbrochen wurde, welches auf Parry's Karte als „Distant Highland" bezeichnet wird. Im Osten trat dem Auge die hohe öde Schneeebene entgegen, welche das ganze Innere des Nordostlandes einnimmt. Im Westen konnte man, trotz des großen Abstandes, deutlich die Contouren der Berghöhen um die Norsköer und Cloven Cliff erkennen. Im Südwesten erschien Grey-Hook nebst Hecla Mount, und südlich von diesen Bergen zwei isolirte, sehr hohe, spitzige, schneebedeckte Gipfel, welche an dem Nordstrande des Storfjord zu liegen schienen.

„Den 23. Juli konnten wir durch das Fernrohr wahrnehmen, daß zwei Schoner bei Low Island Anker geworfen hatten. Wir vermutheten, daß der eine von ihnen der Aeolus sei, und beschlossen sofort dorthin zu rudern, sobald das Treibeis, welches zur Zeit dicht gepackt in der Vik lag, angefangen hätte sich mit der veränderten Strömung ein wenig zu vertheilen. Nachdem wir ein paar Stunden gewartet, schoben wir unser Boot in's Wasser. Mit dem Strome, zwischen den Eisstücken schwimmend, kam auch eine Bärin. Alle Mann griffen sofort hastig nach den Rudern und begannen die Wettfahrt. Bald wurde es offenbar, daß die Bärin unterliegen müsse. Sie selber schien dieses einzusehen, denn sie suchte den Strand zu erreichen und wandte oft schnaubend ihren Kopf, um zu sehen, wie der ursprüngliche Vorsprung, den sie gehabt hatte, immer kleiner wurde. Schließlich, als wir ihr auf 20 bis 30 Schritte nahe kamen, jagte ihr Petersen eine Kugel durch den Kopf. Nachdem die Jagd beendigt, ruderten wir wieder zu unserer Raststelle und von hier nach Süden zu, bis wir auf Chydenius trafen. In seiner Gesellschaft gelang es uns durch das endlose Labyrinth von einzelnen Eisschollen, welche das ganze Meer westlich von der Bird- und Branntwein-Bucht bedeckte, hindurch zu kommen. Den 23. Juli waren wir wieder auf unserm Aeolus und fanden an Bord Alles wohl."

## Achtes Kapitel.

### Chydenius' Bootexcursion.

Wir kehren zu dem 10. Juli zurück, dem Tage, an welchem die im vorhergehenden Kapitel geschilderte Bootpartie vom Aeolus abging. Es war beschlossen, Chydenius solle mit einem eisernen Boote nordwärts bis zu den letzten Inseln Spitzbergens und, wenn möglich, nach Osten vordringen, um die Voraussetzungen für eine Gradmessung festzustellen. Den 11. Juli war seine Ausrüstung fertig, mit Proviant für vier Mann auf vier Wochen und mit einer Reserve von Pemmikan auf zwei Wochen versehen, wie die am Tage vorher abgegangene Partie. Die Mannschaft bestand aus dem Zimmermann Nielsson und den Matrosen Norager und Brandt. Vor seiner Abreise hinterließ er ein Schreiben, um, im Falle eines Unglückes, einen Jeden von aller Verantwortung zu befreien. Mit Rücksicht auf die Ausrüstung des Bootes und die Ordres, welche Torell Lilliehöök gegeben, bestimmte er die Zeit um den 20. Juli für seine Rückkehr zu dem damaligen Ankerplatz des Aeolus. Unter gegenseitigen Glückwünschen trat er am Abend seine Fahrt an und steuerte mit gutem Winde nach Norden.

Am Ankerplatz errichtete Lilliehöök ein Varde und deponirte darin, nach Vorschrift, einige Vorräthe, bestehend aus zwei Kisten Pemmikan, vierzig Pfund Brod und einiger Munition, ferner eine Flasche mit einem Schreiben, worin er mittheilte, daß er erst nach Westen zu gehen beabsichtige, um zu sehen, ob Magdalena noch in der Treurenberg-Bai liege, und darauf versuchen wolle, die Branntwein-Bucht zu erreichen. Die Insel wurde hiernach

Depotinsel benannt. Den 12. Juli 3½ Uhr Nachmittags segelte er ab und warf um 8 Uhr Abends auf unserer alten Stelle in der Treurenberg-Bai Anker. Magdalena hatte damals — wie wir wissen — die Bucht schon verlassen. Lilliehöök begab sich bald nach der Ankunft mit dem Boote auf die Jagd, nachdem er am Aeoluskreuz einen für Torell bestimmten Rapport niedergelegt hatte; seine Jäger harpunirten sechs Walrosse und ein Junges; am folgenden Tage 11 Uhr Vormittags ging er aber wieder unter Segel und fuhr mit einem Südsüdostwind bei klarem Himmel und leichtbewegter See nach Nordosten. Bei Shoal Point ließ der Wind nach; eine Menge Treibeis lag westlich von dieser Spitze, und am Abend ging Aeolus an dem Südweststrande derselben vor Anker.

Mattilas kam an Bord mit der Anzeige, daß er unter einem Haufen Treibholz am Strande einen Fund gemacht. Es war ein Depot, welches vor vierunddreißig Jahren dort bei Parry's Expedition errichtet worden war: ein Gewehr, jetzt unbrauchbar, eine hölzerne Munitionskiste, innen mit Blei ausgeschlagen, mit scharfen und einfachen Patronen, Zünder und Pulver, alles vollkommen erhalten, nebst elf hermetisch verschlossenen Büchsen. Wir waren sehr neugierig, zu erfahren, wie ihr vierunddreißig Jahre alter Inhalt dem Verderben widerstanden hätte. Mattilas hatte schon eine Büchse geöffnet, und wir fanden in ihr ein in Gelée und Fett gehülltes gebratenes Fleisch, so gut erhalten, als wäre es erst gestern hineingethan. Auf den größeren Blechdosen befanden sich die Worte „Seasoned Beef" eingestempelt; die kleineren hatten einen ähnlichen leckern Inhalt: Unordered rounds of Beef; eine enthielt ein wenig verdorbenen Kaffee. Auf der sorgfältig gearbeiteten Munitionsküste konnte man deutlich das Wort „Hecla" unterscheiden, und das Holz war, wie beinahe alles Holz auf Spitzbergen, von der Luft nicht im mindesten angegriffen. Die Büchse, die Munitionskiste, einen der beiden Enterhaken und ein paar Blechbüchsen mit Fleisch überließ der Finder als für jeden Polarfahrer werthvolle Reliquien dem Aeolus.

Auf dem wüsten, mit hellgrauen Kalksplittern bedeckten Flachlande gab es fast gar keine Pflanzen. Nur Mohn nebst Saxifraga oppositifolia und cernua und einige Arten von Moosen und Flechten vermochten hier eine Art hinsiechenden Lebens zu führen. Die Botaniker fanden gar keine Ausbeute, die Geologen eine geringe. Ungefähr eine Viertelmeile von dem Meeresstrande traf Malmgren am Fuße eines kleinen Kalkhügels eine dünne Lage von aufgeschwemmtem Lehm und Sand, darin eine Menge von fossilen Muschelschalen, ausschließlich Mytilus edulis, eingebettet war, theils wohl erhalten, theils zerbrochen, doch von erheblicher Größe. Solche Funde wurden an mehreren Stellen auf Spitzbergen gemacht, und sie beweisen nicht blos unwiderleglich, daß das Land sich verhältnißmäßig sehr rasch erhebt, sie deuten auch an, daß in der Bildung der Ufer und möglicher Weise im Klima eine Veränderung stattgefunden hat, welche gegenwärtig diesen das Gebiet der Ebbe neben dem Strande bewohnenden Thieren die Möglichkeit der Existenz raubt.

Das Meer bei Shoal Point ist sehr flach, meist nur acht Faden tief, und selbst drei bis fünf Meilen vom Lande trifft man niemals eine Tiefe über zwölf Faden an. Die Schleppnetze waren unausgesetzt in Thätigkeit und gewährten eine ziemlich reiche Ausbeute. In einer kleinen Bucht südlich von der Spitze lag noch etwas Eis, auf welchem eine große Zahl von Seehunden sich sonnte.

Da wir wegen des Eises nicht — wie beabsichtigt war — nach Norden segeln konnten, blieb unser Schiff noch bis zum 17. Morgens, da auch Chydenius wieder an Bord zurückkehrte, vor Anker.

Ueber diese Fahrt berichtet derselbe Folgendes:

„Nachdem meine Ausrüstung durch Lilliehöök's Umsicht auf's Beste besorgt und die Sachen von der Mannschaft in's Boot geschafft worden waren, nahm ich von den Unsrigen herzlichen Abschied und steuerte vor einem guten Winde nach Norden, um zuerst das Land bei Shoal Point zu besuchen und dort, je nach der Lage des Eises, einen weiteren Beschluß zu fassen. Es ging ganz munter vorwärts, so daß wir in weniger als zwei Stunden unser erstes Ziel erreicht haben würden, wenn nicht ein breites Band gewaltigen Packeises sich vor die südwestliche Küste gelegt und die starke Dünung, die wir schon eine Weile vorher kennen gelernt, einen noch stärkeren Wind angekündigt und uns die Fahrt zwischen den einzelnen Eisstücken unmöglich gemacht hätte. Es schien mir daher am besten, die Spitze zu umfahren und das Land auf der Leeseite aufzusuchen, wo das Eis wahrscheinlich bereits verschwunden war. Das Boot segelte gar nicht übel mit halbem Winde, obwohl sein Aussehen es nicht vermuthen ließ. Wir nahmen ein Schiff im

Norden wahr und betrachteten mit Vergnügen eine Schaar Walrosse, welche einige Ellen von uns schnaubend und brüllend sich aus dem Wasser erhoben, dann wieder verschwanden, immer aber unserm rothen Boote, das sie besonders zu interessiren schien, folgten. Wir fuhren noch eine Weile weiter, bis wir in die starke Strömung aus der Heenloopen Strat kamen und der Sturm immer mehr zunahm. Das Boot, nur 14½ Fuß lang und 4½ Fuß breit, war schwer beladen, so daß sein Bord nur einen halben Fuß über Wasser ragte. Es hielt sich trotzdem sehr gut. Aber da das Eis nicht aufhören wollte und wir uns bereits auf der Höhe von Shoal Point befanden, der Wind auch immer stärker wurde, so daß das Boot schließlich Wasser schöpfte, hielten wir es für das Gerathenste, zwischen die Eisschollen zu laufen und das Boot auf eine derselben zu ziehen. An Rudern war nicht zu denken; es würde uns nicht um eines Haares Breite weiter gebracht haben. Wir warteten eine Weile, benutzten ein zufälliges Nachlassen des Windes, segelten fast eine Stunde westlich und wendeten uns nach Osten, um eine Oeffnung in dem Eise zu suchen. Es verging eine gute Weile, ohne daß wir eine fanden. Das Eis lag wie eine Mauer vor uns; die Wogen brachen sich daran in klafterhohen Brandungen mit einem Donnergetöse, das in Verbindung mit dem der zusammenstürzenden Eisstücke nahezu betäubend wirkte. Mit Hülfe von Rudern und Segel hielten wir uns ein paar Klafter von dieser unbehaglichen Nachbarschaft entfernt; immer mehr füllte sich das Boot mit Wasser; es war hohe Zeit, als wir nach einer halben Stunde Arbeit um zwei Uhr des Morgens eine Oeffnung zwischen zwei Grundeisblöcken fanden, hinter welchen sich eine kleine eisfreie Bucht befand, sonst hätten wir den größeren Theil unserer Ladung über Bord werfen müssen. Wir hielten in die Oeffnung, und nachdem wir in einem Kanale längere Zeit zwischen dem Eise gefahren, befanden wir uns in einem verhältnißmäßig ruhigen Wasser. Denn das Eis milderte, wie gewöhnlich, den Wogenschwall und hob sich blos langsam und majestätisch mit der Dünung. Darauf zogen wir das Boot über eine flachere Eisscholle und fuhren bis Morgens fünf Uhr damit fort, es theils über das Eis zu schleppen, theils in den offenen Rinnen zwischen den Eisstücken weiter zu schieben. Wir rasteten nun und nahmen alle Sachen aus dem Boote auf das Eis, um zu untersuchen, ob sie keinen Schaden genommen. Ein Theil des

Brodes, welches naß geworden, wurde weggeworfen. Während man Kaffee kochte, machte ich mit einem Manne den Versuch, zu Fuß die ersten losen Eisstücke zu übersteigen und sodann auf das feste Eis am Lande zu gelangen. Es war aber unmöglich und ich kehrte wieder zum Boote zurück. Es wurde wiederum Alles eingepackt, und wir begannen um 7 Uhr das Boot über und zwischen den Eisstücken hindurch zu schleppen; so erreichten wir um 11 Uhr schließlich wirklich das feste Eis und schlugen daselbst unser Lager auf.

„Ich begab mich von hier in's Land und erkannte, daß das Eis trotz des Sturmes noch ein gutes Stück westlich von Shoal Point lag, ebenso daß die See ein Ende nördlich von dem Lande, auf welchem ich mich befand, offen war, und daß Nielsson's Jacht darin vor Anker lag. Das Land erhob sich nur etwa 40 bis 50 Fuß über das Meeresniveau, und das Felsgestein — derselbe Kalk wie auf der Depotinsel — trat nur an wenigen Stellen anstehend zu Tage. Auf dem höchsten Theile dieses Flachlandes fanden wir kleine Süßwasserteiche, in welchen Eidergänse schwammen. Ich machte einige trigonometrische Messungen, ging bis zu dem Ende einer kleinen nach Norden in das Land einschneidenden Bucht, sammelte dabei einige Pflanzen, kehrte zum Boote zurück, aß, und schlief einige Stunden. Sodann ging ich wieder in's Land bis zur äußersten Spitze und traf dort den Schiffer Nielsson auf der Vogeljagd. Er folgte mir zu unserm Boote, es zu besehen; wir tranken unsern Thee und nahmen das Zelt herunter, um durch das Eis um die Spitze herum zu fahren. Am Morgen um 12½ Uhr brachen wir auf, gingen durch eine offene Rinne, welche ich vom Lande aus hatte sehen können, und befanden uns um 2 Uhr, nördlich von der Spitze, in offenem Wasser. Längs dem Lande war der Weg frei, aber nach Norden hin gesperrt; wir segelten deshalb nach Osten, bis wir um 4 Uhr auf Eis stießen, das sich bis zum Lande hin erstreckte. An dem Strande lag eine unermeßliche Menge von Treibholz, größer als wir irgendwo bis dahin gesehen, auch fand ich bei einem Hügel eine für Kalkgestein ungewöhnlich üppige Vegetation. Schwarzen Marmor mit rothen und weißen Adern suchte ich vergebens; obwohl wir uns nunmehr auf der Stelle befinden mußten, wo Parry solchen entdeckt zu haben angiebt. Das Eis ließ sich wieder umfahren. Nach einer Stunde Ruderns kamen wir an seiner Spitze vorbei, hielten nach

Nordosten, stiegen einen Augenblick an einem kleinen Holme aus und kamen um 5½ Uhr, denselben Cours haltend, zu einer andern kleinen Insel. Dort saß hinter einen Stein gekauert ein Fjeldfuchs, der wegen seiner hellen Frühlingstracht von der Mannschaft anfangs für einen jungen Bären gehalten wurde. Er ergriff schnell die Flucht und suchte uns schwimmend zu entkommen. Ich erlegte ihn indessen mit einem Schusse, eine freilich etwas späte Wohlthat für die auf der Insel befindliche Colonie von Vögeln, in deren Nestern ich nichts als zerbissene Eier fand. Das sonst so unfruchtbare Kalkgestein war auf diesem Holme von den zahlreichen Vögeln in einen verhältnißmäßig fruchtbaren Boden verwandelt worden und daher ganz von Moos und Pflanzen bewachsen, welche in dem klaren, warmen Sonnenscheine einen sehr behaglichen Eindruck machten. Am vergangenen Tage hatten wir blos ein paar Stunden geruht; ich ließ daher die Mannschaft nach dem Abendbrod zur Ruhe gehen, sammelte Pflanzen, nahm einen kleinen See in Augenschein, den eine Schaar des schönen Phalaropus belebte, und legte mich um 9 Uhr Vormittags zur Ruhe. Wir schliefen in unseren Schlafsäcken auf dem Strande und fühlten uns dort sehr wohl; denn im Sonnenschein stieg das Thermometer bis auf +10° C. und hielt sich im Schatten auf +4° bis 5° C., wie überhaupt die ganze Zeit, seitdem wir Treurenberg-Bai verlassen hatten. Nachdem wir zu Mittag gegessen und uns zur Abreise gerüstet hatten, bekamen wir fünf Uhr Nachmittags Aeolus in Sicht, welcher von seinem Ausfluge zur Treurenberg-Bucht zurückkehrte. Vergebens aber zogen wir eine Flagge auf der höchsten Spitze des Holms auf, um von unserer Anwesenheit Kunde zu geben; sie wurde nicht wahrgenommen, eine Antwort erfolgte nicht, und das Schiff steuerte wieder nach Süden. Wir nahmen dagegen den Cours weiter nach Nordosten. Nach einer Weile ließ der Wind nach, wir griffen wieder zu den Rudern und kamen mit ihrer Hülfe um 11 Uhr Nachmittags zu der Spitze, welche vom Shoal-Point-Lande ein Ende nach Norden geht. Nachdem wir einige Winkel genommen und andere Beobachtungen gemacht hatten, begab ich mich zu einem genau im Norden belegenen kleineren Berge, um zu sehen, wie das Eis beschaffen. Von einer andern Stelle war ein solcher Ueberblick unmöglich, da das Land sich nur 10 bis 15 Fuß über dem Meere erhebt. Die schmale Landzunge, auf deren Spitze wir uns befanden, war weit von dem

Meere eingeschnitten, oder bildete vielmehr eine Lagune mit einer nur einige Klafter breiten Oeffnung nach Westen. In diese Lagune fiel ein kleiner Bach, gebildet von dem Schnee, welcher noch auf der Nordseite des von mir erstrebten Berges lag. Schon ein wenig daran gewöhnt, Entfernungen auf Spitzbergen zu taxiren, glaubte ich nicht, daß ich von der durchsichtigen Luft so getäuscht werden würde, als ich in Wahrheit wurde; denn der Berg schien mir ganz nahe zu liegen, während seine wirkliche Entfernung, — wie ich auf dem Rückwege durch Messen bestimmte — 15,000 Fuß betrug.

„Ich mußte über einen zwar nicht tiefen aber reißenden Bach schreiten, welcher an Größe von einem andern, der in die noch mit Eis bedeckte Bucht, östlich von der Landzunge, mündete, übertroffen wurde; denn dieses war ein auf den entfernten Bergen entspringender wirklicher Fluß. Der Schnee am Fuße des Berges war gehbar, obwohl weich; von dem Gipfel sah ich, daß das Eis nach Norden und Nordosten in getrennten Massen auftrat. Selbst Low Island wurde ein wenig sichtbar, und der Weg dorthin schien kaum ein paar Stunden Zeit zu erfordern. Der Rückweg war öde und einsam; überall nichts als Eis und kahles Kalkgestein. Als ich am 14. Morgens 4 Uhr zu unserm Boote zurückkehrte, fand ich die Mannschaft schon auf den Beinen und unruhig wegen meines langen Ausbleibens. Ich wünschte, wenn es anginge, den ganzen Tag unsere Fahrt fortzusetzen, daher befanden wir uns um 7 Uhr Morgens schon wieder auf dem Wege. Das nördliche Eis war mittlerweile vom Strome uns entgegen, nach Süden, geführt und daher ein wenig vertheilt. Da ich unter allen Umständen vorwärts wollte, aus den Reden unserer Leute aber schon am Tage vorher entnommen hatte, daß sie keine große Neigung hatten, sich weiter durch das Eis zu brechen, und auch jetzt eine große Gleichgültigkeit bei ihnen bemerkte, so setzte ich mich selber, wie schon oft geschehen war, an das Steuer und richtete den Cours nach Nordwesten, um entweder nach Low Island zu kommen, das uns gerade im Norden lag, oder in das offene Wasser westlich zu gelangen, welches freilich im Norden, auf der Höhe der genannten Insel, vom Eise begrenzt war.

„So ruderten wir ein Ende vorwärts, und jagten eine Weile auf Möwen, von denen verschiedene Arten sich neben einem todten Walroß niedergelassen hatten. Das Eis lag so, daß wir uns nur land genannt worden ist. Auch hier trafen wir den Aeolus nicht, dagegen den Quänen Mattilas mit seiner Jacht. Er theilte uns mit, daß Lilliehöök die Nacht vorher zur Strat abgesegelt sei und daß man von der Mastspitze der Jacht mit dem Fernrohr Chydenius' Boot an dem Rande des festen Eises, das noch immer die Branntwein-Bucht bedecke, erblicken könne.

„Am Anfange unserer Reise durch den Sund waren wir von einem außerordentlich klaren und schönen Wetter begünstigt worden. Aber schon bei den Südwaigatsinseln begann der Nebel sich zeitweise einzustellen, und während unserer Fahrt vom Cap Fanshaw bis Low Island herrschte ununterbrochen ein feiner Nebelregen. Unsere Sachen waren davon so durchweicht worden, daß wir uns auf der Insel nothwendig etwas länger aufhalten mußten, um uns zu trocknen. Es wurde ein großes Feuer von Treibholz angezündet, das hier, wie bei Shoal Point, an dem Strande häufig vorkommt, und unser kleines Bootssegel zum Schutze gegen den Wind ausgespannt. Auch Haar und Bart wurden verschnitten, und wir fühlten uns — wie die Engländer sagen — so comfortable, als die Verhältnisse es nur gestatteten.

„Nachdem wir uns so ausgeruht und dem Mattilas unsere Walroß- und Bärenfelle übergeben hatten, ruderten wir am 22. Morgens weiter zur Branntwein-Bucht, um Chydenius aufzusuchen. Wir steuerten anfangs in der von Mattilas angegebenen Richtung bis zu einem Vorgebirge, das im Süden den Fjord begrenzt. Als wir ihm näher kamen, konnten wir am Rande des festen Eises deutlich das von Chydenius benutzte kleine rothe eiserne Boot erkennen. Wir ruderten sofort dorthin und fanden ihn im Begriff, einen Ausflug zum Cap Hansteen zu unternehmen. Nachdem wir über unsere Erlebnisse der letzten Wochen kurz berichtet und Chydenius uns mitgetheilt, daß Lilliehöök in Kurzem zu diesen Gegenden zurückkehren werde, beschlossen wir am Strande, nördlich vom Fjorde, seine Ankunft abzuwarten und steuerten deshalb durch ein ziemlich dichtes Treibeis sofort dorthin.

„Das Land zwischen der Bird- und Branntwein-Bucht wird ganz und gar von hohen Bergen eingenommen, welche bis zum Meeresstrande gehen und hier entweder in steil abfallenden Felswänden oder in ungeheuren Muhren endigen. An dem Eisfuße einer solchen zogen wir unser Boot auf das Land. Gleich westlich erhob sich ein hoher Berg, den wir bestiegen. In einer Höhe von 1,500 Fuß kamen wir auf ein fast schneefreies Plateau, welches im Norden nach der Bird-Bai im senkrechten Abfall niederstürzt. Aus diesem Plateau erhob sich eine mit tiefem Schnee, oder besser mit losem, feinkörnigem Eise bedeckte Kuppe, von deren höchsten Spitze wir bei dem herrlichen Wetter eine außerordentlich weite und großartige Aussicht genossen. Im Norden dehnte sich bis zum Horizonte ein endloses Eisfeld hin, in welchem wir selbst von dieser Höhe keine Oeffnung erkennen konnten, und dessen Monotonie nur an einzelnen Stellen von den im Norden des Nordostlandes belegenen Inselgruppen, den Sieben Inseln, Walden Island, dem großen und kleinen Table Island und dem Lande unterbrochen wurde, welches auf Parry's Karte als „Distant Highland" bezeichnet wird. Im Osten trat dem Auge die hohe öde Schneeebene entgegen, welche das ganze Innere des Nordostlandes einnimmt. Im Westen konnte man, trotz des großen Abstandes, deutlich die Contouren der Berghöhen um die Norsköer und Cloven Cliff erkennen. Im Südwesten erschien Grey-Hook nebst Hecla Mount, und südlich von diesen Bergen zwei isolirte, sehr hohe, spitzige, schneebedeckte Gipfel, welche an dem Nordstrande des Storfjord zu liegen schienen.

„Den 23. Juli konnten wir durch das Fernrohr wahrnehmen, daß zwei Schoner bei Low Island Anker geworfen hatten. Wir vermutheten, daß der eine von ihnen der Aeolus sei, und beschlossen sofort dorthin zu rudern, sobald das Treibeis, welches zur Zeit dicht gepackt in der Vik lag, angefangen hätte sich mit der veränderten Strömung ein wenig zu vertheilen. Nachdem wir ein paar Stunden gewartet, schoben wir unser Boot in's Wasser. Mit dem Strome, zwischen den Eisstücken schwimmend, kam auch eine Bärin. Alle Mann griffen sofort hastig nach den Rudern und begannen die Wettfahrt. Bald wurde es offenbar, daß die Bärin unterliegen müsse. Sie selber schien dieses einzusehen, denn sie suchte den Strand zu erreichen und wandte oft schnaubend ihren Kopf, um zu sehen, wie der ursprüngliche Vorsprung, den sie gehabt hatte, immer kleiner wurde. Schließlich, als wir ihr auf 20 bis 30 Schritte nahe kamen, jagte ihr Petersen eine Kugel durch den Kopf. Nachdem die Jagd beendigt, ruderten wir wieder und ein paar Ranunkeln oder Mohnpflanzen sich erheben. Auch auf dem aus Quarzit und Sandstein bestehenden Berge wuchsen Moose und Flechten. Der Berg ist, wie Parry angiebt, ungefähr 150 Fuß hoch und bietet eine gute Aussicht über die Insel und die Umgegend dar. Ich nahm einige Stundenwinkel und wanderte mit den gesammelten Pflanzen und Mineralien zum Boote zurück. Ein Fjeldfuchs und einige Vögel waren die einzigen lebenden Wesen, die uns zu Gesicht kamen. Ein Bär war während unseres Schlafes dem Boote ganz nahe gekommen und hatte — wie die Spuren auswiesen — umhergeschnuppert und seine Untersuchungen daselbst angestellt. Wir bekamen ihn nicht zu sehen; aber weit fort konnte er nicht sein. Denn als ich gegen Abend zu den zurückgelassenen Instrumenten zurückkam, um die Beobachtungen fortzusetzen, fand ich einen Instrumentenkasten, den ich mit dem Schlosse nach oben hingestellt hatte, genau umgekehrt; auch erkannte man in dem gebeizten Holze die Spuren seiner Klauen. Der Bär hatte es nicht der Mühe werth gehalten, den Kasten entzwei zu schlagen, ihn vielmehr — wenn auch das Unterste zu oberst — wieder auf seinen Platz gestellt.

„Von dem Berge aus konnte ich wahrnehmen, daß Aeolus sich noch auf seiner alten Stelle bei Shoal Point befand. Das Eis lag nach Westen hin weder gepackt, noch erstreckte es sich weit in die See. Ich beschloß daher, mich zu dem Schiffe zu begeben, bevor es weiter segelte, um wenigstens in Betreff eines der Leute einen Wechsel vorzunehmen; denn Furcht und widerwilliges Betragen hatten sich allmählich wiederum eingestellt. Das feste Eis war nun überdies so morsch, daß, wenn man recht sicher darauf zu stehen wähnte, man plötzlich bis zur Brust einsank. So konnte eine weitere Eisfahrt, zumal mit einer solchen improvisirten Kufe, keine großen Erwartungen aufkommen lassen. Als ich daher am 16., 9 Uhr Vormittags, zum Boote zurückkehrte, ruhte ich erst einige Stunden aus und begab mich dann um Mittag, bei dem klarsten und herrlichsten Wetter, direct nach Westen. Bald erkannte ich jedoch an der undurchsichtigen Luft und dem dunkeln Rande am westlichen Horizonte, daß ein Nebelwetter heraufziehe; wir beeilten uns daher, so viel wir nur vermochten, und erreichten das offene Wasser, aber nicht früher, als bis der Nebel, von einem ziemlich starken Winde begleitet, etwa um 5 Uhr Nachmittags, uns überfiel und uns Land und Sonne und alle Gegenstände in einer

Entfernung von 40 bis 50 Ellen verhüllte. Wir konnten daher nur nach dem Kompaß steuern. Leider mußten wir fürchten, daß wir mit diesem Winde zugleich durch größere Eismassen zu fahren haben würden, und wir trafen auf mehr als wir vermuthet hatten; denn als der Nebel sich einen Augenblick hob, konnte ich von einem hohen Eisberge wahrnehmen, daß wir bis zum offenen Wasser noch eben so weit hätten, als am Anfange, da wir unsere Fahrt antraten. Das Eis war nun überdies so gepackt, daß wir das Boot unaufhörlich darüberschleppen, oft uns sogar einen Weg mit der Eisaxt bahnen mußten. Die Strömung führte das Eis überdies nach Norden, so daß unsere Lage unter Umständen ganz gefährlich werden konnte, wenn wir uns nicht rasch aus dieser Situation herausarbeiteten. Schon lange hörten wir das Brausen der Wogen und ihr Anschlagen an die Eiskante, aber bevor wir dieses ersehnte Ziel erreichten, mußten wir noch das Baieneis passiren, welches einen Fuß unter der Oberfläche des Wassers, das heißt gerade so lag, daß das Boot nicht schwimmen konnte, vielmehr geschleppt werden mußte. Und das alles während eines feinen Nebelregens, der unsere Kleider mit Eis überzog! Um 12 Uhr Nachts kamen wir endlich in offenes Wasser. Wir setzten unsere Ruderfahrt bis um 3 Uhr Morgens (den 17. Juli) fort, in der Richtung nach Südwesten, immer bei demselben Nebel. Wir merkten bald, daß wir uns in dem flachen schärenreichen Fahrwasser zwischen Shoal Point und Low Island befanden. Um uns nicht etwa zu verirren, ließ ich an einer Holmklippe anlegen, an deren Strande Eidergänseriche, reihenweise, zu Tausenden und dicht neben einander, saßen und alle so laut schrieen, als sie nur konnten. Sie hatten nach ihrer Gewohnheit sich dort versammelt, um zu anderen Regionen zu ziehen, während die Gänse zurückgeblieben waren, um zu brüten und die Jungen zu pflegen. Wir versuchten uns dieser lauten Schaar zu nähern und hofften, wenigstens ein paar von ihnen zu erlangen. Aber sie waren wachsam, erhoben sich bei unserer Annäherung und verschwanden südlich im Nebel. Das Land bei Shoal Point zeigte sich auf Augenblicke und verschwand dann wieder. Wir konnten nun nicht mehr weit bis zum Aeolus haben, aber wir waren Alle zu ermüdet, um ein paar Stunden Ruderns behufs des Aufsuchens des Schiffes zu riskiren, und befestigten daher das Boot hinten mit einem Anker, vorne aber an der Klippe, nahmen einen Theil der Sachen heraus, brachten das Zelt über dem Boote an, und schliefen, ohne an irgend welche Nahrung zu denken, fast im nächsten Augenblicke ein.

„Am Morgen, da der Nebel sich etwas verzogen hatte, erblickten wir den Aeolus in unbedeutender Entfernung von uns. Nachdem wir in Eile ein Frühstück eingenommen, machten wir uns um 9 Uhr auf den Weg und waren um 10 Uhr an Bord. Der Nebel hielt noch den ganzen Tag und die folgende Nacht an, es war daher an eine neue Fahrt nicht zu denken, obwohl wir alle Vorbereitungen dazu trafen. Das vom Wasser beschädigte Brod — etwa 16 Pfund — wurde gegen anderes umgetauscht, und um das Boot zu erleichtern, ließen wir die dazu gehörige Kratze nebst 120 Faden Tauwerk und anderes überflüssiges Zeug zurück, und nahmen dafür die Schlittenkufen des Bootes mit, Brooke's Tiefmessungsapparat, nebst 50 Faden feiner Leinen, die nur sechs Pfund wogen, und etwas Proviant. Brandt mußte an Bord bleiben und wurde von Jakobsson, der sich schon vorher dazu bereit erklärt hatte, ersetzt. Etwa um 1 Uhr Nachmittags waren wir wieder bereit nach Norden abzugehen, aber der Wind blies so scharf aus Süden, daß die Abreise noch aufgeschoben werden mußte. Mittlerweile fiel die Temperatur, die seit Monaten nicht unter $+2^0$ gewesen, auf $+1,_2{}^0$ C. Aber wir lagen auch mitten in dem aus Heenloopen Strat kommenden Luftstrome.

„Wir hofften, daß der Wind bis zum Eise reichen und es nach Norden treiben werde, so daß wir möglicher Weise mit dem Aeolus bis zur Branntwein-Bai gelangen könnten; ich beschloß daher demselben vorerst zu folgen und später erst die Bootexcursion anzutreten. Wir ließen einen Bericht für Torell in einem Varde zurück, lichteten die Anker und befanden uns um Mittag in $80^0$ 13′ nördl. Br., oder fast auf der Höhe der südlichsten Spitze von Low Island. All' das Eis, welches vor zwei Tagen westlich von dieser Insel sich befunden und uns so viel Beschwerde gemacht hatte, war nun vollkommen verschwunden. Nachmittags ging der Wind nach Norden; wir kreuzten nördlich in dem nun offenen Wasser, und der Wind sprang nach Osten herum. Am Abende in $80^0$ 25′ nördl. Br. verließ ich das Schiff, um meine Bootfahrt anzutreten. Nach einer Stunde Ruderns erreichten wir einen schmalen Treibeisgürtel, den wir durchbrachen, und steuerten auf das gepackte Treibeis los. Ich stieg auf einen Eisberg und erblickte nichts als Packeis. So steuerte ich denn nach Westen; aber überall, so weit man nur sehen konnte, hatte das Eis dieselbe schlimme Physiognomie. Nach Osten hin schien es etwas besser zu sein, wir ruderten in dieser Richtung bis um 11 Uhr; da auch dieser Weg gesperrt wurde und der hereinbrechende Nebel uns alle Aussicht nach Osten hin benahm. Ich steuerte zu einem isolirten Grundeisblock in ungefähr 80° 26′ nördl. Br., etwa 1½ Meilen vom Nordostlande entfernt, befestigte an ihm das Boot und blieb hier die Nacht. Dieser Eisberg war der größte von allen bis dahin gesehenen; er hielt zehn Faden im Umkreise, stand auf dem zehn Faden tiefen Grunde und erhob sich vier Faden über die Wasserfläche. Seine höchste Spitze stieg vom Boden senkrecht in die Höhe und dachte sich dann weiter bis zur Oberfläche des Wassers ab. Seine über dem letzteren befindliche Masse hatte daher nicht einen so bedeutenden kubischen Inhalt, als seine Höhe vermuthen ließ. Oben war er mit Schnee bedeckt, aber seine Seiten zeigten ein reines hellblaues Eis. Nachdem wir neben diesem nicht ganz ungefährlichen Nachbar ruhig geschlafen und unser Frühstück eingenommen hatten, steuerte ich am 20. nach Nordosten bis zu dem Eise, welches sich nach Norden und Osten hin ein wenig entfernt hatte, aber sich noch immer so schwierig zeigte, daß ich den Versuch, weiter nach Walden Island, das von uns etwa noch 1¾ Meilen entfernt lag, zu gehen, nicht wagen mochte, vielmehr mich nach Westen wandte, um, wenn es anginge, die Eisspitze zu umschiffen und womöglich Little Table Island oder Ross Islet zu erreichen. Während dieser Fahrt kam ich zum Aeolus, der bei der Windstille und Gegenströmung noch auf demselben Punkte lag, wo ich ihn gelassen, und erhielt von ihm die Nachricht, daß, so weit man von dem Mastkorbe sehen könne, das Eis westlich von Walden Island festliege. Ich steuerte deshalb nach Nordosten zu der Eisbucht, von welcher ich am Morgen ausgegangen, in der Hoffnung, hier am ehesten weiter zu kommen. Meine Hoffnung trog mich nicht; denn als ich am Nachmittage dorthin gelangte, hatte sich nach Nordosten hin in der That eine Rinne gebildet. Ich drang in ihr ein Ende vor, traf aber schließlich auf festes Eis und konnte nach allen Richtungen nichts Anderes wahrnehmen, als schweres Schraubeneis. Walden Island hatte ich im Ostnordost, in 1½ Meilen Entfernung, befand mich also mindestens in 80° 34′ nördl. Br.; denn die Nordwestspitze dieser

Insel liegt, nach Parry, in 80° 35′ 38″. Die Sieben Inseln mit ihren hohen, stattlichen Bergen bildeten gleichsam eine ununterbrochene Mauer im Osten und Nordosten. Beverly-Bai und Bird-Bai lagen vor mir im Südosten. Da es mir endlich gelungen war, so weit nach Norden vorzubringen, fiel es mir schwer, von einer Fahrt nach Walden Island abzustehen. Aber das Eis war während des letzten Tages in starke Gährung gekommen, die Entfernung noch immer groß, und die Gefahr, mit dem Eise in Trift zu kommen, augenscheinlich, um so mehr, als wir uns weit in demselben befanden. Nachdem ich noch eine Weile gewartet, kehrte ich auf demselben Wege zurück; denn das Eis wollte sich nicht öffnen und der Strom und der Südwestwind packten es sogar immer mehr zusammen, so daß die Gefahr einer Einschließung nahe lag. Als wir aus dem Eise heraus waren, steuerte ich nach Südosten gegen den Berg südlich von der Branntwein-Bucht und gelangte zu dem festen Eise unterhalb desselben um 10 Uhr Abends. Die Bucht selbst war nur noch mit morschem Eise bedeckt, aber auf der Nordküste von Low Island und im Sunde zwischen der Insel und dem Nordostlande wurde das Eis gerade aufgebrochen, trieb nach Norden und vergrößerte die Treibeismasse, aus welcher ich also noch gerade vor Thores Schluß herausgekommen war. Eine Nebelschicht folgte nun der andern; das den ganzen Tag über so schön gewesene Wetter wurde kalt und unbehaglich.

„Obwohl auch am folgenden Tage noch Alles voll Nebel war, begab ich mich auf den Berg, südlich von der Vik, an dessen Fuß unser Boot lag. Er bildet eine Spitze, welche wir Cap Hansteen benannten. Es gelang mir nur schwer vorwärts zu kommen, denn das Eis war schon ganz „krank“; aber mit einiger Vorsicht vermochte ich doch den Strand zu erreichen. Nachdem ich zwei Gletscher passirt, welche von Nordwesten niedersteigen, konnte ich längs einer Landzunge und der nördlichen Kante des Gletschers ganz bequem auf den Berg gelangen, welcher eine Höhe von etwa 1,300 Fuß hatte. Auf dem vollkommen schneefreien Bergplateau sammelte ich Pflanzen, unter ihnen die schöne Flechte **Usnea melaxantha.** Aber vergebens wartete ich fünf bis sechs Stunden, daß der Nebel sich nur so weit verziehe, um mich über die Lage des Eises zu vergewissern oder einige Beobachtungen zu machen. Ich stellte deshalb die Instrumentenkisten so, daß wenn ein Bär sich bis auf diese Höhe wagen sollte, er sie nicht gleich bei seiner Ankunft die senkrechte Felswand nach dem Meere zu niederrolle, und kehrte zu unserm Boote zurück, indem ich es um 5 Uhr Nachmittags erreichte. Gegen Morgen wurde es klarer. Während ich auf das vollständige Verschwinden des Nebels wartete, erblickte ich ein Boot, das von Low Island herankam. Es war Torell nebst Nordenskiöld und der nach Süden gegangenen Bootpartie, welche gerade zum Schoner zurückkehrten. Nachdem wir uns von unseren Schicksalen Mittheilung gemacht, stieg ich wieder auf den Berg. Die Aussicht war jetzt klar. Das Eis hatte seine Lage nach Norden hin verändert. Da, wo ich zuletzt gewesen, befand sich nur noch ein Gürtel festen Eises um Walden Island. Ich erhielt hier vortreffliche Winkel für die Karte und die projectirte Gradmessung, welche zusammen mit den schon genommenen, und mit Zuhülfenahme der Karte Parry's, mir die Ueberzeugung verschafften, daß das trigonometrische Netz bis zur Mündung der Heenloopen Strat fortgesetzt werden müsse. Während die andere Partie eine Excursion zum nördlichen Strande machte, bestimmte ich die Lage der Spitze. Sie befindet sich in 80° 17′ 15″ nördl. Br. und 19° 34′ 45″ östl. L. Als ich darauf hinaus auf die Vik ruderte, um mit den Kameraden zusammen zu treffen, erlebte ich ein Abenteuer, das mitgetheilt zu werden verdient.

„Während der ganzen Zeit, daß wir mit unserm Boote am Cap Hansteen lagen, hatte sich in der Nähe zwischen dem Eise ein einzelnes Walroß aufgehalten. Es befand sich offenbar in einer sehr schlechten Stimmung, denn es brüllte und schnob und zeigte sich unruhig bald hier bald dort. Als wir uns nun auf der Ruderfahrt nicht fern von unserm Rastplatze befanden, merkten wir, daß das Hinterende des Bootes tief in's Wasser gedrückt wurde, und nahmen unsern alten Bekannten wahr, welcher sich mit seinen Zähnen in den über den Rand des Bootes ragenden Mast und ein Ruder eingehauen hatte. Als nun einer von der Besatzung, der auf demjenigen Theile derselben, welcher sich im Boote befand, saß, aufstand, sank das Walroß sofort in das Wasser und verschwand eine Weile, hörte aber nicht auf, uns zu verfolgen. Die See war etwas bewegt, so daß man nicht sicher zielen konnte. Wir legten deshalb an einem Treibeisstücke an, um ihm von hier aus einen Denkzettel zu geben, im Falle es noch ferner Lust verspürte, unser Boot zu beunruhigen. Es dauerte nicht lange, so tauchte es ganz in der Nähe auf und erhielt von mir eine Kugel, die, wie es schien, eine gute Wirkung gehabt hatte, denn es begab sich nun quer über die Bik und verließ seine Lieblingsstelle. Nach diesem Abenteuer kehrte ich zu unserer früheren Raststelle zurück, wo bald darauf auch Torell und Nordenskiöld eintrafen. Sodann begaben wir uns nach Low Island zu unserm alten Freunde Aeolus."

Aeolus hatte ungefähr anderthalb Tage vor einem schwachen Südsüdwest gelegen, dann war er mit einem „labbern" Südwest zu seinem früheren Ankerplatz an der Depotinsel gesteuert. Man sah aus Wijde-Bai große Massen von Baieneis mit dem Strome nach Norden treiben. Am Abend trat starker Nebel ein, Aeolus legte vor dem Holme bei, klarere Luft abzuwarten. Die Jagdboote wurden an's Land geschickt, um daselbst Rapporte niederzulegen und frisches Wasser einzunehmen. Der Nebel nahm mehr und mehr zu. Aeolus ging daher am Morgen des 22. wieder in seinem früheren Hafen vor Anker. Man machte Excursionen in's Land hinein und erhielt bald Kenntniß von dem kurzen Aufenthalte des „Südbootes" daselbst und dessen neuer Fahrt nach Norden. Die Jagdboote kehrten am Abend mit vier alten und einem jungen Walroß zurück; spät in der Nacht traf auch Malmgren ein, welcher mit dem Steuermann einen Ausflug zum nördlichen Theile der Murchison-Bucht gemacht hatte. Wieder wurden die Anker gelichtet und vor einer frischen südlichen Brise nach Nordwesten gesteuert, um nach der Bootpartie zu spähen und ihr zur Hand zu sein. Als man am Morgen Shoal Point passirte, kam der Schiffer Nielsson an Bord, um Lebewohl zu sagen, denn er beabsichtigte wieder nach Tromsö zurückzukehren. Wir konnten also mit ihm Nachrichten von uns in die Heimath mitgeben. Am 23. Mittags erreichte man die Höhe der Branntwein-Bucht. Lilliehöök legte bei und ging im Boot nach Low Island, wo der Schiffer Rosendahl mit seinem Schoner vor Anker lag. Dieser machte die Mittheilung, daß er vor Kurzem beide Bootpartien in der Branntwein-Bucht gesehen habe, Lilliehöök steuerte sofort dorthin, konnte aber nicht die geringste Spur von ihnen entdecken; so kehrte er wieder an Bord zurück und ging gleich östlich von Low Islands nördlicher Spitze vor Anker. Lange aber hatte Aeolus dort nicht gelegen, als Abends um 8 Uhr beide Boote beim Fahrzeuge anlangten. So fanden sich nun wieder Alle am Bord des Aeolus zusammen. —

Wieder wurden Vorbereitungen zu neuen Bootreisen getroffen.

Torell und Nordenskiöld sollten ausgehen, um so weit als möglich die unbekannten Küstenstrecken des Nordostlandes zu untersuchen, Chydenius aber seine Recognoscirungsarbeiten fortsetzen und das Gradnetz so weit nach Süden ausdehnen, als die Verhältnisse es nur gestatteten. Während dessen machten wir Excursionen auf Low Island. Chydenius hatte bei seinem ersten Besuche zu finden gemeint, daß wenn einmal in diesen Gegenden eine Gradmessung vorgenommen werde, es möglich wäre, auf Low Island in der Richtung von Südost nach Nordwest eine Standlinie von einer Viertel- bis einer halben Meile Länge zu messen; eine nähere Untersuchung der Insel bestätigte diese Vermuthung vollkommen. Die Länge derselben beträgt ungefähr eine Meile. Nahe der Nordspitze wurde die Breite auf 80° 20′ 11″ bestimmt; die Inclination der Magnetnadel betrug an eben derselben Stelle 80° 40′ und die westliche Declination 17° 42′.

Den 26. Abends war die nördliche Bootpartie zum Abgehen bereit, mit Proviant auf vier Wochen ausgerüstet, im Uebrigen nur mit dem Allernothwendigsten. Da das Eis im Norden noch festlag, so wurden die Kufen mitgenommen. Für den Fall, daß die Boote im Eise verloren gingen oder verlassen werden mußten, beschloß man ein Depot und das Eisenboot am Strande der Branntwein-Bucht zu errichten. Der Wind, welcher am Tage vorher als Sturm aus Südwesten aufgetreten war, stillte sich im Laufe des Tages ab. Es gingen daher am Abend Torell und Nordenskiöld mit demselben Boot und derselben Mannschaft wie während der früheren Reise ab. Aeolus hatte vor der Trennung die Instruction erhalten, sich zu seinem früheren Ankerplatz bei den Russeninseln zurück zu begeben, um von der Depotinsel die zurückgebliebenen Effecten der Bootexpeditionen abzuholen und Malmgren und Chydenius die Gelegenheit zu geben, in diesen Gegenden einige Excursionen zu veranstalten. Später sollte er zu dem südlichen Theile der Heenloopen Strat abgehen und bis zum 24. August sich auf geeigneten Ankerplätzen zwischen den Foster- und Südwaigatsinseln aufhalten, nach dem 24. August aber in der Lomme-Bai ankern, um hier die zurückkehrende geographische Expedition zu erwarten. Sollten das Treiben des Eises oder andere unvorhergesehene Umstände es nothwendig machen, so sei die Bootexpedition an folgenden Stellen — der Reihe nach — zu erwarten: bei den Russeninseln, der Mündung der Wijde-Bai, der

Red=Bai, den Norsköer und der Kobbe=Bai. Bliebe die Expedition so lange aus, daß der Schoner bei einem längeren Aufenthalte an der Nordküste Gefahr liefe sich einer Ueberwinterung ausgesetzt zu sehen, dann solle er langsam zu den südlichen Häfen Spitzbergens und von dort nach Norwegen segeln. Uebrigens seien die in den früheren Instructionen gegebenen Vorschriften, betreffend die wissenschaftlichen Arbeiten, die Niederlegung von Rapporten und Proviant u. s. w., zu befolgen.

Lilliehöök, Malmgren und Chydenius nebst einem Manne folgten den Abreisenden in dem norwegischen Boote. Das Jagdboot, welches in derselben Vik auf den Fang ausgehen sollte, bugsirte erst das dänische Eisenboot, worin der Proviant und die Bagage sich befand, welche zur Bildung eines Depots bestimmt waren. Der ganze Zug, vier Boote mit sechzehn Mann, steuerte direct auf die Westspitze des Nordstrandes an der Branntwein=Bucht los.

„Als wir der Bucht näher kamen, sahen wir, daß ein großer Theil des Eises verschwunden und das zurückgebliebene größtentheils schon zersplittert war. Nach Norden hin hatte das Packeis, in Folge des letzten Sturmes, sich fast ganz verloren. Um 12 Uhr erreichten wir die Mitte des Einganges zur Bucht, das norwegische Boot nahm das Eisenboot in's Schlepptau, das Jagdboot ging auf den Fang aus und kehrte mit zweien Seehunden und einem Walroß zurück. Mit dem Nordostwinde begann nun ein starker Nebel sich auszubreiten, der während unserer Weiterfahrt durch die Vik mehr und mehr zunahm. Schließlich wurde er so dicht, daß jede Landmarke verschwand, und als wir nach einer Stunde Ruderns zu einem Gürtel von Treibeis gelangten, konnten wir die Eisstücke nicht eher wahrnehmen, als bis wir uns dicht bei denselben befanden. Zwischen diesem Treibeise hauste eine Menge Walrosse und Seehunde (Phoca hispida), welche von den Norwegern Steinkobbe genannt wird. Diese Seehundsart ist auf Spitzbergen nicht verbreitet und wurde von uns nur ein paarmal an der Nordküste angetroffen. Er hält sich im Sommer immer im Treibeise und nahe dem Wasser auf, in welchem er seine Nahrung sucht, bestehend in kleineren Krebsen und Fischen, besonders dem kleinen hochnordischen Dorsch Merlangus polaris. Den Winter bringt er in den Fjorden zu, in deren Eisdecke er zum Athemholen Löcher macht. Von allen Säugethieren ist er es, der in den nördlichsten

Breitengraden wahrgenommen worden, denn Parry sah ihn auf seiner Polarreise in 82° 45′ nördl. Br. Es ist derselbe Seehund, welcher in der Ostsee und deren Busen, ja selbst im Ladoga und anderen Seen, namentlich Finnlands, den Gegenstand einer ziemlich großen und einträglichen Jagd bildet, während er in Spitzbergen wegen seiner geringen Größe wenig geschätzt und der größeren und fetteren Storkobbe oder Hafert — Phoca barbata — nachgesetzt wird. — Große Schaaren von Seepferden, Möwen, Teisten und Rotjes schwärmten zwischen dem Eise, die meisten um Nahrung für ihre eben ausgekommenen Jungen zu suchen.

„Die Boote wurden zufällig ein wenig getrennt, verloren einander aus dem Gesicht und konnten nur mit Mühe denselben Cours weiter fortsetzen. Durch Rufen wurden wir endlich einander gewahr, als wir uns gerade unter einer senkrecht in's Meer stürzenden Felswand befanden, die wir nicht eher erkannten, als bis wir nur noch ein paar Klafter von ihr entfernt waren. Dann folgten wir dem Ufer, bis wir zu einer nach Südwesten vortretenden niedrigen Felsspitze kamen, welche fast ganz aus Hyperit bestand, eben so zersprengt wie der bei Low Island und dem Aeoluskreuz. An dem Oststrande dieser Spitze legten wir um 3 Uhr Nachmittags des 27. Juli an. Die zum Depot bestimmten Sachen wurden an's Land geschafft, das eiserne Boot heraufgezogen, ein Treibholzfeuer angezündet und ein einfaches Mahl eingenommen, um uns zu der langen Ruderfahrt zu stärken. Torell suchte eine Stelle für das Depot aus und überzeugte sich, daß sie ebenso zu Wasser wie zu Lande erreichbar sei. Mittlerweile ließ der Nebel nach; Hellstad ging auf die Jagd und kehrte mit zweien der schönsten Rennthiere zurück. Denn es gab auch hier vortreffliche Weiden für diese Thiere.

„Ein Endchen von unserm Rastplatz stieg ein steiler Bergkamm auf; Malmgren fand auf ihm reiche Ausbeute von Pflanzen. Keiner von allen bis dahin besuchten Punkten hatte, was Mannigfaltigkeit und Ueppigkeit betrifft, eine so reiche Vegetation dargeboten, wie diese Stelle. Auf den unteren Abhängen, welche hier, wie überall wo das Gestein aus Gneis oder Granit besteht, den Fuß der Berge umgeben, wandert man zuweilen über feuchte, weiche Stellen von dem lieblichsten Grün, zum größten Theil aus Mosen: Aulacomnium turgidum und Hypnum uncinatum gebildet, welche wie eine dicke Decke sich über ein schwarzes Torflager von einem Fuße Mächtigkeit ausbreiten. Auf dieser feuchten Grundlage wachsen in Menge auch einige Gräser: Alopecurus alpinus, Dupontia Fischeri, Poa cenisia. Besonders zeichnete sich der kleine Ranunculus hyperboreus aus. Fußhohe Oxyria reniformis und großblätteriges Skorbutkraut, Cochlearia fenestrata, wuchsen in erstaunlicher Ueppigkeit auf den niedrigeren Stellen, vermischt mit dem stattlichen Ranunculus sulphureus, deren große gelbe Blüthen dem Wanderer bis an's Knie reichten. Wir übergehen die übrigen Günstlinge des sonst so kargen arktischen Bodens: Cerastium alpinum, Potentilla emarginata, welche auf dem Vogelberg wuchsen und einen so starken Gegensatz zu den verkommenen Stiefkindern auf den Grus- und Trümmerflächen bildeten. Aber auch die allertrockensten Stellen waren nicht leer ausgegangen. Gelbe Draben und Mohn neben Saxifragen, Cardamine bellidifolia, die Zwergweide und Dryas wechselten freundlich ab mit den röthlichen Flecken eines bis dahin unbekannten Grases, Catabrosa vilfoidea, und erschienen wie Bouquette über den graubraunen Boden zerstreut. Unter den Moosen zeichnete sich die amerikanische Pottia hyperborea aus, und unter den Flechten die in Nord- und Südamerika, mit Ausnahme der Cordilleren, auftretende Usnea melaxantha, welche ebenso wie viele andere Pflanzen dem östlichen Spitzbergen eigenthümlich sind, während sie auf der Westküste fehlen. So verschieden ist die Natur dieser beiden, nur durch ein verhältnißmäßig schmales Hochland geschiedenen Küsten. Auch die steilen Abhänge der Berge waren mit einer, wenn auch nur sparsamen Vegetation bedeckt; denn von 1,500 Fuß Höhe brachte Torell noch einige Exemplare von Luzula hyperborea, Mohn und Stellaria Edwardsi mit. Die Stelle war aber auch sehr günstig. Der Berg fiel nach Süden steil ab und Millionen von Alken und Teisten brüteten dort.

„Gegen Mittag verschwand der Nebel, und man machte sich an die Niederlegung des Depots. Mitten auf der Spitze wurde in den Sand eine Grube gegraben, daselbst der Proviant hineingelegt und mit Grus und Steinen bedeckt. Sodann wurden alle zum Boote gehörigen Sachen darauf gepackt, das Boot darüber gewälzt und rings mit Steinen umgeben. Das daselbst errichtete Depot bestand außer dem eisernen Boote mit Segel, Kufen, Zelt, Rudern, Steuer, vier Ziehgürteln und einer Schaufel zum Aufgraben des Proviants, aus neun Büchsen, welche 43 Pfund Pemmikan enthielten, und einer Tonne mit 70 Pfund Schiffszwieback.

„Das norwegische Boot verließ zuerst diese Stelle, welche wir Depotspitze nannten, um 2 Uhr Nachmittags und ruderte in rascher Fahrt zum Schiffe. Die Expedition blieb noch eine Weile zurück, um einige weitere Anordnungen zu besorgen und sich demnächst zu den Regionen zu begeben, welche bis dahin nur Phipps besucht hatte."

Boot über Eis gezogen.

## Neuntes Kapitel.

### Torell's und Nordenskiöld's zweite Bootreise.

Ueber den Verlauf dieser Reise entnehmen wir den Aufzeichnungen Torell's und Nordenskiöld's Folgendes:

„Wir ruderten aus der Branntwein-Bucht und nahmen unsern Weg nach Norden. Das Eis hatte während der Stille der letzten Nacht sich so dicht vor die Bird- und Beverly-Bai gelegt, daß wir oft nur mit großer Mühe durch die schmalen Oeffnungen zwischen dem Eise und dem festen Lande gelangen konnten. Unsern ersten Ruheplatz nahmen wir am Nordcap, der nordwestlichsten und nördlichsten Spitze des Nordostlandes.

„Von hier begaben wir uns am 28. Juli 1 Uhr Nachmittags weiter. Als wir den nördlichsten Vorsprung der Spitze passirten, stiegen wir einen Augenblick an's Land, um eine Uebersicht des Eises und der Beschaffenheit der Umgegend zu erlangen. Wie wir schon vor einigen Tagen von der Spitze des Schneeberges gesehen hatten, lag noch im Norden des ganzen Nordostlandes dicht gepacktes Treibeis; aber der Südsturm, welcher seitdem gerast, hatte in zweien Tagen alles Eis zur Walden- und den Sieben Inseln getrieben. Große schwimmende Eisfelder trieben freilich noch zwischen den letzteren und dem festen Lande, so daß wir es für gerathen hielten, diesen Tag nicht weiter zu fahren als bis zu einer der südöstlich vom Nordcap belegenen Inseln, welche wir Castrén's Inseln nannten. Hier bot sich auch die lang ersehnte Gelegenheit, durch Mond-Distanzen eine absolute Längenbestimmung zu erhalten.

„Nordenskiöld sollte hier eine sonderbare Sinnestäuschung erfahren. Indem ich, erzählt er, von dem östlichen Ende der Insel das Cap Platen betrachtete, glaubte ich auf dieser Spitze einige Leute in weißen Hemdeärmeln und Südwestern zu sehen, welche mit der Errichtung einer Steinvarde beschäftigt waren. Die Aehnlichkeit war so auffallend und die Figuren bewegten sich so natürlich, daß ich schon vollkommen überzeugt war, es sei eine der in unseren Zeitungen erwähnten englischen Expeditionen von Osten her bis zu dieser Spitze vorgedrungen, und die Mannschaft zur Erinnerung dessen mit der Errichtung einer solchen Steinpyramide beschäftigt. Ich rief den Harpunirer Hellstad herbei, welcher ebendasselbe erblickte und sogar einen Schiffer von Tromsö oder Hammerfest zu erkennen glaubte. Plötzlich erlitt die Illusion doch einen bedeutenden Stoß durch die Bemerkung, daß die Entfernung zwischen beiden Punkten zu groß sei, als daß die Figuren, welche sich auf dem Cap Platen bewegten, Menschen von gewöhnlicher Größe sein könnten, und bald löste sich auch Alles in eine in diesen nördlichen Regionen so oft vorkommende „Hägring" (Fata morgana) auf. Die Luftschicht, welche die sehr zerklüfteten Klippen an der äußersten Spitze von Cap Platen umgab, war während des stillen und schönen Tages erwärmt und in eine zitternde Bewegung gekommen. Die dadurch entstandene ungleiche Strahlenbrechung gab sogar den Klippen eine scheinbare Bewegung, und die Illusion wurde vollkommen durch die eigenthümliche Gestalt dieser Felsen. Die alleräußerste Spitze bildete die Steinpyramide, eine nach dieser vortretende Felswand den Südwester, einige Schneefelder die weißen Hemdeärmel u. s. w.

„Wir bestiegen die Spitze des 900 bis 1,000 Fuß hohen Berges, aus welchem die größere Castrén-Insel besteht und deren südwestlicher, jetzt schneefreier Abhang langsam nach dem Meere niederstürzt. Von dieser Höhe hatten wir eine gute Aussicht über das ganze Meer zwischen den Sieben Inseln und dem Festlande. Anstatt — wie wir erwartet — sich zu vertheilen, hatte das Eis sich von Neuem zwischen uns und den Sieben Inseln angehäuft, so daß uns für den Augenblick wenig Hoffnung blieb, vorwärts zu kommen. Am folgenden Tage, den 29. Juli, wagten wir bei dem herrlichen Wetter gleichwohl den Versuch, uns zwischen dem dichten, in heftiger Bewegung begriffenen Packeise durchzuschmiegen, und zwar mit dem Erfolge, daß wir, ohne das Boot über ein Eisstück zu schleppen, nach einigen Stunden glücklich an unserm

Bestimmungsorte ankamen. Aber — „det var s'gu Held og ei Forstand" — es war bloßes gutes Glück, nicht Verstand — meinte Petersen.

„Das Erste, was uns entgegenkam, da wir uns den Sieben Inseln näherten, war ein großer Eisbär, der auf dem zwischen diesen noch festliegenden Eise mit der Jagd auf Seehunde beschäftigt schien. Wir legten sofort am Rande eines Eisfeldes hinter einem hohen Schraubeneisberge an und warteten dort eine Weile still und ruhig. Bald merkte der Bär jedoch unsere Anwesenheit und begann sich fortzuschleichen, jetzt mit der Nase umherwitternd, jetzt sich auf den Hinterbeinen erhebend, um mit Hülfe seiner Augen sicherer als mit der Nase hinter die Sache zu kommen. Sein Gang und seine Bewegungen waren geschmeidig wie die einer Katze. Nach unzähligen Wendungen und Posituren, welche uns offenbar Furcht einjagen sollten, befand der Bär sich endlich in Schußweite. Petersen schoß zuerst, Hellstad gleich darauf, Beide jedoch ohne zu treffen. Der Bär machte sofort Kehrt und floh so schnell er konnte. Zuletzt warf er sich in's Wasser, um das Land zu erreichen, und wir ruderten so schnell als möglich nach derselben Richtung, um ihm den Rückzug abzuschneiden; jedoch ohne Erfolg.

„Wir landeten denselben Tag 3 Uhr Nachmittags auf der Südspitze der Parry-Insel. Nordenskiöld benutzte das schöne Wetter, um die Lage der Spitze zu bestimmen, und machte noch einige kleinere Ausflüge. Am folgenden Tage bestieg Torell die höchste Spitze der Insel, während Nordenskiöld eine Wanderung längs dem Strande vornahm, welche wider Vermuthen äußerst beschwerlich und gefährlich wurde.

„Das Gebirge stürzt auf der Nordwestseite so steil in's Meer, daß man, um vorbei zu gelangen, längs dem schmalen, nunmehr ganz unsichern Eisfuß gehen oder, wo derselbe fehlte, seinen Weg über die losen Eisstücke nehmen mußte, welche ziemlich dicht gepackt, aber in beständiger Bewegung den Strand umgaben. Als schließlich an einer Stelle, ungefähr eine Viertelmeile von dem Ankerplatze des Aeolus, sowohl der Eisfuß als auch das lose Eis fehlte, und zugleich der Rückweg — indem mittlerweile das Treibeis sich verringert hatte — abgeschnitten war, blieb nichts Anderes übrig, als die nächste senkrechte Felswand in die Höhe zu klettern, sich fest in die Klüfte und Ritzen zu schmiegen und auf diese Weise längs diesem immer gleich steilen Felsabhange zu wandern. Um

8 Uhr Vormittags war ich ausgegangen, und erst um 2 Uhr Nachts kehrte ich zurück, naß bis zum Gürtel, müde und hungrig. In der Voraussetzung, daß der Ausflug nur ein paar Stunden dauern werde, hatte ich nämlich nichts zu essen mitgenommen, und überdies auf den Rath Petersen's, welcher niemals eine große Neigung für Bergwanderungen verrathen hatte, Schuhe statt der Stiefel angezogen, um mit größerer Leichtigkeit auf den Bergen klettern zu können. Für diesen Zweck war eine solche Tracht allerdings ganz passend, dagegen äußerst unangenehm, als ich — was mehrere Male des Tages passirte — bis über die Kniee im eiskalten Wasser waten mußte. Als Torell und ich uns am folgenden Morgen unsere Wanderungen erzählten, mußten wir uns zu unserm Grauen gestehen, daß ungefähr zu derselben Zeit, als ich auf dem Eisfuße längs der steilen Felswand ging, Torell und seine Leute von der Spitze des Berges große Steine hernieder in's Meer gerollt hatten.

„Parry's Insel bildet ein Oval von etwa einer schwedischen Meile Länge und ist fast ganz von zweien über 1,500 Fuß hohen Bergen gebildet, welche durch ein tiefes Thal getrennt werden. Letzteres setzt sich auf der östlichen und nördlichen Seite der Insel in zweien, bei unserm Besuche noch mit Eis belegten Buchten fort. Das Gestein besteht aus Gneis, durchkreuzt von Granitadern, in welchen man hier und da Krystalle von Turmalin findet. Obwohl die geologische Bildung dieselbe war wie in dem nordwestlichen Spitzbergen und der Unterschied in der nördlichen Breite kaum einen Grad betrug, so erschien dennoch der Unterschied im Pflanzen- und Thierleben höchst auffallend. Sehr wahrscheinlich wird dieses Verhältniß durch den kalten Meeresstrom, welcher von Osten herkommt, bestimmt. In dem Thale war die Vegetation äußerst ärmlich, und sogar auf den mit Vogelmist gedüngten Felsabhängen ganz unbedeutend, indem sie nur aus einigen Arten von Phanerogamen bestand, ein paar gelben Mohnpflanzen und kümmerlichen Flechten. Hier und da fanden wir auch ein wenig Grün; an einer Stelle weideten drei Rennthiere, welche geschossen wurden. Von Vögeln sahen wir hier zahlreiche Teisten, Rotjes und Großmöwen, aber nur wenige Eismöwen und Alken. Im Sande fanden wir Fuchsspuren.

„Das schöne Wetter, welches bis dahin mit geringer Unterbrechung unsere Bootfahrten begünstigt hatte, nahm nun ein Ende, wir hatten von jetzt ab fast beständig mit Regen und Nebel zu kämpfen. Wegen dieses schlechten Wetters mußten wir bis zum 31. bei Parry's Insel liegen bleiben. Am folgenden Tage konnten wir nur mit großer Anstrengung durch den Nebel und das dicht gepackte Eis bis zur östlichsten der Sieben Inseln, der Martens-Insel, vordringen, und auch an den beiden folgenden Tagen hielt das Regen- und Schneewetter an, so daß keine geographischen Beobachtungen gemacht werden konnten. Der Nordsturm trieb das Eis nach Süden, und es blieb uns nichts Anderes übrig, als eine Wendung zum Bessern abzuwarten. Unsere Hoffnung, zu Parry's Distant High Land zu gelangen, wurde dadurch zunichte, daß sich das Eis zwischen dieses und uns legte. Wir bestiegen in diesen Tagen den höchsten Berg der Martens-Insel, konnten aber nichts Anderes wahrnehmen als Nebel und Schneetreiben; beim Niedersteigen hatten wir sogar Mühe, unsern Weg durch den dichten Nebel zu finden. Die Steine auf der Spitze des Berges waren auf der Windseite mit einer lose sitzenden, offenbar durch den Niederschlag von Wasserdunst entstandenen, glänzenden Eiskruste von einigen Linien Dicke bedeckt, welche bei der geringsten Berührung sich löste und unter Geräusch in tausend Stückchen zersprang. Ein Schneefeld konnten wir bei 500 bis 800 Fuß Höhe nicht entdecken. Auch auf dieser Insel wurde ein Rennthier von Petersen geschossen. Während dieser Jagd stieß er auf das Nest eines kleinen schönen Sumpfvogels, Charadrius hiaticula, welcher hier zum ersten Male auf Spitzbergen gesehen wurde.

„Einen Morgen, da wir bei dem Unwetter unter unserm Bootzelte hielten, wurden wir plötzlich von einem Büchsenschuß erweckt. Wir sprangen hinaus, um zu erfahren was los sei, und fanden den Tageskoch triumphirend mit seiner Büchse neben einem soeben erlegten Bären stehen. Der Koch, welcher nach Vorschrift früher als die Anderen aufgestanden war, um Kaffee zu kochen, hatte, wie er aus dem Boote stieg, einen großen Bären erblickt, welcher sich anschickte, eine Untersuchung unseres Fleischvorrathes anzustellen, und ihn mit einer wohlgezielten Kugel für solche Frechheit sofort bestraft. Ein anderer Bär kam noch näher an das Boot heran, bevor wir ihn wahrnahmen. Petersen traf ihn in den Kopf; der Schuß war zwar nicht augenblicklich tödtlich, aber nach einer kurzen Jagd wurde er doch erlegt.

„Den 4. August hatte sich das Wetter endlich ein wenig aufgeklärt, so daß Stundenwinkel und Mittagshöhen genommen werden konnten. Den 5. begaben wir uns weiter zu der nördlichsten der drei großen Sieben Inseln, der Phipps-Insel. Sie besteht, wie die Martens-Insel, aus mehreren einzelnen, ungefähr 1,800 Fuß hohen Bergen, welche durch ein niedriges, mit Treibholz und Schiffstrümmern bedecktes Flachland mit einander in Verbindung stehen. Wie bei Shoal Point fanden wir auch hier zwischen dem Treibholz eine Menge Bimsstein, Stücke von Birkenrinde Nutz- und Floßhölzer mit lateinischen Buchstaben. Ueberreste von Walfischskeleten entdeckten wir, hoch über dem gegenwärtigen Niveau des Meeres, auf der niedrigen Spitze der Martens-Insel und auf dem Strande der von Osten einschneidenden Bucht der Parry-Insel. Alles deutet darauf hin, daß das Land, seitdem die holländischen Walfischfänger es zuerst besuchten, beträchtlich aufgestiegen ist.

„Wir pflogen nun Rathes, was weiter zu thun. Der heftige Nordsturm hatte das Eis nach Süden gepreßt, so daß es unter Umständen schwer halten konnte, durch das mit Wind und Strom treibende Packeis zum Nordostlande zu gelangen. Wir hatten unsere Reise mit Proviant für vier Wochen angetreten. Unser Vorrath an Pemmikan war in Folge der Jagdausbeute noch unberührt; wenn wir aber längere Zeit auf den Sieben Inseln aufgehalten würden, konnten wir nur noch auf Bärenfleisch rechnen. Denn es gab hier weder Rennthiere noch Alken. Sonderbar, daß wir nicht ein Mal auf Walrosse oder auf Seehunde stießen! — Wir mußten deshalb nothwendig zum Nordostlande zurückkehren.

„Nachdem wir eine der höchsten Bergspitzen der Insel bestiegen und eine Ortsbestimmung gemacht hatten, kehrten wir am 7. August wieder zu den Castrén-Inseln zurück. Als wir Parry's Insel passirten, stiegen wir an unserer früheren Raststelle an's Land. Während Nordenskiöld behufs Regulirung des Chronometers einige Sonnenhöhen nahm, kletterten Torell und Petersen auf einige nahegelegene Berge, um die Lage des Eises zu überschauen. Sie berichteten, daß man eine offene Wasserstraße im Treibeise nach dem Nordostlande zu wahrnehmen könne, und hofften, wir würden bei unserer Rückkehr auf keine bedeutenderen Hindernisse stoßen. Wir schoben deshalb sofort unser Boot in's Wasser und steuerten nach der Richtung, wo das Eisfeld am meisten offen schien. Aber sei es, daß wir von dem niedrigen Boote die Oeffnung nicht recht sehen konnten, oder daß — was wahrscheinlicher — die schmale Oeffnung sich bald wieder geschlossen hatte, genug, wir waren kaum eine Viertelmeile gerudert, als die Kanäle kürzer und immer gewundener wurden und unser Boot auf allen Seiten dicht vom Eise umgeben war. Es blieb uns nichts Anderes übrig, als abwechselnd unsere Sachen aus dem Boote zu laden, sie über ein Eisfeld zu tragen und das Boot nachzuziehen; dann wieder, wenn ein schmaler Kanal sich öffnete, von Neuem die Sachen in das Boot zu packen und es mit den Rudern weiter zu schieben, denn von einem eigentlichen Rudern konnte nicht die Rede sein. Erwägt man, daß wir vom Boote aus keine weitere Aussicht hatten und also beinahe auf's Gerathewohl fuhren, und daß das in beständiger Bewegung befindliche Eis sich bald öffnete, bald schloß, und zwar oft mit einer solchen Schnelligkeit, daß wir nur mit der äußersten Sorgfalt das Boot vor dem Zerdrücktwerden bewahren konnten, so kann man sich leicht vorstellen, wie ermüdend und gefährlich eine solche Fahrt durch ein Feld von Packeis ist. Besonders ein Mal wurde unser Boot so hart mitgenommen, daß wir es kaum noch zu erhalten glaubten. Die Eismassen preßten es nämlich so gewaltig zusammen, daß es seine Form veränderte, das Wasser durch die Ritzen eindrang und die Sachen darin umherschwammen. Das zähe amerikanische Ulmenholz bestand indessen die Probe. Als das Wasser wieder ausgeschöpft war, zeigte sich das Boot, mit Ausnahme ein paar kleiner Brüche, wieder eben so gut als früher. Ein großes Eisfeld, auf welchem sich ein paar hoch aufgethürmte Hummocks befanden, leistete uns während des schlimmsten Theiles der Fahrt gute Dienste. Von den Eisbergen konnten wir nämlich in die Weite sehen und erkennen, wo das Eislabyrinth sich im Süden zu öffnen begann. Während wir so uns langsam vorwärts arbeiteten, trieben wir mit dem Eise nach Osten und erreichten erst nach zwölf Stunden schwerer Anstrengung das offene Wasser, und zwar in der Nähe derjenigen Insel, welche wir später besuchten und nach Scoresby benannten. Wir steuerten von hier zu den Castrén-Inseln, wo wir am 8. August fünf Uhr Morgens ankamen und glücklicher Weise eine Menge Treibholz fanden. Sofort zündeten wir ein großes Feuer an und trockneten unsere nassen Kleider; denn die Meisten von uns waren während der Fahrt durch das Packeis und bei dem Hinüberspringen von einem Eisstücke zum andern zwischen dieselben gefallen und hatten ein mehr oder weniger kaltes Bad erhalten. Während dieser Tour war uns auch das eigenthümliche Schauspiel von Nebensonnen zu Theil geworden, welches freilich in den Polargegenden häufig genug ist, wenn auch nicht so häufig im Sommer als im Winter.

„Obgleich die Hoffnung, weit vorzudringen, nur schwach sein konnte, so setzten wir doch am folgenden Tage unsere Ruderfahrt nach Osten fort. Es dauerte nicht lange, so war das Eis wieder so dicht gepackt, daß nur ganz in der Nähe des Landes eine schmale Rinne übrig blieb, welche sich übrigens auch bald schloß. So kehrten wir zu der nur vor Kurzem passirten Spitze zurück, welche auf älteren Karten mit Unrecht als die nördlichste dieses Landes bezeichnet ist und aus diesem Grunde den jetzt so wenig passenden Namen Extreme-Hook erhalten hat. Wir kletterten die allmählich aufsteigenden Berghöhen hinan und konnten uns bei der Umschau davon überzeugen, daß der auf älteren Karten eingetragene Sund, welcher die große Steininsel und die Halbinsel — deren nördlichste Spitze das Nordcap bildet — von dem eigentlichen Nordostlande trennt, entweder niemals existirt hat, oder in Folge des Aufsteigens des Landes, oder des Vorschreitens der Gletscher geschlossen ist. Der Raum, auf welchem dieser Sund — nach den alten Karten — sich befinden soll, wird nunmehr von flachen Thalvertiefungen eingenommen, in welche von den angrenzenden hohen Eisbergen kleine Gletscher niedersteigen. Ringsum auf dem Meere lag Eis, und nur ein kurzes Ende erschien offenes Wasser. Der Theil des Nordostlandes, welchen wir überschauen konnten, bildete ein hohes Schnee- und Eisplateau, das sich langsam zum Meere herabsenkte; ein Seitenstück also zu der Eishochebene des inneren Grönlands, wenn auch nicht von demselben großartigen Charakter. Denn ebenso wie diese hat die Eismasse des Nordostlandes ihren Abfall, oder so zu sagen ihren Ausfluß — welcher sich vorherrschend auf der Ostseite des Landes befindet — da, wo nach den alten Karten mächtige Gletscher in gewaltigen Abstürzen hervortreten und längs dieser ganzen Küste in senkrechten Eiswänden aus einem Meere aufsteigen, das beinahe immer durch Packeis und die ungeheuren in den Sommermonaten herabstürzenden Massen des Binneneises unzugänglich gemacht ist.

„Den 9. August versuchten wir es vergebens, weiter nach Osten vorzudringen. Wir stießen bald auf dichtes Eis, mußten umkehren und landeten auf dem westlichen Strande der zwischen Extreme-Hook und dem Nordcap belegenen Bucht, wo wir uns von einem Berge aus über die Lage des Eises, des Landes und der Insel zu vergewissern suchten. Bis zur Spitze dieses Berges trafen wir jene eigenthümlichen runden Vertiefungen von einer bis anderthalb Ellen Durchmesser an, welche man in Schweden jättegrytor (Riesentöpfe) nennt. Sollte es feststehen, daß dergleichen Löcher immer durch Wasserströmungen verursacht werden, welche einen in der Vertiefung befindlichen Stein in kreiselnder Bewegung erhalten und dadurch die Wände des Grapens abschleifen, so würde das Vorkommen der Riesentöpfe auf diesen mindestens 1,500 Fuß hohen Bergen beweisen, daß ihre Spitzen sich einst unter dem Wasser befunden haben und vielleicht mit Gletschern bedeckt gewesen sind.

„Während der Nacht wurde das Eis von einem heftigen Südsturme in Bewegung gesetzt, und am Morgen lag Scoresby's Insel frei vor uns. Wir beeilten uns, diesen günstigen Zufall zu benutzen, nahmen unsere Jagdbeute — einen von Petersen erlegten Bären, den siebenten, den wir auf unseren Bootreisen geschossen — an Bord und segelten mit gutem Winde nach Osten. Er stürzte zuweilen von den Bergen mächtig herab in das Segel; aber das Boot war gut, und Petersen ein vortrefflicher Seemann; so erreichten wir, ohne weiter auf Eis zu stoßen, eine der kleinen zwischen Cap Irminger und Cap Lindhagen belegenen Inseln, welche auf der Karte nach Sabine, den um die Kenntniß des hohen Nordens so verdienten Physiker, benannt sind.

„An diesem Morgen stieß Nordenskiöld ein ziemlich unbehagliches Abenteuer zu: „Ohne mit irgend einer Waffe versehen zu sein, bestieg ich die Spitze des Inselberges, um von ihr aus einige trigonometrische Winkel zu messen. Als ich noch ungefähr fünfzig bis sechzig Schritt vom Gipfel entfernt war, erkannte ich, daß ein Bär schon vor mir diesen Platz eingenommen hatte, vermuthlich um nach Beute auf den ringsum liegenden Eisfeldern zu schauen. Auch er hatte mich schon wahrgenommen. Ich wagte daher nicht, zum Boote zurückzukehren, sondern ging dreist auf ihn zu, in der Erwartung, er werde erschrecken und ebenso davonlaufen, wie es die Eisbären bis dahin immer gethan hatten, wenn ihnen Menschen genaht waren. Aber ich hatte mich verrechnet. Der Bär näherte sich mir langsam in einem Bogen, und bald befanden wir uns so nahe, daß ich hätte nach ihm mit einem Stocke schlagen können. Er stand etwas höher auf einem Felsblock, schnob und trampelte mit den Vorderfüßen; ich, etwas tiefer, rief und schrie aus Leibeskräften und warf große Steine nach ihm, ohne daß er jedoch die mindeste Notiz davon nahm. Endlich traf ihn ein großer Stein gerade an den auf den Felsen gestützten Vorderfuß, und der Schmerz, oder vielleicht weil er seine Neugierde befriedigt, veranlaßte ihn, sich zurückzuziehen. Ich folgte ihm ein Ende, bis er hinter einer hervorragenden Klippe verschwand, und stürzte sodann im hastigen Laufe zurück zu unserm Boote. Noch hatte ich meinen Bericht über das Abenteuer nicht beendigt, als Torell ausrief: „Da ist er!" — und auf einen ein paar Hundert Ellen entfernten Felsen deutete, von dessen Höhe der weiße Beherrscher der Insel uns betrachtete. Zwei von den Leuten wurden zur Verfolgung abgesandt, aber der Bär ergriff, als sie nahten, sofort die Flucht und wir sahen ihn nicht wieder."

„Von Sabine's Insel ruderten wir unter dem Nordostlande bis zu einer Spitze. Bis dahin hatten auf dieser Nordküste nur Gneis und Granit vorgeherrscht; jetzt nahmen geschichtete Gebirgsarten ihren Anfang, doch enthielten sie keine Versteinerungen. Auch die Formen der Berge waren andere und ihre Färbung oft sehr grell.

„Den 11. August setzten wir die Fahrt nach Osten hin fort, begünstigt von gutem Winde und eisfreiem Wasser, und landeten in Kurzem an einer neuen Spitze. Um zu sehen, ob der dahinter liegende Fjord nicht möglicher Weise einen Sund bilde, der Heenloopen Strat mit dem nördlichen Eismeere verbinde, bestiegen wir den hohen Berg, welcher den westlichen Theil einer der drei nördlich vom Nordostlande hervortretenden Landzungen einnimmt, und entdeckten, daß der vom Eise freie Fjord weiter nach dem Lande zu in zweien Armen endigte. Der ungefähr eintausend Fuß hohe Berg fällt nach Osten senkrecht zum Meere ab und war nun, mit Ausnahme einer Seite, frei von Eis und Schnee. Nach Westen hin dacht er sich nach dem Unterlande ab, einer mit lauter Steingetrümmer bedeckten Ebene, welche in einem steilen, acht bis zehn Fuß hohen Ufer endigt, das aus Sand, Rollsteinen und darin gebettetem Treibholz besteht; ein eigenthümliches Verhältniß, aus welchem wir erkennen können, wie einer Formation leicht ein durchaus fremder Bestandtheil beigemischt werden kann. Eine ähnliche Erscheinung kommt zuweilen in Norwegen vor, nämlich Thonlager, in denen man außer Schalthieren von hochnordischen Arten Baumstämme antrifft, welche sicher nicht in diesem Lande gewachsen sind.

„Nachdem wir auf dem Gipfel des Berges eine hohe Steinpyramide errichtet und darin einige schriftliche Nachrichten niedergelegt hatten, stiegen wir wieder hinab und fuhren Nachmittags mit unserm Boote weiter. Das Fahrwasser war nun vollkommen eisfrei, so daß wir Abends an der von Parry als Distant-High-Land bezeichneten Küstenstrecke, welche wir so lange vergebens zu erreichen gesucht hatten, landeten. Wir nannten sie Prinz Oskar's Land. Der Eisfuß, welcher am längsten der Wärme des Sommers Widerstand zu leisten pflegt, und gleich einem weißen Gürtel die Küsten noch immer umgiebt, auch wenn der Schnee längst von den Bergen verschwunden ist, war nun endlich zergangen und hatte da, wo der Strand aus Sand und Grus bestand, eigenthümliche Spuren seiner Existenz zurückgelassen. Ueberall im Gerölle sahen wir konische Vertiefungen von 4 bis 6 Fuß im Durchmesser, welche wahrscheinlich dadurch entstanden waren, daß das vom Schmelz- und Fluthwasser bewegte und gehobene Eis einen größeren Steinblock mit sich fortgeführt hatte.

„Bis dahin hatten wir unser Boot immer auf den Eisfuß gezogen, aber von jetzt ab ließ es sich nur noch selten thun; wir pflegten vielmehr eine passende Stelle am Strande aufzusuchen, zogen das Boot dort hinauf und legten Treibholz unter den Kiel. Auch hier, auf dem abgelegensten Theile des Nordostlandes, war kein Mangel an Treibholz; dagegen fanden wir keine Sachen mehr, die aus Norwegen stammten, mit Ausnahme von ein paar Harpunenschaften oder Rudern, nach Petersen Geräthe der Walfischjäger, welche wahrscheinlich durch die Küstenströmung hierher geführt waren. Vegetation und Thierleben erschienen gleich dürftig, so daß im Vergleich mit dieser Gegend das westliche Spitzbergen den Eindruck eines reichen Landes macht.

„Am folgenden Tage begaben wir uns in östlicher Richtung über Land, um den Gipfel eines Berges, welcher — nach dem Augenmaß — zwei Meilen entfernt war, zu erreichen. Das Terrain bestand aus allmählich aufsteigenden Berghöhen, welche von einander durch vollkommen kahle, mit Schieferfragmenten bedeckte Thalvertiefungen getrennt werden. Sie verriethen bei unserm Besuche keine Spur weder von Thier- noch Pflanzenleben, Schnee oder Eis. Bei Regen und Nebel wanderten wir eine Meile weiter durch diese wüste Landschaft, bis wir plötzlich auf einen tiefen, von Norden nach Süden gehenden Fjord stießen, welcher uns von dem hohen Berge, dem Ziele unserer Wanderung, trennte. Der Eisgang hatte bereits begonnen; es blieb uns daher nichts Anderes übrig, als den Fjord zu umgehen. Da wir aber von dem Sprühregen bereits ganz durchnäßt waren und fürchten mußten, bei dem schlechten Wetter von dem zu besteigenden Berge keine Aussicht zu haben, so beschlossen wir umzukehren.

„Den 13. August steuerten wir nach Norden und landeten gleich südlich von Cap Wrede. Während der letzten Tage waren wir ohne Wild gewesen und hatten unsern Vorrath an Pemmikan angreifen müssen. Ein auf dem Strande weidendes Rennthier bildete daher eine willkommene Jagdbeute. Bald nachdem wir das Boot an's Land gezogen hatten, zeigte sich auch ein Eisbär ein Ende von uns zwischen den „Hummocks", aber wir warteten vergebens, daß er bis zum Strande komme. Sieht man den Eisbären, wie er mit geschmeidigem und leichtem Gange sich zwischen den aufgethürmten Eisbergen bewegt, so macht er eine viel stattlichere Figur, als in einem zoologischen Garten. Selbst auf dem Lande schon erscheint er viel plumper. Obwohl er seine Nahrung ausschließlich auf dem Eise und im Wasser sucht, trafen wir doch zuweilen seine Spuren hoch auf den Bergen an.

„Um in die Lage des Eises, östlich von dieser Spitze, Einsicht zu bekommen, bestiegen wir einen 1,800 bis 2,000 Fuß hohen, beinahe schneefreien Berg, und hatten von hier eine weite Aussicht. Wir konnten weit in der Ferne, fast am Horizonte, zwei kleine Inseln wahrnehmen, von denen die eine hohe steile wahrscheinlich mit Table Island identisch ist. Sie sind auf der Karte mit den Namen Karl's XII. Insel und der Trabant bezeichnet und bilden, wie man sich überzeugen kann, die äußersten Vorposten der spitzbergischen Inselgruppe nach Nordosten hin. Undurchdringliche Massen von Treibeis umgaben sie noch von allen Seiten, aber uns näher hatte sich das Eis bei dem heftigen Südwinde in den letzten Tagen etwas gelöst, so daß das Meer ziemlich offen lag und uns die Weiterfahrt nach Osten gestattete. Die Bildung der Berge erinnert an Hecla Mount: sie bestehen aus geschichtetem Schiefer und Kalk, die unteren Schichten beinahe senkrecht, die darüber lagernden aber beinahe wagrecht. Da auf die Bergbesteigung eine ziemlich lange Zeit hinging, so kamen wir diesen Tag nicht weit, sondern wählten unsern Rastplatz, nach kurzer Fahrt, auf dem Weststrande derjenigen Spitze, welche auf der Karte Cap Platen benannt ist. Am folgenden Tage fuhren wir weiter, passirten die nördlichste Spitze von Prinz Oskar's Land und steuerten nach Osten. Trotz des anhaltenden Windes waren wir dauernd von Eis umgeben, so daß wir nicht segeln konnten, sondern zu den Rudern greifen mußten. Nachdem wir die Spitze passirt hatten, steuerten wir nach Südosten. Wir waren noch nicht weit gekommen, so wurde das Eis immer dichter und schließlich

Karl's XII. Insel und der Trabant.

so fest gepackt, daß wir nicht länger glaubten das Wagstück fortsetzen zu dürfen, zumal auch Petersen ernstlich davon abrieth. Wir kehrten daher um und legten auf der Ostseite des Cap Platen an. Von einem nahen, 8- bis 900 Fuß hohen Berge erblickten wir nach Norden hin nichts als zusammenhängendes Packeis; nur in einer Breite von zwei bis drei Meilen war es doch so vertheilt, daß wir dazwischen rudern konnten. Nach Osten hin hatte das Eis dieselbe Physiognomie; dagegen erschien es nach Süden hin weniger gepackt. Es war also allerdings eine Möglichkeit vorhanden, weiter nach Osten vorzudringen und zum Sammelplatze in der Lomme-Bai zu gelangen, indem wir das ganze Nordostland umschifften. Aber ernste Bedenken stellten sich diesem Unternehmen entgegen. Wir hatten keine Kenntniß von der Ausdehnung der östlichen Küste des Nordostlandes, welche überdies, nach den Karten, von Gletschern bedeckt ist; so daß, wenn das Eis mehrere Tage lang von dem Ostwinde gegen das Land gepreßt wurde, wir vielleicht nicht einmal eine Stelle zum Landen vorfanden und möglicher Weise den Rückweg ganz verloren. Ueberdies hatte wahrscheinlich derselbe südöstliche Wind, welcher uns freie Bahn verschafft, den Sund der Heenloopen=Straße mit Eis versperrt; so daß, wenn es uns auch glücken sollte, die ganze Ostküste zu passiren, uns kein anderer, als eben dieser Weg, für die Rückkehr blieb. Ebenso konnten wir leicht durch einen Nordwind abgeschnitten werden. Unser Proviant war endlich für eine langwierige Einschließung in diesen wüsten Gegenden zu mitgenommen. So beschlossen wir denn, unsern ursprünglichen Plan fallen zu lassen und wieder nach Westen zurückzukehren. Und es war die höchste Zeit, diesen Beschluß in's Werk zu setzen, denn schon am folgenden Tage ging der Wind nach Nordwesten herum.

„Am Morgen des 15. August machten wir uns daher auf den Weg, um so schnell als möglich die Lomme=Bai zu erreichen. Einige Stunden vor unserm Aufbruche erhielten wir noch Besuch von zwei Eisbären, einem sehr großen Männchen und einem etwas kleineren Weibchen. Wir begrüßten sie mit ein paar Büchsenschüssen, jedoch nur mit dem Erfolge, daß der größere Bär eine Kugel in den Leib bekam und, stark blutend, sich langsam entfernte. Die Bärin folgte ihm und leckte das Blut auf, das aus seiner Wunde floß.

„Einige Freunde in Stockholm hatten uns vor der Abreise ein paar Büchsen mit eingelegten Haselhühnern und ein paar Flaschen alten vortrefflichen Weines geschenkt, welche mit der Fregatte Eugenie die Reise um die Welt gemacht hatten. Diese Delicatessen sollten nun hier verzehrt werden. Als wir daher zum zweiten Male Cap Platens schwarze, hohe zerklüftete Felsen passirten, stiegen wir an das Land, um hier das Festmahl einzunehmen. Als Tisch diente ein großer, flacher Stein; ein reines Handtuch als Tischtuch; ein paar flache kleinere Steine vertraten die Teller, unsere Taschenmesser die Tischmesser, der „Dieb“ einer Flasche die Weingläser, welche wir in früheren besseren Tagen wirklich besessen hatten, — nun längst zerschlagen, — aber es war doch ein festliches Mahl, dem weder Reden noch Toaste fehlten. —

„Wir ruderten weiter über das nun beinahe eisfreie Meer nach Scoresby's Insel, sahen uns aber in Folge einer heftigen Gegenströmung genöthigt, eine Weile am Cap Wrede anzulegen, um eine Aenderung in der Richtung derselben abzuwarten. Gleich den übrigen nach Norden vortretenden Spitzen des Nordostlandes besteht auch Cap Wrede aus prachtvollen, hohen, senkrecht abstürzenden Bergen, deren unterer Theil von einem feinen schwarzen Schiefer gebildet wird. Ein schmaler Landstreifen, der sich zwischen dem Fuße des Gebirges und dem Meere hinzieht, besteht aus Fragmenten jenes durch Wasser und Frost gesprengten Schiefers. Aus seiner Mitte erhebt sich ein sehr hoher, isolirter, vollkommen schwarzer Schieferfels, dessen Umrisse, in einer gewissen Richtung gesehen, eine sonderbare Aehnlichkeit mit der Statue des ersten Napoleon haben, welche sich auf der Vendômesäule befindet. Dieses ungeheure Felsbild, das mit schwimmenden Eisbergen bedeckte Meer an seinem Fuße, im Hintergrunde die hohen Berge und die blendend weißen Schneefelder im Innern des Landes vereinigten sich hier zu einem der großartigsten Gemälde Spitzbergens.

„Nach Ablauf einiger Stunden hatte der Strom seine Richtung verändert und floß mit derselben Heftigkeit nach Westen, wie früher nach Osten. Wir schoben unser Boot in's Wasser und erreichten mit dieser günstigen Strömung nach einer verhältnißmäßig kurzen Ruderfahrt den nördlichen Strand der Scoresby-Insel, wo wir die Nacht zubrachten. Am Morgen des folgenden Tages fanden wir eine kleine Süßwasserpfütze mit dünnem, neugebildetem Eise überzogen, welches auch den ruhigen Meeresspiegel bedeckte. Wir setzten die Fahrt fort und stiegen einen Augenblick an einer Gneisfelsspitze aus, um einige Beobachtungen zu machen, worauf wir zwischen ziemlich vertheiltem Schraubeneise und kleinen Feldern flachen Eises zu den Castrén-Inseln steuerten. Die Eisfelder ragten meist nur 2 bis 3 Fuß — ein Siebentheil ihrer wirklichen Dicke — über den Wasserspiegel, während das aufgethürmte Eis mit seinen bizarren Formen sich bis 20 Fuß erhob. Nachmittags hatten wir stilles Wetter. Es bildete sich eine Eiskruste auf dem Wasser, welche uns das Rudern nicht wenig erschwerte. Gegen Abend erhob sich ein so starker Nebel, daß wir das einige Tausend

Fuß hohe Land erst dann wahrnahmen, als wir uns nur noch ein paar Hundert Ellen von demselben entfernt befanden.

„Wir wählten unsern Ruheplatz bei diesen Inseln. Es regnete beinahe die ganze Nacht und den folgenden Vormittag hindurch, aber unser dünnes Zelt schützte uns vollkommen. Erst gegen Mittag konnten wir weiter reisen. Während eines eben so starken Nebels wie am Tage vorher umschifften wir das Nordcap, ließen nun die Nordküste hinter uns, segelten an der Bird- und Beverly-Bai vorüber und kamen erst ziemlich spät am Abend zur „Depot-spitze". Bei dem hier niedergelegten Boote ließen wir einen Schlitten, den wir mit uns geführt hatten, eine Blechbüchse mit 43 Pfund Pemmikan und einige Taue zurück. Wieder brach das schlechte Wetter herein, so daß wir erst am 18. weiter reisen konnten. In der Vermuthung, daß ein Sund von dem südlichen Theile der Branntwein-Bucht bis zu den Russen-Inseln durchgehe, ruderten wir anfangs in das Innere des großen, nunmehr eisfreien Fjordes. Wir trafen keinen Sund an, überzeugten uns aber davon, daß der Fjord einen guten Winterhafen darbiete. Wir brachten die Nacht an dem Südoststrande der Bucht zu, ruderten am folgenden Tage — den 19. — wieder aus ihr hinaus und legten einige Stunden mitten bei ihrem südlichen Strande an, um einige Ortsbestimmungen zu machen. Die Berge, welche den Eingang begrenzen, waren nun zum größten Theile eis- und schneefrei; aber gegen Norden hin befand sich ein ziemlich mächtiges Eis- und Schneefeld, welches wahrscheinlich niemals schmilzt. Wir trafen den Schiffer Rosendahl von Hammerfest und erhielten von ihm einige angenehme und befriedigende Mittheilungen über unsern Aeolus.

„Gerade Low Island gegenüber schneidet wieder eine tiefe Bucht, deren innere Hälfte noch mit Eis bedeckt war, in das feste Land ein. Wir ruderten auch in diese Bucht, um noch einmal den auf alten Karten angegebenen Sund aufzusuchen, fanden ihn aber nicht. Walrosse, welche wir während unserer ganzen Fahrt längs der Nordostküste des Nordostlandes nicht gesehen hatten, zeigten sich hier in Menge und bereiteten sich — nach der Aussage der Harpunirer — nunmehr darauf vor, auf das Land hinauf zu gehen. Auf dem südlichen niedrigen Ufer, wo wir rasteten, gab es eine Menge Treibholz.

„Die Nacht vom 19. zum 20. August brachten wir auf dem

nördlichen Strande von Shoal Point zu. Trotz des starken Regens, heftigen Nordwestes und dichten Nebels segelten wir am 20. zur Depotinsel in der Murchison-Bucht. Wir nahmen hier die niedergelegten Vorräthe ein, nebst Lilliehöök's Rapporten, und setzten unter anhaltendem Nebel und heftigem Winde unsere Segelfahrt nach der Heenloopen-Straße fort. Wir passirten den letzten der großen Gletscher, welche auf der Westseite des Sundes gleich nördlich von der Lomme-Bai herabstürzen. Südlich von ihm tritt ein anderer gleich großer Gletscher auf, bis zu seiner unteren Hälfte gleich und eben, während der andere zerklüftet und zackig ist. Beide hatten große Massen reinen Eises von sich abgestoßen, welche uns nun überall im Wege lagen und während der Fahrt unsere ganze Aufmerksamkeit in Anspruch nahmen, um sie zu vermeiden und von uns fern zu halten. Es ging indessen Alles ganz gut, und wir liefen in eine kleine Vik der Lomme-Bai ein. Der Schoner hatte sich an der verabredeten Stelle noch nicht eingefunden, aber schon an demselben Tage Mittags konnte man von einer nahebelegenen Höhe wahrnehmen, daß ein Schiff am westlichen Strande der Lomme-Bai, in der Bucht gleich südlich vom Eiscap, vor Anker lag. Wir ruderten dorthin und begrüßten, zu unserer großen Freude, unsern Aeolus wieder.

„Chydenius befand sich noch auf seiner Bootexpedition in der Lomme-Bai und wurde erst am 24. August zurückerwartet. Um die beiden noch übrigen Tage zu benutzen, machten wir, Torell, Malmgren, Petersen und ich, einen Ausflug in das Innere der Bucht. Ein paar Meilen vom Fahrzeuge begegneten wir Chydenius, auf seiner Rückfahrt von der innersten Vik des Fjordes, welche tief in das Land einschneidet. Anstatt unsere Fahrt weiter fortzusetzen, richteten wir unsern Cours nach dem südlichen, mit Treibholz bedeckten Strande des eigentlichen Fjordes und blieben daselbst die Nacht. Die „Treibholz-Rhede" befand sich in 79° 26′ 22″ nördl. Br. und 18° 12′ östl. L.

„Wir fanden in dieser Bucht ein vortreffliches Jagdgebiet, auf dem Petersen und der Harpunirer neun Rennthiere erlegten. Diese Thiere waren nun in so hohem Grade feist, daß sie unser Boot vollkommen belasteten; sie bewiesen, wie schnell und verhältnißmäßig kräftig die Pflanzen- und Thierwelt sich während des arktischen Sommers entwickelt. Damit die Jagd ihren ungestörten Fortgang habe, lag das Boot während des größten Theiles des

Tages unthätig, und wir hatten daher Gelegenheit, die geologischen Verhältnisse der Umgegend zu erforschen. Auf dem westlichen Strande erhoben sich aufrecht stehende Schichten eines grauen Kalkgesteins ohne Versteinerungen, während die ganze Ostseite aus derselben Bildung wie Cap Fanshaw besteht, nämlich aus Kalk mit Hyperitgängen. Es war uns interessant, hier im Detail das Verhältniß des eruptiven Hyperits zum Kalkgestein zu erkennen. In einer tiefen Schlucht, welche einen guten Durchschnitt darstellte, zeigte sich deutlich, wie die aus der Entfernung gesehenen horizontalen Kalkschichten in einem Winkel von mehreren Graden gehoben waren, während der Hyperit sich zwischen die Lagen gedrängt hatte. In der Nähe des Hyperits war der Kalk heller, sehr hart und ohne Versteinerungen, ein Verhältniß, das wahrscheinlich dem Einflusse des geschmolzenen Hyperits zuzuschreiben ist. Man kann indessen als sicher annehmen, daß der Hyperit den schon gebildeten Kalkstein durchbrochen habe, und daß er — im geologischen Sinne — jünger als dieser sei.

„Nachdem wir die geschossenen Rennthiere im Boote untergebracht, ruderten wir aus dem Fjorde hinaus zum Cap Fanshaw, nach welcher Richtung schon vorher Torell und Malmgren sich zu Fuß begeben hatten. Als wir ungefähr ein Drittheil des Weges zwischen der Treibholz-Rhede und Cap Fanshaw gerudert waren, erreichten wir sie und legten am Strande an. Es war mittlerweile ein starker Nordsturm entstanden, der uns hinderte, die Fahrt zum Schiffe fortzusetzen. Nicht ohne Mühe zogen wir das Boot auf den ungünstigen Strand, um ruhigeres Wetter zu erwarten, und erst am folgenden Tage, den 24. August, gelangten wir, nach einer in Folge des anhaltenden Sturmes und der starken Dünung sehr ermüdenden Fahrt, zum Aeolus."

## Zehntes Kapitel.

### Chydenius' zweite Bootfahrt.

Gemäß der Instruction, welche Lilliehöök bekommen, hatte sich Aeolus während der Abwesenheit Torell's und Nordenskiöld's meist nördlich von der Heenloopen-Straße aufgehalten. Die Partie, welche das Depot in der Branntwein-Bucht errichtet hatte, kehrte den 27. Juli nach Low Island zurück und lichtete sofort die Anker. Lilliehöök kreuzte anfangs gegen einen schwachen südlichen Wind, später in der Oeffnung der Heenloopen-Straße gegen Sturm und schwere Seen bis zur Depotinsel, wo erst am 29. Juli um Mitternacht Anker geworfen wurde. Während dieser Fahrt erhielt man eine Reihe von Beobachtungen in Betreff der Temperatur des Wassers, welche nicht ohne Interesse sind und das Auftreten des Golfstromes nördlich von Spitzbergen bestätigen. In der Bucht südlich von Low Island, in der Treurenberg-Bai, und überhaupt in dem ganzen Bassin nördlich von Spitzbergen geht der durch Ebbe und Fluth verursachte Strom in der Hauptsache von Norden nach Süden und umgekehrt, und so ist auch, wie schon vorher angedeutet, das Verhältniß in der Heenloopen-Straße. Nördlich von der Mündung des Sundes vermischt sich also das Wasser in dem nördlichen Bassin mit dem Wasser des Sundes, und da diese Wassermassen sehr ungleiche Wärmegrade haben, so muß ein merklicher Unterschied in der Temperatur, an der Stelle, wo die Mischung stattfindet, und an anderen nahe belegenen Punkten, zu erkennen sein. Dieses war gerade der Fall. In 80° 20′ nördlich von Low Island betrug die Temperatur des Wassers $+2,_{75}°$ bis $+3°$ C. und hielt sich beinahe constant auf dieser Höhe bis zu 80° 8′ nördl. Br., indem sie nur um einen Zehntelgrad fiel, wenn man weiter nach Osten kam. Aber von diesem Punkte ab gerechnet begann eine Temperaturerniedrigung sich beinahe überall zu zeigen, wo die Wasservermischung ohne Hinderniß stattfinden konnte, doch so, daß Ebbe und Fluth einige Schwankungen verursachten. Sie fiel während der Ebbe und wenn das Wasser aus dem Sunde kam; sie stieg während der Fluth und wenn der Strom nach Süden hin ging. Außerdem war die Temperatur in der Mitte des Sundes stets niedriger als an seinen Ufern. Am deutlichsten merkte man diesen Unterschied in der Mündung der Treurenberg-Bai, wo die Temperatur $+2{,}_6$° C. betrug, außerhalb des Sundes aber $+1$° C., während sie den 30., das heißt den Tag nach unserer Einfahrt in die Murchison-Vik, während eines nordwestlichen Windes auf $+3$° C. stieg. Den 31. wiederum, an der Depotinsel, da das Treibeis während eines Südwestwindes aus Heenloopen Strat kam, sank die Temperatur des Wassers bis auf $+1{,}_{25}$° C., offenbar in Folge des Stromes aus dem Sunde, welcher im Süden noch voll von Eis war und in ununterbrochener Verbindung mit dem sibirischen Eismeere steht.

Während das Schleppboot in Arbeit war, machte Malmgren eine Excursion zu dem Nordstrande der Bucht, um zu versuchen, ob er von den dort brütenden Eismöwen nicht Eier erhalten könne. Nachdem er die steilen Felswände hinaufgeklettert, kehrte er zurück sowohl mit den Eiern als auch den Jungen dieses schönen Vogels, welcher, von der Größe einer Taube, mit seinem durchweg mehlweißen Gefieder, seinen schwarzen Füßen, dem bläulichen, an der Spitze hellgelben Schnabel und den carmoisinrothen Lidrändern einer der schönsten Vögel ist, die man nur sehen kann. Seine Brutplätze sind bis dahin unbekannt gewesen. Der einzige, wo wir ihn in größerer Zahl angesiedelt fanden, war eine senkrechte Felswand am Ende der kleinen Bucht, westlich von der Seehundsspitze in der Murchison-Bai. Dort entdeckte Malmgren sein kunstloses, fast rohes Nest, eine flache, 8 bis 9 Zoll breite Vertiefung in der lockern, thongemengten Erde, ausgekleidet mit trockenen Pflanzen, Gräsern und Moosen und ein paar Federn. In jedem Neste befand sich nur ein ziemlich großes Ei, fast von derselben Form und Zeichnung wie das der gewöhnlichen Fischmöwe. In den letzten Tagen des Juli und in den ersten des August zeigten sich die Jungen.

Die Eismöwe ist ein echter hochnordischer Vogel. Seine geographische Verbreitung möchte mit der des Eisbären und Walrosses zusammenfallen; nur ausnahmsweise trifft man ihn in dem nördlichen Eismeere, entfernt vom Treibeise an. Nordgrönlands, Spitzbergens, Novaja Semljas Küsten sind die eigentliche Heimath dieser Möwe. Bei Spitzbergen kommt sie häufig vor, obwohl sie, was die Zahl betrifft, weit hinter ihren Geschlechtsgenossen, der Großmöwe — **Larus glaucus** — und Krykie — **Larus tridactylus** — zurückbleibt. Auch tritt sie weit zahlreicher an den mit Eis bedeckten nördlichen und östlichen Küsten und im Storfjord auf, als an der Westküste. Auf Bären-Eiland ist sie nicht heimisch, aber von Süden kommende Schiffe treffen sie gewöhnlich bei dieser Insel im Frühling und ersten Sommer, wenn das Meer noch mit Treibeismassen erfüllt ist. Sobald dieses verschwindet, ziehen die Eismöwen sich nach dem Norden zurück und man erblickt sie in der zweiten Hälfte des Sommers und im Herbst nicht mehr so weit südlich, weil das Meer dann dort eisfrei ist. In Finmarken brütet sie nicht; aber man trifft sie doch dort wie bei Newfoundland und den Faroern zuweilen im Spätherbste und im Winter, besonders bei Nordstürmen, und hat sie in strengen Wintern selbst noch bei Gefle und Götheborg geschossen. In ihrer Lebensweise gleicht sie der Großmöwe und dem „Seepferde“ darin, daß sie Speck und todte Körper verzehrt, ohne gleichwohl — wie diese — zu den Raubvögeln zu gehören. Auf Speck ist sie besonders versessen. Sie findet sich deshalb auch überall ein, wo eine Abspeckung von Seehunden oder Walrossen vorgenommen wird. Dann erblickt man sie aber nicht, wie ihre Kameraden, die Großmöwe und das Seepferd, auf dem Wasser, — denn schon der alte Martens bemerkt, daß man sie selten oder niemals schwimmend finde — sie hält sich vielmehr entweder mit ihren Schwingen in der Schwebe, oder sitzt auf der Kante eines nahen Treibeisstückes und läßt ihr melancholisches, monotones, pfeifendes Tschii, Tschii hören. Sie ist nicht scheu, läßt sich mit ausgeworfenen Speckstückchen leicht herbeilocken, so nahe als man nur will, wobei sie den Speck sehr geschickt von der Oberfläche des Wassers zu ergreifen versteht, und ist so einfältig, daß die Eskimos sie auf folgende Art leicht zu fangen vermögen. Sie legen sich auf den

Rücken, liegen ganz still und strecken nur die Zunge aus. Wenn sie dieselbe hin und her bewegen, kommt das Thier so nahe, daß sie es mit einem Kajakruder todtschlagen können.

Eismöwe, Larus eburneus.

Chydenius unternahm in derselben Zeit eine Bootfahrt zum Innern der Murchison=Bucht. Hierüber berichtet er Folgendes:

„Nordenskiöld und Malmgren waren am 7. und 8. längs dem Nordstrande gewandert, jedoch erst weit im Osten auf einen Sund gestoßen, und ich hatte schon früher den Nordstrand besucht. Ich steuerte daher zuerst nach Süden zu dem südlich von der Depotinsel belegenen Holme und ruderte — immer den Nordstrand in Sicht behaltend — nach Osten. So gelangte ich zu einem Berge, welchen ich für einen zur Gradmessung sehr geeigneten Punkt ansah. Dann passirte ich die weiter nach Osten liegenden Inseln und kam zu der Landzunge, auf welcher Nordenskiöld seine Ortsbestimmungen gemacht hatte. Erst hier traf ich auf die ersten Spuren von Eis, und auch dieses nur an der Westseite des Sundes, welcher sich nach Nordwesten zu erstrecken scheint. Ich stieg nun an Land, um direct zu dem Berge zu gehen, welcher sich im Osten erhob. Als ich aber auf den höchsten Theil der Landzunge, ungefähr 120 Fuß über dem Meeresspiegel, gelangt war, fand ich, daß die innere, vollkommen eisfreie Vik mich noch von dem Berge schied und daß nach Süden hin kein Sund vorhanden sei, während dieses in der Richtung nach Nordosten noch ungewiß blieb. Die vorherrschende Gebirgsart war Kalk, doch fand ich in 80 Fuß Höhe auch einige Stellen Thon mit fossilen Muscheln. Am Strande lag Bimsstein. Wir steuerten mit dem Boote nach dem Innern der Vik. Auf dem festen Eise lagerten eine Menge Walrosse, allerdings nicht zu vergleichen mit der großen Zahl, welche wir zu Gesicht bekamen, nachdem wir die Walroßspitze passirt hatten. Es waren meist Mütter mit ihren Jungen. Sie spielten in dem warmen Sonnenschein und betrachteten neugierig unser Boot. Der Vorstrand, zu welchem wir nunmehr kamen, war ganz schmal und niedrig, darüber erhoben sich die starrenden, fast senkrechten Felswände des über 1,500 Fuß hohen Berges. Es war nun ungefähr drei Uhr Nachmittags, und ich ging, während die Leute das Mittagessen bereiteten, längs dem Strande nach Süden spazieren. Die Vegetation ist hier nicht so dürftig, und besonders die Zahl der vorkommenden Arten nicht so gering, als man auf Spitzbergen zu sehen gewohnt ist. Auch an Treibholz war kein Mangel. Ich sammelte von beiden, was mir von Interesse schien. Zugleich erkannte ich, daß das nach Nordosten einschneidende Gewässer eine an seinem Ende vollkommen abgeschlossene Bucht bilde. Ich kehrte zum Boote zurück, ließ einen Mann als Wache daselbst und begann mit Nielsson den Berg zu besteigen.

„Ich folgte erst einer Schlucht, welche von Osten nach Westen ging, und gelangte auf eine Terrasse des Berges, ungefähr 1,100 Fuß über dem Meere. Hier lag auf den Abhängen noch etwas Schnee, zwar weich und im Schmelzen begriffen, aber den scharfen und spitzen Steinfragmenten bei Weitem vorzuziehen. Schließlich erreichte ich den Gipfel, ein vollkommen schneefreies, mit unglaublich großen Steinen bedecktes Plateau, von Norden nach Süden ungefähr 500 Fuß lang und etwa halb so breit. Es war ohne alle Vegetation, aber die Aussicht bei dem klaren Wetter im höchsten Grade großartig. Nach Westen das offene eisfreie Meer mit der Murchison-Bucht, übersäet mit Inseln und Holmen, im Süden begrenzt von senkrechten in den prachtvollsten Farben, roth und grün, strahlenden Felswänden; im Norden die eisbedeckte Bucht, östlich von Low Island, mit den Bergen, welche die Branntwein-Bai einschließen. Im Osten breitete sich ein anderes Gemälde aus. Zunächst ein eiserfülltes Thal, in welchem weiterhin ein Gewässer schimmerte; dahinter erhob sich eine senkrechte Eiswand von 1,500 bis 1,600 Fuß, die eine Seite des schnee- und eisbedeckten Hochlandes bildend, welches später bis zu 2,000 Fuß aufsteigt. Im Süden zog sich diese Eiswand und das Hochland etwas nach Westen hin, so daß Heenloopen Strat wie ein schmales blaues Band zwischen den eisbedeckten Ufern erschien, während einige schneefreie Berge mit ihrer schwarzen Farbe einen sonderbaren Contrast zu dem unübersehbaren Schneefelde bildeten. Hätte das Auge nicht auf der weiten Meeresfläche ausruhen, nicht der nördlichen Küstenstrecke, an Verlegen-Hoek vorbei, folgen und ein wenig bei der schönen Vik, dicht unter dem Berge, verweilen können, so würde das Bild dieses Nordostlandes und der Heenloopen-Straße bei aller Größe leicht von einem quälenden Eindrucke geworden sein, so öde, so wüst lag diese unermeßliche Landschaft rings um uns gebreitet.

„Ich zeichnete sie in der Vogelperspective, nahm einige Winkel und errichtete eine Steinpyramide wie auf Cap Hansteen. Am Fuße des Berges, auf der Nordseite, befand sich ein schneefreies Thal, welches in der Entfernung grünlich erschien. Als wir zu dem Thalboden, der ungefähr 200 Fuß über dem Meere lag, gelangten, fand ich gar keine Phanerogamen, sondern nur eine kleine, wenig entwickelte Flechte, welche ein mühseliges Leben auf den grasgrünen Steinen des Thales führte. Während unseres Weges dorthin fand ich an mehreren Stellen eine Art rothen, gährenden Thons, welcher in Folge des Druckes des Schmelzwassers aus dem Boden herausquoll.

„Von diesem Thale ging ich über ein angrenzendes Schneefeld nach einem Hügel im Nordosten, von welchem sich erkennen lassen mußte, ob es weiter einen Weg zu dem steilen Eiswalle im Osten gebe. Es war nun ein Uhr Nachts und es hatte etwas gefroren, trotzdem sank ich zuweilen tief in den wassergetränkten Schnee, in welchem hier und da ein kleines Rinnsal in einem Bette von reinem Eise sich befand und zu der nach Nordwesten sich ausbreitenden Schneefläche niederrann. Während dieser Wanderung nahmen wir eine seltsame Hägring wahr. Von dem bloßen Felsboden des Hügels, nach welchem wir gingen, und selbst von einem Theile des Schnees stiegen in Folge des Einflusses der Sonne Dampfwolken auf und bildeten eine zitternde und schwankende Hülle, wie man sie oft über einer Wasserfläche wahrnimmt. In dieser wärmeren und mit Wasserdünsten gefüllten Luftschicht brachen sich die Lichtstrahlen, so daß eine ganze Reihe von Hügeln — welche unser Ziel noch verdeckte — darüber erschienen, obwohl ich vorher noch nicht das Mindeste von ihnen gesehen hatte; und dieses Schauspiel wiederholte sich und dauerte zuweilen mehrere Secunden.

„Wir erreichten hierauf den Hügel und kamen auf ein anderes Schneefeld, von dem eine Reihe niedriger Berghöhen sich von Nordwesten nach Südosten erstreckte. Längs dieser war die Möglichkeit, die Eiswand im Osten und das von der Spitze des Berges gesehene Gewässer zu erreichen, größer. Aber dieser Weg war noch schwieriger als der bisherige. Der Schnee wurde immer weicher; tiefe Bäche durchschnitten ihn; schließlich mußten wir durch einen wassergetränkten und lockern Schneebrei von einem bis zwei Fuß Tiefe, darunter festes Eis lag, waten. Trotzdem kamen wir glücklich zu einer schneefreien Landfläche, welche ungefähr 150 Fuß über dem Meere lag, und folgten ihr eine Weile, bis ich das Brausen eines Wasserfalles vernahm. Aus der Wasseransammlung eines Schneefeldes, welches sich nach Osten hin bis zur Eiswand hinzog, strömte ein Bach und fiel zu einer 50 Fuß tieferen Schneeterrasse im Süden herab. Das Schneefeld dehnte sich etwa eine Zehntelmeile aus; gleich dahinter kam die Eiswand. Da ich indessen erkannte, daß dieser im Winkel von mindestens 75 Graden sich erhebende Absturz zu besteigen nicht möglich sei, unternahm ich eine Wanderung längs dem Rücken oder der Reihe von Hügeln, auf welchen wir bis dahin vorgedrungen waren, doch etwas mehr nach Norden hin, um mich davon zu überzeugen, ob das vor uns liegende Schneethal bei Lady Franklin's Bucht endige, und zugleich festzustellen, ob es nicht möglich wäre, weiter nach Norden hin auf die Eiswand, aus der zwei dunkle Berge hervorragten, zu gelangen. Je mehr ich nach Norden kam, desto höher wurde der Rücken; der nächste Hügel überragte den, auf welchem ich stand, um 5 bis 10 Fuß, und ebenso war es nach Nordosten hin, wo die Aussicht von einem andern Rücken verdeckt wurde. Endlich gelangten wir zu der Schneeebene und bekamen die Bucht zu Gesicht, welche noch ebenso als vor zwei Wochen, da ich nach Low Island fuhr, ganz mit Eis bedeckt war. Das Thal schloß mit einem Gletscher, welcher dem Fuße der Eiswand folgte und anfangs nur langsam zur Bucht hinabstieg, später aber im gewaltigen Absturz die Bucht erreichte und deren Eisdecke vor sich her schob. Von dem einen der auf der Karte eingezeichneten Berge, welche aus der Eisfläche herausragten, zog sich ein schneefreier Felsgrat herab; und da derselbe nicht eben besonders steil war, so wäre es möglich gewesen, auf diesem Wege den Gipfel zu erreichen. Aber wir hatten noch eine gute halbe Meile dorthin, es war über sieben Uhr Morgens, und wir befanden uns mindestens $1\frac{1}{2}$ Meilen von dem Boote entfernt. Ich beschloß daher umzukehren und ein andermal, wenn wir zur Branntwein- oder Lady-Franklin-Bucht kämen, eine Excursion dorthin zu machen. In dieser Bucht zeigten sich jetzt noch mehr Holme als das erste Mal, wo sie wahrscheinlich mit Schnee bedeckt waren. Ich konnte auch die Spitze überschauen, wo ich am 14. Juli gewesen, und die ganze Küstenstrecke bis Shoal Point, so daß ich eine gute Uebersicht dieser durch ihre Untiefen, Holme und Eismassen unzugänglichen und ungastlichen Vik erhielt. Sie stand mit der von der Heenloopen-Straße einschneidenden Wahlenberg-Bucht keineswegs durch einen Sund in Verbindung, wie ältere Karten vermuthen lassen. Sowohl die Höhe der Schneeflächen, als auch der Wasserfall und der Gletscher machten dieses evident, obgleich es frei steht, anzunehmen, daß vor langer Zeit sich hier wirklich ein Sund befunden habe, welcher seitdem mit dem Lande aufgestiegen und mit Eis erfüllt ist. Was den stahlgrauen Eisabfall anlangt, so läßt unsere Kenntniß von der Plasticität des Eises vermuthen, daß er nicht ganz und blos aus Eis bestehe. Die zwei hervortretenden Bergspitzen sprechen vielmehr dafür, daß eine darunter befindliche Bergmasse ihm seine Form gegeben habe.

„Den Rückweg nach unserm Boote nahm ich in südsüdwestlicher Richtung so direct als möglich über die Schneefläche, welche sich bis zur nordöstlichen Einbuchtung der Murchison-Vik hinzog. Reißende Bäche und Eisbette von mehr als Klaftertiefe, und zuweilen eben so breit, machten den Weg äußerst beschwerlich. Zuletzt mußte ich sogar umkehren, da es sich zeigte, daß das Gebirge beinahe senkrecht wieder zur Bucht stürzte und auf einen schmalen Eisfuß unten nicht mehr zu rechnen war. Wir klommen deshalb den Berg von Neuem hinan, um auf der andern Seite sofort hinabzusteigen, und kamen beim Boote kurz vor Mittag an, wo der heiße Kaffee, welcher uns erwartete, nach der langen, ermüdenden Wanderung vortrefflich mundete. Wir steuerten hierauf längs dem Strande zu dem südöstlichen Einschnitt der Murchison-Bucht. Als die Fluth kam, fiel uns das Rudern gegen den Strom und das Treibeis so schwer, daß wir nur mit großer Anstrengung die äußere Vik erreichten. Zugleich erhob sich ein so starker Sturm aus Südwesten, daß wir selbst mit Ballast in dem engen Fahrwasser und zwischen den vielen Holmen nicht zu segeln vermochten, indem die Windstöße bald von der einen, bald von der andern Seite kamen. Wir mußten deshalb wieder zu den Rudern greifen, bis wir weiter im Westen in freieres Fahrwasser gelangten. Der Sturm blies aus der Heenloopen-Straße gar gewaltig und warf uns nach Norden, obwohl wir uns so viel als möglich gegen den Wind zu halten versuchten. Da wir uns zuletzt auch an dem Holme mit dem Russenhause nicht halten konnten, ließen wir das Segel fallen und ruderten gegen den Wind dem Aeolus zu. Aber nun erhob sich, um das Maß voll zu machen, ein solcher Nebel, daß Schiff und Inseln unserm Auge entschwanden. Trotzdem hielten wir die Richtung recht gut ein, denn wir befanden uns plötzlich bei dem Fahrzeuge und kamen so um halb fünf Uhr Nachmittags am 31. Juli wieder an Bord."

Nachdem die Bootexcursionen und das Jagdboot mit sechs erlegten Walrossen in der Frühe des 1. August zurückgekehrt, Wasser eingenommen und ein Rapport für Torell deponirt worden, verließ der Aeolus die Depotinsel und steuerte vor einem labbern nordwestlichen Winde südlich nach der Heenloopen-Straße. Das Wetter war anfangs außerordentlich schön; wir segelten längs der Ostküste des eigentlichen Spitzbergen, welche Foster — während Parry auf seiner Schlittenexcursion begriffen war — bis zu den nach ihm benannten Inseln untersucht und gezeichnet hat, erfreut, daß wir so leicht unserm Ziele näher kamen. Wind und Wellen nahmen allerdings bald zu; als wir Nachmittags zur Mündung der Lomme-Bucht gelangten und Mattilas' Slup zu Gesicht bekamen, konnte das Boot, welches die ihm früher in Verwahrung gegebene Jagdbeute abholen sollte, nur mit großer Mühe an seinem Schiffe anlegen.

Der Sturm, welcher nun hereinbrach, nahm mehr und mehr zu und raste mit größerer und geringerer Kraft noch bis zur Nacht des 7. August. Bald wehte er aus Norden, bald aus Nordwesten, immer jedoch von einem undurchdringlichen Nebel, von Regen, Schnee und Hagel begleitet. Das Fahrwasser war unsicher und besonders nach Süden hin ganz unbekannt, so daß uns nichts übrig blieb, als direct auf das Treibeis zu halten, welches von dem starken Strome nach Süden geführt wurde. In Lilliehöök's Augen kam während der ganzen Zeit kein Schlaf. Die Mannschaft hielt sich sehr brav, war aber auch nach jeder Wache vollkommen ermüdet. Nur Uusimaa befand sich anhaltend auf Deck. Er war der Einzige, welcher das Fahrwasser ein wenig kannte und wußte, wie weit man sich dem Lande mit kurzen Schlägen nähern dürfe, obwohl auch er das Loth nicht aus der Hand ließ. Essen konnte während dieser Zeit wegen des schweren Rollens nicht gekocht werden, auch gelang es uns nicht, die Sachen in der Cajüte zu befestigen. So war denn die Aufregung bei Allen sehr groß, zumal wir von Mattilas hörten, daß Vercola's Jacht, welche mit genauer Noth dem Eise am 2. Juli bei Verlegen-Hoek entronnen war, hier am 28. Juli bei dem schönsten Wetter, eingepreßt zwischen zwei Eisberge, verloren gegangen und so schnell gesunken sei, daß die Mannschaft sich kaum aus ihrem Schlafraume, von ihren Kleidern aber nicht das Mindeste habe retten können. Glücklicher Weise war damals der Aeolus nicht das einzige Schiff im Sunde; denn Jaen Mayen und ein anderes Schiff von Hammerfest kreuzten uns so nahe, daß wir — wenn nicht der Nebel sich hindernd dazwischen legte — uns dauernd in Sicht behielten.

Am Abend des 1. August segelten wir mitten zwischen die Fosterinseln, in der Hoffnung, in ihrem Schutze Anker werfen zu können. Wir fanden aber keinen geeigneten Ankergrund, versuchten vergebens bei einer andern Insel gegen den starken Strom zu kreuzen und mußten wiederum beilegen. Gegen den Morgen hin lichtete sich der Nebel und der Wind ließ nach; aber die hohen Wogen und die Gegenströmung, welche eine Masse Treibeis nach Süden hin führte, hinderten uns, uns durch Kreuzen zu halten. Um nicht etwa zu den Waigatsinseln mit ihren vielen Holmen und Schären und durchaus unbekanntem Fahrwasser getrieben zu werden, fuhren wir um zwei Uhr Morgens mit vollen Segeln an den Fosterinseln vorüber und setzten das Kreuzen nordwärts bei dichtem Nebel fort. Bald nach Mitternacht brach der Sturm wiederum mit voller Wuth herein; die Wellen spülten über Deck und waren nahe daran, das große englische Boot fortzureißen. Wir vermochten es zwar zu sichern, nicht aber — wegen der starken Seen — auf Deck zu nehmen. Noch bis zum Abend kreuzten wir zwischen Cap Fanshaw und dem Nordostlande. Da erblickten wir auf unserer Leeseite den Jaen Mayen, welcher in der Richtung nach der Wahlenberg-Bucht hielt. Lilliehöök beschloß ihm zu folgen und setzte einige Segel bei, um ihn in dem Nebelwetter nicht aus dem Gesichte zu verlieren. Die See war hier mehr gebrochen, aber wie bei den Fosterinseln nicht unter zwanzig Faden tief. Weiter in der Bucht fanden wir endlich, gleich westlich von dem ersten Gletscher, einen guten Ankergrund bei vier Faden Tiefe. Hier war es beinahe ganz still, obwohl der Sturm noch immer längs dem Sunde raste. Die Temperatur sank, schwankte zwischen dem Gefrierpunkte und $+1{,}8^0$ C., hielt sich aber meist unter $1^0$ C. Selbst die Wärme des Wassers, welche in der Mündung des Sundes $+1{,}25^0$ C. betragen hatte, fiel bis auf $+0{,}125^0$ und $+0{,}75^0$ C.

Bevor wir am 3. August Nachmittags in die Wahlenberg-Bucht einfuhren, sahen wir in der Nähe der Fosterinseln, zum ersten Male während unserer Reise, einige Heerden der den Eskimos so unentbehrlichen grönländischen Seehunde, **Phoca groenlandica.** Sie hielten sich in dicht geschlossenen Schaaren von 30 bis 40 Köpfen, schwammen mit außerordentlicher Schnelligkeit und hoben, um Luft zu holen, alle zugleich ihre etwas spitzen Köpfe aus dem Wasser, tauchten dann sofort wieder unter, um nach einigen Minuten dasselbe flinke Maneuvre auszuführen, immer aber in beträchtlicher Entfernung von der früheren Stelle. Dieser Seehund spielt in dem Haushalte der Eskimos fast dieselbe wichtige Rolle wie das Rennthier bei den Lappen und ist für die Jagd im Eismeere und den Handel von großer Bedeutung. Er, und vor Allem die neugeborenen, mit weißer zarter Wolle bekleideten Jungen, bilden das Ziel jener großartigen Jagdunternehmungen, welche nun schon seit mehreren Decennien während der Monate Februar, März und April von Schotten, Engländern, Norwegern und Deutschen in den Gewässern von Jaen Mayen betrieben werden und fortdauernd einer großen Anzahl von Schiffen Beschäftigung geben. —

In der Wahlenberg-Bucht blieb Aeolus mehrere Tage vor Anker, theils wegen des anhaltenden Sturmes, theils um Wasser einzunehmen und die erbeuteten Thiere abzuspecken.

Neben dem Ankerplatze erhob sich ein etwa 600 Fuß hoher, aus Gerölle gebildeter Berg, in welchem sich große Hyperitblöcke befanden; auf jeder Seite desselben floß ein Gletscher zum Meere hernieder, und über ihnen ragte ein 1,400 bis 1,500 Fuß hohes Schneegebirge auf. Von dem Schneewasser getränkt, nach Süden hin steil abstürzend und aus fruchtbarerer Erde, als sonst auf Spitzbergen, bestehend, bot dieser Hügel eine reiche, bis zu seiner Spitze kaum abnehmende Vegetation dar. Während Malmgren botanisirte, bestieg Chydenius das Schneegebirge, um — wenn möglich — einen Ueberblick über die Einsenkung zu erlangen, welche sich nach Süden am Fuße der großen Eiswand des Nordostlandes erstreckt, und deren nördlichen Theil er schon vor acht Tagen besucht hatte. Bei der herrschenden Kälte und dem starken Nebel konnte indessen nur so viel ermittelt werden, daß die Thalsenkung bei der Wahlenberg-Bucht endige und durch einen von dem Schneegebirge ausgehenden Gletscher ausgefüllt werde. Als wir bei der Rückkehr auf einem andern Wege als dem gekommenen — was man bei solchen Partien in der Regel vermeiden muß — niederstiegen, trafen wir nahe dem Bergfuße auf ein Schneefeld, über welches wir, wie gewöhnlich, ganz unbekümmert niederstiegen, als plötzlich der Schnee unter Malmgren's Füßen wich und er in eine Gletscherspalte sank. Glücklicher Weise hatte er Geistesgegenwart genug, die Arme auszubreiten und so sich in der Schwebe zu halten, bis unsere vereinten Kräfte ihn aus dieser gefährlichen Situation befreiten. Bei näherer Untersuchung fand sich, daß die Spalte ungefähr siebenzig Fuß tief und beinahe vier Fuß breit war.

Schwere Windstöße stürzten oft von dem Schneegebirge herab auf den vor Anker liegenden Aeolus; die Heenloopen-Straße war dauernd in Nebel gehüllt, und das Brausen und Rauschen der Wogen verkündete deutlich, daß der Sturm noch immer mit gleicher Heftigkeit dort hause. Am 7. August, als der Wind etwas nachgelassen hatte, gingen wir wieder unter Segel, steuerten hinaus in den Sund und warfen Abends, südlich neben der kleinsten der Fosterinseln, Anker. Wir machten einige Excursionen auf die Holme, legten einige Rapporte in einem Steinvarde nieder und hatten auf dem Schleppboote gute Ausbeute. Da indessen die südlichere Inselgruppe von größerem Interesse sein sollte, segelten wir am 8. um zwei Uhr des Morgens weiter und warfen, von einer starken Strömung begünstigt, schon um neun Uhr Vormittags bei der nördlichsten der Waigatsinseln Anker.

Am Nachmittage ging Chydenius mit dem großen englischen

Boote und drei Mann, nebst Proviant auf drei bis vier Wochen, auf eine westliche und südliche Excursion aus.

Vom 8. bis zum 20. August blieb Aeolus bei den Waigatsinseln liegen. Die zoologischen Arbeiten hatten unter Malmgren's unermüdlicher Leitung fast ununterbrochenen Fortgang. Seine schöne Sammlung von Seethieren war von um so größerem Interesse, als der Unterschied zwischen der Meeresfauna des östlichen und westlichen Spitzbergen — so auffallend, daß sie die Aufmerksamkeit des Naturforschers sofort fesselt — sich hier ganz besonders bemerkbar machte. Der Grund hierfür ist sowohl in der Richtung der Meeresströmungen, als in der verschiedenen Beschaffenheit des Meerwassers zu finden. Hier trifft man auf Thiere, welche ausschließlich der grönländischen Fauna angehören und selten, oder niemals, auf der Westküste vorkommen. Die Thierwelt war hier so reich vertreten, daß selbst der alte Anders Jakobsson, welcher in dieser Beziehung nicht leicht zufrieden zu stellen, erklärte: „Der Boden sei gut.“ Auch einige botanische Excursionen wurden nach den nahen Holmen gemacht. Da sie aber ausschließlich aus Hyperit bestanden, so war die Ausbeute nur gering.

Die Temperatur blieb eine sehr niedrige; zuweilen fiel sie unter den Gefrierpunkt; niemals stieg sie über $+3^{\circ}$ C. Die des Wassers schwankte zwischen $+1{,}2^{\circ}$ und $0{,}1^{\circ}$ C., je nachdem die Strömung von Norden oder Süden kam. Das Wetter war unbeständig. Oft zog der Nebel vom Lande heran, ungefähr in der Richtung des Storfjordes, und mit ihm eine Masse Treibeis — zum großen Theile Gletschereis — obwohl der ganze südliche Theil des Sundes bereits eisfrei war. Es herrschte nunmehr die wärmste Zeit des ganzen Jahres. Die Gletscher hatten eine bei Weitem stärkere Bewegung als sonst. Wo sie im Meere endigten, „kalbten“ sie fortwährend — wie es in Grönland heißt, — das heißt die Eismassen stürzten in das Wasser hinab. Diesen Eisblöcken zu begegnen, ist für ein Schiff nicht ohne Gefahr. Sie sind nämlich so durchsichtig, daß sie nur mit Mühe von dem Wasser unterschieden werden können, und so hart wie Marmor. Aber obwohl auf Spitzbergen viele Gletscher mit hohen senkrechten Wänden in's Meer stürzen, sind sie doch nicht mächtig genug, um solche Berge von sich abzustoßen, wie man bei Grönland und in der Baffins-Bai antrifft. — —

Den 13. kehrte Chydenius von seiner Recognoscirungsfahrt zurück, über welche er Folgendes berichtete:

„Ich steuerte zuerst direct nach Westen zu Lovén's Berg, um südlich von demselben an der Moräne eines gewaltigen Gletschers zu landen, welcher mit einem über hundert Fuß hohen senkrechten Absturze nach dem Meere zu endigte. Da sich die Wellen zu heftig am Strande brachen, so suchten wir einen andern Landungsplatz in einer kleinen Bucht auf, zwischen dem Gletscher und der Seitenmoräne. Hier war das Boot weniger dem Wogenschwalle ausgesetzt, auch konnte es ganz und gar auf das Land gezogen werden. Gegen Abend bestieg ich von Norden her den Berg, mußte aber zuweilen die vollkommen senkrechte Felswand hinaufklettern, besonders dann, als ich ungefähr 300 Fuß hoch gekommen war, wo der von der früheren Bootexcursion bekannte Kalk endigte und die darüber befindliche Hyperitschicht ihren Anfang nahm. Als ich ungefähr zwei Drittheile des Weges zurückgelegt hatte, begann ein starker Nebel sich über den Berg zu breiten, so daß ich erst nach dreien Stunden mühevollen Kletterns das Plateau auf der nördlichen Seite des Berges erreichte. Hier wartete ich sieben Stunden lang vergebens auf das Fallen des Nebels. Er blieb so dicht, daß ich kaum ein paar Dutzend Fuß vor mir sehen konnte. Ich sammelte mittlerweile Pflanzen, die hier sehr üppig wuchsen, meist Moose und Flechten, selbst noch in der Nähe des ewigen Schnees, welcher von dem höher liegenden Schneeberge an einer Stelle bis zu der senkrechten Felswand hinabreichte. Endlich müde, länger zu warten, kehrte ich zum Boote zurück, um nach einigen Stunden Ruhe und da auch der Nebel gegen die Nacht hin sich etwas zu verziehen schien, den Berg von Neuem zu besteigen; diesesmal freilich in der halben Zeit, da ich fast jeden Schritt bereits kannte. Aber auch jetzt war mir das Glück nicht gewogen. Denn wenn auch zuweilen die nächste Umgebung aus dem Nebel heraustrat, der aus Südwesten kommend die Thäler auf beiden Seiten des Berges erfüllte und sie mit einem undurchdringlichen Schleier bedeckte, so blieben doch alle übrigen Berge und Partien, auf welche es mir ankam, unsichtbar. Ich vermochte deshalb auch nicht einen einzigen Winkel zu bestimmen, obwohl ich wiederum acht bis zehn Stunden auf dieser Höhe zubrachte. Nur einmal gelang es mir die Waigats-Inselgruppe und die Strat bis zur Südspitze des Nordostlandes zu überschauen, und weiterhin das Meer, welches jetzt, ebenso wie der südliche Theil des Sundes, vollkommen eisfrei schien. Der Gletscher weiter nach oben, zu welchem ich einen kurzen Ausflug machte, war in allen Richtungen geborsten und zerspalten, die einzelnen Spalten aber nicht von erheblicher Größe. Beim Herabsteigen machte ich den Versuch, längs der Kante des Gletschers zu gehen, welcher fast in einem Halbkreise sich um die Ost- und Nordseite des Berges zwängt. Er war an einzelnen Stellen schmal und zerklüftet, an anderen breiter und spaltenfrei. Obwohl die Neigung des Weges nicht gerade groß war, so konnte man sich doch eines gewissen unbehaglichen Gefühls nicht erwehren; denn wenn man einmal ausglitt und den Gletscher hinabfuhr, ließ sich nicht im Voraus bestimmen, wo die Reise endigen werde. Da ich also auch das zweite Mal unverrichteter Dinge zurückkehrte, beschloß ich bis auf Weiteres diese Stelle zu verlassen und zu Boote nach dem mit dem Storfjord in Verbindung stehenden sagenhaften Sunde zu suchen, welchen ich wegen des Nebels von dem Berge aus nicht hatte wahrnehmen können.

„Der Bericht über das Vorhandensein eines solchen Sundes, welcher Heenloopen Strat mit dem sogenannten Storfjord verbinden soll, hat große Wahrscheinlichkeit für sich und ist auch nach England gedrungen, so daß er sich auf der im Jahre 1861 herausgegebenen Karte von Spitzbergen mit dem Bemerken eingezeichnet findet: „Zwei schwedische Schiffe sollen ihn 1859 passirt haben.“ Der wahre Sachverhalt ist der, daß im Jahre 1860 zwei norwegische Schiffe durch einen, nördlich von Walter Thymen's Fjord, vom Storfjord ausgehenden Sund in die Heenloopen-Straße gekommen waren. Zwei von den Personen, welche diese Fahrt mitgemacht hatten, befanden sich damals gerade auf Spitzbergen: der Schiffer Nielsson, der Capitän eines jener Schiffe, und sein Steuermann Mack, der jetzt auch Steuermann auf der Magdalena war. Nach ihren übereinstimmenden Berichten ging der Sund von Westsüdwest nach Ostnordost und seine östliche Mündung befand sich gleich südlich von der „Bären“- oder „Lomme-Bai“ benannten Bucht. Von hier aus, so erzählten sie, habe man die Südspitze des Nordostlandes gerade im Osten und könne die Berge an der Treurenberg-Bai erblicken. Der Sund sei übrigens von ganz geringer Breite und Länge.

„Eben dieser Sund war es, den ich aufzufinden wünschte; eine Bucht in Südwesten, ein Ende südlich vom Lovénberg, aber die Stelle, wo ich ihn zu suchen hatte; denn Nordenskiöld, welcher von der Wahlenberg-Insel aus diese damals gerade mit Eis bedeckte Bucht gesehen, hatte die Vermuthung ausgesprochen, daß hier der Sund zu finden sei; ich aber mußte die schweren Nebelwolken, welche anhaltend aus der Tiefe dieser Bucht kamen, als eine Bekräftigung jener Vermuthung ansehen. Zuerst begab ich mich gleichwohl ein Ende nördlich vom Lovénberg, denn auch über der dort endigenden Thalvertiefung zogen unausgesetzt die Nebel hin, und nach der Beschreibung hatte man den Sund überall in dieser Gegend zu suchen. Er konnte möglicher Weise gleich südlich von dem Gletscher seinen Anfang nehmen, und damals, als die erste Bootpartie hier passirte, von diesem oder dem längs der Küste sich hinziehenden Eisbande verdeckt worden sein. Nach einer Fahrt von einigen Stunden, erschwert durch die nach Süden gehende Strömung, hatte ich die Ueberzeugung gewonnen, daß zwischen dem Berge und dem Gletscher kein Sund, sondern nur eine unbedeutende Bucht vorhanden sei. Ich steuerte deshalb wiederum nach Süden und kam bald weit genug, um die ganze Tiefe der genannten Vik zu überschauen, erblickte aber nichts als einen großen Gletscher, welcher eine nach Westsüdwest sich hinziehende Thalvertiefung einnahm und mit dem Binneneise im Zusammenhange stand. Es schien mir nicht geeignet, auf's Gerathewohl nach der weit östlich vortretenden Spitze des eigentlichen Spitzbergen zu steuern, und von dort nach Süden, um den Sund aufzuspüren, da ich mich mit den zur projectirten Gradmessung erforderlichen Triangulirungs- und Recognoscirungsarbeiten noch im Rückstande befand; ich beschloß dafür einen Ausflug nach dem Innern des Hochlandes zu unternehmen, um von dort möglicher Weise den Sund und auch den Storfjord wahrzunehmen, und eine Uebersicht zu bekommen, wie das Gradnetz bei der Heenloopen-Straße einzurichten sei. Mitten in der Nacht vom 10. zum 11. August ruhte ich bei einer Seiten- oder, besser gesagt, Mittelmoräne, welche sich südlich von dem dicht an die Vik tretenden Gletscher befindet. Der südliche Theil der Heenloopen-Straße war nun von Nebel frei, so daß ich Winkel nehmen konnte, auch die Berge erblickte, welche für die Triangelpunkte brauchbar erschienen. Die Südspitze des Nordostlandes hatte ich bereits im Norden; bei der Weiterführung der Triangulation war es mir also nicht mehr von fernerem Nutzen. So sprach Alles für eine kurze Recognoscirung in das Innere des Landes. Ich begab mich deshalb gegen den Mittag des 11. August, von Nielsson begleitet, zu dem höheren Theile der Moräne, welche an die in der Wahlenberg-Bucht erinnerte, und weiter hinauf auf das darüber befindliche Schneegebirge. Ich hoffte von hier eine Uebersicht der Thalsenkung zu erhalten, welche ein paar Hundert Fuß tiefer sich nach Westen hinzog und eine Fortsetzung des von dem Gletscher in der Tiefe der Vik ausgefüllten Thales bildete. Die Aussicht von diesem ungefähr 1,500 Fuß hohen Schneeberge wurde nach Westen hin von einem einige Hundert Fuß höheren, den ich während der Besteigung nicht hatte wahrnehmen können, verdeckt. Die Thalsenkung zog sich noch bis jenseits dieses höheren Berges fort und ich folgte eine Weile ihrem Rande. Je weiter ich kam, desto tiefer wurde der auf der Eisunterlage befindliche Schnee. Ich bestieg auch den zweiten Berg. Hier zeigten sich nach Westen und Südosten immer höhere Schneeberge, welche sich allmählich von dem zwischen mir und ihnen befindlichen Thale erhoben. Ich stieg zu dem letzteren wieder hinab und änderte die Richtung meines Weges nach Westnordwest. Das Thal bestand — wenn ich mich so ausdrücken darf — aus einem Eismorast. Ein zwei bis drei Fuß tiefer lockerer Brei von kleinen Eiskörnern bedeckte das feste Eis, darüber aber lag frischgefallener Schnee, vom Sturme in einzelne Haufen zusammengeweht, die einzigen Stellen, wo wir festen Boden unter unseren Füßen hatten; denn Eiskörner und Schnee waren hier zu einer Masse zusammengefroren. Ueberall sonst sanken wir bei jedem Schritte zwei Fuß tief ein; doch belebte mich die Hoffnung, bald offenes Wasser zu erblicken. Denn schon stiegen leichte Nebelwolken im Westen auf, und ein paar Raubmöwen — außer uns die einzigen lebenden Wesen in dieser wüsten Landschaft — zogen über die Schneeberge nach Westen. Auch stießen wir ein paarmal auf Fuchsspuren. Als ich endlich auf das wahrscheinlich über 2,000 Fuß hohe Gebirge gelangte, erblickte ich auch jetzt wiederum im Westen und Südwesten eine ganze Reihe kahler Berggipfel, welche aus dem Schneefelde herausragten, und ein von Nordosten nach Südwesten gehendes Thal. Ich begab mich über das allmählich aufsteigende Binneneis zu einem zunächst im Westen belegenen Berge von geringerer Entfernung und kam schließlich zu einer Stelle, wo der Abfall jäher und die Eismasse gletscherartig zersprungen war. Von diesem Punkte konnte ich ein wenig offenes

Wasser, in welchem ein paar Eisstücke nach Norden hin schwammen, entdecken. Die Thalsenkung schien sich, so weit ich sehen konnte, nach Südwest fortzusetzen. Die Berge nach dieser Seite hin sind hoch und kahl; nach Süden nehmen sie eine mehr spitze Form an, welche an die auf der Westküste vorherrschende erinnerte, doch standen die Berge hier weder so dicht neben einander, noch waren sie so spitz als dort.

„Der 12. August verging schnell. Am 24. sollten wir uns bereits sämmtlich auf dem Aeolus einfinden, um, wenn es wünschenswerth erschien, die Heenloopen-Straße zu verlassen. Ich hatte mich übrigens nur für einen Eilmarsch eingerichtet und weder doppelte Kleidung noch Proviant mitgenommen. Wieder begannen die Nebel aufzusteigen, und die Kälte wurde auf den Höhen und während der Nacht so scharf, daß man in dauernder Bewegung bleiben mußte, um nicht zu erstarren. Diese Umstände bestimmten mich, von dem Versuche, zu dem Strande des in der Ferne erblickten Gewässers niederzusteigen, Abstand zu nehmen. Denn wenn wir in dem Nebel irre gingen, so konnten uns die Kräfte verlassen, und an ein längeres Ausruhen war hier nicht zu denken. Das Gewässer zog sich von Nordosten nach Südwesten hin, seine Mündung in die Heenloopen-Straße mußte sich also etwas nördlich von der Stelle befinden, wo ich den Sund zuerst gesucht hatte. Wenn ich mit dem Boote dorthin fuhr, konnte ich weit mehr ausrichten, als zu Fuß. Das hiesige Terrain erschien übrigens für die Weiterführung des Triangelnetzes geeigneter, als der südliche Theil der Strat, und das neue Gewässer führte unzweifelhaft weit schneller zu dem Storfjord als irgend eine andere Straße. Ich mußte also unter allen Umständen eine Bootfahrt dorthin unternehmen. Unverzüglich begaben wir uns auf den Rückweg und erreichten auf einem etwas kürzeren Wege unser Boot um Mitternacht. Wir waren, in gerader Richtung nach Westen gerechnet, ungefähr zwei Meilen weit in das Innere des Landes vorgedrungen. Unsere Wanderung in dieser nebligen Jahreszeit mußte den beiden bei dem Boote zurückgebliebenen Männern etwas abenteuerlich erscheinen, sie hatten daher auch unserer Rückkehr mit großer Unruhe entgegen gesehen. Eine während unserer Abwesenheit geschossene Gans gewährte uns eine vortreffliche Abendmahlzeit. Wir zogen das Boot so hoch als möglich auf das Land, um nicht, wie früher, von den Wogen beunruhigt zu werden, und legten uns unter dem Bootzelte zur Ruhe.

„Am Mittage des folgenden Tages begannen wir uns zur Abreise zu rüsten. Ich saß im Boote, damit beschäftigt, die am Tage vorher gesammelten Pflanzen — darunter die zum ersten Male hier gefundene **Wahlbergella apetala** — einzulegen, während Zwei von der Mannschaft ein Ende entfernt waren, um Schnee zum Kaffeekochen zu holen, und Nielsson Feuer anzumachen versuchte. Plötzlich kam Letzterer zur Oeffnung des Zeltes und sagte, es seien Bären in der Nähe. Obwohl nur halb angekleidet, ergriff ich meine Büchse und sprang hinaus. Anfangs vermochte ich nichts Ungewöhnliches wahrzunehmen, aber Nielsson versicherte, sie seien dicht bei uns. Als ich nun an die Bootspitze ging, wo ich um das Zelt sehen konnte, erblickte ich auf der andern Seite des Bootes, unmittelbar neben dem Rande desselben, eine Bärin mit ihren beiden Jungen, von denen das eine zwei, das andere ein Jahr alt sein mochte. Die Bärin stand aufrecht auf den Hinterbeinen und mir so nahe, daß ich sie mit dem Ende des Büchsenlaufes hätte berühren können. Den Blick fest auf das Thier geheftet, trat ich einen Schritt zurück, um zu schießen, als mir plötzlich einfiel, daß ich seit meiner Rückkehr von der Wanderung weder neu geladen, noch neue Zündhütchen aufgesetzt habe. Ich wollte mich deshalb zur Oeffnung des Zeltes zurückziehen, um im Falle eines Fehlschusses eine Axt zu ergreifen, die sich im Boote auf einer bestimmten Stelle befand. Ich brauchte blos zwei Schritte zu thun, um die Zeltöffnung zu erreichen, aber eine jede hastige Bewegung konnte auch den Muth des Thieres vermehren und mich am Schießen hindern. So stand ich denn still, abwartend, was sie thun würden, bereit, zum Angriffe überzugehen, sobald sie die geringste Neigung dazu verriethen. Die Bärin ließ sich auf ihre Füße nieder und entfernte sich mit ihren Jungen ein Ende vom Boote, wie wenn es ihr nicht paßte, dasselbe anzugreifen, oder auch weil ihr der Muth dazu mangelte. Ich folgte ihren Bewegungen. Sie befanden sich nun auf derselben Seite des Bootes wie ich, etwa fünf Ellen weit von mir entfernt, und ich verlor sie nicht aus dem Gesicht, wenn ich in's Boot stieg. So trat ich denn einen Schritt zurück, stand still, und sah sie wie vorhin fest an. Da sie sich nicht in einer geraden Linie, sondern in einem Bogen vorwärts bewegten, so trat ich noch einen Schritt zurück und stand nun — wie ich wünschte — mit dem ganzen Körper in der Zeltöffnung.

„„Die Büchse wird mir versagen, denn ich habe die Zündhütchen nicht gewechselt, und brauche darum die Axt" — sagte ich zu dem hinter mir stehenden, durchaus unbewaffneten Manne, denn eine ungeladene Vogelflinte, auf welche er ein Zündhütchen gesetzt hatte, war wohl kaum der Rede werth. In diesem Augenblicke machte das Thier Halt; alle wandten sich nach mir. Der Mann aber rief: „Schießen Sie!" und drückte — ich weiß nicht warum — den Hahn ab. Die Bärin stutzte, stand unbeweglich, brummte ein wenig und hob ihren Kopf nach mir. Ich zielte nach dem letzteren, und als ich mich vollkommen sicher glaubte, — ich hatte auf meiner letzten Tour das Visirkorn verloren und zielte längs dem Lauf — drückte ich in dem Augenblicke ab, als sie sich auf den Hinterfüßen langsam aufrichtete. Der Schuß fiel, sie stürzte nieder, in der Richtung nach mir, streckte ihre Füße von sich — ein Seufzer — und war todt. Die Jungen berochen sie, stießen wilde, eigenthümliche Schreie aus und begannen sich langsam davon zu machen. Als ich mich überzeugt hatte, daß die Mutter todt sei, versetzte ich dem älteren Jungen einen Schuß in das Hinterbein. Während ich von Neuem lud, zogen sie ihres Weges längs dem Strande und wandten sich oft um, als wollten sie ihre Mutter rufen. Dann aber wurden sie von den zum Boote zurückkehrenden Männern verscheucht und stürzten sich in's Wasser. Ich maß die Entfernung zwischen dem Kopfe der Bärin und dem Rande des Bootes; sie betrug $3^1/_2$ Ellen. Mittlerweile hatte Nielsson das Zelt abgenommen und das Boot in's Wasser geschoben, um die Jungen zu verfolgen. Nicht weit vom Strande kletterten sie auf einen ziemlich steilen Eisberg; denn das kalte Bad schien auch dem älteren Jungen den Gebrauch seines Hinterbeines wiedergegeben zu haben. Als wir uns ihnen näherten, warfen sie sich von Neuem in's Wasser und schwammen nach dem Strande. Das jüngere, welches langsamer vorwärts kam, schoß ich durch den Kopf. Es wurde an's Land gezogen. Ich dagegen verfolgte das andere, das die Moräne hinanstieg. Es sprang noch recht gut, so daß ich es nicht einholte; dann warf es sich wieder in's Wasser, erreichte ein Eisstück, ein zweites, und wandte sich, von dem Boote bedrängt, dem Lande und der Stelle zu, wo seine Mutter lag, offenbar unwillig, daß es sich von ihr trennen sollte. So erreichten wir es bald und jagten ihm eine Kugel durch den Kopf.

„Wir nahmen das durch diese Episode unterbrochene Kochen des Kaffees wieder auf und stellten fest, daß die Axt sich nicht an ihrer bestimmten Stelle im Boote, sondern ein paar Ellen hinter dem Platze, wo die Bärin fiel, befunden hatte. Nachdem wir die erlegten Thiere eingeladen und zu Mittag gegessen, begaben wir uns etwa um sechs Uhr Nachmittags (den 12. August) auf den Weg nach Osten, weil ich zuvörderst die südlichste der 23 Waigatsinseln besuchen und dort einige Winkel für die Karte nehmen, sodann mich aber zum Schiffe zurückbegeben wollte, um das Boot von der schweren, unerwarteten Ladung zu erleichtern.

„Schon bei einem Holme in der Mitte unseres Weges konnte ich erkennen, daß wir Nebel bekommen würden, was auch bald eintrat. Ich versuchte von der Südspitze des niedrigen Terrains, welches den Kern der Insel umgab — ein etwa zweihundert Fuß über dem Meere aufsteigendes Plateau — mehrere Winkel zu erhalten; doch mit geringem Erfolg. Auch war es unmöglich, zu dem Innern der Insel zu gelangen, denn die Hyperitwand erwies sich als durchaus unersteiglich. Mit dem Nebel vereinigte sich schließlich ein heftiger Regen. Bei der Rückfahrt konnten wir zwischen den Inseln uns zuweilen der Segel bedienen, und gelangten so am 13. August Morgens wieder an Bord.

„Derselbe heftige Nebel hielt noch bis zum 14. Nachmittags an, da der südöstliche Wind ein wenig zunahm und das Wetter aufklärte. Sobald dieses geschehen, begab sich Malmgren mit dem norwegischen Boote und dreien Mann zu Lovén's Berg; Chydenius dagegen nahm, mit derselben Besatzung und demselben Boote, seine durch die Bärenjagd und den Nebel unterbrochene Fahrt wieder auf. Beide Boote begaben sich zu dem früheren Landungsplatze. Wir schlugen den jetzt wohlbekannten Weg zu der Spitze des Berges ein, zwischen gewaltigen Kalkfelsen, welche vollkommen isolirt und nur einige Klafter im Umfange halten, sich bis über hundert Fuß erheben und in ihrer äußeren Erscheinung Ruinen von Menschenwerk gleichen, während ihr Inneres voll ist von den versteinerten Ueberresten einer untergegangenen Thierwelt. Das Wetter war klar und herrlich. Ueber uns lag der Gletscher und der von den dunkeln Hyperitinseln übersäte südliche Theil des

Sundes, begrenzt von großen, zwischen Bergspitzen herabsteigenden Gletschern.

„Endlich erreichten wir das Plateau. Malmgren sammelte einige Pflanzen, welche hier und da auf der obersten bräunlichen Kalkschicht wuchsen, während auf den steilen Hyperitklippen Flechten in großer Zahl vorkamen. Ich maß einige Winkel, theils von dem Plateau, theils von dem ungefähr 400 Fuß höheren Eisberge im Westen aus. Als wir uns am 15. August Nachmittags zum Niedersteigen anschickten, bemerkten wir, daß große Massen von Eis aus Südosten in den Sund kamen. Wir schossen unter den ruinenartigen Kalkfelsen einen Teist in seiner Wintertracht. Einen solchen hatte Chydenius bereits bei seinem früheren Besuche des Berges gesehen. Diese Vögel, welche in den steilen Klüften der Felswände brüten, hatten schon flügge Junge und machten von den höchsten Spitzen aus, wo sie sich für gewöhnlich, und namentlich bei Nebelwetter, aufhielten, ihre Ausflüge, bald um die steilen Felswände herum, bald hernieder zur See. Im Herabsteigen fanden wir auch einen kleinen Dorsch, gadus polaris, welcher wahrscheinlich von den Teisten, oder einem andern Vogel, zu dem neben dem Gletscher befindlichen, weniger steilen Stein- und Bergrücken heraufgetragen war.

„Wir aßen noch mit einander und schieden dann. Malmgren wandte sich zum Aeolus zurück, „dreggte" unterwegs und kam um halb sechs Uhr Vormittags an Bord. Das Schiff mußte wegen der Windstille den ganzen Tag über ruhig liegen bleiben. Am folgenden Tage lichtete es die Anker, ging vor einem schwachen Südost zu einer andern der nördlichen Waigatsinseln, nachdem man auf der Wahlenberginsel Mittheilungen deponirt hatte, und blieb hier bis zum Morgen des 20. August.

„An diesem Tage sprang der Wind nach Norden herum. Das Barometer war während der vergangenen Tage ununterbrochen gefallen, so daß man einem ähnlichen Unwetter wie am Anfange des Monats entgegensehen konnte. Der ganze südliche Theil der Strat lag voll von Treibeis, das mehr und mehr nach Norden drängte. Aeolus lichtete daher am Nachmittage seine Anker und begann im Nebel und Regen gegen einen heftigen Nordwind zu kreuzen. Zwischen dem Nordostlande und den Fosterinseln lag das Treibeis noch so dicht, daß hier nicht Anker geworfen werden konnte. Man legte bei, schickte ein Boot an's Land, um Rapporte zu deponiren, und setzte dann das Kreuzen fort. In der Nacht begegneten wir Rosendahl's Schiff und erfuhren von ihm, daß die nördliche Bootpartie am Tage vorher in der Branntwein-Bucht gewesen. Das Nebelwetter hielt an; der Regen peitschte unsere Segel, und erst am folgenden Tage kam uns das spitzbergische Festland in Sicht. Wir versuchten allmählich in die Lomme-Bai zu laviren und warfen am Mittag des 21. August auf der Westseite derselben, neben dem niedrigen Strande, gleich südlich von einem Gletscher, welcher mit einem Absturz von 51 Fuß Höhe in die Vik herabfällt, Anker. Hier hatte der Schoner nur erst einige Stunden gelegen, als Torell und Nordenskiöld mit ihren Genossen, Alle frisch und wohlbehalten, an Bord anlangten."

Wie wir uns noch erinnern werden, gingen Torell, Nordenskiöld und Malmgren am 22. mit einem Boote nach dem Innern der Lomme-Bai und trafen hier mit Chydenius zusammen. Der Letztere berichtet über seine Fahrt, nachdem er am 15. von Lovén's Berg abgesegelt war, Folgendes:

„Als Malmgren am Morgen des 15. August mich verlassen hatte, stellte ich einige magnetische Beobachtungen an und ruderte gleich nach Mittag während des schönsten Wetters nach Norden. Nach einer Fahrt von drei Stunden kamen wir zu Duim Point. Da der Sturm uns entgegen und Einer der Leute etwas unwohl war, so rasteten wir hier eine Weile. Ich bestimmte einige Winkel für die Karte und ging ein Stückchen in das Land hinein, längs einem schneefreien Thal, spazieren. Ein Ende vom Strande, etwa 70 bis 80 Fuß über der See, stieß ich auf einige Thonlager mit Muscheln. Ein paar Raubmöwen (Lestris parasitica) hatten hier ihr Nest, und das Weibchen suchte auch jetzt, wie sie es sonst gewohnt ist, die Aufmerksamkeit von demselben dadurch abzulenken, daß sie sich mir ganz nahe auf den Boden niederließ und mit ausgebreiteten Flügeln, aufgekrausten Federn und heftigen Bewegungen allmählich nach einer entgegengesetzten Richtung entfernte. Wenn ich ihr folgte, so flog sie weiter und weiter. Achtete ich dagegen nicht auf sie, so schwang sie sich auf und flog mit lautem Geschrei dicht um meinen Kopf herum. In dem Neste fand ich ein eben ausgekommenes Junge, das zufällig erdrückt sein mochte. Trotz dem Geschrei der Mutter, nahm ich es mit mir, um mit ihm unsere Sammlung zu bereichern.

„Von Duim Point fuhren wir weiter nach Norden, an dem schon von Nordenskiöld beschriebenen Alkenberge vorbei, welcher in seiner ganzen Höhe von ungefähr 800 Fuß von oben bis unten mit Vögeln besetzt war. In großen Schaaren machten sie von hier aus ihre Ausflüge. Aber da sie nunmehr auch ihre Jungen schon auf das Wasser hinausführten, so war nicht blos der Berg, sondern auch die ganze Wasserfläche beinahe vollständig mit Vögeln bedeckt. Erst wenn das Boot ihnen bis auf Ruderlänge nahe war, tauchten sie unter. Ihre ungeheure Zahl kann wohl kaum anders als nach Hunderttausenden geschätzt werden; auch wird Niemand sich von diesem Leben und Lärm einen Begriff machen können, wer es nicht mit eigenen Augen gesehen hat. Die Berge fielen hier alle in beinahe senkrechten Felswänden zum Meere ab und trugen mit ihrem gewaltigen Vordergrunde zu der Großartigkeit des wunderbaren Gemäldes bei. Bald nach Mitternacht fanden wir endlich westlich von der äußersten Spitze des Cap Fanshaw eine Stelle, wo eine Landung möglich war. Aeußerst ermüdet von dem langen Rudern mit dem großen Boote und gegen die Strömung, die schließlich so stark wurde, daß wir kaum vorwärts zu kommen vermochten, legten wir uns sofort zur Ruhe.

„Nachdem wir uns ausgeruht und ich einige Nachrichten von uns und dem Schoner in einem Steinvarde deponirt hatte, bestieg ich mit Nielsson den Berg beim Cap Fanshaw und beauftragte die beiden anderen Leute, mittlerweile das Boot ein Ende weiter nach Süden in die Bucht zu rudern, wo ein niedriger Landstreifen einen geeigneteren Landungsplatz darbot. Die Stufen des Berges waren auf seiner Südostseite weniger steil als an vielen anderen Stellen, wo ich sonst gewesen, auch seine Vegetation weit reicher, als ich bis dahin gesehen; denn sie reichte von dem breiten Strande an seinem Fuße ununterbrochen bis zu dem schneefreien, 1,200 bis 1,300 Fuß hohen Gipfel. Besonders fanden sich Gräser und Halbgräser in zahlreichen Repräsentanten vor. Ich hatte noch immer nicht die Mündung des gesuchten Sundes gefunden, und da ich wußte, daß er weiter nach Norden nicht mehr existiren könne, maß ich, so weit es der Nebel zuließ, einige Winkel und beschloß den Versuch zu machen, ob nicht das Gradnetz über diese nach Südwesten hin noch nicht untersuchte Bucht ausgedehnt werden könne. Denn ich hegte noch immer die Vermuthung, daß die Vik nach dieser Richtung hin mit dem Storfjord in Verbindung stehe. Mindestens durfte ich annehmen, daß das Gewässer, welches ich einige Tage vorher bei meinem Ausfluge in das Innere des Landes gesehen hatte, mit diesem Fjord zusammenhänge, daß es einen Sund bilde und also die Möglichkeit gewähre, in jener Richtung nach dem Storfjord vorzudringen. Nach einer Wanderung, langwieriger als ich erwartet hatte, kehrte ich wieder zum Boote zurück und beschloß hier ruhig bis zum folgenden Morgen zu bleiben, um die gefundenen Pflanzen und Mineralien einzulegen und einzupacken.

„Am Morgen des 17. August ruderten wir nach Süden und stiegen bei Foot's Insel, einem Kalksteinfelsen, welcher im Jahre 1827 von Foster auf seiner Excursion von der Treurenberg-Bai entdeckt und von ihm nach einem seiner Begleiter benannt worden war, an's Land. Ich vermochte hier einige Winkel zu messen und setzte die Fahrt zu der Spitze auf dem westlichen Strande, da wo die Vik sich nach Südwesten wendet, fort. An dieser Spitze, wo wir unser Mittagessen bereiteten, fanden wir ungeheure Massen von „Treibsachen" vor: Bäume, Floßhölzer, Bimsstein und Birkenrinde, selbst Trümmer von dem neulich untergegangenen Schiffe, was mich alles noch mehr in der Hoffnung bestärkte, im Südwesten einen Sund zu finden. Ich maß einige Winkel, setzte die Fahrt in die Vik hinein fort und nahm schließlich an ihrem Ende einen Gletscher wahr. Da wir Gegenströmung hatten, so legte ich Abends, etwa um 8 Uhr, am Südstrande an und machte mich zu Fuß zu dem Gletscher auf, um zu sehen, ob nicht vielleicht ein Arm der Vik neben ihm hinlaufe, so daß man mit dem Boote weiter kommen konnte. Nach einer halbstündigen Wanderung erkannte ich, daß dieses nicht der Fall sei; dafür bekam ich hier einen Gletscher zu sehen, von einer Breite und Höhe, wie ich bis dahin noch keinen geschaut hatte. In seiner majestätischen Größe erschien er mir gleichsam als ein Veteran unter den Gletschern. So gab ich ihm im Stillen diesen Namen und erinnerte mich zugleich, daß der 17. August jener Tag sei, an welchem Runeberg's „Veteran" meine Landsleute bei Alavo siegen sah.*)

„Am folgenden Tage herrschte starker Nebel mit Regen, es schien mir daher nicht zu lohnen, weiter nach Süden über die Vik zu den hohen Bergen zu fahren, welche einen brauchbaren Triangelpunkt bildeten, und sodann meine Untersuchung fortzusetzen. Ich ließ das Boot ruhig liegen, kletterte eine Schlucht hinauf zu der ein paar Hundert Ellen vom Strande sich hinziehenden Bergkette, sammelte Steine und Pflanzen und machte einige magnetische Beobachtungen.

*) Vergl. Runeberg, Fähnrich Stål's Erzählungen.

Die geologische Bildung schien der bei der Treurenberg-Bucht gleich zu sein, obwohl der Hyperit in den unteren Schichten fehlte. Der Strand war dagegen ganz mit herabgestürzten Hyperitblöcken bedeckt.

„Da der Nebel am folgenden Tage nachzulassen versprach, ging ich weiter zu dem südlichen, oder besser, zu dem südöstlichen Strande, konnte aber den ganzen Tag über wegen des Nebels nichts ausrichten. Er hinderte mich sogar daran, mit einiger Gewißheit die Stelle zu entdecken, wohin ich zu kommen wünschte. Eine reiche Ausbeute an Pflanzen bildete so ziemlich den einzigen Gewinn des ganzen Tages. Den 20. August ging es nicht besser; allerdings gelang es mir nach vielen Mühen, wie ich gewünscht, auf den Berg zu kommen und während der flüchtigen Momente, da die Landschaft nicht in Nebel eingehüllt war, einige Beobachtungen zu machen. Auch kam ich zu der Ueberzeugung, daß eine Fortsetzung der Triangulation bis zum Storfjord nicht unmöglich sei; denn von den weiter im Süden befindlichen Bergen mußte man offenbar die Berge am Storfjord wahrnehmen können.

„Am folgenden Tage widmete ich dem Gletscher in der Tiefe der Bucht eine nähere Betrachtung. Aus einiger Entfernung gesehen erscheint er als eine schwärzlichgraue Eismasse, welche in einer Breite von einer Viertelmeile das sich nach Südwesten erstreckende Thal einnimmt. Das letztere wird von Bergketten begrenzt, deren Rücken sich ununterbrochen, ohne einzeln aufragende Bergspitzen, hinziehen. Die Abhänge dieser Berge sind in senkrechter Richtung gleichsam eingekerbt, und zwar dadurch, daß die kleinen Gletscher und die Bergflüsse mit Hülfe des Frostes einen Theil des Abhanges weggerissen oder fortgenagt und eine Kerbe gebildet haben, welche entweder ganz kahl daliegt, oder von einem Gletscher oder einer Schneelawine ausgefüllt ist. Diese Thalsenkung kann man mit dem Auge ungefähr eine Meile weit verfolgen; die Oberfläche des Gletschers erscheint in dieser ganzen Ausdehnung als eine sich allmählich nach der Vik zu senkende Ebene, welche nur an einer Stelle, nahe dem Ende des Gletschers, abbricht und einen ziemlich steilen Eisfall von 40 bis 60 Fuß Höhe bildet. Die Oberfläche des Eises ist, so weit man sehen kann, beinahe ganz frei von Spalten und hat infolge der Einbettung von Grus und Steinen eine graulichweiße Färbung erhalten, welche zu den braunen und oft beinahe schwarzen Abhängen der einschließenden Bergabhänge einen starken Contrast bildet. Das letzte, fast schwarze

Ende des Gletschers und sein Absturz ist dunkler als die obere Hälfte, erreicht den Fjord nicht und wird an seinem Fuße auf den Seiten und an der Stirn von ungeheuren Grus- und Steinwällen verdeckt, Moränenmassen, welche während der Fluth einen Strandgürtel von 100 Faden, während der Ebbe aber einen von doppelter Breite bilden. Wenn man sich dem Gletscher nähert, erkennt man deutlich, daß er früher eine weit größere Ausdehnung gehabt hat, denn man trifft auf eine Moräne nach der andern, die alle in der Richtung quer durch das Thal gehen; kommt man aber an den Fuß des Gletschers, so wird es offenbar, daß die neu sich bildende Moräne mit jenen älteren ganz gleich ist. Im Gletscher befinden sich nämlich überall Gerölle und scharfkantige Steine, — die größten von etwa 8 Kubikfuß — welche zugleich mit dem sie einschließenden Eise allmählich herabstürzen und nach dem Schmelzen des Eises große Stein- und Geröllbänke bilden. Erst wenn man an den Fuß des Gletscherabsturzes gekommen, erkennt man, wie gewaltig und großartig er ist, denn von dem blos einige Fuß über der Wasserfläche liegenden Boden ragt er senkrecht ungefähr 150 Fuß auf. An einzelnen Stellen springt aus einem Loche oder einer Spalte, hoch oben in der Eiswand, ein Wasserstrahl hervor, der im Herabstürzen sich in lauter einzelne Tropfen auflöst; an der Kante oben aber hängen überall lose Eisblöcke und Steine und zeigen, von wo die unten liegenden hergekommen. Südlich, wo der Gletscher sich gegen die Bergwände drängt, trifft er auf eine Felsklippe von 70 bis 90 Fuß Höhe, über welche er zum Theil hinwegschreitet. Auch sie ist mit Grus und Steinen bedeckt. Am Fuße des Gletschers, und zwar von dieser Klippe und Moräne herab, stürzt ein Gletscherbach in dreien Fällen, der erste 20 bis 25, der andere ungefähr 40 und der dritte 20 Fuß hoch. Diese Kaskaden mit ihrem krystallhellen Wasser tragen nicht wenig zu dem großartigen Charakter der ganzen Scenerie bei.

„Ich wünschte längs der Thalsenkung und dem Gletscher zu einem Berge im Südosten zu gelangen, welcher etwa 1½ Meilen von der am vorigen Tage bestiegenen Bergspitze entfernt sein mochte. Der Gletscher berührte nämlich weiterhin den Thalabhang nicht unmittelbar, sondern fiel nach dem Boden des Thales mit einer 60 bis 100 Fuß hohen Eiswand ab, und ließ also zwischen sich und dem Berge eine große Kluft. In eben dieser wollte ich den Versuch wagen, zu meinem Ziele vorzudringen; offenbar ein kürzerer Weg, als wenn ich über die Berge hinwegging. Nachdem ich fast eine halbe Meile zurückgelegt hatte, nöthigten mich die Hindernisse, denen ich beinahe bei jedem Schritt begegnete, an die Rückkehr zu denken. Von dem Bergabhange stürzten nach dem Thalboden kleine Gletscher herab, über welche man eben so schwer, als um sie herum gelangen konnte, da das Steingerölle hier wie überall in Moränen aufgehäuft war. Manche von diesen Gletschern erstreckten sich bis zum Fuße des großen Gletschers; aber in die Nähe dieses letzteren zu gehen erschien nicht räthlich, da die losen, an seiner oberen Kante hängenden Eisblöcke jeden Augenblick herabzustürzen drohten, ein Fall, der nicht blos früher sich oft ereignet hatte, sondern auch während meiner Wanderung eintraf. Dazu mußten die Abflüsse der Gletscher, welche bald unter dem Fuße verschwanden, bald wieder zu Tage traten, jeden Augenblick durchwatet werden. Diese Schwierigkeiten ließen sich allerdings überwinden, aber sie raubten so viel Zeit, daß ich fürchten mußte, am folgenden Tage nicht mehr das Boot zu erreichen.

„Der Nebel, welcher fast ununterbrochen den ganzen Tag über geherrscht hatte, fiel, da ich Abends zum Boote zurückkehrte, als ein feiner, dichter Regen herab. Mit den erlangten Resultaten wenig zufrieden, wanderte ich längs dem südöstlichen Strande, um aus den ungeheuren Massen von Treibholz ein paar Proben auszusuchen. Ich mußte den Tag so gut wie für verloren erachten. Da stieß ich plötzlich auf eine Glaskugel, von derselben Art, wie man sie in Norwegen beim Aussetzen der Netze braucht, und ich eignete mir diesen neuen Beweis dafür, daß der Golfstrom bis zu den Küsten Spitzbergens vordringt, mit großer Freude an. In demselben Augenblicke zerriß plötzlich der Nebel über den Bergen im Nordwesten, die Sonne beschien den noch in Nebel getauchten Strand, auf welchem ich wanderte, und erzeugte ein eben so schönes als seltenes Licht-Phänomen: einen äußerst hellen und prachtvollen Regenbogen, welcher mit seinen beiden Enden bis in die unterste Luftschicht reichte. Ueber ihm befand sich ein anderer, die Farben jedoch in umgekehrter Reihenfolge. An dem inneren Rande des unteren Bogens zeigte sich ein sonderbarer Farbenwechsel, und einige Augenblicke später, als dessen unmittelbare Fortsetzung, ein dritter Bogen, wiederum mit umgekehrten Farben. Sein rother Streifen war nur wenig sichtbar, und die Farben — matter als bei dem ersten Bogen — wechselten an Intensität, so daß bald der eine, bald der andere stärker hervortrat. In Folge dessen erschienen sie so, als ob sie sich mit einander vermischt hätten. Aber die violette und die grüne Farbe blieben doch die vorherrschenden. Nach oben hin war der Bogen unterbrochen; die Farben erschienen am lebhaftesten an den Endpunkten. Nach dem bloßen Augenmaß zu urtheilen, war seine Breite etwas geringer als die des ersten; aber ich kam nicht dazu, sie zu messen. Denn kaum war ich zu dem Boote geeilt, um meine Instrumente zu holen, als alle Bogen verschwanden und die ganze Landschaft wieder in ihrer Nebelhülle dalag. Dieses schöne Phänomen dürfte bis jetzt noch nicht seine Erklärung gefunden haben.

„Im Laufe dieses Tages waren zwei Rennthiere geschossen worden, von denen das eine uns eine vortreffliche Mahlzeit verschaffte. Es war ein „gezeichnetes" Rennthier, das heißt, seine Ohren waren an der Spitze gleichsam abgeschnitten. Schon früher hatten wir derartige Thiere gefunden, und den Walroßjägern ist ihr Vorhandensein auf Spitzbergen wohlbekannt. Unter dem „gezeichnet" verstehen die Leute keine Handlung des Menschen. Früher hat man freilich, in der Voraussetzung, daß dieses wirklich der Fall sei, hierauf die Hypothese gegründet, daß sie von bewohnten Regionen des Continents nach Spitzbergen gewandert seien. Und da das Land der Samojeden das nächste ist, in welchem zahme Rennthiere gehalten werden, — denn Novaja Semlja ist bekanntlich unbewohnt — so hat man geglaubt annehmen zu müssen, das Meer zwischen dem östlichen Spitzbergen und dem Lande der Samojeden sei mit unbekannten Inseln erfüllt, welche im Winter durch das Eis mit einander verbunden werden, so daß die Rennthiere in dieser Jahreszeit von einem Holme zum andern und schließlich nach Spitzbergen gelangen könnten. Diese Ansicht war oft zum Gegenstande unserer Unterhaltungen gewählt worden. Während Aeolus beim Nordostlande und in der Heenloopen-Straße sich aufhielt, schossen unsere Jäger mindestens vier oder fünf sogenannte „gezeichnete" Rennthiere. Auch überlieferten wir drei Felle von diesen Thieren später dem Reichsmuseum. Bei allen diesen waren beide Ohrenspitzen in derselben Höhe quer abgeschnitten, aber die Schnittflächen nicht gleich und eben, auch überdies eben so stark mit Haaren bewachsen wie das übrige Ohr. Alle Jäger, welche solche Rennthiere geschossen haben, berichten übereinstimmend, daß stets beide Ohren in derselben Höhe über der Ohrwurzel gestutzt sind. Auch bei der späteren Expedition im Jahre 1864 wurden einige ganz eben so gezeichnete Rennthiere erlegt. Nimmt man an, daß diese „Marken" von Menschenhand herrühren und mit einem Messer gemacht sind, zu welcher Annahme die unebenen bewachsenen Schnittflächen nicht berechtigen, und daß die Thiere irgend einmal zu einer Nomadenwirthschaft gehört haben, so müssen alle bis jetzt auf Spitzbergen geschossenen „gezeichneten" Rennthiere von der Heerde eines einzigen Eigenthümers herstammen, denn die Marke ist mindestens während der letzten zwanzig Jahre unverändert dieselbe geblieben. Da nun die Anzahl der „Gezeichneten" auf Spitzbergen so groß ist, daß sie sicher ein Zehntheil der jährlich erlegten beträgt, und da man die Zahl der letzteren ohne Uebertreibung auf mindestens tausend annehmen kann, — manches Jahr wohl bis fünfzehnhundert — so werden hier jährlich, schlecht gerechnet, hundert gezeichnete Rennthiere erlegt. Eine solche Heerde aber, welche allein durch Auswanderung jährlich hundert Köpfe verlieren sollte, würde sich schwerlich lange Zeit halten. Außerdem ist zu erwägen, daß wenn die hochnordischen Völker ihre Rennthiere im Ohre zeichnen, sie nur einen Einschnitt oder ein Loch machen, immer aber nur, so weit bekannt, in eines der beiden Ohren; und ganz unwahrscheinlich erscheint es, daß Jemand seine Heerde durch das Abschneiden beider Ohren zeichnen sollte. Die gezeichneten Rennthiere auf Spitzbergen unterscheiden sich übrigens weder durch Größe, noch durch Verästelung der Hörner, noch durch irgend etwas Anderes von den nicht gezeichneten, das heißt, sie gehören alle der spitzbergischen Race an, welche durch ihre weit

Rennthierkopf.

geringere Größe und andere sofort in die Augen fallende Eigenthümlichkeiten von den auf dem Continente lebenden abweicht. Auch findet man in ihrer Haut niemals die Spuren der Oestrus-Larve, welche in der des europäischen Rennthieres so häufig angetroffen wird. Es giebt übrigens noch einen andern naheliegenden Grund für die abgestutzten Ohren: die in manchen Jahren eintretende scharfe Kälte während der Frühlingsmonate, wenn die Rennthierkälber noch zart und ihre Ohren für den Frost empfänglich sind. Es beruht nämlich auf einer in Finnland und Lappland gemachten Erfahrung und wird von vielen glaubwürdigen Personen berichtet, daß selbst dort in den höheren Gebirgsgegenden den zarten Rennthierkälbern in den kalten Frühlingsnächten die Ohren abfrieren, so daß sie niemals wieder ihre normale Form erlangen und bei den erwachsenen Thieren wie abgeschnitten erscheinen. — —

„Ich kehrte noch einmal zum Gletscher zurück, um die Temperatur der Gletscher- und Gebirgsbäche zu messen. Ein Bach hatte eine Temperatur von $+0,_{75}{}^{0}$, ein anderer von $+1,_{75}{}^{0}$ C., während die Wärme der Luft $+2,_{5}{}^{0}$ C. betrug. Derselbe Gletscherbach bei seinem ersten Fall $+0,_{05}{}^{0}$ C., und dicht unter dem Gletscher, zwischen herabgefallenen Eisstücken, $+0,_{75}{}^{0}$ C. Bei seiner Mündung hatte ein Arm $+0,_{1}{}^{0}$ C. und ein anderer $+0,_{25}{}^{0}$ C. Die Wärme des Wassers dicht neben der Mündung blieb constant auf $+1,_{6}{}^{0}$ C., und ein Ende weiter $+1,_{75}{}^{0}$ C. Vorher hatte ich die Wärme des Wassers im Fjorde zwischen $+1,_{57}{}^{0}$ (während der Ebbe) und $5,_{5}{}^{0}$ C. (während der Fluth) schwankend gefunden. Die Temperatur der Luft stieg während meines Besuches aber niemals über $+6,_{5}{}^{0}$ C. Die einströmenden Bäche trugen also zur Verminderung der Temperatur des Fjordwassers bei, während die Wärme der Luft und der Fluth, *welche aus dem Bassin nördlich von Spitzbergen kommt*, sie erhöhte.

„Nachdem ich von meiner ermüdenden Wanderung am Fuße des Gletschers ausgeruht, kehrte ich zu unserm Schiffe zurück und traf hier — wie der Leser sich noch erinnern wird — mit Torell und Nordenskiöld zusammen. Nach einer kurzen Unterredung schieden wir von Neuem und ich begab mich zu Foot's Insel, wo ich noch vor Nacht landete. Auf der Südseite der Insel fand ich eine Grotte, welche die Wogen in dem Kalkgesteine gebildet hatten, indem das Wasser durch eine beinahe kreisrunde Oeffnung, von etwa sechs Fuß Durchmesser, hinein- und herausströmte. In ihrem Innern befand sich eine topfartige Aushöhlung, also eine sogenannte Jättegryta, ungefähr sechs Fuß unter der Oberfläche des Wassers. Am Vormittage des 23. August verließ ich diese Insel, hatte gegen den Nordwind schwer zu kämpfen und war um die Mittagszeit wieder beim Aeolus. Am folgenden Tage traf auch Torell's Bootpartie ein, so daß wir uns nun wieder Alle wohlbehalten an Bord befanden.

„Die Lomme-Bai war reich an Leben. Nicht weit von der Küste weideten Rennthiere, und wir erlegten während unserer kurzen Anwesenheit daselbst elf. Auch das auf Spitzbergen sonst seltene hochnordische Schneehuhn zeigte sich hier in einigen Exemplaren. Im Wasser tummelten sich Weißfische — Delphinus leucas — und einer wurde erlegt. Dieser schöne, über 13 Fuß lange Wal ist ein Bewohner des eigentlichen Polarmeeres. Er hält sich gerne in der Nähe des Eises auf und kommt bei den grönländischen Colonien niemals, wie hier, im Sommer vor. Sie leben, wie die anderen Delphine, in Rudeln und sind so scheu, daß sie nur selten gefangen werden. Die Norweger bedienen sich hierzu einer Art Harpune, einer sogenannten „Skottel", welche sich von der zur Jagd der Walrosse bestimmten unterscheidet. Der Weißfisch hält sich gerne in der Nähe der Gletscher auf, weil hier das Wasser von dem feinen „Bergmehl", welches von dem Gletscher bei dessen Wanderung gemahlen und von den Bächen in die See geführt wird, trübe und molkig ist. In diesem Wasser kann er aber den Harpunirer und dessen Boot nicht wahrnehmen und wird daher leicht erlegt. Aus der Ferne gesehen gleicht der im Wasser befindliche Weißfisch einem Seehunde. Das erwachsene Thier ist milchweiß und überaus schön. Die Jungen haben dagegen eine mehr dunkle Farbe. Im klaren Wasser vermag man zwar auch oft ihnen nahe zu kommen, aber sie wissen sich der Gefahr äußerst schnell durch die Flucht zu entziehen. Die Russen fingen sie während unserer Anwesenheit in großen Netzen, geradeso wie in Grönland, wo man jährlich mehrere Hunderte fischt. Der Weißwal kommt an den Küsten des Eismeeres vor und geht an der Ostküste Asiens bis zum 52. Grade nördl. Br.; in Amerika fängt man ihn noch in der Lorenz-Bucht. Oft unternimmt er die Flüsse hinauf weite Wanderungen, um Fische zu fangen; im Amurflusse soll er sogar vierzig Meilen weit hinaufgehen."

## Elftes Kapitel.

### Die Fahrt des Aeolus bis zur Kobbe-Bai.

Die Jahreszeit war nun so weit vorgeschritten, daß bereits die sicheren Zeichen für das Nahen des Herbstes erkennbar wurden. Der Weg nach Süden durch die Heenloopen-Straße war gesperrt, aber auch den Rückweg drohte der anhaltende Nordwind, welcher das Eis hereintrieb, uns zu verlegen. Zwar hatten wir von der Lage des Eises im Westen keine Kunde, aber wir mußten diesen Weg einschlagen, um mit Magdalena zusammen zu treffen; auch hielt es Torell an der Zeit, die Nordküste Spitzbergens zu verlassen. Er hätte freilich noch gerne den Versuch gemacht, von der Heenloopen-Straße aus die Ostküste des Nordostlandes zu untersuchen, aber die Zeit erlaubte es nicht mehr, und unsere Bootexcursionen waren somit zu Ende.

Die Heenloopen-Straße sowie die westliche und nördliche Küste des Nordostlandes waren untersucht und geographisch bestimmt, ansehnliche Sammlungen von Mineralien und Versteinerungen gemacht. Auf Grund derselben ließ sich eine Geologie des höchsten Nordens bearbeiten und eine geologische Uebersichtskarte entwerfen. Vor unseren Bootreisen gab es keinen thatsächlichen Beweis für das Vordringen des Golfstromes bis Spitzbergen, geschweige bis zu dessen nördlichsten Küsten. Lange hatte die Vorstellung sich behauptet, daß die Schneegrenze im nördlichen Spitzbergen bis zum Niveau des Meeres herabsteige. Während unserer vielen Gebirgswanderungen führten unsere Beobachtungen zu einer Berichtigung dieser Vorstellung, was nicht blos für die physische Geographie im Allgemeinen, sondern auch für die Erklärung wichtiger geologischer Verhältnisse in Skandinavien von Bedeutung sein möchte.

Während alle anderen wissenschaftlichen Mitglieder auf ihren Bootexcursionen abwesend waren, blieb Malmgren ohne Unterbrechung auf dem Aeolus, überall mit zoologischen und botanischen Arbeiten beschäftigt. Im Logbuch des Aeolus kann man fast von jedem Tage lesen, wenn das Schiff vor Anker lag, daß die Schleppboote in Gange waren, das heißt, daß der alte Anders Jakobsson mit seinem Boote, mit seiner Mannschaft und Bodenkratze draußen war und aus jeder nur erreichbaren Tiefe die Producte des Meeres in großer Menge heraufholte. Es war keine kleine Arbeit, alles dasjenige, was er auf diese Weise zum Schiffe brachte und was das Land im Uebrigen an Pflanzen und Thieren darbot, auszusuchen, unterzubringen, zu ordnen und zu verzeichnen. Für die erlangten reichen Resultate haben wir allein dem unermüdlichen Fleiße Malmgren's zu danken.

Der Anker wurde am späten Abend des 24. August gelichtet und wir begannen längs der Heenloopen-Straße nach Norden zu kreuzen. Dieses dauerte ohne merklichen Erfolg einen ganzen Tag, bis endlich der Wind nach Westen, dann nach Süden herumging, so daß wir in der Frühe des 26. August, nachdem wir in der Mündung der Strat noch auf einige verborgene Klippen — jedoch ohne Schaden zu nehmen — gestoßen waren, auf dem alten Platze an der Depotinsel Anker werfen konnten. Nach der Rückkehr des Jagdbootes, welches an's Land gegangen, weil die Walrosse in dieser Zeit — bei dem Mangel an Eisschollen zum Ausruhen — auf das Land zu kriechen pflegen, nachdem ferner Wasser eingenommen und Chydenius von einem kurzen Ausfluge auf die Insel an Bord zurückgekommen war, gingen wir am Nachmittage desselben Tages wieder unter Segel und wandten nunmehr der Heenloopen-Straße und dem Nordostlande — dem eigentlichen Felde unserer bisherigen Thätigkeit — den Rücken. Wir steuerten anfangs, von einem gleichmäßigen Winde begünstigt, nach Nordwesten. Bald sprang der Wind jedoch hierhin und dorthin, es folgte Schneewetter, und am Abend trat vollkommene Windstille ein. Wir lagen nun nordwestlich von Shoal Point und hatten gute Gelegenheit, von hier aus das ganze Flachland, welches in diese Spitze verläuft, mit seiner Schneedecke zu übersehen. In seinem Contraste mit dem schwarzen Gewässer erinnerte es an den Winter in Norwegen.

Am folgenden Tage segelten wir anfangs mit günstigem Winde nach Norden und kamen nunmehr zu dem nördlichsten Punkte, welchen das Schiff auf dieser Reise erreichte, nämlich bis zu 80° 30′ nördl. Br. Wir hatten beabsichtigt, in der Branntwein-Bucht Anker zu werfen, änderten aber später diesen Beschluß, in der Befürchtung, wir könnten, wenn der Wind zu ungünstig werden sollte, vom Eise eingeschlossen werden. Wir wandten daher, als der Wind nach Nordwesten herumging, um neun Uhr Vormittags nach Süden. Eine Weile wehte der Wind frisch, gegen Abend aber hörte er wiederum auf. Während der Windstille ging das Schleppboot aus und „dreggte" in dem tiefen Wasser gerade vor der Mündung der Treurenberg-Bai. Den ganzen Tag über herrschte mehr oder weniger Nebel- und Schneewetter. Die Temperatur der Luft hielt sich in der Nähe des Gefrierpunktes und sank sogar bis — $0,_{7}$° C. Während der Nacht kreuzten wir ein wenig nach Norden, nahmen aber am 28. Vormittags, als der Wind nach Süden und nach Westen herumging, den Cours nach Westen, schritten nur langsam vorwärts und ließen mit wehmüthigen Empfindungen alle die Landschaften, mit welchen wir während elf Wochen bekannt und vertraut geworden waren, eine nach der andern hinter uns. Als wir die niedrige flache Insel Moffen in Sicht bekamen, beschloß Torell, an ihrer Westseite Anker zu werfen. Das Schleppboot wurde in's Wasser gelassen und Malmgren, Nordenskiöld und Chydenius gingen an's Land, um einige Beobachtungen zu machen und, was von Interesse, zu sammeln. Auch das Jagdboot fuhr in der Hoffnung aus, die Walrosse würden sich jetzt, da das Eis verschwunden war, auf dem Lande befinden, traf aber keine Spur von ihnen an. Das Schleppboot fand, daß der flache und sandige Boden rings um die Insel überaus arm und dürftig sei.

Lange schon den Holländern bekannt, wird die Insel Moffen unter dem Namen Muffen-Eiland von Martens erwähnt. Er erzählt, daß die Walroßjäger, wenn ihre Jagd fehlgeschlagen, sich hierher zu begeben pflegten, um die in großen Schaaren auf das Land gegangenen Walrosse zu erlegen. Von den erschlagenen bilde man dann eine Brustwehr oder Schanze und lasse nur einige Stellen, gleichsam ein paar Thore, offen, durch welche die Thiere hinein zu dringen versuchten. Auf diese Art tödte man oft ein paar

Hundert, welche die ganze Reise bezahlt machten, indem die Zähne — das Einzige, was man damals an dem Thiere schätzte — einen großen Werth hätten. Der Name Muffen-Eiland für das blos sechs Fuß über dem Meere aufsteigende Land scheint der Mißachtung entsprungen zu sein, welche die Schiffer, im Hinblick auf die nahen gewaltigen Küsten Spitzbergens, empfanden. Phipps' Expedition (1773) beschrieb diese Insel als ein fast kreisrundes Flachland, von etwa zwei englischen Meilen im Durchmesser, mit einem sehr flachen See oder großen Teiche in der Mitte, der bis auf 30 oder 40 Ellen Entfernung vom Strande überall gefroren war. Die Breite des Landes zwischen der See und diesem Teiche betrug eine halbe Kabellänge bis eine Viertelmeile. Die ganze Insel war mit Sand oder Gerölle bedeckt, ohne das mindeste Grün oder irgend welche Vegetation. Sie fanden hier ein Stück Treibholz, ungefähr drei Klafter lang, noch mit seinen Wurzeln und von der Dicke des Besanmastes ihres Schiffes. Es war über den höheren Theil des Landes geworfen und lag auf dem Abhange nach dem Teiche zu. Sie sahen hier auch drei Bären, eine Menge Eidergänse und andere Seevögel, Vogelnester über die ganze Insel zerstreut, und das Grab eines Holländers, welcher hier im Juli 1771 begraben worden war. — Parry hat die Insel auf seiner Reise blos aus der Entfernung gesehen.

Nordenskiöld stellte die Lage der westlichen Spitze auf 80° 1′ 6″ nördl. Br. und 14° 33′ 15″ östl. L. fest. Scoresby, dessen Beschreibung der Insel mit der von Phipps übereinstimmt, giebt ihre Lage auf 80° 1′ nördl. Br. und 12° 43′ östl. L. an. Die magnetische Inclination beträgt 80° 27′ 53″. Wir fanden die Insel ganz so, wie Phipps es berichtet. Die Lagune war vollkommen eisfrei und stand auf der Westseite durch einen einige Klafter breiten Sund mit dem Meere in Verbindung, so daß ihr Wasser gleichzeitig mit der Ebbe und Fluth sank und stieg. Auch fanden wir eine ebensolche Glaskugel wie in der Lomme-Bai unter dem Treibholze. Die Menge des letzteren — auf dem Strande zwischen Meer und Lagune — war indessen nicht so groß, als man nach der niedrigen Gestalt der Insel erwartet hätte. Dagegen lagen überall kleine Steine, Trümmer des auf dem nahen Lande anstehenden Gesteins; auch fanden die Botaniker eine ganz unbedeutende Ausbeute. Auf der einförmigen Fläche vermochten wir in der Ferne etwas Weißes zu unterscheiden, das einem Kalkfelsen ähnlich war. Einige von uns eilten dorthin, um zu sehen, was es sei. Hier ward uns ein so sonderbarer Anblick, daß wir ihn schwerlich jemals vergessen werden. Die ganze weiße Masse bestand aus nichts als Walroßskeleten, zu hunderten, oder vielmehr tausenden auf einander gehäuft, und man konnte deutlich erkennen, daß viele von ihnen blos um ihrer Zähne willen getödtet und im Uebrigen unberührt dem Winde und Wetter zum Spiel und zur Zerstörung überlassen worden waren. Dieser Knochenhaufen konnte allerdings eben so gut aus den letzten Decennien als aus Martens' Zeit herstammen, denn ungefähr so, wie Martens die Walroßjagd darstellt, wird sie noch heutzutage hier betrieben. Wenn die Walrosse nach dem Verschwinden des Eises müde werden und sich nicht mehr in See halten können, gehen sie zu hunderten und tausenden auf das Land, um sich auszuruhen. Denn obwohl sie auch im Wasser, mit dem halben Kopfe über der Oberfläche, zu schlafen vermögen, wie man oft wahrzunehmen Gelegenheit hat, so ist es doch wahrscheinlich, daß sie sich auf diese Art nicht vollkommen ausruhen. Die Walroßjäger passen nun den rechten Augenblick ab, suchen unbemerkt an Land zu kommen, tödten mit den Lanzen die zunächst liegenden und bilden dadurch einen Wall gegen die entfernter befindlichen Thiere. Diese müssen nun sehen, wie sie über die Leichname ihrer Genossen kommen, werfen sich voller Verzweiflung hinüber, wälzen sich den Strandabhang hinab in's Meer und schlagen in der Verwirrung einander todt oder erdrücken sich. Der erste Angriff verlangt einen hohen Grad von Muth und Entschlossenheit, besteht aber mehr in einem Schlachten als einer Schlacht, und von den vielen Hundert der erlegten Thiere fallen bei Weitem nicht alle von der Hand des Jägers. Nun füllt man das Schiff mit Häuten und Speck; kann man nicht Alles mitnehmen, so haut man den zurückbleibenden wenigstens die Zähne aus; das blutige Schlachtfeld aber mit seinen gräßlichen Spuren verscheucht auf Jahre die Walroßheerden von dieser Stelle. So zerstört man oft die besten Jagdplätze. Diese Art zu jagen, so gewinnbringend sie auch sein mag, sollte man daher abschaffen, wenn es allerdings denkbar wäre, irgend eine Ordnung oder Aufsicht in Betreff der spitzbergischen Jagden einzuführen, hier, wo alles Lebendige einen Geldwerth hat: Eider- und andere Vögel, Walrosse, Seehunde, Rennthiere und Eisbären; alles fällt rettungslos der Gewinnsucht zum Opfer, unter dem Vorwande: „Thue ich es nicht, so thut es ein Anderer.“ Die Gefahr liegt nur zu nahe, daß in einigen Jahrzehnten das Walroß an allen zugänglichen Küsten Spitzbergens eben so ausgerottet sein wird, wie es bereits bei Bären-Eiland geschehen ist, oder so selten wird, wie an der Westküste Spitzbergens; und dasselbe Loos muß bald allen anderen Thieren zu Theil werden.

Die Mitternachtssonne beleuchtete prachtvoll die leichten Wolken über den hohen Bergspitzen der Wijde-Bai im Süden. Hier sahen wir auch zum ersten Male auf Spitzbergen ihre Scheibe unter den Meereshorizont tauchen.

Seit unserer Ankunft in diesen Regionen bis in die Mitte des August hinein hatten wir vom östlichen Spitzbergen aus ununterbrochen im Norden Eis gesehen. Während unserer letzten Bootfahrten war das Wetter zwar immer so neblig gewesen, daß wir von den Bergen, welche wir bestiegen, keine weite Aussicht nach Norden hatten, wir fanden jedoch, daß nach Westen hin immer eher offenes Wasser war, als im Norden des östlichen Spitzbergen. Nun hatten wir erwartet, der Nordwind, gegen welchen wir aus der Heenloopen-Straße kreuzen mußten, werde das Eis gegen die Nordküste getrieben haben. Dieses war jedoch nicht der Fall. Denn während unserer ganzen Fahrt aus der Strat bis Low Island und von dort nach der Moffen-Insel konnten wir auch nicht den geringsten Schimmer irgend welchen Treibeises entdecken. Wir nahmen nicht einmal irgend einen „Eisblink“ wahr, jenen hellen Schein, den das mit Schnee bedeckte Eis an den Himmel wirft und welcher schon in sechs bis acht Meilen Entfernung das Vorhandensein des Eises verräth. Es war daher in der That höchst verlockend, von hier direct nach Norden zu segeln, so weit man eben offenes Wasser vor sich hatte. Es wurde das Unternehmen auch einer ernsten Berathung unterzogen. Torell und die wissenschaftlichen Mitglieder waren alle dafür. Sehr wahrscheinlich konnte man bis zum 82. Breitengrade, wenn nicht weiter gelangen. Einmal wäre es von großem Interesse gewesen, die südliche Grenze des Treibeises im Herbste festzustellen; dann durfte man auch hoffen, andere werthvolle Beobachtungen zu erlangen.

Torell äußert hierüber Folgendes:

„Ich bin davon überzeugt, daß das Eis in jener Zeit auf der Höhe von Cloven Cliff weit ab von uns lag, und hätte uns die Dampfkraft zur Verfügung gestanden, so würde die schwedische Flagge wahrscheinlich in der höchsten Breite, welche bis dahin je ein Schiff erreicht, geweht haben. In dem arktischen Amerika hält man für die eigentliche offene Jahreszeit die zweite Hälfte des August und die erste des September. Zu dem westlichen Spitzbergen kann man zwar ohne Ausnahme schon im Frühlinge gelangen, aber es scheint doch, daß zugleich mit der offenen Jahreszeit im arktischen Amerika auch eine große Veränderung mit dem Eise bei Spitzbergen vor sich geht. Parry erzählt in seiner Polarreise, daß er gerade im September zwischen der Treurenberg-Bai und Cloven Cliff kein Eis gesehen habe, und daß er es nicht für eben schwer erachte, auf der Höhe der Sieben Inseln bis zum 82. Grade zu segeln. Ferner sagte mir Capitän Haugan von der Brigg Jaen Mayen, daß das Eis im August verschwinde, man wisse nicht wie und wohin. Daß das Küsteneis in äußerst kurzer Zeit schmelze, konnten wir selber wahrnehmen, und wahrscheinlich trägt die starke Strömung hierzu am meisten bei. Sie ist vermuthlich auch der Hauptgrund für die starke Verminderung des Meereises. Das Wasser hat nämlich im Spätsommer eine viel höhere Temperatur. Während unserer letzten Fahrt war sie niemals unter 2° C. gefallen; meist hatte sie höher gestanden. Sobald also ein offenes Meer und eine wärmere Strömung die Eisblöcke umspült, muß ihr Volumen schnell verringert werden. Man darf daher annehmen, daß eine in dieser Jahreszeit unternommene Expedition nicht blos ganz Spitzbergen umsegeln, sondern auch sehr schöne Resultate und Entdeckungen erzielen werde, vorausgesetzt, daß ihr die Dampfkraft zu Gebote steht. Da indessen alle bisherigen Expeditionen nicht länger als bis zum Beginn des Herbstes sich hier aufgehalten haben, so hat man in dieser Beziehung noch keine Erfahrung. Die Walfischjäger beendigen ihre Jagd gewöhnlich schon in der ersten Hälfte des Sommers, und es ist sehr glaublich, daß der Grönlands-Wal, welcher sich stets in der Nähe des Treibeises aufhält, später weiter nach dem Norden zieht." —

Die Seeleute und die Matrosen waren unserm Plane aber aus dem Grunde entgegen, weil Aeolus kein guter Segler sei; er werde bei einem zu befürchtenden Herbststurme möglicher Weise dem Treibeise nicht entgehen können, und wohl gar von demselben den Winter über eingeschlossen werden. In wenigen Tagen würde auch das Sonnenlicht während der Nächte aufhören und deren Länge gegen den Herbst hin sehr schnell zunehmen. Dieses alles mache eine solche Reise aber sehr bedenklich. Die Mannschaft hatte schon seit längerer Zeit sich nach südlicheren Gegenden gesehnt und zeigte keine Lust sich auf eine solche Fahrt einzulassen. Auf Grund dessen beschloß Torell, nicht nach Norden zu steuern, vielmehr statt dessen nach Westen zu gehen und die Untersuchungen auf der Westküste bis zum Zusammentreffen mit Magdalena fortzusetzen. Wir lichteten deshalb am 29. August gleich nach Mitternacht die Anker, um nach der Smeerenberg-Bai zu gehen. Der Wind wehte nur schwach aus Südosten; die aus Nordosten kommende starke Dünung bewies aber, daß das Eis nach dieser Seite weit entfernt lag. Während des herrlichsten Wetters fuhren wir Abends zwischen den majestätischen Inseln der Nordwestküste hindurch und gelangten Nachts zum Einlaufe der Smeerenberg-Bucht. Da der Wind zu wehen aufhörte, so bugsirten wir das Schiff am folgenden Vormittage in die Smeerenberg-Bai und warfen bei Amsterdam-Eiland mitten in dem zwischen dieser Insel und dem eigentlichen Spitzbergen befindlichen Sunde Anker.

Während dessen wurde von Torell und Malmgren eine Bootexcursion gemacht. Sie landeten in der Little Red Bay, wo die Dünung sehr hoch ging, und unternahmen eine längere Wanderung längs dem Strande. Der Fjord findet sich bereits in der Parry'schen Karte eingezeichnet, doch stimmt die Wirklichkeit nicht sehr mit jener Aufnahme überein. Er hat seinen Namen von einem ziegelrothen Sandstein erhalten, welcher mit seinen fast horizontalen Schichten einen hohen Berg auf der Ostseite des Fjordes bildet. Versteinerungen sucht man hier vergebens. Seine Schichten berühren unmittelbar den Gneis, aus welchem der innerste und westliche Theil des Fjordes besteht. Hier fanden sie eine lange Düne, die einen ausgezeichneten Hafen bildet und von einem kleinen Flusse durchbrochen wird. Auf derselben lag eine ungeheure Zahl von Walroßskeleten; alle Zähne waren fort; viele hatten noch ihre Haut. Einer unserer Harpunirer sagte, die Russen hätten diese Niederlage unter den auf das Land gekrochenen Thieren angerichtet. Auf dem Strande befand sich ein großes, von denselben aufgeführtes Blockhaus, in welchem die letzte russische Expedition auf Spitzbergen überwintert hatte. Es war auf schlechtem Grunde erbaut und muß daher auch sehr ungesund gewesen sein. Mehrere Gräber mit russischen, das heißt griechischen, Kreuzen deuteten genugsam den unglücklichen Ausgang der Expedition an. Ebenderselbe Harpunirer war auch einmal mit einem norwegischen Walroßjäger zu diesem Fjord gekommen und hatte einen großen Theil der zu einer solchen russischen Expedition gehörigen Mannschaft todt und den Ueberrest vom Skorbut ergriffen gefunden. Die Letzteren wurden sämmtlich am Leben erhalten. Die Russen besuchten Spitzbergen ehemals sehr oft; man trifft deshalb auch an vielen Stellen ihre hohen Kreuze und alten Hütten an. Sie kamen vom Weißen Meere, überwinterten und wurden im Frühjahre von einer neuen Partie abgelöst. Doch erzählt man von einem Russen, der ununterbrochen viele Jahre auf Spitzbergen zugebracht und schließlich daselbst auch sein Grab gefunden hat. Sie jagten auf Walrosse, fingen Weißfische in ihren großmaschigen Netzen, schossen Rennthiere und stellten Fallen für die Füchse, deren Sommerfell werthlos, während der Winterpelz sehr schön ist und — besonders bei den blauen — sehr hoch bezahlt wird. In der That fand man auch hier eine Menge verdorbener Fuchsfelle. — Auf dem Strande lag Treibholz in ungeheuren Massen.

In der Red Bai sollte Magdalena, wenn sie dort gewesen, einen Rapport und Proviant niedergelegt haben; ein solcher war jedoch nicht vorhanden. Die Partie ruderte deshalb zu dem Norway Island (Norskö) und traf noch Spuren von dem Observatorium Sabine's an, welcher im Jahre 1823 Spitzbergen besuchte, um die Schwingungen des Pendels zu beobachten und magnetische Untersuchungen anzustellen. Am folgenden Tage erreichte sie wieder den Aeolus in der Smeerenberg-Bai, dem vielleicht besten Hafen Spitzbergens, zugleich historisch berühmt seit der Zeit, da das Land das nordische Batavia genannt wurde. Hier war es, wo die Holländer mehrere Gebäude aufgeführt hatten und wo während des Sommers der Hafen voller Schiffe lag. Man hat berechnet, daß zuweilen 12,000 Walfischfänger diese Stelle besucht haben. Von den großen Thransiedereien sind blos noch geringe Spuren übrig. Wie an so vielen Stellen auf Spitzbergen, erinnern nur noch die Gräber an die zahlreichen Menschen, welche sich einst — wenn auch nur vorübergehend — an diesen Küsten aufgehalten haben.

Im Osten und Süden wird die Smeerenberg-Bucht von dem Festlande begrenzt, das mehrere Gletscher zu dem Meere hinabschickt, im Westen von Amsterdam-Eiland und der Däneninsel. Das Wetter war überaus schön. Mit Ausnahme des 1. Septembers, welcher Schnee brachte, hielt sich die Temperatur über dem Gefrierpunkte, der Wind blieb meist südlich, immer aber ungewöhnlich warm und mild. Wir lagen hier einige Tage vor Anker, arbeiteten an Bord, machten Excursionen und „dreggten". Oft befanden sich zu dem letzteren Zwecke zwei Boote draußen, sowohl Vor- als auch Nachmittags, so daß die Fauna der Smeerenberg-Bucht und des Sundes so genau als nur möglich untersucht werden konnte. Es wurde ferner Wasser und Treibholz eingenommen und auf der niedrigen Nordostspitze von Amsterdam-Eiland ein Depot errichtet, bestehend aus dem größeren englischen Boote und fünf Rudern, einem Steuer, Segel, Mast, Zelt nebst Stangen, einer Ballastschaufel, einem getheerten Plane, sechs Ziehgürteln mit Leinen, einem Schlitten und fünfundzwanzig Schachteln Pemmikan. Dieses Depot konnte einer späteren Expedition zum wesentlichen Vortheil gereichen. Unterblieb sie, so vermochte einer der Walroßjäger es ohne alle Mühe nach Norwegen abzuholen.

Nach Amsterdam-Eiland wurden viele Excursionen gemacht. Nordenskiöld unternahm eine Ruderfahrt zu dieser Insel und zur Kobbe-Bai, um — was sich hier erwarten ließ — Nachrichten von der Magdalena einzuziehen. Aber er fand nichts. Am 31. August ging Chydenius nach Norway Island, suchte den Ort auf, wo Sabine seine berühmten Untersuchungen angestellt hatte, und fand, daß die Inclination 80° 34′ 7″ betrug, während sie zu Sabine's Anwesenheit 80° 11′ stark gewesen. Durch den hereinbrechenden Sprühregen in seinen weiteren Beobachtungen gehindert, kehrte er in der Nacht zum Schiffe zurück. Schon sank die Sonne eine Weile unter den Horizont. In dem uns ungewohnten Dämmerlichte der Mitternacht nahmen die paar Eisblöcke, welche von den Gletschern stürzten, und die seltenen, gleichsam vergessenen Treibeisstücke, welche wogend hin und zurück schwammen, höchst eigenthümliche Formen und Gestaltungen an.

Auf einer Bergspitze der Däneninsel lag noch Schnee; Chydenius maß den Winkel und fand, daß die Schneekante sich 900 Fuß über der Meeresfläche erhob.

Am Abend des 3. September lichteten wir die Anker, um nach Süden zum Eisfjord zu gehen und dort mit Magdalena zusammen zu treffen. Den folgenden Tag war es bald still, bald wehte ein schwacher Wind, und wir wurden von der Strömung nordwestlich, fast bis auf die Höhe von Cloven Cliff getrieben. Am 5. blies ein heftiger Südwind, gegen den wir vor der Oeffnung der Kobbe-Bai kreuzen mußten. Während dieser Fahrt durchschnitt das Schiff mehrere Wassergürtel von ungleicher Temperatur. In der Smeerenberg-Bai hielt sie sich ungefähr auf +3° C. und schwankte blos um einige Zehntelgrade, je nachdem Ebbe und Fluth eintrat. Als wir aber in die offene See kamen, passirten wir eine Stunde lang ein Band von $+2{,}_7$°, eine andere einen Gürtel von $+2{,}_6$°, dann einen von $+4{,}_1$°, $+3{,}_1$° u. s. w. Man sieht hieraus, wie das wärmere Wasser gleichsam bandartig in das kältere einschneidet. Wir fuhren sodann ein Ende in die Bucht und sandten ein Boot aus, um zu erforschen, ob Magdalena vielleicht in den letzten Tagen dort gewesen sei; da aber auch hier nichts zu entdecken war, gingen wir wieder in See. Den 6. schwankte der Wind fortwährend und brachte bald Nebel, bald Schnee. Die Strömung nach Nordwesten war sehr stark; das Barometer verkündigte Sturm; so ging denn am 7. um Mitternacht Aeolus in seinem alten Hafen in der Kobbe-Bai vor Anker, um günstigeres Wetter abzuwarten. Die See war während der ganzen Zeit sehr bewegt gewesen, namentlich in Folge der starken Dünung, die zuweilen gegen den Wind ging.

Am 7., 8. und 9. raste ein furchtbarer Sturm aus Südosten mit Schnee und Nebel. Er stürzte gewaltig von den Bergen herab und wühlte die See auf. Der Herbst war nun in der That gekommen. Die Vogelberge standen verlassen da, ihre zahlreichen Bewohner hatten sich bereits nach dem Süden begeben. Keine einzige Alke ließ sich mehr blicken, und die ernste Stille der Nacht wurde nicht mehr wie sonst von dem lärmenden Geschrei der Vögel unterbrochen. Der Felsboden, das Land war überall kahl und bloß, außer auf den höchsten Bergen und in den tiefsten Klüften, welche noch immer von einem hart gewordenen, stellenweise roth gefärbten Schnee — bekanntlich das Resultat einer mikroskopischen Alge — bedeckt wurden. Diese Alge, **Protococcus nivalis**, ist es, welche sowohl in den Polarländern als auch auf den höchsten Spitzen der Alpen den „rothen Schnee" berühmt gemacht hat. Die Süßwasserseen, welche Ende Mai noch mit klafterdickem Eise bedeckt gewesen, waren während der letzten drei Monate eisfrei geworden, aber ihre Temperatur betrug an der Oberfläche doch nur $+1{,}2°$ C. und auf dem Grunde $2{,}2°$ C. Zuweilen wurden sie auf kurze Zeit von einer Lumme oder einer Gans besucht. Das Schleppnetz lieferte hier keine neuen Resultate. Die Ausflüge in das Land hinein und die magnetischen Beobachtungen wurden fortgesetzt. Endlich war unsere Einsamkeit zu Ende, indem am 9. September in der Frühe des Morgens Magdalena mit vollen Segeln in die Bucht steuerte.

## Zwölftes Kapitel.

### Wijde-Bai.

Wir sind bis dahin dem Aeolus auf seinen Fahrten im Norden und Nordosten von Spitzbergen gefolgt und haben, so weit sich dieses mit dem Plane und den für diese Arbeit gesteckten Grenzen vereinigen ließ, versucht, ein Bild von der Thätigkeit der Theilnehmer an der Expedition und eine Schilderung der bis dahin so gut wie unbekannten Gegenden zu entwerfen. Es bleibt uns nunmehr übrig, in derselben Weise die Magdalena auf ihrer Segelfahrt längs der Westküste Spitzbergens zu begleiten. Der Leser wird sich erinnern, daß wir sie in der Mündung der Wijde-Bai verließen, wo sie in Gesellschaft von zweien Walroßfängern — darunter die Brigg Jaen Mayen — durch das Pack- und Treibeis gehindert wurde, Grey-Hook zu passiren und weiter nach Westen vorzubringen. Ein drittes Jagdschiff, ein Schoner, lag schon seit fünf Wochen im Eise fest. — Es war am 9. Juli. —

Um nicht die rechte Gelegenheit zu versäumen, im Falle sich irgend eine benutzbare Rinne öffnen sollte, hielt sich Magdalena den ganzen Tag über kreuzend vor dem Eise, welches vom Innern des Fjordes aus, fast ununterbrochen, wenngleich nur in geringer Breite, sich längs dem Strande hinzog und bis zu den gewaltigen Massen Packeises im Norden fortsetzte. Es waren die letzten Trümmer des Wintereises, welches nunmehr aufbrach und die im Uebrigen, so weit man nach Süden sehen konnte, vollkommen offene Bucht verließ. Gegen den Abend hin ließ der Wind nach, die Luft wurde klar. Man machte daher mit zweien Booten einige Ausflüge in das Land östlich bei der sogenannten Albert Dirkses

Bucht, wo ein noch ziemlich guterhaltenes „Russenhaus“ schon aus der Entfernung die Aufmerksamkeit auf sich zog.

Mit einer gewissen, leicht zu erklärenden Neugierde — so schreibt einer der Theilnehmer — nähert man sich in diesen wüsten Gegenden solchen Ueberbleibseln von Menschenwerken; Denkmäler, die von Leiden und Mühen mancherlei Art Kunde geben könnten. Darum bemüht man sich auch, aus diesen Trümmern die Ereignisse zu lesen, von denen sie, wenn auch nur unvollständig und in fragmentarischer Weise, Zeugniß ablegen. Das dortige Russenhaus ist unbedeutend, zehn Ellen lang, vier breit und kaum drei Ellen hoch; eine Hütte mit einem flachen Dache, innen in zwei Räume getheilt. Eine Thüre in der nordwestlichen Ecke des Gebäudes führt zu einer äußeren Abtheilung, darinnen sich blos zerbrochene Tonnen und Bretter befinden; das Dach darüber ist zerfallen. Durch eine drei Fuß hohe Thüre gelangt man von hier in den inneren Raum, der das Wohnzimmer gewesen zu sein scheint. Auf seiner Südseite befindet sich ein kleines Fenster; rings an den Wänden stehen Bänke; ein Kamin ist links von der Thüre angebracht, ihm gegenüber ein Regal. Noch sind einige Hausgeräthe vorhanden: hölzerne Schalen und Büchsen, auch ein Kerbstock, der als Kalender gedient hat; denn jeder Tag ist darauf mit einer Kerbe verzeichnet, die Wochentage mit schrägen, die Sonntage mit geraden. Danach können wir berechnen, daß sie 26, wahrscheinlich recht lange, Wochen hier gehaust haben. Auch gehauenes Holz ist vorhanden, und auf einer Bank findet sich ein russischer Name eingeschnitten, und daneben die Jahreszahl 1839, so daß die Hütte noch in ziemlich neuer Zeit bewohnt gewesen sein mag. Nahe diesem Gebäude, in einer Felsritze, fanden wir eine in 64 Felder getheilte Tafel mit russischen Buchstaben und Zahlen auf jedem, wahrscheinlich ein Damen- oder Schachbrett, das während der langen Ueberwinterung die einzige Zerstreuung abgegeben hat.

Die Stelle liegt dem Ufer eines nicht unerheblichen Flusses nahe, welcher in eine, wahrscheinlich von ihm selber gebildete, Lagune mündet. Dieselbe wird von der See durch einen niedrigen Grus- und Steinwall getrennt, steht im Süden aber mit der Bucht in Verbindung. Wir folgen dem Ufer des Flusses, da wo er die mit Steinen bedeckten Schiefer- und Quarzithöhen durchbrochen hat, welche die Aussicht nach dem Innern zu hindern, und haben bald den überraschenden Anblick eines kleinen schönen Landsees von ungefähr einer Achtelmeile Länge, in welchen von der entgegengesetzten Seite ein wasserreicher Bach fällt. Steigt man weiter auf eine Höhe, so liegt ein anderer See vor uns, rings von steilen Felswänden umgeben, welcher sich, so weit die Felsen es wahrzunehmen gestatten, nach Osten und Westen erstreckt, später aber sich nach Norden zu beugen scheint, wenn nicht etwa da, wo die Felswand eine andere Richtung nimmt, hinter einigen eigenthümlich gestalteten Bergspitzen, ein neuer See an seine Stelle tritt. Auf der andern Seite, hinter einer weiter im Norden belegenen Berghöhe, welche nach allen Seiten eine freie Aussicht über diese eigenthümliche Landschaft gewährt, erscheint parallel mit jener Thalsenkung eine andere, wiederum mit zweien erheblichen Landseen, verbunden durch einen größeren Fluß, welcher nach einem kurzen Laufe sich über die steilen Strandklippen in das Meer stürzt und einen schönen, weithin vernehmbaren Wasserfall bildet. Zusammen mit der Lagune und einigen kleinen Teichen auf der Ebene im Süden, zählten wir nicht weniger als sieben besondere, zur Zeit unseres Besuches vollkommen eisfreie Süßwasserseen: eine überraschende Erscheinung unter dem 80. Breitengrade! Wären die Berge mit Wald bewachsen gewesen, oder hätten sie die Spuren einer von Menschenhand zerstörten Vegetation getragen, so hätten wir wähnen können, uns in einer der Berglandschaften unserer Heimath zu befinden, z. B. in der Grenzlandschaft von Westergöthland und Bohuslän. Aber die äußerst dürftige Vegetation, die hier und da herabsteigenden Gletscher, und vor Allem die unübersehbaren Eismassen im Meere erinnerten uns nur zu sehr daran, daß wir uns in dem äußersten Norden befanden. Der humusarme Geröllboden giebt den vereinzelten Pflanzen einer kleinen blassen Rose, Taracacum phymatocarpum, — eine der wenigen auf der Nordküste Spitzbergens vorkommenden Synantherien — einigen Draben und Potentilla emarginata nur eine dürftige Nahrung. Neben den Rinnsalen und wo der Boden von dem beständig niederrieselnden Gebirgswasser gewässert wird, wachsen Ranunculus sulphureus und zwischen Moosen: Ranunculus pygmaeus, Juncus biglumis, Eriophorum capitatum, Saxifraga rivularis und andere, alle klein und selten mehr als drei Zoll hoch. Ein paar Eidergänse hatten auf dieser Ebene vor Kurzem ihre Eier gelegt, was auffallend genug ist, da diese Vögel sonst nur auf abgelegenen Holmen zu nisten pflegen.

Nachdem wir die in vielen Beziehungen interessanten Umgebungen des Russenhauses untersucht hatten, wandten wir uns nach Süden und bestiegen den nächsten Gletscher. Auf seiner Nordseite war derselbe ganz ebenso wie der in der Treurenberg-Bai beschaffen, und bildete, wie jener, eine wellige, ununterbrochene Eismasse, bedeckt mit Steinen und Geröll, daraus später eine ziemlich weit vorspringende Landzunge entstanden war. Spalten kamen hier nur wenig vor, um so mehr aber auf dem südlichen, weit bedeutenderen Theile des Gletschers, welcher in einem Absturz von beinahe 200 Fuß unmittelbar in's Meer fällt und aus malerischen Spitzen, Nadeln und kühn aufeinander gethürmten Eisblöcken besteht, so daß der Beschauer sich unwillkürlich in gebührender Entfernung hält. Auf seinem ebenen Theile, den wir so weit bestiegen, als die bald auftretenden großen Spalten es erlaubten, war das Eis anfangs, bis auf eine größere Tiefe hin, klar und durchsichtig, weiterhin bildet es ein Conglomerat kleiner Eisschollen. Zuweilen vernahm man eigenthümliche Laute, welche an den Ton der Aeolsharfe erinnerten. Es schien uns nicht zweifelhaft, daß sie von den überall durch die Eisspalten rinnenden Wasseradern herrührten.

Die Rückkehr zu unserm Schiffe Nachts war, wie dieser ganze Ausflug, von dem herrlichsten Wetter begünstigt. Wer kennt nicht den Reiz einer Ruderfahrt über einen spiegelblanken See in einer stillen Sommernacht! Aber wer könnte sich eine Vorstellung von einer Sommernacht machen auf dem friedlichen Wasser der „Weiten Bai", welche rings von hohen Gebirgen und leuchtend weißen Eismassen eingeschlossen wird. Die Sonne steht hoch am Himmel, ihre blendenden Strahlen verbreiten eine angenehme Wärme, und dennoch giebt Alles zu erkennen, ohne daß man anzugeben vermag wodurch, daß nicht der Tag, sondern die Nacht um uns waltet. Still und ruhig ist diese Natur immer; der Lärm und das Geräusch des Tages machen sich hier selten bemerkbar; aber sei es daß das Sonnenlicht, trotz alles seines Glanzes, gedämpfter ist, oder daß es nur eine Folge unserer eigenen Stimmung, wir können jenes unnennbare Gefühl von Frieden und Ruhe, welches die Stille der Sommernacht so gerne mit sich führt, nicht für eine bloße Einbildung halten. Ohne jede Unterbrechung ist freilich diese vorherrschende Stimmung nicht. Noch lange, wenn wir uns mit regelmäßigem Ruderschlage entfernen, hören wir das Gebrause eines schäumenden Flusses, der über die Felsen des Strandes sich beinahe unmittelbar in das Meer stürzt; oft vernimmt man das seltsame Schnaufen eines Walfisches, welcher in meilenweiter Entfernung seinen schäumend weißen Wasserstrahl emporbläst — auch er befindet sich wie wir in dem Kerker des ihn einschließenden Eises —; und zuweilen vernehmen wir das Echo der stürzenden Gletscher, wie es donnerähnlich die senkrechten Felswände auf der andern Seite des Fjordes entlang rollt. — —

Es trat vollkommene Windstille ein; einzelne Eisberge waren mit dem Strom in die Vik gedrungen, und die Bugsirboote mußten die Magdalena ein Ende weiter hinter die Sandzunge schleppen, welche nach Norden hin Albert Dirkses Bucht begrenzt. Dort wurde am Vormittage Anker geworfen.

Wijde-Bai ist nicht blos einer der schönsten, sondern auch der größten Fjorde Spitzbergens; er erstreckt sich genau von Norden nach Süden ungefähr zehn Meilen lang und hat eine Breite von 1½ bis 2 Meilen. Auf dem Oststrande im Norden, da wo der Fjord eigentlich schon aufhört, beginnt die Mossel-Bai, welche man als eine selbständige Bucht betrachten kann. Im Uebrigen findet man bei ihr keine bedeutenderen Buchten oder Einschnitte; die Küsten laufen fast ohne Unterbrechung einander parallel bis zu der etwa sechs Meilen von der Oeffnung der Bai entfernten Midterhuk, deren hoher Gebirgskamm den Fjord in zwei Arme theilt, von denen man den östlichen als den Hauptarm ansehen kann. Erst hier treten vereinzelt ein paar Inseln auf, während sie bis dahin durchaus fehlen. Die Gebirge, welche auf beiden Seiten den Fjord begrenzen, zeigen stellenweise einen im hohen Grade verschiedenen Charakter, welcher auf die Ungleichheit der geologischen Verhältnisse deutet. Die Ostseite, eine Fortsetzung jener Schieferbildungen, welche wir schon im Vorbeigehen bei der Treurenberg-Bai und Mossel-Bai kennen gelernt haben, bildet ein einziges gleichmäßiges mit Schnee und Eis bedecktes Hochland, welches in der Nähe des Meeres durchschnittlich gegen tausend Fuß aufsteigt. Die steil abstürzenden Schichten sind von breiten Thalgängen durchschnitten, durch welche das Binneneis in mächtigen Gletschern, breiten Eisströmen, in das Meer mündet. Hier hat entweder von jeher eine Bergspalte existirt, oder das Eis hat sich mit Gewalt einen Weg durch die Felsen gebrochen, geradeso wie die Eismasse in ihrer nivellirenden Thätigkeit die Quarzit- und Hornblende-Schiefer-

Schichten abgeschliffen und ein einziges Plateau ohne irgend welche daraus aufsteigende Bergspitzen gebildet hat. Schon weit auf der See nimmt man „die drei Eisberge“ wahr, deren weiße Eismassen einen starken Contrast zu den umgebenden dunkeln Felswänden bilden. Die Westseite der Bucht dagegen, bestehend aus der in Grey-Hook endigenden beträchtlichen Landzunge, welche Wijde-Bai von Liefde-Bai trennt — die Kjärlighedsbugt (Liebesbucht) der Norweger —, stellt die bizarrste Sammlung von einzelnen, nicht durch Querthäler geschiedenen, prachtvollen Bergspitzen dar: terrassenartig in Reihen oder concentrischen Kreisen geordnet; Kegel mit abgerundeten Spitzen; Kämme mit geradlinigen Umrissen, als wären sie nach dem Lineal gezogen, mit einem Wort: sie ist unendlich reich an Formen, wozu noch der rothe und grüne Sandstein im bunten Wechsel tritt, der namentlich in der Nähe das Auge gar sonderbar berührt. Die Höhe der Berge auf dieser Seite ist erheblich größer und geht weiter im Innern des Fjordes sicher bis 3,000 Fuß und darüber. Mit diesem so überaus verschiedenen Charakter bilden die beiden Küsten den prachtvollsten Rahmen, der den weiten, klaren, von keinen Inseln unterbrochenen Wasserspiegel des Fjordes umschließt. Man wird an die stillen sonnigen Sommertage am Wettersee erinnert, wenn kein Windhauch seinen klaren Wasserspiegel trübt. Auch wir erlebten hier solche Sommertage, freilich wie die arktische Natur sie zu bieten vermag. Leichte Wölkchen zogen über die Spitzen der Berge, und die tieferen Luftschichten waren von einer Durchsichtigkeit, wovon man sich bei uns zu Hause kaum eine Vorstellung machen kann. Dazu die gewaltigen Gebirgsmassen der Küsten, welche mit den im Sonnenscheine glänzenden, zum Meere niederfließenden Gletschern abwechseln; die ruhige Monotonie des Wasserspiegels unterbricht hier und da ein schwimmender Eisblock, der sich nur oben, unter gewaltigem Donner, von einem der nahegelegenen Gletscher losgelöst hat und das Auge mit seinen wunderbaren Formen und seinem wechselnden Farbenspiele fesselt.

Die Ostseite der Wijde-Bai ist den Spitzbergenfahrern als einer der besten Jagdplätze bekannt. In den mehr oder weniger grünen Thälern, besonders zwischen und in der Nähe der drei Gletscher, weiden zahlreiche Rennthierheerden, welchen man am Anfange des Sommers, bevor sie von den Jägern beunruhigt werden, leicht bis auf Schußweite nahe kommen kann. Unser

Jagdboot kehrte denn auch eines Tages nach einer dreitägigen Excursion mit nicht weniger als 24 ziemlich feisten Thieren zurück. Während einer kürzeren Bootfahrt erlegte Kuylenstjerna vier, und selbst die eifrigen Jäger Smitt und Dunér sahen sich zufrieden gestellt. Unser Proviant wurde hierdurch nicht blos vermehrt, sondern sogar überreichlich, so daß wir unsere Lebensweise auf gut Spitzbergisch einrichteten.

Die eingesalzenen Vorräthe wurden bei Seite gestellt, oder vom Rennthierfleische — in allerlei Gestalten zubereitet — und von den leckeren Markknochen verdrängt. „Die Begierde des Essens ist auch hier größer als in anderen Ländern", sagt schon Martens; und er hat Recht; denn der Appetit war vortrefflich, und die Mahlzeiten nahmen solche Dimensionen an, daß man sie nur mit denjenigen vergleichen konnte, über welche die Reisenden unter den fleischliebenden Stämmen der Hottentotten und Kaffern berichten. Auch war es ein Vergnügen, zu sehen, wie trotz der anhaltenden Arbeiten die Gesichter von Tage zu Tage runder und blühender wurden.

Wie Treurenberg-Bai hat auch Wijde-Bai keinen eigentlichen Vogelberg, doch hielten sich hier und da auf den steilen Absätzen einige Haufen von Rotjes und Teisten auf und trieben ihr Unwesen in Gesellschaft von ein paar Burgemeistern, Rathsherren und „Seepferden". Dagegen hatten die Kryckien sich in zahlreichen Schaaren auf dem Wasser niedergelassen, um in den Mündungen der Gletscherbäche und den durch sie gebildeten Gletscherhöhlen nach Limacinen zu suchen. Oft erhoben sie sich dann unter betäubendem Lärm wieder in die Luft, um der Gefahr des Zerschmettertwerdens zu entgehen, wenn ein Eisblock herab-, oder die Grottenwölbung einstürzte. Der Schneesperling hatte schon ziemlich große Jungen mit Daunen; an den Süßwasserteichen brüteten Pilgänse, Lommen und Fjäreplytten, hier und da auf der Ebene auch eine Raubmöwe, auf dem Holme an der Midterhuk aber Eidervögel und Meerschwalben (Tärnen). Zuweilen zeigten sich Weißfische und Seehunde in dem Fjord. Die Tage waren so warm, daß wir die Cajüten nicht mehr zu heizen brauchten und draußen sogar gerne in Hemdärmeln arbeiteten. Das Thermometer stieg im Schatten bis auf +13° und in der Sonne bis auf +28° C.

Die Umgebungen der Albert Dirkses Bucht, eine der sonderbarsten Landschaften auf Spitzbergen, veranlaßten mit ihren kleinen

Landseen uns zu täglichen neuen Ausflügen. Der Süßwasserteich, welchen wir Ende Mai in der Kobbe-Bai besuchten, war uns mit seinem Thierleben von großem Interesse gewesen, obwohl wir Thiere höherer Ordnungen dort nicht angetroffen hatten. Auch konnten wir nicht erwarten, solchen irgendwo in diesen eisigen Gebirgswassern zu begegnen. Unsere Ueberraschung war daher nicht gering, als unser Steuermann eines Tages mit der Nachricht zurückkam, er habe eine ganze Menge Fische in dem nächsten Teiche gesehen, manche bis einen Fuß lang. Zur Bekräftigung dessen brachte er einen ausgedörrten, drei Zoll langen jungen Fisch, einen Berglachs, Salmo alpinus, mit sich, den er auf dem Ufer gefunden hatte. Wir selber vermochten uns bald über die Sache Gewißheit zu verschaffen. Von Yhlen suchte mit einem Netze zu fischen, aber ohne ein Boot mußte er ein kaltes Bad riskiren, zumal der tiefe See in seiner Mitte noch mit einer porösen Eiskruste belegt war. Der Versuch lief fruchtlos ab, da der Grund sehr schnell abnahm, das Netz auf dem steinigen Boden hängen blieb und das kalte Wasser einen längeren Aufenthalt darin gefährlich machte. Auch sollte von Yhlen dieses Unternehmen büßen; denn er empfand am folgenden Tage große Schwäche in den Knieen, es bildeten sich ringsum harte Knoten, und er mußte „die Cajüte" hüten. Nach kurzer ärztlicher Behandlung wurde er jedoch wieder hergestellt.

In demselben Gewässer lebten auch kleinere Crustaceen aus der Ordnung der Entomostraceen und Insectenlarven, darunter eine Art „Lachsmücke", Limnophilus arcticus Boheman, welche mit ein paar anderen Fliegen aus dem Geschlecht Tachina und Aricia hier und da über den unfruchtbaren Boden irrte. Das Meer war sehr reich an Thieren; während der täglichen Excursionen mit dem Schleppboote hatten wir oft Gelegenheit, zu beobachten, wie ungleich das Leben sich hier auf verschiedenen Tiefen und auf einem andern Boden gestaltet. In der Mündung der Bai und vor Albert Dirkses Bucht, wo die Tiefe des Meeres bis 90 Faden beträgt, war von dem steinigen Boden nichts Anderes zu holen, als einige Seesterne, Ophiuren und Bryozoen, wogegen der feine, von den Gletschern niedergeschwemmte Thon, welcher weiterhin den Boden bedeckt, das diesen Gegenden eigenthümliche reiche Thierleben enthielt. Der Boden unmittelbar neben dem Gletscher, wo das Wasser dick und trübe, ist arm, da der Schlamm sich hier in mächtigen Schichten niederschlägt und die Entwicklung alles organischen Lebens, so zu sagen, erdrückt. Weiter vom Gletscher aber, wo das Wasser weniger trübe und der Schlamm, äußerst fein vertheilt, wie eine leichte Decke sich über den Meeresgrund breitet, gedeiht diese Thierwelt vortrefflich. Dem Gletscherthon angehörig, ist sie zwar reich an Individuen, aber arm an Arten. Von Muscheln kommen vor: **Mya truncata, Saxivaga rugosa, Astarte, Yoldia, Tellina** und vor Allem **Arca glacialis**; von Würmern: **Antinoë Sarsi Kinb.**, einige Arten von **Torebella** und **Phyllodoce**, und von Seesternen: **Ctenodiscus crispatus** u. a. Rings um den Gletscher, bis auf eine Viertelmeile Entfernung und darüber, ist das Meer von den herabgeschwemmten Sinkstoffen gefärbt, und man kann sicher sein, in dieser Entfernung immer gute Funde zu machen, besonders in einer Tiefe von 30 Faden.

Am 12. Juli unternahmen Blomstrand und Dunér einen längeren Ausflug zu Boot nach dem Innern des Fjordes. Ueber diese Fahrt berichtet der Erstere Folgendes:

„Wir verließen das Schiff Vormittags, folgten dem östlichen Strande und nahmen unser Nachtquartier gleich nördlich von dem zweiten der drei Eisberge in einer Thalöffnung neben einem großen daselbst mündenden Flusse. Am Mittage des folgenden Tages passirten wir den Gletscher, welcher zwar kleiner als der erstere ist, aber, von der See aus gesehen, einen weit großartigeren Anblick darbietet, da er weiter in das Meer vordringt und in seiner ganzen Breite zerklüftet und gespalten ist. Dem dritten Gletscher fuhren wir mit gutem Winde vorbei und stiegen dann an's Land, theils um Treibholz zu sammeln, theils um auf Rennthiere zu jagen, von denen wir in kurzer Frist drei schossen. Hierauf steuerten wir auf Midterhuk los, aber der Wind ließ vollkommen nach, und wir beschlossen daher zu einem Russenhause zu gehen, welches wir auf dem westlichen Strande des Fjordes wahrnahmen, um daselbst unser zweites Nachtquartier zu wählen. Die Lage dieses Hauses war, aus der Ferne gesehen, besonders einladend; denn es befand sich an der Mündung eines Flusses, und die Bergabhänge, welche es rings umgaben, glänzten freundlich in grün und rothen Farben. Wir rechneten auf saftige Wiesen und eine üppigere Vegetation, fanden uns aber in allen unseren Hoffnungen betrogen. Das Russenhaus, welches übrigens dem früher beschriebenen glich, lag auf einer wüsten, trockenen Sandebene, die wahrscheinlich früher einen Theil des Meeres gebildet hatte, obwohl sie jetzt das Niveau desselben um ein Bedeutendes überragte. Weite Strecken waren mit einer Salzkruste bedeckt. Es ist aber, nach der Lage des Russenhauses zu schließen, unwahrscheinlich, daß der Boden noch jetzt zeitweise unter Wasser gesetzt werde. Das hier und da auf den Bergabhängen deutlich hervortretende Grün gehörte dem Gesteine selbst an, und der Elf, sowie das Wasser weit in die See hinein, war von dem mitgeführten Schlamme vollkommen roth, so daß wir uns glücklich schätzen mußten, daß wir in der Nähe des Strandes noch einen Grundeisblock antrafen, welcher uns das nöthige Wasser lieferte.

„Während unseres Aufenthaltes auf dieser Raststelle kamen Boote von den beiden Schiffen, welche unsere Gefangenschaft in der Vik theilten, an uns heran. Das eine Boot war bis zum Ende des südöstlichen Armes der Bucht vorgedrungen und hatte gefunden, daß es mit einem Gletscher schließe. Das andere, welches mehrere Wegestunden in den westlichen Arm gefahren, hatte das Ende nicht erreichen können. In Folge dieser Berichte änderten wir unsern Plan und beschlossen, nicht den östlichen, sondern den westlichen Arm zu besuchen. Nachdem wir uns eine Weile auf einer kleinen Insel in der Mitte des Fjordes aufgehalten und trotz der vorgeschrittenen Jahreszeit einige Eier von Meerschwalben und Eidergänsen gesammelt hatten, schlugen wir unsern Weg, an dem hohen Gebirgskamme der Midterhuk vorbei, zum westlichen Fjordarme ein. Es dauerte nicht lange, so war das Wasser blutroth; die gewaltigen, scharfgeschnittenen Bergrücken wechselten in Rothbraun und Grün, und die ganze Umgebung bot in dem hellen Sonnenscheine einen eigenthümlichen Anblick dar. Schaaren von Weißwalen zeigten sich neben uns, bald zur Rechten, bald zur Linken, und spritzten schnaufend ihre Wasserstrahlen in die Luft. Ein schwache nördliche Brise, nur gerade geeignet, die Wasserfläche zu kräuseln, führte uns unserm Ziele näher, das wir indessen noch ziemlich weit wähnten, um so mehr, als wir auf der andern Seite einer schmalen Landzunge, welche — aus der Ferne gesehen — den Fjord in seiner ganzen Breite zu durchschneiden schien, einen neuen Wasserspiegel von derselben Breite vor uns sahen, weiter aber, in der innersten Bucht, eine vorspringende Bergspitze wahrnahmen, hinter welcher der blaue Duft der Ferne auf eine Fortsetzung des Fjordes deutete. Die angenehme Fahrt wurde indessen, und zwar da wir es am wenigsten erwarteten, plötzlich unterbrochen.

„Wir sprachen gerade über die Möglichkeit, die Magdalena nach Westen zu führen, als die Bewegung des Bootes, ohne erkennbaren äußeren Grund, mit einem Male aufhörte und wir in dem rothen dünnen Thonbrei festsaßen. Nach verschiedenen vergeblichen Versuchen, wieder tieferes Wasser zu erreichen, hielten wir es zuletzt eben so gerathen als nothwendig, da zu bleiben, wo wir uns befanden, bis die steigende Fluth uns wieder erlösen würde. Die Ebbe hatte bald ihren niedrigsten Stand erreicht, und das Wasser fiel mit großer Geschwindigkeit. Der rothe Meeresspiegel wurde in einen seichten, verschwindenden Fluß verwandelt. Bald trat hier, bald dort ein neuer Theil des braunrothen Bodens mehr und mehr hervor. Es dauerte nicht lange, so befanden wir uns so gut wie auf dem Trocknen, nur daß die kleineren nach den Tiefen strebenden Rinnsale und die von den Ufern kommenden breiteren Zuflüsse mit ihren tieferen Wasserfurchen den Meeresgrund durchkreuzten.

„Während im vorderen Raume des Bootes Feuer angezündet und Kaffee gekocht wurde, hatten wir die beste Gelegenheit, unsere sonderbare Umgebung und Situation zu betrachten. Es war beinahe Mitternacht. Die Sonne, welche von einer hohen, senkrecht zum Meere abfallenden Felswand im Nordwesten verdeckt wurde, goß durch ein mit einem Gletscher erfülltes Thal ihr mildes Licht über die innere Bucht und die Berge rings herum, nur hier und da von den tiefen Schlagschatten der Berge unterbrochen. Gleich hochrothen, planlos hingeworfenen Seidenbändern, um so bestimmter moirirt, je mehr der Bodenschlamm aufgerührt wurde, glänzten die Wasserstreifen in dem hellen Sonnenscheine. Die beleuchteten rothen Abhänge der Berge bildeten einen lebhaften Gegensatz zu den dunkeln braunrothen Schatten, da wo ein Vorsprung des Berges sich mit erstaunlicher Schärfe abzeichnete, während nach Norden hin der weite Wasserspiegel sammetbraun oder hell ziegelroth, je nach der verschiedenen Beleuchtung der Berge, erschien. In Wahrheit, ich hätte mir niemals vorgestellt, daß die Wirklichkeit ein Seitenstück zu jenem wunderbaren Anblicke liefern könne, der sich uns darbietet, sobald wir eine sonnenbeglänzte Landschaft durch ein rothes Glas betrachten. Außer dem reinen Blau des Himmels, welcher sich über die Landschaft wölbte, gab es, mit Ausnahme von ein paar grünen Streifen auf den sonnenbeschienenen Abhängen der Berge, nur Nuancen in Roth. Der Grund für diese Erscheinung ist in dem rothen Sandsteine zu finden, aus welchem die gewaltigen Bergmassen ringsum bestehen, sowie in dem feinen thonhaltigen Schlamme, welcher, infolge der Zersprengung der Felsen durch den Frost und das Abschleifen der Gletscher, von den Wassern in das Meer geführt wird.

„Nach einigen Stunden Ruhe machten wir uns am frühen Morgen auf, um mit der Fluth unsern unfreiwilligen Ankerplatz

Rennthierjagd.

wieder zu verlassen. An eine Weiterfahrt in den seichten Fjord hinein war nicht zu denken. Wir kehrten deshalb zu der erwähnten Sandzunge zurück, welche die Grenze nach dem tieferen Wasser hin zu bilden schien, obwohl dessen Tiefe auch hier wenig über einen Faden betrug. Es wurde das Zelt aufgeschlagen, ein tüchtiges Feuer von Treibholz, womit der Strand bedeckt war, angezündet und die Vorbereitungen zu einer Fußpartie nach dem Innern des Fjordes getroffen. Die Jagdlust meiner Reisegenossen brachte uns allerdings noch einen Aufenthalt. Es weideten nämlich in aller Ruhe, und ohne durch unsern Besuch irgend wie eingeschüchtert zu werden, zahlreiche Rennthiere auf den üppigen Matten, die aus Dryas, Polarweiden und anderen vor Kurzem durch die Sonne hervorgelockten Pflanzen des steinfreien Sandbodens bestanden. Zwei von den Thieren fielen, nicht weit von unserm Lagerplatze, ihrer Neugierde zum Opfer. Selbst die Weißwale, welche wir eine Weile für schwimmende Eisblöcke ansahen, kamen am Ende so nahe, daß wir sie mit ein paar Schüssen begrüßen konnten. Bald spielten sie munter in dem von den Sonnenstrahlen erwärmten flachen Wasser, bald lagen sie ohne irgend eine Regung, den Körper halb über dem Wasser, ruhig in der Sonne da, — wir zählten einmal dreißig Stück in dieser Stellung, und sie erschienen um so weißer, als sie einen starken Contrast zu dem dunkelrothen Meere bildeten — nur daß sie dann und wann einen Augenblick ihre Köpfe hoben, um Wasser in die Höhe zu blasen.

„Die Wanderung nach dem Innern des Fjordes war anstrengend und ermüdend. Schließlich erreichte ich das Ende desselben. Er zieht sich, nach einer starken Biegung, um die oben erwähnte Bergspitze, noch ungefähr eine halbe Meile weit westlich hin, bis er von einem großen Gletscher begrenzt wird, der seinen Hauptzufluß aus einem gewaltigen Cirkus erhält und — wie überall wo die Fjorde sich allmählich verflachen — nicht mehr bis zum Wasser reicht. Ein starker, aus dem Innern der Berge strömender Fluß, wie der Fjord blutroth, woraus sich ergiebt, daß die Sandsteinbildung noch weit in's Land sich fortsetzt, machte allem weiteren Vordringen ein Ende. Ich kehrte daher um und kam zu unserm Lagerplatze nach Mitternacht, worauf wir am folgenden Morgen uns zeitig aufmachten und in der Nacht zum 16. Juli unser Schiff erreichten.

„Ich will noch anführen, daß während dieses Ausfluges in das Innere des Thales die Wärme im Schatten bis auf + 16° C. stieg, die höchste, welche wir während des ganzen Sommers beobachtet haben.“ — —

Die in den ersten Tagen unserer Anwesenheit in der Wijde-Bai herrschende Windstille machte einem schwachen Nordwinde Platz, das Eis packte sich immer dichter um die Mündung des Fjordes, und selbst nach Osten hin, um Verlegen-Hoek, war uns der Weg gesperrt, wie uns einer der dorthin abgegangenen Walfischjäger mittheilte. Erst am 14. begann der Wind sich nach Süden zu drehen; die Luft wurde trüber und kühler; die See ging hoch. Wir wechselten daher unsern Ankerplatz und suchten nördlich von der Landzunge Schutz. Gegen Abend wuchs der Wind zum vollen Sturme an, so daß wir auch den zweiten Anker auswarfen. Wir hofften, der Wind werde wenigstens das Eis in der Oeffnung des Fjordes auseinander treiben, dieses war aber durchaus nicht der Fall. Am folgenden Tage, als es wieder still wurde, kam das Eis mit der Strömung sogar in den Fjord hinein und beinahe bis zu unserm Ankerplatze. Gegen Mittag blies ein Nordwind, der uns das Eis noch mehr auf den Hals trieb. Blomstrand war von seiner Excursion zwar noch nicht zurückgekehrt, aber wir mußten nothwendig vor dem Eise Schutz suchen, und setzten Segel bei, um womöglich Grey=Hook vorbei nach der Liefde=Bai zu gelangen. Wir errichteten daher auf dem Strande eine Steinpyramide, legten dort eine Mittheilung über unsern Plan nieder, lichteten die Anker und kreuzten nach Grey=Hook zu. Aber das Eis war hier nicht zu durchdringen. Wir kehrten daher zu unserm alten Ankerplatze, südlich von dem Vorsprunge an der Albert Dirkses Bucht, zurück.

Der Nordwind ging erst am 18. in eine frische Kühlte über, die längere Dauer und für uns ein Ende unserer Gefangenschaft in Aussicht stellte. Darum kehrten auch alle Excursionen von ihren längeren Ausflügen zurück. Am 19. gegen Morgen erschien uns das Packeis bereits etwas vertheilt. Wir steuerten deshalb zum zweiten Male gegen das Eisband im Westen, diesesmal mit dem festen Vorsatz, wenn möglich, nicht mehr zurückzukehren. Wir gelangten auch bald in eine offene Rinne, fuhren in dieser parallel dem Strande mit günstigem Winde weiter bis Grey=Hook, und hatten am 19. Juli um acht Uhr die Wijde=Bai endlich hinter uns. Gegen Westen und Norden lag der unübersehbare Wasserspiegel rein und eisfrei da; nur ein weißer Streifen im Norden deutete die Grenze an, welche unserm Vordringen nach jener Richtung hin gesteckt war.

Der Wind ging sodann weiter nach Nordost herum und nahm mehr und mehr ab. Wir unternahmen daher am Vormittage zu Boot einen Ausflug zur Grey=Hook, oder, wie die Holländer sie nennen, Dore=Hoek.

An dieser Bergspitze traten ganz andere Gesteine auf, indem sie selbst sowohl als auch die aus der Ebene aufsteigenden Hügel, welche den Fuß des Berges umgeben und sich noch ein Ende in die See fortsetzen, aus einem schwarzblauen, glimmerhaltigen Thonschiefer, abwechselnd mit Schichten eines grauen, in der Luft gelblichen, festen Sandsteines, bestehen. Der Thonschiefer ist deshalb besonders interessant, weil er einige, wenngleich äußerst geringe organische Einschlüsse, kleine Bivalven und Fucoiden, enthält, welche sonst der ganzen hiesigen Sandsteinbildung zu fehlen scheinen. Ob die vorherrschende Richtung der Schichten eine westliche oder östliche sei, war hier sehr schwer festzustellen, da nicht blos die letzten niedrigen Küstenberge, sondern auch das eigentliche Gebirge viele Unregelmäßigkeiten und Faltungen zeigten. Dieses eigenthümliche Verhältniß fällt schon in der Ferne, wenn man von der Seeseite das Grey-Hook-Gebirge in Sicht bekommt, in's Auge.

Auf dem Rückwege landeten wir an einem von Grus und Rollsteinen gebildeten kleinen Holme, auf welchem einige Eidergänse und Meerschwalben brüteten, und kehrten, nach einer Abwesenheit von sechs Stunden, wieder zur Magdalena zurück.

Wir sollten nunmehr auch mit einer, unsere Geduld auf die Probe stellenden, Fahrt während einer Windstille Bekanntschaft machen. Bald herrscht vollkommene Ruhe, bald weht eine Weile ein schwacher Windhauch, das eine Mal aus Süden, das andere Mal aus Norden, und so rings um die ganze Windrose Ist die Strömung entgegen, so wird das Schiff zurückgetrieben; immer aber stampft es heftig bei der starken, von der hohen See kommenden Dünung. Bis dahin hatten wir nicht mehr als zwei Tage mit Regen und Schnee zu kämpfen gehabt; die Luft war fast immer klar gewesen. Nachdem wir aber an Grey-Hook vorbei und wieder in blaues Wasser, das heißt in den Golfstrom, gekommen waren, begegneten wir einer kalten Luft und den in dieser Zeit auf Westspitzbergen so häufigen Regengüssen.

Die ganze Nacht zum 20. trieben wir vor der Red-Bai, auch der ganze folgende Tag ging zu Ende, bevor wir endlich, unter Benutzung der schwachen Windstöße, die Höhe der Norwegischen Inseln erreichten.

Um doch in etwas die Zeit, welche wir durch diese Fahrt verloren, zu ersetzen, gingen Blomstrand, Smitt und Dunér an's Land zum Fuße eines großen Granitberges, welcher im Norden an die unter dem Namen Vlate-Hoek bekannte Bergspitze — im Westen von der Mündung der Red-Bai begrenzt — anstößt.

Hier hatten wir zum ersten Male Gelegenheit, einen wirklichen Alkenberg mit seinen Myriaden von Vogelcolonien kennen zu lernen. Zuerst hört man von den steilen, hohen Absätzen des Berges ein anhaltendes Brausen, das dem Donnern eines entfernten Wasserfalles gleicht. Die sämmtlichen Stimmen der verschiedenen Arten vereinigen sich hier zu einem einzigen Tonmeere, das jeden einzelnen Laut verschlingt. Noch kann das Auge kaum mehr als ein paar Möwen unterscheiden, die neben der Felskante schweben, jetzt aber im Schatten des Berges verschwinden. Man kommt näher, und der Lärm wird immer betäubender; die Disharmonien lösen sich in einzelne Stimmen auf. Man vernimmt das Knurren der Alken, das widerliche Girren der Rotjes; aber unzählige andere, nicht zu unterscheidende, wunderliche Laute mischen sich in dieses Chaos, gebildet durch diese Millionen leidenschaftlich bewegter Thiere, deren stärkster Naturtrieb hier bis auf's Aeußerste gesteigert ist. Tiefe, fast menschliche Stimmen, heisere Rufe, wehklagende Laute hallen von diesen Felswänden wieder. Plötzlich erklingt ein neuer und so seltsamer Ton, daß der Hörer unwillkürlich zusammenfährt, so gellend trifft er sein Ohr. Das ist der Gebirgsfuchs, wenn er mit seinem Schrei die Vogelcolonie begrüßt, ein Ton, der bald ein Hohnlachen, bald ein Angstruf scheint. Wie man ihn auch auffassen mag, die alten holländischen Walfischjäger hielten diesen Ruf für den des Teufels, der ihres Vorhabens spotte, und betrachteten ihn als ein schlimmes Omen.

Wir kletterten den Bergabhang unten ein Ende hinan, um die großartige Werkstatt des Lebens mehr aus der Nähe zu betrachten. Die Alken bilden den Stamm der Colonie. Sie sitzen in langen Reihen dicht an einander gepackt auf den unzugänglichsten Vorsprüngen der Felswand. In allen Klüften, auf allen Absätzen erhebt sich Brust an Brust, und nur der äußerste Rand der Klippe, wohin möglicher Weise der Gebirgsfuchs gelangen könnte, bleibt frei. So macht auch die Thiere die Erfahrung klug. Es scheint aber fast, als ob der Berg blos für die Hälfte seiner Bewohner Platz hätte; denn eben so unermeßlich ist die Zahl derjenigen Vögel, welche umherschwärmen und zu dem Meere hin und zurück fliegen. Wollen die zuletzt ankommenden sich niederlassen, so müssen immer eben so viele von den sitzenden ihren Platz aufgeben.

Auf den mehr niedrigen und mehr zugänglichen Absätzen haben

einzelne Schaaren von Teisten ihre Wohnstatt aufgeschlagen, und die Rotjes, oder der Seekönig, dieser hochnordische schöne Schwimmvogel, nicht größer als ein kleiner Enterich, macht so oft als möglich seine Ausflüge in Schaaren von 20 bis 30 Köpfen. Wie die Mauerschwalbe wirft er sich hastig in einem Bogen hinab, mit einem lauten Schrei, darein sich eine Art von Wiehern mischt. In einer senkrechten Spalte hat eine kleine Schaar von Kryckien — Larus tridactylus — ihre Colonie. Die „Seepferde", diese Friedensstörer der Vogelberge, sind immer zur Plünderung bereit. Kaum hat eine Kryckie ihr Nest einen Augenblick unbewacht gelassen, so stürzt er darauf zu. Nun beginnt ein blutiger Streit, der oft damit endigt, daß der Räuber hinausgezerrt und unter lautem Schreien mit den Flügeln in die Flucht geschlagen wird. Zu oberst auf den freistehenden Kanten hat die Großmöwe ihr Nest angelegt, das von einem der Gatten bewacht wird, während der andere um die Felswand schwärmt. Sobald er den Beschauer wahrnimmt, fliegt er mit heiserem Schreien ein paarmal um das Nest und läßt sich auf der nächsten Spitze nieder, als wollte er seine Bewegungen bewachen. Oft sitzt er auch Stunden lang auf dem höchsten Kamme des Berges ganz friedlich neben den Alken, obwohl er ohne Widerrede ihr schlimmster Feind ist und ihre Nester plündert.

Wir fanden uns hier auch angenehm überrascht von der üppigen Vegetation zwischen den gewaltigen Steinen und Blöcken auf den Abhängen an der See. Der Vogelberg hatte sie in's Leben gerufen. Cochlearia und Oxyria digyna, dieses vortreffliche Gemüse auf der hochnordischen Tafel, wuchsen hier breitblätterig und freudig, die erstere Pflanze einen halben, diese einen Fuß hoch. Ranunculus sulphureus war noch größer. Von dieser Art ist immer die Vegetation an den Vogelbergen.

Man kann im Allgemeinen, je nach den Familien, welche daselbst brüten, dreierlei Arten dieser Vogelberge unterscheiden. Die Colonien der „Seepferde" bleiben gewöhnlich ganz einsam auf ihren stinkenden Felsen; die Möwen wählen ihre besonderen klippigen Plätze; die Alken, Teiste und Rotjes, welche mit den Möwen unausgesetzt sich im Kriege befinden, haben wiederum ihre eigenen Berge, und nur selten findet man ein Paar von der einen Colonie bei der andern. Die Eidergänse und Meerschwalben suchen fast immer die flachen Inseln auf.

Dunér bestieg die Höhe des Vorgebirges, in welche das schneebedeckte Gebirge verläuft; die Aussicht, besonders über Fair Haven und seinen auf allen Seiten von Klippeninseln und Bergen eingeschlossenen Wasserspiegel, war prachtvoll. Nachdem wir unsere botanischen und geognostischen Untersuchungen beendigt hatten, steuerten wir der äußeren Norwegischen Insel zu, die Magdalena zu erwarten, welche gegen die Nacht hin endlich so viel Wind erhalten hatte, um durch Kreuzen in den Sund zwischen den beiden Inseln zu gelangen. Hier wurde Anker geworfen.

## Dreizehntes Kapitel.

Die Norwegischen Inseln. — Magdalenen-Bai.

Es war unsere Absicht gewesen, uns in dem Sunde zwischen den Norwegischen Inseln nur ein paar Tage aufzuhalten, um so rasch als möglich seine Umgebungen zu untersuchen und festzustellen, ob die Localität sich für den Beginn eines trigonometrischen Netzes an der Westküste eigne. Aber das Wetter blieb ungünstig, es wechselten Südweststürme mit vollkommener Windstille ab, und wir mußten einige Tage unthätig verweilen.

Die westliche Norwegische Insel ist den Spitzbergenfahrern als ein „Eidervär", das heißt als eine Stelle bekannt, wo die Eidergans in großen Colonien nistet. Auf dem flachen Lande nach Norden hin fanden wir viele Gänse, die meisten Eier ausgebrütet, die Jungen zum Theil schon ausgekrochen. Die Mütter sind in dieser Zeit kaum scheuer als die zahmen Gänse und verlassen ihr Nest erst dann, wenn sie in Gefahr kommen von dem Fuße des Jägers getreten zu werden. Gewöhnlich wählt die Eidergans nur kleine und niedrige Inseln, wo sie von den Einbrüchen des Gebirgsfuchses verschont bleibt. Es scheint sogar, als ob sie beim Abschiede von diesen Brutplätzen jedesmal genau erwägt, ob ihr Holm dem Fuchse zugänglich sein könnte; denn hat das Eis ihn etwa mit dem Festlande oder den größeren Inseln verbunden, so verläßt sie diesen Platz sicher. Ihre Nester bleiben indessen den gefährlichsten ihrer Feinde, den nach Gewinn gierigen, jährlich wiederkehrenden Jägern immer zugänglich und ihre Eier und Daunen werden auf das Rücksichtsloseste geplündert. Man nimmt Alles ohne Unterschied, die Eier mögen frisch oder halb ausgebrütet sein, und bringt sie in ganzen Tonnen auf's Schiff. Erst hier untersucht man, ob die Beute brauchbar; ist dieses nicht der Fall, so wirft man sie ohne Weiteres in die See. Ist man vielleicht zu spät bei dem „Wehr" eingetroffen, so kommt es wohl vor, daß man im Aerger darüber und um seiner Zerstörungslust Genüge zu thun, Steine in die Nester wirft und dadurch dem Vogel die Lust benimmt, an derselben Stelle von Neuem seine Eier zu legen.

Nicht weniger verderblich als die Gier nach den Eiern, welche frisch eine vorzügliche und kräftige Nahrung bilden, ist das noch vortheilhaftere Einsammeln der Daunen. Die Handvoll, welche der Vogel selbst aus seiner Brust rupft und womit er die kleine Vertiefung im Kies — sein kunstloses Nest — ausfüttert, beträgt etwa zwei bis drei Loth. Um also zehn Pfund Federn zu liefern, müssen 100 bis 160 Gänse ihre Nester verlassen und zugleich ihre Eier verlieren, welche — durchschnittlich sechs Stück auf jedes Nest gerechnet — 600 bis 960 Junge geben würden. Die Folgen einer solchen rücksichtslosen Jagd machen sich auch bereits sehr fühlbar; denn die Eiderholme, welche noch in Menschengedenken tausend Pfund und mehr lieferten, geben jetzt kaum so viel, als zu ein paar mäßigen Kissen erforderlich ist. Darum hat das Einsammeln der Daunen jetzt auch seine Bedeutung, die es noch vor wenigen Decennien hatte, als es einen nicht geringen Beitrag zu dem Gewinne aus der Walroß- und Rennthierjagd lieferte, wohl gar das Hauptziel einiger Spitzbergenfahrer bildete, ganz und gar verloren. So rüsteten im Jahre 1830 ein paar Fischer aus dem Nordlande eine in ihrer Art einzige Daunenexpedition aus, denn ihr Schiff bestand aus einem kleinen gedeckten Boot, „Ottring" genannt, auf welchem sie das Eismeer durchfuhren, Spitzbergen besuchten, und — das ganze Boot voller Daunen — glücklich wiederkamen. Berechnet man den Werth eines Pfundes Daunen auf zehn Reichsthaler (à 11¼ Sgr.), so war ihr Unternehmen allerdings gut bezahlt.

Heutzutage ist es sehr selten, daß man um die Herbstzeit einige größere Schaaren junger Eidervögel antrifft. So verschwinden sie auf Spitzbergen mehr und mehr, und die Zeit ist nicht fern, da dieser schöne Vogel nur noch in einzelnen Individuen vorhanden sein und, wie so viele andere Thiergeschlechter, die dasselbe Schicksal gehabt haben, ein warnendes Zeugniß für die Gier der Menschen nach Gewinn ablegen wird.

In den steilen Geröllabhängen der Insel hatten zahlreiche Rotjes und Teiste ihre Nester mit schon längst ausgekommenen Jungen; auf den höchsten Spitzen saß aber die Großmöwe mit ihrer Familie draußen vor dem Neste. Als ein Beweis für die Gier dieser Raubvögel mag angeführt werden, daß ein von uns erlegtes Junge vor Kurzem ein ganzes mit Daunen bekleidetes Eidergänschen verzehrt hatte.

Hier sahen wir auch zum ersten Male grüne Matten von Polarweiden, Moos und Gräsern, **Aira alpina** und **Festuca hirsuta**, zwischen welchen **Wahlbergella apetala** und **Potentilla emarginata** zerstreut aber üppig wuchsen.

Den 21. Juli unternahmen Blomstrand und Dunér mit dem Steuermanne Mack und einem Matrosen eine Bootexcursion, mit Proviant auf acht Tage versehen, und der Verabredung, mit unserm Schiffe in der Magdalenen-Bai zusammen zu treffen.

„Vor einer schwachen nordöstlichen Brise fuhren wir erst durch den Sund zwischen den Norwegischen Inseln und darauf längs der nach Fair Haven liegenden Küste der östlichen Insel bis zu dem in geographischer Hinsicht merkwürdigen Punkte, wo Phipps im Jahre 1773 und Sabine — nach welchem die Stelle gewöhnlich Sabine's Observatorium genannt wird — im Jahre 1823 seine Beobachtungen angestellt hat. Nach kurzem Aufenthalte daselbst setzten wir unsere Fahrt zu einem kleinen Holme fort, genannt Hvitö, welcher in dem Sunde zwischen den Norwegischen Inseln und dem festen Lande liegt. Die Strömung in diesem Sunde ist sehr stark; jetzt aber, da der Wind ihr entgegen wehte, hatte das kleine Boot schwer gegen den starken Seegang zu kämpfen. Auf diesem Holme fanden wir Eidergänse in Menge; auch seine geologische Bildung war von nicht geringem Interesse, da seine Hauptmasse aus einem feinen, weißkörnigen Granit, durchsetzt von Kalkgestein und gröberem Granit, bestand.

„Nachdem wir den offenen Fjord passirt hatten, besuchten wir die Insel Vogelsang. Der Wind wehte anhaltend schwach aus Nordosten. Es dauerte aber nicht lange, so kamen uns gewaltige Wogen aus Südwesten entgegen, welche in Gemeinschaft mit der in derselben Richtung befindlichen schweren Wolkenbank auswiesen, daß weiterhin ein Sturm raste. Wir schlugen daher an einer kleinen freien Stelle mitten in dem furchtbaren Steingerölle, aus welchem die niedrigeren Theile der Insel bestehen, unser Zelt auf.

Es wurde sodann von den Resten eines verunglückten Schiffes am Rande ein Feuer angezündet und das Abendbrod gekocht. Hierauf ging Dunér zu dem Gebirge. Selbst ein Land wie Spitzbergen hat wenige Stellen aufzuweisen, die an Wildheit und grauenvoller Oede mit dieser einen Vergleich aushalten können. Die ganze Insel, die sich 1,000 bis 1,200 Fuß über dem Meere erhebt, ist nichts als ein einziger Steinhaufen und die Vegetation selbst für eine Granitregion überaus dürftig. Gleichwohl soll man hier im Jahre 1820 dreißig Rennthiere geschossen haben. Wir nahmen keine anderen lebenden Wesen wahr als Rotjes und den Fjeldfuchs, der mit seinem ängstlichen wilden Schrei uns einen Augenblick die Befürchtung eingab, es möchte dem umherkletternden Dunér ein Unglück zugestoßen sein. Die Aussicht von der Höhe war wild und großartig. Jenseits Fair Haven erschien ein Theil der Smeerenberg- und die in der Ecke zwischen beiden belegene Foul-Bai, in welcher man bis sechzehn kleinere Inseln zählen konnte. Das Festland erschien als ein wildes Durcheinander von zackigen, schwarzen Spitzen, die unteren Abhänge fast immer von Gletschern bedeckt, seltener bis zur Spitze in Schnee gehüllt; ein wenig zufrieden stellender Anblick in Betreff der projectirten Gradmessung, welche, wenn sie an der Westküste vorgenommen werden soll, nothwendig ihren Ausgang von Vogelsang nehmen muß.

„Frühe am Morgen fuhren wir weiter zum Cloven Cliff und untersuchten hier ein mächtiges Kalkbett, das den Granit durchbricht. Um dem Sturme, der draußen vor Vogelsang wüthete, zu entgehen, gaben wir die Weiterfahrt auf und kehrten zu unserm Schiffe zurück, das wir am 23. Juli sechs Uhr Morgens erreichten.“ —

Abwechselnde Südwestwinde, Windstille und Nebelwetter stellten sich unserer Weiterreise entgegen. Die Jagd- und Dreggboote machten Excursionen zur Red-Bai, doch ohne wesentlichen Erfolg. Endlich am 25. sprang der Wind nach Nordosten herum, das Wetter klärte sich etwas auf und wir gingen am frühen Morgen unter Segel. Schon am Abende vorher hatten wir eine Steinpyramide mit einer weißen Stange auf der Ebene der äußeren Norwegischen Insel errichtet und darunter für den Führer der Expedition einen Bericht niedergelegt. Die Fluth war uns entgegen und die Fahrt daher abscheulich.

Der Sund zwischen den beiden Norwegischen Inseln ist durchschnittlich 8 bis 9 Faden tief, aber es gehen von ihnen ein paar Steinriffe aus, und man muß sich daher mit dem Schiffe in der Mitte der Rinne halten. Bei sehr niedrigem Wasserstande ist ein Theil des Riffes, welcher die Fortsetzung der Westspitze der inneren Insel bildet, sichtbar, doch kann man sich mit kleineren Schiffen mitten zwischen diese Schär und die Insel wagen, wenn man nur genau in der Mitte der engen Passage bleibt.

Am Vormittage wurde das Excursionsboot ausgesetzt, und Blomstrand und Dunér nahmen ihre durch den Sturm vor zweien Tagen unterbrochene Fahrt wieder auf.

Während eines kurzen Aufenthaltes auf der Nordseite des Amsterdam-Eilands versuchte Dunér in der Nähe eines Gletschers eine Bergbesteigung. Hier entging er kaum einer offenbaren Lebensgefahr, indem ein großer Felsstein, der aus dem Gerölle ragte, wenige Augenblicke nachdem er ihn passirt hatte, von seiner Stelle wich und mit ungeheurem Donner in die Tiefe stürzte. Während des Nebels und Sprühregens wurde die Fahrt fortgesetzt, dann aber wieder gelandet, um, so weit der Nebel es zuließ, den Gletscher in näheren Augenschein zu nehmen.

Es haben hier mehrere Eisströme sich zu einem einzigen vereinigt, der auf eine steile Felswand trifft und einen Eisfall bildet; dann sammelt er sich wieder und stürzt von Neuem über einen Abhang, worauf er in mäßigem Abfall langsam zur See niedersteigt. Doch mündet er nicht unmittelbar in dem Meere, sondern in einem durch ein schmales Riff davon vollkommen getrennten Landsee, dessen Tiefe so bedeutend ist, daß Eisblöcke, welche sich vom Gletscher losgelöst hatten und nach ungefährer Berechnung 36 Fuß unter die Wasseroberfläche reichten, vollkommen frei darin umherschwammen. Die Entstehung dieses tiefen Bassins ist schwer zu erklären. Blomstrand vermuthet, daß von jeher in der Oeffnung der Meeresbucht eine flache Stelle gewesen, und daß die vom Gletscher sich loslösenden Eisstücke allmählich Steine und Geröll darauf abgelagert haben. Nahe dem Gletschersee im Osten traf man einen gewaltigen Block von dunkelrothem Granit, der ungefähr noch um 12 Fuß den Meeresspiegel überragte und wahrscheinlich einen ganz andern Ursprung hat, als der rings anstehende graue Gneisgranit.

Auf der weiteren Fahrt längs der Ostküste der Insel wurde auch die Stelle besucht, wo einst Smeerenberg, die Hauptstation

Gletscher im Innern der Magdalenen-Bucht.

der holländischen Walfischfänger, belegen war. Ungefähr sechzig Gräber mit umhergestreuten Menschen- und Walfischknochen waren das Einzige, was an die ehemalige Bedeutung dieser Stelle erinnerte. Ein Ende von hier, an Danes Gate, dem Sunde zwischen dieser Oe und der Dänischen Insel, fand man noch einige Ueberbleibsel der alten Thransiedereien. Nachdem sie einige Stunden auf einer kleinen Insel mitten im Sunde ausgeruht, fuhren sie, jetzt mit günstigerer Strömung, unter anhaltendem Regen, längs der Ostküste der Däneninsel und weiter durch South Gat, dem Sunde zwischen der Insel und dem Festlande — der ebenfalls einen der Hauptplätze der Walfischfänger gebildet hat —, bis sie endlich, nachdem sie wiederholt an's Land gestiegen und überall denselben Gneisgranit angetroffen, Magdalena-Hook passirten und den Fjord gleichen Namens glücklich erreichten. Die Magdalenen-Bai ist unzweifelhaft einer der interessantesten Punkte auf Spitzbergen, indem man hier auf einem verhältnißmäßig kleinen Raume Alles zusammen hat, was für die großartige Natur dieses Landes charakteristisch ist: hohe, bizarre Gebirge und Gletscher in allen nur denkbaren Formen und Abstufungen.

„Nachdem wir längs dem nordöstlichen Strande längere Zeit vergeblich nach einem geeigneten Landungsplatze gesucht und überall auf tosende Brandungen, steile Felswände und ungastliche Gletscher getroffen, erreichten wir endlich eine durch ein Sandriff mit dem Lande verbundene Halbinsel, welche nach innen zu einen ganz vorzüglichen Hafen bildete. Allerdings bedrohte uns auf der einen Seite der bis untenhin gehende Endgletscher, von welchem unaufhörlich größere und kleinere Eisstücke abbrachen, auf der andern Seite aber ein von dem Gebirge, fast über unseren Häuptern, herabhängender zweiter Gletscher. Doch waren alle diese Gefahren mehr in der Einbildung vorhanden.

„Von unserer Lagerstätte auf der Halbinsel — wo eine Menge Gräber von Engländern deren frühere häufige Besuche bezeugen — wurde gleich nach Mittag ein Ausflug zu dem nächsten in der Bucht mündenden Gletscher unternommen und dessen innere Seite bis zu einer bedeutenden Höhe bestiegen. Größere und kleinere Spalten, vorherrschend in verticaler Querrichtung, durchschnitten ihn, oft erheblich lang und einige Fuß breit, so daß man bedeutende Umwege zu machen gezwungen war, wenn nicht hartgefrorene Schneemassen eine Art natürlicher Brücken bildeten, über welche man wandern konnte. Freilich mußte das Auge sich erst an den schwindelnden tiefblauen Abgrund, der unter den Füßen gähnte, gewöhnen. Die kleineren Risse und Spalten waren oft bis zu den Rändern mit Wasser gefüllt. Diese Erscheinung zeigt, wie dicht das compacte Gletschereis ist, obwohl es dem äußerst lockern und porösen Schnee seinen Ursprung verdankt.

„Später unternahmen wir noch einen Ausflug zu dem hohen Berge im innersten nordöstlichen Winkel der Bucht gleich neben dem großen Endgletscher, welcher aus fünf mit einander verbundenen Eisströmen entstanden ist und doch keine Spur von Mittelmoränen zur Schau trägt.

„Während wir den vergeblichen Versuch machten, ein unter einem großen Steine befindliches Fuchsloch aufzudecken, ließ der Wächter des Bootes sich verleiten, seinen Posten zu verlassen. Der Gletscher bewegt sich, es stürzt ein großes Eisstück in die See und rührt sie weit und breit auf; die Dünung füllt das Boot zur Hälfte mit Wasser und wirft es auf einen Steinwall am Ufer, so daß das Steuer zerbricht. Die Rückkehr wurde daher um so mehr beschleunigt, als Magdalena schon seit ein paar Stunden in der Mündung des Fjordes sichtbar war. Auf dem alten Ruheplatze trafen wir mit von Yhlen zusammen, der mittlerweile dort hingekommen, worauf wir uns Alle an Bord begaben."

Wir kehren nunmehr zur Slupe zurück, wo wir sie verlassen, nämlich in dem Sunde zwischen den Norwegischen Inseln. Erst gegen Mittag nahm man Hackluyt's Headland im Südosten wahr, und die Slupe richtete ihren Lauf nach Süden. Der Wind wehte ziemlich frisch aus Ostnordost, aber der Gegenstrom wurde immer stärker, so daß das Schiff weiter in See gehen mußte. Die Luft wurde nebelig, ein Sprühregen hüllte die ganze Landschaft ein und der Wind hörte vollkommen auf. Wir lagen nun ungefähr acht englische Meilen vom Lande entfernt in blauem Wasser, unsere „Arche" stampfte und rollte bei der starken westlichen Dünung, die nassen Segel hingen schlaff herab oder flatterten dann und wann in dem leichten Ostwinde, der uns nur wenig vorwärts-, während die Strömung uns oft lange Zeit hindurch zurückbrachte. Solche Stunden sind an Bord nicht sehr angenehm; und wenn nicht einmal die Cajüte gegen den durch das Skylight eindringenden Regen geschützt ist, und der Geruch des Thranes, der Skelete und des

Bodenwassers die Luft verpestet, so ist es am besten, sich in seiner Koje dem Schlafe zu überlassen.

So blieben wir beinahe 24 Stunden auf derselben Stelle, bis endlich am Vormittage des 26. eine nordöstliche labere Brise die Luft zu reinigen und das Segel zu füllen begann. Die Dünung hörte auf, mit ihr das Stampfen der Magdalena, und wir konnten unsere Fahrt fortsetzen.

Wir passirten bald die Kobbe-Bai und South Gat, den Sund zwischen der Dänischen Insel und dem festen Lande, waren am Abende vor Magdalena-Hook und steuerten in den längst ersehnten Hafen. Es dauerte aber nicht lange, so trat wieder vollkommene Windstille ein. Die Bugsirboote wurden ausgesetzt, aber das Wasser strömte aus der Bucht hinaus, so daß wir wenig ausrichteten und daher am Abend mitten in der Oeffnung der Magdalenen-Bai auf zwölf Faden Tiefe Anker warfen. Am folgenden Tage wurde sie dann zu einem bessern Ankerplatz bugsirt, den Kuylenstjerna am nördlichen Ufer, dem westlichsten der Gletscher, welche auf der Südseite des Fjordes herabstürzen, gerade gegenüber gewählt hatte. Das Jagdboot ging sofort unter von Yhlen's Führung in das Innere der Bucht ab. Er besuchte die erwähnte Sandbank, auf welcher das Jahr zuvor zweihundert Walrosse erlegt worden waren, und traf hier mit Blomstrand und dessen Gesellschaft zusammen.

Die Magdalenen-Bai, unter 79° 34′ 11″ nördl. Br. und 11° 14′ 52″ östl. L. belegen — die Steinpyramide an der Gräberspitze als Standpunkt genommen —, ist ungefähr sechs englische Meilen lang und an ihrer Oeffnung vier, im Innern aber zwei Meilen breit. Der beste Ankerplatz ist der erwähnte englische Hafen, mit gutem Thon- und Sandboden auf neunzehn bis vier Faden Tiefe. Vor der Spitze des Sandriffs liegen zwei Klippen, welche bei niedrigem Wasserstande trocken sind, mitten in der Bucht aber eine Schär, Vogelö genannt. Von dem Bergzuge, welcher im Norden den Einlauf der Bucht begrenzt, tritt ein kleines Vorgebirge heraus, das sich in einer von Westen nach Süden gehenden Untiefe fortsetzt. Eine halbe englische Meile gerade im Norden von Magdalena-Hook, der westlichsten Spitze des Südufers, liegen drei kleine Klippen. Im Uebrigen ist das Fahrwasser frei von Schären, und die durchschnittliche Tiefe am Lande beträgt zehn bis sechsundzwanzig, weiter nach dem Gletscher am Ende der Bik aber bis achtzig Faden.

Der Fjord ist vorzugsweise bekannt von Buchan's und Franklin's Aufenthalt daselbst im Jahre 1818 und dem der französischen Expedition unter Gaimard 1839. Wir waren während der beiden Tage unserer Anwesenheit von dem herrlichsten Wetter begünstigt; es war ruhig und klar; die Temperatur stieg bis +11° C., sank aber in den Nächten, wenn die Sonne hinter die Berge trat, auf +5° C. Die Jagd- und Dreggboote hatten gleichwohl geringen Erfolg; auf dem vorherrschenden Steinboden fand man nichts Außergewöhnliches, und der feine Thon von den tiefsten Stellen erwies sich als sehr arm. Besser fiel ein Versuch mit dem Fischernetze aus, den von Yhlen machte; die großen schönen Gründlinge, welche er an Bord brachte, benahmen uns die langgehegte Vorstellung von der Armuth dieser Gewässer an Fischen. Das Land und die Berge gaben reichlich Gelegenheit zu interessanten Ausflügen, von denen nur eine Bergbesteigung genannt werden mag, welche Blomstrand in Gemeinschaft mit Smitt und Dunér unternahm. Er hatte bei einer früheren Excursion sich zuvörderst mit der ganzen Situation und dem Wege, auf welchem man allein die Spitze des hohen Magdalena-Hook-Berges — unter welchem wir vor Anker lagen — erreichen konnte, bekannt gemacht. Nachdem sie den erwähnten mächtigen Strandwall und das Plateau dahinter passirt hatten, bestiegen sie den eigentlichen Berg, erst über Gerölle, sodann aber in einer schmaleren Spalte, auf beiden Seiten von senkrecht aufsteigenden, wilden Bergwänden eingeschlossen, in welcher sie bis zur Spitze des Berges gelangten.

In fünfzehnhundert Fuß Höhe wird der Granit von einer ungefähr dreihundert Fuß mächtigen Schicht krystallinischen Kalkgesteins durchsetzt. Der Granit war überall zerbrochen und zersprengt, der Kalk dagegen weniger angegriffen, weshalb man auch in dem Gerölle am Fuße des Berges selten einen Kalksteinblock antrifft. Die Spitze des Berges wird von einem kleinen, ziemlich ebenen, etwas nach Westen abfallenden Plateau gebildet, das im Norden und Süden, wo der Aneroidbarometer eine Höhe von 2,310 Fuß angab, ungefähr 24 Fuß breit ist. Einen Theil dieses Plateaus nahm eine kleine niedrige Schneebank ein, im Uebrigen war es, wie fast der ganze Felsabhang, auf welchem die Besteigung erfolgte, vollkommen schneefrei und von einer Schicht loser Steine bedeckt. Dieses fand sogar bei den anderen dreien, so gut wie senkrecht abstürzenden, Bergseiten Statt, welche namentlich höher hinauf einer äußerst starken Zersprengung und Zersplitterung ausgesetzt schienen.

Die Aussicht von oben war großartig und gewaltig. Im Süden, auf der andern Seite des Fjordes, breitet sich eine zusammenhängende Eismasse aus, aus welcher kesselförmig gruppirte, zackige Granitrücken, nach Art der Zäune auf einer schneebedeckten Ebene, hervorragen. Die fernsten erheben sich nur noch mit ihren Spitzen über den weißen Grund, während die näheren, durch größere oder kleinere Zwischenräume von einander getrennt, nach dem Fjorde abstürzen und die Eismassen — welche dem Beschauer unten nur in deren einzelnen Abflüssen, den Gletschern, sichtbar werden — begrenzen. Mitten über der Eis- und Gebirgsmasse, zur Linken von der höchsten Bergspitze, schimmert ein Streifen des tiefblauen Meeres, dahinter aber die prachtvolle Reihe der Bergspitzen von Prinz Charles Vorland herüber.

Nach Südosten zu bildet die Tiefe des Fjordes die Hauptsache. Wie eine Karte liegt er vor dem Auge des Beschauers da. Nur die Berge, welche den Endgletscher der Bucht umstehen, offenbaren denselben Charakter wie die eben beschriebenen; die dahinter liegenden deuten durch ihre Gestaltung wie die im Sonnenscheine deutlich hervortretende rothe Farbe auf eine ganz andere Formation hin. Diejenigen Berge, welche im Norden den Fjord begrenzen und den Vordergrund bilden, haben, obwohl sie der Granitformation angehören, ein von den Bergen im Süden ganz verschiedenes Aussehen, indem die Pyramidenform vorherrscht und die Kesselgestalt nur nebenbei auftritt. Von mehreren der niedrigen Bergrücken, welche von der Höhe, darauf wir uns befinden, nach dem Innern des Fjordes fortlaufen, steigen nach beiden Seiten Gletscher herab, für welche die Bezeichnung als „Sattelgletscher" vortrefflich paßt.

Die vielleicht reichste und mannigfaltigste Aussicht bietet die Höhe nach Osten und Nordosten dar: ein vollkommenes Chaos von Rücken und zackigen Kämmen, verbunden, oder von einander getrennt, je nachdem man es will, von weiten nach allen Richtungen herabhängenden Eisfeldern. Rothe und hellgelbe Berge nehmen den ganzen Hintergrund des Gemäldes ein. Im Norden zieht sich zuletzt der Archipel des Nordwestlandes hin, dessen mehr kuppenförmige Berghäupter sich wesentlich von den wilden charakteristischen Formen des Granits unterscheiden, bis zuletzt der Blick auf der endlosen Wasserfläche des Meeres ausruht, nur hier und da von einem schneeweißen Bande unterbrochen, auf welchem das freundliche Licht der Mitternachtssonne gleichsam concentrirt erscheint, während das Meer in seiner unmittelbaren Nähe doppelt dunkel und unheimlich blickt.

Wir errichteten auf dem Berge einen zehn Fuß hohen Varde, welcher unten drei Ellen im Durchmesser hatte, und legten zu oberst zwischen einige flache Steine ein Stück Papier mit unseren Namen, Datum und Jahreszahl.

Auf den Abhängen des Berges hatten wir die beste Gelegenheit, eine Menge von Pflanzen zu sammeln, von denen viele nur unmittelbar unterhalb des obersten Plateaus, also in einer Höhe von 2,500 Fuß über dem Meere, wuchsen, so z. B. Cochlearia fenestrata, Cerastium alpinum, Luzula hyperborea und einige Arten Saxifragen. Weiter unten, besonders wo das lose Geröll nicht hindernd in den Weg trat, befanden sich zwischen den Steinblöcken kleine weiche Teppiche von der Polarweide, Alsine biflora und verschiedenen Gräsern. Aus dem Gerölle erhob sich, bisweilen fußhoch, die seltene Saxifraga hieraciifolia und Pedicularis hirsuta mit ihren röthlichen Blumenähren, abwechselnd mit gelben Ranunkeln und der hochrothen, zarten Silene acaulis. Die mächtig treibende Sonne des hohen Nordens hatte manche Blume bereits verblühen und welken lassen, aber auch mehrere Draben und die hier seltene Arabis alpina zur Blüthe gebracht und die Frucht entwickelt; eine Mahnung für uns, daß der Herbst nahe sei. Hoch oben wuchs Erigeron uniflorus, die schöne Pflanze, welche zwischen Moos und Gras ihre purpurfarbigen, innen gelben Blüthen — von denen nur erst wenige aufgebrochen — verbarg, woraus wir entnehmen konnten, daß die Sonne noch lange nicht ihr Werk für diesen Sommer vollendet hatte.

Der Schnee auf dem Plateau befand sich in dem Zustande der Auflösung; von der Spitze des Berges bis zu seinem Fuße rannen und murmelten kleine Rinnsale, oft von einem lebhaften, aus Moos, Saxifraga rivularis, Stellaria Eduardsi und ein paar Arten Poa gebildeten grünen Saume eingefaßt. Es verdient Beachtung, daß die Vegetation mit der Höhe über dem Meere nur sehr unbedeutend abnahm, so daß alle Pflanzen, welche in der Nähe des Meeresstrandes wuchsen, auch noch bei 2,000 Fuß Höhe vorkamen. Das anhaltende Sonnenlicht und der geringe Unterschied in der Temperatur ist offenbar der Grund für diese Erscheinung. Daher erscheint es ganz ungeeignet, hier von einer Schneegrenze zu reden, obwohl man sonst gewöhnlich annimmt, daß sie bis zum Niveau des Meeres reiche.

Die großen Granitblöcke und Steinfragmente, welche den eigenthümlichen Strandwall bilden, von dem die Gebirge an der Meeresküste beinahe überall begrenzt werden, ist mit der üppigsten Vegetation von Moosen und Flechten bedeckt. Der graue, oft sechs Zoll dicke Teppich besteht zum größten Theile aus Flechten: Sphaerophoron fragile und Cladonia gracilis, Stereocaulon paschale, Cetraria islandica (isländisch Moos), Bryopogon jubatum, Alectoria thulensis, Umbilicaria arctica, Solorina crocea und vielen anderen. Von Mosen fand man: Racomitrium lanuginosum mit neun Zoll langen Stengeln, Encalypta rhaptocarpa, Gymnomitrien und Bryen, Polytrichum alpinum und Dicranum fuscescens u. s. w., welche sämmtlich bereits Körner ansetzten. — —

Kuylenstjerna hatte während unseres Ausfluges auf dem Gräbervorsprunge einen Varde errichtet und darin Nachrichten für Torell niedergelegt.

Den 29., bei dem herrlichsten Wetter, wanden wir den Anker herauf. Eine Wolkenbank im Westen zeigte, daß auf dem Meere ein frischer Wind wehe, während bei uns in der Vik vollständige Windstille herrschte; wir kamen indessen mit Hülfe der Strömung und der Bugsirboote doch heraus. Hier blies eine labere, nördliche Brise, wir hatten eine gute Fahrt und befanden uns bald mitten vor den „Sieben Eisbergen", wo Blomstrand an's Land ging. Gegen Abend hörte der Wind auf; die Magdalena trieb hierhin und dorthin und stampfte bei der aus Westen kommenden starken Dünung.

Die „Sieben Eisberge", wie die Karten die Küstenstrecke zwischen der Magdalenen- und Croß-Bai bezeichnen, bilden eine einzige Reihe der gewaltigsten Gletscher, von denen einer mindestens eine halbe Meile breit ist. Man kann eigentlich sagen, das ganze Land sei mit Eis bedeckt, aus welchem nur hier und da einzelne Bergspitzen aufragen.

Wir nahmen unsern Weg längs einem dieser Gletscher gegen eine der besonders in's Auge fallenden Bergspitzen hin, welche nach unserer Ansicht die Hamburger Bai begrenzte. Wir fanden indessen später, daß es das bekannte Cap Mitra, die Bischofsmütze sei — nach seiner eigenthümlichen Doppelspitze so benannt —, welche Scoresby, der nur wenige Male hier an's Land gegangen, bestiegen hat. Wie er erzählt, mußte er sich oben, um sich zu halten, auf den Bergkamm wie ein Reiter setzen. Die unbedeutende Bucht, welche von dieser Bergspitze im Süden und dem großen Gletscher im Norden gebildet wird, blieb schließlich das Ziel für Blomstrand's Excursion, auch wurden die ringsum belegenen Berge näher in Augenschein genommen.

Das aus sehr charakteristischen Gneis- und Glimmerschieferbildungen bestehende Gestein gab zu erkennen, daß wir über die eigentliche Granitregion, von welcher man annehmen kann, daß sie gleich südlich von der Magdalenen-Bai aufhöre, schon hinaus waren. Irgend eine bestimmte Grenze kann man zwischen den beiden Bildungen indessen nicht ziehen, denn schon auf Amsterdam-Eiland und der Dänen-Insel beginnt der Granit eine mehr oder weniger gneisartige Structur anzunehmen. Die Form der Berge ist indessen von derjenigen des eigentlichen granitischen Gebietes sehr verschieden; die Berge treten weniger isolirt auf, langgestreckte Gebirgsrücken kommen häufiger vor, während die Kesselform mehr zurücktritt. Die Gebirgskämme sind nicht mehr so wild zerrissen, und das verhältnißmäßig viel geringere Steingerölle am Fuße der Berge giebt zu erkennen, daß der Gneis und die ähnlichen Gebirgsarten dem Einflusse des Frostes und der Kälte besser zu widerstehen vermögen.

Im Anschlusse hieran dürfen wir wohl noch Einiges über die Hauptform der Granitbildung, welche kurz vorher als Kesselform charakterisirt ist, mittheilen. Man hat darunter eine größere isolirte, schalenartig ausgehöhlte Bergmasse zu verstehen, mit zacken- und cirkelförmig gestellten Bergwänden, welche nur an einer Seite geöffnet sind, um dem in dem Kessel angesammelten Eise einen Ausfluß zu gestatten. Beim flüchtigen Anblick erinnern diese Bergformen unwillkürlich an eine Kraterbildung, und es ist nicht eben schwer, Gründe für ihren vulkanischen Ursprung zu entwickeln, so unberechtigt diese Annahme auch bei einer näheren Untersuchung erscheinen muß. Bei dem schönen kesselförmigen Berge bei Foul

Point bestand nämlich sowohl die Moräne, welche von dem Gletscher aus dem Innern kam, als auch der größere Theil des davor auf dem Flachlande befindlichen Gerölles, so gut wie ausschließlich, aus einem feinkörnigen grauen Granit, während die umgebenden Felswände aus Gneis und schieferartigem Gestein gebildet waren. Man fand sich versucht, anzunehmen, es habe hier einmal eine mächtige Graniteruption stattgehabt. Es muß aber offenbar das Auftreten der verschiedenen Gesteine als ganz zufällig angesehen werden. Die Erscheinung beruht auf dem zerstörenden Einflusse des Eises und des Frostes, welchem das schieferartige Gestein eine größere Widerstandskraft entgegen zu setzen vermag. Eine zufällige Aushöhlung des Berges ist die Veranlassung gewesen, daß

Küste des festen Landes bei der Smeerenberg-Bai. Granit.

sich darin ein Gletscher gebildet hat, und infolge dessen die Kesselform. Aehnliche Kesselberge kommen übrigens sehr häufig vor, nicht blos bei der Magdalenen-, sondern auch der Smeerenberg-Bai, auf dem festen Lande gerade über der Norwegischen Insel, auch an der Westseite der Grey-Hooks-Kette bei der Liefde-Bai und, wie schon früher erwähnt, tief am Ende des westlichen Armes der Wijde-Bai, so daß es den Anschein hat, es sei nicht einmal der Granit eine nothwendige Voraussetzung für das Vorkommen von dergleichen Formen. —

Am folgenden Tage, den 30. Juli, lag das Schiff noch auf derselben Stelle, und erst gegen Abend begann eine Brise aus Südwesten unsere Segel zu füllen. Obwohl wir also Gegenwind hatten, waren wir doch mit der Beendigung der unsere Geduld auf die Probe stellenden Windstille einverstanden.

Endlich, am 31. Juli, wehte ein mehr gleichmäßiger, nördlicher Wind. Wir umsegelten Abends das rothe, eigenthümlich gebildete Vorgebirge Mock-Hook, welches im Norden die Mündung der Croß-Bai, darin wir nunmehr einfuhren, begrenzte. Die aus der Bucht kommende starke Strömung nöthigte uns, am Abend bei dem nördlichen Ufer Anker zu werfen.

## Vierzehntes Kapitel.

### Croß- und Kings-Bai.

Sobald der Anker gefallen, waren wir zu neuer Arbeit bereit. Das Boot wurde hinabgelassen und wir begaben uns mit Büchse und Mappe an's Land, um wieder eine unbekannte Küste zu betreten, über Steinfelder zu klettern und ein paar Blumen zu pflücken. Die Flora war nicht reicher als in der Treurenberg-Bucht, aber der Eifer und die Lust, etwas zu sammeln, durch die unfreiwillige Muße der letzten drei Tage bedeutend geschärft.

Gleich über dem Strande, einer senkrechten, fünfzig Fuß hohen Bergwand, erhebt sich das Land zu einem mit kleinen, scharfkantigen Steinen bedeckten Plateau, wie es überall, wo ein hartes Schiefergestein vorherrscht, der Fall ist. Während unserer Wanderung kamen wir zu einer größeren, von Südwesten nach Nordosten gehenden Kluft, wo wir die geologischen Verhältnisse leichter untersuchen konnten. Auf der Nordwestseite dieser Kluft lag zuoberst eine Schicht von Kalk, darunter wechselten Quarzit mit Thonschieferlagen ab. In den letzteren zeigten sich eigenthümliche Grotten, welche einen Zug von Poesie in dieses im Uebrigen so prosaische Steinmeer brachten. Wir traten in eine derselben ein, über eine Schneewehe, durch ein drei Klafter hohes Thor schreitend, vor Kälte schauernd. Drinnen brach sich das Tageslicht an den Eiskrystallen, womit die dunkeln, feuchten Wände bedeckt waren, in wechselnden Farben. Weiter nach innen im Halblichte zeigten sich stalagmitenartige Eisbildungen, und wir standen eine Weile bewundernd vor den regelmäßigen, seltsamen Gestaltungen. Draußen herrschte der tiefste Frieden der hellen Sommernacht; von einem Thierleben ließ sich nicht das Geringste spüren.

Auf der Rückfahrt lächelte uns das Glück, da wir hier zum ersten Male in Spitzbergen auf das Schlangengras — Cystopteris fragilis — stießen. Es war ein interessanter Fund. Aber trotz aller unserer Aufmerksamkeit gelang es uns doch nur zwei kleine Exemplare zu entdecken. Mittlerweile war es Mitternacht geworden; Magdalena hatte ihre Flagge an dem Topmast aufgehißt: — also an Bord! — und bald lagen wir Alle in tiefem Schlafe.

Wir fuhren weiter, in der Absicht bei dem niedrigen Vorsprunge am Strandwalle einen sichern Ankerplatz zu suchen, aber der Wind war schwach und das Bugsiren brachte uns erst am Morgen des 1. August zu der erwünschten Stelle. Wir warfen auf 2½ Faden Tiefe, und zwar auf moorigem Grunde Anker. Der Vorsprung besteht aus einem ungefähr vier Fuß hohen, aus Steinen und Gerölle gebildeten Riffe, welches eine ziemlich große und zwei Faden tiefe Lagune einschließt, zu der man von Norden durch eine enge Oeffnung gelangt. Ihr Boden trägt eine ungewöhnliche Menge von Algen, zwischen denen viele Kroppfische leben, nebst ein paar Arten Schnecken, Krebsen und Seesternen. Ganz in der Nähe des südlichen Strandes findet man die Ruinen einer Hütte und daneben einige Gräber. Im Nordosten der Lagune ist der eigentliche Hafen, ein großer, durch das Riff und den flachen Strand gebildeter Halbkreis, aus welchem einzelne Spitzen vortreten. Die nördlichste derselben wurde am Ende des vorigen Jahrhunderts von den Holländern als Begräbnißplatz benutzt. Ihre Lage ist 79° 16′ nördl. Br. und 11° 57′ östl. L.

Erst hinter der Gräberspitze, welche die Aussicht vom Hafen aus fast ganz begrenzt, öffnet sich der eigentliche Fjord, welcher zwar kaum länger als eine schwedische Meile, aber in mehr als einer Hinsicht einer der interessantesten Fjorde ist, welchen wir besucht haben. Wie Wijde-Bai, an welche er in gewissem Sinne erinnert, wird er von einem hohen Gebirgskamme (gewöhnlich Midterhuk genannt) in zwei Arme getheilt, welche von der Richtung des Hauptfjordes wenig abweichen, während von der Midterhuk noch ein kleiner Arm sich nach Osten erstreckt. Diese dreitheilige Gestalt hat dem Fjorde wahrscheinlich die Bezeichnung Croß-Bai oder Kreuzbucht — norwegisch Kryds-Bai — verschafft.

Auf seiner Westseite herrscht ein bröckliger hellgelber Kalkstein

Gletscher in der Croß-Bai.

vor, abwechselnd mit dünnen Schichten eines harten Quarzit. Er tritt meist in mehr oder weniger unregelmäßigen, pyramidalisch gestalteten einzelnen Bergen, mit geradlinigen Contouren auf. Oestlich vom Fjorde sind dagegen Kieselschiefer und krystallinischer Kalk die vorherrschenden Gesteine, welche der Gestaltung der Berge daher auch einen ganz andern Charakter verleihen. Die schwarzen, scharfgepackten Quarzitberge, in langen parallelen Ketten aneinander gereiht, abwechselnd mit helleren, unregelmäßig abgeschliffenen Kalkbergen, geben ein solches Bild des Schichtenwechsels im Großen, wie man es wahrzunehmen selten Gelegenheit haben möchte; zugleich bilden sie mit ihren von allen Abhängen niederhängenden, oder bis zum Meere herabsteigenden Gletschern die prachtvollste Landschaft.

Dieser Reichthum an Gletschern ist es, was der Croß-Bai ihren Hauptreiz verleiht, und sicher würden wenige Punkte auf Spitzbergen eine gleich gute Gelegenheit darbieten, um ihre Phänomene zu studiren. Vor allen ist es der große Gletscher am Ende des nordwestlichen Armes, welcher sich die Aufmerksamkeit des Beschauers erzwingt, lange bevor man ihn zu Gesichte bekommt, und zwar durch die selbst hier unerhört großen Eisblöcke, welche ununterbrochen aus dem Fjorde am Ankerplatze vorbeikommen und ihren Weg nach dem offenen Meere nehmen. In ihrer Höhe von 40 bis 50 Fuß über dem Wasserspiegel und ihrer Länge und Breite von 150 bis 200 Fuß können sie mit Recht als wahrhafte Eisberge bezeichnet werden, mit denen die von den Gletschern in Wijde-Bai, Magdalenen-Bai, den Sieben Eisbergen u. s. w. losgebrochenen Eismassen auch nicht den entferntesten Vergleich aushalten.

Es wurden zwei längere Bootfahrten nach dem Innern des Fjordes unternommen, um womöglich in der Nähe diesen großen Gletscher zu untersuchen. Ueber den ersten, am 2. August von Blomstrand, Dunér und von Yhlen unternommenen Ausflug berichtet einer der Theilnehmer wie folgt:

„Heftige, aus dem Innern des Fjordes kommende Gebirgswinde machten die Fahrt schon an und für sich ziemlich abenteuerlich. Sie wurde es um so mehr, als stellenweise beinahe der ganze Fjord von schwimmendem Gletschereise bedeckt war. Wir passirten es indessen glücklich, obwohl das Boot sich einmal in der großen Gefahr befand, auf einen Eisberg zu rennen, welcher bei der schnellen Fahrt und vom Segel verdeckt unserer Aufmerksamkeit entgangen war. Nicht im Stande, Midterhuk zu erreichen, wohin wir unsern Cours gerichtet hatten, steuerten wir auf gutes Glück nach der östlichen Küste. Die Brandung machte es unmöglich, an Land zu steigen; indem wir aber mit großer Anstrengung längs dem Strande gegen Wind und Wellen ruderten, erreichten wir endlich den nach Osten einschneidenden kleineren Fjordarm, der gegen den Wind geschützt war und nunmehr zu unserm Ziele erwählt wurde. Indem wir uns fast einundzwanzig Stunden in diesem kleinen schönen Fjord mit seinen prächtigen Bergen und zahlreichen Gletschern, welche an die Magdalenen-Bai erinnerten, aufhielten, hatten wir Zeit genug, seine Umgebungen und besonders die Gletscher in Augenschein zu nehmen.

„Von der Höhe des in der Richtung des Fjordarmes fortlaufenden Gebirgsrückens hatten wir einen vortrefflichen Ueberblick. Im Nordwesten lag der große Endgletscher mit seinen gewaltigen Eisbrüchen frei vor unserm Blick; nur daß ein kleiner Theil von dem vortretenden Midterhuksgebirge, welches, obwohl es mit dem festen Lande zusammenhing, oder wenigstens davon durch Wasser nicht getrennt war, von hier gesehen als eine isolirte, in der Richtung des Fjords streichende, bedeutende Gebirgsinsel erschien. Zu unserer Rechten, am Ende des östlichen Fjordarmes, breitete sich eine unerhörte Eisfläche aus, welche weit von Osten her kommend, — wenn auch nach innen zu von den hohen Strandgebirgsketten und nach Norden von den zerstreut aufschießenden Bergspitzen verdeckt — diesem Fjordarm vorbei, im rechten Winkel zu seiner Richtung, sich hinzieht, und, ohne von Midterhuk aufgehalten zu werden, erst weiter im Westen ihren eigentlichen Abfluß hat. Vor unseren Augen liegt unter uns der kleine Fjordarm mit seinen steilen Quarzitbergen und den deutlich erkennbaren Eismassen, welche von dem Endgletscher und dessen schönen Umgebungen kommen. Nach Süden, auf der andern Seite der Höhe, trifft der Blick auf die Berge und Gletscher an der Südseite der Kings-Bai; weiter, zur Rechten von den fernen Bergen des „Vorlandes“, welche aber die Aussicht begrenzen, steigt an der Fjordmündung, von demselben Kalkgebirge, an welchem auch in der Nähe unseres Ankerplatzes ein Gletscher herabhängt, ein anderer mächtiger Gletscher zum Meere hernieder.

„Der Bergrücken, von welchem uns diese Aussicht zu Theil wurde, besteht aus Glimmerschiefer, durchschnitten von breiten

Bändern eines weißen, körnigen Kalks. Unter den Geschieben befanden sich große Blöcke feinkörnigen Granits, welche von weit entfernten Gegenden herrührten und aus jener Zeit stammten, als die Gletscher eine weit größere Ausdehnung als gegenwärtig hatten.

„Um neun Uhr Abends traten wir unsere Rückreise an. Der Wind hatte zwar etwas nachgelassen, war indessen noch immer so stark, daß wir uns seiner nur zur Heimkehr bedienen durften. Wir segelten mit dem guten Ballast und doppelt gerefften Segel vortrefflich, bis wir den östlichen Fjordarm verließen und nun mit den Rudern uns durch die dichten, schwimmenden Gletschereismassen hindurch zu arbeiten gezwungen waren. Wir kamen zwar glücklich davon, doch hätte ein kleines unerwartetes Abenteuer bald schlimme Folgen haben können. Von Yhlen, der es übernommen, an der Spitze des Bootes auszuschauen, ruft plötzlich: „Geschwenkt! Eis dicht vor uns!" Kaum ist dieses gesagt und das Boot demgemäß gelenkt, so werden wir von einem heftigen Stoße überrascht und zugleich von einem Sturzregen überschüttet. Eine gewaltige Schwanzflosse, die dicht an unserm Boote ein paar Augenblicke in der Luft erschien, ließ uns über den Grund dieser Erscheinung nicht lange im Unklaren. Ein großer Weißwal (je älter, desto heller wird er) hatte wahrscheinlich im Wasser geschlafen, und wir waren — Dank von Yhlen's Aufmerksamkeit — der unmittelbaren Berührung mit ihm zwar entgangen, ihm aber doch schon nahe genug gekommen, um ihn in seinem behaglichen Schlummer zu stören. Hätte der Wal bei seinem plötzlichen Sprung in die Tiefe sich nur einige Zoll dem Boote näher befunden, so würden wir ihm vielleicht sämmtlich Gesellschaft geleistet haben. Aber die Gefahr war mit ihrem Eintritt auch vorbei, und das kleine Abenteuer bildete nur eine neue Episode in dieser in vielen Beziehungen so interessanten Excursion, bei welcher es uns freilich nicht gelungen war, den großen Fjordarm zu erreichen und zu untersuchen.

„Bei einem neuen Ausfluge am folgenden Sonntagsabend konnten wir wenigstens bis zur Midterhuk und dem nordöstlichen Hauptarme gelangen, aber Wind und Eis hinderten uns auch diesesmal an der Erreichung des großen Armes.

„Zufällig besuchten wir noch einmal den früheren Lagerplatz in dem kleineren Fjordarme. Während unseres dortigen Aufenthaltes, welcher eigentlich nur auf ein paar Stunden berechnet war, hatten wir sogar die Verwegenheit, das von einem Gletscherbache gebildete Eisthor eines bis zum Meere niedersteigenden Gletschers zu besuchen, — ein allerdings lange gehegter Plan — um hier in größter Nähe die so interessanten Phänomene zu studiren. Ich brauche kaum zu sagen, daß die Situation auf einem brausenden Strome unter einer Eiswölbung eigenthümlich genug war. Der Versuch lief indessen glücklich ab. Eine Weile nachdem wir aus dieser Eisgrotte zurückgekehrt, setzte eine von dem Gletscher herabstürzende Eismasse das Wasser des Fjordes in solche Bewegung, daß unser Boot, obwohl weit auf das Land gezogen, beinahe verloren ging. In der That eine ernste Mahnung!

„Der nordöstliche Fjordarm endigte mit so flachem Wasser, daß wir den letzten Theil desselben zu Fuß neben den Midterhuksbergen passirten. Der Versuch, sie zu besteigen, um wenigstens von oben einen Blick auf den großen Gletscher zu erhalten, blieb fruchtlos, da überall kleinere Gletscher die Zwischenräume der steilen Felsabhänge einnahmen. In einem größeren dieser Gletscher — eigentlich ein nur weit hinabgehender Hänggletscher — gestattete eine eigenthümliche klaffende Spalte ein Ende hinein freien Zugang, bis der Weg von einem Eisblock gehemmt wurde, über welchen ein Bach strömte, der in der engen, auf allen Seiten geschlossenen, dunkelblauen Eiskluft den prachtvollsten Wasserfall bildete.

„Sowohl auf der Hin- als auch der Rückfahrt besuchten wir den am weitesten nach Norden vortretenden Theil der Midterhuk. Es ist eine in vieler Hinsicht interessante Bergspitze. Ihre kühnen Formen würden ein dankbarer Vorwurf für einen Maler sein. Die zahllosen Vogelschaaren, welche in den senkrechten Felswänden brüteten, — der Vogelberg bei Flat-Hook erschien im Vergleich mit ihm ganz unbedeutend — verfehlten nicht die Augen der Zoologen zu bezaubern; aber auch der Botaniker fand schließlich sich zufrieden gestellt durch die unglaublich reiche und saftige Vegetation, welche die Abhänge vor den Vogelcolonien bedeckte, wo auch der Landwirth — wenn es dessen heutzutage noch bedürfte — den bedeutenden Nutzen des Vogelguanos kennen lernen könnte. Außer ihrer in der That erstaunlichen Ueppigkeit bot hier die Vegetation noch manches Andere von speciellem Interesse, zum Beispiel die für Spitzbergen neue Pflanze Ranunculus arcticus."

Obwohl alle Versuche, den großen Gletscher in der Croß-Bai zu erreichen, fehlschlugen, so ist er, als vor allen hervorragend, doch so oft genannt worden, daß wir nothwendig seine, im Vergleich mit den anderen von uns besuchten spitzbergischen Gletschern eigenthümlichen Verhältnisse zu erklären uns bemühen müssen. Man möchte den Grund für die gewaltigen Dimensionen der losgebrochenen Eisstücke einfach darin finden, daß der Gletscher überhaupt größer als gewöhnlich ist und demgemäß auch die in's Meer niederfließende Eismasse. Ein Blick auf die Karte zeigt indessen sofort, daß nach der Croß-Bai durchaus nicht so große Eisfelder ihre Abflüsse niedersenden als anderswo, zum Beispiel nach der Wijde-Bai. Der Grund kann also nur in der größeren Tiefe des Fjordes, in welchen der Gletscher mündet, gefunden werden. Ueberhaupt darf man annehmen, daß auf Spitzbergen von den großen im Meere endenden Eisfeldern die bei Weitem meisten auf dem Meeresgrunde, also auf fester Unterlage ruhen, weshalb für gewöhnlich auch immer nur kleinere Stücke losbrechen. Ist dagegen das Wasser so tief, daß er nicht bis zum Grunde reicht, sondern gleichsam auf dem Wasser schwimmt, so können auch viel größere Eismassen mit einem Male abbrechen. Daher die gewaltigen Eisberge, welche aus den tiefen Fjorden Grönlands hinaus in's Meer segeln; daher auch die mit ihnen in gewissem Grade zu vergleichenden Eismassen, welche in und vor der Croß-Bai schwammen. Die Tiefe der letzteren bestimmten unsere Zoologen aber auf 250 Faden, was alle anderen uns bekannten Tiefen auf Spitzbergen bei Weitem übersteigt. Wenn man also in diesem Theile des hohen Nordens so selten von Eisbergen redet, so beruht dieses nicht auf der Kleinheit der Gletscher und der geringen Ausdehnung des Binneneises, sondern ganz einfach auf der flacheren Bodengestaltung der Küsten. Die größeren Eismassen der Croß-Bai erreichen wahrscheinlich nie die offene See, indem sie viel zu tief liegen, als daß sie über die Untiefen an den Küsten hinweg könnten. Sie bleiben vielmehr hier zurück in der Gestalt des sogenannten Grundeises.

Früh am Morgen des 8., nach einer kalten Nacht, lichteten wir wieder die Anker. Die schwache Brise aus Nordosten hörte bald auf, es wurden daher die Bugsirboote ausgesetzt. Wir waren aber noch nicht aus dem Hafen gekommen, als wir merkten, daß die Magdalena stille stand, obwohl die Leute in den Booten ihre

Kräfte nicht sparten. Wir waren auf ein Riff, eine flache Steinbank, gerathen, über welcher das Wasser nur sieben Fuß hoch stand. Der Versuch, uns an einem Tau in's tiefere Wasser zu holen, schlug fehl, und die Fluth war noch immer im Fallen. Endlich, gegen elf Uhr Vormittags, begann dieselbe wieder zu steigen, eine halbe Stunde später waren wir flott und bereit unter Segel zu gehen, sobald sich ein Lüftchen erheben werde. So lagen wir bis zum Abende; es erhob sich ein frischer Südwest, der uns trübe Luft und Sprühregen brachte; die Segel wurden aufgezogen und wir lavirten aus der Croß-Bai hinaus. Da aber vom Vorlandssunde aus schwerer Wogengang in die Bucht drang, konnten wir erst um Mitternacht in die Kings-Bai wenden. Der Wind nahm bei anhaltendem Regen mehr und mehr zu, die Segel wurden verringert, und da der Strom aus dem Fjorde kam, so gewannen wir durch Kreuzen nicht viel. Gegen den Morgen hin nahm der Wind ab und am Mittage trat vollständige Stille ein, die uns wieder zum Bugsiren zwang. Erst um vier Uhr Nachmittags kamen wir zum Lande und ließen den Anker an dem Südstrande des Fjordes, hinter einem Sandriff, das eine Lagune umschloß, fallen. Vom Vorlandssunde aus begann der Wind wiederum hohe Wellen in unsern Hafen zu treiben, weshalb wir auch den zweiten Anker auswarfen.

Die Kings-Bai hat ungefähr dieselbe Größe wie die Croß-Bai, und mit dieser dieselbe Mündung. Auch die geologischen Verhältnisse stimmen in der Hauptsache überein, wenn auch die Gruppirung der verschiedenen Bergpartien in Folge der Richtung des Fjordes eine etwas andere ist. Auf der Südseite, näher der offenen See, erheben sich hohe kegelförmige Kalkberge von derselben Art wie am Weststrande der Croß-Bai. Der am weitesten vorspringende ist die den Schiffern wohlbekannte Quad-Hoek. Weiter nach innen folgen schwarze Schieferberge. Die größeren einzelnen Bergmassen sind von einander durch Gletscher und von dem Meere durch ein flaches Band getrennt, welches längs dem Strande um den ganzen Fjord läuft. An der Nordseite erkennt man die parallel laufenden Bergketten des Oststrandes der Croß-Bai, aus welchen, ungefähr in der Mitte des Fjordes, eine hohe Spitze aufragt, an deren Rücken sich ein verhältnißmäßig unbedeutender Fjordarm befindet. Das Ende des Fjordes wird schließlich in seiner ganzen Breite von einem mächtigen Gletscher eingenommen, von dem man sagen kann, daß er durch die niedrige Felskette in der Mitte in zwei getheilt werde, da hinter derselben sich Alles zu einem einzigen Gletscherbette zusammenschließt. Aus diesem erheben sich, ziemlich weit vom Strande, die eigenthümlich gestalteten, isolirten Bergspitzen, welche unter dem Namen „Drei Kronen" die Kings-Bai von Alters her berühmt gemacht haben. Eigentlich ist es eine Gebirgsgruppe, aus welcher die drei Spitzen blos hervorragen und mit ihrer bestimmt ausgeprägten Kegelform dem Ganzen diesen Namen verleihen.

Aus Professor S. Lovén's Tagebuch seiner Reise nach Spitzbergen entnehmen wir folgende, das Innere dieses Fjordes betreffende Aufzeichnungen. Es war am 24. Juli 1837. An dem Nordstrande der Croß-Bai, auf welchem man drei Jahre vorher über tausend Walrosse angetroffen, von denen infolge der Ungeschicktheit der Harpunirer indessen nur dreihundert erlegt wurden, lag der Schoner Enighed (Einigkeit), Capitän Anders Michelsen von Hammerfest, und von ihm aus unternahm man den Ausflug zur Kings-Bai.

„Wir ruderten erst zu einem, vor der Südspitze der Croß-Bai belegenen Holme, auf welchem sich eine Menge Eidervögel befanden. Sie flogen bei unserer Ankunft auf und die Leute plünderten ihre Nester. Darauf ruderten wir längs der Küste. Der Strand — die Fortsetzung des Gebirgsfußes — war etwa 10 bis 12 Fuß hoch, senkte sich ein wenig nach dem Wasser zu und wurde von einer Menge Bäche durchströmt, in deren Nähe etwas Grün und Moos sich befand. Während wir weiter zu der Spitze ruderten, von welcher man das Ende der Kings-Bai sehen kann, ging ich an Land und folgte dem Strande. Der Boden war fast ganz bloß, hier und da standen ein paar Büschel von Draba hirta oder Saxifraga oppositifolia in dem scharfkantigen Geröll, das in der Hauptsache aus einem Conglomerat kleiner Steine bestand, in einen röthlichen Kitt zusammengebacken, aber so locker, daß sie von dem Eise und dem schmelzenden Schnee leicht losgebrochen werden. An manchen Stellen hatte das Eis Geröll und Steine in der Art zusammengehäuft, daß es Menschenwerken glich. Wo der Strand aber breiter, waren von dem Wogenschwall und dem Eise mannigfaltige Höhlen und Kammern gebildet. Wir fuhren darauf mit dem Boote in den Fjord zu dem ersten Holme, einem guten „Dunvär", obwohl es in diesem Sommer mindestens schon zweimal geplündert worden war. Der Eidervogel wohnt stets in großen Colonien, ganz einsam und immer auf Inseln; nur selten findet man in seiner Gesellschaft die Große Möwe oder Raubmöwe — Anser bernicla. Die Meerschwalbe, welche hier so häufig, hält sich gleichfalls allein, und nur ein paar vereinzelte Individuen von Tringa maritima und Phalaropus fulicarius hausen mit ihr. Nähert man sich einem Daunenwehr, so hat man einen sonderbaren Anblick. Auf dem flachen Holme sieht man Hunderte von Gänsen, denn in dieser Zeit haben die Männchen sich von den Weibchen getrennt und leben in großen Schaaren auf dem Wasser. Einige erheben sich, um zu sehen, wer sie beunruhigt, andere bleiben ungestört sitzen, bis man ihnen ganz nahe kommt. Hier aber, wo man sie so oft aufscheucht, war dieses selten der Fall. Wenn das Boot sich näherte, reckten sie ihre Hälse und entfernten sich in ihrem watschelnden Gange. Mit einem Male flog dann die ganze Schaar auf, kreuzte ein paarmal um das Boot und warf sich in die See, während die Große Möwe auf einer vorspringenden Spitze saß und ihr „Gliy" ertönen ließ, bis auch sie davon flog. Unsere „Räuber" sprangen auf den Holm, um zu plündern. Es war traurig, zu sehen, wie arm an Daunen die Gänse waren, welche wir schossen; wo aber in den Nestern nicht mehr als ein oder zwei Eier lagen, hatten sie eine Schnecke, Buccinum glaciale, daneben gelegt. Ich fand mehrere noch ganz warm in den eben verlassenen Nestern.

„Der nächste Holm, zu welchem wir kamen, war höher und bestand aus demselben Conglomerat. Die dem Gletscher zugewandte Seite schien eingestürzt und vielfach zerklüftet. Hier brüteten die Kryckien.

„Unter einer steilen Felswand fanden wir eine geeignete Stelle zum Kochen. Wir besorgten uns Wasser, hingen den Kessel über die Flamme und kochten Vögel und Eier. In unserer Nähe standen Salix polaris, Saxifraga nivalis und hieraciifolia in schönster Pracht, auch Polygonum viviparum mit seinen weißen Blüthenähren. Bald kamen wir wieder zu einem andern Holme, auf welchem nur Meerschwalben und Tringa maritima brüteten. Hier fanden wir zahlreiche Spuren von Rennthieren und Füchsen, auch wuchs hier üppig Saxifraga hirculus mit den schönen goldgelben Blüthen. Als wir auf einem andern Holme landeten, sprang ein Bergfuchs auf, er wurde sofort verfolgt und mit einer

Ladung Vogeldunst, für die Schnepfen bestimmt, erlegt. Es war ein Männchen, in seinem Sommerkleide, mit einzelnen weißen Haaren, und offenbar hierher geschwommen, um die Eier und Jungen der Vögel zu fressen.

„Mit dieser Beute beladen fuhren wir zu der letzten und merkwürdigsten dieser kleinen Inseln. Niedrig auf der Seite wo wir landeten, stieg sie allmählich auf, reich an allerlei Moosen und Büscheln von **Dryas octopetala**, zwischen denen auch ein paar **Phalaropus fulicarius** standen. Ich ging nach ihrer inneren Seite

Im Innern der Kings-Bai.

und hatte plötzlich eine höchst wunderbare Landschaft vor mir. Von dem nach dem Ende des Fjordes und dem Gletscher zu gerichteten eisbedeckten Strande erhob sich der rothbraune, vollkommen bloße Sandsteinboden bis zu einer Gruppe kleiner Felsberge in den kühnsten Formen, bald in senkrechten Wänden, bald in Spitzen oder Kämmen von den seltsamsten Gestaltungen. Ueberall schlossen diese „Diminutivalpen" von 30 bis 40 Fuß Höhe in ihren Thälern kleine Seen ein; aber nirgends fand man die geringste Spur einer Vegetation. Es war eine durchaus neue

Bildung. Der feine braunrothe Sand schloß eine unzählige Menge anderer Gesteine ein: scharfe und abgeschliffene; hoch oben saß sogar einer von der Größe eines Kubikfußes. Es war nicht schwer, einen Punkt zu finden, wo ich im Vordergrunde ein solches Thal, und im Hintergrunde, auf der andern Seite des etwa tausend Fuß breiten Fjordes, den großen Gletscher und das gewaltige Alpengebirge vor mir hatte. Ein majestätischer Anblick!

„Weiter im Hintergrunde erblickt man, wenn der Nebel es gestattet, einige hohe, fast ganz mit Schnee bedeckte Bergspitzen, und weiter im Osten die drei Kronen, wunderbare, pyramidenförmige Berge mit Stufen, bald schneebedeckt, bald senkrecht aufsteigend und in der Sonne gelblich schimmernd. Unten sind sie von steil abfallenden, in Schnee gehüllten Gletschern eingeschlossen. Dem Fjorde näher, fast in der Mitte des Landschaftsbildes, erhebt sich ein Bergklumpen von röthlichem Gestein, mit Schichten, deren Steigung 20 bis 30 Grade beträgt. Er wird auf allen Seiten von einem Gletscher umschlossen, der an Schönheit und Größe kaum seines Gleichen auf Spitzbergen hat, mit einem mindestens zweihundert Fuß hohen Absturz und ausgezeichnet durch seine basaltartigen Sprünge und Klüfte, deren Schatten in’s Grünliche spielen. Vor der senkrechten Eiswand dieses Gletschers befinden sich ungeheure Eisblöcke in den wunderlichsten Formen, welche sich von ihm losgelöst haben, oder mit Donnergekrach von ihm herabgestürzt sind. Rings um diese Blöcke bildet das Buchteneis eine Art Schärenflur, darauf Rugggänse und **Anser bernicla** sich tummeln. In einem der kleinen Teiche auf dem Holme schwamm eine Lumme — **Colymbus septentrionalis.** Sie flog schon in der Ferne auf. Als ich ihr nachschoß, wurde der Knall von dem Gletscher und einem ungeheuren Eisstücke, das sich infolge der Lufterschütterung loslöste und in den Fjord stürzte, erwiedert. Dieser Fall brachte einen solchen Aufruhr des Wassers hervor, daß, trotz des dazwischenliegenden Buchteneises, die Fluth sich wiederholt auf den Strand wälzte; sie sowohl, wie der Schaum, waren röthlich gefärbt von dem braunrothen Thone, daraus der Meeresboden besteht. Nun glaubte ich die Entstehung des Conglomerats und der Sandberge, zwischen welchen ich mich befand, zu erkennen. Wenn der Gletscher „kalbt“ und die Eisberge, einer nach dem andern, niederstürzen, so daß der flache Fjord davon aufgerührt, sie selber aber gewälzt und umgekehrt werden, so daß ihr Fuß nach oben zu stehen kommt und einen Theil des Bodens mit sich nimmt, dann schwimmen sie nach dem Holme und legen hier ihre Ladung nieder. Der Holm ist daher nichts Anderes als eine zum Gletscher gehörige, wenn auch etwas abgelegene Sandmoräne. Der feine rothe Schlamm, der Grus und das Gerölle bilden erst eine lockere Masse; wenn sie aber von dem schmelzenden Schnee getränkt und geebnet worden, wird sie allmählich fester und härter, und zuletzt zu einer Art Conglomerat, daraus hier überall die Holme bestehen.

„Während meiner Wanderung zum Boote stieß ich in einer Strandbucht auf zwei Exemplare von Anser segetum. Im Boote lagen schon Alle im Schlafe; auch ich legte mich nieder. Wir wurden aber bald wieder vom Lappen Samuel geweckt, welcher bemerkte, daß wir im Begriff waren von dem Eise eingeschlossen zu werden, das sich von dem nordöstlichen Strande — wo es bei unserer Hinfahrt in einem breiten Bande zwei Inseln umschloß — losgelöst hatte. Wir mußten daher zu einem andern Holme rudern, den wir vorher nicht besucht hatten. Hier zündeten die Leute Feuer an, um zu kochen, während ich und Michelsen uns noch ein wenig auf's Ohr legten. Aber auch hier wurden wir bald vom Eise eingeschlossen, das sich rings um uns packte, und wir mußten mehrere Stunden warten, bis es weiter trieb. Das Eis war von einem starken nordöstlichen Winde, der nun zum Sturme anwuchs, losgerissen worden. Sobald es daher die Lage desselben gestattete, begannen wir so weit als möglich unter Land zu rudern, um einen Hafen zu finden, und erreichten mit angestrengter Arbeit einen solchen in der That. Hier blieben wir einige Stunden, bis es stiller wurde, und kehrten dann rudernd zu unserm Schiffe zurück.“ — —

Wir nehmen unsere eigenen Fahrten wieder auf. —

Im Sandsteine auf dem flachen Südstrande fand Blomstrand ein nicht unbedeutendes Steinkohlenlager, welches zugleich mit den im Sandstein befindlichen Abdrücken von Blättern und anderen Pflanzentheilen offenbart, daß es in der Geschichte unseres Erdballs einst eine Zeit gegeben hat, wo schattige Wälder, die wahrscheinlich aus einer Art von Ahornbäumen bestanden haben, überall die Thäler und Abhänge bedeckten, während dieselben jetzt entweder ganz und gar von mächtigen Eismassen eingenommen werden, oder als einzigen Repräsentanten der Baumwelt die längs dem Boden kriechende zollhohe Polarweide aufzuweisen haben.

Indem wir verschiedene andere Ausflüge übergehen, wollen wir nur noch der Umgebungen des oben genannten kleineren Fjordarmes Erwähnung thun, woselbst man sich in dem Gebiete des krystallinischen Kalkes befindet, der in der Gestalt eines blaugrauen oder ziegelrothen Marmors auftritt, aus welchem z. B. die große Bergspitze — dahinter die kleine Bucht — in ihrer ganzen Masse besteht. Man hatte hier die beste Gelegenheit, die beim Kalk so oft hervortretende Neigung, Grotten und Höhlungen zu bilden, — wenn auch in viel geringerem Grade als bei den berühmten Kalkgrottenbildungen im südlichen Europa — zu beobachten. Eine solche schon von Scoresby beschriebene Grotte befindet sich an der Außenseite der erwähnten Bergspitze. Wohl sind die Dimensionen weit geringer, als er sie angiebt, — die Länge beträgt 63, die Breite 40, die Höhe des Gewölbes 13 und die Tiefe des Wassers 12 Fuß — doch ist sie immerhin interessant genug. Besonders war die Aussicht über den Fjord und die dahinter liegenden Gebirge, eingefaßt in den Felsrahmen der Grottenöffnung, von eigenthümlichem Zauber. Fahren wir mit einem Boote weiter in die Bucht, so treffen wir eine Reihe von Höhlen an, eine immer sonderbarer wie die andere. Ausgezeichnet ist namentlich eine größere Grotte, von ungefähr derselben Größe wie die oben erwähnte, mit einer runden Oeffnung in dem Gewölbe, wodurch, besonders bei starkem Sonnenlichte, der Contrast des durchsichtigen smaragdgrünen Wassers in der Höhle und der hochrothen Felsmassen, welche in schweren, phantastischen Draperien über den durch einen vorspringenden Bogen zum Theil verdeckten Eingang niederhangen, von einer großartigen Wirkung ist.

Auf der andern Seite der Bucht, wo ein weites Hügelland das eigentliche Gebirge vom Meere trennt, trafen wir auf neue Beweise von dem Vorhandensein des Grottenkalkes. Es ist bekanntlich eine keineswegs seltene Erscheinung in solchen Gegenden, daß die Flüsse sich einen Weg unter der Erde suchen und oft spurlos auf einer Stelle verschwinden, um auf einer andern wieder eben so plötzlich zu Tage zu treten. Dies zu beobachten hat man hier die beste Gelegenheit, indem die Ströme theils unmittelbar aus dem Massiv der Berge, theils aus kleinen, dicht am Strande belegenen Lagunen kommen, ohne daß man sieht, woher sie ihre

Scoresby's Grotte.

Zuflüsse erhalten. Ein solcher kleiner See, welcher durch eine Sandbank kaum einen Büchsenschuß weit vom Meere liegt, speist einen schäumenden Elf. Nur die Luftblasen, welche von dem Boden des kleinen Landsees ununterbrochen aufsteigen, deuten darauf hin, daß das abfließende Wasser in irgend einer Weise ersetzt wird. Auf einer andern Stelle strömt ein Fluß brausend aus einer unbedeutenden Erhöhung. Ein Ende weiter nach oben wird die Wassermenge immer geringer, bis schließlich das Gerölle, womit der Abhang bedeckt ist, vollkommen trocken daliegt. Es ist also gerade umgekehrt, als es sonst zu sein pflegt, wenn man ein fließendes Gewässer allmählich im Sande verrinnen sieht. Ein dritter Elf wird durch seine malerische Umgebung interessant. Er strömt auf der

Westseite der Kings-Bai.

hier ziemlich hohen, senkrechten Strandklippe unmittelbar in das Meer, in zweien schönen Kaskaden, deren weiße Bänder sich schon aus der Ferne lebhaft von den dunkeln, mit Flechten bedeckten Felsen abheben. Besteigen wir nun das Bergplateau, so sind wir überrascht zu sehen, daß die Ströme ihren Ursprung fast unmittelbar an derjenigen Stelle der Felswand haben, wo sie niederstürzen, nämlich aus einem kleinen, rings von steilen Felsen umgebenen Bassin. Es muß schon eine Quelle mit starken Zuflüssen sein, welche so bedeutende Wassermassen liefert. Denn außer den beiden erwähnten Armen, welche in's Meer stürzen, verliert sich noch ein dritter in einem runden Loche des Kalkgesteins und sucht auf diesem Wege weniger bemerkt abzufließen. — —

Theils ungünstiger Wind, theils Windstille hielten uns noch immer zurück. Es verging ein Tag nach dem andern, ohne daß etwas Sonderliches ausgerichtet werden konnte; die Zeit verstrich uns ohne Nutzen, und den Jägern, die nach besseren Jagdplätzen verlangten, wurde sie sogar lang. Es wurde daher beschlossen, daß Blomstrand und von Yhlen der Magdalena voraus nach dem Eisfjord, unserm nächsten Reiseziele, gehen sollten, indem von Yhlen, der seiner Privatinteressen halber der Expedition nicht weiter folgen konnte, hoffte, dort einen Schiffer zu treffen, mit welchem er vor dem Ende des August nach Norwegen zurückkehren könnte.

## Fünfzehntes Kapitel.

### Der Eisfjord.

Die Jagdboote waren bald ausgerüstet und den 21. August fuhr man ab. Ueber diese Excursion schreibt Blomstrand:

„Nachdem wir während eines immer dichter werdenden Nebels und nach langem Rudern aus der Kings-Bai gekommen, begann ein günstiger Wind zu wehen, das Segel wurde aufgezogen und die Fahrt ging schneller von Statten, als sich mit einem genaueren geognostischen Studium des Landes vereinigen ließ. Wir erreichten in Kurzem die Englische Bai. Da aber der Wind gut und das Verlangen, endlich vorwärts zu kommen, groß war, steuerten wir weiter. Trotz der Entfernung nahmen wir einen breiten rothen Streifen oben an den Bergen in der Nähe der Bucht wahr, welcher zu erkennen gab, daß der rothe Sandstein auch hier noch immer vorkomme.

„In demselben Verhältniß als der Nebel dichter, wurde der Wind frischer; wir durchstrichen in hastiger Fahrt den Vorlandssund, indem wir uns bald dem einen bald dem andern Ufer näherten, ohne indessen vor Regen und Nebel etwas deutlich zu erkennen. Die Strandflächen, welche die Berge von dem Meere trennen, schienen, je weiter wir nach Süden kamen, immer breiter zu werden. Es springen die niedrigen Ausläufer weit in das Meer vor und nöthigen den Schiffer, sich von den Bergen noch ferner zu halten. Bald haben wir die schmalste Stelle des Sundes, bei dem sogenannten Langör, erreicht, finden aber kein tiefes Wasser, sondern gerathen in die Brandung. Ein weißer Streifen gerade vor uns deutet eine Blindschär an, die in unserm Wege liegt; aber schon ist es zu spät, ihr auszuweichen. Im nächsten Augenblicke sind wir daran. Wilde Sturzseen überstürzen einander. Es sieht fast so aus, als ob die Wogen sich verirrt und ihre Richtung verloren hätten. In rastloser Eile folgen sie einander und stellen sich zugleich in den Weg. Der weiße Schaum bespritzt uns, aber — noch ein paar Sturzwellen, ein sonderbares Gefühl von Beklemmung, das uns ein paar Augenblicke erfaßt, — und wir befinden uns wieder in tieferem Wasser, wo der Kampf zwischen Wellen und Strömung sich weniger bemerkbar macht, die Wellen wie früher ihren gleichmäßigen Gang gehen und der weiße Schaumstreifen schon weit hinter uns liegt.

„An verschiedenen Stellen suchten wir an's Land zu steigen, wurden aber überall von Gletschern und Brandungen daran gehindert. Wir mußten die See halten, segelten indessen dem festen Lande so nahe als möglich. Die Felsen bestehen meist aus einem harten Schiefergestein. Wir steuerten in St. John's Bai, um hier unser Nachtquartier zu nehmen. Auf dem Strande dieser kleinen, schönen, kaum drei Viertelmeilen langen, durch einen Endgletscher geschlossenen Vik machten wir einen Ausflug und schossen einen Fuchs. Die Felsen bestehen aus einem grobkörnigen Conglomerat von rundgeschliffenen Quarzitstücken, welches mit Schichten eines bald grünen, bald schwarzen, schön glänzenden Schiefers abwechselt. Wir erkannten bald, daß es unmöglich sei, irgendwo am Lande mit dem Boote anzulegen, befestigten dasselbe daher etwa acht Uhr Morgens am Grundeise in der Nähe des Strandes und legten uns zur Ruhe.

„Mittlerweile lichtete sich der Nebel und der Wind ließ nach, so daß wir ein Ende längs dem Strande rudern konnten. Bald wehte jedoch der Wind wieder stärker; wir ließen Spitze um Spitze hinter uns und erreichten das niedrige Riff, welches den Eisfjord nach Norden hin begrenzt und den unheimlichen Namen „Döddmansören", auf Grund eines daselbst vor mehreren Jahren begangenen Mordes, führt. Wir steuerten auf Green-Harbour los, die westlichste der in den Südstrand des Eisfjordes einschneidenden Buchten, um irgend ein Schiff anzutreffen, das zur Rückfahrt bereit wäre und nach der Gewohnheit der spitzbergischen Jäger hier sich noch mit Rennthieren versehe. In der That lag hier der schon früher mehrfach erwähnte Mattilas mit seiner Jacht. Wir befanden uns bald nach Mitternacht am 23. August an seiner Seite und gingen an Bord. Wir wurden von dem freundlichen Finnen gastlich aufgenommen, mit Rennthierbraten bewirthet, und erhielten Grüße und Nachrichten vom Aeolus. Hierauf legten wir uns in unserm Boote zur Ruhe.

„Der Eisfjord, wenn wir vom Storfjord absehen, der eigentlich als ein Sund zu erachten, ist ohne alle Frage der größte Meerbusen Spitzbergens und bietet schon mit seiner weiten prachtvollen Wasserfläche, ganz abgesehen von den rings umgebenden Bergen, einen überraschenden Anblick dar. In einer durchschnittlichen Breite von fünf bis sechs Meilen schneidet er mit einer Reihe von Armen tief in das Festland ein, im Süden der schon genannte Green-Harbour, die Advent-, Coal- und die noch ansehnlichere Sassen-Bai. Nach Osten hin findet er eine mehrere Meilen lange Fortsetzung in zweien durch eine „Midterhuk" getrennten Armen.

„Die Gebirgsbildung beim Eisfjord ist in vieler Hinsicht interessant. Nur in der Nähe der Meeresküste, und vor Allem auf der Nordseite, behält die Bergbildung den gewöhnlichen Spitzbergencharakter bei, wie er vorzugsweise auf der Westküste auftritt: wild zerrissene, von mächtigen Gletschern unterbrochene Bergspitzen. Kalk und Quarzit, in mehr oder weniger steilen, gebrochenen, bogenförmig gelagerten Schichten, bleibt auch noch auf der Nordseite die vorherrschende Gebirgsart. Auf dem Südstrande dagegen, bei Green-Harbour und so weit man von hier nach Osten sehen kann, deuten schon die abweichenden Formen der Berge an, daß hier andere Gesteine mit wesentlich verschiedenen Lagerungsverhältnissen auftreten. Thonschiefer und Sandstein, mit einander in vollkommen horizontalen Lagen abwechselnd, haben einen bestimmenden Einfluß auf die Plateauform der Berge, welche wiederum von Thälern rechtwinklig durchschnitten werden. Durch die über einander vortretenden Sandschichten, welche in merkwürdiger, regelmäßiger Wiederkehr von dem herabfallenden Gerölle durchbrochen und gefurcht werden, erhalten die Berge nicht selten das Aussehen kolossaler Gebäude mit mehreren Etagen. Nur hier und da steigen einzelne Berge auf in Pyramidenform und mit scharfen Grenzlinien, gleichsam die Thürme dieser Bergstadt, in einer Einfachheit des Styls, welche vortrefflich mit der Ruhe und dem ernsten Charakter des Ganzen übereinstimmt. Das auffallende Fehlen der Gletscher in diesem ganzen Berggebiete, trotz der breiten und tief einschneidenden Thalgänge, könnte scheinbar seinen Grund in der mehr südlichen Lage und dem milderen Klima haben. Es ist jedoch kaum einem Zweifel unterworfen, daß hier einfach die Gebirgsart von entscheidendem Einflusse gewesen. Den deutlichsten Beweis bildet der Green-Harbour-Fjord, welcher sich in der Mitte beider Gebirgsformationen befindet. Auf dem von Quarzitgestein gebildeten westlichen Strande steigen drei bedeutende Gletscher herab. Nach Osten hin laufen zwei Thäler, wohl eine schwedische Meile weit, in die Sandsteinregion hinein, auf allen Seiten von Bergen umgeben, welche unter anderen Verhältnissen die Thalvertiefungen unzweifelhaft mit Eis ausgefüllt haben würden; aber der dunkle, tiefe und lockere, so zu sagen warme Erdboden, welcher aus einer Mischung des äußerst leicht verwitternden Thonschiefers und Sandsteingruses besteht, ist der Bildung des Eises ungünstig. Die Gletscher bleiben so gut wie ganz aus oder treten in einem äußerst untergeordneten Grade auf. Wir besitzen von den Gletscherregionen des südlichen Europa bereits sichere Beobachtungen, betreffend den intimen Zusammenhang dieser Gletscher mit dem Felsboden, auf welchem sie ruhen. Andererseits braucht kaum bemerkt zu werden, daß ein solcher warmer Boden eine Vegetation hervorrufen mußte, welche an Reichthum und Ueppigkeit die anderswo und unter den gewöhnlichen Verhältnissen auftretende bei Weitem übertrifft. —

„Mittags machten wir einen Ausflug nach dem Innern der beiden Thäler. Mehrere früher nicht gesehene Gräser, und vor allen die üppig blühende Arnica alpina, welche auf den steilen Strandklippen in ungefähr fünfzig Fuß Höhe wuchs, gaben mir den ersten Beweis von der ungewöhnlichen Fruchtbarkeit des Bodens. Meine Genossen machten sich auf die Rennthierjagd, während ich umherstreifte und nach dem Ursprunge der Steinkohlenbrocken, welche ich an dem Fuße des Berges angetroffen hatte, suchte.

„Nach einer beschwerlichen und theilweise sogar gefährlichen Wanderung glückte es mir, zu einer Höhe von siebenhundert Fuß zu kommen und hier dicht unter der obersten Sandsteinschicht ein Kohlenflötz zu entdecken. Es war mir jedoch nicht möglich, seine Mächtigkeit und übrigen Verhältnisse festzustellen, da der steile Fels überall, wo nicht ein härterer Sandstein zu Tage trat, mit einer dicken, augenblicklich hartgefrorenen Schicht festen Thongruses bedeckt war. Er kam von dem mit dem Sandstein in mächtigen Lagen abwechselnden, leicht zerreiblichen Thonschiefer her. Ich mußte mich mit der Thatsache begnügen, daß die Steinkohle hier wirklich in Flötzen auftritt, und, so weit die ungünstigen Verhältnisse es zuließen, mich auf die Untersuchung der nächsten Gesteine beschränken. In dem feinkörnigen, gleichsam grauwackenartigen, glimmerhaltigen Sandsteine fand ich — außer verschiedenen anderen nicht zu bestimmenden Pflanzenresten, als verkohlten Zweigen und Holzstücken, sowie Blattabdrücken u. s. w. — auch ein deutliches, wenngleich nicht vollständiges Blatt eines Laubbaumes, welches in allen Beziehungen an das früher erwähnte in der Kings-Bai erinnerte, das ich gleichfalls in der unmittelbaren Nähe der Steinkohle gefunden hatte.

„Auf der andern Seite des Thales, näher der Mündung des Fjordes, fand ich eine eigenthümliche lockere Schicht von ungefähr sechs Zoll Dicke, zwischen Lagen eines außerordentlich harten Sandsteins, wie es schien, aus gewöhnlichem blauen Thon bestehend. Bei näherer Untersuchung zeigte sich aber, daß er in seiner ganzen Masse von feinen, metallisch glänzenden Schwefelkiesen durchzogen war, und eine chemische Analyse ergab, daß dieselben ungefähr 83 Procent ausmachten. Daß das äußerst fein vertheilte Mineral, welches in einer unermeßlich langen Zeit dem Einflusse der Luft und der Feuchtigkeit ausgesetzt gewesen war, nicht die mindesten Spuren eines unter solchen Verhältnissen leicht eintretenden Verwitterungs- oder Rostprocesses zeigte, ist offenbar schwer zu erklären. Ein Theil der Petrefacten, welche in dem harten Sandsteine dicht dabei vorgefunden wurden, bestand gleichfalls aus Schwefelkies.

„Als ich von diesem Ausfluge heimkehrte, waren die Jäger, mit ihrer Jagd wenig zufrieden, auch schon zurück. Wir verließen deshalb am 24. Nachmittags die Bucht, diesesmal aber auf der Westseite. Um möglicher Weise die Uebergangsformen der verschiedenen Gebirgsarten und den Ursprung der an Petrefacten reichen Moränensteine am Strande zu entdecken, stieg ich bei dem mittleren Gletscher an's Land, während meine Genossen die Fahrt fortsetzten, um weiter im Norden einen bessern Jagdgrund zu finden.

„Nach einer ermüdenden Wanderung erreichte ich den Rücken des Gletschers und stieg auf ihm bis zu dem aus dem Eise ragenden Felskamm. Er bestand, wie ich erwartet hatte, aus einem äußerst kieselhaltigen Kalkgestein, stellenweise aus reinem Quarzit, besonders ein Theil der Schichten, welche mit Petrefacten von

Brachiopoden und den Arten Spirifer und Productus förmlich gespickt waren. Die Neigung der ziemlich gebogenen Schichten von Norden nach Süden betrug 60 bis 30 Grad. Da das Eis die Felsen auf allen Seiten umschloß, so war die unmittelbare Grenze des Sandsteins nicht zu entdecken.

„Der hier anstehende, feine, bräunlichgraue Sandstein hatte, bei andauernder Streichung nach Norden, ungefähr einen Fall von 35 Graden nach Osten. An einer andern vom Eise entblößten Stelle war der Sandstein gröber, grau, an der Luft gelb, mit einer östlichen Neigung von 45 Graden. Darüber ruhte ein feinblätteriger, grauer Thonschiefer, welcher bald eine intensive rothbraune Farbe annahm und unwillkürlich an gebrannte Ziegel erinnerte. Seine feinen Lamellen standen in allen Richtungen, bald senkrecht, bald nach Osten und Westen, während die Hauptneigung eine östliche blieb. Ich habe nirgends Gelegenheit gehabt, einen gleich augenscheinlichen Beweis des Einflusses starker Hitze auf eine sedimentäre Bildung zu beobachten. Ungefähr fünfzehn Fuß von der Grenze, wo dieser Farbenwechsel im Thonschiefer seinen Anfang nahm, zeigte sich auch die nicht zu verkennende Ursache dieser Erscheinung in Gestalt einer geschichteten, von Norden nach Süden streichenden, ungefähr 30 Fuß mächtigen Bank eines ziemlich grobkrystallinischen, in große Blöcke und Würfel gespaltenen Diorits. Indem er zwischen die Schichten gepreßt worden, zeigte er dieselbe Neigung nach Osten. Ein Ende später trat der feinkörnige Sandstein von Neuem zu Tage, mit zerstreuten Petrefacten, kleinen Bivalven; weiterhin war das ebene Bergplateau nach dem Meere zu ohne Unterbrechung dicht mit Steingetrümmer bedeckt.

„Ich wandte mich deshalb nach Norden, wo ich bald, ungefähr in der Mitte der Thalsenkung, zwischen den Eisbergen und dem nächsten dem Fjorde zulaufenden Bergrücken, in einer beinahe ununterbrochenen Folge lauter freistehende Gesteinsschichten vorfand. Ein ansehnlicher Gebirgsstrom hatte nämlich die Lagen senkrecht, zuweilen bis auf eine Tiefe von 40 Fuß durchschnitten. Der Sandstein erschien hier besonders reich an allerdings nicht erkennbaren Pflanzenresten, welche theils aus Blattabdrücken, theils stengelartigen Fragmenten, theils Resten von Stämmen und größeren Zweigen bestanden.

„Weiter im Osten trat ein mächtiges Bett von blauem Thonschiefer auf, welches an das bei dem Kohlenflötze in der Kings-

Bai erinnerte und wie dieses von schmalen, härteren, glimmerhaltigen Schichten durchsetzt war — was bei allen ähnlichen Bildungen der Fall zu sein scheint —, auch einige Spuren von Schuppen und anderen Fischfragmenten enthielt. Nach einer Lage Sandsteins folgte wieder eine mächtige Schicht eines harten Thonschiefers, welcher aus unregelmäßigen Stücken mit glatten abgerundeten Flächen bestand und hier und da vielfache, doch nicht zu bestimmende Pflanzenabdrücke enthielt. Nicht selten war sie auch mit eigenthümlichen meist kugelförmigen, birnen- oder flaschenartigen Concretionen gespickt, welche von einem Zoll bis zu einem Fuß groß waren und ihrer Masse nach vorherrschend aus Kiesel bestanden. Diese Schichten wurden in der Nähe des Strandes von einer andern fast senkrechten eines weißen Sandsteins durchsetzt, welche längs dem ganzen Fjordarme sich hinzieht und namentlich bei der Einfahrt in Green-Harbour sofort die Aufmerksamkeit auf sich zieht, indem sie ein Ende weit in die See vorspringt.

„Die obengenannte Schlucht, welche der Strom gebildet hatte, war stellenweise von hartgefrorenem Schnee überbrückt. Meist traten aber die Felsschichten frei zu Tage. Man hatte hier eine vortreffliche Gelegenheit, die Lagerungsverhältnisse zu beobachten, namentlich wie die Schichten ihre Neigungswinkel veränderten, oft in die Verticale übergingen und häufig gebogen, gebrochen und verworfen waren.

„Es möchte kaum einem Zweifel unterliegen, daß alle diese über dem Quarzit gelagerten, mehr oder weniger nach Osten geneigten Sandstein- und Thonschieferschichten derselben Bildung angehören, welche nach dem Augenmaß 2,000—2,300 Fuß mächtig ist. Offenbar sind die Bildungen auf der andern Seite des Fjordes von diesen in keiner Weise verschieden. Wir haben hier also eine Fjordkluft vor uns, welche sich wesentlich von anderen unterscheidet, z. B. von der bei der Croß-Bai, wo die Schichten beinahe senkrecht nach verschiedenen Richtungen niedersteigen, während bei Green-Harbour sie auf der einen Seite ihre ursprüngliche horizontale Lage beibehalten haben, auf der andern dagegen vollkommen senkrecht gegen den Horizont gestellt sind. Man kann sich den Grund hierfür kaum anders denken, als daß eine von der Seite, und zwar von Westen her, wirkende Kraft die Schichten zugleich aufgehoben und zusammengepreßt hat, bis sie schließlich auf einem Punkte, wo sich jetzt der Fjord befindet, quer durchgerissen.

wurden, wodurch die bewegende Kraft weiter nach Osten hin sich nicht mehr geltend zu machen vermochte.

„Auf der andern Seite könnte man mit Recht annehmen, daß die gewaltsamen Stöße, welche hier stattgefunden, einer weit entlegenen Periode angehören und zugleich die gegenwärtige Lage des Quarzits und des darüberliegenden Sandsteins und Thonschiefers bestimmt haben. Schon früher habe ich sowohl beim Quarzit wie bei den relativ jüngeren Bildungen auf die offenbare Uebereinstimmung beider im Streichen und Fallen hingewiesen. Dieselben Verwerfungen, gebrochenen und gebogenen Schichten — welche z. B. beim blauen Thonschiefer so deutlich hervortreten — kommen in noch größeren Massen in den hohen Quarzitbergen weiter im Westen vor. Es liegt auf der Hand, daß die treibende Kraft viel mächtiger gewesen sein muß, als daß ihre Wirkungen eine Folge blos des Durchbruchs, etwa der genannten Dioritbank, sein könnten. Wahrscheinlich hatte der Diorit sogar schon seine gegenwärtige Stelle eingenommen, als der große Stoß erfolgte. Aus demjenigen, was ich früher von ihm angeführt, folgt offenbar, daß der Einfluß, welchen diese und andere eruptive Massen auf die umgebenden sedimentären Schichten ausgeübt haben, von untergeordneter und durchaus nur localer Bedeutung gewesen ist. Doch darf man unbedenklich annehmen, daß sie erst dann jene Schichten durchbrochen haben, als sie sich bereits in ihrer jetzigen Stellung befanden. — —

„Ich kehrte zum Strande zurück, suchte aber vergebens nach dem Boote und seiner Mannschaft. Lange wanderte ich längs dem schmalen Strande zwischen der steigenden Fluth und den senkrechten Bergwänden, traf schließlich auch das aufgeschlagene Zelt und ein Küchenfeuer an, aber keinen Menschen. Endlich fand sich Einer der Leute ein und erzählte, daß er zurückgeblieben, während von Yhlen sich mit dem Boote zur Magdalena begeben — die jetzt im Eisfjorde ankere —, um dort Abschied zu nehmen und dann mit Mattilas nach Norwegen abzusegeln.

„Am 25. Morgens kam das Boot zurück. Während die Mannschaft Nachmittags ausruhte, unternahm ich noch eine Excursion, und zwar nach dem Innern des Thales, in welchem wir unsern Lagerplatz gewählt hatten. Ich folgte dem Flusse, welcher nicht weit von jener Stelle ein Delta bildete. Er nahm seinen Lauf durch ein Hügelland und stürzte sich an mehreren Stellen in kühnem Sprunge über die Absätze, die immer höher wurden, je weiter man in's Land und in die dort vorherrschende Quarzitregion kam. Nachdem ich etwa eine halbe Meile gewandert war, gelangte ich zu dem Ursprunge des Flusses, einem außerordentlich schönen, von steilen Bergen eingeschlossenen See, in dessen klarem Wasser sich Rennthiere mit vielem Behagen spiegelten. Zurückgekehrt, verließ ich das Land, um die Fahrt weiter nach der Advent-Bai fortzusetzen, wo wir unser Schiff anzutreffen hoffen konnten.

„An Green-Harbour haften, außer seinen Erinnerungen von der „Walfischzeit" her, welche jetzt freilich so gut wie vergessen ist, noch mancherlei andere. Hier haben — nach Lovén — die Norweger einst ein Etablissement gehabt, wo sie überwinterten. Er fand dieses Haus noch bei seinem Besuche im Jahre 1837 vor. Auch die Hauptstation der Russen für die Winterjagd hat hier gestanden. In der noch vorhandenen Russenhütte durchlebte der russische Jäger Starastschin — nach der Angabe des englischen Generalconsuls Crove, welcher sich viel mit Spitzbergen beschäftigt hat — 39 Winter, einmal 15 hintereinander, und wurde hier auch zuletzt begraben. Lovén, welcher sein Grab unter den vielen anderen aufzufinden versuchte, hatte von den Norwegern erfahren, daß er ein kleiner, munterer, röthlicher Mann mit weißem Haar gewesen, eine Art von Patriarch. So wie er hat wohl Niemand hier gehaust, und Wenige möchten es wagen. So lange indessen Green-Harbour besteht, sollte man ihm eine freundliche Erinnerung bewahren. Diese Bucht ist übrigens auch im Jahre 1858 von Torell, Nordenskiöld und Quennerstedt besucht worden.

„Während wir die Mündung von Green-Harbour passirten, stießen wir auf Treibeis, welches uns wenig behinderte, aber die Gelegenheit gab, einen von den vielen Seehunden, welche ihm folgten, zu schießen. Am Oststrande der Vik erschienen einige Rennthiere. Wir legten am Lande an und erbeuteten zwei fette prächtige Thiere, worauf wir unsere Fahrt fortsetzten. Wir hatten nunmehr eisfreies Wasser vor uns und segelten mit gutem Winde längs dem Lande nach Osten, bis wir zu der zweiten nach Süden einschneidenden Bucht, der Kohlen-Bai, kamen. In der Mitte der Mündung, eine Viertelmeile vom Lande entfernt, trafen wir auf ein schwimmendes Rennthierkalb, das uns zur leichten Beute fiel. Dann schlugen wir unser Nachtlager am Strande auf.

Der 16. August trat mit Schnee und kaltem, stürmischem

Wetter auf, so daß die Reise nicht fortgesetzt werden konnte. Ich benutzte den Aufenthalt, um einen längeren Ausflug in's Land hinein zu wagen und einen Berg zu besteigen. Hierbei machte ich die eigenthümliche Entdeckung, daß das schöne blaue Polemonium pulchellum noch 400 Fuß über dem Meere vorkam.

„Als das Schneewetter aufgehört und der Wind etwas nachgelassen hatte, gingen wir wieder unter Segel. Wir passirten, nachdem wir die Vik verlassen, die östliche Küste und kamen dicht an einigen verlassenen Alkenbergen vorüber, welche mit einer senkrechten Höhe von 2,000 Fuß in's Meer niederstürzten.

„Der harte Sandstein herrschte hier durchaus vor; selbst der nur sehr untergeordnet auftretende Thonschiefer war grobblättrig und hart. Er enthielt Glimmerblättchen und zuweilen eingesprengte Schwefel- und Arsenikkiese, woher die bei den norwegischen Spitzbergenfahrern verbreitete Sage herstammen mag, daß die Vogelberge in der Kohlen-Bai durch ihren Reichthum an Kupfererz ausgezeichnet seien. Senkrecht, zuweilen sogar überhängend, fallen diese Berge, aus denen hier und da eine Schicht weiter vorspringt, nach dem Meere ab. Rudern wir ein Ende hinaus, so erblicken wir eine neue Felswand, welche sich über die erstere erhebt, dahinter aber einen prachtvollen schneebedeckten Kegel, der in einer Höhe von 3,000 Fuß das Ganze überragt. Auf der andern Seite dieser Berge trifft man in der festen lothrechten Felswand ein Steinkohlenlager von ungefähr einer Elle Mächtigkeit, sechs Fuß über der Meeresfläche bei der Ebbe, in einem schwachen Bogen aufsteigend, bis es zuletzt unter dem Steingerölle verschwindet. Weiter nach oben folgen drei bis vier schmälere Steinkohlenbänder, in parallelen Streifen, vier bis zehn Fuß von einander entfernt.

„Im Falle einer nothwendigen oder freiwilligen Ueberwinterung in der nahen Advent-Bai könnte dieses Steinkohlenflötz vielleicht gute Dienste leisten, theils wegen seiner vortrefflichen Lage unmittelbar am Strande, welcher bei stillem Wetter für Boote einen guten Landungsplatz darbietet, theils wegen seiner leichten Zugänglichkeit, — so lange wenigstens nur von einer geringen Ausbeutung die Rede ist, denn die darüber befindliche, fast überhängende Sandsteinwand läßt Brüche befürchten. Sollte später einmal wieder von einer Ueberwinterung die Rede sein — eine Thatsache, welche sich früher während der russischen Spitzbergenperiode so oft ereignet hat, und — wie ich mich hier vielfach überzeugt habe —

in neuester Zeit von den norwegischen Fahrern oft in Abrede gestellt wird, so würde kein Punkt in allen Beziehungen so große Vortheile darbieten, als die genannte Bucht des großen Eisfjordes. Die gewinnbringende Rennthierjagd gegen den Herbst hin kann allerdings leicht dazu verlocken, die Rückkehr zu verschieben. Ist der Fjord die eine Woche eisfrei, wie er es etwa den ganzen Sommer über war, so kann er — nach unserer eigenen Erfahrung zu urtheilen — in der nächsten vom Meereise so gut wie gesperrt sein, da dieses beim Nahen des Winters von Osten her um das Südcap zu kommen und sich vor den Fjorden der Westküste anzuhäufen pflegt. —

„Da der Wind mittlerweile aufgehört hatte, so legten wir den übrigen Theil des Weges rudernd zurück und trafen am Morgen des 27. August in der Advent-Bai ein." —

Unsere Magdalena war schon vor uns angelangt. Wir haben sie verlassen, da sie vor Anker in dem kleinen Fjordarme der Kings-Bai lag. Erst am 23. August änderte sich der Wind; es wehte eine frische Brise aus Nordwesten, welche den ganzen Vormittag über anhielt. Bald Nachmittags wurde der Himmel klarer, wir hißten die Segel auf und fuhren aus dem Hafen, indem wir lavirten. Das Fahrwasser war enge, Magdalena, die nicht schnell wandte, wurde zurückgeworfen und blieb auf einer Blindschär festsitzen. Die Dünung ging hoch, jede Woge stieß das Schiff ziemlich heftig auf den Grund. Indessen gelang es nach einiger Zeit doch, sie flott zu bekommen. Sie hatte schon härtere Kämpfe gegen das Eis bestanden, ohne Schaden zu nehmen, und bewährte sich auch diesesmal. Die ganze Nacht setzten wir das Kreuzen fort; am Morgen des 24. hatten wir Quad-Hoek erreicht und fuhren mit frischem, günstigem Winde weiter.

Um den langen Umweg westlich um Prinz Charles Vorland zu vermeiden, beschlossen wir durch den Sund zu gehen. Die Morgensonne beleuchtete klar die wilden Alpen des Vorlandes — sie gehören zu den höchsten des westlichen Spitzbergen — mit ihren kegelförmigen Spitzen und gewaltigen Gletschern, welche in den Thalrinnen niedersteigen und in ungeheurer Ausdehnung gegen den Strand hin abstürzen. Der südlich von Langören befindliche nimmt fast eine Meile ein. Die unzugänglichen wüsten Bergabhänge und ewigen Eismassen, welche keinen Raum für ein grünes Plätzchen übrig lassen, verleihen dem großartigen Gemälde einen unbeschreiblichen Ausdruck von Kälte und Erstarrung. Es ist durchaus nicht einer der wechselnden Scenerien, mit welchen wir früher Bekanntschaft gemacht haben, zu vergleichen. Der Kanal bei Langören ist schmal, kaum drei Faden tief, und überall nimmt man schon aus der Entfernung den hellen Sandgrund wahr, der den Schiffer warnt, langsamer zu fahren und das Senkblei zur Hand zu nehmen. Hat er guten Wind, so braucht er einfach nur die Mitte zwischen beiden Küsten zu halten; dagegen ist es wegen der oft starken Strömung und des schweren Wogenganges nicht räthlich, den Sund bei schlimmem Wetter zu passiren.

Mit wenigen Segeln, beständig ausschauend und lothend hatten wir schon um neun Uhr die engste Stelle hinter uns und steuerten weiter durch den breiten Vorlandsfjord, der nördlich auf allen Seiten von hohen Bergen und Gletscherabstürzen begrenzt wird, während im Süden von St. John's Bai weit ausgedehnte Ebenen folgen, die sich bis zur Südspitze des Vorlandes erstrecken, wo sich wiederum eine gewaltige Alpenmasse erhebt, während das Festland fast durchweg aus einem Flachlande besteht. Um fünf Uhr Nachmittags hatten wir das weit vortretende Oerland und das kleine Schärenband, welches im Norden die Mündung des Eisfjordes umschließt, passirt. Der Wind ließ nach. Die Nacht war außergewöhnlich schön, der Himmel blau und klar; die Sonne ging prachtvoll unter und warf ihren röthlichen Schein über die dunkeln abgerundeten Berghäupter. Die einzelnen Schneeflecken an den Spitzen und in den Klüften der Abhänge aber übergoß sie mit einem solchen Purpurschimmer, daß man sie durch ein rothes Glas zu sehen wähnte. Der bleiche Mond spiegelte sich auf der dunkeln, kaum von einem Windhauche gekräuselten Meeresfläche. Darüber aber, einige Meilen weit nach Westen, wurde ein „Eisblink" sichtbar, der Wiederschein von einem Packeisfelde, welches wahrscheinlich um das Südcap gekommen war und nun nach Norden trieb. Wir konnten von dem Mastkorbe aus sogar einzelne Spitzen erkennen, die über die Wasserfläche hervortraten. Ueber dem Ganzen weilte der wunderbare Frieden und die majestätische Stille, welche dem hohen Norden eigenthümlich sind.

An der Südseite des Fjordes erblickten wir eine Yacht, die hinaussteuerte: es war unser alter Freund Mattilas auf seiner Heimreise. Ein wenig nach Mitternacht kam von Yhlen von seiner Excursion zurück, um uns Lebewohl zu sagen. Wir trieben mit dem Strome, je nachdem er wechselte, bald vorwärts bald zurück, bis der Wind gegen Mittag (den 25.) gleichmäßiger wurde und wir nach der Advent-Bai fahren konnten. Vor der Kohlen-Bai begegneten wir einer großen Heerde von Walrossen und einigen Weißwalen; da aber der Harpunirer und das Jagdboot noch nicht zurückgekehrt waren, so ließen wir sie ruhig ihre Wanderung nach dem Meere fortsetzen. Die Berge zeigten immer mehr die eigenthümliche Form großartiger Tempel und Bauwerke. Zuweilen traf der Blick auf ein grünes Feld an ihren dunkeln Abhängen. Als wir Abends in die Advent-Bai steuerten, wurden wir sehr angenehm überrascht von der für Spitzbergen auffallend reichen Vegetation, welche die Berge des Weststrandes noch bis zur Spitze bekleidete und in den Thälern und Vertiefungen üppig gedieh. Um sieben Uhr Abends ließen wir den Anker fallen und gingen an's Land, um zu botanisiren.

In der Nähe des Strandes trafen wir ein Feld von Schiefersteinen mit Geröll und Erde. Hier wuchs **Stellaria humifusa** neben der kleinen anspruchslosen **Cochlearia fenestrata**. Die grünen und gelben Matten, welche nur stellenweise von dem feinen, grauen Schiefergeröll unterbrochen waren, wurden von kleinen Kanälen aus den Gletscherbächen bewässert und boten dem Botaniker die reichste Abwechslung dar, denn mindestens zwei Drittheile aller Phanerogamen Spitzbergens hatten sich hier niedergelassen. Es wechselten hier im freudigen Wachsthum mit einander ab: **Poa pratensis, cenisia** und **stricta, Aira alpina, Alopecurus alpinus, Calamagrostis stricta** und **Trisetum subspicatum** mit dem hier großblumigen **Polygonum viviparum, Andromeda tetragona, Dryas octopetala** und breite gelbe Bänder von **Saxifraga hirculus** und **flagellaris** neben **Potentilla emarginata, Ranunculus sulphureus** und dem ganzen Reste der arktischen Pflanzenplebejer: **Draba alpina** und **hirta, Salix polaris, Luzula hyperborea, Juncus biglumis, Eriophorum capitatum** und vielen anderen. Die feuchtesten Stellen wurden, wie gewöhnlich, von den Moosen eingenommen: **Polytrichum alpinum, Pottia latifolia** und anderen; dazwischen **Chrysosplenium tetrandrum** und die aus unserer Jugend bekannte **Cardamine pratensis**, allerdings ein wenig anders an Größe und Gestalt, aber trotzdem leicht erkennbar. Der Ausflug war so angenehm, daß wir uns nur mit großer Mühe von der Stelle losrissen und erst spät in der Nacht an Bord zurückkehrten.

Die Advent-Bai ähnelt in der Hauptsache den beiden früher besprochenen Fjorden und bildet einen der besten Häfen auf Spitzbergen, indem man hier gegen Wind und Wetter durchaus geschützt ist. Sie mag acht englische Meilen lang und fünf breit sein. Fährt man durch ihre etwa 1½ englische Meilen breite Mündung, so darf man keiner der beiden Küsten zu nahe kommen, indem sich von der Strandebene aus Riffe unter dem Wasser fortsetzen. Hat man aber die Spitze des Weststrandes mit der darauf befindlichen Russenhütte passirt, so kann man längs dem Strande nach der Mündung des Bergelf — welcher jetzt gegen den Herbst hin beinahe ausgetrocknet war — fahren. Drei Kabellängen vom Lande hat man hier einen vorzüglichen Ankergrund auf sechs bis zehn Faden Tiefe. Die größte Tiefe der Bucht beträgt etwa 30 Faden; weiter nach Süden wird sie immer flacher und bei niedrigem Wasserstande schließlich ganz trocken. Das Ende unterscheidet sich wesentlich von den Fjorden, welche wir bis dahin besucht haben, indem es fast überall aus dem Schlamm eines noch thätigen Gletschers bestand. Hier aber sind die Gletscher zum größten Theile verschwunden; der Schlamm erhält nur einen verhältnißmäßig geringen Zuschuß an organischen Stoffen von den Bergflüssen; er ist gewissermaßen alt zu nennen, und seine dunkelgraue Farbe und das moderartige Aussehen schreibt sich von den vielen in ihm vertheilten Organismen her. Hier ist ein, wenn auch nicht an Formen, reiches Thier- und Pflanzenleben zur Entwicklung gekommen: Muscheln — Cardium, Astarte, Tellina, Crenella und Schnecken — Natica und Tritonium; sie erreichen hier eine verhältnißmäßig kolossale Größe und kommen in unglaublicher Menge vor. Dasselbe war der Fall mit den übrigen niedrigeren Thiergruppen und den Algen, unter welchen sich eine ungewöhnlich große Menge hochnordischer Fische aus dem Geschlechte Cottus und Lumpenus neben der Brut von Gadus aeglefinus und Drepanopsetta platessoides befand.

Das Wasser wimmelte von Quallen, den hochnordischen Beroe und Cydippe, welche gegen den Herbst hin ihre größte Entwicklung erlangen, außerdem einer Menge anderer. —

Den 27. kehrte Blomstrand mit unseren Jagdleuten zurück, denen es gelungen war, vier Rennthiere und einen Seehund zu erlegen. Immer befanden sich nunmehr ein paar von uns auf der Jagd, jedoch ohne einen wesentlichen Erfolg; denn die heimkehrenden Walroßjäger, darunter namentlich einer aus Hammerfest, waren uns zuvorgekommen; sie hatten ihre Yachten ausschließlich mit Rennthierfleisch und Fellen beladen. Der an Rennthieren sonst so reiche Eisfjord war so gut wie verlassen, und die wenigen Thiere, auf welche wir stießen, hielten nicht Stand. Es glückte uns indessen doch, bis zum 1. September neun Stück zu schießen. In dieser Jahreszeit ist das spitzbergische Rennthier so fett, daß es eine hinreichende Last für zwei Mann abgiebt, während es im Frühjahre mit Leichtigkeit von Einem getragen werden kann. Im Allgemeinen ist es kleiner als das zahme skandinavische Rennthier, von diesem auch durch die Bildung seiner Beine und dadurch verschieden, daß es in der zweiten Hälfte des Sommers zwischen Fleisch und Haut eine zwei bis drei Zoll dicke Lage eines ziemlich festen, weißen und wohlschmeckenden Specks erhält, welcher gesalzen die Stelle der Butter vertritt. Dieses Fettpolster erlangt es in ganz kurzer Zeit. Schon Ende Juli hat das magere, kaum eßbare Juni-Renn seine Speckhülle bekommen, von welcher es wahrscheinlich während des langen Winters, da es eingeschneit im Winterschlafe liegt, sein nur mattes Leben fristet. — —

Den 1 September unternahmen Blomstrand und Dunér mit dem Steuermanne und einem Manne von der Besatzung einen längeren Ausflug zu dem Innern des Eisfjordes.

„Nach einer langen, ermüdenden Ruderfahrt kamen wir zu der genannten Midterhuk, einer weiten Ebene, die sechs bis sieben Fuß hoch vom Meere allmählich nach dem Innern zu aufsteigt. Wir gingen hier einige Male an's Land, um Rennthiere zu jagen, allein ohne Erfolg. Nach einigen weiteren Stunden und nachdem wir die Mündung eines Elf passirt, wo sich Tausende von Gänsen — Anser bernicla — versammelt hatten, wahrscheinlich um gemeinschaftlich die Rückreise nach südlicheren Regionen anzutreten, wählten wir unsern Lagerplatz neben einer Spitze, wo wir endlich einen Blick über den erwünschten Fjordarm, welcher nach vielfachen Mittheilungen der längste des Eisfjordes sein sollte, erhielten. Der Boden bestand hier aus einer tiefen Schicht von zerriebenem, ungewöhnlich lockerm Thonschiefer, welchen wir schon unterweges an mehreren Stellen in ganzen Hügeln angetroffen hatten, ferner aus zerstreuten, oft sehr bedeutenden Sandsteinfragmenten. Beide Bergarten mußten unseren Zwecken dienen. Eine Sandsteintafel bildete den schönsten Tisch für unser Mahl, und der Thonschiefer lieferte uns das beste Material zur Verstärkung unseres Feuers, das von dem nassen, mühsam zusammengebrachten Treibholze nur kümmlich unterhalten werden konnte. Einen solchen bituminösen Thonschiefer hatte ich hier noch nirgends gefunden. Nachdem wir unsere Mahlzeit eingenommen und die zahlreichen frischen Spuren, welche nach allen Richtungen in den feuchten Boden eingedrückt waren — nicht blos von Rennthieren, Füchsen u. a., sondern auch von einem ganz respectabeln Eisbären — untersucht hatten, setzten wir unsere Reise nach dem Innern des Fjordes fort. Wir versprachen uns Alle das lebhafteste Vergnügen von einem etwaigen Zusammentreffen mit dem „Amtmann" Spitzbergens, den wir seit unserm Aufenthalte in der Treurenberg-Bucht nicht mehr zu Gesicht bekommen hatten. Bald glaubten wir auch einen Bären auf einem Berge zu erkennen, stiegen an's Land und eilten hinauf. Aber das beschwerliche Klettern war der einzige Lohn für unsern Eifer, denn von dem Bären sahen wir auch nicht die Spur weiter.

„Wir fuhren nun zu einer weit in den Fjord vortretenden Landzunge, auf welcher sich eine Russenhütte befand. Nachdem wir eine halbe Stunde lang gerudert, erblickten wir am Strande elf Rennthiere und gingen an's Land, um unser Jagdglück zu versuchen. Aber auch diesesmal hatten wir keinen Erfolg: die Thiere waren ungewöhnlich scheu und ergriffen die Flucht, lange bevor sie uns in Schußweite gekommen, ein sicheres Zeichen, daß wir heuer nicht die Ersten hier waren. Wenig zufrieden mit diesem Ausgange setzten wir unsere Fahrt zu der Russenhütte fort. Dieselbe war mit außergewöhnlicher Sorgfalt aufgeführt und die Wände mit Rasen, auf welchem Cochlearia außerordentlich üppig wuchs, bekleidet. Hier schlugen wir unser Zelt auf und rasteten einige Stunden. Als wir uns zur Abfahrt bereiteten, erreichte uns der Nebel, welchen wir vorher in der Gestalt eines silberweißen Streifens vor dem Fjorde gesehen hatten, und umgab uns auf allen Seiten. Das Innere des Fjordes lag ziemlich offen vor uns, und da er, wie es schien, schmaler und auf allen Seiten von Bergen umschlossen wurde, so hätte wohl ein Versuch gemacht werden können, die Reise weiter fortzusetzen. Aber die Vorstellung, daß wir dadurch möglicher Weise die Abfahrt des Schiffes verzögerten, mahnte uns, wie schon in so vielen früheren Fällen, an die Heimkehr. Dazu kam noch ein äußerer Zufall, der uns zur

Eile nöthigte. Wir hatten nämlich unser Boot nicht genügend weit auf's Land gezogen; die Fluth war gekommen, hatte die Stützen des Bootes fortgeschwemmt und das letztere selber umgeworfen, so daß ein Theil unserer Sachen in dem Wasser umhertrieb. Nachdem wir Alles geborgen, traten wir unsere Rückreise an und blieben die Nacht zum 3. September, wegen des anhaltenden Nebels, auf einem etwa vier Fuß hohen Sandriffe, welches sich neben dem obengenannten Elf befindet. Eine Fortsetzung der Fahrt über den drei Meilen breiten Fjord war unmöglich, da wir es unterlassen hatten, einen Kompaß mitzunehmen. Unsere Jagd hatte keinen Erfolg gehabt, Fleisch war nicht vorhanden, so mußten wir uns mit einem spitzbergischen Pudding begnügen, welchen der Steuermann aus erweichtem, in Butter geschmortem Schiffszwieback bereitete, ein vortreffliches Gericht, das wir allen in einer gleichen Lage Befindlichen empfehlen können.

„Das Zelt war auf der höchsten Stelle des Sandriffs aufgeschlagen und wir legten uns zur Ruhe. Wir wurden aber bald von dem Rufe unseres Bootwächters erweckt und sahen, daß die Fluth uns wieder einen Streich gespielt hatte. Das Wasser stand rings um das Zelt, das Boot lag weit davon, durch ein über drei Fuß tiefes Wasser vom Lande getrennt, und es schien, daß kaum noch ein trockener Fleck übrig bleiben werde. Aber die Fluth hatte bereits ihre größte Höhe erreicht, das Wasser begann zu fallen, und wir konnten uns wieder ruhig dem Schlafe überlassen.

„Erst am Vormittage lichtete sich der Nebel so weit, daß wir unsere Rückreise anzutreten wagten. Sie ging am Anfange längs der Küste. Nach einer Weile entdeckten wir Rennthiere, und der Steuermann schoß zwei; aber sie waren für uns wenigstens von keinem Nutzen mehr, denn wir fuhren nunmehr glücklich über den Fjord; erst in der Advent-Bai wurde der Nebel wieder dichter. Wir konnten ununterbrochen das Land wahrnehmen und trafen um neun Uhr Abends an Bord an. Nach unserer Berechnung waren wir, vom Schiffe aus gerechnet, fünf Meilen weit in das Innere des Fjordes vorgedrungen." — —

Die Witterung blieb außerordentlich veränderlich. Kalte und regnichte Tage, Schlackenwetter und Nebel wechselten mit stillen, klaren und sonnigen Tagen ab. Die Temperatur stieg einmal über $+4{,}6^{\circ}$; der Wind wurde gegen Abend meist durchdringend kalt; die Bäche und selbst der Fjord am Strande belegten sich hier und da während der nunmehr schon einige Stunden dunkeln Nacht mit einer Eiskruste; am Morgen lag der Reif auf den grünen Hügeln, verschwand aber stellenweise wieder bei Tage. Mit einem Wort: der Sommer war zu Ende und der Herbst gekommen. Wir warteten nur noch, an welchem Tage nun das Land wohl sein wirkliches Winterkleid anlegen werde. Im Uebrigen waren wir bereit, den Eisfjord so bald als möglich zu verlassen; aber die anhaltende Windstille, welche mit dem September eingetreten, stellte sich uns hindernd in den Weg. Die Jäger gingen mittlerweile am 5. auf die Jagd zur Kohlen-Bai, und verabredeten mit uns, zur Magdalena entweder hier oder in Green Harbour zu stoßen. Aber kaum waren zwölf Stunden verflossen, so kehrten sie mit der Nachricht zurück, daß der Weg von der Kohlen-Bai zum Green Harbour durch ein Eisband gesperrt und die ganze Oeffnung des Eisfjordes vom Eise geschlossen sei.

Die Spitzbergenfahrer haben im Allgemeinen eine große Furcht vor dem Herbsteise, und das vielleicht mit Recht, indem sie sich der häufigen unfreiwilligen Ueberwinterungen und des unglücklichen Ausganges derselben — oft eine Folge der zu kärglichen Ausrüstung — erinnern. Es war deshalb nicht zu verwundern, daß, als wir am Morgen auf Deck kamen, wir nur besorgte Mienen zu sehen und muthlose Aeußerungen in Betreff der Zukunft zu hören bekamen. Ein Vorschlag folgte dem andern. Unser alte gute Bootsmann meinte, wir sollten, so lange der Boden noch nicht gefroren sei, und während wir noch Kräfte genug hätten, unsere Gräber graben, um doch unserm so gut wie gewissen Schicksal wenigstens mit dem Bewußtsein entgegen zu sehen, daß wir in einem anständigen Grabe ruhen würden. Ein Zweiter, der nicht so trübe in die Zukunft sah, gab den mehr praktischen Rath, sich sofort auf die Ueberwinterung einzurichten, auf die Berge zu steigen und Rennthiere zu jagen. Ein Dritter war allerdings der Gescheidteste, indem er den Vorschlag machte, sich zu überzeugen, ob die Jäger auch recht berichtet, ob sie nicht infolge ihrer erregten Phantasie blinden Lärm geschlagen hätten. Sofort begaben sich daher zwei Partien an's Land, um einige Berge zu besteigen und zugleich der Rennthierjagd obzuliegen. Die Jagdpartie, welche aus Smitt, dem Steuermann Mack und drei Matrosen bestand, nahm ihren Weg auf das Bergplateau, wo sie die aus den Thälern verjagten Rennthiere anzutreffen hofften. Dunér und Blomstrand folgten dem Abhange nach der Oeffnung des Fjordes hin und nahmen hier von einem etwa 500 Fuß hohen Berge wahr, daß das Eis sich fast über den ganzen äußeren Fjord ausbreitete, aber, wie es den Anschein hatte, sodünn und vertheilt, daß sie eine Fahrt, mindestens längs dem Lande im Norden, für ausführbar hielten. Die Jäger hatten das Eis wahrscheinlich blos vom Wasser aus gesehen, wo es den durch die Angst vor einer Ueberwinterung ein wenig verwirrten Augen als eine dicht zusammengepackte Masse erschienen war. Die Partie kam Mittags, zwar ohne Jagdbeute, aber mit um so besseren Nachrichten zurück. Uebrigens hatten sie nicht weit vom Hafen ein Steinkohlenlager entdeckt, das uns von gutem Nutzen geworden wäre, wenn das Eis aus dem Spiele Ernst gemacht und uns wirklich eingesperrt hätte. Die Partie, welche mit Hülfe der grönländischen Hunde drei Rennthiere erbeutet hatte, bestätigte Blomstrand's und Dunér's Angaben in Betreff des Eises.

Obwohl für den Augenblick beruhigt, beschlossen wir doch in jedem Falle von dem Südwestwinde, so conträr er auch war, Nutzen zu ziehen und uns von den Gefahren des Fjordes zu befreien. Die Strömung war günstig, der Wind frisch; aber die Jagdpartie kam nicht vor acht Uhr Abends zum Schiffe zurück; wir mußten daher noch bis zum andern Morgen liegen bleiben, um die veränderte Strömung abzuwarten. Die physikalischen Instrumente und andere Effecten waren mittlerweile schon Nachmittags an Bord gebracht, Nachrichten für Torell in der Russenhütte niedergelegt und Alles zur Abfahrt fertig gemacht worden. Wir gingen daher viel ruhiger zu Bette, als wir aufgestanden waren. In der Frühe des 6. September hißten wir die Segel, hatten Mittags die Advent-Bai verlassen und begannen im Eisfjorde zu kreuzen. Da ein „laberer" Wind aus Südwesten wehte, so ging es nur langsam vorwärts. Das sehr vertheilte Eis bildete kein wesentliches Hinderniß; es zog sich überdies mehr nach der südlichen Küste hin und füllte die Advent-Bai. Am Morgen des 7. befand sich Magdalena der Kohlen-Bai gegenüber, aber erst um fünf Uhr Nachmittags in der Mündung des Eisfjordes; hier traf sie wieder auf Eis und mußte darin noch die ganze erste Woche über am 8. September segeln. Um acht Uhr Vormittags war das Eis passirt; im Westen und Norden lag das Meer vollkommen offen da, und nur in Südosten erschien das Treibeis gepackt und sperrte wahrscheinlich die südlichsten Fjorde Spitzbergens, den Bell- und Hornsund.

Dorthin sollte nun der Weg gehen. Die Naturforscher der Magdalena, Goës und Smitt, welche überall mit unermüdetem Eifer die Producte des Meeres und Landes gesammelt hatten, sehnten sich danach, auch diese Buchten zuletzt noch zu untersuchen. Blomstrand durfte, im Hinblick auf die schönen von ihm gemachten Entdeckungen, auf wichtige, die Geologie des Landes betreffende Aufschlüsse rechnen; — aber die Zeit war abgelaufen, Magdalena mußte dem Aeolus entgegenfahren. Da überdies Torell und Nordenskiöld schon 1858 diese Fjorde untersucht hatten, so wurde der Plan aufgegeben und mit dem frischen Südwinde nach Norden — diesesmal westlich vom „Vorlande" — gesteuert. Die Kühlte nahm im Laufe des Tages mehr und mehr zu; ein Schneeschauer löste den andern ab; mit Mühe konnte man das Land im Auge behalten, und am Morgen des 9. wüthete der Sturm mit der ihm hier eigenen Gewalt. Später wurde die Luft klarer; die Berge der Kobbe-Bai kamen in Sicht; es lag dort ein Schiff vor Anker: unser Aeolus. Um nicht auf den Strand zu gerathen, hielten wir uns vom Lande entfernt und segelten mit halbem Winde. Dadurch, sowie infolge des Gegenstromes kamen wir aber in Gefahr, auf den Grund getrieben zu werden. Noch ein paar Kabellängen und Magdalena hätte festgesessen. Aber ein paar geschickte Manöver befreiten uns aus der Gefahr. Wir erreichten wieder tiefes Wasser und befanden uns um sechs Uhr Morgens am 9. September neben dem Aeolus.

Man eilte von einem Schiffe zu dem andern. In der Freude des Wiedersehens, nach zehnwöchentlicher Trennung, Alle frisch und munter, verging der erste Tag schnell genug. Wie viel war nicht zu erzählen, was hatte man nicht gesehen, was erfahren! Alle hatten abenteuerliche Fahrten durchgemacht, ein Jeder unverdrossen zur Erreichung des Allen gemeinschaftlichen Ziels das Seinige beigetragen. Man zeigte einander, was man von dem Eingesammelten für das Interessanteste erachtete, von Gesteinen, Pflanzen und Thieren, und die Vorstellung, daß wir infolge unserer emsigen Bemühungen zur Kenntniß dieser hochnordischen Natur ein größeres Material zusammengebracht, als irgend eine Expedition vor uns, gab der Freude des Wiedersehens einen Zug wahrer Zufriedenheit, welche nur begreifen kann, wer einmal an einem solchen Augenblicke Theil genommen hat. Aber Alle stimmten darin überein, daß der Sommer zu kurz gewesen, daß so Vieles nicht gesehen und ununtersucht geblieben, und die Rückkehr zu nahe sei.

Der Tag hatte übrigens noch eine besondere persönliche Bedeutung für den Leiter unserer Expedition; er wurde deshalb auch mit einem Festmahl am Bord des Aeolus und einer Extraverpflegung der Mannschaft gefeiert. Beide Schiffe hatten zu seinen Ehren geflaggt.

Sorteppynt auf Prinz Charles Vorland.

## Sechzehntes Kapitel.

### Aus der Geschichte von Spitzbergen.

Die wenigen Tage, die wir in der Kobbe-Bai zubrachten, hatten wir benutzt, um verschiedene Ausflüge zu machen, unter Anderm zu der schon früher erwähnten Smeerenberg-Bucht. Die Erinnerung an die lebhafte Bewegung, welche einst an dieser Stelle herrschte, mag uns Veranlassung geben, einen Blick auf die Geschichte Spitzbergens, dieses so sonderbaren, unbewohnten Landes zu werfen.

Nachdem Barents im Jahre 1596 Spitzbergen entdeckt, wurde es erst nach elf Jahren wieder von dem berühmten arktischen Seefahrer Henry Hudson besucht, welcher im Jahre 1607 von der sogenannten Moscovy Company ausgesandt wurde, um einen Weg nach China zu entdecken. Nach einer sechs Wochen langen Fahrt, oft durch Treibeis, erreichte er 80° 23′ und wandte sich erst ostwärts, dann aber bald nach Süden, wegen des vielen Eises. Nachdem er noch eine Bootexcursion in einen der Häfen auf der Nord- oder Nordwestküste Spitzbergens unternommen, und ein Ende nach Nordosten gefahren war, kehrte er mit der Ueberzeugung zurück, daß in dieser Richtung eine Passage nicht zu finden sei.

„In der Bucht, von welcher ich früher gesprochen," — sagt Hudson — „und ringsum an den Küsten schwammen mehr Seehunde, als ich sonst irgendwo zuvor wahrgenommen hatte."

Er war also der Erste, der die Aufmerksamkeit auf Spitzbergen als einen guten Jagdplatz lenkte. Er spricht von dem Reichthum an Treibholz, dem blauen und grünen Meerwasser und dem Eisblink, widerlegt auch die zu seiner Zeit herrschende Ansicht der Geographen, daß Grönland umschifft werden könne.

Drei Jahre später wurde von derselben Compagnie Jonas Poole, welcher schon früher an den sechs Expeditionen nach Bären-Eiland unter Bennet und Welden, 1603–1609, Theil genommen, ausgerüstet. Er kam den 16. Mai nach Spitzbergen und ankerte vor einer Bucht, welche den Namen Hornsund erhielt, und zwar nach einem am Strande gefundenen Rennthierhorn. Einem südlich von ihr gelegenen Berge, dem ersten, welchen er wahrnahm, gab er den Namen Moscovy Mount. Von diesem Ankerplatze begab er sich nach Nordosten zu einer Insel in 78° 37′ nördl. Br., deren Spitze Fair Foreland genannt wurde. Auf einem kleinen Holme vor einer Bucht — Deersund — schoß er einen Eisbären und entdeckte hier zugleich sehr gut brennende Steinkohlen.

Beim Amsterdam-Eiland ging er in die von ihm Fair Haven benannte Vik, jagte Rennthiere und Walrosse und kehrte am Ende des Juli zurück. Während seiner ganzen Reise erblickte er in der Nähe der Küsten eine große Zahl von Walfischen, unzweifelhaft seine wichtigste Entdeckung, denn von Poole's Reise 1610 datirt der Walfischfang auf Spitzbergen.

Daß die Kunst Nimrod's schon frühe gegen die größten Thiere der Welt in Anwendung gekommen, ist bekannt. Schon Alfred der Große erzählt, daß Other von Halogoland in der Nähe von Drontheim auf dem Walfischfang gewesen „und so weit nach Norden gegangen, als die Walfischfänger für gewöhnlich kommen.“ Biscayer, Spanier, Franzosen und Flamänder jagten schon frühe auf Walfische in der Nähe ihrer Küsten, und seit 1575 auch in entfernteren Regionen. Die Engländer, welche erst 1594 den Walfischfang an den Küsten Nordamerikas zu treiben begannen, und später bei Island und dem Nordcap, wandten sich nun mit aller Energie Spitzbergen zu.

Die Moscovy Company rüstete sogleich nach Poole's Rückkehr zwei Schiffe aus, unter Leitung von Poole und Stephen Bennet, nebst Edge als „Factor“ und sechs biscayischen Harpunirern. Sie hatten eine höchst abenteuerliche Fahrt. Die Schiffe wurden von einander getrennt, Poole fuhr nach Norden bis zum 80. Grade, sodann nach Grönland und nach Bären-Eiland. Edge dagegen wurde, nachdem er einen Wal erlegt, in Foulsund vom Eise eingeschlossen und kochte hier aus dem Speck des Thieres

Thran. Sein Schiff ging verloren, er aber begab sich mit zweien Booten erst zum Hornsund, wo er ein Schiff von Hull antraf, das ihm seine Ladung abnahm, und sodann weiter nach Bären-Eiland. Nachdem er vierzehn Tage lang gesegelt, erreichte er nicht blos diese Insel, er traf auch wunderbarer Weise mit Poole und dessen Schiff zusammen. Sie kehrten nun Alle zum Foulsund zurück, wo sie den 14. August anlangten, und fanden hier das Schiff von Hull und den Rest der Besatzung, welche in den Booten nicht Platz gefunden hatte, noch vor. Dann gingen sie nach Bären-Eiland zurück, verloren durch Unachtsamkeit auch das zweite Schiff und kehrten mit dem Huller Schiffe nach England zurück. Die ausgestandenen Gefahren müssen auf sie keinen großen Eindruck gemacht haben, denn im folgenden Jahre, als von der Moscovy Company eine neue Expedition nach Spitzbergen ausgerüstet wurde, war Poole wieder zur Theilnahme bereit. Sie machten einen guten Fang: 17 Wale und einige Walrosse, welche zusammen 180 Tonnen Thran gaben. Zwei holländische Schiffe, welche vor ihnen dort waren, wurden an der Ausübung der Jagd gehindert und zuletzt vertrieben. Ein Kaufmann Kijn, welcher sich auf dem einen dieser holländischen Schiffe befand, verunglückte bei einer unvorsichtigen Bergbesteigung auf Prinz Charles Vorland. Ein spanisches Fahrzeug war gleichfalls dort und machte einen guten Fang in Green Harbour, aber sein Lootse, der Engländer Woodcock, mußte nach seiner Rückkehr nach England das Verbrechen, auf einem fremden Schiffe gedient zu haben, mit sechsmonatlichem Gefängniß büßen. Solche Anschauungen hatte man damals vom Handel und der Concurrenz. Aber in den folgenden Jahren wurde es noch viel schlimmer, so daß fast anhaltend eine Art von Kriegszustand zwischen den Engländern und den übrigen Nationen auf Spitzbergen herrschte. Die englische Handelsgesellschaft erhielt 1613 ein Royal Charter, durch welches sie das Recht erlangte, mit Ausschluß aller anderen Engländer und der Fremden, bei Spitzbergen den Fang und die Jagd zu betreiben. Um ihr Monopol aufrecht zu erhalten, rüstete sie sieben bewaffnete Schiffe aus, von denen das Hauptschiff zwanzig Kanonen führte. Sie stießen auf acht spanische, vier oder fünf holländische, fünf französische, vier englische und mehrere biscayische Schiffe. Da diese der Flotte der Compagnie nicht gewachsen waren, so wurden sie geplündert und vertrieben, mit Ausnahme zweier französischen, welche gegen Erlegung eines Tributes die Erlaubniß erhielten, weiter zu jagen. Ueberdies wurde ein holländisches Schiff mit englischer Besatzung als gute Prise aufgebracht; sein Werth betrug ungefähr 130,000 Gulden. Die Holländer, welche sich mit Recht über dies Verfahren beschwerten, benahmen sich übrigens genau ebenso gegen die Spanier. Es mag hier noch angeführt werden, daß der später so berühmte Baffin, welcher damals der englischen Flotte folgte, mit scharfem Blicke die außerordentlich ungleiche Strahlenbrechung in den verschiedenen Luftschichten entdeckte, indem er sagt: „Ich vermuthe, daß die Strahlenbrechung größer oder minder ist, je nachdem die Luft dichter oder dünner ist; doch überlasse ich die Entscheidung hierüber den Gelehrten.“ —

Im folgenden Jahre 1614 war die holländische Jagdflotte von vier Kriegsschiffen begleitet und dadurch den Engländern überlegen. Es kamen keine Streitigkeiten oder Gewaltthaten vor; man machte vielmehr auf beiden Seiten reiche Ausbeute. Die Holländer hatten achtzehn Schiffe, die englische Flotte bestand aus zwölfen, unter dem Befehl von Fotherby, mit dem Auftrage, auch eine Entdeckungsreise weiter nach Norden zu machen. Sie wählten Fair Haven zu ihrem Standquartier, bestimmten die Lage von Magdalena-Hook auf 79° 34′ und drangen mit Booten durch das Eis zur Red Beach vor, fanden jedoch die ganze Nordküste von Eis umschlossen. Darauf gingen sie zu Schiffe „acht starke Seemeilen“, von Vogelsang ab gerechnet — damals Cape Barren genannt — nach Nordosten, bis sie auf Eis trafen. Auf dieser Fahrt geschah es, was sonst seltener in den kälteren Gegenden sich zu ereignen pflegt, daß das Meer in der Nacht zum 15. August sich mit Eis bedeckte, „von der Dicke eines Thalers“.

Im Jahre 1615 wurde Baffin wieder ausgesandt, doch kam er nicht weiter als bis zu Hakluyt's Headland. Er nahm eine Karte von den Küsten auf und giebt als das Ergebniß seiner Reise an, daß er trotz des vielen Eises eine Fahrt zwischen Spitzbergen und Grönland für möglich halte. Er räth auch der englischen Gesellschaft, jährlich 100 bis 200 Pfund Sterling auf die Ausrüstung eines kleinen Schiffes, mit 100 Mann Besatzung, zu verwenden, um das Meer zwischen Grönland und Spitzbergen zu erforschen. Ein besserer Rath konnte wohl auch kaum gegeben werden, denn mit kleinen Schiffen wird man in diesen Gewässern immer viel besser vorwärts kommen, als mit großen.

Die Holländer waren auch dieses Jahr stärker als die Engländer und hatten einen guten Erfolg, während er den letzteren, die noch dazu vom Eise eingeschlossen waren, fehlte. Jetzt traten aber auch die Dänen mit dreien großen Kriegsschiffen auf und forderten als Besitzer von Grönland — wozu nach der damaligen Ansicht Spitzbergen gehörte — von den Engländern Tribut. Diesen Ansprüchen stellten die Engländer ihr gewöhnliches Argument entgegen, daß ihr Landsmann Willoughby das Land entdeckt habe. Die Zwistigkeiten hatten kein anderes Resultat, als daß die Dänen beschlossen, den Walfischfang bei Spitzbergen nunmehr selbst zu betreiben.

Da die Engländer mit einer Flotte von acht Schiffen im Jahre 1616 einen sehr guten Fang machten, die Holländer mit blos vieren aber einen sehr schlechten, so kamen nun die ersteren im folgenden Jahre mit vierzehn Schiffen an und erbeuteten nicht weniger als 150 Walfische, oder 1,800 bis 1,900 Tonnen Speck, außer einer großen Menge, die sie aus Mangel an Raum zurücklassen mußten. Edge, welcher den Befehl über die Flotte führte, erlaubte sich wieder Gewaltthätigkeiten gegen ein holländisches Fahrzeug, das sich auf seine Aufforderung hin nicht entfernen wollte, und der alte Streit loderte von Neuem auf. Dazu kam, daß das Patent, welches König Jakob von England im Jahre 1618 ausgefertigt hatte, und nach welchem Engländer, Schotten und Holländer für gleichberechtigt angesehen werden sollten, nicht beobachtet wurde. Die aufgebrachten Holländer sandten daher eine Flotte von 23 Schiffen nach Spitzbergen, schlossen alle Häfen und verhinderten die Engländer, Jagdboote auszuschicken. Zuletzt fielen fünf holländische Schiffe drei englische in einem Hafen des „Vorlandes" an, schossen ihre Takelage zu Schanden, tödteten einen Theil der Besatzungen, nahmen die Kanonen und Munition fort, verbrannten die Fässer und führten die Schiffe als gute Prise mit sich. Nach Hause gekommen, gaben sie dieselben indessen später wieder zurück. Dieses war aber auch das Ende der Streitigkeiten, die Regierungen legten sich dazwischen, und man beschloß, alle damals noch gleich guten Häfen zu vertheilen. Im Jahre 1619 wurde die Theilung vollzogen. Die Engländer bekamen nicht blos zu wählen, sondern auch mehr Häfen als die anderen. Sie nahmen Bellsund, Safe Haven im Eisfjord, Hornsund und die Magdalenen-Bai. Nach den Engländern wählten der Reihe nach die

Holländer, die Dänen, die Hamburger und zuletzt die Biscayer. Die Holländer ließen sich bei Amsterdam-Eiland nieder, die Dänen stationirten sich in der Kobbe-Bai und bei der Däneninsel, und die Hamburger, welche bald nach den Dänen ihr erstes Jagdschiff ausgesandt hatten, wählten die kleine Hamburger Bai. Die Spanier und Franzosen, obwohl sie zu den ersten Walfischjägern auf Spitzbergen gehört hatten, mußten sich mit den Häfen an der Nordküste begnügen. An sie erinnert der Name „Biscayer-Hoek" noch heute.

Seitdem blieb es hier im Allgemeinen friedlich und still. Dieser Zustand wurde wohl zuweilen unterbrochen, doch nur infolge der anderswo auf Erden herrschenden Kriege, nicht aber aus sonstigem Neid oder Mißgunst beim Walfischfange. Um bessern Wind abzuwarten, oder in Unglücksfällen, durften die Schiffe auch in fremde Häfen einlaufen, indessen während ihres Aufenthaltes sich keiner Jagd hingeben. Die Regierungen der Staaten, von welchen Schiffe auf den Fang ausgingen, wetteiferten nun mit einander, durch Belohnungen das Unternehmen aufzumuntern, und nur zwischen den in den einzelnen Ländern gebildeten Jagd- und Handelsgesellschaften ging der Wetteifer oft in Neid und Intriguen über. Unermeßlich war der Gewinn, wenn Alles wohl vorbereitet ausgeführt wurde, groß aber auch die Verluste, wenn es dem Unternehmen an Geschick und Leitung fehlte. Wer die Walfischjagd und ihre Geschichte gründlich kennen lernen will, mag Scoresby's berühmte Arbeit, welche in der Hauptsache der folgenden Darstellung zu Grunde liegt, zur Hand nehmen.

Werfen wir zuerst auf die Geschichte des englischen Walfischfanges einen Blick, so finden wir, daß nach dem ungünstigen Jagdjahre 1619 die East India Company, welche sich mehrfach mit der Moscovy oder Russia Company associirt und in das Unternehmen 120,000 Pfund Sterling gesteckt hatte, in die Lage kam, sich von demselben durchaus zurückzuziehen. Hierauf übernahmen vier Mitglieder der Moscovy Company das Geschäft und betrieben die Walfischjagd mit wechselndem Glücke. Außer der Compagnie hatten die schon einige Jahre vorher in Hull gebildete Gesellschaft, auch einige Privatleute in London Schiffe auf den Fang geschickt. Man erkannte bald die Nothwendigkeit, Wohnhäuser und Thransiedereien zu erbauen, und suchte den Plan der Holländer, aus den bloßen Jagdstationen dauernde Ansiedelungen zu bilden, auszuführen. Mindestens sollten zum Unterbringen der Jagdgeräthe und der Thrantonnen die geeigneten Schuppen errichtet werden. Eine große Belohnung wurde denjenigen versprochen, welche zu überwintern versuchen würden. Aber noch fand sich Keiner, der den Muth dazu gehabt hätte.

In einem Jahre des dritten Decenniums erwirkte sich die Moscovy Company die Erlaubniß, einige zum Tode verurtheilte Verbrecher auf Spitzbergen überwintern zu lassen. Aber obwohl man ihnen Begnadigung versprach, wenn sie dort blieben, konnte man sie nicht dazu bewegen, als sie dieses fremde und unheimliche Land kennen lernten. Sie baten wieder zurückgebracht zu werden und zogen es vor ihre Strafe zu erleiden.

Einige Jahre später ließ ein Schiff von London, das sich vor dem Eise retten mußte, neun Mann in einer Bucht des Eisfjordes, in Bottle Cove, zurück. Sie kamen sämmtlich elendiglich um; man fand von ihnen im folgenden Jahre nichts als ihre von wilden Thieren verstümmelten Glieder. Solche unfreiwillige Ueberwinterungen kommen in der Geschichte Spitzbergens nicht selten vor. Schon im folgenden Jahre 1630 ereignete es sich, daß derselbe Capitän Wil. Goodler wieder acht Mann zurückließ, welche wunderbarer Weise den ganzen Winter aushielten und Alle wohl und gesund nach London zurückkehrten. Einer dieser Leute, Pellham, „gunnersmate" auf dem Schiffe Salutation, gab 1631 eine Beschreibung dieser merkwürdigen Ueberwinterung heraus, welche allerdings nicht die einzige geblieben ist. Der andere Bericht, welcher im Jahre 1855 von der Hakluyt Society herausgegeben worden, und aus welchem wir einen Auszug mittheilen, lautet: „God's power and providence in the preservation of eight men in Greenland*), nine moneths and twelve dayes."

Den 15. August wurden sie an's Land in der Nähe des Eisfjordes geschickt, um Rennthiere zu jagen, während das Schiff in der Mündung der Bucht kreuzte. Schon den ersten Tag erlegten sie 14 Rennthiere. Als sie am andern Morgen erwachten, herrschte ein so dichter Nebel, daß sie das Schiff nicht mehr sehen konnten. Die Mündung des Fjordes hatte sich mit Treibeis gefüllt. Sie begaben sich deshalb in dem Boote längs der Küste bis Green Harbour, wo sie ein anderes Schiff zu finden hofften, das, wie

*) D. h. Spitzbergen.

ihr eigenes, unter dem Befehle Goodler's stand, und wohin zwanzig Mann von der Salutation geschickt worden waren. Unterwegs schossen sie wieder acht Rennthiere. Als sie aber nach Green Harbour kamen, fanden sie zu ihrer Ueberraschung, daß das Schiff den Hafen bereits verlassen hatte. Nun begaben sie sich zum Bellsund, wo nach der Verabredung ihre Schiffe sich treffen sollten, warfen, um das Boot zu erleichtern, ihre Jagdbeute über Bord, kamen aber im Nebel ohne Compaß zu weit südlich zum Hornsund. Einer von ihnen, der schon sechs- oder siebenmal auf Spitzbergen gewesen, war Lootse, kannte aber den Weg doch nicht genau, weshalb die Anderen ihn bestimmten, umzukehren. So fuhren sie denn ein Ende nach Norden, das Wetter klärte sich auf und der Lootse versicherte, sie wären auf dem falschen Wege. Nun gingen sie wieder nach Süden. Zuletzt erhielten sie die Ueberzeugung, daß der Lootse Unrecht habe; Pellham ergriff das Steuer, und sie wandten sich wiederum nach Norden. Der Wind kam ihnen zu Hülfe, und am 21. August erreichten sie Bell Point.

Aus dem Fjorde blies ein so steifer Nordost, daß sie Schutz vor dem Winde und einen Hafen für ihr Boot suchen mußten. In Bellsund bei „Rynier's Bai" war einige Jahre vorher von den Holländern ein größeres Vorraths-Etablissement errichtet worden, aber seitdem von den Engländern benutzt und als ihr Eigenthum angesehen. Es bestand aus mehreren Häusern, von denen eines 80 Fuß lang und 50 breit und mit Dachpfannen gedeckt war, auch mehrere Oefen zum Kochen und Sieden enthielt. Pellham und seine Begleiter hofften hier das Schiff mit ihren Kameraden zu finden; es wurden deshalb zwei Mann dorthin geschickt. Sie kehrten indessen bald mit der traurigen Nachricht zurück, daß das Schiff auch von dort abgefahren sei. Als der Sturm etwas nachgelassen hatte, ruderten sie nach Bottle Cove auf der andern Seite des Bellsund, fanden aber auch hier nichts. Die schrecklichen Empfindungen, welche gerade diese Stelle in ihnen erregen mußte, denn sie wußten, welches der Ausgang ihrer Berufsgenossen im letzten Jahre eben hier gewesen war, lassen sich kaum schildern. Pellham sagt von dieser Lage: „Als wären wir schon zu Eis erstarrt, wie dieses Land selbst, standen wir da, ohne Empfindung und ohne Besinnung, und blickten nur düster und voll trauriger Theilnahme einander an." So entblößt sie auch von Allem waren, ohne Nahrung, Kleider und Wärme, faßten sie doch bald Muth und beschlossen einhellig, nach Green Harbour zurückzukehren, um ihren Bedarf für den bevorstehenden Winter zu schießen. Denn an eine Heimkehr in dem Boote war nicht zu denken.

Sie hielten sich im Eisfjord bis zum 3. September auf, schossen 19 Rennthiere und 4 Bären, hätten aber bei einem Sturme in Bottle Cove beinahe Alles verloren, indem die beiden Boote, — eins hatten sie bei Green Harbour gefunden — auf denen sich die Jagdbeute befand, in einer stürmischen Nacht mit Wasser angefüllt wurden, so daß sie in dem aufgeregten Meere umherwaten mußten, um das Verlorene wieder zu sammeln. Als sie zum Bellsund zurück kamen, wählten sie als ihre Wohnung das erwähnte Bretterhaus, welches früher als Tonnenbinder-Werkstatt benutzt worden war.

Ein in der Nähe befindliches Haus zum Thrankochen lieferte ihnen das genügende Bauholz nebst Ziegeln; sie führten in der Tonnenbinderwerkstatt ein Haus auf, von denen zwei Wände mit den schon vorhandenen verbunden wurden, und zwar ganz und gar von Ziegeln. Die beiden übrigen Wände machten sie von doppelten Brettern und füllten den einen Fuß breiten Zwischenraum mit Sand aus. Die Kälte war oft so stark, daß der Mörtel, um nicht zu gefrieren, erwärmt werden mußte.

Auf solche Art erhielten sie eine ziemlich geräumige, 20 Fuß lange und 16 Fuß breite Stube. Freilich war sie ohne Fenster und das Licht kam nur durch die ungefähr vier Fuß lange Schornsteinröhre. Das Dach bestand aus fünf- und sechsfachen Brettern, die Thüre aber wurde mit einer zufällig vorgefundenen Matratze verdeckt. An den Wänden richteten sie vier Kojen ein, jede für zwei Mann; die Felle der geschossenen Rennthiere vertraten die Stellen der Betten. Zur Feuerung dienten die zu dem Etablissement gehörigen sieben nicht mehr brauchbaren Boote, welche von Walfischfängern zurückgelassen waren, nebst Tonnen u. A. Doch vermieden sie solche Dinge zu verbrauchen, welche für die Jagd im folgenden Jahre von irgend welchem Nutzen sein konnten.

Am 12. September, als sie alles dieses verrichtet hatten, kam etwas Treibeis in die Bucht. Auf einem Stücke lag ein Walroß mit seinem Jungen. Mit einer alten Harpune erlegten sie beide, und fühlten sich sehr glücklich, als sie eine Woche später noch ein Walroß erhielten. Nun überrechneten sie ihren Speisevorrath und fanden, daß er nur für die halbe Zeit ihres Aufenthaltes ausreiche. Sie kamen deshalb überein, blos fünfmal in der Woche und nur einmal täglich zu essen, am Mittwoch und Freitage zu fasten, indessen so, daß es einem Jeden freistand, von den Ueberbleibseln der Walfische, die man auf dem Strande vorfand, zu genießen. Nachdem sie mit Nadeln aus Fischbein und Hanffäden ihre Kleider in Ordnung gebracht hatten, gab es nichts mehr vorzubereiten. Aber nun begann sich die Sorge einzustellen, besonders als nach dem 10. October die Kälte die Bucht ringsum mit Eis belegte. Sie faßten indessen wieder Muth, und gottesfürchtig wie sie Alle waren, verdoppelten sie ihre Bitten um Kraft und Geduld in ihrem Elende.

Um den geringen Vorrath von Brennmaterial besser zu sparen, brieten sie nun jeden Tag ein halbes Renn und packten es in einem Fasse ein; doch ließen sie so viel ungebraten, daß sie einen Sonntag im Monat und zu Weihnachten frischgebratenes Fleisch haben konnten. Aber sie fanden nun weiter, daß der Vorrath nicht ausreichen werde, wenn sie so viel wie bisher äßen; sie beschlossen daher, sich von jetzt ab an vier Tagen der Woche von den Ueberbleibseln der Walfische zu nähren, eine schon an und für sich scheußliche Kost, welche nun überdies zu verderben begann, so daß man sie kaum noch zu genießen vermochte. Aber es heißt ja: „Noth kennt kein Gebot," oder besser: Noth ist ein harter Lehrmeister.

Am 14. October ging die Sonne unter und kam vor dem 3. Februar nicht wieder zum Vorschein. Anfangs schimmerte es noch etwa acht Stunden täglich; aber auch dieses Licht nahm täglich um zehn Minuten ab bis zum 1. December; dann herrschte bis Neujahr eine vollkommen dunkle Nacht; nur zuweilen zeigte sich am südlichen Himmel bei klarem Wetter ein weißer Streifen, wie von Schnee, der sie daran erinnerte, daß ihre Verwandten und Freunde in der Heimath sich nun des Tageslichtes erfreuten. Um nicht von der Dunkelheit gemartert zu werden, die nach allen Beschreibungen die größte Qual und der schlimmste Feind bei einer solchen Ueberwinterung sein soll, fertigten sie drei Lampen aus einem Stücke Zinn und erhielten sie die ganze Zeit über brennend. Der Docht bestand aus Hanffäden von Tauenden, statt des Oeles aber brannten sie Walfischthran. Zwar hätte der Mond scheinen sollen; aber für gewöhnlich war die Luft so dick und neblig, daß er die eisige Landschaft nicht zu beleuchten vermochte. Am 1. Januar nahmen sie wieder eine Dämmerung wahr, die täglich länger wurde. Bis zum Januar war die Kälte erträglich, dann nahm sie aber mit jedem Tage zu, und wahrscheinlich haben sie dieselbe nicht übertrieben, wenn sie sagen: „sie sei so streng gewesen, daß sie Blasen auf der Haut bekamen, wie wenn sie sich verbrannt gehabt hätten.“ Noch bis zum 10. Januar hatten sie eine Wake in einem kleinen Teiche am Strande offen erhalten, aber nun fror er bis zum Boden zu, und sie mußten — bis zum 20. Mai — um Wasser zu bekommen, eine heiße Stange Eisen in den Schnee stecken.

Am letzten Januar hatte die Dämmerung schon eine Länge von sieben bis acht Stunden. Sie erkannten nun, daß ihr Mundvorrath nicht mehr länger als sechs Wochen ausreichen könnte; aber wenn die Noth am größten, ist die Hülfe am nächsten: am 3. Februar kam eine Bärin mit ihrem Jungen zu ihrem Hause; dieselbe stürzte, wahrscheinlich von demselben Hunger, wie diese Menschen, getrieben, auf sie los und wurde mit Spießen erlegt. An diesem Tage beleuchtete auch die Sonne zum ersten Male wieder die Spitzen der Berge, und „die Klarheit der Sonne und der Glanz des Schnees waren so gewaltig, daß sie hätten einen Todten erwecken können“. Mit dem Lichte verbesserte sich allmählich auch ihre Lage. Es kamen sehr viele Bären zu ihrem Hause heran, — man zählte bis 40 Stück — es wurden sieben erlegt, und sie begannen wieder zwei- und dreimal des Tages zu essen, so daß sie ihre alte Kraft wieder erlangten. Sie hüteten sich jetzt, die Leber zu verzehren, wie sie es das erste Mal gethan; denn sie waren davon krank geworden und hatten die Haut verloren. Anfangs März fanden sich auch Alken ein und Füchse. Sie errichteten Fallen, legten Köder von Alken hinein, die sie auf dem Schnee fanden, und erbeuteten etwa fünfzig Füchse. Die Alken fingen sie in der Art, daß sie ein Bärenfell, die innere Seite nach oben, ausbreiteten und darauf Schlingen anbrachten, mit Springfedern von Fischbein. So erhielten sie etwa sechzig Stück. Am 24. Mai erblickten sie ein Rennthier und versuchten die Hunde, welche ihre Gefangenschaft getheilt hatten, auf dasselbe zu hetzen. Sie waren aber so fett und schwerfällig geworden, daß sie das Thier nicht einzuholen vermochten. An demselben Tage fanden sie auch 30 Eier eines Vogels (Willock), und beabsichtigten am folgenden Tage mehr zu holen, als ein eigenthümliches Ereigniß eintrat.

Sie waren in der letzten Zeit jeden Tag auf einen Berg gestiegen, um nach einem Schiffe zu spähen. Diesen Tag wehte aber ein so heftiger Wind aus Nordosten, und es war so kalt, daß sie sich drinnen hielten. Der Wind trieb das von den Westwinden schon zerbrochene Eis aus der Bucht, und es kamen zwei Schiffe von Hull hinein, um zu sehen, ob die Unglücklichen noch lebten. Die ausgeschickten Leute trafen erst auf das Boot unserer Helden, das zur Walroßjagd ausgerüstet dalag, und eilten zum Hause. Als die von draußen ihr übliches „Hoi" riefen und die drinnen es mit lautem „Ho" beantworteten, blieben sie anfangs ganz erschreckt stehen. Aber schon waren die glücklichen, überraschten Bewohner des Hauses draußen, führten ihre Landsleute hinein und boten ihnen all' ihr Bestes an: vor vier Monaten gebratenes Rennthierfleisch und frisches Wasser.

Nach vier Tagen, am 28. Mai, kam die Londoner Flotte an. Der Admiral behielt unsere Helden zwei Wochen lang bei sich, und sie wurden in dieser Zeit so vollkommen wiederhergestellt, daß vier von ihnen auf seinem Schiffe Dienste nahmen, die übrigen aber bei einem andern Schiffer, der sie allerdings auf das Unfreundlichste empfing, „indem er sie Ausreißer nannte und mit anderen rohen und unchristlichen Namen, die sich für einen gebildeten Menschen nicht ziemen, belegte." Erst am 21. August verließen sie Spitzbergen und durften nach glücklich überstandenen Mühen ihr Vaterland wiedersehen.

Die Namen dieser Ueberwinterer verdienen der Nachwelt erhalten zu werden. Sie sind: Wil. Fakely, gunner (d. h. Constabel); Edward Pellham, gunnersmate; John Wise und Robert Goodfellow, Matrosen; Phomas Ayers, specksynder, d. h. Speckhauer; Henrik Bett, Böttcher; John Daves und Richard Kellet, Thransieder. — —

Wir kehren zu dem Walfischfange der Engländer bei Spitzbergen zurück. Er wurde nach dem Jahre 1623 matter betrieben, obwohl die Moscovy Company 1635 von Karl I. das Privilegium erhielt, ausschließlich Thran und Fischbein in England einzuführen. Trotzdem wurde nur gelegentlich das eine und andere Schiff nach Spitzbergen gesandt, mitunter fand man hier kein einziges englisches vor, wogegen die Holländer und Hamburger drei- bis vierhundert hatten. Die Regierung nahm daher die Sache 1672 in die Hand und erließ eine für zehn Jahre gültige Acte, nach welcher jeder einheimische Walfischfänger von Zöllen befreit sein und die Erlaubniß haben solle, die Hälfte der Besatzung aus Ausländern zu wählen. Diese Bestimmung hatte jedoch keinen andern Erfolg, als daß ein paar Privatpersonen einige Versuche wagten. Sieben Jahre später befand sich der Walfischfang wieder in derselben Agonie.

Man machte nunmehr den Vorschlag, eine Actiengesellschaft zu gründen, aber es blieb bei dem Vorschlage. Im Jahre 1690 wurden die Privilegien von 1672 auf vier weitere Jahre erneuert, doch kam es nicht zur Ausrüstung eines einzigen Schiffes. Im Jahre 1693 brachte endlich William Scaves mit 41 Personen die Summe von 40,000 Pfund zusammen und bildete eine Gesellschaft, welche von dem Parlamente auf den Zeitraum von 14 Jahren, unter der Bezeichnung: „The company of merchants of London trading to Greenland" anerkannt wurde, Zollfreiheit und das Recht, die halbe Schiffsmannschaft aus Ausländern zu wählen, erhielt. Sie betrieb den Walfischfang aber mit so geringem Erfolge, daß, obwohl sie 1703 wieder 42,000 Pfund zusammenschoß, nach einigen Jahren, hauptsächlich wegen des Ungeschicks und der Sorglosigkeit der Befehlshaber, und der zu kostspieligen Ausrüstung, von dem eingelegten Capital nichts mehr übrig war und mit der Jagd aufgehört werden mußte. In derselben Zeit hatten aber die Holländer — und zwar im Jahre 1697 — 121 Schiffe bei Spitzbergen, welche 1,252 Wale erlegten. Die Hamburger erhielten mit 54 Schiffen 515 Wale, die Bremer mit 15 Schiffen 119, die Emddener mit 2 Schiffen 2 Wale; zusammen 192 Schiffe mit 1,888 Walfischen.

Durch solche Verluste muthlos geworden, machten nun die Engländer keinen weiteren Versuch, die Jagd fortzusetzen, bis im Jahre 1724 die bekannte „South Sea Company" — infolge des Jahre langen, energischen Andringens von Henry Elking und John Eyles, die theils den Walfischfang kannten, theils die Verluste erwogen, welche ihrem Lande durch die Einführung so nothwendiger Artikel wie Thran und Fischbein vom Auslande her zugefügt wurden — die Wiederaufnahme der Angelegenheit beschloß.

Zum Beweise, daß jene Beiden nicht Unrecht hatten, mag angeführt werden, daß in der Zeit von 1715 bis 1721 jährlich blos nach London 150 Tonnen Fischbein importirt wurden, nach den übrigen englischen Häfen aber ungefähr 100 Tonnen. Der Preis einer Tonne belief sich aber zuweilen auf 400 Pfund Sterling. Aber obwohl das Parlament der Compagnie auf sieben Jahre die früheren Freiheiten verlieh, und diese zwei Jahre später noch mehr erweitert wurden, indem sie auch auf den Fang in der Davisstraße in Amerika, von wo man die Holländer seit dem Jahre 1719 zu vertreiben angefangen, ausgedehnt wurden, und obwohl die Zollfreiheit sich auch auf Speck, Felle und Zähne der Walrosse u. A. erstrecken sollte, — trotzdem mußte die Compagnie infolge der kostspieligen Ausrüstungen, schweren Verluste und des schlechten Fanges mit der Walfischjagd im Jahre 1732 aufhören. Man hatte die Sitte eingeführt, die Harpune auf die Walfische nicht zu werfen, sondern zu schießen, aber es wollte nicht recht gelingen, weil die holländischen Harpunirer von ihren alten Gewohnheiten nicht abgehen mochten. Nur 1733 wurde auf einem Privatschiffe die Kanone so oft angewandt, daß man zwei Drittheile der Walfische auf diese Art erlegte. Der Hauptgrund, weshalb die Compagnie so bedeutende Verluste erlitt, bestand in der großen Zahl von Ausländern, welche man für sehr hohe Sätze heuern mußte, besonders die kostspieligen Harpunirer, die sonderbarer Weise alle aus Föhrde in Holstein stammten. Im Jahre 1733 erklärte die Regierung, daß sie als Prämie für jede Tonne eines Walfischfängerschiffes über 200 Tonnen 20 Schilling zahlen werde. Aber es half nicht viel. Im Jahre 1749 wurde die Prämie verdoppelt, wobei die Schiffe der amerikanischen Colonien unter gewissen Voraussetzungen dieselben Berechtigungen erhielten, und die protestantischen Ausländer, welche drei Jahre an Bord eines englischen Walfischfängers gedient hatten und naturalisirt worden waren, in dieser Beziehung den Briten gleichgestellt sein sollten.

Dieses hatte den gewünschten Erfolg; denn nun begannen die Schotten an dem Fange Theil zu nehmen, und im Jahre 1756 war die Zahl der vereinigten englischen und schottischen Schiffe auf 83 gestiegen; im Jahre 1775 sogar auf 105. Obwohl infolge dessen der Ertrag bedeutend zunahm, fiel der Preis doch nur unerheblich. Es ist dieses unzweifelhaft dem ungeheuren Verbrauch von Fischbein zu den Reifröcken der Damen zuzuschreiben, gerade so wie heutzutage die Crinolinen unerhörte Massen von Stahl verschlingen.

Aus den zahlreichen Bestimmungen in den Parlamentsbeschlüssen aus dieser Zeit mag nur Folgendes angeführt werden. Jedes Schiff mußte mit Proviant auf drei Jahre versehen sein. Schiffe unter 200 Tonnen sollten ebenfalls die Prämie erhalten. Als die Prämie vom Jahre 1777 ab von 40 auf 30 Schilling herabgesetzt wurde, gingen im Jahre 1781 nur noch 39 Schiffe auf den Fang. Infolge dessen stellte man 1782 den alten Betrag der Prämie her, worauf die Zahl der Schiffe 1786 wieder 185 betrug. Von 1749 ab bis zu diesem Jahre hatte der Staat nicht weniger als 1,265,000 Pfund Sterling an Prämien gezahlt.

In der Zeit von 1750 bis 1788 gingen 2,879 Schiffe auf den Walfischfang aus, davon der bei Weitem größte Theil in die spitzbergischen Gewässer. Auf das Jahr 1788 kamen von diesen Schiffen allein 255. Im Jahre 1810 liefen von England und Schottland 97 aus, 1814: 143 und 1818: 157 Schiffe; in den Jahren 1814—1817: 586, wovon nur 8 verunglückten; sie erlegten 5,030 Walfische, das heißt, es trafen auf jedes Schiff durchschnittlich $8{,}_6$ Walfische jährlich. Diese Mittheilungen sind allerdings nicht so zu verstehen, als ob alle diese Schiffe Spitzbergen besuchten.

Der Wal oder der „Eilandsche Walvisch", wie er von den Holländern genannt wird, hält sich stets in der Nähe des Treib- oder auch des festen Eises auf, wenn es von Treibeis umgeben ist, am liebsten aber bei dem Baieneise, welches so schwach ist, daß er zum Athemholen ein Loch hineinstoßen kann. In der ersten Zeit erlegte man ihn daher mit Leichtigkeit und in großer Zahl, im Frühlinge, an den Küsten und in den Buchten, wo noch solches Baieneis vorhanden war. Nachdem er aber dreißig Jahre lang ununterbrochen verfolgt worden, scheint er sich in der Mitte des 17. Jahrhunderts zurückgezogen und mehr in der Nähe des Treibeises aufgehalten zu haben. Die Schiffe mußten daher gleichfalls die hohe See aufsuchen, obwohl sie auch oft zum Lande zurückkehrten, um Thran zu sieden. Später ging man nur noch selten an Land, hielt sich in dem Treibeise zwischen Spitzbergen und Grönland auf und brachte den Fang in rohem Zustande nach Hause. Da das Eis sich immer weit westlich und nordwestlich von dem spitzbergischen Archipel hält und die Wale im Uebrigen die Stellen, wo sie so schonungslos verfolgt worden waren, mieden, so wurde auch der Besuch in den spitzbergischen Gewässern immer geringer. Man hatte dafür einen neuen Jagdplatz entdeckt:

die Davisstraße, wo die Jagd mit großem Erfolge betrieben wurde und die Schiffe der Holländer schon 1719 erschienen waren.

Es ist nicht bekannt, seit wann die Engländer die Davisstraße besuchten; im Jahre 1777 hatten sie nur 9 Schiffe dort, die anderen 77 gehörten anderen Nationen an. Die Zahl nahm aber jährlich beträchtlich zu, so daß sich 1814 in der Davisstraße 67 und bei Spitzbergen — oder vielmehr westlich davon — 76 Schiffe befanden. Nach dem Jahre 1820 dürften nicht mehr viele englische Walfischfahrer in die Nähe von Spitzbergen gekommen sein, wie man denn überhaupt mit diesem Jahre den Walfischfang daselbst für beendigt ansehen kann.

In dieser Zeit war es, daß Scoresby, Capitän der Rosolution — welche schon vorher 10 Jahre lang von seinem Vater geführt worden war, — später mit mehreren anderen Schiffen von Whitby — einer Stadt, die schon seit 1753 den Walfang stark betrieben hatte — seine berühmten Fahrten unternahm, auf denen er seine interessanten und genauen Beobachtungen der arktischen Natur gemacht, mit eben so erstaunlicher Vielseitigkeit als überraschendem Scharfsinne seine Aufmerksamkeit nach allen Seiten gerichtet und kaum irgend einen Zweig der Naturforschung unberührt gelassen hat. Die Früchte seiner Arbeiten sind in seinem ausführlichen Werke niedergelegt: An account of arctic regions, with a history and description of de northern Whale Fishery, welches 1820 in Edinburg in zweien Theilen herauskam.

Der Walfisch war von einem seiner Hauptplätze vollkommen vertrieben, denn heutzutage ist es eine große Seltenheit, wenn man ihn in Spitzbergen antrifft. Der Kampf wird jetzt in viel ungastlicheren und kälteren Gegenden fortgesetzt, um wahrscheinlich auch dort mit einer vollständigen Ausrottung zu endigen. Von England aus wurde diese Verfolgung niemals in dem Umfange betrieben als von den Holländern, deren Antheil an dem Walfischfange wir nunmehr noch kurz berühren wollen. Zahlen reden bekanntlich eine allgemein verständliche Sprache. Dieselben künden nun zwar von der Höhe, zu welcher der Unternehmungsgeist der Holländer die Angelegenheit entwickelt hatte, zugleich aber auch von dem Eigennutz und der Gier der Menschen nach Gewinn.

Man theilt, mit Scoresby, die Geschichte des holländischen Walfischfanges am besten in vier Perioden, ganz verschieden von einander in Ansehung der Ausrüstung der Schiffe und des Ausganges der Unternehmungen.

Die erste Periode geht bis zu dem Punkte, da die Wale beinahe schon vollständig aus den Buchten verschwunden waren. Ihre Hauptstation hatten die Holländer seit der Theilung der Häfen im Jahre 1619 bei Smeerenberg, oder — wie es auch heißt — Smeerenburg, auf dem Amsterdam-Eiland, wo sie in der Erwartung, daß der Fang niemals aufhören werde, mit ungeheuren Kosten Häuser aufführten, deren Zahl allmählich so zunahm, daß sie ein Dorf oder eine kleine Stadt bildeten. Die Resultate übertrafen jede Erwartung, oft war es unmöglich, die ganze Jagdbeute nach Hause zu schaffen.

Bei der holländischen Grönlandscompagnie tauchte nunmehr der Plan auf, eine dauernde Station auf Spitzbergen zu errichten. Nachdem Pellham und dessen Begleiter die Ueberwinterung glücklich überstanden, setzte sie 1633 eine Belohnung für den aus, welcher hier oder auf Jaen Mayen, wo die Holländer schon seit dessen Entdeckung 1611 den Walfischfang betrieben und Thransiedereien errichtet hatten, überwintern würde. Sofort meldeten sich Mehrere dazu. Sieben von ihnen wurden für Spitzbergen und eben so viele für Jaen Mayen bestimmt. Die Ersteren landeten am 30. August auf Amsterdam-Eiland. Sie schildern — nach Zorgdrager — Herbst und Winter folgendermaßen: Den 3. October begannen die Vögel zu ziehen; die Möwen versammelten sich, um wärmere Länder aufzusuchen. Nach dem 13. trat ein so strenger Frost ein, daß das Bier in den Fässern drei Zoll dick gefror und den Boden heraustrieb. Obwohl es nur acht Fuß vom Kamine entfernt stand, war es doch bald vollkommen gefroren und mußte, behufs des Aufthauens, in Stücke gehauen werden. Den 15. erschien noch die Sonne gerade über einem Berge im Süden, den 27. waren an Stelle des Tages nur noch 7 bis 8 Stunden Dämmerung getreten. Am 26. November war es so kalt, daß ein Eisloch 2 bis 3 Stunden nachdem es aufgehauen worden, schon wieder mit handdickem Eise belegt war.

Den 7. December war die Kälte noch strenger. Sie konnten sich in den Kojen nicht erwärmen und mußten sich rings um das Feuer setzen. Der 24. und 25. brachte ein prachtvolles Nordlicht. In den letzten Tagen dieses Monats wurden sie oft von den Bären besucht, aber der Schnee war so tief, daß sie dieselben nicht verfolgen konnten. Am Anfange des Januar erlegten sie zweie. Den 25. dauerte die Dämmerung 6 bis 7 Stunden. Während des Februarmonats schossen sie wieder einige Bären. Am 22. erschien die Sonne wieder über einem Berge. Den 3. März hatten sie einen Strauß mit einem Eisbären; er wurde von zweien Kugeln verwundet, fiel nieder, „stopfte aber die Wunden mit seinen Tatzen zu". Man griff ihn darauf mit einer Lanze an. Aber der Bär setzte sich zur Wehre, schlug seinem Gegner die Lanze aus der Hand und warf ihn zu Boden, worauf die Anderen ihm zur Hülfe kamen und der Bär die Flucht ergriff. In der zweiten Hälfte des Monats schoß man viele Füchse und einige Bären. Den 7. April brachte man wieder das Boot in's Wasser und harpunirte ein Walroß. Nun trat bald Kälte, bald mildes Wetter ein. Den 1. Mai fand sich ein Seevogel ein, eine Bergente (Eidergans?); später kamen noch mehrere Vögel. Man beschäftigte sich nun mit der Jagd auf Bären, Walrosse, Seehunde und Vögel bis zum 27. Mai, da die ersten Walfischfänger von Holland ankamen.

Die Holländer, welche auf Jaen Mayen den Versuch der Ueberwinterung gemacht hatten, fielen im Laufe des April und am Anfange des Mai sämmtlich dem Skorbut zum Opfer. Sie hatten einen verhältnißmäßig milden Winter, namentlich bis zum 7. December. Der Rest des December war kalt, der Januar dafür milde mit heftigem Schneefall. Februar und März waren erträglich. Sonnenschein wechselte mit Schneewetter ab. Anfangs April befanden sich Alle, mit Ausnahme von Zweien, krank. Den 16. starb ihr „Buchhalter", mit dem 30. schließt ihr Tagebuch. Die sechs Anderen lebten damals zwar noch, aber ohne Hülfe. Als am 4. Juni das erste Schiff ankam, waren sie Alle todt.

Dieser zweifelhafte Ausgang des Colonisationsversuches hielt die Holländer indessen nicht ab, noch einen zweiten zu wagen. Im folgenden Jahre erklärten sich wiederum Viele zu einer Ueberwinterung bereit, und wie das erste Mal wurden Sieben ausgewählt und nach Spitzbergen geschickt. Obwohl sie mit allem Nothwendigen versehen waren, hatte sich dennoch schon im October und November der Skorbut eingeschlichen. Den 14. Januar war ihm bereits Einer erlegen. Am 26. Februar — mit welchem Tage ihr Tagebuch schließt — waren nur noch Vier übrig, Alle in hülflosem Zustande. Vermuthlich sind sie Alle bald darauf gestorben. Seitdem gab man den Versuch einer Colonisation Spitzbergens auf.

Mit dem Jahre 1635 hatte die Ausbeute der holländischen Grönlandscompagnie bei Spitzbergen ihren Höhepunkt erreicht. Bald darauf begannen die Wale sich zurückzuziehen; die bedeutenden Kosten, welche die Ausrüstung der Schiffe und die Errichtung der Thransiedereien bei Smeerenberg erforderte, verzehrten die Einnahmen; es trat eine Zeit der Verluste ein, welche indessen nur einige Jahre dauerte, indem 1642 das Monopol der holländischen Grönlandscompagnie — infolge des Anbringens mehrerer niederländischen Genossenschaften — aufgehoben wurde. Die Zahl der Walfischfahrer vermehrte sich nun außerordentlich — die privilegirten Gesellschaften hatten niemals mehr als 30 Schiffe im Sommer ausgesandt — und es trat eine dritte Periode ein, welche sich durch eine weniger kostspielige Ausrüstung der Schiffe und eine genauere Berechnung des Gewinnes und der Ausgaben bemerkbar machte. Jeder Handwerker, welcher in irgend einer Art an der Ausrüstung Theil nahm: Bäcker, Segelmacher, Böttcher u. a., erhielten im Falle eines guten Erfolges doppelte Bezahlung, wogegen sie sich aber auch verbindlich machten, den Verlust mit zu tragen.

In dieser Zeit stand Smeerenberg in seinem höchsten Glanze. Man sott hier zwar keinen Thran mehr und konnte auch nicht mehr in der Nähe jagen; aber es war hier doch noch immer der Sammelplatz, und zuweilen lagen hier zu gleicher Zeit 2- bis 300 Schiffe mit über 12,000 Mann Besatzung. Hier hatten sich Kaufleute und Handwerker mit allem Erforderlichen etablirt; die Schiffe holten täglich ihr frisches Brod vom Lande, und die Bäcker pflegten durch ein Signal anzudeuten, wenn es gebacken war. Diese Periode, welche mit der zweiten Hälfte des 17. und fast dem ganzen 18. Jahrhundert zusammenfällt, währte ungefähr 130 Jahre. Wie ungeheuer der Gewinn der Holländer in dieser Zeit war, geht aus folgenden Zahlen hervor.

Von 1669 bis 1778 gingen 14,167 Schiffe auf den Fang aus, vorzugsweise in den Gewässern westlich und nordwestlich von Spitzbergen, und erlegten 57,590 Wale, davon der reine Gewinn 44,292,800 Gulden oder 3,691,066 Pfund Sterling betrug. Von diesen 109 Jahren lief in wenigstens sechs Jahren wegen des herrschenden Krieges kein Schiff aus. Es gingen von den Schiffen nur 561 zu Grunde, das heißt vier Procent; immerhin noch mehr als in der Davisstraße, wo die Holländer nur zwei und die Engländer ein Procent verloren.

In dieser Periode — Ende des 17. und Anfang des 18. Jahrhunderts — war es, daß der ausgezeichnete holländische Walfischfänger Zorgdrager seine Reise nach Spitzbergen und dem Westeise unternahm. Seine Erfahrungen hat er in einem großen Werke über die Wale und ihre Jagd niedergelegt.

Die vierte und letzte Periode zeichnet sich durch große Verluste aus. Schon mit dem Jahre 1770 begann der Fang abzunehmen, und von 1785 bis 1794 wurden jährlich blos noch etwa 60 Schiffe nach Spitzbergen und der Davisstraße gesandt. Sie fingen zwar noch 2,295 Wale, aber der Verlust betrug jährlich doch 248,978 Gulden. Während der Kriege der französischen Republik und Napoleon's ging kein einziges Schiff auf den Walfischfang aus, und obwohl die Regierung 1814 als Prämie für jedes Schiff 4,000 Gulden, und überdies 5,000 aussetzte, wenn es nichts erbeutete, wurde im Jahre 1815 kein einziges und in den folgenden drei Jahren jährlich nur ein Schiff ausgerüstet, so daß man hiermit die Reisen der Holländer als geschlossen ansehen kann.

Die Spanier und Biscayer dienten mehr bei anderen Nationen als auf eigenen Schiffen. Wir haben über sie nur geringe Kunde. Im Jahre 1721 sandten sie 20 Schiffe aus, am Ende des Jahrhunderts scheinen sie aber damit ganz aufgehört zu haben.

Französische Schiffe finden wir schon im Jahre 1613 bei Spitzbergen, und zwar im Streite mit der Moscovy Company; 1636 wurden 14 von den Spaniern genommen. Sie scheinen sich meist in der offenen See gehalten zu haben. Thransiedereien besaßen sie nicht. Im folgenden Jahrhundert wurde die Jagd ganz und gar aufgegeben, bis Ludwig XVI. in Dünkirchen sechs Schiffe ausrüsten ließ, die mehrere Reisen unternahmen und einen guten Fang machten. Auch später noch wurden Schiffe nach verschiedenen Richtungen hin ausgesandt, aber nach der Revolution hörte jede Thätigkeit auf diesem Gebiete auf.

Dänemark, welches im Jahre 1615 Ansprüche auf Spitzbergen, als zur Krone Norwegen gehörig, erhob, begann bald darauf den Walfischfang zu betreiben. Der König stiftete eine Compagnie, welche zwar zwei Schiffe aussandte, dieses aber nicht länger als vier Jahre fortzusetzen vermochte. Im Jahre 1632 ließ König

Christian IV. die dänischen Schiffe durch eine Kriegsbrigg begleiten, und sandte 1638 zu demselben Zweck Corfitz Ulfeldt mit dreien Kriegsschiffen aus. Die Gesellschaft erhielt dadurch wieder neues Leben, jagte aber nicht blos auf Walfische, sondern suchte auch nach Gold und Silber. Wahrscheinlich war es in dieser Zeit, daß der „Reichshofmeister" von Dänemark, um seine Wißbegier zu befriedigen, einen gewissen Leonin nach Spitzbergen schickte, von Geburt ein spanischer Hidalgo, dessen Reise uns in einer an wunderlichen Fabeln reichen Beschreibung vorliegt.

Im Jahre 1697 gingen noch vier Schiffe auf den Fang aus; nach einer Gewinn verheißenden Verordnung vom Jahre 1751 nahm aber die Rührigkeit in dem Grade zu, daß 90 Schiffe an verschiedenen Stellen mit dem Fange beschäftigt waren und 344 Wale erbeuteten. Hierauf nahm der Fang wieder ab, bis im Jahre 1785 eine Prämie von ungefähr 50 Reichsthalern für eine jede Tonne ausgesetzt wurde; ausländische, auf den Walfischfang ausgesandte Schiffe sollten Zollfreiheit haben. Infolge dessen blühte die Industrie wieder auf, so daß zum Beispiel im Jahre 1803 nicht weniger als 35 Schiffe ausgingen.

Die Hamburger, welche die Bucht gleichen Namens als Station erwählt hatten, begannen etwas später als die Dänen mit dem Walfischfange, betrieben ihn aber in weit größerem Umfange. So schickten sie zum Beispiel von 1670 bis 1710 nicht weniger als 2,289 Schiffe nach Spitzbergen aus und fingen 9,976 Wale. Sie verloren davon allerdings 84 Schiffe, das heißt $3{,}_7$ Procent, während der Verlust der Holländer nur $1{,}_8$ Procent betrug; trotzdem kam der Gewinn, auf die einzelnen Schiffe vertheilt, für beide Nationen ziemlich gleich hoch zu stehen.

Die Geschichte des Hamburger Walfischfanges aus jener Zeit hat eine in wissenschaftlicher Hinsicht höchst interessante Episode aufzuweisen. Im Jahre 1671 ging nämlich das hamburgische Fahrzeug „Jonas im Walfisch" nach Spitzbergen, auf welchem sich als Schiffschirurg Friedrich Martens befand, einer der scharfsinnigsten und energischesten Naturforscher, welche jemals Spitzbergen besucht haben. Im Jahre 1675 erschien seine kurze aber inhaltreiche „Spitzbergische oder Grönlandische Reisebeschreibung", worin er — nachdem ein Tagebuch über den Gang der Reise vorausgeschickt worden — mit ungewöhnlicher Genauigkeit, in einer klaren, prägnanten, zuweilen humoristischen Sprache seine Beobachtungen, betreffend Land und Meer, Thier- und Pflanzenleben, niedergelegt hat. Er spricht zuerst über die geographische Lage Spitzbergens und zeigt sich hierin sehr unterrichtet. Er selbst hat den nordwestlichen und nördlichen Theil Spitzbergens besucht und den 81. Grad nördl. Br. erreicht. Smeerenberg war zu seiner Zeit schon lange verlassen. Er erzählt: „Es standen daselbst noch mehrere Häuser, die eine Art Dorf bildeten; einige waren abgebrannt. Gerade über Smeerenberg befanden sich auch ein paar Häuser und eine Siedepfanne. Diese Stelle wird „Harlinger Kocherey" genannt. Die Häuser haben folgende Form: nicht groß, mit einer Vorstube und dahinter eine Kammer, so breit als das Haus. Die Packhäuser waren etwas größer; wir fanden darinnen einige zersprungene Fässer; die Eisklumpen hatten noch die Form derselben. Ein Amboß, Zangen und andere Werkzeuge, die zur Kocherei gehört hatten, lagen eingefroren im Eise. Die Pfanne war noch fest eingemauert und der Trog von Holz stand neben ihr."

Weiter beschreibt Martens mit großer Genauigkeit das Eismeer und dessen verschiedene Färbung, welche er von dem Wechsel des Himmelslichtes herleitet; das Treibeis mit seinen phantastischen Formen und schönen Farben; das großartige Schauspiel der Bildung des Schraubeneises; das Bersten der schwimmenden Blöcke, den Eisblink und die Fahrt durch das Treibeis. Er stellt seine meteorologischen Beobachtungen zusammen, betreffend die Nebel, die oft von Eisnadeln angefüllte Luft und die daraus fließenden Lichterscheinungen, sowie die verschiedenen Formen des Schnees. Er handelt von den Pflanzen, von denen er — zwar roh aber doch ziemlich treu — ungefähr vierzehn Arten beschreibt und abzeichnet, und kommt dann zu seinem Lieblingskapitel: den spitzbergischen Thieren. Er beschreibt erst die Vögel, von denen er vierzehn Arten kennen gelernt hat, berührt ihre Art und Weise zu leben und führt die meisten in Abbildungen vor. Sodann wendet er sich zu den Säugethieren, von welchen er — außer den Walen — fünf kennt und abzeichnet. Darauf giebt er ein Kapitel von den wirbellosen Thieren und den Fischen, und zuletzt eine ausführliche Abhandlung über den Walfisch, sein Aussehen, den Unterschied von dem Finwal, seine Lebensweise, den Fang und die Thranbereitung; ganz am Schlusse aber die Beschreibung einiger im Eismeere vorkommenden charakteristischen Mollusken und Medusen: Clio borealis, Cydippe und eine andere Art von Acalepher.

So ist Martens' Reisebericht eine der ältesten und zugleich besten Quellen für unsere Kenntniß der arktischen Natur. Man findet hier auf einem kleinen Raume die Resultate einer reichen Erfahrung, welche die sparsamen Mittheilungen der arktischen Reisenden unseres Jahrhunderts bei Weitem übertrifft. Neben der ausgezeichneten Arbeit Scoresby's wird er stets den classischen Mittelpunkt dieser ganzen Literatur bilden.

Vom Jahre 1719 ab, das ganze folgende Jahrhundert hindurch, betrieben die Hamburger den Walfischfang gleichmäßig fort. Im Jahre 1795 hatten sie 25 Schiffe draußen; sodann verminderte sich die Zahl allmählich und 1802 erschienen nur noch 15 in den spitzbergischen Gewässern. Aber noch 1821 fuhren sie fort, Schiffe auszuschicken, und es darf nicht unerwähnt bleiben, daß der deutsche Naturforscher Dr. Martin Wilhelm Mandt in diesem Jahre auf dem vom Engländer John Rose geführten „Blücher" seine arktische Reise ausführte. Er kam allerdings gar nicht an das Land, da die Schiffe in dieser Zeit nur noch sehr selten bei Spitzbergen anlegten.

Von Altona, Glückstadt, Bremen und einigen anderen kleineren Hafenstädten an der Elbe und Weser wurden gleichfalls Schiffe auf den Walfischfang geschickt, deren Gesammtzahl sich bis zum Jahre 1818 vermehrte, während sich die Zahl der von den einzelnen Plätzen ausgesandten verminderte. Als Beispiel mag angeführt werden, daß von Bremen im Jahre 1697: 12 Schiffe ausliefen, 1721: 24, und im 18. Jahrhundert etwa 7 das Jahr, wogegen 1817 von allen Häfen zusammen 30, 1818 aber 40 Schiffe ausgingen. Wie es scheint, verschmähten sie nicht, wie die anderen Walfischfänger, auch Seehunde zu jagen; sie werden also auch wohl eine bessere Ladung heimgebracht haben.

Daß Deutsche oft auf englischen Schiffen dienten, ist schon früher mitgetheilt worden.

Wir wollen schließlich nicht unerwähnt lassen, daß auch der schwedische Name einen, wenngleich nur höchst bescheidenen Platz in der Geschichte des Walfischfanges einnimmt. Unter Gustav's III. Regierung wurde in Stockholm eine Grönländische Handelsgesellschaft mit ausschließlicher Berechtigung zum Fange bei Spitzbergen und in der Davisstraße, und mit einer Staatsunterstützung von

300,000 Reichsthalern, gegründet. Schon früher, in der Mitte des 18. Jahrhunderts, hatte sich in Gothenburg eine Grönländische Compagnie gebildet, welche zum ersten Male 1755 ein Schiff auf den Fang aussandte. Diese Compagnie ist uns darum von besonderm Interesse, weil eins ihrer Schiffe im Jahre 1758 zum ersten Male einen schwedischen Naturforscher in die arktischen Regionen führte. Es gereicht derselben zur Ehre, daß eines ihrer Mitglieder, Pehr Samuel Bagge, aus Interesse für die Sache den Vorschlag machte, ihre Schiffe möchten einem Gelehrten die Gelegenheit darbieten, die Natur des unbekannten hohen Nordens zu studiren. Der damalige Studiosus der Medicin Anton Rolandsson Martin, ein Schüler Linné's, wurde von der Akademie der Wissenschaften behufs der Untersuchung des Eismeeres und der Natur seiner Küsten ausgerüstet und erhielt zu dem Zwecke 600 Thaler Kupfermünze, einen Thermometer und — Pontoppidan's dickleibiges Werk über Norwegen, von Privatpersonen aber noch einen Quadranten und einen Azimuthkompaß. Sein Tagebuch befindet sich noch jetzt in der Bibliothek der Akademie. Er begab sich am 17. April mit dem Schiffe „de Visser", einem Holländer, geführt von Jan Dircks Claessen, auf die Reise. Am 6. Mai begegneten sie dem ersten unbedeutenden Eise, „das am Anfange wunderlich aussah, aber" — setzt Martin hinzu — „ich bekam es zuletzt doch überdrüssig." Er beschreibt die Fahrt durch das Treibeis in folgender Art:

„Es wurde das große Segel aufgezogen; der Commandeur stieg, um sich umzuschauen, den Mast hinan; ein Jeder stand an seiner Stelle bereit, um Taue und Segel zu handtiren. Die beiden wachthabenden Harpunirer geben auf die ankommenden Eisstücke Acht und commandiren: Rechts, Links, Brassen u. s. w. Das muß wie ein Uhrwerk gehen. Man braßt, lavirt zwischen den Eisblöcken und wendet bald das Fock-, bald das Marssegel, wenn man von dem einen zum andern kommen will. Damit das Schiff an einen Eisberg nicht anstoße, braucht man das Kreuz- und Hintersegel. Trotz aller Vorsicht ereignet es sich aber doch, daß man anrennt, so daß das Schiff in allen Fugen kracht und man auf dem Deck zu Boden fällt."

Am 9. Mai befanden sie sich in 77° 15′ nördl. Br. und befestigten — wie es damals Sitte war — das Schiff an einem Eisberge. Er spricht von dem Süd- und Westeise der Walfischjäger. „Unter dem ersteren verstanden sie dasjenige, welches von dem Südcap Spitzbergens kam, unter dem letzteren aber das Polareis. Jenes ist kleiner, dieses größer." Man mache sogar einen Unterschied in Betreff des Fanges bei dem einen oder andern Eise, zwischen dem „Südijsvisch" und dem „Westijsvisch". Der erstere habe einen weicheren Speck und sei, obwohl nicht so scheu als der andere, mit der Harpune nur schwer zu fangen; auch habe er einen platteren Rücken als der Westijsvisch. Es ist nicht bekannt, ob ein solcher Unterschied mit Recht gemacht werden darf.

Die höchste Breite, welche Walfischfänger gewöhnlich erreichen, ist — nach Martin — der 81., selten der 82. Grad. Er spricht von den Vortheilen, wenn man den Walfisch neben größeren Eisfeldern oder meilenlangen Treibeisstücken jagen kann, von der Ruhe des mit Eis angefüllten Meeres, auch wenn ein heftiger Sturm wüthet. Den 11. Mai erreichten sie den 78. Grad und fuhren Prinz Charles Vorland vorbei. Die Kälte war sehr heftig, das Wasser fror in den Kesseln, Töpfen und Tonnen, so daß man, um Wasser zu bekommen, einen glühenden Eisenring um den Zapfen legen mußte; ja man glaubte sogar zu bemerken, daß die Taschenuhren bei der Kälte fünf Minuten schneller gingen.

Die Schneesperlinge begannen allmählich sich einzufinden. Den 14. machte man das Schiff von Neuem fest und bekam zum ersten Male über 20 Walfische zu sehen, ohne einen zu erlegen. Den 15. hatte man Wind und 20 Grad Kälte, „das Meer gerann rings um uns, so daß das Schiff, obwohl es unter Segel ging, beinahe festfror. Das Eis war 1½ Zoll dick, und sah wie runde, nach der Mitte aufwärts gebogene Platten aus."

Den dritten Tag nach Pfingsten hatten sie einen schweren Sturm mit Schnee und Hagel, bei welchem elf Schiffe, vier holländische, fünf englische, ein flensburgisches und ein hamburgisches im Eise untergingen. Man schloß mit einem Hamburger das Uebereinkommen, Gewinn und Verlust bei dem Unternehmen zu theilen, trotzdem wollte es keinen gedeihlichen Fortgang nehmen. Den 1. Juni erlegte man zwischen dem Treibeise einen Seehund (Cystophora cristata). Martin erzählt, daß ihr Harpunirer einmal mit einem solchen in Kampf gerathen sei, unter ihn zu liegen gekommen, und daß ihm dabei die Hosen zerrissen worden. Er beschreibt ausführlich einen, von einem holländischen Schiffe gefangenen Walfisch, den er jedoch genauer nicht untersuchen konnte. Den 7. Juni legten sie an einem Eisfelde von einer Viertelmeile Länge an, mußten aber bald darauf wieder weiter, weil das Treibeis sie auf allen Seiten umgab, so daß sie, um sich vor den größeren Eisblöcken zu bergen, ein Stück aus dem flachen Eise aussägten und das Schiff hier, wie in einem Hafen, unterbrachten. Zwei holländische Schiffe retteten sich auf dieselbe Art. Die Arbeit war allerdings beschwerlich; die Leute mußten dabei im Wasser stehen, fielen hinein und wurden von den anderen herausgezogen.

Weiter spricht Martin von den Eisbären, von denen er zwei Felle auf einem holländischen Schiffe sah, und erzählt, daß die Walfischfahrer den Bären mit einem Köder von Walfischspeck an das Schiff zu locken pflegen, so daß sie ihn leicht schießen können. „Wird er aber nicht so getroffen, daß er sofort stirbt, so soll er Schnee nehmen, in die Wunde stopfen und seines Weges gehen.“

Den 11. Juni wurde das Eis von einem Westwinde etwas gelockert. Man hält ihn für den günstigsten, weil er das Eis am ehesten zu zerstreuen pflegt. Sie kamen aber nicht weit und mußten wieder in ihren Eishafen zurückkehren. Am folgenden Tage machten sie mit besserm Erfolge den Versuch, aus dem Eise zu kommen. Am 14. waren sie aber mit 20 anderen Schiffen wieder ganz eingeschlossen. Erst am 20. gelang es ihnen, nach einer zwei Tage langen Arbeit mit Schieben und Bugsiren, dem Eise zu entrinnen. „Wir kamen also das dritte Mal aus dem Eise, ohne die Hoffnung noch etwas zu fangen, denn die Jagdzeit ist bald nach dem Mitsommer zu Ende. Die Walfische pflegen sich nämlich in dieser Zeit von Spitzbergen westlich nach der Davisstraße zu ziehen. Wir beschlossen daher nach Hause zurückzukehren.“ Den 25. passirten sie das „Vorland“; Martin beobachtete Finwale und bemerkt, daß ihr Erscheinen bei Spitzbergen den Schluß der Walfischjagd anzeige. Den 27. peilten sie Quad-Hoek und beabsichtigten weiter nach Norden zu Hakluyts Headland zu segeln; sie hörten aber, daß dort das Eis noch fest am Lande liege. Sie versuchten nun in die Kings- oder Croß-Bai zu gehen, aber das Eis schloß auch die Fjorde. Zwischen dem 26. und 29. Juni hatten sie Sonnenschein und 8 Grade Wärme. Den 1. Juli bot sich Martin endlich die Gelegenheit dar, auf einige Holme, in der Nähe des Vorlandes, zu gelangen. Der Schnee lag noch zum großen Theile auf den Ebenen fest, aber die Hügel waren bereits schneefrei. Er sah hier Eidergänse zu Tausenden auf ihren Eiern sitzen — man erlegte 30 Stück und sammelte $1\frac{1}{2}$ Tonnen Eier sowie eine halbe Tonne Daunen — und pflückte einige noch nicht ausgeschlagene Stengel von Cochlearia, Saxifraga caespitosa und oppositifolia, ein paar Flechten und Algen. Man befand sich aber kaum drei Stunden an Land, so erhob sich ein starker Wind und nöthigte sie wieder zum Schiffe zurückzukehren.

Damit endigte Martin's Untersuchung Spitzbergens; denn eine Partie, welche am 3. Juli an's Land ging, um Walrosse zu jagen und Wasser zu holen, wurde durch den aufsteigenden Nebel daran gehindert. Man beschloß daher die Rückkehr. Den 4. Juli steuerte man nach Süden. In 76° nördl. Br. untersuchte Martin die Temperatur des Wassers, acht Faden unter der Oberfläche, indem er den Thermometer in eine mit Sand gefüllte Bütte steckte und sie eine Zeit lang unter dem Wasser hielt. Die Temperatur betrug + 3 C. Er holte auch verschiedene Proben Wasser aus einer Tiefe von 18 Faden herauf.

Den 29. Juli ankerte das Schiff bei Gothenburg. —

In diesem Jahre waren 250 Schiffe draußen bei Spitzbergen gewesen; 150 von Holland, 80 von England, 17 von Hamburg, 2 von Bremen, 1 von Flensburg und 3 von Kopenhagen. Martin hat uns auch eine gute Beschreibung der Walfischjagd hinterlassen. Sie stimmt mit der Darstellung von Martens, Zorgdrager und Scoresby überein, so daß diese Kunst während der beiden letzten Jahrhunderte keine besonderen Veränderungen erlitten zu haben scheint.

Sie geschah auf folgende Art. Das Schiff legte sich entweder vor Anker, oder dicht an das Treibeis, oder fuhr ein Ende zwischen die kleineren Schollen, die Lieblingsstelle der Walfische, hinein. Jedes Schiff führte 3 bis 6 Jagdboote mit 6 bis 10 Rudern mit sich, und in jedem Boote befanden sich 6 Mann: ein Harpunirer, ein Steuermann, ein Mann für die Leine und drei Ruderer. Der Harpunirer an der Spitze des Bootes hatte es lediglich mit der Harpune zu thun. Seine Waffen bestanden in sechs Lanzen oder Harpunen, von denen jedes Boot drei zu haben pflegte, mit seinen „Vorläufern", das heißt einer biegsamen Leine von 5 bis 7 Ellen Länge, welche mit ihrem einen Ende an der Harpune und mit der andern an der großen Jagdleine befestigt war. Ein jedes Boot besaß eine solche, in drei bis vier und mehr Theile getheilt, jeder 100 bis 200 Klafter lang, sorgfältig in einer Kiste oder Tonne, welche sich an dem Hinterende des Bootes befand, untergebracht. Außerdem lagen ein paar Hundert Klafter Reserveleinen vorn im Boote. Die Lanzen waren sechs Fuß lang und an dem einen Ende mit einer Hülse für eine acht Fuß lange Holzstange versehen. Die Harpunen hatten die Pfeilform, starke Widerhaken und einen $2^1/_2$ bis 3 Fuß langen Schaft, welcher, in der Mitte dünn, sich nach oben in eine trichterförmige Hülse erweiterte, in welcher die ungefähr acht Fuß lange hölzerne Harpunstange lose stak.

Lag nun das Schiff fest vor Anker oder im Eise, so wurden ein bis zwei Boote mit ihrer Besatzung und Ausrüstung auf die „Brandwacht" geschickt, um sich bereit zu halten und den Walfisch, sowie er sich nur zeigte, anzufallen. Die besten Jagdplätze waren an den Rändern der großen Eisfelder; man konnte hier den harpunirten Wal leichter verfolgen. Denn wenn er unter das Eis tauchte, so war man gewiß, daß er auf der andern Seite wieder zum Vorschein kommen werde. Zwischen den Eisblöcken entkam er oft, die Harpune ging verloren und die Boote konnten ihm nur schwer folgen. Erscheint ein Wal, so rudern die wachthabenden Boote leise heran und halten sich ihm so nahe als möglich; der Harpunirer macht sich bereit und wirft aus einer Entfernung von zwei bis drei Klaftern die Harpune in den Rücken des Walfisches. Nun folgt eine lebhafte Scene. Der Wal taucht sofort unter; 12 Fuß der Leine laufen in einer Secunde ab; der Leinenhalter muß fortwährend Wasser auf die Bootkante gießen, darüber sie geht, und ist bei dem geringsten Hindernisse, oder wenn sie plötzlich zu Ende gehen sollte, bereit sie zu kappen — denn sonst wäre das Boot verloren. In den meisten Fällen reichen aber die Reserveleinen aus, und laufen auch sie ab, so geben die anderen Boote ihre Leinen her. Sind etwa 800 bis 1000 Klafter abgelaufen, so kann man die Leine ruhig am Boote befestigen; denn nun dauert es nicht lange, so muß der Wal wieder auf, um Luft zu holen. Es nähert sich ihm ein anderes Boot; er erhält eine zweite Harpune in seinen Körper, und dasselbe Schauspiel wiederholt sich. Aber schon ist er müde; er muß in kurzer Zeit wieder hinauf, um zu athmen. Jetzt greift man ihn mit den Lanzen an und sticht sie fünf Fuß tief in seinen Körper, um das Herz zu treffen. Nunmehr wird das Schauspiel, aber auch die Gefahr größer. Das fünfzig bis sechzig Fuß lange Thier schwimmt hierhin und dorthin, umkreist von unzähligen Möwen und „Mallemucken";

es taucht wohl auch einen Augenblick unter, aber um sofort wieder herauf zu kommen; es peitscht das Wasser verzweifelnd mit Schwanz und Flossen, schleudert Kaskaden von Blut durch sein Spritzloch und besudelt damit Boote und Menschen. Das Wasser schäumt. Das Tosen, sein Blasen und Schlagen mit dem Schwanze ist meilenweit hörbar. Die Harpunirer schreien: „Ruder an — streich!" — je nachdem sie dem Thier einen neuen Lanzenstoß versetzen wollen oder einen Schlag von seinem Schwanze zu befürchten haben, da Alles verloren wäre. Bald ist der Wal verendet und wendet sich mit seinem Bauche nach oben. Nun hört man laute Freudenrufe von den Booten, Alle schwingen ihre Mützen und schreien laut: „Geluk dem Commendeur, Geluk toe dem Vische"! Der Capitän des Schiffes erwiedert: „Ock u allen, dappere Mannen!" Das Schiff zieht die Flagge auf, zum Zeichen, daß die Beute ihm gehört. Ein oder zwei Boote, welche keine Harpune ausgeworfen haben, rudern weiter, um die Leinen loszumachen, die nun eingeholt und aufgerollt werden sollen; keine kleine Arbeit, da der Wal auf dem Rücken liegt. Der „Specksnijder" schneidet den Schwanz ab, durchbohrt die Flossen und bindet sie sowie den Schwanz fest am Bauche an, damit sie beim Bugsiren des Wals kein Hinderniß bilden. Es wird in die Haut neben dem Schwanzende ein Loch eingeschnitten und die Leine darin befestigt. Nun beginnen die Boote das Thier zu ihrem Schiffe zu bugsiren. Hier werden sie mit einem Glase warmen Branntweins empfangen. Zeigt sich kein anderer Wal in der Nähe — in welchem Falle man eine neue „Brandwacht" ausstellt — so macht man sich an's Abziehen des Opfers. Man befestigt einen Haken in dem Unterkiefer und dem Schwanzende, um den Wal ein wenig über die Oberfläche des Wassers zu heben. Dann steigt der Speckschneider mit Stiefeln, in denen sich Eissporen befinden, auf den Wal, unterstützt von zweien Booten, deren Besatzung „Mallemucken", d. h. Möwen, genannt wird. Mit einem zwei Fuß langen Messer macht er in den Speck, so weit er sich über dem Wasser befindet, $1\frac{1}{2}$ bis 2 Fuß von einander entfernt, tiefe Schnitte, sodann aber längs dem Wasser einen Längenschnitt, welcher die ersteren im rechten Winkel kreuzt. In jede Furche, welche auf diese Weise gebildet wird, bohrt er in der Nähe der Wasseroberfläche ein Loch in die Haut; es wird ein Haken mit einer Leine eingehakt, und der Speck, wenn er mit dem Messer abgelöst ist, in die Höhe gehoben und abgeschnitten, sobald ein sechs Fuß langes Stück vom Körper losgetrennt ist. Ein solches Speckstück giebt 1½ Tonnen Thran. Dabei ertönen die heitersten Lieder. Die großen Stücke werden gereinigt, auf dem Deck in fußlange Streifen zerschnitten und in den Schiffsraum geworfen, woselbst der „Speckkönig", von Kopf bis Fuß von Thran triefend, sie in Empfang nimmt und in Tonnen packt. Ist die eine Seite des Wals auf diese Art abgespeckt, so wird er umgedreht, so daß die andere Seite und ein Theil des Rückens nach oben kommt, und dieselbe Operation wiederholt. Nun aber wendet man sich zu den Barten, schneidet sie aus, zieht sie hinauf, reinigt und sortirt sie. Dann kehrt man den Wal vollständig um und behandelt das letzte Drittel wie früher. Sind mehrere Walfische auf einmal getödtet worden, so bleibt das Verfahren dasselbe, nur die Reihenfolge der einzelnen Arbeiten ist ein wenig anders.

Das Ganze bildet ein Fest für den Capitän und die Besatzung; man bekommt eine Extraverpflegung und vergißt darüber den Schlaf. Aber so roh auch die Sache immerhin sein mag, so hat sie doch schon als Gegenstand für eine poetische Darstellung, oder besser eine „Reimschmiederei", dienen müssen. Zorgdrager theilt uns ein langes Gedicht mit, welches den ganzen Fang, das Bugsiren, Speckschneiden u. s. w. schildert, ein Seestück in niederländischer Manier, nicht ohne anregende Frische und lebendigen Vortrag.

Es läßt sich von vornherein annehmen, daß die Geschichte einer so blutigen Jagd wie diese eine Menge interessanter Abenteuer mit mehr oder weniger glücklichem Ausgange aufzuweisen haben werde, und die Chronik Spitzbergens ist so reich daran, daß wir uns hier auf dieses Kapitel kaum einzulassen brauchen. Es wird genügen, wenn wir hervorheben, daß Schiffbrüche zwischen dem Treibeise keinesweges zu den Seltenheiten gehören. Im Jahre 1746 gingen bei einem Sturme hier 33 Schiffe verloren, drei Engländer und drei Holländer. Dazu kommen die nächsten Folgen solcher Unglücksfälle: Abenteuerliche Bootfahrten mit unzähligen Leiden, Hunger und Kälte; Umhertreiben auf Eisschollen u. A., was z. B. im Jahre 1646 fünf Mann von der Besatzung eines Walfischfahrers bei Spitzbergen passirte. Sie retteten sich auf ein Treibeisstück und irrten vierzehn Tage hoffnungslos umher. Einer von ihnen starb vor Hunger, die anderen wurden schließlich von einem Holländer aufgenommen.

Es liegt auf der Hand, daß ein solches mit Gefahren und Opfern verbundenes Unternehmen, wie der Walfischfang, nicht besonders verlockend sein möchte, wäre nicht die Ausbeute von so erheblichem Werthe. Um hiervon ein ungefähres Bild zu entwerfen, wollen wir nur einige Zahlen anführen, wobei wir vorausschicken, daß die Ausrüstung eines Schiffes mit 26 bis 40 Mann von Zorgdrager auf etwa 11,000 Gulden berechnet wird.

Ein Wal von 55 Fuß Länge liefert durchschnittlich 80 bis 90 Kardel Speck oder 60 bis 70 Kardel Thran. Doch giebt es auch Wale, bei welchen die Ausbeute an Speck 100 Kardel beträgt. Ein Kardel enthält zwei Tonnen. Wird nun jedes Kardel Thran mit 60 Gulden — dies war der Preis am Ende des 17. Jahrhunderts — bezahlt, so beträgt der Thranwerth eines Wals durchschnittlich 3,600 Gulden. Hierzu kommt der Werth des Fischbeins, welchen man auf die Hälfte des Thranwerthes, also auf 1800 Gulden berechnen kann. Ein großer Wal repräsentirt also einen Werth von 5,400 Gulden. — —

Nach dieser Abschweifung wenden wir uns einem andern Reisenden zu, dem „Engländer von schwedischer Abkunft" John Bacstrom (wahrscheinlich Bäckström), von welchem man im Uebrigen weiß, daß er 1779 dem Sir Joseph Banks einige Zeichnungen von Walfischen lieferte, welche Lacepède zu seiner Arbeit über die Wale benutzte. Das Original: Account of a voyage to Spitzbergen in 1780 by John Bacstrom, London 1800 8^vo^ ist eine große Seltenheit; es existirt aber davon eine deutsche Uebersetzung in Archenholtz' „Minerva" für 1802.

„Ich wurde — schreibt Bacstrom — als Feldscheer auf dem Schiffe the rising sun, geführt von Capitän W. Souter, angestellt. Es war ein tüchtiges, wohlausgerüstetes Schiff von 400 Tonnen, mit etwa 40 Mann Besatzung und 20 neunpfündigen Kanonen. Wir fuhren von London Ende März 1780 ab und liefen Lerwick, die Hauptstation der Shetlandsinseln an. Nachdem wir daselbst Wasser und einen guten Vorrath von Federvieh, Eiern, Wachholderbranntwein u. A. eingenommen, lichteten wir wieder die Anker und steuerten weiter nach Norden.

Die Nächte wurden immer kürzer. Beim Nordcap in 70° 10' nördl. Br. hörten sie ganz auf. Hier überfiel uns ein schrecklicher Nordweststurm, welcher drei Tage und drei Nächte anhielt. Unser Schiff wurde mehrere Male ganz auf eine Seite gelegt, so daß wir wähnten, es werde sich nicht wieder aufrichten können. In diesen hohen Breitengraden ist der Sturmwind so außerordentlich kalt, daß es unmöglich ist, ihm das Gesicht zuzu-wenden. Er durchdringt Alles und macht die Haut zerspringen. In ungefähr 76° nördl. Br. trafen wir das erste Treibeis, runde Flarden, welche die Matrosen „Pasteten" nennen, und kamen durch dieses Eis in stilleres Wasser.

Das Meerwasser, welches nördlich von Holland grünlich, nordwestlich von den Shetlands- und Fär-Inseln blau ist, nimmt hier eine tiefere Farbe an und erscheint beinahe schwarz. Wir fuhren mehrere Tage zwischen den „Eispasteten" hindurch; in einem noch höheren Breitengrade öffnete sich uns aber wieder ein freies Meer von dunkler Färbung. Als wir in die Region des 77. oder 78. Breitengrades kamen, trafen wir wieder auf Treibeis. Dasselbe besteht aus großen, 20 bis 30 Klafter dicken Blöcken, von denen manche fünf- bis sechsmal so groß als unser Schiff waren. Mit großer Sorgfalt sucht man diesen Massen, welche ein-ander zuweilen so nahe kommen, daß nur ein schmaler Kanal für das Schiff offen bleibt, auszuweichen. Ich beobachtete dieses Schauspiel einen ganzen Tag lang. Bei einer solchen Gelegenheit steigt der Capitän auf den Fockmars — auch wohl noch weiter hinauf — und theilt seine Befehle aus. Eine solche Fahrt ist mit großen Gefahren verbunden, indem das Eis zuweilen zwei bis drei Klafter weit unter dem Wasser sich erstreckt, ohne daß man es wahrnehmen kann.

Nachdem wir diese Treibeismassen durchkreuzt hatten, erblickten wir im Osten die Küste Spitzbergens. Man sieht sie schon in unglaublicher Weite, oft in 20 Meilen Entfernung, ein Beweis, daß ihre Höhe sehr bedeutend ist. Gewöhnlich erscheint sie in einem wunderbaren Glanze, wie das Licht des Vollmondes, während Luft und Himmel weißlich aussehen.

Unter dem 79. oder 80. Grade wurden wir von einer festen, zusammenhängenden Eismasse, oder vielmehr einer Ansammlung von Eisfeldern, von denen manche mehrere Meilen lang sind, aufgehalten. Man befestigt das Schiff an diesem Eise mit Ankern und beginnt in zwei oder drei Booten, welche beständig auf Wacht sind, nach den Walfischen auszuschauen.

Kein Schiff würde im Stande sein, die unermeßlichen Treib-eismassen zu durchfahren, wenn das Meer hier nicht immer so ruhig wäre, wie der Wasserspiegel der Themse. Die unregelmäßig zerstreuten Eismassen hindern das Wasser, dem Druck des Windes nachzugeben und Dünungen zu bilden, welche mit der Zeit zu hohen Wogen anschwellen müßten.

Sobald wir dieses ruhige, etwa 25 bis 30 Meilen vom Lande entfernte Meer erreicht hatten, machten die Kälte und die Strenge des Klimas, welche wir in einem viel niedrigeren Breitengrade erfahren hatten, einer milderen Luft Platz. Das Wetter wurde zuweilen so warm, daß die von den großen Eisblöcken herabhängenden Eiszapfen zu schmelzen anfingen. Im Juli erbeuteten wir mehrere große Walfische und liefen in die Magdalenen-Bucht ein, um sie abzuspecken und unsere Tonnen damit zu füllen.

Wenn man sich den Küsten Spitzbergens nähert, so wähnt man sie in 3 bis 4 Stunden zu erreichen, während man doch in Wahrheit vielleicht noch 7 bis 8 Meilen davon entfernt ist. Diese Täuschung hat ihren Grund in der ungeheuren Höhe der Schnee- und Eisberge, welche vom Meere aus aufsteigen. Daher sehen große Häfen auch nur wie kleine Bassins aus und die größten Schiffe darin wie Spazierboote.

Die Magdalenen-Bucht ist groß genug, um die ganze Flotte Großbritanniens aufzunehmen; infolge der ungeheueren Berge aber, welche sie rings umgeben, macht sie den Eindruck einer kleinen Vik. Wir hielten uns in derselben 3 Wochen lang auf. Während die Besatzungen mit allen den Arbeiten beschäftigt sind, welche zur Unterbringung und zum Transport der Jagdbeute erforderlich, besuchen die Capitäne und Feldscheere von den verschiedenen Schiffen einander und unterhalten sich so gut es geht. Diese Besuche nehmen zuweilen eine Ausdehnung von 24 Stunden an, denn hier giebt es keine Nacht, welche die Unterhaltung und das Vergnügen unterbräche.

Das Erste, was in diesen Gegenden die Aufmerksamkeit des Beschauers auf sich zieht, ist die feierliche Stille, welche hier herrscht. Nur zuweilen wird sie von einem Krachen, einem fernen Donner unterbrochen, infolge des Falles eines Eis- oder Felsblocks, welcher von Stufe zu Stufe nieder in das Meer stürzt.

Ich unternahm es, einen dieser Berge, Rochehill, zu besteigen, doch erreichte ich nur die Hälfte seiner Höhe, und auch dieses nur nach mehrstündiger schwerer Anstrengung. Die Felsen waren mit Vogeleiern von verschiedener Größe bedeckt.

Man findet hier viele Bäche und Wasserfälle mit vortrefflichem

Wasser, welche sich beim Aufthauen des Schnees bilden. Von Pflanzen traf ich hier oft Cochlearia, „wilden Sellerie und Wasserkresse" und eine kleine Zahl anderer Pflanzen und Blumen, obwohl die Vegetation, welche die Felsen bedeckt, sich in der Hauptsache auf einige Arten von Moosen und Flechten beschränkt. Man findet hier weiße Bären von außerordentlicher Größe, weiße Füchse, Steinböcke (?), Elchthiere (? Rennthiere) und ungefähr 20 verschiedene Arten von Land- und Seevögeln, z. B. wilde Gänse, Enten, Lunnen, Möwen und „Mallemucken" — wie die Matrosen sie nannten, Enten mit schönem scharlachrothen Kopfe und gelben Füßen, nebst Schneesperlingen, welche fast eben so schön wie der Hänfling oder die Nachtigall singen.

Einen so schönen Sommer hatte man lange nicht erlebt; es blieb das schönste Wetter. Da wir auf unserm Schiffe noch Platz hatten und die Jahreszeit noch nicht weit vorgeschritten war, verließen wir die Magdalenen-Bucht und steuerten nach Norden, in der Hoffnung, noch einen oder zwei Walfische zu fangen. Als wir zum 80. Breitengrade kamen, fanden wir ein eisfreies Meer und sahen keinen Walfisch mehr. Wir fuhren weiter nach Norden mit einer guten südlichen Brise und bei dem schönsten Wetter von der Welt. Selbst von dem großen Maste aus konnten wir kein Eis im Norden entdecken, sondern nur eine zusammenhängende große Eismasse im Westen und Osten, so daß wir uns in einer Art Kanal befanden, welcher zwei bis drei Meilen breit war. Wir segelten immer weiter, und der Capitän und ich scherzten über unsere directe Fahrt zum Nordpole.

Endlich bestimmten Capitän Souter und ich die Polhöhe, und wir fanden, daß wir uns in 82° und einigen Minuten nördl. Breite befanden, die vielleicht noch Keiner vor oder nach uns erreicht hatte*). Die hohen Schneeberge auf North Bank oder North Foreland waren südlich in glänzendem Scheine sichtbar.

Wir hatten große Lust, noch weiter nach Norden zu segeln, aber die Furcht vor dem Eise, welches sich von beiden Seiten in Bewegung setzte und uns einzuschließen drohte — in welchem Falle wir rettungslos verloren waren — bewog den Capitän, nach North Foreland zu steuern. Gleichzeitig sprang der Wind nach

*) Die schwedische Expedition unter Nordenskiöld gelangte 1868 mit dem Schraubendampfer Sophia bis 81° 42′, Parry zu Schlitten bis 82° 45′.

Norden herum und wir landeten nach einer Fahrt von zwei Tagen bei North Bank an einer Stelle, welche man „Schmeerenburger Hafen" naunte. Wir sahen daselbst eine große Zahl Finwale („Simer"), weiße Wale und Narwale, ein Zeichen, daß die Zeit zum Fange der schwarzen Wale, die sich dann nach Norden begeben, vorbei sei.

Da Einer unserer Leute im Jahre vorher an einem russischen Etablissement auf North Bank gewesen war und versicherte, daß er den Weg zu den Hütten kenne, so machte mir Capitän Souter — ein wißbegieriger und unternehmender Mann — den Vorschlag, ihnen einen Besuch abzustatten. Wir nahmen 10 oder 12 Mann mit uns, einen Kompaß, einige Flaschen Wein, Brod, Käse u. s. w., ferner einige gute Messer und ein Tönnchen Pulver, um den Russen ein Geschenk damit zu machen.

Wir landeten in der Tiefe der Bucht auf der Ostseite, wo wir ein großes, mehrere Meilen weites Thal, fast ganz von Schneebergen eingeschlossen, fanden. Wo die Sonne den Schnee aufgethaut hatte, traten die braunen und schwarzen Klippen zu Tage. Ueberall strömten klare Bäche und bildeten malerische Wasserfälle.

Der Boden bestand aus einer Art Rasen und Thon, darauf man bequem gehen konnte. Wir hatten mehrere kleine, meist nur 2 bis 3 Fuß breite, aber sehr tiefe Bäche zu passiren. An ihren Rändern fanden wir Cochlearia, „Wasserkresse und Sellerie" und einige kleinere Pflanzen. Eine große Zahl von Landvögeln flog auf, sobald wir uns ihnen näherten. Wir kamen über eine Stelle, wo die Holländer früher ihre Todten begraben hatten; drei oder vier Särge, welche menschliche Gebeine enthielten, standen offen. Einige in Bretter geschnittene Inschriften — es befanden sich etwa 20 neben den Gräbern — datirten aus den Jahren 1630, 1640 u. s. w. Wir stießen auch auf die Ruinen eines aus Backsteinen errichteten Bauwerks, das ein Ofen gewesen war. Die Holländer pflegten hier früher Thran zu kochen und nannten die Bucht daher Smeerenburg („Smeerenberg", von „Smeer", Fett und „bergen", verwahren). Wir hatten noch sechs englische Meilen nach Norden zu wandern und waren infolge des unebenen Weges und der Hitze sehr ermüdet, als wir endlich die Hütten der Russen entdeckten. Sobald sie uns wahrnahmen, schickten sie uns zwei oder drei Leute entgegen, um uns zu begrüßen.

Sie sahen gar sonderbar aus; man hätte sie für Juden von

einem Trödelmarkte halten können. Sie trugen Pelzmützen, Kleider von schwarzen Schaffellen, die rauhe Seite nach außen, Stiefel und große, säbelartige Messer an der Seite. Als wir zur Hütte gelangten, wurden wir den Caravelks, d. h. dem Führer und Feldscheer, vorgestellt, welche uns sehr höflich empfingen und in ihre Hütte einluden. Unsere Leute wurden in den inneren Raum geführt und mit Fleisch und Branntwein aufgenommen. Zufällig war der Feldscheer ein geborener Deutscher, ein Berliner, Namens Dietrich Pochenthal; wir konnten uns daher mit einander unterhalten und dienten zugleich als Dolmetscher zwischen meinem und seinem Chef.

Capitän Souter übergab nun dem russischen Befehlshaber das Tönnchen Pulver und ein halbes Dutzend guter Messer und Gabel. Auch er war in Pelz gekleidet, doch von besserer Beschaffenheit, und trug, wie alle Anderen, einen großen Bart. Der Russe empfing die Gabe mit großer Freude und machte uns ein Gegengeschenk, bestehend in einem halben Dutzend weißer Fuchsfelle, zweien Roggenbroden, drei geräucherten Rennthierzungen und zwei dergleichen Seiten, wofür wir ihm herzlich dankten. Wir fanden diese Sachen vortrefflich, wohlschmeckender als geräucherte Zunge oder eingesalzenes Fleisch in England.

Nun setzten wir unsern Wein, das Brod und den Käse auf den Tisch, wogegen der Russe geräucherte Rennthierzungen, frischgebackenes Brod, guten Branntwein und vortreffliches Wasser vorfahren ließ. Wir befanden uns in der heitersten Stimmung. Die Zungen und das Roggenbrod bildeten förmliche Delicatessen; dagegen war unser Chester-Käse und Schiffszwieback wieder eine leckere Speise für die Russen. Wir tranken das Wohl der Czarin und Königs Georg.

Die Hütte bestand aus zwei großen Stuben, von denen jede fast 30 Fuß im Quadrat hielt, aber so niedrig war, daß man mit der Pelzmütze an die Decke stieß. Mitten in der Stube befand sich ein runder Ofen zum Kochen und Backen, sowie Heizen. Das Brennmaterial bestand aus Treibholz, welches das Meer hier im Ueberfluß auswirft. Es waren ganze Stämme ohne Zweige. Ein Schornstein führte den Rauch durch das Dach. Man konnte aber durch ein Nebenrohr den Rauch in den zweiten Raum hineinlassen, um Rennthierfleisch und Zungen und Bärenschinken zu räuchern. Um drei Seiten des ersteren Raumes lief eine drei Fuß breite, mit Bärenfellen bedeckte Bank, welche zum Schlafen diente. Die Bettdecke des Capitäns bestand aus zusammengenähten weißen Fuchsfellen, ebenso die des Feldscheers, die anderen aus Schaffellen. Die Wände waren gehobelt, das Dach aus geschnittenen Brettern zusammengefügt.

Zur Erleuchtung des Raumes dienten ein paar kleine Glasfenster, welche ungefähr zwei Fuß im Quadrat hielten. Den Boden bildete ein Estrich. Der ganze Bau — von außen gemessen — mochte etwa 60 Fuß lang und 34 Fuß breit sein. Er war aus großen, vierkantig behauenen und etwa 12 Zoll dicken Balken errichtet, die übereinander gelegt, an den Ecken geschürzt, mit trockenem Moos verstopft und mit Pech oder Theer bestrichen waren, so daß die Luft durchaus nicht eindringen konnte. Das Dach bestand aus Balken, welche mit beiden Enden auf der oberen Kante der Wände ruhten. Gerade so sind die Häuser in Rußland, besonders bei Archangel, erbaut.

Der deutsche Feldscheer, ein sehr verständiger Mann, machte mir über diese russische Colonie in der Smeerenburger Bucht folgende Mittheilungen. Einige Kaufleute in Archangel rüsten zusammen jährlich ein Schiff von ungefähr 100 Tonnen aus, mit einem Führer, Capitän, Steuermann, Feldscheer, Zimmermann, Koch und ungefähr 15 Mann, alle mit Musketen, Büchsen, Pulver und großen Messern versehen, nebst solchen Geräthschaften, welche zum Fange von Walfischen, Narwalen (Walrossen?), Rennthieren, Bären und Füchsen erforderlich sind.

Das Schiff läuft, mit einem ausreichenden Vorrath von Mehl, Branntwein, Kleidern, Schneeschuhen, Brettern, Zimmergeräthen u. s. w. versehen, jedes Jahr im Monat Mai von Archangel aus und trifft im Juni oder Juli bei Smeerenberg ein, um die neue Colonie an's Land zu setzen. Hier bleibt es zwei bis drei Wochen im Hafen, um seine Schäden auszubessern, und führt dann die alte Colonie mit deren Ausbeute, bestehend in Fellen von weißen Füchsen und Bären, Eiderdaunen, Walroßzähnen — die dem Elfenbein gleichen und niemals gelb werden — nebst geräucherten Rennthierzungen, nach Archangel zurück.

Die Colonisten erhalten keinen bestimmten Lohn, sondern eine gewisse Tantième: der Führer 50 vom Tausend, der Capitän und Feldscheer 30, der Zimmermann, Steuermann und Koch jeder 10, und die übrigen Leute Jeder 1 vom Tausend des mitgebrachten

Werthes. Der Feldscheer erzählte mir, daß dem Führer 1000 Rubel, ihm selbst 600 und jedem von der Schiffsmannschaft 50 bis 60 Rubel zufielen. Er fügte hinzu, daß, wenn sie ihre Reise glücklich zurücklegten, die Besatzung von ihrem Lohne ein ganzes Jahr lang leben könne, weil die Lebensbedürfnisse in Archangel sehr billig wären. Bis dahin habe die Handelsgesellschaft in Archangel sehr gute Geschäfte gemacht.

Er berichtete weiter, daß er diese Fahrt nun schon das zweite Mal unternommen, so gut habe ihm die erste gefallen. „In den Nächten, welche man die langen nennt, ist die Finsterniß niemals, oder wenigstens äußerst selten so stark, daß man nicht noch die Dinge in der Nähe wahrnehmen könnte, und die Kälte auch nicht so schrecklich als in Petersburg. Bei Schneestürmen darf man das Haus nicht verlassen; bei schönem Wetter kann man sich dagegen mehrere Meilen weit hinauswagen. Bei Mondschein und dem in diesen hohen Breitengraden so wunderbaren Sternenschein, sowie während eines Nordlichtes, ist es so hell, daß man dabei lesen oder schreiben kann."

„Im Winter kommen die schwarzen Walfische in den Hafen und wagen sich bis dicht an den Strand; zuweilen tödten wir einen durch Harpunen, die wir aus einem Mörser abschießen. Von Eisbären, Rennthieren, Füchsen und Vögeln tödten wir so viele, als die nächtliche Jahreszeit es erlaubt. Dieselbe beginnt im September. Dann verlassen uns die Landthiere und begeben sich über das Eis nach Novaja Semlja und Sibirien. Auf dieselbe Art ziehen die Landvögel fort. Wir erlegen in der Bucht auch Walrosse, ihres „Elfenbeins" halber, welches nach Deutschland und Frankreich ausgeführt wird."

Der Feldscheer und ich machten einen Ausflug auf Schneeschuhen, eine Art Schlittschuhe ohne Eisen und ungefähr zwei Fuß lang, mit welchen man über Schnee und Eis gleitet. Da ich in meiner Jugend ein guter Schlittschuhläufer gewesen war, so bediente ich mich derselben eben so gut wie er. Wir legten in einer Stunde sechs bis sieben Meilen zurück, ohne zu ermüden.

Bevor wir unsern russischen Wirth verließen, erzählte er uns noch, daß er vor einigen Wochen, als er von einer Jagd zu seinem Hause zurückgekehrt sei, einen englischen Capitän mit neun oder zehn Mann eben beim Plündern angetroffen habe. Da er seine Kiste aufgebrochen fand, so nannte er den Capitän einen Straßenräuber.

Es entstand ein Streit, „die Engländer gaben auf uns Feuer" — sagte der Feldscheer — „und tödteten einen Mann. Wir schossen wieder und verwundeten mehrere, worauf sie eiligst die Flucht ergriffen." Als nun der Russe seine Rubel nachzählte, fand er, daß 600 fehlten. Er beabsichtigte, von dieser Angelegenheit seiner Regierung Mittheilung zu machen.

Nachdem wir über zwölf Stunden bei den Russen zugebracht hatten, nahmen wir Abschied und baten sie, auch uns an Bord zu besuchen. Wir kehrten auf demselben Wege, auf dem wir gekommen waren, nach ungefähr achtzehnstündiger Abwesenheit wieder zu unserm Schiffe zurück.

Nunmehr bereiteten wir uns ernstlich auf die Rückreise vor; wir füllten unsere Tonnen mit gutem Wasser, brachten Alles in Ordnung und gingen in der Mitte des Juli bei einem schwachen Nordwinde unter Segel. Wir passirten wieder viel Treibeis; da unser Schiff ein Schnellsegler war, so ließen wir viele andere, die ebenfalls nach England zurückkehrten, hinter uns.

Die erste uns willkommene Veränderung bestand darin, daß es wieder ein wenig dunkel wurde und wir in unserer Cajüte ein Licht anzünden mußten. Welch ein Genuß! — Wenn man Monate lang ohne Dunkelheit gewesen, wird das Tageslicht zuletzt ermüdend, und man empfindet eine herzliche Freude, so wie das erste Licht wieder in der Cajüte brennt, draußen aber Alles dunkel ist. Bevor wir zu südlicheren Breitengraden kamen, betrachtete ich mit Entzücken den Niedergang der Sonne, welche friedlich über dem Horizonte thronte. Sie erschien von einer außerordentlichen Größe, umstrahlt von den herrlichsten Farben, worauf sie sich wieder in ganzer Majestät erhob. Die Erhabenheit und Pracht dieses Schauspiels läßt sich nicht mit Worten schildern.

Wir warfen Ende Juli bei Lerwick Anker. Nach dreiwöchentlichem Aufenthalte daselbst setzten wir die Reise fort und kamen gegen Ende des August nach einer Abwesenheit von überhaupt fünf Monaten wieder glücklich in Greenwich an." — —

So weit Bacstrom.

Die Russen, von deren Leben auf Spitzbergen wir hier eine so lebendige Schilderung erhalten, hatten schon lange vorher den Walfischfang auf diesen Küsten betrieben. Aus dieser früheren Zeit, das heißt aus dem Jahre 1743, datirt sich die berühmte Erzählung von den vier russischen Matrosen, welche sechs Winter auf einer der Inseln in der Nähe der Südostküste von Stans Vorland zubrachten — russisch Maloy Broun oder „Klein-Spitzbergen", zum Unterschiede von Belschoy Broun, „Groß-Spitzbergen". Die Geschichte dieser vier Männer: Alexei Himkof, Ivan Himkof — welche schon früher einige Winter auf der Westküste verlebt hatten —, Stephan Scharapof und Feodor Werigwin, die, nachdem ihr Schiff von den Eisbergen eingeschlossen worden, an's Land gingen, um eine vor ein paar Jahren errichtete Hütte aufzusuchen; wie sie, gleich vielen Anderen vor und nach ihnen, das Schiff verloren, sodann, von Allem entblößt, aus der Wurzel eines Treibholzstammes einen Bogen, aus einem gefundenen Stücke Eisen ein paar Lanzen verfertigten, womit sie einen Eisbären erlegten; wie sie aus dessen Sehnen Bogenstränge machten und aus einem andern Stücke Eisen Pfeilspitzen arbeiteten und mit diesen Waffen eine Menge Rennthiere, Füchse und zehn Bären schossen; wie sie Alle, mit Ausnahme des Feodor Werigwin, der starb, dem Skorbut entgingen, namentlich infolge ihrer fast beständigen Arbeit in freier Luft; wie die übrigen Drei 1749 glücklich nach Archangel zurückkamen u. s. w.: dieses alles ist so oft und in so mancherlei Formen dargestellt worden, daß wir kein Recht haben, uns hierbei länger aufzuhalten, und nur auf die ursprüngliche Schilderung, welche 1766 von Professor P. L. le Roy in Petersburg herausgegeben wurde — er hatte die Geschichte aus dem Munde der beiden Himkof selbst vernommen und noch ihre eigenthümlichen Geräthschaften und Waffen gesehen — verweisen wollen.

Im Uebrigen fehlen uns bis jetzt noch alle Quellen für eine genauere Kenntniß der russischen Spitzbergenfahrten. Wir können nur aus den vielen und verhältnißmäßig neuen Denkmälern, den theils noch wohlerhaltenen, theils verfallenen „Russenhütten", deren es an jedem größeren Fjord zwei oder drei giebt, und in welchen sie die Winter zugebracht haben, schließen, daß die Russen während des letzten Jahrhunderts, und mindestens während der ersten drei oder vier Decennien des gegenwärtigen, Spitzbergen ziemlich fleißig besucht haben, um Walrosse, Seehunde, Weißwale, Bären und Füchse zu jagen. Sie hatten Hauptstationen, wo sie sich das ganze Jahr über aufzuhalten pflegten; oder sie gingen im August von Archangel aus und kehrten im April zurück. In der Nähe solcher großen Stationen besaßen sie wieder kleinere Hütten, in welchen sie während der Jagd selbst ein Unterkommen fanden. In der letzten Zeit hatten die Russen ihre Hauptstation in der Oeffnung des Storfjordes auf Stans Vorland. Als Keilhau sie 1827 besuchte, war sie auch schon aufgegeben, aber doch noch bis zum Jahre 1825 benutzt worden. Sie bestand aus zwei größeren und mehreren kleineren Hütten, und neben ihnen befanden sich fünf griechische Kreuze mit der ältesten Jahreszahl 1809.

Ungefähr im Jahre 1818 überwinterten zwei russische Lodjen am Südcap, wo man auch noch die Rudera einer Hütte vorfindet. Sie machten einen ungeheuren Fang: 1,200 Walrosse und fast eben so viele Weißwale nebst Füchsen, Bären und Seehunden.

Im Hornsund erblickt man ebenfalls noch guterhaltene Ueberbleibsel einer auf 20 Mann berechneten Hütte, und zweier kleineren für fünf Mann. Auch an anderen Stellen des Fjordes trifft man auf undeutliche Spuren alter Russenhütten. Eine verlassene Lodje und die halbverzehrten Leichen von 13 Männern fand man 1820 neben der größeren Hütte.

Im Bellsund haben die Russen eine oder zwei Hauptstationen mit verschiedenen kleineren Hütten gehabt, und zwar an der Stelle, wo 1823 eine Lodje überwinterte. Auch im Eisfjord stößt man auf die Ueberbleibsel vieler solcher Russenhütten. Green-Harbour war wegen des Weißfischfanges besonders besucht. Hier starb 1826 Starastschin, von welchem wir schon früher gesprochen haben. Solche Spuren von Russenhäusern giebt es auch auf der Südspitze von Prinz Charles Vorland, in der Croß-Bai, der Hamburger Bai, auf dem Festlande, geradeüber dem Amsterdam-Eiland, wo eine Expedition — wahrscheinlich 1823 — überwinterte, und auf den Nordküsten der Red-Bai, Wijde- und Mossel-Bai. Selbst auf dem Nordostlande trifft man noch deren verfallene Trümmer an.

Aber die Fahrten der Russen nahmen mehr und mehr ab; gegen das Ende des dritten Jahrzehnts waren es nur noch einige Privatpersonen sowie das reiche Kloster Solowetskoi am Weißen Meere, welche ein paar Schiffe aussandten. Wann die letzte russische Expedition Spitzbergen besucht hat, wissen wir nicht, aber nach dem fünften Jahrzehnt scheinen alle diese Fahrten aufgehört zu haben.

Die Norweger allein besuchen heutzutage noch Spitzbergen wegen des Walfischfanges. Sie haben seit uralten Zeiten die Kunst verstanden Delphine und Wale zu fangen; ob dieses aber auch in den spitzbergischen Gewässern geschehen sei, davon wissen wir nichts. Die im Jahre 1721 in Bergen gestiftete Grönländische Compagnie schickte ihre Schiffe meist in die Davisstraße. Die eigentlichen Fahrten der Norweger begannen viel später und verfolgten nicht den Walfischfang. Nach Keilhau ging die erste norwegische Unternehmung nach Spitzbergen 1795 von einem Kaufmanne in Hammerfest, in Gemeinschaft mit einem Russen, aus; ein Theil der Besatzung bestand aus Fischlappen und Russen, welche auf der Insel überwinterten. Eigentlich datiren aber die gegenwärtigen norwegischen Spitzbergenfahrten vom Jahre 1819, indem eine englische Handelsgesellschaft auf Bodö eine Galeas mit elf Mann zu einer Fahrt nach Spitzbergen und Bären-Eiland ausrüstete. Sie kamen von Spitzbergen — denn Bären-Eiland hatten sie verfehlt — mit der Nachricht von seinem Reichthume an Walrossen, Rennthieren und Eidergänsen zurück, worauf man wieder eine kleine Expedition von Hammerfest mit acht Mann aussandte. Als man aber nach Bären-Eiland kam und der größere Theil der Besatzung an's Land geschickt wurde, um zu jagen, verirrte der Capitän in Wind und Nebel, so daß er die Insel nicht wieder finden konnte und nach Hammerfest zurückkehrte. Die zurückgelassenen Leute verproviantirten sich mit Walroßfleisch und gingen in ihrem offenen Boote nach Norwegen zurück. Eine eben solche Expedition mit derselben Mannschaft und demselben Capitän, auch mit demselben Ausgange, wurde 1821 unternommen. Jetzt ging man aber mit größerem Ernste daran, den Fang im Eismeere zu betreiben und stehende Winterstationen anzulegen. Den ersten Versuch machte man 1822 in Croß-Bai, wo man zwei Hütten erbaute, und die Ueberwinterung lief so glücklich ab, daß man sie im folgenden Jahre mit 16 anderen Leuten wiederholte. Da aber die Lage der Station für den Fang unvortheilhaft erschien, so begaben sie sich zum Eisfjord in eine der dortigen Russenhütten, wo indessen drei Leute — wahrscheinlich am Skorbut — starben. Die im Jahre 1825 zur Ueberwinterung von Hammerfest ausgerüstete Expedition ließ sich ebenfalls im Eisfjord, an einer alten russischen Station nieder. Sie machten eine geringe Ausbeute und erlagen sämmtlich dem Skorbut. Nun begannen auch Tromsö und Bergen Schiffe abzusenden; doch klagten sie alle über schlechten Fang und geringen Gewinn. Die Jagd ist trotzdem immer anhaltend von 12 bis 15 und mehr Schiffen von Tromsö und Hammerfest aus betrieben worden, und diese Fahrten sind nicht blos eine

Quelle des Reichthums für die Rheder, sondern auch für Capitän und Seeleute zu einer Schule geworden, in welcher sich die besten Eigenschaften eines Seemannes entwickeln können. Wir wenigstens haben aus dieser „Eismeerschule" Männer kennen gelernt, denen wir unsere höchste Achtung nicht versagen konnten.

Wir wollen nun noch kurz diejenigen Expeditionen nach Spitzbergen berühren, welche in dem vorigen und in diesem Jahrhundert im geographischen und naturhistorischen Interesse unternommen worden sind.

Die Kaiserin Katharina von Rußland schickte im Jahre 1765 ihren Admiral Tschitschagoff mit dreien Schiffen aus, um von Spitzbergen nach dem Nordpol zu fahren. Die Expedition verließ Kola am 10. Mai und ankerte den 16. Juni im Bellsund. Hier blieb sie bis zum 4. Juli, steuerte nach Norden und erreichte am 24. eine Polhöhe von 80° 21′. Weiter nach Norden vorzubringen war unmöglich; jeden Tag wurde man einige Minuten nach Süden zurückgeworfen; und als man am 29. bei einem heftigen Nordsturme große unübersehbare Eismassen sich von Nordosten nach Westsüdwesten erstrecken sah, beschloß der Admiral umzukehren, überzeugt, daß das Ziel nicht zu erreichen. Anfangs von der Kaiserin ungnädig empfangen, gelang es Tschitschagoff später sich zu rechtfertigen. Er erhielt im folgenden Jahre wiederum den Befehl über dasselbe Schiff. Diesesmal kam er einige Minuten weiter nach Norden; den 29. Juli observirte er 80° 28′. Aber das festgepackte Eis schnitt jede Hoffnung ab; am folgenden Tage kehrte er wieder nach Bellsund und Archangel zurück.

Das erste bedeutende Unternehmen dieser Art wurde 1773 von Constantin John Phipps, später Lord Mulgrave, mit den Schiffen Racehorse und Caracay in der Absicht gemacht, den Nordpol zu erreichen. Wir haben schon früher dieser glücklichen Expedition Erwähnung gethan, bei welcher Phipps in den letzten Tagen des Juli 80° 37′ erreichte, die Sieben Inseln in Sicht bekam, einige derselben nebst Low Island besuchte und diesen Theil von Spitzbergen kartographirte. Anfangs August wurde er in 80° 37′ nördl. Br. und 19° östl. L. von Eis eingeschlossen, das an manchen Stellen 12 Fuß dick war. Er sägte sich aber hindurch, forcirte die Fahrt, erreichte endlich am 11. August Amsterdam-Eiland und ankerte in Fair Häven, worauf er am 19. August die Anker lichtete und nach England zurückkehrte.

In derselben Absicht wie Phipps segelte Dav. Buchan 1818 nach Spitzbergen mit den Schiffen Dorothea und Trent, das letztere unter Führung des arktischen Märtyrers John Franklin. Am 3. Juni ankerten sie in der Magdalenen-Bai, den 7. verließen sie diesen Hafen, um nach Norden zu gehen, stießen aber bald auf Eis und gingen nach 13tägigem Segeln im Eise in Fair Haven bei der Red-Bai vor Anker. Den 6. Juli fuhren sie wieder aus, erreichten 80° 15′ nördl. Br., drangen in's Treibeis ein, wurden aber in 80° 34′ eingeschlossen, kehrten um und kamen glücklich wieder los. Sie steuerten nun westlich, längs der Eiskante, wurden aber von einem Sturme überfallen, mußten zwischen die Hummocks gehen und würden ihr Schiff verloren haben, wenn der Sturm nicht aufgehört hätte. Es gelang ihnen wieder offenes Wasser zu erreichen; sie gingen, um ihre schlimmen Lecke zu repariren, wieder nach Fair Haven, das sie am 30. August verließen, um nach England zurückzukehren. Der Bericht über diese Reise ist von dem damaligen Lieutenant Frederick Beechey abgefaßt und zeichnet sich durch seine lebhaften Schilderungen aus.

Die nächste Expedition nach Spitzbergen wurde im Jahre 1823 von Clavering und Sabine mit dem Schiffe Griper unternommen. Ihre Absicht war, einen möglichst hohen Breitengrad zu erreichen und in Hammerfest, Spitzbergen und Grönland Pendelschwingungen und magnetische Untersuchen anzustellen. Diese Beobachtungen sollten von Sabine, damals englischem Artilleriecapitän, geleitet werden, während Clavering mit dem Schiffe nach Norden fuhr. Den 30. Juni erreichte man Hakluyt's Headland; hier ging Sabine mit einem Officier, Arzt und sechs Leuten nebst einer Ausrüstung für sechs Monate an's Land, und zwar auf die innere Norskö, wo Phipps seine Beobachtungen 1773 gemacht hatte. Clavering kam auf seiner Fahrt nach Norden nur bis 80° 20′ nördl. Br. und befand sich am 11. Juli wieder bei Hakluyt's Headland. Am 24. waren die physikalischen Untersuchungen geschlossen. Man fuhr hierauf nach Grönland hinüber, um die Beobachtungen daselbst fortzusetzen, später nach Drontheim, und kehrte von hier nach Hause zurück.

Trotz aller Enttäuschungen hatten die Engländer ihr Lieblingsproject, den Nordpol zu erreichen, nicht aufgegeben. Bald nachdem der unermüdliche Parry von seiner dritten arktischen Reise, welche die Entdeckung einer Nordwestpassage zum Zweck hatte, zurückgekehrt war, regte er den Gedanken an, zu Eis und Schlitten den Nordpol zu erreichen, und unternahm 1827 seine bekannte Expedition mit dem Hecla. Wir haben über dieselbe schon früher gehandelt. Sein Bericht ist, wie alle seine arktischen Reisebeschreibungen, von großem Werthe für die Wissenschaft, und zeichnet sich durch außerordentliche Treue und Genauigkeit aus.

In demselben Jahre wurde Spitzbergen von dem norwegischen Geologen Keilhau besucht, auf einer kleinen von dem deutschen Touristen von Löwenigh in der Absicht ausgerüsteten Slup, um die Geschichte der russischen Spitzbergenfahrten zu vervollständigen. Die Besatzung bestand nur aus sechs Mann. Sie gingen am 16. August in See und landeten den 20. auf Bären-Eiland, deren geologische und physikalische Verhältnisse Keilhau mit vieler Genauigkeit untersuchte. Sie steuerten hierauf durch den gewöhnlichen Bären-Eilandsgürtel von Treibeis nach dem Südcap. Den 26. befanden sie sich auf der Westküste vor dem Eisfjord, aber alle Fjorde waren, wie gewöhnlich in dieser Jahreszeit, bereits vom Eise gesperrt. Am 29. und 30. hatten sie einen schweren Sturm zu bestehen, der sie bis zum 79. Grade nach Norden trieb, gingen dann wieder nach Süden und warfen am 3. September im Treibeise vor dem Südcap Anker. Hier stiegen sie an mehreren Stellen an's Land. Als sie sich durch das Eis wieder zum Schiffe zurückwandten, war dasselbe verschwunden. Man fand es zwar wieder, aber in's Eis eingeschlossen und in einer sehr schlimmen Lage. Die Gefahr währte indessen nur zwanzig Stunden, indem die Strömung das Eis wieder auseinander trieb. Am 9. steuerten sie nordöstlich zu Stans Vorland, hielten sich bei der dortigen russischen Station acht Tage lang auf und kehrten darauf nach Hammerfest zurück. Keilhau's Schilderung dieser Reise, reich an interessanten Beobachtungen, findet man in seiner fesselnden Arbeit: Reise i Ost- og West-Finmarken. Christiania 1831.

Zehn Jahre später machte unser Landsmann Professor Lovén eine Reise nach dem westlichen Spitzbergen, über welche er der Akademie der Wissenschaften am 10. Januar 1838 einen Bericht vorlegte. Nachdem er sich längere Zeit in Finmarken aufgehalten hatte, fuhr er am 19. Juni mit dem Walroßfänger P. Michelsen, auf dem Schoner „Enigheden", von Hammerfest ab. Den 22. hatte er bei starkem Nebel Bären-Eiland erreicht. Der Capitän weigerte sich, ihn an's Land zu setzen, aus Furcht, er könnte durch

Eis und Wetter genöthigt werden, ihn seinem Schicksale zu überlassen. Doch hatte er Gelegenheit, in der Nähe der Insel einige Versuche mit dem Bodenkratzer anzustellen, die ersten, welche in diesem Theile des Eismeeres gemacht worden sind. Am 3. Juli erreichten sie 75° 8′ nördl. Br. und steuerten längs der Eiskante westlich, später wieder nördlich. Den 7. bekam man Prinz Charles Vorland in Sicht; den 10. wurde in Green-Harbour (Eisfjord) Anker geworfen. Hier hielt er sich eine Woche auf, machte Ausflüge, entdeckte secundäre, Versteinerungen enthaltende Schichten, und kam bis zum Vogelberge „Dödmanden" (der todte Mann) auf der andern Seite des Fjordes, und zur Sassen-Bai, wo sie mehrere Walrosse erlegten. Das Schiff ging darauf zur Croß-Bai, wo man den Meeresgrund untersuchte. Auch eine Bootfahrt in das Innere der Kings-Bai wurde unternommen. Den 27. Juli wollte man zum Eisfjord zurückkehren, aber Sturm und Nebel verhinderten es, und man fuhr weiter nach Süden. Der Sommer war sehr ungünstig. Das Treibeis erstreckte sich noch anfangs August ohne Unterbrechung von Bären-Eiland bis zum Südcap. Der Plan, diese Insel und das Meer ringsum genauer zu untersuchen, mußte daher aufgegeben werden. Den 7. August war Lovén wieder in Hammerfest. Seine kurze aber lehrreiche Reise ist die erste, welche von Schweden aus lediglich im wissenschaftlichen Interesse nach dem arktischen Norden unternommen worden ist.

Die französische Regierung schickte im folgenden Jahre 1838 auf der Corvette La Recherche, Capitän Favre, unter Leitung von P. Gaimard, eine wissenschaftliche Commission nach dem Norden, an welcher Bravais, Martins, Lottin, Marmier und einige skandinavische Naturforscher Theil nahmen; von Schweden: C. J. Sundevall, C. B. Lilliehök, P. A. Siljeström und Graf Ulrik Gyldenstolpe; von Norwegen: Chr. Boeck; von Dänemark: Kröyer und Vahl. Die Recherche besuchte in diesem Jahre den Bellsund und im folgenden die Magdalenen-Bai. Das über diese Reise herausgegebene Prachtwerk ist allerdings nicht zum Abschlusse gelangt. Es enthält außer vortrefflichen Ansichten der besuchten Gegenden, wichtige meteorologische und physikalische Beobachtungen und eine große Zahl naturhistorischer Abbildungen, welche zum größten Theile unter der Leitung der dänischen und norwegischen Naturforscher ausgeführt sind.

Im Jahre 1858 besuchte O. Torell Spitzbergen. Er rüstete

in Hammerfest, auf seine Kosten, die Yacht Frithjof von $19\frac{1}{2}$ Lasten aus und fuhr am 3. Juni in Begleitung von A. E. Nordenskiöld und A. Quennerstedt und dem Fischer Anders Jakobsson ab. Sie hatten günstigen Wind bis auf einige Meilen südlich von Bären-Eiland, sodann mit Gegenwind zu kämpfen und kamen in's Treibeis, welches die Insel unzugänglich machte. Eine ganze Woche lang kreuzten sie nun im Eise, einmal bis 30 Meilen westlich vom Bellsund, bis es ihnen gelang, das sich einige Meilen vom Lande hinziehende Eisband zu durchbrechen. Den 18. Juni erreichten sie den Hornsund, und nahmen mit Verwunderung wahr, wie das weiße Winterkleid der Holme und Berge unglaublich schnell verschwand. Es wurden nach allen Seiten Ausflüge unternommen, die geologischen Verhältnisse studirt, die Gletscher bestiegen, die Moränen untersucht. Zugleich „breggte" man mit vielem Erfolge in verschiedenen Tiefen, sogar bis auf hundert Faden. Am 28. segelten sie zum Bellsund und warfen am folgenden Tage bei Midterhuk Anker. Hier gab der Bodenkratzer wiederum reiche Ausbeute. Es wurden Vögel und Säugethiere geschossen und präparirt, eine Tertiärbildung mit Pflanzenabdrücken entdeckt, Pflanzen, besonders Moose und Flechten, gesammelt. Am 6. Juli verließen sie diesen Platz, um nach Norden zu fahren. Aber Windstille und Gegenwind zwangen sie, wieder in denselben Fjord einzulaufen. Nordenskiöld fand hier mächtige Schichten von Kalk und Kieselschiefer, reich an Versteinerungen der Arten Productus und Spirifer, welche er daher der Steinkohlenformation zuzählte. Diese verticalen Schichten waren wiederum mit beinahe wagrechten Lagen derselben tertiären Bildung mit Blattabdrücken, welche er bei Midterhuk beobachtet hatte, bedeckt. Am 24. Juli gingen sie wieder unter Segel und warfen am 28. in Green-Harbour Anker. Sie untersuchten den Eisfjord bis zum 2. August und steuerten dann nach Norden. Den 4. befanden sie sich beim Amsterdam-Eiland, den 7. in einem andern Hafen zwischen der Norskö und Cloven Cliff, den 10. in der Magdalenen-Bai, den 13. in der Englischen, den 16. in der Advent-Bai im Eisfjord. Hier verweilten sie bis zum 22., fuhren dann in der Absicht ab, die „Tausend Inseln" zu erreichen, wurden aber durch einen Sturm aus Osten gezwungen, ihren Cours nach Hammerfest zu richten, wo sie am 28. mit reicher wissenschaftlicher Ausbeute anlangten.

In den letzten Jahren haben auch englische Touristen ihren

Weg nach Spitzbergen gefunden. Lord Dufferin machte 1856 einen Ausflug zu seiner Westküste; James Lamont jagte hier in den Sommern 1858 und 1859. Die Reise des Letzteren galt der bis dahin so gut wie unbekannten Ostküste von Stans Vorland und dem Storfjord, welche Gegend er in seiner werthvollen Arbeit „Seasons with the seahorses" geschildert hat. Zuletzt, und zwar im Jahre 1864, wurde Spitzbergen von A. Newton und Birckbeck besucht, um ornithologische Studien zu machen. — —

Diese Aneinanderreihung wechselvoller Bestrebungen der Menschen ist es, was wir die Geschichte Spitzbergens nennen.

Erst trat die rohe Gier auf den Schauplatz, welche um des Gewinnes willen die Geschöpfe schonungslos vernichtete, die gewaltigen Walfische ausrottete und dann die schwächern Thieren anfiel. Aber in ihre blutige Spur trat die Wissenschaft; willige Hände gaben sich ihren friedlichen Arbeiten hin, und die einzelnen Völker trugen wetteifernd zur Untersuchung von Fragen bei, deren Lösung wahrscheinlich niemals irgend einen praktischen „Nutzen" im Gefolge haben wird.

Es ist ein milder von Süden kommender Meeresstrom, dem sowohl die Gewinnlust, als auch der Forschungseifer ihre besten Resultate verdanken. Aus dem mexikanischen Busen, seiner Quelle gleichsam, fließt der Golfstrom an Florida vorbei, mit einer Schnelligkeit von vier englischen Meilen in der Stunde, ein 3,000 Fuß tiefer, 60 englische Meilen breiter Fluß im Meere, durch sein blaues Wasser und seine höhere Temperatur von dem grünlichen und kalten Wasser, das seine Ufer und sein Bette bildet, unterschieden. So läuft er längs der Küste Nordamerikas und wendet sich dann nach Osten, um Millionen Quadratmeilen des Atlantischen Oceans zwischen Islands und Norwegens Küsten, denen er noch bis nach Vardö folgt, zu bedecken. Seine letzten Spuren erkennt man selbst noch bei Novaja Semlja. Die Seethiere, sowie jede Pflanze, jedes Geschöpf, welches ein von diesem Strome bespültes Land bewohnt, fühlen im Winter den Einfluß seiner belebenden Wärme. Er macht, daß Irland so grün, daß in England noch Heerden weiden, während in Amerika unter demselben Breitengrade der Boden gefroren ist; daß auf der ganzen Erde kein Land zu finden, welches bei gleicher Entfernung von dem Aequator ein so mildes Klima hat als Norwegen, wo die Gerste noch unter dem 70. Grade reift; daß das Meer westlich von Spitzbergen — „the whalers bight" (der Walfischfänger Bucht) — den ganzen Sommer über eisfrei bleibt. Wir haben gesehen, wie unsere Schiffe oft Streifen seines blauen Wassers durchschnitten, wie sich seine höhere Temperatur noch an dem Nordende der Heenloopen-Straße geltend machte. Und wie er zu den Küsten Norwegens Cocosnüsse und

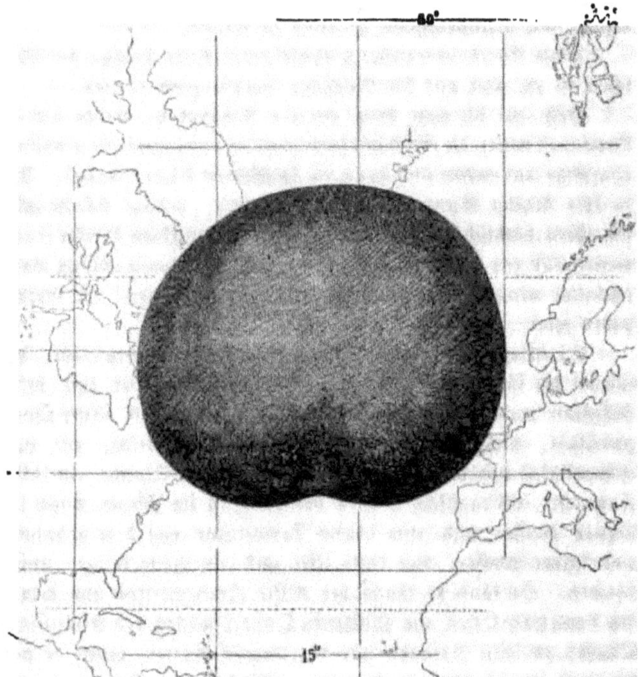


Bohne von Entada gigalobium.

andere Früchte aus dem warmen Amerika bringt, so giebt er auch an den nördlichsten Strandebenen Spitzbergens sein Dasein und seinen südlichen Ursprung zu erkennen, indem er hier, außer Fischergeräthschaften von Norwegen und Bimsstein von Island, die Frucht von Entada gigalobium, ein Schotengewächs mit drei Fuß langen Hülsen, das in Westindien an den Bäumen hinaufklettert, nieder=

legt. Eine solche Bohne in ihrer natürlichen Größe, dieselbe, welche Torell bei Shoal Point gefunden, haben wir hier abgebildet. Hierbei darf wohl angeführt werden, daß — nach Decandolle — eine solche unter dem ältesten Kastanienbaum zu Paris gefundene Bohne, wieder eingepflanzt, keimte und wuchs, und daß eine andere, die sich jetzt im Reichsmuseum zu Stockholm befindet, in einem Torfbruch bei Tjörn in Bohuslän, 30 Fuß über dem Meere, aufgegraben wurde.

## Siebenzehntes Kapitel.

### Rückkehr nach Norwegen.

Unsere Reise nähert sich ihrem Ende. Die länger werdenden Nächte gemahnten uns, daß der Herbst mit schnellen Schritten nahe, und daß es Zeit sei an die Rückkehr zu denken. Unsere Schiffe wurden daher zu diesem Zwecke ausgerüstet, Wasser und Ballast eingenommen. Mittlerweile waren die Dreggboote noch im Gange. Wir erfreuten uns hier zum ersten Male an dem rothen Schnee, der eigenthümlichen Alge **Haematococcus nivalis**, welche auf älterem Schnee gedeiht und dessen Oberfläche eine schöne rosa, zuweilen auch eine scharlachrothe Farbe verleiht, welche man indessen nicht mit einer ganz ähnlichen Farbe, die ihren Ursprung in verwittertem, eisenhaltigem Gestein oder den fast blutrothen Excrementen der Rotjes — **Mergulus Alle** — hat, verwechseln darf.

Als der Wind am 12. September nach Nordosten herumging, machten wir uns bereit. Es wurden alle noch am Lande befindlichen Sachen an Bord gebracht und die Anker gelichtet. Um 6½ Uhr stach Aeolus, eine Stunde später Magdalena in See. Bald aber wandte sich der Wind wieder nach Südwesten, während die Strömung nach Nordosten ging. Wir wurden bis zum Amsterdam-Eiland zurückgetrieben und kamen nicht von der Stelle. Dieses war um so unangenehmer, als wir bei Bären-Eiland zu landen und daselbst die Bodenkratzer auszuwerfen beabsichtigten. Am 14. wehte der Wind wieder aus Norden. Mittags observirten wir 79° 3′ nördl. Br. und ungefähr 8° östl. L. Während der Nacht hatte es geschneit, die Temperatur schwankte zwischen — 1,7° C. und — 2,5° C., Schneewetter und Nebel wechselten den ganzen Tag über mit einander ab, und das Schiffsdeck konnte nur mit Mühe vom Schnee frei erhalten werden. Während der beiden folgenden Tage hielt dieses Wetter an. Den 16. Mittags observirten wir 77° 53′ nördl. Br. Prinz Charles Vorland mit seinen in Nebel gehüllten Bergen lag also bereits hinter uns.

Bis dahin hatten wir uns nur über solchen Tiefen befunden, welche von unseren Zoologen schon vielfach untersucht worden waren; nunmehr wurde das Meer aber so tief, daß wir eine Messung vorzunehmen beschlossen. Von unseren wissenschaftlichen Arbeiten hatten wir diese immer für eine der wichtigsten erachtet, weil sie uns einen Aufschluß über das Vorkommen des organischen Lebens in großen Meerestiefen versprach.

An der Oberfläche des Meeres scheiden sich zwei Welten lebender Wesen. Die eine wohnt darüber und athmet die atmosphärische Luft, die andere darunter und athmet dieselbe Luft, so weit sie im Wasser eingeschlossen ist. Wenn wir vom Meeresstrande zu unseren Gebirgen aufsteigen, so durchwandern wir verschiedene sehr ungleiche Vegetationsgürtel: die von Kiefern, Birken und Weiden gebildeten Wälder, bis zuletzt nur noch die unvollkommensten Pflanzen vorkommen und wenige Thierarten. Die Erhebung des Landes setzt also den Bedingungen für Leben und Existenz eine Schranke. Man fragt sich nun mit Recht: Wie verhält es sich im Meere? Wo ist der Punkt, wo die Tiefe, da das Leben ebenso erstirbt, wie auf den höchsten Berggipfeln? Und in der That, wie auf dem festen Lande die einzelnen Regionen sich ablösen, so ist es auch im Meere. Dem flachen Ufer mit seinen Tangarten, seinen eigenthümlichen Muscheln und Schnecken, Crustaceen und anderen Seethieren folgt der großblättrige Gürtel der Laminarien, davon ein Drittheil bis zu einer Tiefe von ungefähr 120 Fuß geht. Jede folgende Tiefenstufe kann man als die Heimath einer mehr oder weniger eigenthümlichen Fauna betrachten. Hierbei ist aber zugleich die Beschaffenheit des Bodens selber von großer Bedeutung. Ein felsiger und sandiger Boden hat ganz andere Bewohner als der Thongrund. Aus unorganischen Stoffen bestehend, welche zum großen Theile von dem nahen Lande aufgeschwemmt worden, wird dieser Thon umgearbeitet und verfeinert von den unzähligen Thieren, Mollusken, Würmern, Echinodermen u. a., welche ihn gleichsam durchpflügen, ihn fortwährend in sich schlucken und von sich geben, nachdem sie sich den darin befindlichen

Inhalt von organischen Stoffen angeeignet haben. Von dieser Art ist der Boden unserer Meere fast überall, und dieser Thon, — je tiefer und je weiter vom Lande, desto feiner — scheint den größten Theil des Meergrundes zwischen den aufsteigenden Felsen zu bedecken.

Man hat mit großer Genauigkeit Alles untersucht, was aus den verschiedenen Tiefen des Meeres zu Tage gefördert ist. An der Westküste Norwegens, in dessen tiefen Fjorden und in der Nordsee, weit vom Lande, giebt es längst bekannte Stellen, wo der Fischer mit seinen Geräthen nicht selten aus einer Tiefe von 1,200 bis 1,800 Fuß große Korallen — Oculina —, große Büsche von Gorgonia lepadifera und das mannshohe Alcyonium arboreum heraufholt. Auf den Aesten dieses Strahlenthieres leben aber Actinien, Bryozoen, Mollusken, Würmer und Echinodermen. Der bekannte Polarfahrer Sir John Roß erzählt, daß, als er in der Baffins-Bai mit seiner „deep-sea-clam" lothete, aus einer Tiefe von 6,000 Fuß „correctly" den Meeresboden heraufholte, welcher aus feinem Thon und Würmern bestand, und daß sich an der Leine, bei 4,800 Fuß Tiefe, ein Astrophyton von zwei Fuß Länge eingeschnürt befand, ein anderes Mal aber ein kleiner Seestern. Aber nicht blos Thiere von niedriger Organisation leben in dieser Tiefe. In Grönland fischen die Eskimos bei mehr als 2,000 Fuß eine Art Flunder, Pleuronectes pinguis; in Norwegen fängt man den Königsfisch, und im Mittelländischen Meere einen Lepidoleprus bei kaum geringerer Tiefe. Man muß sich daher mit Recht darüber verwundern, daß man einst geneigt war, die Grenze des thierischen Lebens nach der Tiefe schon bei 1,800 Fuß anzunehmen. Die des Pflanzenlebens befindet sich allerdings viel weiter nach oben.

In neueren Zeiten hat man an verschiedenen Stellen des Oceans mit wechselndem Erfolge den Versuch gemacht, Proben aus der Tiefe heraufzuholen. Die meisten davon sind Ehrenberg zur Untersuchung übergeben. Außer einem unbedeutenden Bestandtheile unorganischer Stoffe bildete stets das mikroskopische Leben, unendlich kleine Rhizopoden — ein Neuntel oder Zehntel des Ganzen — kalkschalige Polythalamien und kieselgepanzerte Radiolarien, die Hauptmasse. So waren auch die Proben beschaffen, welche man bei der ersten Untersuchung des atlantischen Meeresgrundes — vor Legung des Kabels — aus einer Tiefe von 14- bis 15,000 Fuß heraufbrachte. Wir dürfen jetzt aber als festgestellt ansehen, daß die Radiolarien, deren mikroskopische Skelete in den größten

Tiefen den Hauptbestandtheil der Bodenmasse bilden, nicht dort gelebt haben, sondern nur hinabgesunken oder von den Strömungen fortgeführt worden sind.

Bis zum Jahre 1860 waren dieses die einzigen brauchbaren Nachrichten, welche wir über die aus größeren Tiefen heraufgeholten Organismen besaßen. Damals wurde eine neue Untersuchung des nordatlantischen Bettes vorgenommen, von M'Clintock als Leiter und Wallich als Naturforscher, und die Tiefenmessung mit äußerster Sorgfalt angestellt. Man fand, wie früher, daß die Masse des Bodens aus Polythalamien und Radiolarien bestand; aber im Südosten von Island, in 60° nördl. Br. hatten sich aus einer Tiefe von 7,500 Fuß einige Seesterne — **Ophicoma granulata** — an die Leine gehängt; aus 4,100 Fuß folgten zwei Aneliden: **Serpula vitrea** und **Spirorbis nautiloides** mit. Wenn diese Artbestimmung richtig ist, so gehörten also sonderbarer Weise diese aus so großer Tiefe heraufgeholten Thiere zu den litoralen, die ihre Wohnstatt in dem oberen Meeresgürtel aufgeschlagen haben. Es hat aber der norwegische Zoologe Sars diese Angaben geprüft und gefunden, daß der Seestern, aller Wahrscheinlichkeit nach, **Ophiacantha spinulosa** gewesen, ein in der Tiefe lebendes Thier, welches Torell bei Grönland aus 1,500 Fuß heraufholte, und Goës und Smitt in der Kings-Bai aus 1,200 Fuß Tiefe; daß Wallich's **Serpula vitrea** vermuthlich **Placostegus politus** sei, eine Tiefwasserart, auch fügt er hinzu, daß **Spirorbis nautiloides**, welche an der Meeresküste lebt, in Norwegen in einer Tiefe von 1,800 Fuß gefunden ist.

Im Jahre 1861 untersuchte Milne Edwards der jüngere ein Ende des Telegraphenkabels, welches zwei Jahre vorher zwischen Sicilien und Algier gelegt worden. Es war aus einer Tiefe von 6,700 bis 7,500 Fuß aufgenommen. Mit ihm kamen herauf: eine vollkommen festgewachsene **Ostraea cochlear** von 2 Decimalzoll, ein **Pecten opercularis, var. Audouini**, ein **Pecten Testae**, zwei Schnecken: **Monodonta limbata** und **Fusus lamellosus**; kleine Korallen **Caryophyllia** und **Gorgonia**, eine **Serpula**, eine Art von **Bryozoa**. Das Vorkommen von **Pecten opercularis** in so großer Tiefe ist allerdings auffallend. Doch muß man nicht übersehen, daß beide Fundstellen, bei Island und bei Sicilien, sich in einem vulkanischen Gebiete befinden, wo erhebliche Hebungen und Senkungen der festen Erdoberfläche bekannt, oder doch mindestens wahrscheinlich sind.

Als unsere Expedition vorbreitet und ausgeführt wurde, waren die vorstehenden Angaben so ziemlich die einzigen, welche man in Betreff des Lebens in großen Meerestiefen kannte. Die Bedeutung der Frage liegt auf der Hand. Die von uns vorzunehmenden Untersuchungen waren von Torell daher auch lange und mit großer Umsicht vorbereitet. Schon während seiner letzten Reise nach Grönland hatte Torell in 1,500 bis 1,700 Fuß Tiefe, und zwar in den Mündungen der Eisfjorde von Omenak und Upernavik, den Boden untersucht. Diese Fjorde, so sagt er in seinem Reisebericht, befinden sich vor dem mächtigen Binneneise, welches in dieselben abfließt; der Meeresgrund besteht aus dem feinsten Thon, dem durch die Bewegung der Gletscher zerriebenen Gestein, einer Art Mehl, welches theils von den Gletscherbächen, theils von den damit bedeckten Eisstücken in's Meer geführt wird. Die aus der Tiefe heraufgeholte Fauna fand er so reich, daß keine Abnahme in Betreff der Abnahme zu merken war. Sie umfaßte die verschiedensten Arten der wirbellosen Thiere. Er beobachtete sogar, daß bei Omenak und Upernavik zwei nach ihren Arten ganz verschiedene Faunen, in derselben Tiefe und in einem Boden, welcher seiner äußeren Bildung nach kaum irgend einen Unterschied erkennen ließ, vorkamen. Er erkannte aber zugleich, daß die bis dahin übliche Art, Thiere aus so großer Tiefe heraufzuschaffen, mit allzu großen Schwierigkeiten verbunden sei. Man brauchte damals zwei Boote mit zehn Mann, um den Bodenkratzer heraufzuholen. Offenbar mußte man die Sache anders angreifen. Torell erfand einen leichten kleinen Bodenkratzer, an welchen zwei Kanonenkugeln oder andere Gewichte in der Art befestigt wurden, daß sie beim Berühren des Bodens abfielen, infolge dessen man eine weit geringere Last heraufzuziehen hatte. Es war eine Modification des Apparates von Brooke, welcher so eingerichtet ist, daß das senkende Gewicht, sobald es den Grund berührt, sich loslöst und abfällt. Die Leine aber, die so dünn sein kann, daß Hunderte von Faden nicht über ein Pfund wiegen, ist an einer eisernen Spindel befestigt, welche an ihrem Ende hohl ist und einen Theil des Bodens heraufbringt. So gering diese Masse auch immerhin sein mag, so gab sie doch sehr genaue Aufschlüsse über den Zustand des Meeresgrundes, indem sie darlegte, daß der Boden des nordatlantischen Oceanes in einer Tiefe von ungefähr 12,000 Fuß in weiter Ausdehnung aus den Schalen der Rhizopoden besteht. Man kann nicht daran denken, größere Thiere mit diesem Apparate heraufzuholen. M'Clintock setzte daher einen andern, größeren zusammen, welchen er nach seinem Schiffe Bulldogmaschine benannte. Torell brachte von ihr eine ausreichende Zeichnung nach Tromsö mit, und Chydenius übernahm es, mit Hülfe eines dortigen geschickten Schmieds, Häggbom, eine solche zu construiren. Zugleich wurden mancherlei Verbesserungen angebracht. Die Schöpfer, welche infolge einer starken Feder mit großer Kraft zusammenschlugen, waren so groß, daß sie auseinander gelegt einen Flächenraum von $20{,}_{61}$ Quadratdezimalzollen bedeckten und $64{,}_{07}$ Kubikzolle enthielten. Sie war erheblich leichter als die ursprüngliche Bulldogmaschine, und die daran befindlichen Kugeln senkten sie sehr schnell; je weiter nach unten, desto schneller, indem das Wasser während der Senkung bald alle Zwischenräume der Leine durchdringt. Hatte sie die größte Tiefe erreicht, so war sie so leicht, daß ein einziger Mann sie mit seinen Händen heraufzuholen vermochte. Torell hatte aber überdies für zwei Winden gesorgt, welche man im Boote befestigen konnte. Als wir das erste Mal mit Brooke's Apparat und darauf mit unserer Bulldogmaschine lotheten, stimmten die Resultate in Ansehung der Tiefe so genau überein, daß der äußerst geringe Unterschied sich auch aus der ungleichen Tiefe des Meeresgrundes erklären ließ, indem das Boot während der längeren Dauer dieser Messungen seine Stelle ganz von selbst wechselte. Auch Brooke's Apparat war in Tromsö gearbeitet und hatte einige Veränderungen erfahren. Die Leine daran bestand aus dreien Enden von ungleicher Dicke, zusammen etwa 15,000 Fuß lang. Die erforderlichen Kugeln und Bomben hatten wir durch des Staatsraths Motzfeldt gütige Vermittelung in Drontheim erhalten. So war denn Alles in bester Ordnung, um Thiere aus der größtmöglichen Tiefe des Meeres heraufzubringen.

Wir haben schon im zweiten Kapitel von den Messungen gehandelt, welche am 17. und 18. Mai in einer Tiefe von 6- bis 8000 Fuß ausgeführt wurden. Die Apparate erwiesen sich als durchaus brauchbar und gaben die Tiefen sehr genau an. Wir wünschten nunmehr den Versuch zu wiederholen. Am 16. September, in 77° 46' nördl. Br. und 10° 32' östl. L. zeigte sich das Wetter ziemlich günstig; Chydenius ging daher in einem Boote vom Aeolus auf die Tiefenmessung aus. Zuerst kam Brooke's Apparat zur Anwendung. Das Boot wurde in allen Fällen mit seinem Ankerende, von welchem der Apparat gesenkt wurde, gegen den Wind gestellt, damit man, wenn eine kommende Woge das Boot hob, die Leine schneller abwinden und dadurch die Gefahr des Zerreißens vermeiden konnte. Man hielt auch mit den Rudern immer gegen den Wind, so daß die Leine stets senkrecht ablief. Zwei bis drei Mann waren hiermit beschäftigt, während einer auf die Winde sah, und Chydenius mit einem vierten das Einsenken selbst beförderte und überwachte. Die ersten hundert Faden mußten immer ganz langsam abgewickelt werden, weil sich sonst leicht Schlingen bilden konnten. Bei unseren früheren Versuchen in Tromsö und bei Spitzbergen waren wir schon darauf aufmerksam geworden, und hatten auch gelernt augenblicklich zu erkennen, wenn der Apparat den Boden berührte. Sein Gewicht wurde leichter; ja sogar die Ruderer im Boote merkten es sofort, nachdem sie ein paarmal bei einer solchen Messung zugegen gewesen waren. Brooke's Apparat wurde von 2 oder 3 Mann mit den Händen heraufgezogen, die Bulldogmaschine aber mittels einer Winde.

Wir erreichten den Boden mit Brooke's Apparat das erste Mal bei 3,600 Fuß; aber beim Heraufziehen riß die Leine und der Apparat sammt etwa 100 Faden Leine ging verloren. Nun wurden zwei Kugeln am Kratzer so befestigt, daß sie bei der Berührung des Bodens abfallen mußten. Er kam glücklich herauf, aber der Boden bestand aus kleinen Steinen und Sand, war also arm an Thieren, obwohl ein paar Fragmente von Bryozoen sich dabei befanden.

Ein frischer Ostnordostwind führte uns nun so schnell nach Süden, daß Aeolus am 17. Mittags sich in 76° 43′ nördl. Br. und 13° 15′ östl. L. befand. Da Wind und See sich etwas abstillten, so legte Aeolus um sechs Uhr Nachmittags bei, und Chydenius erreichte den Boden auf 6,000 Fuß Tiefe mit einem andern Brooke'schen Apparat. Beim Heraufholen ging aber auch dieser verloren, und die einbrechende Dunkelheit schnitt alle weiteren Versuche ab. In der Nacht legten wir daher wieder bei, um uns nicht von der Stelle zu entfernen, und am Morgen des 18. ging Chydenius von Neuem aus. Wir befanden uns in 76° 17′ 12″ nördl. Br. und 13° 53′ 54″ östl. L. und die Tiefe betrug 8400 Fuß. Die Bulldogmaschine kam herauf, die Schöpfer so gefüllt, daß sie sich nicht vollkommen schließen konnten. Torell untersuchte sofort die Temperatur der darin enthaltenen feinen Masse. Sie betrug in der Mitte +0,3° C., an der Oberfläche des Schöpfers aber +0,8° C. Die Temperatur des Meeres war + 5°, die der Luft +0,6° C. Das Heraufwinden hatte zwei und eine halbe Stunde gedauert. Man darf hiernach annehmen, daß die Temperatur des Grundes +0,3° oder etwas niedriger gewesen; und diese Beobachtung ist wahrscheinlich zuverlässiger als irgend eine andere, welche vorher in so großer Tiefe gemacht worden, indem die Bestimmungen mit Six' Thermometer an einer sehr großen Unsicherheit leiden.

In dieser erheblichen Tiefe, wo die Temperatur fast unverändert dem Gefrierpunkte nahe bleibt; wo keine andere Bewegung des Meeres sich geltend macht, als die Strömung von den Polen zum Aequator; wo das Wasser mit dem zweihundertfachen Druck der Atmosphäre auf jeden Punkt wirkt; wo das Licht verschwunden, der Luft- und Salzgehalt des Wassers aber wahrscheinlich derselbe ist wie an der Oberfläche des Meeres: hier fand man in den paar Quadratzollen des Bodens, welchen die Schöpfer berührten, eine so große und formenreiche Zahl von Thieren, wie man sie sonst nur in geringeren Tiefen anzutreffen wähnen möchte. Es zeigte sich, daß der Boden des nördlichen Eismeeres, so tief unter der Oberfläche des Meeres als die höchsten Bergspitzen Norwegens sich darüber erheben, mit einem feinen, fettig anzufühlenden, gelblichbraunen oder grauen Sediment bedeckt ist, welches außer einigen kleinen Steinfragmenten und Sandkörnern aus den sehr fein vertheilten Ueberresten mikroskopischer Schalenthierchen — Polythalamien — besteht, oder aus Kieseltheilen von Radiolarien, Diatomeen und Spongien. Ein Durchschnitt der heraufgeholten, 64 Kubikzoll enthaltenden Masse zeigte fünf Schichten von verschiedener Dicke, von 2 bis herunter zu $^1/_8$ Zoll, deutlich durch ungleiche Farben von einander unterschieden; vielleicht ein Zeichen, daß hier ein Wechsel in den Bewegungen und anderen Verhältnissen stattgefunden hat, welche die Gesetze der Ablagerungen und vielleicht auch die Lebensbedingungen bestimmt haben. In dieser Masse lebten Radiolarien und zahlreiche Polythalamien, unter ihnen mehrere große und kräftige Formen von Globigerina, Biloculina, Dentalina, Nonionina; von Aneliden ein Spiochaetopterus und ein Cirratulus; von Crustaceen eine Cuma rubicunda Liljeborg; ein Apseudes; von Mollusken ein Cylichna; von Holothurien ein Fragment von

Myriotrochus Rinki Steenstrup, nebst einer andern verwandten Form, welche ein neues Geschlecht zu bilden scheint; von Gephyreen ein Sipunculus, ähnlich dem S. margaritaceus Sars; zuletzt eine Spongia, in welcher drei Arten von Crustaceen gefunden wurden.

Professor Lovén äußert über diese Thiere, daß sie zwar einen hochnordischen Charakter haben, sich aber durch keine besonders hervorstechenden Eigenthümlichkeiten auszeichnen, und daß — so weit man nach einer so kleinen Zahl urtheilen kann — in der bedeutenden Tiefe dieses Eismeeres eine Fauna lebt, welche sich von der in weit geringeren Tiefen vorkommenden nicht wesentlich unterscheidet. Steigt man dagegen bei unseren Küsten von 50 bis 60 Faden zum Strande auf, so wird man einen viel größeren Reichthum und mehr Mannigfaltigkeit wahrnehmen, auch wo der Boden im Uebrigen ganz dasselbe Gepräge hat. Erinnert man sich hierbei, daß in dem südlichen Eismeere Formen von Mollusken und Crustaceen auftreten, welche theils eine generelle Uebereinstimmung, theils eine beinahe specifische Gleichheit mit den nordischen und hochnordischen Formen verrathen, so gelangt man wohl zu der Vorstellung, daß in einer Tiefe von 60 und 80 Faden und weiter bis zu den größten, in welchen wir bis jetzt das organische Leben kennen gelernt haben, mindestens überall, wo der Boden mit dem feinen Schlamm bedeckt ist, den man unter der allgemeinen Bezeichnung Thon begreift, — daß überall, von Pol zu Pol, unter allen Breitengraden, eine Fauna von demselben gemeinsamen Charakter vorherrscht, und daß in ihr einige Arten eine besonders große Verbreitung haben. Vielleicht wird man erkennen, daß diese Fauna, je näher den Polen, desto mehr sich der Oberfläche des Meeres nähert, während sie sich in wärmeren Regionen tiefer hält, immer aber an den Küsten eine reiche, wenn auch ihrem Gebiete nach mehr beschränkte Fauna über sich hat. Woodward, welcher die in Westindien von Barrett aus großen Tiefen heraufgeholten Thiere verglichen und untersucht hat, fand, daß sie einen hochnordischen Charakter hätten. Wie auf dem Lande die Alpenvegetation und die Fjeldfauna noch in den Polargegenden vorkommen, aber hier bis zur Oberfläche des Meeres niedersteigen, so dürfte auch die Fauna der Meerestiefe sich nach den Polen hin ausbreiten und zu den Küsten hin aufsteigen, während die zahlreichen Thiere und Pflanzen, welche in wärmeren Gegenden die Ebenen und Hügelländer, und diejenigen, welche nur die obersten oder nicht sehr tiefen Regionen des Meeres bewohnen, schon viel früher ihre nördliche Grenze erreichen. Wenn man aber unter den Thieren des antarktischen Meeres hochnordische Typen wieder erkennt, so scheint dieses darin seinen Grund zu haben, daß sie zu einer gemeinschaftlichen Fauna gehören, welche in dem atlantischen Ocean ihr von Pol zu Pol gehendes, mehr oder weniger zusammenhängendes Gebiet haben.

Der Erfolg unserer Tiefmessungen weckte in uns Allen das lebhafte Verlangen nach einer Fortsetzung derselben. Aber der Wind war heftig und für die Weiterfahrt nach Süden sehr günstig, unser Wasservorrath gering, zumal wenn Gegenwind eintreten sollte: so beschloß Torell den Cours nach Tromsö zu richten.

Während der Messungen hatten beide Schiffe einander aus dem Gesicht verloren, so daß jedes für sich allein die Weiterreise fortsetzte. Die Küsten Spitzbergens waren in den letzten Tagen allmählich unter den Horizont gesunken, wir erblickten rings um uns nur noch das weite Meer, und in mehr als einem Tagebuche wurden Abschiedsworte dem Lande gewidmet, „das uns so lieb geworden, wo wir so Vieles gesehen und gelernt; wo wir so oft, unter der Sonne des fast ein halbes Jahr langen Tages, den stillen, glücklichen Frieden der grünen Ebenen und Thäler und der spiegelklaren Fjorde, die erhabene Pracht der Schneeberge und Gletscher entzückt bewundert hatten; wo wir so tief das unnennbare Glück empfunden, die Grenze der bekannten Erde zu erreichen und zu überschreiten; wo die Voraussetzungen für das organische Leben kaum noch vorhanden und der Tod so gewaltig in den Vordergrund tritt; wo kein Mensch mehr geboren wird, und der Nordländer, wenn er mit offenem Auge sein eigenes Land beschaut, sich vergegenwärtigen kann, was es dereinst gewesen.“ —

Nach dem 1. September hatten wir die Sonne nicht mehr über dem Horizonte gesehen; die Nächte wurden bereits dunkel; man brauchte Licht beim Kompaß und in der Cajüte. Der Himmel war anhaltend bewölkt, kein Stern zu erblicken. Auch die Temperatur hatte erheblich abgenommen; vom 14. bis zum 18. September stand der Thermometer nicht mehr über Null, zuweilen ein bis zwei Grade darunter. Das Feuer im Kamine mußte häufiger als sonst angezündet werden.

Während der ganzen Fahrt bis zum 18. beobachteten wir unausgesetzt die Temperatur des Meeres. Nördlich von 78° nördl.

Br. wechselte dieselbe zwischen +4,2° und +0,7° C. Am 15. z. B. betrug sie

| | | |
|---|---|---|
| um 5 Uhr Morgens . . . | +0,7° | C. |
| „ 8 „ „ . . . | +0,8° | „ |
| „ 9 „ „ . . . | +0,6° | „ |
| am Mittage . . . . . . . | +1° | „ |
| um 3 Uhr Nachmittags . . | +1,1° | „ |
| „ 4 „ „ . . | +1,6° | „ |
| „ 5 „ „ . . | +4° | „ |
| „ 6 „ „ . . | +4,2° | „ |

Während dieser Zeit fuhren wir zwischen 78° 31′ und 78° 18′ nördl. Br. und 9° 11′ und 9° 29′ östl. L. Innerhalb dieser Grenzen berührte also der warme Strom den kalten, das heißt das durch die Gletscher abgekühlte Wasser. Vom 78. Grade nördl. Br. bis zum 76. stieg die Temperatur nicht über +5° C.; auch hier kamen noch geringere Schwankungen vor. Bis zum 74. Grade war die Temperatur nicht über +6,4° gestiegen, bis zum 71. nicht über +7°; die höchste Temperatur, bis wir Tromsö erreichten, betrug überhaupt +7,4° C.

Von den fünf folgenden Tagen ist nicht viel zu berichten. Die Temperatur der Luft war anhaltend milde, zuweilen warm; am 19. starker Sturm, am 20. fast Stille und am 21. wieder heftiger Wind. Die Höhe von Bären-Eiland passirten wir während des Sturmes, und da er mit Nebel und Regen verbunden war, so konnten wir noch weniger daran denken, an dieser schwer zugänglichen Insel zu landen. Unter solchen Umständen war es nicht ohne Gefahr, sich Nachts der norwegischen Küste zu nähern. Wir befanden uns indessen am 22. bei Tagesgrauen einige Meilen von der westlichen Tromsöer Einfahrt durch den Qualsund und Mittags im Sunde selbst. Wir waren schon mehreren Booten begegnet und immer freudig auf Deck geeilt, um wieder — wie wir es nannten — Europäer zu sehen. Nordenskiöld, Malmgren und Chydenius gingen an's Land und erfreuten sich an den herrlichen Grasmatten, vor Allem aber an den Bäumen, welche — in ihrem vollen Grün — für uns ein Schauspiel waren, das wir ein ganzes Jahr lang entbehrt hatten. Nachdem wir uns an Früchten, frischen Kartoffeln und Milch erquickt hatten, mietheten wir uns ein kleines Boot, fuhren auf dem schönen, spiegelglatten, im Mondscheine zauberhaften Sunde in die milde Nacht hinein und setzten um

Mitternacht unsern Fuß wieder auf den Kai Tromsös. Wir pochten unsere früheren Wirthsleute heraus, welche auch jetzt uns freundlich aufnahmen, wurden von ihnen auf das Herzlichste empfangen und mit Zeitungen, der besten von allen ihren Gaben, erfreut.

Nachdem Aeolus im Qualsunde ein Ende weiter gekreuzt, wurden um 8 Uhr Abends die Bugsirboote ausgesetzt, der Strom half eine Weile mit, und um 6½ Uhr Morgens den 23. September lag der Schoner auf seinem alten Ankerplatze in Tromsö.

Magdalena hatte sich nach unserer Trennung mehr nach Osten gewandt, um Bären-Eiland nicht zu verfehlen, wohin sie gehen sollte. Sie kam in das blaue Wasser des Südstromes. Den 19. hatte sie Sturm und Nebel, und man war nicht sicher, ob man sich östlich oder westlich von der Insel befinde, obwohl die Brandungen über den Bänken ihre Nähe verkündeten. Nach der Windstille am 20. wehte wieder guter Wind. Am Morgen des 22. erblickte man Sorö bei Hammerfest, den 24. ging die Magdalena bei der Karlsö vor Anker, am 27. lag sie vor Tromsö.

Unter den Ersten, die an Bord kamen, befanden sich zweie von den Capitänen, mit welchen wir die Gefangenschaft in der Treurenberg-Bai getheilt hatten, und es erfreute uns, mit ihnen noch einmal die Erinnerungen und Abenteuer der verflossenen Tage zu durchleben.

Die Schiffe wurden ausgeladen und ihren Eigenthümern übergeben, die Mannschaften abgelohnt. Unsere gemeinschaftliche Arbeit war zu Ende. Mit dem lebhaftesten Gefühl des Dankes für die Vielen, welche in Tromsö uns wohlwollend und gastfreundlich empfangen und mit Rath und That beigestanden, und nicht weniger für die muthigen und energischen Männer, welche wir in dem Eismeere als Führer der norwegischen Spitzbergenschiffe kennen gelernt hatten, schickten wir uns wiederum an, die gastfreundliche Hauptstadt Finmarkens zu verlassen. Nur noch einmal versammelten wir uns, um den vortrefflichen Führern unserer Schiffe, Lilliehöök und Kuylenstjerna, ein herzliches Lebewohl zu sagen — und zerstreuten uns dann nach allen Weltgegenden. Torell und mehrere Andere kehrten über Drontheim und Christiania zurück; Nordenskiöld ging durch Lappland über Haparanda nach Stockholm; nur Goës und Malmgren blieben noch einige Zeit in Finmarken zurück, um zu sammeln. Es gab Niemand unter uns, der nicht mit Befriedigung auf unser gemeinsames Unternehmen zurück und, im Hinblick auf die gewonnenen wissenschaftlichen Resultate, freudig in die Zukunft geschaut hätte.

Danskö (Dänische Insel).

# 1864.

## Erstes Kapitel.

### Vorbereitungen. — Fahrt nach Bären-Eiland.

Herodot sagt an einer Stelle seiner Geschichten: „Ich muß lachen, wenn ich so Viele den Erdkreis zeichnen sehe, ohne daß sie eine richtige Vorstellung von ihm haben; nach ihnen fließt der Okeanos rings um die Erde, und die letztere ist bei ihnen so rund, als wäre sie soeben aus der Hand des Drechslers gekommen." Um nun diesen Irrthum zu berichtigen, entwirft er — auf Grund seiner eigenen Anschauungen — dem Leser ein Bild in Betreff des wirklichen Aussehens der Welt, das heißt Europas, Asiens und Afrikas. Aber noch Herodot stellte sich die Erde als eine flache, vom Okeanos umflossene Scheibe vor, und seine Bemerkungen zielten hauptsächlich auf die Neigung der Europäer, die Größe ihres Erdtheils zu überschätzen. Schon 100 Jahre später hatte sich indessen die Idee von der Kugelgestalt der Erde bei den griechischen Philosophen ausgebildet. „Die Erde ist eine Kugel, die nicht einmal eine erhebliche Größe haben kann," — lehrt Aristoteles — „denn wenn man sich auch nur etwas nach Norden oder Süden begiebt, so zieht der Horizont sich sofort vor uns zurück, so daß die über unserm Scheitel befindlichen Sterne niedersinken. Die Geometer, welche den Umkreis der Erde berechnet haben, schätzen ihn auf 400,000 Stadien, woraus man folgern kann, nicht allein daß die Erde kugelförmig, sondern auch, daß ihr Volumen, wenn man es mit dem Weltraume vergleicht, sehr gering ist."

Man hat also schon zu Alexander's des Großen Zeit den Versuch gemacht, die Größe der Erde zu bestimmen, und seitdem ist die Ansicht über die Kugelgestalt der Erde — wenigstens in der Wissenschaft — ein allgemein gültiger Grundsatz geworden.

Allerdings stellte man während der langen Nacht des Mittelalters mancherlei Speculationen über die Möglichkeit oder Unmöglichkeit von Antipoden an, und die zelotischen Anhänger des Christenthums, welche diese Lehren nicht in Uebereinstimmung mit der Bibel fanden, bedrohten wohl gar mit ewiger Verdammung diejenigen, welche sich zu der Annahme verstanden, es gebe Gegenden auf der Erde, wo die Bäume mit den Wurzeln nach oben und den Kronen nach unten ständen, und die Menschen, um nicht in den Weltraum zu fallen, sich gleichsam an den Füßen aufhängen müßten. Aber trotzdem hatte Columbus die Dreistigkeit, direct zu diesen Antipoden, denen man eine solche schwebende Existenz zugetheilt hatte, zu fahren. Die neue Welt wurde entdeckt und bald darauf die Erde umschifft. Die älteren griechischen und arabischen Versuche, die Größe der Erdkugel zu messen, wurden mit großem Eifer von französischen, englischen und holländischen Astronomen aufgenommen; und wenn wir die damals erlangten Resultate mit den jetzigen vergleichen, so müssen wir zugestehen, daß sie nach dem damaligen Stande der Wissenschaft äußerst genau waren.

Lange befriedigte sie indessen nicht die unermüdliche Forschbegier des Menschen. Besonders seitdem Newton und Huyghens auf rein theoretischem Wege bewiesen hatten, daß die Erdkugel, indem sie sich um ihre Axe dreht, an den Polen nothwendig etwas abgeplattet sein muß, entstanden neue Fragen von größter Bedeutung, betreffend die Bewegung, Gestalt und Beschaffenheit der Erde, welche nur durch neue Messungen der Erde gelöst werden konnten. Anfangs beschäftigten sich einzelne Gelehrte damit; und dieses war allerdings so lange möglich, als man eine Gradmessung in der Art veranstaltete, daß man z. B. zwischen zweien Städten in einem Wagen fuhr, an welchem eine einfache Vorrichtung die Umdrehungen der Räder und also auch die Länge des zurückgelegten Weges angab. Bald nahmen aber die einschlagenden Untersuchungen einen solchen Umfang an, daß man großartige, mit dem ganzen wissenschaftlichen Apparate ausgerüstete Expeditionen in die brennenden Steppen des Südens und die Schneefelder Lapplands absandte. Die an Bildung hervorragenden Völker der Erde haben während der letzten zwei Jahrhunderte in dieser Beziehung mit einander gewetteifert. Trotzdem ist die Frage über die eigentliche Gestalt der Erde noch nicht vollkommen beantwortet, indem die einzelnen Messungen die Abplattung verschieden angeben;

auch ist es noch nicht ausgemacht, ob diese Unterschiede ihren Grund in wirklichen Ungleichheiten des Erdballs haben, oder den bei allen Messungen unvermeidlichen Fehlern entspringen.

Eine in der Nähe des Poles angestellte Gradmessung würde allerdings nicht unerheblich zur Lösung dieser Schwierigkeiten beitragen. Der Pol selbst ist noch nicht erreicht, und die Vorschläge, welche man gemacht hat, mit Hülfe der Schraube und Eissäge direct zu ihm zu fahren, dürfte keine Aussicht auf Erfolg haben; noch weniger ist daran zu denken, am Pole selbst eine Gradmessung anzustellen. Aber näher als irgend ein anderes uns bekanntes Land liegt ihm eine Inselgruppe, welche infolge des Einflusses des Golfstromes jedes Jahr zugänglich ist und, so weit man nach den älteren Karten schließen kann, in dem von Norden nach Süden gehenden großen Sunde ein ganz besonders günstiges und bequemes Terrain für eine solche Messung darbietet. Dieses Land war das Ziel der im Jahre 1861 unter Torell's Leitung abgesandten schwedischen Expedition, und unter den vielen Fragen, womit sie sich zu beschäftigen hatte, stand in erster Reihe die, ob es möglich sei, eine Gradmessung in Spitzbergen vorzunehmen. Hauptsächlich um diese Arbeit zu erleichtern, waren zwei Schiffe abgesandt, von denen Aeolus die nördlichen Küsten Spitzbergens, Magdalena aber den Storfjord erforschen sollte. Von den Theilnehmern der Expedition lag es Chydenius auf dem Aeolus und Dunér auf dem andern Schiffe vorzugsweise ob, ihre Aufmerksamkeit auf diesen Punkt zu richten, und man hoffte, daß ein Sommer zum Abschlusse aller dieser Arbeiten ausreichen werde.

Wie man aus dem früheren Berichte entnehmen kann, hatten beide Schiffe das Mißgeschick, gleich nach ihrer Ankunft bei Spitzbergen in der Treurenberg- (Sorge-) Bai von Eis eingeschlossen zu werden, infolge dessen ein großer Theil der Arbeitszeit in dem kurzen Polarsommer verloren ging. Nach der Befreiung gelang es zwar Chydenius auf Bootfahrten, vom Aeolus aus unternommen, den nördlichen Theil des Gradmessungsnetzes zu entwerfen, dagegen wurde Magdalena in der Wijde-Bai nochmals vom Eise eingeschlossen, auch hatte sie bei ihrer Weiterfahrt mit so ungünstigen Winden zu kämpfen, daß man nicht einmal den Eingang zum Storfjord, welcher übrigens nach Angaben der Spitzbergenfahrer den größeren Theil des Sommers wegen des vielen Treibeises unzugänglich gewesen war, erreichen konnte.

Bei der Expedition von 1861 war also der nördliche Theil des Triangelnetzes, welches die Roßö mit dem südlichen Theile von Spitzbergen verbinden sollte, vollkommen untersucht worden. Die Erfahrung aber, welche man in Ansehung der klimatischen Verhältnisse Spitzbergens gewann, und die Möglichkeit, seine Berggipfel zu besteigen — verschiedene frühere Unglücksfälle, welche mehreren holländischen Walfischjägern zugestoßen waren, hatten sie in schlechten Ruf gebracht —, machten es sehr wahrscheinlich, daß sich der Weiterführung des Netzes keine wesentlichen Schwierigkeiten in den Weg stellen würden. Aber bevor die Gradmessung wirklich vorgenommen wurde, mußte man doch durch directe Recognoscirung sich volle Gewißheit verschaffen, ob das Netz wirklich über den Storfjord und weiter nach Süden über das noch beinahe ganz unbekannte Gewässer bis zum Südcap fortgesetzt werden könne.

Auf den Vorschlag der Akademie der Wissenschaften bewilligten daher die Reichsstände 10,000 Reichsthaler zu einer neuen Expedition, welche unter Professor Nordenskiöld's Leitung gestellt wurde und vorzugsweise die Fortführung der begonnenen Recognoscirungsarbeiten im Auge behalten sollte.

Magister Chydenius, welcher während der Expedition von 1861 mit einem so unermüdlichen Eifer seiner Aufgabe nachgekommen war, sollte auch dieser folgen; aber wenige Wochen vor unserer Abreise von Stockholm nach Norwegen wurde er uns durch einen frühzeitigen Tod entrissen, und an seiner Stelle der Adjunct Dunér von Lund ausersehen, die Recognoscirungsarbeiten auszuführen. Zwar sollte mit ihrer Vollendung der Zweck der Expedition als erreicht erachtet werden, damit aber die so günstige Gelegenheit, das Thier- und Pflanzenleben der Polarländer zu studiren, nicht verloren gehe, gewährte Graf von Platen noch die Mittel für einen Zoologen, den gleichfalls schon von 1861 her bekannten Dr. Malmgren aus Finland.

Da der Storfjord, das eigentliche Feld für die Thätigkeit der Expedition, erst in der zweiten Hälfte des Sommers frei von Eis zu werden pflegt, so wurde die Zeit zur Abreise von Tromsö auf den Anfang des Juni bestimmt. Ein altes, starkes, zu einem Schoner umgebautes Kanonenboot mit dem schönen Namen Axel Thordsen war daselbst für Rechnung der Expedition geheuert worden. Das Schiff, schon vor 30 Jahren gebaut, um im Falle eines ausbrechenden Krieges die Küsten Norwegens zu vertheidigen, war, bevor es Gelegenheit gehabt, aktiv in Dienst gestellt zu werden, durch die neuen Erfindungen und Verbesserungen im Flottenwesen antiquirt und vor Kurzem mit mehreren seiner Genossen auf einer Auction in Drontheim für ein paar Hundert Speciesthaler an Speculanten in Tromsö verkauft. Nachdem es für eine Eisfahrt in den gehörigen Stand gesetzt worden, bildete es einen vortrefflichen kleinen Schoner und war für unsere Zwecke wie gemacht. Nach seinem Stempel enthielt es 12½ norwegische Commerzlasten. Es war mithin kleiner als manche Mälarschute, welche Holz und andere Producte nach Stockholm schaffen, aber gerade infolge seiner Kleinheit und Festigkeit sehr geeignet, sich durch das Treibeis zu schwingen, auch wohl nach Umständen eine nicht allzu heftige Umarmung desselben zu ertragen.

Das zur Spitzbergenfahrt vollständig ausgerüstete, mit neun Mann besetzte Schiff wurde auf vier Monate für 1,400 Thaler gemiethet. Ueberdies lieferte der Rheder der Expedition 2 Boote, ein „Sexring" und ein Jagdboot; auch nahmen wir das vom Jahre 1861 noch vorhandene englische Boot und eine in Tromsö angekaufte „Schiffsgigg" mit, so daß die kleine Schute vier Boote mit sich führte. Bei bewegter See durften sie nicht außerhalb des Schiffes hängen, wir mußten sie vielmehr auf's Deck nehmen. Dadurch wurde dasselbe aber so besetzt, daß man nur mit Schwierigkeit zwischen den Booten und der sonstigen Fracht von einem Ende des Schiffes zum andern gelangen konnte. Das Schiff war auf 5½ Monate verproviantirt. Ueberdies hatten wir einige Säcke russisches Mehl mitgenommen, damit wir im Falle einer unfreiwilligen Ueberwinterung doch wenigstens „einige" vegetabilische Nahrung hätten. Eigentlich mußte, diesen Gewässern gemäß, das Schiff auf ein ganzes Jahr mit Proviant versehen werden, aber weder der Raum noch die Mittel gestatteten es.

Die Zahl der Besatzung war ursprünglich auf 9 Mann bestimmt. Um aber zu gleicher Zeit wenigstens drei Boote bemannen zu können, wurden noch 3 angenommen. Die Besatzung bestand demnach aus folgenden 12 Personen:

Hellstad, Capitän, nahm schon an der Expedition 1861 Theil.
Nils Isaksen, Steuermann.
Johan Martin Hansen.
Johan Christian Abrahamson.

Joachim Lorenz, „Dregger", war schon 1861 mit.
Olof Thoresen Realen.
Johan Davidson.
Olaus Caresius Sevaldsen.
Anton Telleffen, erster Koch.
Johansson, Zimmermann aus Stockholm.
Jann Mattisen, zweiter Koch.
Uusimaa, Harpunirer, hatte an der Expedition 1858 und 1861 Theil genommen.

Axel Thordsen.

Um für unsere Instrumente, Kleider ꝛc. einen Raum zu erhalten, war ein Theil des Schiffsraumes in der Nähe der Hintercajüte zu einer Art Vorcajüte eingerichtet, auch am vorderen Ende ein Theil als Küche und Cajüte für den Capitän und Steuermann verschlagen worden. Infolge dessen blieb für die Fracht ein so geringer Raum übrig, daß ein Theil derselben auf dem Deck — zum Nachtheil der bessern Fahrt — untergebracht werden mußte. Wie niedrig das Schiff war, kann man daraus ersehen, daß man in der vorderen, gleich hinter dem Mast belegenen Cajüte nur unter dem Skylight aufrecht stehen konnte, und dieses, obwohl die Cajüte die ganze Höhe vom Schiffskiel bis zum Deck einnahm.

Die eigentliche Cajüte hatte infolge eines Anbaues auf dem Akterdeck eine etwas größere Höhe und stand durch eine etwa 1½ Fuß große Oeffnung mit der vorderen in Verbindung. Trotz dieses niedrigen und unbequemen Einganges hatten wir ihr von Anfang an, mit Rücksicht auf die dort herrschende Dunkelheit und das chaotische Durcheinander von verschiedenen Sammlungen und Reiseeffecten, den Namen Orkus gegeben. Hier schlug der Zoologe seine Wohnstatt auf, Dunér und Nordenskiöld wählten die eigentliche, etwas höhere Cajüte. Die Kojen oder Bettstellen waren von innen mit dicken Rennthierfellen ausgeschlagen und darum trocken und warm, aber äußerst unbequem infolge ihrer geringen Höhe, die überdies auch durch einen quer unter der Decke gehenden Balken verringert wurde, so daß es seine Schwierigkeiten hatte, wenn wir in die Koje hinein oder aus ihr heraus kriechen, oder uns auch nur darin umkehren wollten.

Auch diesesmal wurde unsere Schute von einem der norwegischen Staatsdampfer, Nordcap, durch die weitläufige Schärenflur kostenfrei bugsirt. Der Dampfer verließ uns bei der Karlsö, indem wir durch den breiten Fuglösund in See zu gehen gedachten, aber ein heftiger Nordwind nöthigte uns noch einmal ungefähr an derselben Stelle, wie im Jahre 1861, Anker zu werfen, um einen günstigeren Wind abzuwarten. Während der beiden folgenden Tage wurde der mit Schnee auftretende Sturm und der Seegang so heftig, daß wir fürchteten, unsere kleine Schute werde von ihren drei Ankern losgerissen und auf's Land geworfen werden. Wir benutzten daher einige kurze Augenblicke, da die Gewalt des Sturmes nachließ, das Schiff auf die andere Seite des Sundes zu bringen, wo es bessern Schutz gegen den Sturm fand, und vor Allem der Ankergrund sicherer war. Erst am 14. hatte der Wind so weit nachgelassen, daß wir die Anker lichten und weiter segeln konnten. Dennoch war er noch immer so stark, auch die Strömung so ungünstig, daß wir einen ganzen Tag kreuzen mußten, bevor wir Skurö erreichten, woselbst das Schiff wiederum, wenngleich nur für wenige Stunden, eine Zuflucht suchen mußte. In der Frühe des 15. wehte nämlich der Wind aus Westen, die Anker wurden heraufgezogen und den Küsten Norwegens auf lange Zeit Lebewohl gesagt. Wir richteten den Cours auf Bären-Eiland.

Der anfangs schwache Wind nahm allmählich zu, so daß wir in der Nacht bis 9½ Knoten zurücklegten; zugleich aber ging die See sehr hoch. Um Mitternacht stürzte eine mächtige Sturzwelle über das Schiff, zerbrach die Scheiben im Skylight, schlug in den Orkus und verursachte allerlei Unheil unter den aufbewahrten Vorräthen und Effecten.

Den 17. Morgens hatten wir Bären-Eiland in Sicht.

Der „Balsfjording“ am Steuer.
(Partie von Bären-Eiland.)

## Zweites Kapitel.

### Bären-Eiland.

Als wir im Frühling und Vorsommer der Jahre 1858 und 1861 an Bären=Eiland vorüber fuhren, waren seine Küsten noch von dicht gepackten Treibeismassen gesperrt, bei der Rückkehr im Herbste aber wurde eine Landung wiederum durch Sturm und Nebel unmöglich gemacht. Wir hatten also bereits viermal diese Insel passirt, ohne sie auch nur einmal, wenngleich nur flüchtig, zu untersuchen. Jetzt lag Bären=Eiland zwar noch in seinem Winterkleide vor uns, aber das Meer ringsum erschien eisfrei. Wir waren auch bis dahin noch keinem Treibeise begegnet, woraus wir schließen durften, daß das „Frühjahrseis" noch die Südküsten Spitzbergens umgebe, daß der Storfjord noch nicht zugänglich sei, und daß daher ein Aufenthalt von einigen Tagen an dieser so wenig bekannten und so selten erreichbaren Insel unserm Hauptziele, den Recognoscirungsarbeiten im Storfjord, keinen Abbruch thun werde.

Wir beschlossen daher an's Land zu steigen und steuerten nach dem Südhafen der Insel. Der Wind war indessen so matt, daß wir erst am folgenden Tage, mehr von der Strömung als dem Winde getrieben, diesen Ankerplatz, — welcher zwar Südhafen genannt wird, die Bezeichnung eines Hafens aber durchaus nicht verdient, indem er nach Süden und Südosten vollkommen offen ist, — erreichten. Die in der Nähe befindlichen Ufer werden von senkrechten, rostbraunen Felswänden gebildet, damals zwar bereits schneefrei, aber dicht mit Vögeln und Vogelnestern bedeckt. Weiter nach dem Innern zu bis an den Fuß des gewaltigen Mount Misery er=

streckte sich eine einzige Schneefläche. Der Himmel blickte klar und heiter; nur der Gipfel des Berges war von leichten graulichen Wolken umkränzt. Selbst die Oberfläche des Meeres erschien spiegelklar. Aber eine starke Dünung, welche lautlos an den Felswänden das Ufer in die Höhe schwoll, dann jedoch mit betäubendem Tosen zurückgeworfen wurde, zeugte noch von der Heftigkeit des letzten Sturmes. Die Polarwelt begrüßte uns hier also mit einem ihrer frischesten und herrlichsten Sommertage, ohne Nebel, Nacht und Qualm.

Die arktische Munterkeit der Genossen ließ auch nicht lange auf sich warten. Die Leiden der Seekrankheit waren bei einer kräftigen Mahlzeit bald vergessen; es wurden drei Boote bemannt, wir schafften unsere Instrumente und Büchsen hinein und fuhren mit raschem Ruderschlage dem Lande zu. In der nächsten Nähe unseres Ankerplatzes waren die Strandklippen allerdings vollkommen unzugänglich, so daß wir, um eine geeignete Stelle zum Landen zu finden, ein gutes Ende weiter längs dem Strande zwischen ruinenartigen, zerbrochenen Felsen steuern mußten, an welchen sich die im Meere kaum erkennbare Dünung in gefährlichen Brandungen brach. An unzähligen Stellen waren diese Felsen von dem Wogenschwalle zu gigantischen Grotten und Gewölben ausgehöhlt, welche dem Ganzen das Aussehen einer ungeheuren, einst großen und mächtigen, jetzt in Ruinen liegenden Stadt verliehen. An dem Eingange der größten dieser Grotten lag das Meer beinahe still und schaumfrei da. Weiter nach innen machte das Licht einem mystischen Halbdunkel Platz, in welchem wir kolossale Gewölbe und endlose Pfeilerreihen zu erblicken glaubten. Es zog uns mit Zaubermacht hinein. Ein paar kräftige Ruderschläge, und wir waren im Eingange. Sofort schnellte aber eine aus dem Innern zurückgeworfene schäumende Woge das Boot so weit in die Höhe, daß wir beinahe mit unseren Köpfen an das Gewölbe stießen, und es fehlte wenig, so wäre das Boot umgestürzt, da die Welle sich eben so schnell wieder zurückzog, als sie gekommen. Einige Ellen weiter, und das Boot wäre unrettbar verloren gewesen. Auch hier erschien die Gefahr so drohend, daß wir uns so hastig als möglich zurückzogen. Eine zahlreiche Colonie von „Seepferden", welche auf den Außenwänden der Grotte brüteten, zogen im nächsten Momente unsere Aufmerksamkeit auf sich, und die Bewunderung der großartigen Natur Bären-Eilands machte rasch einer durch

Das Burgemeister-Thor auf Bären-Eiland,

nach einer Mitternachts-Photographie.

diesen Anblick geweckten Jagd- oder besser Mordlust Platz. Indem der wissenschaftliche Drang dazu kam, erhob sich ein lebhaftes Schießen, welches sich zuvörderst gegen alles Lebendige, so weit es erreichbar, wandte, dann aber sich in der Verfolgung einer Schaar von Pracht-Eidergänsen concentrirte, welche an dem Eingange zur Grotte schwammen und einen bessern Beitrag für unsere Küche versprachen als die Mallemucken. Petersen hatte zwar immer den delicaten Braten nicht genug zu rühmen gewußt, uns hielt jedoch schon der Gestank des Vogels davon ab, ihn auch nur zu kosten. Bei der Weiterfahrt trafen wir auf einen prachtvollen Felsbogen, welcher von uns photographirt wurde und von der zahlreichen Graumöwen- oder Burgemeister-Colonie, welche diese steilen Klippen zu ihrem Brutplatze erwählt hatte, den Namen Burgemeisterthor erhielt. Selbst große Boote können durch seine Oeffnung rudern und gelangen dann in eine kleine, von allen Seiten mit Felsen umschlossene Bucht, neben welcher sich die Russenhütte und der Walroßstrand befinden. Es ist die einzige Stelle, an welcher man in diesem Theile der Insel bequem landen kann. Bevor wir aber das Boot auf den Vorstrand zogen, legten wir auf den Wunsch unserer Leute noch an verschiedenen Klippen an, um Eier einzusammeln. Die Ausbeute war zwar reich genug, aber ohne allen Nutzen, indem sich in den sonst ganz leckeren Möweneiern bereits die Jungen entwickelt hatten, während die Eier der Seepferde so übel rochen, daß sie selbst den Appetit der Leute nicht reizten. Beides wurde allerdings erst nach unserer Rückkehr zum Schiffe bemerkt, man betrieb daher das Einsammeln mit einer wahren Leidenschaft. In wenigen Minuten waren alle Winkel im Boote, sowie die in Taschen und Säcke verwandelten Jackenärmel und geölten Hosen der Leute mit Eiern angefüllt.

Wir ruderten nunmehr zum Strande und setzten endlich unsern Fuß auf den Boden von Bären-Eiland, das bei den früheren Expeditionen so eifrig erstrebte und nicht erreichte Ziel. Gelandet, wandten wir uns nach verschiedenen Seiten, Nordenskiöld zum Fuße des Mount Misery, Malmgren zur Ostseite der Insel. Dunér hielt sich eine Zeit bei der Russenhütte auf, um Sonnenhöhen zu nehmen, und begab sich darauf nach dem Innern der Insel. Weiter am Tage ließ Nordenskiöld seinen photographischen Apparat an das Land bringen, verwandelte die Hütte, indem er Thüre, Fenster und Rauchfang mit Leinwandplänen verhängen und zustopfen ließ, in ein Atelier und nahm einige Küstenansichten auf, darunter das schon erwähnte Burgemeisterthor. Leider sind wir nicht im Stande, auch eine Abbildung der Russenhütte zu geben, welche zu verschiedenen Malen den nördlichsten europäischen Wintercolonien als Aufenthalt gedient hat, zuletzt im Winter von 1865 auf 1866 dem norwegischen Schiffer Tobiesen und dessen Gefährten wenigstens als Vorrathshaus. Bei unserm Besuche befand sich die Hütte in einem sehr baufälligen Zustande, ohne Fenster und Thüren, der Boden und die Bettstätten mit Eis bedeckt. In Ansehung der Größe und der Architektur stimmte sie übrigens mit den Russenhütten auf Spitzbergen überein.

Am folgenden Tage machten wir einen Versuch, zur Westküste der Insel zu rudern. Nachdem wir einen Theil der Küste passirt hatten, welcher so ziemlich den Umgebungen in der Nähe des Hafens gleicht, kamen wir zu dem Sunde zwischen Bären-Eiland und dem Gullholm, einer kleinen Insel, welche nach Mancher Behauptung von dem Meere verschlungen sein soll, wahrscheinlich aber noch Jahrtausende lang der Wuth der Wogen Trotz bieten wird. Der Sund wird auf der einen Seite gebildet von der ungefähr 400 Fuß hohen, senkrechten Felsküste Bären-Eilands, und auf der andern Seite von den ebenfalls lothrechten Wänden des Gullholm. Nachdem wir über eine Bucht gerudert, welche weiterhin in die Hauptinsel einschneidet, wurden die Berge noch höher und steiler, und wir hatten einen von Millionen Alken bewohnten Vogelberg vor uns. Auch hier veranlaßte unsere Jagdlust ein lebhaftes Schießen, doch entsprach die Ausbeute nicht ganz unserer Erwartung (nämlich 7 bis 8 Vögel auf jeden Schuß), indem der größere Theil der getödteten Alken auf den unzugänglichen Absätzen des Berges liegen blieb.

Fast überall an der ganzen Küste, längs welcher wir ruderten, stürzen die Felsen senkrecht zum Meere ab, so daß keine Möglichkeit einer Landung vorhanden. Zuweilen befindet sich aber zwischen der Felswand und dem Wasser ein schmaler Vorstrand, auf welchem man, wenn die See ruhig ist oder die Wogen sich schon vorher an einigen außerhalb befindlichen Klippen brechen, das Boot auf das Land ziehen kann. An solchen Stellen stiegen wir aus und fanden unter Anderm auf dem dem Gullholm gegenüberliegenden Strande, unmittelbar an dem Fuße der hohen Felswand, über welche in einem Bogen sich ein Wasserfall stürzte, einige

Nester der Großen Möwen. Die auf ihren Eiern sitzenden Vögel schienen sich in dem Staubregen ganz wohl zu befinden. Allmählich näherten wir uns dem hohen, von zweien gewaltigen Thoren durchbrochenen Felspfeiler, welcher im Süden der Insel unmittelbar aus dem Meere bis zu einer Höhe von 500 Fuß auffsteigt. Schon gaben wir uns der freudigen Hoffnung hin, ihn näher untersuchen zu können, als eine starke von Südosten kommende Dünung uns nöthigte umzukehren und zum Südhafen zu rudern. Hier fanden wir unsern Capitän sehr unruhig und im Begriff die Anker zu lichten, aus Furcht, der Ostwind könne an Stärke zunehmen, das Schiff von dem unsichern Ankergrunde losreißen und auf's Land werfen. Zu unserm großen Bedauern mußten wir daher den Platz verlassen. Während dieses geschah und die Schute nahe vor den außerhalb belegenen Schären kreuzte, ruderte Nordenskiöld noch einmal an's Land, um seinen, in der Russenhütte zurückgebliebenen photographischen Apparat abzuholen und an dem prachtvollen Burgemeisterthor eine Wassermarke einzuschlagen.

„Diese Marke wird durch einen in den Fels eingeschlagenen Eisenkeil gebildet, dessen Mitte am 19. Juni 1864, vier Uhr Nachmittags, sich vier Fuß über der Oberfläche des Meeres befand. Wenn man von dem kleinen Hafen bei der Russenhütte durch das Burgemeisterthor rudert, so ist die Wassermarke gleich zur Linken, bevor man in das Thor selber kommt.“

Unsere Absicht ging dahin, an mehreren Stellen der spitzbergischen Küsten dergleichen Wassermarken einzuschlagen, damit man möglicher Weise in der Zukunft einen Anhalt bei Beantwortung der Frage habe, ob das Land in diesen arktischen Regionen wirklich aufgestiegen sei. Leider ist das Gestein an den weißen Küsten Spitzbergens aber so lose oder morsch, daß eine Marke darin dauernd kaum befestigt werden kann.

So hastig und nach einer so unvollständigen Untersuchung diese so höchst interessante, wenngleich schwer zugängliche Insel zu verlassen, widersprach doch zu sehr den Hoffnungen, mit welchen wir uns bereits geschmeichelt hatten. Nachdem wir mit dem Schiffe an der Südspitze der Insel vorbei und ein Ende längs der Westküste gesegelt waren, ließen wir daher, trotz des starken Seeganges und der Warnungen des Capitäns, uns wieder in einem Boote an das Land setzen. Wir mußten erst eine Weile längs des Strandes und der schäumenden Brandungen fahren, bevor wir eine Stelle fanden, wo das mindestens einhundert Fuß hohe Plateau der Insel nicht senkrecht in's Meer abfiel und der Strand aus einer Geröllbank bestand, auf welche wir das Boot ziehen konnten. Die Brandung war so stark, daß wir anfangs keine Möglichkeit des Landens sahen; nach einigem Zaudern wagten wir doch den Versuch und kamen glücklich an's Ufer. Auch hier verliehen die Tausende von Grotten und zerbrochenen Gewölben den von der schäumenden Brandung umgebenen Felsen einen überaus großartigen Charakter. Der Eindruck wurde noch überdies durch einen damals mächtigen Wasserfall vermehrt, welcher in einem einzigen Bogen von dem höchsten Absatze des senkrechten Ufers niederstürzte. Einige Teiste hatten sich gerade unter diesem Wasserfalle niedergelassen. Zuweilen flogen sie auf, beschrieben einige Kreise in der Luft und flogen wieder zu ihrem alten, von dem krystallklaren, hinabfließenden Wasserteppich geschützten Ruheplatz. Dunér blieb an der Stelle zurück, wo wir gelandet waren, um einige Sonnenhöhen zu nehmen; Malmgren und Nordenskiöld gingen über die noch von einem weichen Schnee, oder besser Schneebrei, bedeckte Ebene, welche das Innere der Insel bildet, nach dem Mount Misery. Die bloßen Stellen, welche hier und da in der Schneewüste hervortraten, verriethen keine Spuren irgend einer Vegetation und bestanden nur aus zahlreichen eckigen, selten Versteinerungen enthaltenden Kalksteinfragmenten. Sie erkannten bald, daß eine Wanderung über diese Schneefläche kaum von Interesse sein könne, weder für den Geologen noch für den Botaniker, und da der Wind sehr bedenklich zu wachsen begann, so konnte an einen so langen Aufenthalt, als zu einer auch nur flüchtigen Untersuchung der wichtigen Kohlenlager am Nordhafen erforderlich war, gar nicht gedacht werden. Sie beeilten sich daher, zum Boote zurückzukehren, brachten dasselbe glücklich durch die Brandung und kamen zu dem Schiffe zurück.

Wir hatten, bevor wir den Bootplatz verlassen, dem Koch, welcher als Ruderer mitgefahren war, eine Flinte nebst reichlicher Munition mit dem Auftrage gegeben, irgend einen eßbaren Vogel zu schießen, am Strande ein Feuer anzuzünden und ihn zu braten, so daß wir bei unserer Rückkehr unsere Abendmahlzeit fertig fänden. Der Koch hatte allerdings die ganze Munition verbraucht, aber, da die Vögel vom Knall allein noch nicht sterben, keine andere Beute gemacht als eine einzige unglückliche, zu nahe gekommene und dafür gehörig gestrafte Grauwöwe.

Der größte Theil von Bären-Eiland besteht aus einer fast durchweg gleich hohen, 100 bis 250 Fuß über dem Meere aufsteigenden Hochebene, an deren südlichem und nordöstlichem Ende sich zwei Berge terrassenförmig erheben. Der größte derselben erreicht eine Höhe von 1,200 Fuß und hat schon in älteren Zeiten den sehr bezeichnenden Namen Mount Misery erhalten. Der andere, der Vogelberg, ist erheblich kleiner. Am Fuße des Berges zieht sich eine nach dem Schmelzen des Schnees kahle und öde, von zahlreichen seichten Teichen bedeckte Ebene hin, welche überall in senkrechten Felswänden nach dem Meere hin abfällt. Nur an einigen wenigen Stellen werden die steilen Felsen von dem Meere durch einen schmalen, niedrigen Vorstrand geschieden, welcher in jener Zeit, da große Walroßheerden die Insel besuchten, diesen trägen, unbeholfenen Thieren einen bequemen Ruheplatz darbot. Ungeheure Massen von Walroßknochen liegen noch jetzt hier zerstreut und zeugen von der unerbittlichen Jagd, um derentwillen Bären-Eiland früher viel öfter besucht und zeitweise sogar bewohnt wurde. Zwei Hütten erinnern noch an diese Besuche. Die eine von den Russen erbaute befindet sich gleich neben dem Burgemeisterthore, die andere wurde 1822 von Kaufleuten aus Hammerfest aufgeführt, welche hier ein paar Jahre lang Leute überwintern ließen, um zu jagen, bis die ganze Colonie, infolge eines außergewöhnlich ungünstigen Winters, dem Skorbut erlag.

Während der letzten Jahre hat wieder eine Schiffsbesatzung auf Bären-Eiland überwintert. Ihr in der Nordsee hart mitgenommenes Schiff war nämlich an diese ihnen ganz unbekannte Insel getrieben worden. Ein Theil der Fracht wurde an's Land geschafft und man hoffte sogar das Schiff zu bergen, als ein plötzlicher Sturm es losriß und an den Felsen zerschellte. Es glückte der Besatzung indessen, sich zu retten, und es blieb ihr keine Wahl, als sich auf der wenig einladenden Insel, wohin sie nun einmal das Schicksal geworfen, so gut als möglich einzurichten.

Ein so trauriges Land hatten auch die am weitesten herumgekommenen Seeleute noch niemals erblickt, und der üble Eindruck der wüsten Felsen wurde überdies noch durch die Ungewißheit und die Einsamkeit vermehrt. Kein Mensch, von welchem man eine Aufklärung über das Land, wo man sich befand, hätte erhalten können. Zuletzt entdeckte man doch einige halbzerstörte, unbewohnte Hütten, von denen die eine sofort in Besitz genommen und mit den an den Strand geworfenen Trümmern des gescheiterten Schiffes in Stand gesetzt wurde. Glücklicher Weise hatten die Leute, bevor das Schiff zerstört wurde, einen genügenden Vorrath von Nahrungsmitteln an's Land geschafft, und am Strande fand man eine Masse Treibholz vor, so daß die Besatzung hoffen durfte, wenigstens einige Monate lang in ihrer kleinen Hütte gegen Kälte und Hunger geschützt zu sein. Später wurden auch die Bären, welche im Winter die Stelle besuchten, so dreist, daß sie, da ihnen die Thüre natürlich nicht geöffnet wurde, durch die weite Oeffnung des Schornsteins eine nähere Bekanntschaft mit den neuen Bewohnern der Insel zu machen versuchten. Der ganze Winter verfloß indessen ohne wesentliche Unglücksfälle und ohne daß die gefährliche Pest des Polarwinters, der Skorbut, sie heimsuchte. Da Bären-Eiland nunmehr selten besucht wird, so hätte es sich leicht ereignen können, daß die Besatzung hier noch einen Winter zubringen mußte und daß sie nach Verbrauch des Schiffsvorraths auf sich selber angewiesen war. Aber zu ihrem Glücke landete zufällig im Laufe des Sommers ein norwegischer Spitzbergenfahrer und nahm die Schiffbrüchigen auf.

Heutzutage wird Bären-Eiland sehr selten besucht, und zwar zum großen Theile deshalb, weil die Insel keinen Hafen besitzt, welcher sie gegen die Seewinde schützt. Die sogenannten Nord- und Südhäfen sind nichts als flache Buchten, welche gegen das Meer auch nicht durch die kleinste Klippe oder Schäre gedeckt sind und überdies einen lockern, sandigen Ankergrund haben. Nur beim Landwinde können die Schiffe sicher in diesen Häfen liegen. Will man aber an's Land steigen, so läßt man das Schiff gewöhnlich draußen kreuzen und fährt in einem Boote zum Ufer. Aber auch dieses ist — wie die Erfahrung lehrt — nicht ohne Gefahr. Da Bären-Eiland gerade an der Stelle liegt, wo der Golfstrom und der nördliche Polarstrom auf einander treffen, so ist es während längerer Zeit oft von Nebel und undurchdringlichen Wolkenmassen umgeben, welche im Vereine mit den beinahe den ganzen Sommer hindurch anzutreffenden Treibeisfeldern das Schiff zuweilen an der Wiederaufnahme der an's Land gegangenen Besatzung verhindern. Während der ersten Jagdexpedition, welche von Hammerfest nach Bären-Eiland geschickt wurde, ereignete es sich, — nach Keilhau — daß die an's Land gesetzte Mannschaft von dem kreuzenden Schiffe aufgegeben werden mußte. Strömung,

Wind und Nebel hatten den unkundigen Schiffer so verwirrt, daß er die Leute im Stiche ließ und nach Hammerfest zurückkehrte. Als jene endlich die Ueberzeugung gewannen, daß sie verlassen seien, beschlossen sie in ihrem gebrechlichen Boote die Rückreise nach Norwegen zu wagen. Nach einer Fahrt von acht Tagen erreichten sie in der That Nordkyn. Diese Leute gingen dann in demselben Sommer und mit demselben Schiffer noch einmal nach Bären-Eiland, um die auf der Insel zurückgelassene Jagdbeute abzuholen. Man ankerte nunmehr im Nordhafen. Nachdem man aber die Fracht eingenommen und im Begriff war abzusegeln, wurde die Schute von einem plötzlich sich erhebenden Sturme wieder an's Land geworfen und zertrümmert. Die Besatzung rettete zwar sich und die Fracht, besaß aber nur ein so kleines Boot, daß ein Theil der Leute während der Fahrt sich auf den Boden desselben, als Ballast gleichsam, legen mußte. Der Sommer war schon weit vorgeschritten und man durfte sich auf eine stürmische Fahrt gefaßt machen, aber trotzdem zog man die Gefahren derselben einer Ueberwinterung vor und erreichte nach zehn Tagen glücklich die norwegische Küste.

Das innere Plateau Bären-Eilands ist äußerst wüst und öde. Kaum wagt ein Grashalm aus dem unfruchtbaren Steingeröll zu blicken. Nur hier und da erinnert eine an einem kleinen Süßwassertümpel brütende Raub- oder andere Möwe, welche sich von den Strandklippen hierher verirrt hat, an einiges Leben. Am Meeresufer ist dagegen Alles wie verwandelt. Alle Klüfte in den steilen, durch den Wogenschwall zum Theil in phantastische Grotten und Pfeiler umgeschaffenen Felswänden dienen zahlreichen Schaaren von Vögeln als Ruheplatz, oder sind von deren Nestern eingenommen. Nicht weniger zahlreiche Schwärme tummeln sich auf der Oberfläche des Wassers und suchen in dem reichen Grunde des Meeres ihre Nahrung, oder durchkreuzen schreiend und streitend die Lüfte. An solchen Theilen der Küste findet man oft in einer gegen die Seewinde geschützten, durch die Vögel gedüngten Kluft eine relativ sehr üppige Vegetation. Rennthiere giebt es hier nicht, aber Füchse, und im Winter auch wohl ein paar Bären, welche mit dem Treibeise von Spitzbergen herübergekommen sind.

In geologischer Hinsicht hat Bären-Eiland eine große Aehnlichkeit mit gewissen Gegenden Spitzbergens. Das eigentliche Massiv der Insel besteht aus wechselnden Schichten Kalkstein, Kiesel und

Schiefer, nach Süden hin vielfach gebrochen und verworfen, so daß man — wenigstens bei einem flüchtigen Besuche — die Reihenfolge der einzelnen Lagen nicht zu ermitteln vermag. Sie verrathen indessen eine so unzweifelhafte Gleichheit mit den Schichtungen am Hecla Mount, daß, obwohl nirgends Versteinerungen vorkommen, man sie durchaus für gleichzeitige erklären muß. Sowohl am Hecla Mount wie auf Bären-Eiland begegnet man einem eigenthümlichen, roth- und grüngestreiften Schiefer nebst einem grauen, kaum geschichteten, nach allen Richtungen hin mit weißen Adern durchzogenen Kalkgestein. Die Aehnlichkeit ist so groß, daß zwei von beiden Stellen genommene Stücke dieses sonderbaren Schiefers oder Kalks von einander durchaus nicht zu unterscheiden sind. Auf der Nordseite der Insel gehen die Schichten ganz horizontal und mögen jüngeren Ursprungs sein. Dasselbe scheint beim Mount Misery der Fall zu sein, welchen wir jedoch keine Gelegenheit hatten näher zu untersuchen; aber schon aus der Entfernung konnten wir erkennen, daß auch hier die Schichten vollkommen horizontal liegen, und Keilhau brachte von den Steinmuhren an den Seiten des Berges Versteinerungen mit, welche die Uebereinstimmung dieser Schichten mit der weite Strecken auf Spitzbergen einnehmenden Bergkalksformation außer Zweifel setzen. Auch wir fanden solche Versteinerungen in einzelnen Blöcken, welche auf einer Bodenerhebung zwischen dem Mount Misery und unserm ersten Landungsplatze zerstreut lagen.

Die merkwürdigste Bildung auf Bären-Eiland sind aber die Kohlenlager, welche an mehreren Stellen der Nordküste zu Tage treten. Nach Keilhau bilden dieselben an der sogenannten Kohlenbucht vier parallele, in gleicher Entfernung von einander befindliche Flötze bis zu einer Elle Mächtigkeit. An einer Stelle, dem sogenannten Englischen Flusse, sieht man sogar zwei Flötze zu Tage treten. Wahrscheinlich gehören diese Kohlenlager wie die auf Spitzbergen der tertiären Bildung an. Auch dieser Theil des Oceans ist also in einer geologisch späten Epoche von einem ausgedehnten Continent mit prachtvollen Wäldern von Taxodien, Eichen, Platanen u. s. w. eingenommen gewesen, und zahllose Elephanten-, Tapir- und Antilopenheerden haben hier wahrscheinlich einmal gespielt und unter dem üppigen Pflanzenwuchs geweidet, auf derselben Stelle, wo jetzt die eisigen Wogen des Polarmeeres ihren einsamen Gang gehen.

Für den Fall, daß Jemand auf Bären=Eiland magnetische Beobachtungen anstellen möchte, wollen wir erwähnen, daß diese Insel aller Wahrscheinlichkeit nach hierzu eben so ungeeignet ist wie die meisten Gegenden Spitzbergens. Die etwa in der Mitte des Mount Misery in unregelmäßigen aufrecht stehenden Pfeilern hervortretende schwarze Gesteinsschicht, welche Keilhau in seiner Reise beschreibt, dürfte demselben magnetischen Hyperit angehören, welcher so häufig im Norden Spitzbergens auftritt und daselbst im hohen Grade auf alle magnetischen Untersuchungen störend einwirkt.

Wie wir früher gesehen, wurden die ersten Nordpolexpeditionen oft von Handelsgesellschaften ausgerüstet, welche aus den gemachten Entdeckungen einen unmittelbaren Vortheil zu ziehen hofften. Um nun die Absender zu neuen Opfern zu veranlassen, malte man oft unbedeutende Funde mit den lebhaftesten Farben aus. Frobisher's zweite großartige Expedition nach Labrador, um von dort einige Schiffsladungen angeblichen Golderzes zu holen, welches sich bald auf einen werthlosen Glimmerschiefer reducirte, mag als ein Beweis hierfür gelten. Auch Bären=Eiland hat in dieser Hinsicht seinen Zauber auf die Nordpolfahrer ausgeübt. Einige mitgebrachte Proben von Bleiglanz und gelber Zinkblende verschafften der Insel den Ruf, sie sei an edlen Metallen reich, und da man den Holm, auf welchem jene Proben der Sage nach entdeckt worden waren, nicht mehr auffinden konnte, so war man rasch zu der Annahme bereit, die ganze silberführende Inselklippe sei von den Meereswogen fortgespült worden. Unzweifelhaft sind die Küsten Bären=Eilands überall vom Wogenschwalle unterwaschen. Darum erblickt man die von der eigentlichen Insel losgetrennten, oft mehrere Hundert Fuß hohen Pfeiler, unter welchen besonders zu nennen: der durchaus nicht — wie Keilhau vermuthet — im Meere versunkene Gullholm; der von einer Höhle durchbohrte, 200 Fuß hohe Stappen, im Süden der Insel; der Englische Stör (Pfahl) auf der Nordseite, und Taggen (Zacke) in der Mitte der Westküste. Mehrere dieser Pfeiler werden nach Verlauf von Jahrtausenden aufgehört haben zu existiren, andere neu entstanden sein; man braucht aber die Phänomene dieses Zerstörungsprocesses kaum mit besonderer Aufmerksamkeit zu verfolgen, um zu erkennen, daß eine wesentliche Veränderung seit der Entdeckung der Insel nicht eingetreten sein kann. Auch der Bericht über den Metallreichthum Bären-Eilands scheint auf einer Verwechslung mit der Bäreninsel (Björnö) im Weißen Meere zu beruhen. In der mineralogischen Sammlung des Reichsmuseums in Stockholm befinden sich nämlich aus dem vorigen Jahrhunderte einige ziemlich genau etiquettirte Erzproben „von der Bäreninsel im Weißen Meere, 500 Werst von Archangel", deren Aussehen ganz mit der Beschreibung des auf Bären-Eiland gefundenen Erzes übereinstimmt.

Gletscher kommen auf Bären-Eiland nicht vor, obwohl manche Thäler am Mount Misery sich zur Aufnahme solcher wohl eignen möchten. Es ist indessen noch nicht ausgemacht, ob dieses dem milderen Klima, oder der geringen Höhe des Mount Misery oder den heftigen Stürmen zuzuschreiben, welche dauernd über diese nach allen Seiten hin offene Insel wehen und den Schnee von den Bergabhängen fortjagen. Bei unserer Anwesenheit war allerdings das ganze Innere der Insel von einer beinahe ununterbrochenen, wassergetränkten Schneedecke bedeckt, so daß man an manchen Stellen nur mit großer Mühe dem Einsinken bis an den Gürtel entging. An vielen anderen Punkten, wo das Schneefeld noch hart und gefroren war, erblickte man runde Löcher von 1—3 Fuß im Durchmesser, in welchen Schnee und Eis bis auf den Boden fortgeschmolzen war. Stieg man aber in ein solches Loch, so sank man in dem wasserdurchzogenen Gruse sofort tief ein. Diese an die sogenannten Windwaken erinnernden Vertiefungen waren wahrscheinlich durch Quellen gebildet, deren Wasser natürlich einige Wärme haben mußte. Wir konnten den Wärmegrad indessen nicht feststellen, da das Wasser, indem es mit dem Schnee oder Schneewasser in Berührung kam, sofort bis auf 0° abgekühlt wurde. Als Keilhau aber in der zweiten Hälfte des August Bären-Eiland besuchte, war der Schnee bereits zergangen, und die Temperatur der Quellen wechselte zwischen $0{,}_6$° und $3{,}_8$° Graden. Wenn die mittlere Temperatur dieser wahrscheinlich nicht aus großer Tiefe kommenden Quellen zugleich die der Insel ist, so scheint es, daß sie ein wenig über 0° betrage. Auf Spitzbergen fanden wir dergleichen Quellenlöcher niemals, weshalb man annehmen möchte, daß die mittlere Temperatur dort unter dem Nullgrad bleibe. Dagegen darf man aus den vorliegenden Beobachtungen schließen, daß Bären-Eiland, im Ganzen genommen, ein weit milderes Klima habe, als selbst die geschütztesten Gegenden

Spitzbergens. Die mehr südliche, pelagische Lage, der Mangel an Schneebergen und Gletschern, die Quellen und mehrere hier auftretende Pflanzen, welche der Flora des höchsten Nordens eigentlich nicht angehören, sprechen für diese Annahme.

Bären-Eiland ist im Sommer beinahe dauernd in Nebel gehüllt, und selbst an hellen Tagen sieht man oft die Spitze des Mount Misery von einem weißlichgrauen Wolkenkranze umgeben. Die Temperatur der Luft scheint Tag und Tag ziemlich dieselbe zu

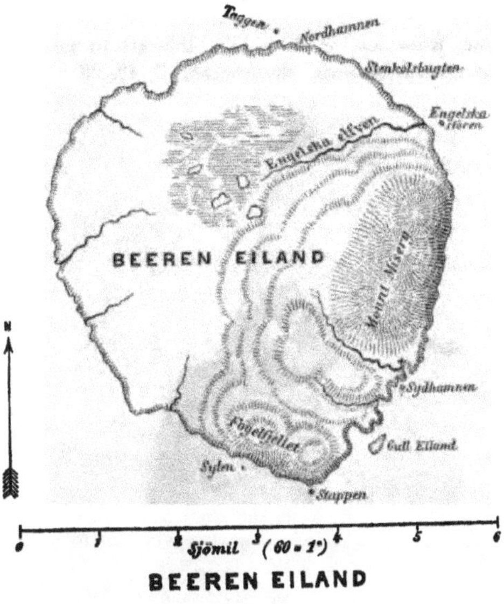


BEEREN EILAND

sein, nämlich drei bis vier Grade über dem Gefrierpunkte. Eine größere Wärme im Sommer oder eine stärkere Winterkälte gehören zu den Ausnahmen. Ueberwintert haben hier nur russische und norwegische Jäger, und unsere Kenntniß der hiesigen Winter beruht ausschließlich auf ihren Berichten. Eigentliche Beobachtungen sind erst in den letzten Jahren während der Ueberwinterung des Schiffers Tobiesen, über welche wir später einmal berichten werden, gemacht.

Bekannt sind die Mittheilungen Keilhau's über die milden

Winter Bären-Eilands nach den Aufzeichnungen seines damaligen Capitäns.*)

Während unseres kurzen Aufenthaltes auf Bären-Eiland bemühten wir uns umsonst, einige sichere Daten zum Zweck einer zu zeichnenden Karte zu erhalten. Die vorseitige Skizze giebt allerdings nichts weiter als ein ungefähres Bild von der Gestalt der Insel, dürfte sich aber von allen vorhandenen Darstellungen am wenigsten von der Wahrheit entfernen. Nach den Messungen von Dunér ist die Russenhütte am Südhafen in 74° 22′ 56″ nördl. Br. und 19° 15′ 15″ östl. L. belegen.

*) Keilhau, Reise etc. S. 128—133. Uebersetzt in dem Ergänzungsheft Nr. 16 zu Petermann's Geograph. Mittheilungen S. 49, 50.

Scoresby's Tonne. (S. 27.)

## Drittes Kapitel.

### Fahrt nach Spitzbergen. — Der Eisfjord.

Sofort nach unserer Rückkehr zum Schiffe wurde das Boot in die Höhe gewunden und die Fahrt nach Norden fortgesetzt. Dort erschien, in der Nähe des Horizontes, eine weiße, glänzende Luftschicht, welche wir anfangs für einen Eisblink hielten. Nachdem wir aber mehrere Stunden im offenen, eisfreien Wasser gesegelt waren, erklärten wir diese Ankündigung als einen bloßen Schreckschuß und steuerten, ohne uns durch die Erscheinung warnen zu lassen, direct nach dem Storfjord, in der Hoffnung, schon am folgenden Tage unsere Untersuchungen beginnen zu können. Unsere Geduld wurde indessen auf eine schwere Probe gestellt, da der anfangs frisch wehende Wind allmählich ganz nachließ und das Schiff, von der Dünung hin und her geworfen, nicht von der Stelle kam.

Erst am Vormittage des 20. Juni erblickten wir ein Eisband im Norden, allerdings wenig gepackt, so daß wir unsere Fahrt fortsetzen konnten, bis zuletzt das Eis so dicht auftrat, daß ein Weiterkommen unmöglich wurde. Zugleich hörte auch der Wind zu wehen auf; es legte sich ein dichter Nebel über das Meer und hüllte alle Gegenstände in einen undurchdringlichen weißen Schleier. Kleine neben dem Schiffe schwimmende Eisstücke erschienen wie gewaltige Eisberge, oder wenn sie zufällig mit einer dunklen Erdmasse bedeckt waren, wie ein fernes in Schnee gehülltes Gebirgsland. Die Schwierigkeit, aus diesem Labyrinthe hinauszukommen, wurde dadurch in hohem Grade vermehrt; von einer Weiterfahrt in einer bestimmten Richtung konnte nicht mehr die Rede sein; wir segelten vielmehr in allen nur denkbaren Richtungen, je nachdem es die Kanäle zwischen den Eisblöcken gestatteten. Nachdem wir eine Weile auf diese Weise gekreuzt, konnte man, als der Nebel sich lichtete, selbst nicht vom Mastkorbe mehr eisfreies Wasser wahrnehmen. Wir mußten daher unsern Plan, direct zum Storfjord vorzudringen, aufgeben, und sahen uns dafür, um nicht mitten im Ocean eingesperrt zu werden, genöthigt, uns mehr und mehr nach Nordwesten zu ziehen, wo wir hoffen durften das Meer freier von Eis zu finden. So fuhren wir denn 48 Stunden lang, während eines beständigen Kampfes mit dem Eise, weiter, ohne jedoch weder den Storfjord noch einen der südlichen Häfen der Westküste von Spitzbergen zu erreichen. Je weiter nach Norden, desto mehr wurde das Eis vertheilt. Begünstigt durch eine starke Kühlte, gelang es uns zuletzt auf der Höhe von Prinz Charles Vorland uns durchzuschlagen und in die Nähe des Landes zu kommen. Schon am Tage vorher hatten wir, als der Nebel ein wenig fiel, einen Schimmer von den Bergen am Bellsund wahrgenommen. Offenbar umgab das Treibeis den ganzen südlichen Theil Spitzbergens, so daß wir uns genöthigt sahen, auf der Westküste Anker zu werfen und eine Wendung zum Bessern abzuwarten. Da wir aber schon auf unseren früheren Reisen mit der Windstille, welche während des Sommers hier zu herrschen pflegt und eine Segelfahrt, selbst bei den kürzesten Entfernungen, zu einer Geduldsprobe macht, bekannt geworden waren, so wollten wir nicht in einem der Häfen des Vorlandes ansprechen, sondern fuhren wieder nach Süden, in der längs dem Strande gehenden breiten, offenen Wasserrinne, um auf diesem Wege den dem Storfjord näheren Horn- oder Bellsund zu erreichen. Südlich vom Eisfjord zog sich indessen das Treibeisfeld bis zum Lande hin; es blieb uns also nichts Anderes übrig, als in diesem gerade in der Mitte der Westküste belegenen Fjorde vor Anker zu gehen. Von den vielen Häfen des Eisfjordes wählten wir natürlich Safe Haven, weil man von hier am leichtesten in südlicher Richtung weiter kommen kann. Wir warfen hier am Nachmittage des 25. Juni Anker.

Während wir zwischen dem Treibeise kreuzten, hatten wir wiederholt ein Boot ausgesetzt, um Tiefenmessungen vorzunehmen. Wir befanden uns indessen der Küste zu nahe, trafen auf keine erhebliche Tiefe und mußten uns darauf beschränken, mit Lindqvist's Apparat Wasserproben aus verschiedenen Tiefen heraufzuholen. Dieser Apparat erwies sich als sehr zweckentsprechend, und wir glauben den etwaigen späteren Expeditionen nach Spitzbergen einen Dienst zu erweisen, wenn wir denselben empfehlen.

Safe Haven ist eine kleine Bucht an dem nördlichen Strande des Eisfjordes. Sie bildet einen gegen die meisten Winde gut geschützten Hafen mit weichem Thon-, also gutem Ankergrunde. Daher auch der alte Name, welchen die norwegischen Walroßjäger in Sauhamn, d. h. Schafshafen verdreht haben. Das Innere der Bucht wird von einem ungeheuren, vielfach gespaltenen Gletscher eingenommen, von welchem oft große Eisblöcke nieder-

Safe Haven.

fallen. Ihr östlicher Strand besteht aus einem 50 bis 100 Fuß hohen, durchaus senkrechten Felsbande, welches allmählich zu einem nicht erheblichen, von aufrecht stehenden Schichten gebildeten Bergkamme aufsteigt. In dem Kalkgestein findet man häufige Versteinerungen, namentlich große Exemplare der Arten Spirifer und Productus. Die Westseite wird von einem ähnlichen, einer älteren, nicht Versteinerungen führenden Bildung angehörigen Berge eingenommen, von dessen Abhängen verschiedene kleine linsenförmige Eismassen niederhängen. Auf der äußersten Spitze des Weststrandes steigt ein stattlicher Gletscher bis zum Niveau des Meeres herab. Wie so häufig bei den spitzbergischen Gletschern, ist er nicht blos gegen das Meer, sondern auch nach Norden hin, wo er noch ein Ende über einen sandigen Vorstrand reicht, quer durchgeschnitten, so daß man die schichtenartige Structur der Eismassen leicht erkennen kann. Auf der andern Seite dieses Gletschers verläuft der längs dem westlichen Strande des Hafens sich nach dem Eisfjorde hinziehende Bergkamm in einen etwa 1,500 Fuß hohen, überhängenden Berg, welcher einen Sammel- und Brutplatz für Hunderttausende von Alken bildet und daher den Namen Alkenhorn erhalten hat.

Einige kleine Holme auf beiden Seiten des Einganges zum Fjorde dienen den Eidergänsen und Burgemeistern zum Brüten. Die ersteren sind hier, sobald das Eis aufgegangen, gegen den Anfall der Füchse geschützt, gleich wie die Alken und kleineren Möwenarten durch die unzugänglichen Felswände. Die große Graue Gans hält sich dagegen für stark genug, um dieses Schutzes nicht zu bedürfen; sie brütet daher auf dem festen Lande, und zwar auf dem obersten Rande des steilen Strandwalles, welcher auf der Nordostseite des Hafens in's Meer abfällt.

Den 26. und 27. war die Witterung so ungünstig, daß wir nur kleinere Ausflüge in der Nähe des Schiffes unternahmen. Am 27. schien, nach der Richtung der schnell dahinjagenden Wolken zu schließen, ein Sturm aus Nordwesten draußen auf dem Meere zu wüthen, während im Hafen die vollste, nur von einzelnen starken Windstößen unterbrochene Windstille herrschte. Wie man vom Fuße des Alkenhornes aus wahrnehmen konnte, lagerten sich infolge dessen vor dem Eingange zum Eisfjorde so dichte Treibeismassen, daß alle Aussichten auf baldige Weiterfahrt nach Süden für uns verschwanden. Um nun während unseres unfreiwilligen Aufenthaltes an der Westküste die Zeit nicht umsonst hinzubringen, beschlossen wir nach den inneren Partien des Fjordes Bootreisen zu unternehmen und die bis dahin nur unvollständig bekannten, so interessanten geographischen und geognostischen Verhältnisse dieser Landschaft zu untersuchen. Nordenskiöld eröffnete diese Ausflüge, indem er mit dem englischen Boote, dem Capitän Hellstad und dreien Leuten eine Fahrt zu dem großen Bergzuge unternahm, welcher den Eisfjord in zwei Arme theilt und auf Grund dessen, ebenso wie manche andere, ähnlich belegene Berge, von den Spitzbergenfahrern Midterhuk genannt wird. Um Verwechslungen vorzubeugen, haben wir den Berg nach den dort aufgefundenen Knochenresten vorweltlicher Thiere Sauriehuk genannt. Ueber diesen Ausflug theilt Nordenskiöld Folgendes mit.

„Der Fjord war noch mit Treibeis angefüllt, das Wind und Strömung bald hierhin, bald dorthin trieben. Da nun in den letzten Tagen die herrschenden Winde das Treibeisfeld nach dem südöstlichen Theile des Fjordes geführt hatten, so ruderten wir längs dem nordwestlichen, verhältnißmäßig eisfreien Strande hin. Nimmt man ein paar etwa hundert Faden tiefe Stellen aus, welche sich vor den senkrecht abfallenden Gletschern am Ufer hinziehen, so hat der Eisfjord, selbst in einer halben Meile Entfernung vom Lande, immer nur eine sehr geringe Tiefe. Darum liegen auch ungeheure Grundeisblöcke, welche nur bei der höchsten Fluth loskommen, den ganzen Sommer lang über den Fjord zerstreut und bilden eine Art von Schärenflur; nur daß statt der Felsen Eisklippen starren, welche dem Schiffer sowohl gegen die Wellen als auch gegen das Treibeis einen vortrefflichen Schutz gewähren. Man muß sich beim Rudern längs dem Strande daher sehr hüten, daß man nicht auf den flachen Grund geräth, zumal während der Ebbe. Dafür darf man aber auch vor den gefährlichen Treibeisfeldern, welche von Wind und Strömung längs den tieferen Stellen geführt werden, keine Furcht haben.

„Da wir von einem ziemlich guten Winde begünstigt wurden, erreichten wir schon am ersten Reisetage die niedrige, breit hervortretende „Nase", welche etwa in der Mitte zwischen Sauriehuk und Safe Haven sich in den Eisfjord erstreckt und später von uns den Namen Cap Bohemann erhielt. Während der Fahrt passirten wir ein vom Wasser ausgehöhltes Thor, nach Art des Burgemeisterthores auf Bären-Eiland, sowie einige südlich von Cap Bohemann belegene Eiderholme. Einer von diesen wurde geplündert, um mit den Eiern unsern Proviantvorrath zu vermehren. Ich hatte ausdrücklich befohlen, daß nur solche Eier genommen werden dürften, welche sich nach genauer Prüfung als frisch und brauchbar herausstellten.. Die Leute überzeugten sich auch von der Zweckmäßigkeit dieser Anordnung und versprachen sich danach zu richten. Man hielt die Eier aus verschiedenen Nestern gegen das Tageslicht und erklärte sie sämmtlich für frisch. Wenige Augenblicke später war der mit Nestern bedeckte Holm geplündert, einige Eidergänseriche geschossen, und wir fuhren weiter. Als der Koch die Eier später zu einem Gerichte verwenden wollte, zeigte es sich indessen, daß die meisten bereits bebrütet und unbrauchbar geworden waren.

„Am folgenden Tage ruderten wir weiter durch ein ziemlich eisfreies Wasser zum Eingange des östlichen Armes des Nordfjordes hin, welcher aus der Entfernung gesehen vollkommen offen schien. Als wir jedoch näher kamen, sahen wir, daß die spiegelglatte Oberfläche, welche wir für offenes Wasser gehalten hatten, eine fest zusammenhängende, zum größten Theile mit Aufwasser bedeckte Eisdecke sei. Da es uns also unmöglich war, das Ende des Nordfjordes zu erreichen sei, so beschlossen wir dafür an dem hohen Berge anzulegen, welcher den Nordfjord von der Klaas-Billen-Bucht trennt. Ich hoffte hier eine reiche Ausbeute von Versteinerungen zu machen, während Hellstad behauptete, ein den südöstlichen Theil des Bergzuges durchschneidendes Thal hege so viel Rennthiere, als nur irgend eines auf Spitzbergen. Erst gegen die Nacht hin erreichten wir die Mündung des nicht unerheblichen Flusses, welcher das Rennthierthal durchströmt, und zogen unser Boot nördlich von dem Strome auf den Strand.

„Gleich nachdem wir an's Land gestiegen, wanderte ich zu einer Kluft, das Resultat eines kleinen Baches, in der Nähe unseres Rastplatzes, und sammelte eine Menge Versteinerungen. Sie gehörten der interessanten Triasablagerung an, welche am Eis- und Storfjord in großer Ausdehnung auftritt. Am folgenden Tage ging ich zu einer etwas weiter gelegenen Kluft auf der Südwestseite der Ebene, und war auch hier so glücklich, verschiedene schöne Versteinerungen zu finden, unter welchen ich nur nenne: G r o ß e n a u t i l u s a r t i g e M u s c h e l n u n d K n o c h e n f r a g m e n t e v o n e i n i g e n k r o k o d i l a r t i g e n T h i e r e n, v o n d e n e n e i n T h e i l e i n e L ä n g e v o n m e h r a l s z w e i E l l e n g e h a b t z u h a b e n s c h e i n t. Dergleichen Thiere treffen wir jetzt nur noch in den Tropenländern; diese unbedeutenden Knochenfragmente müssen daher für den Geologen bei Feststellung der einstigen Vertheilung der Wärme auf der Erde von der größten Bedeutung sein.

„Auch Hellstad war auf seinem Gebiete glücklich. Er schoß nämlich sieben recht fette vortreffliche Rennthiere. Das Schwerste, wie es immer bei dieser Jagd der Fall, war es nur, die erlegten Thiere bis zu unserm Boote zu schaffen. Sie hielten sich nämlich eine halbe bis eine Meile vom Lande entfernt an dem südwestlichen Abhange des schönen — für Spitzbergen — grasreichen Thales, welches von dem oben gedachten Flusse durchströmt wird. Wir hatten also die Jagdbeute nicht nur eine halbe Meile weit über einen sehr unebenen Boden, sondern auch über den sehr reißenden Fluß zu transportiren. Einer unserer Leute, Olaus, wäre beinahe ertrunken, da er den Fluß mit zweien auf seinen Rücken gebundenen Rennthieren (einer Kuh und einem Kalbe) durchwatete. Als er nämlich die Mitte, wo ihm das Wasser bis an die Brust ging, erreichte, verlor er plötzlich den festen Grund und wurde ein Ende von dem reißenden Strome abwärts geführt. Glücklicher Weise watete auch Hellstad gerade mit einem Rennthiere durch den Fluß und vermochte den beinahe schon bewußtlosen Kameraden zu retten.

„Hellstad entfernte sich sofort wieder, um ein anderes Rennthier zu holen. Als ich nun mit den übrigen Leuten von meinem geologischen Ausfluge zurückkehrte, erblickte ich den armen Olaus, wie er allein, düster und erfroren, am Strande auf und ab rannte, in seinen nassen, anklatschenden Kleidern und mit einem Schlafsack, dem einzigen zu seiner Disposition stehenden trockenen Ueberwurfe, drapirt. Reservekleider hatten wir nämlich nicht mitgenommen. Wer daher in's Wasser fiel, mußte warten, bis die Kleider ihm auf dem Leibe trockneten. Die Theilnahme der zurückgekehrten Kameraden äußerte sich sofort theils in allerlei mehr oder weniger treffenden Witzen, theils in dem, vielleicht nicht ganz interesselosen Eifer, mit welchem sie Alle einen größeren Kaffeeschmaus in's Werk zu setzen sich bemühten. Schon Olaus hatte vorher versucht ein Feuer anzuzünden, aber unverständig genug, den in Ermangelung von Treibholz als Brennmaterial zu verwendenden Talg ohne Unterlage auf den Sand gelegt, natürlich mit dem Erfolge, daß der geschmolzene Talg in wenigen Augenblicken im Sande verrann. Nachdem der Kaffee ausgetrunken worden, schoben wir das Boot wieder in's Wasser und fuhren mit gutem Winde längs dem noch ziemlich freien nordwestlichen Strande in einem Zuge bis zu unserm Schiffe, wo wir am 30. Juni fünf Uhr Morgens ankamen. Während dieser Fahrt waren wir mehrere Male in der Lage, zu bemerken, wie nicht allein die Wellenbewegung, sondern auch der Wind schwächer wird, wenn man in ein noch so „dünnes" Treibeisfeld kommt, und wie umgekehrt beides zunimmt, sobald man das Eis verläßt. Diese den Spitzbergenfahrern wohlbekannten Erscheinungen beruhen darauf, daß die Wogen, indem sie gegen große Eisstücke stoßen, nach verschiedenen Seiten abgelenkt werden, auf einander treffen und dadurch ihre Kraft verlieren. Ein nach diesem System erbauter Wellenbrecher, der aus mehreren großen, ein Ende von einander schwimmenden Bojen bestände, würde unzweifelhaft mit gutem Erfolge bei einem nach der See zu geöffneten Hafen angewendet werden können." —

Während Nordenskiöld's Abwesenheit suchten Dunér und Malmgren durch regelmäßige Beobachtungen des Steigens und Fallens des Wassers die Gesetze, von welchen Ebbe und Fluth auf Spitzbergen abhängig ist, zu erkennen. Außerdem unternahmen sie ein paar kürzere Ausflüge, theils nach Safe Haven, um die Karte zu berichtigen, theils zum Alkenhorne, um sich hier über die Lage des Eises zu unterrichten. Als sie auf dieser letzteren Tour am Fuße des Berges anlegten, vernahmen sie in der Höhe einen eigenthümlichen Laut, den Uusimaa als von einem Bären herrührend erklärte. Hierdurch wurde der Jagdeifer natürlich in einem so hohen Grade geweckt, daß alle Mann in der Richtung jenes Lautes fortstürzten; doch entdeckten sie bald, daß er lediglich von einem Fuchse herrührte, welcher schleunigst die Flucht in das Gebirge ergriff. Vom Fuße des Alkenhornes konnte man deutlich erkennen, daß die Lage des Eises noch immer dieselbe sei; vorläufig gab es also noch keine Möglichkeit, aus dem Eisfjorde hinaus zu gelangen. Am 30. gegen Mittag nahm man an dem Eingange zum Safe Haven ein Segelboot wahr, welches man anfangs für das Nordenskiöld's hielt; es stellte sich indessen bald heraus, daß es eine kleine vom Schiffer Björvik geführte Yacht aus Tromsö war, demselben, welcher im Sommer 1861 als Steuermann auf der Brigg Jaen Mayen gedient hatte. Er war eine kurze Zeit in der Advent-Bai gewesen, um einen Leck auszubessern, und beabsichtigte, nachdem er in Safe Haven Wasser eingenommen, wieder zum Vorlandssunde zu gehen.

Nach seiner Rückkehr schilderte Nordenskiöld die Reize einer Bootfahrt mit so lebhaften Farben und regte überdies die Reiselust der Zurückgebliebenen durch seinen Bericht über die Vortrefflichkeit des Jagdplatzes und die Vorzeigung der bei der Sauriehuk eingesammelten Versteinerungen in dem Grade an, daß Alle sofort darüber einverstanden waren, es seien Bootfahrten nach dem Innern des Fjordes unter den gegebenen Verhältnissen das Beste, was man thun könne. Hier war für die Forscher noch viel zu entdecken und festzustellen, während die Lage des Eises eine Möglichkeit der Befreiung noch immer ausschloß. Es wurde daher sowohl das englische Boot als auch das in Tromsö gekaufte von Neuem in Ordnung gebracht, die Ausrüstung und Verproviantirung mit größerer Sorgfalt als das erste Mal überwacht, so daß weder Zeltstangen noch — wie es damals der Fall gewesen — die so wichtige Zugabe zum erwärmenden Kaffee, der Zucker, vergessen bliebe. Der Schlüssel zur Cajüte, in welcher unser Wein und die Spirituosen lagerten, wurde unserm zuverlässigen Begleiter von Stockholm, Johansson, anvertraut, Uusimaa aber während der Abwesenheit Hellstad's uud des Steuermanns zum interimistischen Capitän ernannt. Nachdem Alles in Ordnung gebracht, gingen die beiden Boote am 2. Juli gleich Nachmittags zu dem südlichen Strande des Eisfjordes ab. In dem großen englischen Boote befanden sich Malmgren, Nordenskiöld, Hellstad, der Koch und zwei Mann, in dem andern, sogenannten „schwarzen Boote" Dunér, der Steuermann und zwei junge Leute, welche zum ersten Male in ihrem Leben an einer längeren Seereise Theil nahmen und an Bord unter dem Namen Balsfjordinger, das heißt Bewohner vom Balsfjorde, bekannt waren.

Nordenskiöld's und Malmgren's Bootfahrt. Anfangs folgten die beiden Boote einander, indem der Cours quer über den Fjord genommen wurde; nachdem wir aber nach etwa vierstündiger Fahrt den südlichen Strand des Eisfjordes erreicht hatten, steuerte Dunér mehr nach Westen, um — wie wir vermutheten — die Kohlenbucht zu erreichen; wir hielten dagegen auf das erste Thal östlich von dieser Bucht. Sodann ruderten wir am folgenden Tage weiter nach Osten durch einen ziemlich eisfreien Kanal neben dem Südstrande des Eisfjordes bis zur Sassen-Bai, woselbst wir unser Nachtquartier aufschlugen. Während wir längs dem hohen, fast durchweg senkrecht abfallenden Felsufer ruderten, stiegen wir zuweilen an's Land, um Pflanzen und Versteinerungen einzusammeln, die Lagerungsverhältnisse des Gebirges zu untersuchen, Rennthiere zu schießen u. s. w. Malmgren hatte bei einer solchen Gelegenheit das Glück, an dem hohen Felsufer des Flusses, welcher auf der Ostseite der Advent-Bai mündet, eine Graue Gans (Anser brachyrhynchus) zu schießen und einige von ihren Eiern einzusammeln. Hellstad erlegte an eben dieser Stelle einige Rennthiere, welche eine willkommene — allerdings auch schon in Aussicht genommene — Vermehrung unseres nur spärlichen Fleischvorrathes bildeten. Am folgenden Tage ruderten wir weiter nach dem südlichen Arme des Südfjordes bis zu einem kleinen, dunklen, hutförmigen Berge, welchen wir schon aus der Ferne für hyperitisch gehalten hatten. Wir stiegen daselbst an's Land, bestimmten einige durch nahe Berge und Vorgebirge gebildete Winkel, errichteten eine Steinpyramide und ruderten weiter zu einem der kleinen vor dem hohen Berge Gipshuk, der die Sassen-Bai von der Klaas-Billen-Bai trennt, liegenden Holme. Auch diese Inseln bestanden aus Hyperit und waren mit den Nestern der Eidergänse wie übersät.

Wie so viele andere hochnordische Vögel brüten auch die spitzbergischen Eidergänse colonienweise auf gewissen an den Küsten Spitzbergens zerstreuten, meist niedrigen Holmen, von deren Rändern das Eis sich schon frühe loslöst, so daß sie dem Fuchs, welcher den Sommer über vorzugsweise von Eiern und jungen Vögeln lebt, unzugänglich bleiben. Vorherrschend brüten hier Eidergänse, doch kommen auf den mehr niedrigen Theilen auch Gänse und Meerschwalben vor, und auf den Spitzen einiger höher ragenden Felsen ein paar Großmöwen. Bevor das Eis aufgeht, lassen die Eidergänse sich selten auf einem solchen Holme nieder. Darum bleibt manches sonst dicht besetzte Eiderwehr den ganzen Sommer über unbesucht, wenn das feste Eis zwischen der Insel und dem Lande zu lange liegen bleibt. Wer einen solchen Holm niemals gesehen hat, wird sich kaum eine Vorstellung machen können von dem Leben, dem Schnattern und dem Streit, die hier beständig herrschen. Die Nester liegen über den ganzen Holm zerstreut, so dicht neben einander, daß man keinen Tritt machen kann, ohne auf Eier zu treten. Die Weibchen sitzen beinahe ununterbrochen auf den Eiern. Nicht weit davon hat der prächtige Gänserich seinen Platz eingenommen und giebt durch ängstliche Laute zu erkennen, wenn irgend eine Gefahr naht; er flieht zuerst und läßt seine Genossin im Stiche. Die Gans verläßt ihre Eier dagegen nur im äußersten Nothfall, und sie hat auch allen Grund dazu. Denn kaum ist sie fort, so stürzt die mit Recht so benannte Diebsmöwe, welche immer auf Raub lauert, sofort auf die Eier und frißt sie auf. Wenn zwei Nester so nahe bei einander liegen, daß die Eidergänse zu gleicher Zeit fortgescheucht werden, so kommt es oft vor, daß die Raubmöwe die Eier in dem einen Neste zerhackt, bevor der Mensch das andere ausnimmt. An anderen Stellen der Insel erblickt man diese Raubmöwe, wie sie unter kreischendem Geschrei die viel größere und stärkere Großmöwe verfolgt und sie, trotz deren Größe, nöthigt, ihr die gemachte Beute zu überlassen. Die Verfolgte weiß sich meist nicht anders zu retten, als daß sie sich auf die See wirft, aber unterzutauchen vermag sie nicht. Die Raubmöwe hat aber wiederum einen schlimmen und unversöhnlichen Feind in der kleinen aber muthigen Meerschwalbe, welche dieselbe mit äußerster Wuth in die Flucht schlägt, sobald die Raubmöwe so unvorsichtig ist, sich ihrem Neste zu nähern. Infolge des pfeilschnellen Fluges der Meerschwalbe ist die Raubmöwe, die Besiegerin der großen Möwe, schutzlos diesem kleinen Vogel preisgegeben, obwohl er an Größe die gewöhnliche Hausschwalbe nur wenig übertrifft. Er nimmt sogar nicht einmal Anstand, einen Menschen anzugreifen, wenn derselbe sein Nest zu plündern versucht, und man sieht sich oft wider seinen Willen genöthigt, den kleinen, kecken Kampfhahn niederzuschießen, um sich nur vor seinen Angriffen zu retten. Die Eidergans mag gern auf recht vielen Eiern sitzen. Hat sie nun das Mißgeschick, einige durch die Handlungen der Menschen oder die Raubmöwen zu verlieren, so soll sie sich ihrerseits nicht scheuen, aus einem Nachbarneste ein paar zu stehlen. Dieselbe Unsitte scheint auch bei der grauen Gans zu herrschen; wenigstens fand Einer unserer Leute auf der ersten Bootfahrt ein solches Gänseneſt, in welchem neben dreien Gänseeiern auch zwei von Eidergänsen lagen. Wird die letztere von ihrem Neste verscheucht, so scharrt sie gerne Moos oder Daunen über die Eier und benetzt sie überdies mit einer übelriechenden, den geflügelten Eierliebhabern vermuthlich sehr unangenehmen Flüssigkeit. Die eingesammelten Daunen haben daher anfangs einen sehr widerwärtigen Geruch, der jedoch bald verschwindet und offenbar von einem flüchtigen, sehr leicht vertheilbaren Stoffe herrührt. Die Spitzbergenfahrer wissen ganz genau, an welchen Stellen der Küsten die Eiderwehre belegen sind, und sie besuchen dieselben jedes Jahr in der Brütezeit, um Eier und Daunen einzusammeln. Anfangs pflegt man noch ein Ei in jedem Neste zu lassen, um nicht die Eidergänse ganz zu verscheuchen und einer reicheren Ausbeute verlustig zu gehen; bevor man aber weiter fährt, plündert man die Insel vollkommen und schießt auch die Eidergänse schonungslos nieder. Besuchen die Leute von mehreren Schiffen zu gleicher Zeit einen Holm, so erfolgt die Plünderung gemeinschaftlich und der Raub wird im Verhältniß zu der Zahl der Leute, die an's Land geschickt sind, vertheilt. Kaum giebt es noch einen Holm auf der Westküste und in den Fjorden, welcher der jährlichen Plünderung entgeht; so vermindert sich die Zahl dieser Vögel von Jahr zu Jahr.

Bei unserm Besuche war der Sommer schon so weit vorgeschritten, daß der größere Theil der Eier keinen Nutzen mehr gewährte. Da indessen unser Capitän und Einige der Leute die Kunst verstanden, ein frisches Ei nach dem bloßen äußeren Aussehen von einem schon bebrüteten zu unterscheiden, so wurden nur diese an das Land geschickt, mit der bestimmtesten Anweisung, blos frische Eier einzusammeln. Dieselbe wurde diesesmal auch in der That genau befolgt. Ein und der andere Irrthum war freilich bei dem besten Willen nicht zu vermeiden. Vor unserer Abreise legten wir daher die Eier in Salzwasser, bei welcher Probe die untauglichen obenauf schwimmen, die brauchbaren aber untersinken. Das Resultat ergab, daß die Leute wirklich mit großer Sorgfalt die Auswahl getroffen hatten.

Wir beabsichtigten anfangs auf diesem Holme über Nacht zu bleiben; um aber nicht etwa von dem „einsetzenden" Treibeise eingesperrt zu werden, beschlossen wir doch lieber nach Gipshuk hinüber zu fahren. Am 5. Juli Morgens früh erreichten wir die vor dem Berge belegene vortretende Landspitze und zogen das Boot auf das Ufer.

Die Landschaft war hier von einer überraschenden Schönheit. Die Spitze bestand aus einem niedrigen, vielfach zerspaltenen Hyperitfels, über welchem, ein Ende vom Strande, ein hoher Berg aufragte, zu unterst aus horizontalen grauen Gipsschichten bestehend, in welche hier und da weiße Alabasterkugeln, nach Art einer Perlenschnur, eingesprengt waren. Höher hinauf trat ein ebenfalls horizontales schwarzes Hyperitband auf, welches seinerseits von Versteinerungen führenden Schichten und einem blendenden Schneefelde bedeckt wurde. Weiter im Innern der Sassen-Bai erschien ein anderer, vielleicht noch großartigerer Berg, der „Tempelberg", welcher senkrecht in's Meer abfiel. Das mächtige Hyperitband, das die Stirne auch dieses Riesen bildete, war so regelmäßig zerklüftet und gefurcht, daß man gothische Bogen und einen in Trümmern liegenden kolossalen Dom zu erblicken glaubte. Am Fuße dieses Berges schwammen unzählige Treibeisblöcke in phantastischen Formen, und der Fjord erschien so ruhig, daß er jede Eisspitze, jede Klippe am Strande deutlich wiederspiegelte. Eine große Menge theils auf den Hyperitinseln, theils an den Bergabhängen brütende Vögel durchkreuzten die Lüfte oder schwammen zwischen den Eisstücken, um in der Fluth ihre Nahrung zu suchen, und brachten einen Zug von Leben in das sonst so starre Antlitz dieser hochnordischen Natur.

Wir verweilten hier bis zum 6. Abends, theils um Versteinerungen einzusammeln, welche wir häufig in den Kalk- und Flintschichten der Gipshuk eingestreut fanden, theils um Rennthiere zu schießen, welche auf dem schmalen Uferstreifen an den Abhängen der Berge weideten. Das Treibeis hatte sich mittlerweile in solchen Massen um die Spitze, auf welcher wir uns befanden, gesammelt, daß wir beinahe ganz eingeschlossen waren und infolge dessen uns genöthigt sahen noch länger hier zu weilen. Schon war wieder von Neuem unser bereits abgenommenes Zelt aufgeschlagen, als sich eine Oeffnung in dem sonst überall dicht gepackten Treibeise zeigte. Die Erfahrung hatte uns gelehrt, wie nothwendig es in diesen Gegenden sei, jeden günstigen Augenblick zu benutzen, wir schoben daher sofort unser Boot in's Wasser, um zu dem andern Ufer zu rudern. Diese Ueberfahrt sollte auch zugleich unsere letzte Fahrt hier sein.

Das regnerische Wetter hatte im Laufe des Tages sich verändert und einer jener herrlichen, sonnenglänzenden Nächte Platz gemacht, welche dem höchsten Norden die gepriesenen Sommertage des Südens reichlich ersetzen. Ohne etwas Besonderes zu erleben, bahnten wir uns auf der stillen, spiegelblanken Wasserfläche einen Weg durch das dichtgepackte Treibeis, und es trennte uns nur noch ein schmaler Eisstreifen von dem offenen Wasser an dem andern Strande. Aber schon von Weitem konnten wir wahrnehmen, daß die vorhandenen Oeffnungen sich mehr und mehr schlossen. Wir griffen deshalb alle zu den Rudern, um das Boot schleunigst weiter zu bringen. Trotzdem hatte der Kanal, auf welchen zu wir hielten, sich auch schon so weit verengt, daß nur noch die Spitze des Bootes hineinging. Es würde zerdrückt worden sein, hätten wir nicht sofort den Rückzug angetreten. Wir suchten deshalb nach einem andern Ausgange; jede Oeffnung schloß sich indessen wenige Minuten bevor wir sie erreichten. In Kurzem sahen wir uns in einem Felde von losen Eisstücken, auf die wir weiter nicht geachtet hatten, da sie ganz schwarz und vom Wasser durchzogen waren, vollkommen eingeschlossen. Mit starkem Krachen wurde dieses Eis zwischen einem großen festen Eisfelde im Innern des Fjordes und einer ungeheuren Treibeismasse, welche mit der Fluth in den Fjord hineindrang, zusammengepreßt. Die einzelnen Eisblöcke wurden theils zermalmt, theils mit einer unglaublichen Schnelligkeit auf die Eisdecke hinaufgeschoben. Von einem Regieren des Bootes war nicht die Rede, indem wir weder die Ruder gebrauchen konnten, noch das Eisfeld das Boot, oder auch nur uns zu tragen vermochte. Bald that das Eis sich unter demselben zusammen und hob es hoch in die Höhe, bald preßte es das Boot bis zum Rande herunter, so daß wir es nur mit äußerster Noth vor dem Zerdrücktwerden oder Umstürzen bewahren konnten. Vergebens bemühten wir uns, einen Pfad zu der andern Strandseite zu bahnen. Als es uns einmal mit äußerster Anstrengung gelang, das Boot einige Klafter weit zu schieben, verdickte sich der Eisbrei wiederum unter uns und nöthigte uns, jede Aktivität aufzugeben. Wir mußten uns darauf beschränken, das Boot im Gleichgewicht zu erhalten und, so viel als das Eis es zuließ, es zu erleichtern. Mit größter Unruhe sahen wir dem Augenblicke entgegen, da die heranrückende Treibeismasse und das feste Eisfeld mit einander zusammenstoßen würden, indem sie vorläufig nur die losen Eisstücke, in deren Mitte wir uns befanden, zusammenpreßten. Das Schicksal des Bootes wie der Menschen ließ sich dann leicht voraussehen.

Als das lose Eis und das feste Eisfeld an einander stießen, begannen die Eisstücke sich mehrfach in heftigen Wirbeln zu drehen, so daß sie in kurzer Zeit die kleineren Stücke zermalmten. In dieser Art erregte auch in der Nähe unseres Bootes ein ungeheurer Gletscherblock, den man schon einen Eisberg nennen durfte, das Wasser, und zerdrückte und versenkte jedes Eisstück, das in seine gefährliche Nachbarschaft kam, so daß sich in seiner Spur eine kleine offene Wasserfläche bildete. Mit jeder Umdrehung kam er uns näher. Wir lagen mit unserm Boote im Eisbrei fest und unbeweglich, so daß es einige Augenblicke den Anschein hatte, dieser Eisfels werde kommen und uns zerdrücken, noch ehe das Treibeis und das feste Eis zusammenstießen. Statt dessen sollte er aber unser Retter werden. Indem nämlich der Eisberg dicht an unserm Boote vorüber kreiste, ohne dasselbe jedoch zu beschädigen oder auch nur zu berühren, beeilten wir uns durch Schieben mit Stangen so schleunig als möglich die ihm folgende Oeffnung zu erreichen, welche sich bis zum Rande des festen Eises erstreckte, und es gelang uns, noch ehe sie sich wieder schloß, nach mehreren vergeblichen Versuchen, das mit Steinen und dem Proviant schwer beladene Boot auf das feste Eis, dessen Kante mindestens eine halbe Elle die Wasserfläche überragte, zu ziehen. Wir sahen uns gerettet und konnten nunmehr mit Ruhe das großartige Schauspiel, welches gleich darauf begann, betrachten, indem das Treibeis die losen Eisstücke ganz und gar verdrängte und mit ungeheurem Donner und Krachen gegen das feste Eis stieß. Die hinaufgedrängten Blöcke bildeten einen langen Wall, durch welchen wir uns später einen Weg bahnen mußten, um das Boot wieder in's Wasser zu schaffen. Auch die Kante des festen Eises wurde bei diesem Zusammenstoße vielfach zerbrochen, so daß wir das Boot noch weiter hinaufzogen, um es zu sichern. Bald darauf wurde es wieder ganz ruhig und still; das Eisfeld war zum Stehen gekommen, oder besser, der Eisstrom hatte eine andere Richtung genommen.

Es blieb uns nunmehr nichts Anderes übrig, als ruhig zu warten, bis das Eis mit der veränderten Strömung sich zertheilen werde, und uns bis dahin den Aufenthalt so angenehm als möglich zu machen. Es wurde das Zelt über dem Boote aufgeschlagen, Kaffee gekocht, und wir krochen in unsere Schlafsäcke, um uns von der letzten ermüdenden Anstrengung auszuruhen. Nach einigen Stunden erblickten wir in dem Treibeisfelde wieder ein paar offene Wasserstreifen. Wir zogen das Boot zur Eiskante und schoben es, als uns der günstige Moment gekommen schien, in eine der größeren Oeffnungen. Durch unser früheres Mißgeschick gewarnt, suchten wir nun so schnell als möglich Land zu erreichen und folgten sodann dem Ufer, bald rudernd, bald uns in einer durch die Fluth erzeugten, schmalen Wasserrinne weiter schiebend. Zuletzt war aber auch dieser Kanal geschlossen, so daß wir nicht weiter zu kommen vermochten, sondern uns genöthigt sahen, mitten am nördlichen Strande des Südfjordes Halt zu machen. Hier zogen wir um ein Uhr am Morgen des 7. Juli das Boot auf den Strand.

Nachdem Malmgren und ich noch einen kurzen Ausflug zu dem Innern des Fjordes gemacht, einige Rennthierseiten gekocht und mit gutem Appetite verzehrt hatten, legten wir uns zum Schlafen nieder. Gegen Mittag begaben wir uns wieder auf mehrere Ausflüge nach verschiedenen Richtungen. Behufs Aufnahme einer Karte des Fjordes ging ich zu einer ziemlich weit nach Osten hin gelegenen Landspitze, weil ich hier gute Winkel zu erhalten hoffte. Ein dichter Nebel hinderte mich jedoch, den Strand auf der andern Seite des Fjordes wahrzunehmen, und ich mußte unverrichteter Sache wieder zurückkehren. Malmgren war glücklicher, indem es ihm gelang, ein spitzbergisches Schneehuhn zu schießen, eine zoologische Rarität, und eine Menge interessanter Versteinerungen einzusammeln. Später am Tage ging auch ich, in Begleitung eines Mannes, zu einem in der Nähe befindlichen Thale, um Versteinerungen zu suchen, und kehrte nach einigen Stunden mit einer guten Ausbeute zurück, hauptsächlich aus Korallen bestehend, welche derselben Bildung wie die am Cap Fanshaw angehörten. Der folgende Tag war trübe und regnerisch. Das Treibeis hatte sich nun um unsern Rastplatz so dicht gepackt, daß weder an ein Entkommen noch an Ausflüge zu denken war. Wir verbrachten deshalb den größten Theil des Tages in unserm Boote und verkürzten uns die Zeit mit der Betrachtung der zahlreichen Weißfische, welche entweder an der Oberfläche schnaubend dahin schwammen, oder aus der Tiefe den ihnen so eigenthümlichen Laut hören ließen, der so klingt, als ob eine Saite angeschlagen wird. Die meisten nahmen ihren Weg nach dem Innern des Fjordes, wahrscheinlich um die Mündung eines der dortigen größeren Flüsse zu besuchen.

Da unser Proviant, trotz der Verstärkung durch das Rennthierfleisch, schon erheblich mitgenommen war, so mußten wir durchaus auf die Rückkehr bedacht sein; als sich daher bei der höchsten Fluth am 9. Juli zwischen dem Treibeise und dem Strande ein offener Kanal bildete, beschlossen wir die Rückreise zu unserm Schiffe anzutreten. Das Boot wurde wieder in's Wasser geschoben und mit Stangen längs dieser schmalen Rinne weiter befördert. Gleichzeitig ging Einer der Leute längs dem Strande, um mit einem Bootshaken die im Wege befindlichen Eisstücke zu entfernen. Wo wir in der angegebenen Art trotzdem nicht weiter konnten, schlugen wir entweder das Eis mit Aexten entzwei oder zogen das Boot darüber. Auf diese sehr ermüdende Weise erreichten wir zuletzt die von hohen prachtvollen Bergen umgebene Skansvik und zogen das Boot auf deren südlichen Strand. In der Nähe unserer Raststelle stürzte ein mächtiger Wasserfall von den Felsen herab in ein von steilen Wänden umgebenes Bassin, welches so regelmäßig ausgehöhlt war, daß man es für ein Werk von Menschenhänden hätte halten können. Nachdem wir hier unser Mittagsmahl eingenommen, die Berge photographirt und untersucht, Versteinerungen gesammelt hatten u. s. w., ruderten wir weiter in der noch immer sehr schmalen Rinne, längs dem Strande, bis zum Rennthierthale an der Sauriehuk, wo wir Dunér zu treffen hofften. Um dorthin zu gelangen, mußten wir indessen an einer Spitze vorbei, bei welcher das Treibeis bis zum Strande dicht gepackt lag, so daß wir unsere ermüdende Fahrt nicht länger fortzusetzen vermochten. Wir mußten liegen bleiben und zogen das Boot etwas östlich vom Cap Thordsen, bei den Trümmern einer Russenhütte — es sind nur noch die Fundamente und die Reste der Oefen vorhanden — auf's Land. Die Meisten von uns hatten 24 Stunden lang gearbeitet und waren infolge dessen äußerst ermüdet. Kaum hatten wir das Zelt aufgeschlagen und ein wenig kalte Speise genossen, als wir Alle die Mühen des Tages in den Armen des Schlafes vergaßen.

Das Land oberhalb unserer Ruhestelle bildete eine gleichmäßige Terrasse, welche nur von einigen Hyperitklippen, oder ein paar Bächen mit ihren tiefen in den lockern Schiefer gegrabenen Furchen unterbrochen wurde. Sie erhebt sich erst mit einem 20 bis 30 Fuß hohen Absatze steil vom Meere aus und steigt dann allmählich 5- bis 600 Fuß hoch gegen Norden und Nordosten, um sich sodann plötzlich gegen das Rennthierthal hinabzusenken. Der Weg von unserer Raststelle zu dem Berge, bei welchem ich auf der ersten Bootfahrt die Knochen des Sauriers gefunden, ging über diese jetzt schneefreie, sumpfige und mit großen Hyperitblöcken bedeckte Ebene. Diesen Weg schlugen wir am 10. Vormittags sämmtlich ein, um eine großartige Einsammlung von Versteinerungen vorzunehmen. Um den Eifer der Leute zu beleben, hatte ich demjenigen, der das beste Stück finden würde, ein Päckchen Tabak versprochen. Wir kehrten erst spät in der Nacht mit einer sehr reichen Ausbeute zurück. Der ausgesetzte Preis fiel dem Zimmermann Adrian zu, welcher zwei ziemlich vollständige Rückgrate von Sauriern nebst daran befindlichen Rippen fand. Auch in Betreff der lebenden Fauna ist diese Gegend ungewöhnlich interessant. Wie schon oben bemerkt, bildet sie den besten Jagdplatz für Rennthiere; ferner traf Hellstab ein Nest nebst Eiern von der schönen

Wasserschnepfe (Phalaropus fulicarius) in dem feuchten Gerölle des Rennthierthales. Ein stattliches Schneehuhn — diesesmal unbelästigt — sah von der Spitze eines hohen Felsens unserm eifrigen Suchen nach Knochenresten zu. Die Graue Gans (Anser brachyrhynchus) fanden wir brütend an dem oberen Rande einer breiten Schlucht, nicht weit von unserm Rastplatze, den Schneesperling aber in den Klüften des Hyperits. Schließlich erblickte Malmgren hier zum ersten Male die für Spitzbergen neue Vogelart Stercorarius Buffoni, welche er später in der Advent-Bai zu schießen Gelegenheit fand.

Als wir wieder zum Boote zurückkehrten, konnten wir wahrnehmen, daß das früher dicht gepackte Treibeis sich etwas vertheilt hatte, und wir überlegten, ob wir nicht sofort nach Safe Haven zurückkehren sollten. Aber theils waren wir zu müde, theils blieb noch ein von Hellstad geschossenes Rennthier zum Boote zu schaffen. Es wurde deshalb ein Mann nach dem Wilde geschickt, und wir beschlossen am folgenden Tage abzufahren. Aber im Laufe der Nacht sammelte sich das tückische Eis wieder so dicht um die Spitze, darauf wir uns befanden, daß an einen Aufbruch nicht zu denken war, es sei denn, daß das Treibeisfeld durch Wind und Strömung abermals eine Veränderung erfuhr.

Sowohl das Brod als auch der sonstige vom Schiffe mitgenommene Proviant ging nun zu Ende, wir mußten uns daher lediglich an das Fleisch der erlegten Rennthiere halten. Dasselbe war mit dem Kaffee und dem Tabak der Fall, und von den Getränken war schon längst der letzte Tropfen verbraucht. Wir sahen uns mithin auf eine äußerst geringe und einförmige Kost beschränkt, indem uns alle Vegetabilien und anregenden Mittel durchaus fehlten. Malmgren's Vorschlag, aus dem zu zoologischen Zwecken mitgenommenen Spiritus, in welchem bis jetzt nur ein paar Aszidien und Würmer verwahrt waren, ein „Brennsel", eine Art Punsch zu bereiten, wurde daher von der Mannschaft mit großer Genugthuung aufgenommen. Malmgren hoffte den Aszidiengeschmack „ausbrennen" zu können. Die Zubereitung wurde mit ungetheiltem Interesse verfolgt und der für fertig erklärte Trank einer sorgfältigen Prüfung und Kritik unterzogen. Diese fiel im Ganzen sehr zum Vortheile des „Brennsels" aus. Nur zwei Personen verschmähten den lieblichen Trank, nämlich Malmgren und ich; wir waren eben die Einzigen, welche die Beschaffenheit des verwendeten Spiritus genauer kannten.

Den 11. Juli lagen wir noch immer fest und blickten den ganzen Tag in die Ferne, um nach einer fahrbaren Oeffnung zu spähen. Aus Furcht, daß wir wieder den günstigen Augenblick versäumen könnten, wagten wir auch nicht eine längere Excursion nach dem Innern des Landes zu unternehmen. Wir blieben deshalb den ganzen Tag über in der Nähe unseres Ruheplatzes. Da am folgenden Morgen sich das Eis ein wenig vertheilt hatte, so beschlossen wir das Boot in's Wasser zu schieben. Anfangs ruderten wir bei dem stillen schönen Wetter durch vertheiltes Treibeis, bald stießen wir aber auf große Eisfelder, welche sich von einigen Stellen aus dem Innern des Fjordes losgelöst hatten und zwischen uns und dem so ziemlich offenen Wasser neben der Advent-Bai ein zusammenhängendes Eisband bildeten. Es blieb uns keine andere Wahl, als entweder durch das mehr und mehr zusammengedrängte Treibeis zurückzukehren, oder uns einen Weg durch die Treibeisfelder vor uns zu bahnen. Das Abenteuer in der Klaas-Billen-Bai hatte gelehrt, daß jeder dieser Wege seine Gefahren habe. Nach gepflogenem Rathe beschlossen wir doch vorzubringen, und es glückte uns, wider alles Vermuthen, uns durch den breiten, aber schon sehr zerfressenen Eisgürtel hindurchzuarbeiten. Kaum hatten wir das offene Wasser erreicht, so begann ein so heftiger Gegenwind zu wehen, daß wir erst nach mehreren Stunden und einer sehr ermüdenden Fahrt den südöstlichen Strand des Eisfjordes erreichten, wo wir eine Weile an Land gingen, um unser Mittagsmahl, bestehend aus Rennthiersuppe und gleichem auf Kohlen gerösteten Fleisch, einzunehmen. Etwas Anderes gab es nicht mehr. Hierauf ruderten wir weiter durch verschiedene dicht gepackte Treibeisfelder bis zum westlichen Strande der Advent-Bucht. Während dieser Fahrt folgten uns große Schaaren von Weißfischen, welche theils durch ihre eigenthümlichen Stimmen ihre Anwesenheit unter dem Boote zu erkennen gaben, theils sich rings um uns tummelten. Man trifft überhaupt diese Thiere bei Spitzbergen häufiger an als die Walrosse, wenn auch nicht in so großen Schaaren. Sie lassen sich nur schwer schießen oder harpuniren und werden deshalb nur in geringer Zahl erlegt. Früher dagegen, während der russischen Jagdperiode, hat der Weißfisch — belugan — den Gegenstand einer systematischen Verfolgung gebildet, und man findet am Strande noch oft Ueberreste der ungeheuren Netze, deren man sich damals zu dem Fange bediente. Um den Weißfisch mit einer Kugel zu tödten, muß man ein sehr sicheres Auge haben, damit das Thier an einer bestimmten Stelle des Kopfes in dem Augenblicke getroffen werde, da es heraufkommt, um zu athmen. So vortreffliche Schützen nun die Jäger im Allgemeinen auch sind, so vermögen doch nur wenige mit Erfolg diese Jagd zu betreiben. Den ersten Rang unter diesen Meistern in der Schützenkunst nahm während unserer Anwesenheit auf Spitzbergen unbestritten ein kleiner schielender Lappe ein, der einzig wegen dieser seiner Fertigkeit ein erheblich größeres Salair erhielt als die übrige Mannschaft. Seine Kugel verfehlte niemals ihr Ziel, und zum Zielen schien er kaum irgend einer Zeit zu bedürfen.

Die einzige noch ziemlich unbeschädigte Russenhütte am Eisfjorde befindet sich auf der an dem Eingange der Advent=Bai hervortretenden Landspitze, auf welche wir nunmehr unser Boot zogen. Wie wir schon vor unserer Abfahrt vom Schiffe gehört, hatten drei gescheiterte Norweger diese Hütte in Besitz genommen. Sie glaubten mit der Rennthierjagd etwas verdienen zu können und warteten darauf, daß die Walroßjäger, welche vor ihrer Rückkehr nach Norwegen noch den Eisfjord zu besuchen pflegen, um die dann etwa noch leeren Räume ihres Schiffes mit Rennthierfleisch zu füllen, sie und ihre Beute abholen würden. Von dem gestrandeten Schiffe hatten die Colonisten genügenden Vorrath mitgenommen, wir hofften deshalb das seit mehreren Tagen entbehrte Brod von ihnen zu erhalten. Die rings um das kleine Haus gestellten Tonnen, die aufgehängten Stücke trockenen Rennthierfleisches und Schinken u. A. zeigten schon aus der Ferne an, daß die Hütte bewohnt sei. Wir trafen zufällig auch die Mannschaft zu Hause an, die uns gastfrei aufnahm und ihren kleinen Brodvorrath gerne mit uns theilte. Dafür baten sie um Pulver, daran die kleine Colonie großen Mangel litt, indem sie durch einen bösen Zufall den größten Theil desselben verloren hatten. Ihre noch sehr leichte südliche Kleidung, die sie aus dem Schiffbruche gerettet: ein wollenes Hemd, ein Paar Beinkleider und Schuhe, schien sie weniger zu bekümmern. Hier erhielten wir auch die Nachricht, daß ein englischer Schoner mit 4 bis 5 „Lords" in Safe Haven Anker geworfen, daß nach deren Mittheilung auch

Dunér schon dorthin zurückgekehrt sei und daß ein Theil der Engländer gegenwärtig sich auf dem östlichen Strande der Advent-Bai mit der Rennthierjagd beschäftige.

Schon im Jahre 1858 hatten wir diesen Fjord besucht. Die Hütte war damals unbewohnt, aber verschiedene norwegische Jäger benutzten sie als ein Noth-Depot, in welchem Brod, Mehl, Grütze, Büchsen, Pulver, Blei, Harpunen, Zündhölzchen, Töpfe u. s. w. verwahrt wurden. Dieses Depot war für gescheiterte Schiffer und für solche gegründet, die hier etwa unfreiwillig überwintern müßten, und obwohl die Thüre nicht verschlossen wurde, wagte es doch Niemand, der sich nicht in entschiedener Noth befand, die hier befindlichen Vorräthe anzugreifen. Die älteren Jäger wachten so strenge darüber, daß ein Harpunirer, welcher an Stelle seines zerbrochenen Topfes sich einen von den dortigen holte, nur mit genauer Noth einer Anklage wegen Diebstahls entging. Die Schwefelhölzchen, das Pulver und die Zündhütchen waren (wegen der feuchten Luft) nicht in hermetisch geschlossenen Büchsen verwahrt, erwiesen sich aber noch als vollkommen brauchbar. Wir wissen nicht, ob seit dem Sommer 1864 die spitzbergischen Depots erheblich vermehrt sind, aber bei der Expedition des Jahres 1861 wurde eine bedeutende Quantität hermetisch verschlossenen Pemmikans nebst einem eisernen Boote und Zubehör auf der Depotspitze in der Branntwein-Bucht niedergelegt. Außerdem befindet sich ein großes, obwohl — wie es heißt — nunmehr durch die Kälte zerstörtes englisches Boot, sowie eine größere für Hunde bestimmte Menge Pemmikans auf der Amsterdaminsel, ferner ein Depot von Pulver, Blei u. s. w. in einem Varde beim Cap Starastschin.

Bevor wir am folgenden Morgen abfuhren, trafen wir noch mit den Engländern zusammen, welche in zweien Booten von der Ostseite der Advent-Bucht herüberkamen. Wir traten sodann bei einem außerordentlich starken Nebel die Rückreise an und fuhren quer über den Eisfjord nach Safe Hafen. Dunér war, durch unser Ausbleiben beunruhigt, schon wieder ausgegangen, um uns aufzusuchen, — ein vergebliches Bemühen, da wir während unserer Irrfahrten nirgends schriftliche Nachrichten niedergelegt hatten und das Treibeis uns überdies nöthigte, unsern Cours in jedem Augenblicke zu ändern. Schon am folgenden Tage kehrte er indessen zu unserer großen Freude zurück.

## Viertes Kapitel.

### Der Eisfjord.

Dunér's Bootfahrt. Wie schon oben erwähnt, trennten sich die beiden Boote etwa eine halbe Meile vor der Kohlen-Bucht, zu welcher ich meinen Cours nahm. Während eines leichten Nebelregens wurde hier das Boot auf einen ziemlich ebenen, sandigen Vorstrand, nicht weit vom Ende des Fjordes, dicht neben einer fast schon unkenntlichen Trümmerstätte einer ehemaligen russischen Hütte, gezogen. Keiner der Besatzung hatte Kenntniß oder Erfahrung, wie man das Zelt aufschlage oder die Speisen nach der von den Engländern auf ihren letzten arktischen Reisen zur Anwendung gebrachten Art und Weise bereite. Aber nach ein paar mißlungenen Versuchen glückte uns zuletzt doch beides. Als der Regen aufhörte und das Wetter sich aufklärte, erschienen ein paar Rennthiere an den Bergabhängen. Ich griff sie sofort an und mit dem Erfolge, daß bald drei Stück zu unserm Boote gebracht werden konnten, und am folgenden Tage noch eines.

Nachdem ich die Lage unseres Rastplatzes bestimmt, fuhren wir am folgenden Mittage weiter, indem wir mit dem Boote längs den Küsten, behufs deren Kartographirung, ruderten.

Die Kohlen-Bai ist eine unbedeutende Bucht, welche auf allen Seiten, und zwar im Osten von sehr hohen Bergen umgeben wird. Sie steigen erst senkrecht zu einer Hochebene von etwa 1,000 Fuß auf, über welche sich sodann eine vielleicht 2,500 Fuß hohe Kuppel erhebt. In der Tiefe der Bucht mögen die Berge nur 1,200 Fuß hoch sein, nahe dem Strande an der Westküste nur 800, aber hinter ihren Plateaux ragen Bergspitzen bis zu 1,500 Fuß auf.

Green Harbour im Eisfjord.

Rings um die ganze Bucht, und besonders am Ende derselben, zieht sich ein ziemlich breiter Landstreifen hin, welcher, mit einer üppigen Vegetation bedeckt, den Rennthieren reichliche Nahrung darbietet. Was das Fahrwasser dieser Bucht anlangt, so muß der Schiffer sich vor dem sehr flachen Grunde an der westlichen Küste in Acht nehmen, dagegen kann man der östlichen Küste bis zu den Ruinen der russischen Hütte folgen, um dicht an derselben auf sechs Faden Tiefe Anker zu werfen. An der Mündung des neben dieser Hütte in die Bucht fallenden Flusses hin zu fahren, erscheint nicht rathsam.

Von der Kohlen=Bucht gingen wir weiter westlich nach Green=Harbour, immer der Küste folgend, welche, von einer niedrigen Sandbank an der westlichen Küste beginnend, rasch ungefähr 30 Fuß aufsteigt, beinahe überall senkrecht abfällt und, mit Ausnahme einer in der Nähe von Green=Harbour befindlichen breiten aber flachen Bucht, in welche ein Fluß mündet, sich fast durchweg in einer geraden Linie hinzieht. Infolge dessen macht diese Strecke einen ermüdenden Eindruck. In der Nähe des Strandes ist das Wasser überall flach und der Grund mit großen Steinblöcken bedeckt, welche, soweit nicht die Eisblöcke alle weicheren Theile abgerieben haben, mit einer üppigen Vegetation von Algen bedeckt sind. Vom Boote aus gesehen erschien „der grüne Hafen" ganz mit Eis belegt zu sein; als ich aber auf einen höheren Eisblock stieg, zeigte es sich, daß dieses eine Täuschung sei; denn das Fahrwasser an der Westküste war offen, wenngleich einige Eisstücke darin umherschwammen.

Ungefähr um Mitternacht kamen wir zu dem andern Ufer und fanden glücklicher Weise auch eine passende Stelle für unser Boot. Nachdem wir noch ein paar Stunden mit der Bereitung der Speisen und mit anderen Dingen zugebracht, gingen wir Alle zur Ruhe und schliefen bald fest, trotz des harten, unbequemen Bodens unseres Bootes.

Am folgenden Mittage bestieg ich einen oberhalb unseres Platzes befindlichen Hügel, von welchem man den Fjord in seiner ganzen Ausdehnung überschauen konnte. Er wird im Osten von einem ziemlich hohen Tafelberge und einer Menge, gleich Zinnen aufragender Bergspitzen begrenzt. In seiner Tiefe erblickt man eine große Rennthierweide und dahinter mehr kuppenartige Höhen; von seiner südwestlichen Spitze steigen einige Gletscher herab. Die

Westseite wird von einer nicht sehr hohen Hügelkette eingenommen, hinter welcher sich, doch in ziemlicher Entfernung, Berge bis zu 1,500 Fuß erheben. Von diesen letzteren strömt einer der wasserreichsten Flüsse Spitzbergens nieder und mündet ein wenig südlich von dem Punkte, wo wir unser Zelt aufgeschlagen hatten, im Meere. Vor diesem Flusse war der Fjord noch mit Eis bedeckt. In der Nähe der Stelle, auf welcher ich stand, lag ein alter holländischer Kirchhof mit einem Dutzend Gräbern, an deren einem sich ein Kreuz mit folgender Inschrift befand:

> An 1766. Hier leyt begraaven Elbert Symon van Marken out 22 yaar is gerut den 18. april op het schip de Zaayerdaar op Commandur Cornelis Moy.

Das Holz, auf welchem diese Inschrift stand, zeigte wie so viele andere, oft hundert Jahre ältere Grabkreuze, deren Trümmer wir an der Treurenberg-Bucht, der Amsterdam-Insel und anderswo gefunden, nicht die geringste Spur der Verwitterung, obwohl es so abgenutzt war, daß die ursprünglich eingeschnittenen und mit einer schwarzen Farbe bezeichneten Buchstaben jetzt über die Holzfläche erhöht hervortraten. Denn die chemische, oder vielmehr, chemisch-organische Umwandlung, welche die Verrottung des Holzes bedingt, bedarf einer höheren Temperatur, als in diesen nördlichen Regionen die vorherrschende ist.

Ich fuhr im Laufe des Tages, so weit es das Eis gestattete, um den Fjord und landete zuletzt um Mitternacht an der am Eingange befindlichen, halb verfallenen Russenhütte. Diese Stelle ist nicht ohne historisches Interesse. Der russische Jäger-Eremit Starastschin starb hier an Altersschwäche im Jahre 1826. Er hatte einige 30 Winter auf Spitzbergen verlebt, darunter 15 hintereinander, und wurde deshalb sowohl von den russischen als auch den norwegischen Jägern mit der größten Achtung behandelt. Die Spitze, auf welcher die Hütte dieses alten arktischen Veteranen gestanden hat, ist auf der Karte mit dem Namen Cap Starastschin bezeichnet.

Das Eis machte ein weiteres Vordringen nach Westen unmöglich. Da dasselbe während unserer Mahlzeit sich sogar in sehr bedenklicher Weise der Russenhütte näherte, beschloß ich zur Kohlen-Bucht zurückzukehren, um einer möglichen Einsperrung zu entgehen. Wir fuhren Nachts um ein Uhr ab und erreichten, nach einigem

Kampfe mit dem Eise im Eingange zu Green-Harbour, die Westspitze der Kohlen-Bucht um sechs Uhr Morgens. Hier gingen wir, ermüdet von der achtzehnstündigen Arbeit, sofort zur Ruhe und schliefen bis etwa sechs Uhr Nachmittags, worauf wir zur Advent-Bai fuhren. Die Berge zwischen dieser und der Kohlen-Bucht sind von einer ganz sonderbaren Form. Sie steigen nämlich senkrecht aus dem Meere auf und theilen sich dann in verschiedene Vorsprünge, welche oft in zweien Reihen über einander liegen. Der zweite Berg — von der Advent-Bai gerechnet — erinnert in auffallender Weise an die Strebepfeiler einer gothischen Kirche. In seinen Klüften hausen Millionen von Alken und erfüllen mit ihrem unaufhörlichen Geschrei die Luft. Hinter diesen Strandbergen erhebt sich erst der bei der Kohlen-Bucht erwähnte Kuppelberg, dahinter einer von gleicher Höhe, aber erheblicher Breite.

Die Fahrt längs dieser Küste wurde dadurch erschwert, daß das Meer bis dicht an die Felswände eine bedeutende Tiefe hat, so daß kein gestrandeter Eisblock das schwimmende Treibeis aufhält. Indessen glückte es uns doch, durch das letztere zu kommen und um drei Uhr Morgens die Advent-Bai zu erreichen.

Um Nachrichten über unsere Genossen einzuziehen, machten wir hier sofort einen Besuch bei den gestrandeten Schiffern, welche in der alten Russenhütte daselbst wohnten. Wir wurden von ihnen mit der Gastfreiheit, welche ebenso dem Araber in der Wüste, wie dem Traper in den Urwäldern Amerikas und den Jägern im Polarmeere eigen ist, empfangen. Man setzte uns vor, was das Haus nur darbot; man tischte Jagdgeschichten auf, gab Rath, erging sich in Vermuthungen über die Lage des Eises u. s. w. Unter Anderm erfuhren wir auch, daß sie auf der Rennthierjagd zu einem nicht unerheblichen, ziemlich hoch über dem Meere gelegenen Süßwassersee gekommen wären. Die Russen hätten hier offenbar die Jagd oder den Fischfang (?) betrieben, denn es habe sich dort oben noch ein kleines Floß von Eichenholz befunden. Sie hätten dasselbe mit heruntergenommen und als Schlitten benutzt, um die geschossenen Rennthiere über die Schneefelder zu transportiren. Dieses Floß bestand, wie gewöhnlich, aus zweien ausgehöhlten und zusammengefügten Baumstämmen, also einer Art doppelten Bootes.

Da ich hier hörte, daß meine Genossen zur Sassen-Bucht gefahren wären, so beschloß ich, an diesem Fjord — wenn es anginge — vorbei zu rudern und erst an dem Strande der Midterhuk zu rasten. Es gelang uns aber trotz aller Anstrengungen nicht, das Eis zu durchbringen, und wir sahen uns am 6. Vormittags elf Uhr genöthigt, unser Zelt an der südlichen Küste des südlichen Armes bei strömendem Regen aufzuschlagen. Am Nachmittage blies ein starker Wind und das Eis vertheilte sich erheblich. Ich fuhr deshalb um ein Uhr Morgens ab, trotz des anhaltenden Regens und des Nebels, welcher bald so dicht wurde, daß auf 100 Fuß Entfernung kein Gegenstand mehr zu erkennen war. Glücklicher Weise hatte das Eis sich verzogen und wir konnten ganz bequem nach dem Kompaß fahren. Als wir schon fast den ganzen Fjord passirt hatten, vernahmen wir vor uns ein dumpfes Brausen, das wahrscheinlich von einem beim Cap Thordsen mündenden Flusse herrührte. Wir behielten die einmal eingeschlagene Richtung bei und nahmen etwa dreiviertel Stunden später, hoch in der Luft, ein schneebedecktes Berghaupt wahr. Der Nebel hatte sich schon etwas gelichtet und das Boot befand sich kaum 1,000 Ellen vom Lande, trotzdem konnten wir den Fuß des Berges erst dann erkennen, da wir ihm ganz nahe kamen. Nachdem wir ausgeruht und das Frühstück eingenommen hatten, fuhren wir weiter, doch nicht ohne vom Eise behindert zu werden. Als wir um Cap Thordsen wandten, erblickten wir den vielleicht großartigsten Wasserfall Spitzbergens, welcher von einer etwa 700 Fuß hohen, fast senkrechten Felswand in das Meer stürzt. Es war sein Brausen, das wir schon aus der Ferne gehört hatten. Von hier ab wurde das Eis immer dichter und die Fahrt beschwerlicher. Hier genügte es nicht — wie sonst oft — auf zwei Eisstücke zu steigen und sie auseinander zu schieben, damit das Boot passiren konnte, oft mußten sie auch noch mit der Eisaxt bearbeitet werden. Bei dieser Arbeit hatte unser Steuermann das Mißgeschick, daß die Scholle, auf welche er sprang, zerbrach und er in das eiskalte Wasser fiel. Wir legten deshalb auch bald darauf am Lande an, damit er, so weit die Umstände es zuließen, seine Kleider wechsle und sich erwärme.

Ich erkletterte sofort den ziemlich steilen Strand und wanderte ein Ende längs der Küste, welche hier aus einer großen Menge kleiner Buchten besteht. Die Felsen fielen etwa 50 Fuß hoch nach dem Wasser zu ab; in den Buchten schwammen unzählige Eisstücke. Weiterhin schien der Fjord allerdings mehr eisfrei. Das Boot wurde daher von Neuem in's Wasser geschoben, und wir strengten alle Kräfte an, in der Hoffnung, endlich aus diesem widerwärtigen Gewirre herauszukommen. Der Versuch schien anfangs von Erfolg gekrönt zu werden; denn sobald wir die oben genannten Spitzen passirt und den niedrigen Theil des Strandes erreicht hatten, welcher in dem Saurietthal sich nach dem Innern des Landes fortsetzt, fanden wir das Wasser längs der Küste vollkommen rein. Aber dieses günstige Verhältniß änderte sich vollständig, sobald das von den Eisklippen geschützte flache Wasser am Strande aufhörte und die Tiefe neben der steilen Midterhuk ihren Anfang nahm. Hier trafen wir wieder auf so viel Eis, daß sich von Neuem die Nothwendigkeit herausstellte, das Boot zwischen den Treibeisstücken weiter zu „staken". Auf diese Weise bahnten wir uns bis vier Uhr Nachmittags einen Weg, später aber wurde es ganz unmöglich, vorwärts zu kommen, da das Eis im Nordfjorde noch durchaus fest lag. Wir beschlossen daher, bis auf Weiteres an dem nächsten Strande anzulegen und es vom Eise abhängen zu lassen, ob wir uns nach dem Nordfjord oder der niedrigen Landspitze wenden sollten, welche von der Nordküste des Hauptfjordes in südlicher Richtung ausgeht.

Der Steuermann und Jaen Mattisen begaben sich zu Lande nach dem Nordfjorde, theils um die Lage des Eises zu erkunden, theils um Rennthiere zu jagen. Ich bestieg dagegen den nächsten Berg, um eine Uebersicht über eben diesen Fjord zu erhalten. Es ergab sich, daß es nicht durchaus unmöglich sei, auf diesem Wege zu dem Schiffe zu gelangen, denn vom Südarme her erstreckte sich eine ziemlich breite Rinne nach dem Cap Boheman, und von der äußersten Spitze des letzteren zog sich eine andere offene Rinne nach dem Eise zu. Die Frage blieb also blos, wie der etwa eine halbe Meile breite Raum zwischen diesen beiden Kanälen zu passiren sei. Der größere Theil desselben erschien als eine ebene Eisfläche, über welche im schlimmsten Falle das Boot gezogen werden konnte. Da die Schützen, nachdem sie ein prächtiges Rennthier erlegt hatten, mit der Nachricht zurückkehrten, das Eis am Nordfjorde sei nicht zu passiren, so beschlossen wir die Nacht noch auf dieser Stelle zuzubringen und dafür am andern Tage zu der gedachten niedrigen Spitze zu rudern. Nachdem ich am folgenden Morgen noch einen Blick auf die Lage des Eises geworfen und sie beinahe unverändert gefunden hatte, ruderten wir entschlossen in das Eis hinein und befanden uns bald in der ersten Rinne, welche im Boote viel weniger eisfrei erschien und schwerer zu erkennen war, als vom Berge aus. Glücklicher Weise lag das Eisfeld ziemlich ruhig und wir vermochten uns ohne besondere Abenteuer hindurch zu drängen, so daß wir schon um zwei Uhr Nachmittags das Boot auf die äußerste Spitze des Cap Boheman ziehen konnten. Nachdem wir hier zu Mittag gegessen und uns ausgeruht, setzten wir die Reise fort. Erst um Mitternacht langten wir am Schiffe an. Hier erfuhren wir, daß Nordenskiöld noch nicht zurückgekehrt sei. —

Während wir am Eingange des Safe Haven fuhren, nahmen wir ein fremdes Schiff wahr, das die Leute nicht kannten. Sonst pflegen die norwegischen Spitzbergenfahrer schon aus weiter Ferne jedes Schiff von Tromsö bis Hammerfest wieder zu erkennen. Es war die englische pleasure-yacht „Sultana", dem Mr. Birkbeck in Aberdeen zugehörig, ein äußerst comfortabel eingerichtetes Fahrzeug und ein vortrefflicher Segler, aber nur mit einer zwei Zoll dicken Bekleidung, und daher für das Eismeer wenig geeignet. Der Eigenthümer war mit seinen Begleitern hierher gekommen, um Rennthiere, Seehunde, Walrosse und Eisbären zu jagen. Da das Schiff sich aber nicht in's Eis wagen durfte, so haben die Engländer von den beiden letzten Species auch nicht einmal ein einziges Thier gesehen.

Den 11. unternahm ich einen kurzen Ausflug zur „Todten Manns Spitze", welche den Eisfjord vom Vorlandssunde trennt.

Da Nordenskiöld's Boot noch immer ausblieb, obwohl die verabredete Zeit zur Rückkehr längst verstrichen war, so wurden wir an Bord um das Schicksal unserer Genossen sehr besorgt, zumal wir selber die überwundenen Schwierigkeiten noch in guter Erinnerung hatten. Ich beschloß deshalb am folgenden Tage eine neue Fahrt nach dem Fjorde anzutreten, um das Boot aufzusuchen und möglicher Weise dessen Besatzung zu bergen. Das schwarze Boot wurde deshalb so wie früher bemannt, ich fuhr längs der Nordküste und kam zum Cap Boheman am Abend des 12. Schon zweimal hatten wir diesen wichtigen Punkt besucht, ohne eine Ortsbestimmung zu erhalten. Da diesesmal die Aussichten besser waren, so blieb ich bis zum Morgen des 13. daselbst. Mittlerweile unternahmen wir eine Fußwanderung zu der ungefähr 200 Fuß hohen Landspitze und konnten von hier die Mündung des Nordfjordes bis zur Midterhuk übersehen. Ich fand hier die Skelete zweier Rennthiere mit sehr großem Geweih, welche ganz ineinander verwickelt waren. Die Leute vermutheten, daß die Thiere bei einem Kampfe während der Brunstzeit umgekommen seien. Das sonst so scheue Renn fällt dann sogar Menschen an. Einer der gestrandeten Leute in der Hütte an der Advent-Bai berichtete, daß er bei einer Rennthierjagd einst im Herbste von einem großen Rennthiere angefallen worden sei, und da sein Pulver naß gewesen, so habe er die Flucht über einen tiefen Fluß, dessen Wasser ihm bis zum Gürtel ging, ergreifen müssen. Das Thier folgte ihm und schwamm ebenfalls herüber, so daß der Mann von Neuem durch den Fluß mußte. Nachdem er so mehrere Male durch das eiskalte Wasser gesetzt, bekam er endlich die Büchse in Ordnung und erlegte seinen speckfetten horngezierten Gegner.

Man konnte von hier deutlich erkennen, daß das Eis nach dem Fjorde zu nicht zu durchdringen sei; der Weg, welchen ich am 8. genommen, war nunmehr vollkommen gesperrt. Da es also unmöglich war, auf diesem Wege die Midterhuk, wo nach meiner Vorstellung das andere Boot sich befinden mußte, zu erreichen, so beschloß ich, nachdem ich durch Erlangung eines Rennthieres den Proviantvorrath so bedeutend vermehrt hatte, daß wir noch einige Tage damit versehen waren, erst hinüber zur Advent-Bai zu gehen und demnächst zum Cap Thordsen zu steuern; und da es sich möglicher Weise ereignen konnte, daß Nordenskiöld an eine der von uns besuchten Stellen käme, so legten wir sowohl auf der genannten äußersten Landspitze als auch auf der Nordspitze der Advent-Bucht einige Mittheilungen über unsere Fahrt nieder. Wir errichteten daher an unsern Rastplätzen Steinvarde und stellten mitten auf dieselben Treibholzstämme, an deren Spitze wir eine Flasche mit dem betreffenden Zettel befestigten.

Nachdem wir weiter durch ziemlich eisfreies Wasser gerudert, kamen wir am Nachmittage zur Advent-Bucht und erhielten hier von den Bewohnern der Russenhütte die Nachricht, daß Nordenskiöld und Malmgren wenige Stunden vor unserer Ankunft diese Bucht verlassen hätten. Infolge dessen kehrten auch wir zum Safe Haven zurück und trafen daselbst um sechs Uhr Morgens ein. — —

An diesem Tage waren wir zu einem Diner auf der Sultana

eingeladen und machten daselbst mit den sämmtlichen englischen Reisenden Bekanntschaft. Es waren die Herren E. Birkbeck, der Eigenthümer des Schoners, Mr. Graham Manners Sutton; Mr. Alfred Newton, jetzt Professor der Zoologie in Cambridge, Mr. W. W. Wagstaffe, Arzt, und Herr H. Lorange, Norweger und Dolmetsch. Später besuchten die englischen und schwedischen Reisenden noch oft einander, und wir fanden genügende Gelegenheit, die für diese Breitengrade ungewöhnliche Eleganz und den Comfort zu bewundern, mit welchen Sultana ausgestattet war, freilich auch uns darüber zu verwundern, wie ein Mensch auf den Gedanken kommen könne, sich auf dieser schönen und zerbrechlichen Nußschale mitten in das Eismeer zu wagen, ohne ein paar taugliche Boote oder einen andern Schutz mit sich zu haben. Der Stoß des kleinsten Eisblocks hätte genügt, um ein Loch in die Seite des Schiffes zu bohren. Nur mit Pulver und Blei waren die Engländer vortrefflich versehen, in der Hoffnung, fleißig auf die Jagd gehen zu können. Während unseres Besuches in Safe Haven gelang es einigen der Herren, einen Seehund mit Schrot zu erlegen. Mr. Newton brachte ihn zu Malmgren, der sich schon früher mit den spitzbergischen Seehunden beschäftigt hatte, fiel aber leider in's Wasser, indem er den Versuch machte, die allerdings sehr unbequeme Treppe unserer Schute zu erklettern. Sie wurde sonst mehr als ein Hinderniß denn als eine Erleichterung beim Besteigen unseres Schiffes angesehen und daher nur bei feierlichen Gelegenheiten, z. B. bei den Besuchen solcher „Lords", ausgehängt. Er wurde von den mehr heiter als mitleidsvoll gestimmten Leuten zwar sofort herausgezogen, naß vom Kopf bis zum Fuß, aber doch bei guter Laune und die ausgelöschte Pfeife im Munde. Gegen die zu befürchtende Erkältung verordnete der Arzt sofort Grog, und zwar mit dem besten Erfolge.

Im Allgemeinen erkältet man sich auf Spitzbergen nicht, obwohl man sich fortwährend Temperaturveränderungen ausgesetzt sieht, welche in einem mehr südlichen Klima, früher oder später, die allerschlimmsten Folgen haben würden. Man darf daher dreist behaupten, daß ein gesunderes, für das Wohlbefinden des Körpers heilsameres Sommerklima als das Spitzbergens auf der Erde nicht mehr gefunden wird. Während der drei Sommer, in welchen die schwedischen Expeditionen diese Gegenden besucht haben, ist kein Fall von Katarrh, Diarrhöe, Fieber oder irgend einer andern

Krankheit auf den Schiffen der Expedition vorgekommen. Wir standen überdies in naher Verbindung mit sämmtlichen Spitzbergenfahrern und brachten mit den Capitänen manche Stunde in gemüthlicher Unterhaltung hin, welche natürlich die polnischen, preußischen oder mexikanischen Angelegenheiten nicht betreffen konnte. Unsere Welt war eine beschränkte, die Zahl ihrer Bewohner eine geringe. Dagegen bildeten unbedeutende Ereignisse, z. B. ein geringerer Unglücksfall, oft den Gegenstand einer lebhaften Discussion. Da wir nun niemals von irgend einer Krankheit gehört haben, so kann man es für festgestellt annehmen, daß während der drei Sommer keiner der 2- bis 300 Menschen, welche sich mit der Jagd auf Spitzbergen befaßten, von irgend einer ernstlicheren Krankheit heimgesucht worden ist. Dazu kommt, daß während des ganzen Zeitraumes, in welchem die Norweger Spitzbergen besuchen, das heißt während etwa 40 Jahren, kein einziger durch Krankheit verursachter Todesfall auf Spitzbergen stattgehabt hat. Und doch hat während dieser Zeit der größte Theil der Jäger die bald ganz kalte bald unerträglich heiße Cajüte mit einem Aufenthalte von mehreren Tagen in freier Luft vertauscht, ohne durch ein Zelt oder einen Ueberrock geschützt zu sein. Oft haben sie nach einem unfreiwilligen eiskalten Bade die triefenden Kleider auf ihrem Körper trocknen lassen; für alle sind trockene Strümpfe oder Fußlappen ein seltener Luxus gewesen. Den Grund für diese in hygienischer Hinsicht so beispiellos günstigen Verhältnisse glauben wir in der Reinheit der Luft und dem Mangel an ansteckenden Krankheitsstoffen finden zu müssen. Die unzähligen, kaum bei der äußersten Vergrößerung erkennbaren Samentheilchen, welche in südlicheren Ländern den Luftkreis erfüllen, die Klarheit desselben trüben und — wie man annehmen darf — die in den „irdischen Paradiesen" auftretenden Epidemien verursachen, fehlen hier durchaus. Auch der plötzliche Wechsel der Temperatur, welcher sonst den menschlichen Körper so empfänglich für Fieber macht, bleibt hier ohne schädliche Folgen, da es an jenen so unscheinbaren Partikelchen fehlt, welche die Krankheit erzeugen und weiter ausbilden. Wir würden uns deshalb nicht wundern, wenn die Aerzte einst ihre Kranken nach diesem hohen Norden schicken sollten, damit sie Gesundheit und neue Kräfte wiedererlangen. —

Das Eis in der Fjordmündung hatte schon einige Tage nach unserer Rückkehr zum Schiffe sich vertheilt, so daß das Fahrwasser nach Süden hin offen lag; aber eine anhaltende Windstille hinderte trotzdem unsere Abreise bis zum Abend des 16. Juli, wo Axel Thordsen endlich die Anker lichtete, um den Storfjord aufzusuchen.

Vor der Abreise wurde noch ein eiserner Bolzen auf der äußeren Seite des Holmes vor Safe Haven als Wassermarke eingeschlagen. Am 15. Juli vier Uhr Nachmittags befand sie sich 1,4 Meter über der Meeresfläche.

Gletscher am Alkenhorne.

## Fünftes Kapitel.

### Der Bell- und Hornsund.

Am 17. Morgens kamen wir endlich aus dem Eisfjorde heraus und fuhren längs der langen Bergkette hin, welche diesen Fjord vom Bellsunde trennt. Vor diesem Gebirge zieht sich ein weites ödes Flachland hin, das ganz in der Nähe des Bellsundes in eine weit hervortretende Sandspitze verläuft. Um nicht auf die dortigen Bänke zu gerathen, sahen wir uns genöthigt, die hohe See zu halten. Der Wind wehte uns entgegen, nahm fortwährend an Stärke zu und war, als wir an den Eingang des Bellsundes kamen, zu einem vollständigen Sturm geworden, begleitet von Nebel, Regen und einem so heftigen Seegange, daß ein großer Theil unserer an Seefahrten nicht sehr gewöhnten Besatzung seekrank und dadurch außer Stand gesetzt wurde, irgendwie thätig zu sein. Wir versuchten zwar längere Zeit gegen den Sturm in der Richtung nach Süden zu kreuzen; da wir aber schließlich einsahen, daß damit nichts zu erreichen, wandten wir und suchten im Bellsunde Schutz. So warfen wir am 18. Abends bei der Midterhuk, etwas südlich von dem eigentlichen, von einigen Schären eingeschlossenen kleinen Hafen, welcher noch ganz voller Eis war, Anker.

Der Sturm hielt den 19. und 20. mit unverminderter Stärke an. Trotzdem unternahm Nordenskiöld einen kleineren Ausflug zu dem Holme vor dem Eingange zum Nordfjord, um von hier aus den neuen Gletscher zu photographiren, welcher einen der besten und früher am häufigsten besuchten Hafen Spitzbergens vollkommen ausgefüllt hat. Dieser Hafen befand sich an dem nördlichen Strande der Mijen-Bucht (Nordfjord) gleich vor der großen Insel, welche den Fjord beinahe vollkommen verschließt. Sein Ankergrund war vorzüglich, und man sah sich hier gegen Sturm und Wellen besser geschützt als in den anderen sogenannten Häfen. Wenn die Spitzbergenfahrer sich im Sommer von der Nordküste zum Storfjord begaben, so pflegten sie diesen Hafen oft anzulaufen, um entweder günstigere Wind- und Eisverhältnisse abzuwarten, oder in den nahegelegenen grasreichen Thälern Rennthiere zu jagen. Auch für Torell bildete derselbe im Jahre 1858 eine der zuerst und am längsten besuchten Stationen. Während dieser Zeit hatten die Theilnehmer an seiner Expedition das Land ringsum durchkreuzt, so daß Nordenskiöld sich noch wohl erinnerte, wie dasselbe ausgesehen. Oberhalb des Hafens befand sich damals ein breites, von Gletscherbächen durchbrochenes Schlammland; im Westen begrenzten ihn hohe Berge, im Nordosten ein niedriger Bergrücken, auf welchem neben einem Grabe ein russisches Kreuz errichtet war. Weiter im Osten erschien wieder eine niedrige Ebene, von einem nicht unbedeutenden Flusse durchströmt, und dahinter das Kohlengebirge. Gleich oberhalb der ungeheuren Moränen, welche den Strand des Hafens bildeten, erstreckte sich ein niedriger, aber sehr breiter Gletscher, dessen Abfall so unbedeutend war, daß man von ihm annahm, er ziehe sich zurück. Verschiedene im Schlamme befindliche Seemuscheln, zum Theil noch frisch und gut erhalten, erregten in Torell die irrthümliche Vorstellung, er habe hier nicht Moränen, sondern den durch den gewaltigen Druck des Gletschers heraufgepreßten Meeresgrund vor sich. Im Winter von 1860 auf 1861 schritt nun der früher so unbedeutende Gletscher plötzlich über die Moränen und die Russenhöhe, füllte den ganzen Hafen aus und drang noch weit in die See vor. Er bildet gegenwärtig einen der größten Gletscher auf Spitzbergen, von welchem fast ununterbrochen große Eisblöcke niederstürzen, so daß kein Boot seinem zerklüfteten Rande zu nahen wagt.

Leider machte das bei der Abfahrt vom Schiffe noch immer stürmische aber klare Wetter bald einem anhaltenden Nebelregen Platz, so daß man nur eine sehr ungenügende Photographie von dem neuen Gletscher erhalten konnte. Als Nordenskiöld zurückkehren wollte, drang die Fluth durch den südlich von der Insel befindlichen engen Sund mit einer solchen Gewalt ein, daß er trotz seiner vier Ruderer die kurze Strecke nicht zurückzulegen vermochte. Nachdem er nur mit großer Anstrengung einem Schiffbruche an den zahlreichen im Sunde befindlichen Klippen entgangen, sah er sich genöthigt, obwohl er weder mit einem Zelte noch mit geölten Kleidern versehen war, im strömenden Regen auf dem südlichen Strande von van Mijen's Bucht so lange zu warten, bis mit der Ebbe eine Veränderung in der Strömung einträte. In Ermangelung anderer erwärmenden Mittel, sprang die ganze Mannschaft, während der Regen vom Himmel strömte, am Strande auf und ab. Dabei wurde eine Raubmöwe von ihrem Neste aufgescheucht. Wie gewöhnlich in solchen Fällen, bemühte sie sich auch hier durch allerlei Manöver die Aufmerksamkeit der Friedensstörer auf sich zu lenken und dadurch ihre Eier zu retten. Auch andere Vögel machen von diesem gegen den sonst so schlauen spitzbergischen Fuchs gewiß ganz probaten Mittel Gebrauch; für uns war es nur eine Veranlassung, um so genauer nachzusuchen. In Kurzem fanden wir denn auch das Nest mit einigen braunen Eiern, oder vielmehr ein paar graubraune Eier, welche ohne Unterlage auf dem ganz mit Wasser durchzogenen Boden lagen. Geradeso legen auch die Meerschwalben und Schnepfen ihre Eier auf die bloße Erde, und es hält schwer zu begreifen, woher denn die zum Ausbrüten erforderliche Wärme kommt, da der untere Theil des Eies mit dem von der nahen Schneewehe herabsickernden Wasser in dauernder Berührung bleibt.

Mittlerweile hatten Sturm und Wellen so zugenommen, daß man mehrere Stunden brauchte, um die ganz geringe Entfernung zwischen dem Sunde und dem Schiffe zurückzulegen. Bei der Rückkehr waren daher auch alle Mann vollkommen ermüdet und durchnäßt.

Am 20. gingen Malmgren und Dunér bei dem Hafen, welcher sich unter den gewaltigen und steilen Felsmassen der Midterhuk befindet, an's Land. Hier trafen sie eine für Spitzbergen außergewöhnlich üppige Vegetation an, die sich besonders durch ihren Reichthum an verschiedenen, sonst hier sehr seltenen Arten auszeichnete, z. B. das schöne blauweiße Polemonium pulchellum. Sie verdankt dem fruchtbaren Erdboden ihre Existenz, welcher jährlich von den an den steilen Felsabhängen nistenden Schaaren von Vögeln gedüngt wird. Denselben Tag kam auch eine Jacht von Bergen an, um auf den Bänken westlich vom Bellsund Haakjerringe (Scymnus microcephalus) zu fangen. Sie hatte auf der Herreise auch Tromsö besucht, und der Capitän war aufgefordert worden, für unsere Expedition Zeitungen und Briefe mitzunehmen; er hatte es aber abgeschlagen, in der Meinung, Axel Thordsen befinde sich schon längst im Storfjord. Der ehrliche Mann erzählte uns dieses mit der größten Seelenruhe, schien aber doch nicht wenig verlegen, da das erste Schiff, welches er auf seiner Reise traf, gerade der Axel Thordsen sein mußte.

Am folgenden Tage, den 21., machte, wie es so oft an der Westküste Spitzbergens geschieht, der heftige Sturm einer vollkommenen Windstille Platz, so daß es keine Möglichkeit gab, mit einem Segelschiffe vorwärts zu kommen. Um aus diesem neuen Aufenthalte doch wenigstens einigen Nutzen zu ziehen, wurden die Boote von Neuem ausgerüstet und bemannt und auf Expeditionen nach verschiedenen Richtungen ausgesandt.

Dunér's Bootreise. „Um die geographische Lage des Hafens zu bestimmen, blieb ich bis zum Abend auf dem Schiffe und begab mich sodann quer über van Keulen's Bucht, in der Richtung auf einen hohen Berg hin, welcher die Bucht auf der Südseite begrenzt. Auch sollte sich, nach Hellstad's Versicherung, hier ein zu einem Ruheplatze geeignetes Vorland befinden. Der Wind wehte — wenn auch nur schwach — aus dem Südfjorde und begünstigte die Fahrt. Als das Boot sich dem Lande näherte, stellte sich die Nothwendigkeit heraus, weiter nach dem Innern des Fjordes zu halten, indem die starke Dünung das Anlegen an der gedachten Landspitze nicht räthlich erscheinen ließ. Ich steuerte deshalb zwischen einigen kleinen, überall von Schären umgebenen Inseln hindurch. Rings um uns brandete es. Oft war das Boot nahe daran, auf den Grund zu gerathen; zuletzt geschah es auch in der That, aber erst in ruhigerem Wasser. Nachdem wir etwa eine Stunde gerudert hatten, fuhren wir durch einen schmalen und flachen Sund zwischen dem festen Lande und einer größeren niedrigen Insel. Hier begegneten wir einem Boote von dem andern Schiffe, welches hierher gegangen war, um Treibholz zu holen. Die Mannschaft hatte im Vorbeifahren aber natürlich den Holm geplündert und alle Eier aus den Nestern genommen, so daß wir auch nicht eines mehr fanden. Wir ruderten deshalb an dieser Insel vorbei in eine schöne kleine Bucht, welche auf der Westseite der Spitze, die wir vor Kurzem umschifft hatten, einschnitt. Diese Bucht ist eine der freundlichsten auf Spitzbergen. Man findet hier genügenden Schutz gegen Wellen, einen bequemen Strand, darauf man das Boot ziehen kann, Treibholz und gutes Wasser in einem kleinen Bache, welcher hier mündet. Ueberdies ist die breite Ebene, welche sich ungefähr sechs Fuß über dem Meere erhebt, im Gegensatze zu den meisten ähnlichen Bildungen, durchaus nicht sumpfig oder sandig, sondern wird aus einem ebenen, festen Grusbette gebildet, bedeckt von purpurrothen Blumenmatten der **Saxifraga oppositifolia**. Ueber diese Fläche erheben sich einige 50 Fuß hohe Kalksteinfelsen, deren verticale von Osten nach Westen streichende Lagen durch ihren Reichthum an Petrefacten ausgezeichnet sind. In dem feinen Gerölle am Fuße eines dieser Felsen fand ich das Nest der Schwimmschnepfe (**Phalaropus fulicarius**), eines der schönsten Vögel Spitzbergens. Eigentlich war von einem Neste keine Spur vorhanden, indem die vier Eier lediglich in einer Vertiefung des Erdbodens lagen. Mitten darin befanden sich auch ein paar Steine, ungefähr von derselben Größe wie die Eier.

Ich stellte auf der Höhe dieser Felsen meine Instrumente auf und bestimmte die Höhe der Mitternachtssonne. Einige Stunden später wollte ich die geographische Länge berechnen. Da ich indessen zu verschlafen fürchtete, so unternahm ich noch einen Spaziergang nach den höheren Bergen. Unterwegs traf ich mehrere ähnliche Klippen an, wie die beschriebenen. Die Entfernung des Gebirges war zwar so bedeutend, daß ich dieses Ziel aufgab, doch konnte ich deutlich erkennen, daß die Schichten den 1,200 Fuß hohen Abhang hinauf weiterstrichen, erst in gerader Linie, dann aber mit einer Beugung nach Westen. Die Höhe über dem Strande wird erst von einem Plateau gebildet, weiter aber von einer hohen Spitze, welche sich bis zu 2,000 Fuß erhebt. Zwischen den Steinen lagen die Fetzen des weißen Felles und die abgenagten Knochen eines Polarfuchses. Vielleicht war er während des Winters verhungert und seine hungernden Genossen hatten sich an das Wenige, was noch an ihm zu verzehren war, gehalten.

Nachdem ich von meiner Wanderung zurückgekehrt war, benutzte ich den übrigen Theil der Nacht, um eine Specialkarte der Bucht, welche selbst für größere Schiffe einen geeigneten Hafen bilden würde, aufzunehmen, frühstückte und fuhr bald nach sechs Uhr zu einer hohen Sandspitze, welche von dem südlichen Strande ausging. Die Landschaft, an welcher wir vorüberkamen, war so unbedeutend und öde, daß sie die Aufmerksamkeit nicht zu fesseln vermochte. Sie bestand aus einer Reihe beinahe zusammenhängender Gletscher, von denen jedoch kein einziger den Meeresspiegel erreichte. Den Strand bildeten flache Sandrücken. Drei hinter den Gletschern aufsteigende zackige Bergspitzen blieben so ziemlich das einzig Interessante auf dieser Fahrt.

Gleich nach Mittag kamen wir zu der erwähnten Spitze, welche durch die Beugung des Fjordes nach Süden entsteht. Eine halbe Meile weiter endigt derselbe neben zweien großen Gletschern, von denen jedoch nur der im Südwesten bis zum Wasser hinabgeht. Ich verweilte hier bis vier Uhr Nachmittags.

Das einzig Interessante, was diese unfreundliche, auf der einen Seite vom Meere, auf der andern von einem Sumpfe begrenzte Spitze darbot, war die große Zahl von Weißfischen, welche in dem trüben Wasser schwammen. Sie scheinen ein solches Wasser entschieden zu lieben, darum halten sie sich auch am liebsten an den Mündungen der Gletscherbäche auf. Wahrscheinlich suchen sie hier ihre Nahrung, die möglicher Weise aus denselben Lachs- oder Forellenarten besteht, wie wir sie im Jahre 1861 bei einem in die Wijde-Bai mündenden Flusse vorfanden. Der warme Sonnenschein schien auch ihnen sehr gut zu behagen, und die jungen grauen oder grauweißen Fische tummelten sich zwischen den älteren schneeweißen, von denen namentlich einer sich der lauen Luft zu erfreuen schien. Er schwamm nämlich, den Schwanz nach unten und den ganzen Kopf über dem Wasser, umher und wurde in seiner Behaglichkeit nur durch den Schuß gestört, den wir nicht unterlassen konnten auf ihn abzufeuern. Die Kugel traf zwar nicht, doch hatte sie dem Papa offenbar die Lust benommen, noch weiter dem Spiele der Kleinen zuzusehen.

Während wir nach dem gegenüberliegenden Ufer fuhren, legte ich mich, von dem vierzigstündigen Wachen und Wandern ermüdet, auf den Boden des Bootes und schlief eine Stunde, bis wir an unserm neuen Rastplatze anlangten. Diesesmal trafen wir allerdings eine sehr ungünstige Stelle an. Sie bestand nämlich wie die frühere aus einer niedrigen, auf dreien Seiten von einem Sumpfe und zweien Gletscherbächen umgebenen Insel. Doch gelang es mir auch hier, astronomische Ortsbestimmungen zu machen. Am 23. Juli acht Uhr Morgens fuhren wir wiederum ab und hielten uns an der nördlichen Küste. Der Wind wurde frischer und ging gegen Mittag in eine steife Kühlte über; da er indessen aus Südosten wehte, so war er uns äußerst günstig. Um zwei Uhr Nachmittags befanden wir uns wieder beim Schiffe." —

Die nördliche Küste der van Keulen's Bucht ist von der südlichen ganz verschieden. Sie wird nämlich — wenn wir von einem kleinen Gletscher neben unserm letzten Ruheplatze absehen — nicht von solchen Eislagern eingenommen, die Berge fallen vielmehr nach der See zu in senkrechten Wänden ab, über denen sich ein Plateau befindet, welches an einigen Stellen bis 2,000 Fuß aufsteigt.

Am Nachmittage wuchs der Wind zum Sturme an und wüthete den ganzen 24. hindurch mit einer solchen Heftigkeit, daß unser kleines Schiff die Ankerketten zu zerreißen drohte. Und doch befand es sich jetzt in dem eigentlichen Hafen. Die mächtigen Eisblöcke wurden infolge der starken Dünung förmlich zermalmt, obgleich sie bis 6 Fuß dick und oft bis 20 Fuß lang und breit waren. Dennoch hielten die Ankerketten. Am folgenden Tage ließ der Sturm wieder nach, und die Gefahr war vorbei. Wir begannen nunmehr aber ernstlich für Nordenskiöld zu fürchten, der von seiner Bootfahrt noch nicht zurückgekehrt war. Die Besorgniß nahm zu, da er auch am Nachmittage des 26. nicht wiederkam. Bei dem starken Sturme schien es nämlich unwahrscheinlich, daß er seinen Plan ausgeführt, das heißt, nachdem er van Mijen's Bucht aufgenommen und an der Midterhuk vorbeigefahren, den Eingang des Hauptfjordes erreicht und daselbst eine Ortsbestimmung gemacht habe. Wir beschlossen daher für alle Fälle am 27. zu dem gedachten Eingange zu fahren und die Partie, für den Fall daß sie sich daselbst befände, aufzunehmen, wenn nicht, wieder zum Hafen zurückzukehren. Hellstad stieg wiederholt auf den Mast, um nach dem Boote auszuschauen. Endlich verkündete er, daß ein Segel in Sicht sei, und bald befand sich auch Nordenskiöld wieder an Bord.

Nordenskiöld's Bootreise. Nachdem der Sturm aufgehört und der heftige Seegang etwas nachgelassen hatte, segelte ich am Nachmittage des 21. in dem englischen Boote und mit vier Mann nach dem Innern von van Mijen's Bucht im Bellsund, theils um diesen Fjord vollständig aufzunehmen, theils um möglicher Weise eine größere Zahl interessanter Blattabdrücke zu sammeln, von welchen ich schon auf meiner ersten Reise am Fuße der Kohlen-Bai einige Stücke gefunden hatte. Wir fuhren mit günstiger Strömung aus und hielten direct auf die gedachte Stelle. Das Boot war mit Brod und Kaffee auf acht Tage versehen, dagegen hatten wir nur wenig Fleisch mitgenommen in der Hoffnung auf eine gute Jagdbeute in den vielen grasreichen Thälern. Nachdem wir den Kohlenberg erreicht, schickten wir daher sofort einen Mann auf die Rennthierjagd aus, um sein Glück zu versuchen, einen andern aber mit einer Angelruthe zu einem Flusse, welcher ungefähr eine Viertelmeile von dem Eingange des Fjordes mündet, um möglicher Weise einen spitzbergischen Lachs zu fangen (freilich nicht für den Koch, sondern für den Zoologen). Auch wurde Feuer angezündet, um Essen, vor Allem Kaffee, zu kochen; ich selbst aber ging zwischen den Schieferschichten des Strandes auf die Jagd nach Versteinerungen. Die Schichten waren vom Froste so zersprengt, daß es kaum möglich war, in dem Gerölle ein Stück von ein paar Kubikzoll Größe zu finden; von Blattabdrücken entdeckte ich diesesmal aber gar nichts. Der Jäger kehrte bald wieder zurück, ohne die Spur von einem Renn gesehen zu haben, und der Angler erklärte, in einen so sumpfigen Fluß werde sich schwerlich jemals ein Lachs verirren. So nöthigte uns Alles, diesen ungastlichen Strand bald zu verlassen. Wir ruderten deshalb weiter längs dem Strande in den Fjord hinein. Gegen die Nacht hin wurde es ziemlich kalt, so daß sich auf der Oberfläche des Wassers eine dünne Eisdecke bildete, welche das Rudern ungemein erschwerte. Wir legten deshalb von Neuem an einer niedrigen Stelle des nördlichen Strandes an, um hier die Nacht zuzubringen. Am folgenden Tage ruderten wir weiter, erst zum Sundevallberge, sodann durch dichtes Treibeis zu dem südlichen Strande der van Mijen's Bucht.

Der nördliche Arm dieser Bucht ist so seicht, daß man schon in einer Viertelmeile Entfernung vom Strande mit dem Boote kaum vorwärts kommt. Die Bucht findet eine Fortsetzung — ohne daß eine feste Grenze zu erkennen — in einem grasreichen Thale, welches eine der besten Rennthierweiden auf Spitzbergen bildet. Schon aus der Entfernung konnten wir einige Rudel erkennen, wie sie auf der Ebene oder an den Bergabhängen grasten. Wir legten an und schickten ein paar Mann auf die Jagd. Freilich waren es so schlechte Schützen, daß sie nur ein einziges Thier erbeuteten.

Am 23. fuhren wir mit gutem Winde, an dem Ankerplatze

unseres Schiffes vorüber, zu der Spitze, welche im Süden den Eingang zum Bellsund begrenzt. Auf der Höhe des Fjordes gingen die Wogen so hoch, daß wir nur mit äußerster Anstrengung durch die Brandung an den Strand gelangen konnten. Auch war es nicht ohne Mühe, das Boot so weit auf das Land zu ziehen, daß die Wellen es nicht mehr erreichten. Nachdem wir zuvörderst alle Sachen an's Land geschafft hatten, gelang es uns zuletzt, das leere Boot auf eine hohe, ein Ende vom Strande entfernte Schneewehe in Sicherheit zu bringen. Aber obwohl das Wetter kalt und rauh war, schmolz, oder vielmehr verdunstete doch der Schnee bei dem heftigen Sturme so schnell, daß wir unser Boot jeden Morgen ein Ende weiter hinauf zu ziehen genöthigt waren.

Den ganzen 24. und 25. wüthete ein so starker Sturm, daß das Schiff nicht — wie verabredet worden — den Hafen bei der Midterhuk verlassen konnte, um unser Boot wieder aufzunehmen und weiter nach dem Süden zu gehen. Das ungünstige Wetter sowie die Nothwendigkeit, das Schiff abzupassen, hinderte auch mich an längeren Ausflügen. Nachdem die erforderlichen astronomischen Beobachtungen gemacht und die Gegend in der Nähe des Bootes geognostisch untersucht worden, verbrachte ich die Zeit ruhig im Bootzelte, um meine seit Langem vernachlässigten Reiseaufzeichnungen zu vervollständigen.

Ein paar von den Leuten wurden zu einer von der Fjordmündung ausgehenden Spitze gesandt, um daselbst eine Steinpyramide zu errichten und in derselben einige Notizen in Betreff unseres Ausfluges niederzulegen, für den Fall, daß unser Schiff die Anker gelichtet haben oder genöthigt sein sollte, die hohe See zu suchen. Wir beabsichtigten, wenn dieses der Fall, wieder zum Sundevallberge zu rudern und uns daselbst mit frischem Fleische zu versorgen. Unser Rennthier war natürlich längst verzehrt, und in der Gegend, wo wir verweilten, gab es nicht einmal einen Grashalm, geschweige Rennthiere oder Vögel. Unter den zurückkehrenden Leuten befand sich auch unser sonst etwas großmäulige „Dregger", dem ich, der Abwechslung halber, erlaubt hatte, die Partie mitzumachen, jetzt niedergeschlagen und hinkend. Er behauptete einen Bären gesehen, ihn verfolgt zu haben und dabei einen Bergabhang hinabgefallen zu sein. Seine Kameraden, die von seiner Herzhaftigkeit nicht viel hielten, meinten dagegen, er habe vor dem Bären Reißaus genommen. Am folgenden Tage klagte er über Uebelkeit. Von einem Ausfluge zurückkehrend, fand ich ihn „jappend" im Boote sitzen, ihm gegenüber einen anderen Seemann mit einem scharfen Messer, auf dessen Spitze sich eine Dosis eines röthlichen Pulvers, offenbar aus meiner Cayenne-Pfeffer-Büchse, befand. Auf meine Frage, was das bedeute, erwiederte der Meister in der Dreggkunst mit überzeugter Miene, der „Wolf" sei ihm hinuntergefallen und er müsse ihn durch den Pfeffer wieder in die Höhe bringen. Trotz meiner Vorstellungen wurde ihm die Arzenei mit dem Erfolge beigebracht, daß der Kranke sofort aus dem Zelte mußte, um mit Wasser den inneren Brand zu löschen. Seine sonst so lebhafte Zunge wurde für den Rest des Tages schweigsam, der Wolf blieb unten und der Mann ließ es bei der einen Dosis bewenden.

Diese Geschichte erinnert mich an eine andere Cur mit schlimmerem Ausgange, von welcher man im Rathhause zu Hammerfest lesen kann. Mehrere Seeleute beschworen, daß sie im Jahre vorher, nachdem sie ihr Schiff im nördlichen Eismeere verloren, sich über das Eis nach Spitzbergen gerettet hätten. Bei der Ueberwinterung daselbst seien zwischen Weihnachten und Neujahr zwei Leute, Bergström und Sunder, der Erstere am Skorbut, der Letztere an der „Magenkrankheit" gestorben. Nach ihrer Aussage hätte Sunder selbst angegeben, daß der Grund für die heftigen Schmerzen, die seinen Tod verkündeten, in dem gestoßenen Glase zu finden, mit welchem ihn der Schuhmacher Moberg habe curiren wollen. Zu dem Pulver hatte ein Stundenglas gedient, das der Capitän dem Schuhmacher auf dessen Ansuchen gegeben.

Erst am 26. gestatteten Sturm und Wellen, unser auf seinem alten Ankerplatze befindliches Schiff aufzusuchen. Auf der Rückfahrt stieg ich bei dem Südhafen an's Land und sammelte verschiedene Steinkohlenstücke, welche ein fossiles, bernsteinartiges Harz enthielten. Dasselbe stammte wahrscheinlich von den Kiefern her, welche dereinst in diesen jetzt so öden und wüsten Gegenden wuchsen.

Am Morgen des 27. Juli segelte Axel Thordsen mit einem frischen Südostwinde, welcher allerdings an der Südspitze des Bellsundes wieder fast ganz aufhörte, nach Süden. Während wir Dunder's Bucht, eine breite, aber nicht tief einschneidende Vik südlich vom Bellsund, passirten, nahm der Wind eine Weile zu, wurde sodann aber ganz schwach. Ueberdies hüllte ein dichter Nebel, der sich erst am 29. etwas lichtete, die ganze Landschaft in einen Schleier. Als wir das Land wieder erblicken konnten, ergab es sich, daß das Schiff während der zwei Tage langen Fahrt nicht weiter gekommen war, als bis zu der Inselgruppe, welche ungefähr eine Meile nördlich von der Einfahrt zum Hornsunde liegt und den gewöhnlichen Ankerplatz für die Schiffe, die nach diesem Sunde wollen, bildet. Nachdem der Nebel gefallen und aus den oberen Luftregionen verschwunden war, entrollte sich vor unseren Augen das großartigste Gemälde, welches Spitzbergen aufzuweisen hat, indem die Spitzen der Hornsundstinde im Glanze der Sonnenstrahlen wunderbar über die schweren Wolkenmassen zu ihren Füßen aufstiegen. Dieses Gebirge erhebt sich in dreien steilen spitzen Hörnern bis zu einer Höhe von 4,500 Fuß. Auch Scoresby bezeichnet es als das bedeutendste Gebirge Spitzbergens. Obwohl wir an dieser Küste schon so oft vorübergefahren, war die Aussicht für uns doch vollkommen neu. Den größten Theil des Jahres verhüllt nämlich ein dichter Nebel diese höchsten Bergspitzen des höchsten Nordens und entzieht sie dem Blicke des Schiffers.

Am Nachmittage ließ der Wind vollkommen nach. Um daher nicht unnütz die Zeit auf hoher See zu verlieren, ließen wir das Schiff nach den nur eine halbe Meile entfernten Dauneninseln bugsiren. Wir warfen am Morgen des 30. Anker in dem hier befindlichen vortrefflichen Hafen, welcher gegen die See durch eine Menge Schären und drei Inseln, die man auf älteren Karten vergebens sucht, geschützt ist. Die Inseln sind sämmtlich niedrig und flach und von verschiedenen seichten Süßwasserteichen bedeckt. Sie bilden also vortreffliche Brüteplätze für die Eidervögel, um so mehr, als das Eis hier früher aufzubrechen pflegt als an den meisten übrigen Inseln Spitzbergens. Darum sind diese Inseln auch schon seit Langem als vortreffliche „Daunenwehre" bekannt, und die Spitzbergenfahrer landen hier gerne im Junimonat, um Eier und Daunen zu sammeln. Wer zuerst ankommt, schwelgt förmlich in Eiern und Vögeln: man ißt Eier, Pfannkuchen in verschiedener Gestalt, bedient sich des Eidotters, an Stelle des Rahms, zum Kaffee u. s. w. Eine mit Eiern gefüllte Tonne steht immer offen auf dem Verdeck da. Einen Theil der Eier legt man in Salz und bringt sie sammt den Daunen nach Norwegen. Dieser Fang ist daher nicht ohne Bedeutung; aber das sinnlose Verwüsten von Eiern und Thieren hat ihn doch so geschmälert, daß er nicht entfernt mit demjenigen zu vergleichen ist, welcher vor

10 oder 20 Jahren hier betrieben wurde. Würden die Jäger die Vögel schonen und das Eiereinsammeln nur bis Ende Juli betreiben, oder blos die frischen Eier fortnehmen, so möchte sich ohne Zweifel die Zahl der Vögel wieder bald vermehren; aber wir müssen bezweifeln, daß eine solche rationelle Ausbeutung der Daunenwehre auf Spitzbergen überhaupt möglich sei. Bald wird, wie der Walfisch, auch dieser so nützliche Vogel, zugleich mit dem Walroß und dem Renn, nicht mehr zu den auf Spitzbergen häufig vorkommenden Thieren gerechnet werden können. In Norwegen, wo die Eidergänse jetzt geschützt werden, haben sie sich bereits wieder bedeutend vermehrt.

Nachdem wir Anker geworfen, gingen wir sofort an's Land, theils auf die Holme, theils auf die zunächst vortretenden Spitzen des festen Landes, um Ortsbestimmungen zu machen u. s. w. Die Brütezeit war offenbar schon zu Ende. Selbst die wenigen Eidervögel, deren Nester der Plünderung entgangen, hatten die Insel bereits verlassen und schwammen mit ihren Jungen an den Küsten umher. Dagegen trafen wir am Lande große Schwärme von Meerschwalben, welche unter wildem Geschrei ihre Eier oder die nur erst mit leichtem Flaum bekleideten Jungen zu vertheidigen suchten. Wenn nicht der Vogel durch sein Geschrei die Stelle verriethe, so würde er infolge seiner gelblichgrauen Farbe nur schwer von dem durch die Flechten oft gelbgefleckten Steingerölle zu unterscheiden sein. Die Schwärme umschwirrten uns mit einer solchen Wuth, daß man den Platz nur im Nothfalle besuchen sollte.

Auf dem festen Lande bestanden die Abhänge der Gebirge aus einem groben Steingetrümmer, welches sich bis hoch hinauf mit einem lebhaften Grün bedeckt hatte. Hier war auch das hochnordische Leben noch in voller Thätigkeit. Man trifft nämlich unzählige Schaaren des kleinsten spitzbergischen Schwimmvogels, Mergulus Alle, an. Dieser Vogel wählt die ungeheuren Steinmassen an den Abhängen der Berge, oft alte Moränen, zu seinem Brutplatz. Seine Zahl ist unglaublich. Ein Theil fliegt in der Luft umher, in so dichtgedrängten Schaaren, daß man sie bei flüchtigem Blicke für Wolken halten könnte; andere sitzen wieder so dicht an einander gedrängt auf den Steinblöcken, daß man mit einem Schuß 10 bis 20 erlegen kann, oder sie kriechen, nach Art der Ratten, unter der Erde in den Löchern oder zwischen den Steinen umher. Als Torell und Nordenskiöld im Jahre 1861 Spitzbergen besuchten, lagen sie in der Mitte des Juni bei diesen Inseln. Sie wollten gerne ein paar Eier von **Mergulus Alle** einsammeln und durchspähten deshalb die Spalten und Ritzen zwischen den Steinen. Allein vergebens. Schon waren sie im Begriff, sich unverrichteter Dinge zu entfernen, als ein aus der Tiefe kommendes Kackeln ihre Aufmerksamkeit auf sich zog. Sie wühlten nun die Steine tiefer um und fingen eine Menge lebender Vögel nebst einigen Eiern, welche unmittelbar auf dem Eise zwischen den Steinen lagen. Wahrscheinlich war die eigentliche Brütezeit damals noch nicht eingetreten. Einen eigenthümlichen Eindruck machte es, aus der Tiefe den Ruf der Vögel zu vernehmen, wenn man denselben dicht über der Erde nachahmte. Ohne einen einzigen Vogel zu erblicken, hörte man ihre Antworten von allen Seiten her. Diese gaben aber wiederum Veranlassung zu einem weiteren und weiteren Gekackel, so daß eine einzige Frage eine lange dauernde Unterhaltung der gefiederten aber nach Art der Ratten unter der Erde lebenden Bewohner zur Folge hatte. Der Vogel ist zugleich der Krammetsvogel Spitzbergens, sein Fleisch wohlschmeckend und ohne Thrangeruch. Wir schossen ihrer am Hornsunde eine so große Menge, daß jeder Schuß für verfehlt angesehen wurde, wenn nicht mindestens 7 bis 10 Vögel fielen.

Weiter am Tage gingen Nordenskiöld und Dunér in einem Boote zum Hornsund, um auch diesen Fjord aufzunehmen. Wir hatten verabredet, daß Einer von uns zu dem Südpunkte desselben rudern, dort eine Ortsbestimmung machen und sodann seine Fahrt längs der Küste fortsetzen solle, bis er mit dem andern Boote vom Nordstrande her zusammenträfe. Indessen scheiterte dieses Unternehmen an einem Umstande, der an der Westküste Spitzbergens so oft eintritt. Beim Südostwinde hat man nämlich an den Küsten oft vollkommene Windstille, während in den Fjorden ein heftiger Wind weht. Besonders sind der Bell- und Hornsund, und bei östlichem Winde auch die Magdalenen-Bucht rechte Windlöcher. So war es auch diesesmal der Fall. In der Nähe des Ankerplatzes unseres Schiffes herrschte Windstille mit starker Dünung, in der Nähe des Hornsundes dagegen heftiger Gegenwind und hoher Seegang. Wir mußten deshalb unsern ursprünglichen Plan aufgeben, an dem Nordstrande des Fjordes anlegen und uns glücklich preisen, daß wir durch die schäumende Brandung ohne einen andern Unfall an's Land kamen, als daß eine Welle in Dunér's Boot schlug und es füllte. Am folgenden Tage gelang es uns doch, vermittels einer Triangulirung vom Nordstrande des Fjordes aus einen ziemlich guten Beitrag für dessen Aufnahme zu erlangen, und wir kehrten zum Schiffe zurück, froh, wenigstens nicht ganz unsern Zweck verfehlt zu haben.

Auf dem Rückwege besuchten wir den innersten Holm beim Hafen. An seinem Strande lagen auf einer kleinen Erhebung neun Schädel von Russen, welche — wie wir erfuhren — einst von einer englischen Besatzung beraubt und ermordet worden waren. Die Räuber entgingen allerdings der Strafe. Infolge einer wunderbaren Fügung aber kam ein anderes ähnliches Verbrechen an's Licht und der Verbrecher wurde bestraft. Die Besatzung einer russischen Lodge erzählte nämlich bei ihrer Rückkehr nach Archangel, daß sie infolge eines Unglücksfalles ihren Capitän und zwei Matrosen auf Spitzbergen verloren hätten. Dieses Ereigniß ging ziemlich unbeachtet vorüber, bis einige Jahre später (1853) ein jetzt noch lebender Spitzbergenfahrer aus Norwegen einen Flintenkolben neben einem Menschengerippe fand. Auf diesem Kolben befanden sich Worte eingeritzt, des Inhalts, daß der Eigenthümer desselben mit noch zwei oder drei Mann von seiner Besatzung am Lande ausgesetzt worden und daß seine Gefährten bereits dem Hunger erlegen wären. Auch dem Capitän war offenbar dasselbe Schicksal zu Theil geworden. Das eigenthümliche Tagebuch schloß mit dem 3. März. Der Norweger sandte den Kolben nach Archangel, das Verbrechen wurde entdeckt und die Verbrecher nach Sibirien geschickt. —

Am 3. August fuhren wir bei sehr schwachem Winde weiter nach Süden. Nachmittags stießen wir auf bedeutende Massen von Treibeis, welche uns sehr bald umgaben und ein weiteres Vordringen unmöglich machten. Wir nahmen im Westen ein Schiff wahr, das sich, wie es schien, unbehindert nach Norden bewegte. Wir vermutheten daher, daß das Wasser dort offen sei, und fuhren ihm entgegen. Als wir uns dem Schiffe näherten, erkannten wir es als eine Galeas von Tromsö, welche bei unserer Abreise noch abgetakelt im Hafen lag, mithin die Küsten Norwegens viel später als unser Axel verlassen hatte. Unsere Signale, anzuhalten, beantwortete es einfach damit, daß es seine Flagge aufzog und weiter fuhr. Uns aber kam es darauf an, wenn auch nicht Briefe und Zeitungen, so doch einige Nachrichten aus der cultivirten Welt, über den Krieg in Amerika und Dänemark zu erhalten, vor Allem zu erfahren, ob unser Vaterland Krieg oder Frieden habe. Wir setzten daher alle Segel bei, verbanden sogar die Bootssegel zu einem einzigen und begannen eine förmliche Jagd auf den Schiffer, der — ungleich dem sonst auf Spitzbergen üblichen Benehmen — sich so wenig gentlemanlike betrug. Die Verfolgung war nicht ohne Schwierigkeiten; unsern Weg sperrten mehrere Eisbänder, welche mit Gewalt durchbrochen werden mußten; schließlich kamen wir aber doch dem Schiffe so nahe, daß wir ein Boot aussetzten und zu demselben hinanrudern konnten. Malmgren ging nun sofort mit einigen Leuten an Bord und lud den Capitän, trotz der allgemeinen Erbitterung — die sich während der Fahrt unter Anderem in der lauten Drohung Luft machte, dem Schiffe eine Kugel in den Bauch zu jagen — zu einer Flasche auf den Axel ein.

Nüchternheit kann man eigentlich nicht zu den sonst so vielen löblichen Eigenschaften der norwegischen Spitzbergenfahrer rechnen. Ausnahmen giebt es gewiß hier wie überall, in der Regel hält es aber der Walroßjäger für seine Schuldigkeit, die langen Winternächte in Saus und Braus zu verleben und die im Sommer erworbenen Speciesthaler zu verjubeln. Dieses Leben ist natürlich in den Augen der übrigen Leute, welche sich gegenwärtig durch ihre streng pietistische Richtung auszeichnen, ein wahrer Greuel. Am Anfange nahm man auch Spirituosen auf den Jagdschiffen mit, um entweder eine glückliche Jagd zu feiern oder sich gegen Kälte und Nässe zu schützen. Seitdem dieses aber zu vielen beklagenswerthen Unglücksfällen Veranlassung gegeben, befolgt man das Princip, den Branntwein von dem spitzbergischen Schiffe vollkommen zu verbannen. Dies wird denn auch so gewissenhaft beobachtet, daß mit dem Momente, da die Leute die Küsten Norwegens verlassen, eine vollkommene Unterbrechung der Winterdiät erfolgt. Darum ist aber ein Glas Grog, oder eine andere ähnliche Herzensstärkung, ein Labsal, bei dessen Anblick die finsterste Stirne hell, die trägste Zunge beredt wird. Auch diesesmal wurde unserer freundlichen Einladung gerne Folge gegeben, und bald saßen wir mit dem fremden Capitän in unserer engen Cajüte, sprachen über Politik und bemühten uns aus seiner unzusammenhängenden Darstellung ein Bild von der Lage Europas zu ent=

werfen. Kein Brief, keine Zeitung war für uns da, wohl aber die Trauerpost von der Einnahme Alsens.

Im Uebrigen erzählte er uns, daß es nach Süden hin nicht gerade viel Eis gebe, und daß er selber weniger auf den Fang ausgegangen sei, als um Planken, Anker u. s. w. von einem mit Holz beladenen Schiffe zu bergen, welches von seiner Besatzung in südlicheren Regionen verlassen worden und von dem Golfstrom nach Norden geführt, zuletzt aber an den Felsen des Vorlandes zerschellt wäre.

Nachdem wir so eine Weile mit einander geplaudert, kehrte unser Gast zu seinem Schiffe zurück, wir aber setzten unsere Fahrt nach Süden hin fort.

## Sechstes Kapitel.

### Der Storfjord.

Den 6. August gelang es uns endlich am Südcap vorbeizukommen. Wir hatten zwar hier Anker zu werfen beabsichtigt, aber das Eis hinderte uns daran. So segelten wir denn weiter längs der Ostküste von Spitzbergen in der Richtung auf Whales Head, dessen Felsmassen sich deutlich über den nördlichen Horizont erhoben. Auch hier vereitelte die Lage des Treibeises die Erreichung dieses Hafens, und es sah mehrere Male so aus, als sollte der Storfjord dieses Jahr uns überhaupt verschlossen bleiben. Nachdem wir aber eine Weile in nordöstlicher Richtung gesegelt, fanden wir doch, daß wenigstens der südliche Theil von Stans Vorland von offenem Wasser umgeben sei. Wir richteten deshalb den Cours auf Whales Point, welches als breite, flache Gebirgsmasse im Nordosten aufstieg, und warfen am 9. Abends sechs Uhr an der nordwestlich von diesem hohen Gebirge liegenden Hyperitspitze Anker.

So waren wir denn endlich zum Storfjorde, dem eigentlichen Ziele unserer Expedition, gekommen. Aber der kurze Polarsommer war auch bereits so weit vorgeschritten, daß auf höchstens drei Wochen Arbeitszeit gerechnet werden konnte, wollte man nicht anders die Gefahr einer Ueberwinterung riskiren. Um den uns ertheilten Auftrag zu vollenden, erschien es um so nothwendiger, jeden günstigen Augenblick zu benutzen, als die Schilderung der Witterungsverhältnisse im Storfjord, welche wir von den Spitzbergenfahrern erhalten hatten, nicht besonders günstig lautete. Glücklicher Weise zeigte es sich bald, daß ihre abschreckenden Beschreibungen mehr auf die Tausend Inseln paßten als auf das

Innere des Fjordes, in welchem uns ein verhältnißmäßig schönes Wetter erwartete. Man kann, wie so oft auf Spitzbergen, im Innern eines Fjordes einen wolkenfreien Himmel und Sonnenschein haben, während am Eingange zu demselben ein undurchdringlicher Nebel herrscht. Den Grund hierfür hat man in der Richtung der Meeresströmungen zu suchen. Während ein Arm des Golfstromes, wie die am Südcap und den Tausend Inseln aufgehäuften Treibeismassen ausweisen, wenigstens einen Theil des Jahres an dem südlichen Theile Westspitzbergens und des Stans Vorlandes vorüberfließt, herrscht im Innern des Storfjordes dagegen die durch den Helissund und die Walter-Thymens-Straße eindringende arktische Strömung vor. Darum fanden wir an den Ufern des Fjordes auch kein Brennholz, und mußten bei Bootexcursionen unser Brennmaterial mit uns führen. Dagegen konnten wir an der Nordküste Spitzbergens fast immer darauf rechnen, in der Nähe der Rastplätze trockenes und vortrefflich brennendes Holz anzutreffen.

Der Hafen bei Whales Point wird von einer kleinen, auf allen Seiten geschützten Bucht mit gutem Ankergrunde gebildet, obwohl er wahrscheinlich für größere Schiffe nicht tief genug ist. Auf der Nordseite desselben stehen noch die Ruinen einiger Russenhütten, welche zu einer der größten russischen Niederlassungen auf Spitzbergen gehören. Keilhau hat die Stelle im Jahre 1827 besucht und beschrieben.

In den letzten Jahren haben die Russen den Besuch Spitzbergens durchaus aufgegeben, vielleicht durch den unglücklichen Ausgang der letzten Ueberwinterungen abgeschreckt. Wir fanden in Hammerfest folgende schriftliche Erklärung eines gewissen Iwan Nikolajeff Kalinin:

„Ich fuhr im letzten Jahre (1851) mit der Lodje St. Nikolai auf den Fang nach Spitzbergen. Den 19. Juli gelangten wir zu der Stelle, welche die Norweger „die kleine rothe Bucht" nennen. Hier errichtete die Besatzung 3 bis 4 Hütten und zog darauf das Schiff auf das Land. Nachdem dieses geschehen, wurde die Mannschaft vertheilt: der Capitän mit dreien Leuten blieb in der kleinen rothen Bucht, die Uebrigen (14 Mann) gingen mit den Booten nach verschiedenen Richtungen auf die Jagd und erlegten 230 Rennthiere. Während des Winters schossen wir noch 30 Rennthiere, 90 Füchse und eine Menge Seehunde. Am 5. December befanden sich alle Mann wieder in der kleinen rothen Bai und blieben daselbst den Winter über. Bald nach Neujahr aber brachen Krankheiten aus, besonders der Skorbut, und rafften 12 Mann dahin, darunter den Capitän und Steuermann. Einer starb im Januar, drei im Februar, fünf im März, einer im April und einer im Mai. Da nun so viele von der Besatzung todt waren, vermochten die sechs übrigen weder auf die Jagd zu gehen, noch die Lodje in das Wasser zu ziehen, zumal fünf von ihnen auch krankten. Sie mußten sich darauf beschränken, so gut als es ging ihr Leben zu fristen, bis Hülfe kam. Am Anfange des Juli langten zwei norwegische Schiffe an und nahmen die Lodje sammt der verlassenen Mannschaft auf." Kalinin erklärte noch ausdrücklich, „daß die Arzenei, welche die norwegischen Capitäne bei sich führten, und der gekochte Sauerampfer die Kranken vom sichern Tode gerettet habe." Die Arzenei wird wohl darin bestanden haben, daß die Leute mit Gewalt, ja durch Schläge gezwungen wurden, sich zu bewegen und zu arbeiten. Wie so oft, dürfte der Skorbut auch hier dadurch entstanden sein, daß es den Leuten während der düstern Winterzeit an aller Disciplin und an Anregung fehlte.

Der Hafen wird von niedrigen Klippen umgeben, welche durchweg aus Hyperit bestehen und wie gewöhnlich in verticale, prismenartige Säulen gespalten sind. Hinter denselben zieht sich auf der Südseite des Hafens eine mit Teichen bedeckte Ebene hin. In diesen Gewässern fand Malmgren eine Menge höchst interessanter Süßwasser-Crustaceen, was zu der Annahme berechtigt, daß diese Teiche im Winter nicht bis auf den Boden gefrieren. Um zum Whales Point selbst zu gelangen, mußten wir erst über diese Ebene zu einem etwa 50 Fuß hohen, freistehenden Hyperitfelsen, demnächst aber durch einen kleinen Sumpf wandern, bis wir den Fuß des nördlichen Bergabhanges erreichten. Nachdem wir endlich auf festen Boden gekommen, begannen wir mit dem Fernglase die Felswand zu beschauen, um zu erkennen, wo wir wohl am besten hinaufgelangen könnten. Wir beschlossen von dem Punkte, wo wir uns befanden, gerade hinauf zu steigen. Hier erwartete uns in ein paar Hundert Fuß Höhe zwar ein senkrechtes Hyperitband, indessen so zerspalten, daß wir ohne alle Schwierigkeit weiter zu kommen hofften. Außerdem wußten wir bereits, daß man infolge der Härte des Hyperitgesteins mit verhältnißmäßig großer Sicherheit selbst die steilsten Abhänge hinaufklettern könne.

Der Abhang, auf welchem wir zuerst hinaufstiegen, bestand aus einem ziemlich groben Gerölle von Hyperitstücken mit einem grauen, Versteinerungen führenden Sandstein. Hierauf kam eine steile, hartgefrorene Schneewehe, die wir umgingen, der Eine nach rechts, der Andere nach links, bis wir das Hyperitband erreichten. Das letztere war etwa 30 Fuß mächtig. Ihm folgte ein Abhang, welcher zu einer Terrasse führte. Nach dem ursprünglichen, am Fuße des Berges ausgedachten Plane mußten wir uns nunmehr nach rechts wenden und längs der Kante einer andern Schneewehe, welche sich bis zur Spitze des Berges zu erstrecken schien, gehen; um aber diese Kante zu erreichen, waren wir genöthigt, über ein glattes, mit Eis bedecktes, 40 Fuß breites und unter einem Winkel von 45 Graden abfallendes Schneefeld zu klettern. Dieses schien durchaus unmöglich. Wir wählten deshalb einen andern Weg und gingen geradeaus über ein feines, unter den Füßen weichendes Gerölle von Sandstein. Weiter hinauf folgte ein steiles Eisfeld, welches eine von der Bergspitze zum Hyperit niedergehende Kluft ausfüllte. Zwischen diesem Eisfelde und den Hyperitfelsen kletterten wir noch ein paar Hundert Fuß hinauf. Zuletzt blieb keine andere Wahl, als das allerdings nicht breite Eisfeld zu überschreiten. Mit Hülfe unserer Messer hauten wir erst Stufen, oder vielmehr Löcher in das Eis, dann aber schlugen wir die Messer selbst hinein, um uns an ihnen mit den Händen zu halten. So kamen wir glücklich zu einem neuen Absatze. Demnächst stiegen wir weiter hinauf, theils über loses Gerölle, theils über Hyperitfelsen, bis wir zuletzt eine noch höhere Terrasse erreichten, über welcher uns nur noch ein einige Fuß hohes Eisplateau von dem Berggipfel trennte. Auch diesen Abhang kletterten wir mit Hülfe unserer Messer hinan. Dem Schnee folgte erst eine Sumpfebene, sodann aber eine durchaus kahle Steinwüste, welche allmählich und kaum wahrnehmbar zu dem Gipfel aufstieg.

Da die Aussicht nach Süden hin nicht ganz frei war, so begaben wir uns weiter das Plateau hinauf. Kahles Gestein wechselte mit Schneefeldern ab, welche bald gefroren, bald so weich waren, daß wir zuweilen tief in die unter der Schneekruste befindlichen Wasseransammlungen einsanken. Infolge dessen wurde unsere Wanderung recht beschwerlich. Wir sahen uns indessen reichlich durch die Aussicht von der südlichen Kante des Plateaus belohnt. Sie war von überwältigender Größe. Im Osten lag die Deevie-Bai vor uns, in der Ferne von einem dunklen, steil aufragenden Gebirge begrenzt. Zur Rechten desselben konnten wir, durch das Fernglas gesehen, 18 zu den Tausend Inseln gehörige Holme zählen, die, wie es uns schien, sich in zweien Gruppen aneinander schlossen, die eine ganz nahe der genannten Bucht, die andere genau im Süden von Whales Point. Sie erschienen durchschnittlich klein und niedrig. In dem zwischen denselben befindlichen Sunde nahmen wir drei Schiffe wahr, darunter — wie wir später erfuhren — unseren alten englischen Bekannten vom

Westküste des Storfjordes.

Eisfjorde. Hopen-Eiland konnten wir nicht unterscheiden, weshalb es wahrscheinlich ist, daß dasselbe, wie schon Lamont bemerkt, viel weiter nach Osten hin liegt, als die Seekarten angeben. Mit voller Sicherheit dürfen wir dieses indessen nicht behaupten, da der Horizont nach dieser Seite hin neblig war und Hopen-Eiland von ihm eingehüllt sein konnte. Dagegen lag die ganze Westküste des Storfjordes, dessen südlichsten Punkt, das Südcap, wir ganz bestimmt unterscheiden konnten, in dem herrlichsten Sonnenscheine ausgebreitet vor uns. Sie bestand aus einem Labyrinthe von schneebedeckten, ziemlich gleich hohen Bergspitzen, unter denen sich nur ein paar auszeichnen, so daß man sie leicht wiedererkennt, z. B. die Berge bei Whales Head und der Agardhs-Bucht. Ueber alle die Tausende von Bergen aber erhob sich, wie der Glockenthurm einer Kathedrale über die Häusermassen einer Stadt, der gewaltige Hornsunds-Tind in seiner beinahe doppelten Höhe. Man konnte deutlich von hier erkennen, daß dieser gewaltige Berg in der That der höchste des ganzen südlichen Spitzbergens ist.

Die Ostseite des Storfjordes war von der südlichen Kante des Plateaus nicht sichtbar. Wir wandten uns daher wieder zu dem schon genannten kleinen Hügel auf der Nordseite, maßen einige für die projectirte Gradmessung erforderlichen Winkel und kehrten sodann zu unserm Schiffe zurück. Das Niedersteigen war mit viel geringeren Schwierigkeiten verbunden als das Aufsteigen.

Durch die alten Walfischjäger, besonders die an Bergbesteigungen wenig gewöhnten holländischen Matrosen, sind die Berge Spitzbergens wegen der vielfach vorgekommenen Unglücksfälle in sehr schlechten Ruf gekommen. Man muß allerdings zugestehen, daß die Abhänge nach dem Meere zu beinahe ohne Ausnahme sehr steil und überdies von dem Froste so zerklüftet und zersprengt sind, daß Fuß und Hand nur selten einen sichern Halt finden. Infolge dessen können sich Unglücksfälle leicht ereignen, zumal wenn man zwar einen guten Weg zum Aufsteigen hat, ihn bei der Rückkehr aber nicht wiederfindet. Als Scoresby daher einige Höhen an der Westküste bestieg, bezeichnete er die Steine mit einer weißen Farbe. Wer aber dieses allerdings nicht immer vorhandenen Mittels entbehrt, sollte sich wenigstens verschiedene Felsen und Steine beim Hinaufklettern merken. Wir sind nun der Ansicht, daß mit Ausnahme vielleicht der höchsten Bergspitzen des Hornsunds-Tind so ziemlich jeder Berg, so weit wir Spitzbergen besucht haben, besteigbar ist. Mindestens ist uns die Besteigung aller der Bergspitzen, die für unsere geographischen und geologischen Arbeiten von Interesse war, geglückt, ohne daß irgend ein Unfall sich ereignet oder Einer von uns sich genöthigt gesehen hat umzukehren, obwohl der zur Ersteigung geeignete Weg vorher immer nur mit dem Fernglase untersucht und ausgewählt worden war. Auch haben uns die steilsten Bergabhänge niemals von der schließlichen Erreichung der Spitze abgehalten.

Da wir von Whales Point aus deutlich erkannten, daß das

Treibeis um den südlichen Theil der Westküste noch dicht gepackt lag und keine Aussicht sei, zum Whales Head vorzudringen, so fuhren wir am 10. Nachmittags nach der Agardhs-Bucht ab. Als wir die Anker lichteten, war der Wind so stark, daß die Seeleute Bedenken trugen, den Hafen zu verlassen; nachdem wir aber ein Ende auf den Fjord gekommen, wurde es viel stiller. Wir nahmen ein kleines Schiff wahr, das längs der Eiskante nach Norden fuhr; aber wie sehr wir uns auch nach Briefen und Zeitungen sehnten, diesesmal hatten wir keine Lust, eine ähnliche Jagd anzustellen wie am Hornsund. Gegen Abend erreichten wir die ungefähr eine Meile lange und eben so breite Agardhs-Bucht, welche in dem Rufe steht, sehr reich an Blindschären zu sein und keinen guten Ankergrund zu haben. Selbst der Storfjord ist hier in weiter Entfernung vom Strande oft nur drei Faden tief. Zufällig waren die minder tiefen Stellen vortrefflich durch gestrandete Eisblöcke bezeichnet, während zwischen ihnen das Meer klar und spiegelblank dalag.

Wie schon oben erwähnt, bilden dergleichen Eisblöcke einen ausgezeichneten Schutz gegen Wellen, Treibeis, und in gewisser Hinsicht auch gegen Stürme. Ihr Fuß verlangt immer eine so bedeutende Wassertiefe, daß man jedes Fahrwasser, in welchem Grundeisblöcke gestrandet sind, für rein erachten kann. Oft wird das Schiff an ihnen befestigt, entweder um die ausgeschickten Jagdboote zu erwarten, oder um während der Windstille von der Strömung nicht zurückgetrieben zu werden u. s. w. Selbst die ermüdeten Ruderer ruhen sich oft auf diesen Eisklippen aus. Freilich ist das Bett nicht gerade sicher, oft kippt der Eisberg plötzlich um, zerschmettert das neben ihm liegende Schiff und versenkt die schlafenden Leute in die Tiefe. Solches war das Schicksal des vom Capitän Gurrho geführten Jagdschiffes Johanna Christina, welches am 20. Juni 1859 durch einen Eisberg vollkommen zerstört wurde. Schon vorher hatte das Schiff bei seiner Fahrt durch das Treibeis von demselben so sehr gelitten, daß die Mannschaft daran dachte, es zu verlassen. Sie schafften deshalb Proviant und die nothwendigen Kleider auf einen großen Grundeisblock, welcher ihnen vollkommen sicher schien. Einige Stunden später setzte derselbe sich indessen in Bewegung, sein Fuß hob das Schiff in die Höhe und zertrümmerte es so schnell, daß die Mannschaft nur ihr nacktes Leben zu retten vermochte. Zwei von den Leuten bargen sich in einem Boote, die übrigen Vier auf den schwimmenden Schollen. So wurden sie von einander getrennt und trafen erst nach neun Tagen wieder zusammen. Während dieser Zeit hatten die Beiden in dem Boote weder irgend welche Lebensmittel noch Munition bei sich, sondern nährten sich einzig von dem Walroßleber, womit die Ruder des Bootes umgeben waren. Sie kochten dasselbe in einer zufällig im Boote befindlichen eisernen Pfanne, während die Ruderbänke und Aehnliches ihnen das Material zur Feuerung lieferten. Ihre Lage war um so schlimmer, als der Eine bei der Katastrophe den einen Stiefel verloren hatte, infolge dessen ihm der Fuß abfror, so daß er später auch nicht mehr darauf gehen konnte. Nachdem die ganze Besatzung sich wieder zusammengefunden, irrten sie noch zehn Tage lang, ohne irgend eine Aussicht auf Rettung, in den Eisfeldern umher. In dieser Zeit lebten sie von Vögeln, welche sie auf dem Eise schossen und roh verzehrten. Endlich wurden die Schiffbrüchigen von einigen norwegischen Spitzbergenfahrern aufgenommen.

Da vorher noch keiner unserer Schiffer die Bucht besucht hatte, so mußten wir beim Einfahren äußerst sorgfältig sein und ununterbrochen lothen. Den 12. August Nachts ein Uhr warfen wir endlich Anker und ruderten sogleich mit unseren Booten an das Land. Dicht bei unserer Ankerstelle war der Strand vollkommen unzugänglich. Er bildet nämlich ebenso wie die Nordküste Bären-Eilands oder der nordwestliche Strand des Green-Harbour, eine einzige nach dem Meere senkrecht abfallende Felswand. Wir sahen uns deshalb genöthigt, noch ein Ende weiter nach Norden längs der Küste zu rudern, bis wir eine Stelle fanden, wo wir das Boot auf das Ufer ziehen und selber auf das Plateau, welches sich von dem steilen Strandwalle bis zum Fuße des Gebirges hinzieht, klettern konnten. Diese Ebene erinnerte in auffallender Weise an einen vortrefflich gepflasterten, reingefegten Marktplatz. Der Boden war nämlich vollkommen eben und durchweg mit runden, dicht aneinander gefügten Sandsteinkugeln von etwa einem Zoll im Durchmesser belegt. Irgend eine Wasserpfütze oder ein paar zwischen den Steinen sprießende Blumen und Halme suchte man vergebens.

Nachdem wir einige Sonnenhöhen genommen, begannen wir die Berge zu besteigen, welche nicht gerade hoch sind und aus einem äußerst feinen, bröckeligen, Versteinerungen enthaltenden Schiefer bestehen. Weiter hinauf fanden wir zerstreut Kugeln eines harten, eisenhaltigen Thones, dessen frischer Bruch grau erschien, wogegen er an der Luft roth oxydirt war. Er enthielt außerordentlich viele Versteinerungen aus der Juraperiode.

Ueber diese Vorberge erhebt sich das eigentliche Gebirge viel steiler, so daß wir seinen Gipfel erst um elf Uhr erreichten. Er bildet ein kleines rundes Sandsteinplateau, welches, mit Ausnahme des westlichsten Theiles, vollkommen schneefrei ist und einen weiten Blick über das Innere des Landes, ein wildes Durcheinander von Schneefeldern und dunklen Felsgipfeln, gestattet. Die Agardh-Bucht schien sich nach Westen in einem niedrigen, — wie man uns sagte — ziemlich grasreichen Thale fortzusetzen, welches sich möglicher Weise bis zu der Thalsenkung am Ende von van Mijen's Bucht im Bellsunde hinzieht. Ist dies der Fall, so kann die Tradition unter den Spitzbergenfahrern, daß man von einem der Fjorde an der Westküste mit Leichtigkeit zu dem Storfjorde gelangen könne, auf thatsächlichen Verhältnissen beruhen.

Nachdem wir die zur Triangulirung des Fjordes erforderlichen Winkel gemessen und eine große Menge von Versteinerungen eingesammelt hatten, kehrten wir um und langten ganz ermüdet um drei Uhr Nachmittags bei unserm Schiffe an. Malmgren, welcher einen Ausflug zu dem oben genannten Thale gemacht hatte, um zu jagen und zu botanisiren, fand sich bald darauf auch ein und brachte eine Menge der stattlichsten und fettesten Rennthiere mit.

Da während unserer Abwesenheit das Eis mit großer Gewalt in die Bucht gedrungen war und uns einzusperren drohte, so bestand Hellstad darauf, sobald als möglich abzusegeln. Auch wir hegten den Wunsch, weiter zu kommen, und ließen deshalb sofort die Anker lichten. Bei der vollkommenen Windstille mußte indessen das Schiff von zweien Booten bugsirt werden. Sobald wir aber aus unserer Eis-Schärenflur gekommen, begann der Wind zuzunehmen, wir zogen die Segel auf und fuhren in rascher Fahrt vorwärts. Den 13. Nachmittags zwei Uhr ankerten wir bei Lee's Vorland.

Der dortige Hafen besteht aus einer kleinen, nach Osten von der breiten Gebirgsmasse des Lee-Vorlandes geschützten Bucht, im Süden von einem mäßig hohen Hyperitvorsprunge, im Westen von einer ebensolchen, ziemlich hohen Insel begrenzt. Wir gingen bei dem Vorsprunge an's Land, um Sonnenhöhen zu nehmen, und bestiegen sodann den Berg. An der Stelle, wo wir landeten, stießen wir auf die Ruinen einiger Russenhütten, von welchen freilich jetzt nur noch die Fundamente und ein paar Ziegelhaufen übrig waren. Wie so oft, lagen auch hier verschiedene zum Fange der Füchse bestimmte Geräthschaften auf dem Boden zerstreut, woraus wir entnahmen, daß man hier auch überwintert habe. Im Sommer lohnt es nämlich nicht, den spitzbergischen Fuchs zu jagen, weil sein Pelz dann ganz schlecht und werthlos ist, während er sich im Winter durch Dichtheit und Schönheit auszeichnet. Die Winterjagd auf dieses Thier hat während der russischen Jagdperiode überhaupt eine bedeutende Rolle gespielt. Die Russen fingen allerdings auch Rennthiere, Weißfische, Seehunde und ein paar Eisbären. Dagegen scheinen sie sich nur selten auf die Walroßjagd eingelassen zu haben.

Die große Masse von aufgehäuften Walroßskeleten, welche wir am Strande liegen sahen, oft ziemlich fern vom Lande, erinnerten uns an den Vertilgungskrieg, welchen die Norweger und Lappen gegenwärtig gegen dieses so stattliche, bald ausgerottete Thier führen. Die Walrosse sind geselliger Natur und versammeln sich daher gerne in großen Schaaren, meist so, daß die verschiedenen Altersgenossen und Geschlechter sich aneinander schließen. Nur der alte „Stier" streift einsam umher und verachtet, wie so manch anderer in den Kämpfen des Lebens ergrauter Veteran, die Spiele und Thorheiten der Jugend.

Ueber das Leben und die Erlegung der Walrosse ist schon oben ausführlich gehandelt worden; wir wollen hier nur noch nachholen, daß ein Harpunirer ein schlafendes Walroß stets mit einem Rufe erweckt, bevor er die tödtende Harpune in seinen Körper schleudert. Einige meinen, er trage Scheu, einen schlafenden Gegner zu tödten, Andere dagegen, er fürchte, das erst durch den Harpunenwurf erweckte Walroß könne in der Schlaftrunkenheit leicht das Boot für einen Kameraden ansehen und ihm einen Schlag versetzen, davon es zu Grunde gehe. Darum müsse es erst aufgeweckt werden.

Auf einem nicht weit vom Strande befindlichen Berge trafen wir auf eine andere russische Erinnerung, nämlich ein hohes, halb verfallenes Kreuz, das schon von der See aus wahrzunehmen ist und jetzt bei dem Einfahren in den Hafen als Seemarke dient. Seine hohe Lage (1,000 Fuß über dem Meere) hat es wahrscheinlich vor dem Geschick bewahrt, — welches den meisten Kreuzen und namentlich auch den von Keilhau beschriebenen bei Whales Point zu Theil geworden — von den norwegischen Jägern umgebrochen zu werden. Die höchste Spitze, weiter im Norden, liegt noch ungefähr 200 Fuß darüber. Das Felsplateau am Strande war schneefrei und bestand wie das bei Whales Point aus großen, einzelnen Steinfliesen, Fragmenten einer durch den Frost zersprengten Sandsteinschicht. Auch in dieser fanden wir den Rücken eines saurierartigen Thieres.

Wie wir schon angeführt haben, wird die Westküste des Storfjordes von ungeheuren, bis zum Meere niedersteigenden, nur hier und da von dunklen, oft konisch gestalteten Bergspitzen unterbrochenen Gletschern eingenommen. Die Ostküste trägt dagegen einen ganz andern Charakter zur Schau. Zwischen Whales Point und dem Helissunde trifft man nur einen einzigen größeren Gletscher, so daß die Küste aus einem so ziemlich ununterbrochenen Walle besteht, welcher unmittelbar aus dem Meere zu einem schneefreien Plateau von ungefähr 1,000 Fuß Höhe aufsteigt. Weiter nach dem Innern erhebt sich das Land noch mehr. Eine unermeßliche Schneedecke scheint Alles zu verhüllen. Am Fuße des Strandwalles ruht das Auge zuweilen auf grünen Matten, den vortrefflichsten Rennthierweiden Spitzbergens, aus.

Auch Walther-Thymens-Straße breitete sich zu unseren Füßen aus und schien, nach den vielen darin befindlichen Sandbänken und der langen, wunderlich geformten, vom nördlichen Strande ausgehenden Sandzunge zu urtheilen, sehr „unrein" und seicht zu sein. Wie man früher glaubte, hat noch kein Schiffer diesen Sund durchfahren. Wir haben jedoch in den Protokollen des Bürgermeisters in Hammerfest folgende Notiz gefunden, welche das Gegentheil bezeugt.

Den 9. August 1847 segelte die Slupe Antoinette — Capitän Lund — durch Walther Thymen's Strat. Schon am folgenden Tage mußte das Schiff infolge von Havarie in der Unicorn-Bucht von der Besatzung aufgegeben werden. Die Leute retteten sich in einem Boote, ruderten längs der Ostküste und wurden endlich von dem Schoner Anna aufgenommen. Es kann dabei erwähnt werden, daß die Mannschaft der Antoinette zweimal — auf dem treibenden Wrack und im Boote — am Helissund vorüberfuhr, ohne ihn zu bemerken. Sollte er damals noch nicht existirt haben? — —

Nachdem wir vom Berge hinuntergestiegen, nahmen wir noch einige Mitternachtshöhen, gingen darauf an Bord und fuhren, unter lautem Widerstreben der Leute, welche wenigstens die Nacht über im Hafen bleiben wollten, nach Norden. Wir mußten selber, gemeinschaftlich mit dem Capitän, dem Steuermanne und Koch, die Anker lichten und die Segel aufziehen, bevor es den Leuten gefiel zu gehorchen und auf Deck zu kommen. Die Gerechtigkeit nöthigt uns allerdings hinzuzufügen, daß eine solche Widersetzlichkeit sich späterhin nicht mehr ereignet hat.

Der Wind war vortrefflich und wir hofften schon am folgenden Morgen bei der Verwechslungsspitze zu sein, fanden aber, als wir erwachten, daß wir zwar vor Anker lagen, aber nicht an jener Spitze, sondern neben einer kleinen Insel, mitten zwischen derselben und Lee's Vorland. Das Eis hinderte unser Schiff am Weiterkommen und der dichte Nebel machte das Aufsuchen des Hafens sehr schwierig. Dieser sehr sichere Hafen wird im Süden von zwei kleinen Hyperitinseln geschützt, im Osten von dem festen Lande, und im Norden von einer niedrigen Spitze, welche, nahe unserm Ankerplatze von Barents' Land ausgeht. Der auf der Ostküste des Storfjordes allein vorhandene Gletscher befindet sich dem nördlichen Ankerplatze gegenüber und zeichnet sich durch seine unerhörten Moränen aus.

Am Nachmittage nahmen wir einen großen Eisbären wahr, welcher ganz behaglich am Strande auf und ab spazierte, ohne sich um unsere Nachbarschaft sonderlich zu bekümmern. Zuweilen blieb er doch stehen und blickte und schnoberte umher. Natürlich gerieth sofort Alles in die lebhafteste Bewegung. Still, aber eilig wurden zwei Boote hinabgelassen und bemannt; in das eine sprang Nordenskiöld, in das andere Dunér und Malmgren. Das letztere Boot ruderte direct nach dem Lande, das erstere dagegen nach der andern Seite der Insel, um dem Bären die Flucht über das Treibeis zwischen der Insel und dem festen Lande abzuschneiden. Als der Bär die beiden Boote wahrnahm, begab er sich sofort auf das Eis. Eine allzu hastige Flucht hätte aber seiner Würde nicht geziemt; so wanderte er denn feierlich zu der andern Seite der Insel, wo er leider auf Nordenskiöld's Boot stieß. Kaum hatten Dunér und Malmgren das Land erreicht und im eiligsten Laufe begonnen, den Spuren des Bären zu folgen, als zwei fast in demselben Augenblicke fallende Schüsse auf der andern Seite der Insel zu erkennen gaben, daß die Jagd beendigt sei. Der König des Eisreiches war den Kugeln der Jäger erlegen, gerade in dem Momente, da er sich von der steilen Höhe hinab in's Wasser werfen wollte. Das stattliche, blendend weiße Thier stürzte kopfüber von den Klippen auf den Strand, an welchem das Boot unmittelbar anlegen konnte. Man brauchte ihn gar nicht in die Höhe zu heben oder durch das Wasser zu ziehen; er rollte, wie er war, in das Boot und wurde zum Schiffe gebracht. Die ganze Jagd hatte kaum eine halbe Stunde gedauert.

Am folgenden Tage blies ein heftiger Sturm aus Norden, und wir sahen mit Freuden, wie die Eisblöcke in schnellem Laufe nach Süden getrieben wurden. So durften wir hoffen, bald das Ende des Storfjordes zu erreichen. Am Nachmittage langte ein Schiff an und warf neben dem unsrigen Anker. Wir erkannten es sofort als die Yacht, welche wir bei unserer Einfahrt in die Agardhs-Bucht gesehen hatten. Wie sonst ruderten wir auch diesesmal an sie heran, um nach Briefen zu fragen, aber wiederum vergebens. Dennoch hatte dieser Besuch das Angenehme für uns, daß wir von dem Schiffe, welches die Inseln des Hornsundes besucht hatte, eine Menge für den Verkauf in Norwegen bestimmte Eier einhandeln konnten.

Der Sturm hielt noch bis zum Nachmittage des 16. an, da wir endlich die Anker lichteten. Leider war letzteres äußerst zeitraubend und beschwerlich, indem die Anker sammt Kette in dem tiefen, außerordentlich weichen Thonboden, der in den meisten Häfen des Nordfjordes vorherrscht, vollkommen versunken waren. Nachdem wir endlich losgekommen, steuerten wir bei dem Ostnordostwinde nach der niedrigen Landspitze hin, die wir am folgenden Morgen erreichten. Unterweges liefen wir Gefahr, auf eine Klippe zu gerathen, welche mitten im Fjorde beinahe bis zur Oberfläche des Wassers reichte, ein auf Spitzbergen höchst seltener Fall, da man sonst immer sicher sein kann, in der Entfernung einer halben Meile vom Lande durchaus reines Fahrwasser zu haben.

Nachdem wir Anker geworfen, setzten wir die Boote aus und ruderten zum südlichen Strande der Verwechslungsspitze, Malmgren, um zu jagen und zu botanisiren, wir, um von einer nahen Höhe einige Winkel zu messen. Die Küste besteht hier aus einer sumpfigen, im Spätsommer schneefreien Ebene, aus welcher hier und da ein paar grünlichgraue Halme sprießen. Matten, nach

Art derer im Eisfjord, giebt es hier nicht. Dennoch gewähren die niedrigen Ebenen auf Barents' Land den Rennthierheerden reichliche Nahrung, weshalb auch die Stelle als ein vorzügliches Jagdterrain bekannt ist. Wir konnten denn auch bald, nachdem wir das Schiff verlassen hatten, mit dem Fernglase ein paar auf den Strandebenen weidende Rennthiere erblicken. Mehr bedurfte es nicht, um die trägen Ruderer zu anzufeuern. Bald befanden wir uns am Lande und begannen die Jagd, welche jedoch durch die Unmöglichkeit, sich den Thieren unbemerkt zu nähern, äußerst erschwert wurde. Man mußte sich niederkauern und oft durch den tiefen Schlamm kriechen. Nach einigen vergeblichen Versuchen, den Rennthieren auf Schußweite nahe zu kommen, gaben wir die Jagd auf, trennten uns von Malmgren und begannen den ziemlich niedrigen Höhenrücken zu besteigen, welcher die Mitte des Vorsprunges bildet, um von hier aus nach der weiter im Innern belegenen Höhe, die wir schon von Lee's Vorland aus zu einem Triangelpunkte ausersehen hatten, vorzudringen. Der Koch folgte uns mit den Instrumenten. Nach einer Stunde Wanderns erreichten wir ein Thal, das von Nordosten nach Südwesten die ganze Halbinsel durchschneidet, während seine Sohle von einem Süßwassersee eingenommen wird. Auf der andern Seite desselben stieß uns ein schönes Rennthier auf, das Dunér's Kugel zum Opfer fiel. Dieses Jagdglück setzte uns aber in nicht geringe Verlegenheit. Es wäre Schade gewesen, das außerordentlich große und fette Renn zurückzulassen, andererseits war es zu schwer, als daß man es den langen Weg bis zum Schiffe hätte tragen können. Da aber die Entfernung bis zur See auf der Nordseite der Halbinsel nur sehr unbedeutend war und das Land nach dem Wasser abfiel, so schickten wir den Koch nach dem Schiffe zurück, damit man das Renn in einem Boote abhole. Auch sollte er für uns einige Speisen mitbringen. Bevor wir das Wild verließen, waideten wir es erst noch aus und stopften es voll Schnee, eine absolut nothwendige Vorsicht, weil das Fleisch sonst schon nach einigen Stunden einen schlechten Geschmack bekommt und beinahe ungenießbar wird. Dann stiegen wir weiter die Höhe hinan und fanden, daß wir bis zum Ende des Storfjordes nur noch ein paar Meilen hätten. Er schien mit einer nicht sehr breiten Ebene abzuschließen, hinter welcher das östliche Eismeer sichtbar wurde.

Nachdem wir einige Winkel gemessen hatten, errichteten wir

eine ziemlich hohe Pyramide, theils um einen festen Punkt für die Triangulation zu haben, theils um uns die Zeit bis zur Ankunft des Bootes zu vertreiben. Als das stattliche Denkmal fertig war, kehrten wir zu der Stelle, wo das erlegte Rennthier lag, zurück. Aber das Warten wurde uns doch zu lang, zumal das Wetter kalt und unsere Füße während der Wanderung durch Wasser und Schnee ganz naß geworden waren. Wir beschlossen deshalb bis zur äußersten Spitze zu wandern, um von hier das Schiff anzurufen; wir sahen aber bald, wie das Schiff mit vollen Segeln die Küste verließ und nach Norden fuhr. Etwas mißmüthig ließen wir uns auf einem hochgelegenen, grasreichen Platze nieder, von welchem aus wir mit dem Fernglase sowohl den Bewegungen des Schiffes folgen, als auch unser auf einem Schneefelde befindliches Rennthier sehen konnten. In der Hoffnung, möglicher Weise vom Axel Thordsen aus, der nunmehr um die Spitze bog, bemerkt zu werden, brauchten wir alle nur denkbaren Mittel und Zeichen, indem wir z. B. unsere Gewehre abschossen u. s. w. Freilich hatten wir nur geringe Aussicht gehört zu werden, denn das Schiff befand sich ziemlich fern von uns und der Schall pflanzt sich — wie wir oft erfahren — hier nur sehr schwach fort. Man kann z. B. aus Leibeskräften einer Person zurufen, ohne daß sie das Mindeste vernimmt, und selbst aus einer so geringen Entfernung, daß sie anderswo jeden Laut verstehen würde. Darum verhallt der Ton hier auch spurlos, ohne ein Echo zu erwecken; darum ist es auf Spitzbergen immer so unheimlich still, sogar in der unmittelbaren Nähe der Vogelberge.

Nachdem wir die Gewehre wiederholt abgeschossen, sahen wir, wie das Schiff scharf auf die Verwechslungsspitze zuhielt. Wir nahmen an, endlich bemerkt zu sein, und eilten auf die westliche Spitze, um dem Schiffe das langwierige Laviren zu ersparen. Das Schiff schien nämlich in die Bucht hinein zu kreuzen, und wir dachten nicht anders, als daß Hellstad daselbst vor Anker gehen und uns an Bord nehmen wolle. So kletterten wir zu dieser Bucht hinab. Man kann sich aber unsere Ueberraschung denken, als wir mit einem Male, trotz erneuter Rufe und Schüsse, das Fahrzeug weiter segeln sahen. Wir befanden uns nun schon dreizehn Stunden am Land, in beständiger Bewegung und ohne einen Bissen genossen zu haben, waren müde und naß, und überdies hatte Nordenskiöld ein Paar Stiefel an, welche seine Füße drückten.

Als wir endlich einsahen, daß keine Hoffnung vorhanden sei, vom Schiffe aus erkannt zu werden, mußten wir wieder den 500 Fuß hohen Strandabhang hinaufklettern und uns zurück in's Land hinein begeben, um das Boot, das uns abholen sollte, abzuwarten. Oben angekommen, richteten wir das Fernglas auf das Rennthier und erkannten zu unserer Befriedigung, daß es bereits abgeholt sei. Es war indessen nicht so einfach, das Boot zu finden, welches von den hohen Strandklippen verdeckt wurde. Wir beschlossen daher uns zu trennen. Dunér ging längs der Kante oben am Berge, Nordenskiöld aber unten am Strande. Dies gab zu einem neuen Irrthum Veranlassung. Als wir nämlich eine Meile von einander getrennt waren, kletterte zufällig Nordenskiöld hinauf, Dunér aber gleichzeitig hinab, so daß wir einander nicht fanden. Als wir endlich zusammentrafen, war wiederum vom Boote keine Spur zu entdecken. Es dauerte aber nicht lange, so traf es wirklich ein. Natürlich verlangten wir zuvörderst nach dem für uns bestimmten Proviant. Aber auch hier erwartete uns eine neue Ueberraschung, wenn auch die letzte an diesem Tage. In der Meinung, wir befänden uns bereits an Bord, zumal sie uns auch nicht in der Nähe des Rennthieres angetroffen, hatten nämlich der Koch und der andere Matrose die für uns mitgenommenen Speisen verzehrt und auch nicht ein Krümchen Brod übrig gelassen. Ueberdies kam nun heraus, daß die beiden Leute, ohne Gewehre, aus Furcht vor den Bären, nicht gewagt hatten uns aufzusuchen, vielmehr längs dem Strande gerudert waren, woselbst die Felsen sie unseren Blicken entzogen. So konnten wir erst nach unserer Rückkehr zum Schiffe um zwei Uhr Morgens, nach einer ununterbrochenen Wanderung von 16 Stunden, unsern quälenden Hunger stillen.

Von unserer Müdigkeit kann man sich einen Begriff machen, wenn ich sage, daß wir am 18. Vormittags erwachten, ohne eine Ahnung von dem Sturme gehabt zu haben, welcher in der Nacht so heftig aus Nordosten geweht hatte, daß das Schiff beinahe in die Tiefe versenkt wurde, bevor man die Segel reffen konnte. Hellstad mußte sich glücklich schätzen, daß er es wieder zu dem Ankerplatze bei der „Verwechslungsspitze" — wir gaben ihr diesen Namen mit Rücksicht auf die Ereignisse des vergangenen Tages — zurückzubringen vermochte. Der Sturm hielt noch bis zum Abend an. Während dieser Zeit machten wir den Versuch, auf Grund der gemessenen Winkel eine Karte des Storfjordes zu entwerfen;

es zeigte sich aber bald, daß es unmöglich sei, die gemachten Erfahrungen mit einander in Einklang zu bringen. Wir gingen deshalb noch einmal an's Land und maßen eine Reihe von Winkeln, welche die Sache vollkommen aufklärten. Die außerordentliche Reinheit der Luft hatte uns verleitet, bei den Messungen vom Agardhberge die Entfernung einiger nach Norden hin belegenen Bergspitzen zu unterschätzen, weshalb wir bei den späteren Messungen von Lee's Vorland sie mit anderen näher belegenen verwechselt hatten.

## Siebentes Kapitel.

### Fahrt bis zum Weißen Berge. — Rückkehr.

Dem heftigen Sturme folgte vollkommene Windstille, und wir lichteten die Anker, um noch einmal den Versuch zu machen, einen Hafen an der Nordküste des Storfjordes zu erreichen. Den ganzen 19. trieben wir im Nebelwetter, zwischen einzelnen Eisschollen, hierhin und dorthin, ohne den ersehnten, nur einige Meilen entfernten Hafen zu erreichen. Unter Anderem lagen wir einige Stunden an einem Eisberge fest, welcher von der Strömung durch das übrige Eis getrieben wurde und ein breites eisfreies Fahrwasser hinter sich ließ. Es kommt nämlich sehr oft vor, daß das Eis sich in zweien entgegengesetzten Richtungen bewegt, das flache, wenige Fuß unter die Oberfläche reichende Buchteneis nach der einen, und die hohen, tiefgehenden Gletschereisblöcke nach der andern Seite. Die Spitzbergenfahrer lassen sich deshalb bei der Windstille oft von einem solchen tiefer gehenden Eisblocke in's Schlepptau nehmen.

Wenn man auf Spitzbergen von Eisbergen redet, so hat man allerdings nur an größere, von den Gletschern herabgefallene Eisblöcke zu denken, aber obwohl dieselben oft ungeheuer sind, so lassen sie sich doch durchaus nicht mit den grönländischen Eisbergen vergleichen, welche eine Höhe von 1,000 Fuß erreichen sollen. Schon der Absturz der dortigen Gletscher ist weit höher als der der spitzbergischen; dieser Unterschied genügt aber nicht, die so bedeutende Differenz zu erklären. Professor Edlund's Annahme, die größeren Eisberge entstünden dadurch, daß ein Gletscherblock mit seinem unteren Theile in Berührung mit einer Schicht „überkühlten"*) Wassers komme, welches bekanntlich in solchem Falle sofort in Eis verwandelt wird, hat daher eine große Wahrscheinlichkeit für sich. Solche „Ueberkühlung" kann infolge des Golfstromes auf Spitzbergen nur ausnahmsweise stattfinden, während sie in den fast ausschließlich von der arktischen Strömung durchflossenen Gewässern Grönlands sehr oft vorkommen muß. So finden nur in Grönland die von den Gletschern gefallenen Eiskörner einen fruchtbaren Boden für die Weiterentwickelung, und wachsen zu jenen ungeheuren Eisbergen an, welche den Schiffern oft ebenso zum Staunen wie zum Entsetzen gereichen.

Während das Schiff mit der Strömung trieb, schickten wir das Jagdboot aus, theils um einen geeigneten Hafen aufzusuchen, theils um die großen Seehunde zu jagen, welche sich auf den Eisflarden behaglich ausruhten und sich offenbar an dem stillen warmen Wetter erfreuten. Infolge der nebeligen Luft gelang es indessen nicht, ihnen in Schußweite zu kommen. Während des Nebels sind nämlich sowohl die Walrosse als auch die Seehunde so scheu, daß sie bei dem geringsten Geräusche entfliehen. So kam auch jetzt das Boot ohne erhebliche Ausbeute zurück. Dafür brachte es allerdings die erfreuliche Nachricht mit, daß es am Fuße des Edlundberges, zwischen einer Insel im Osten und einer flachen Spitze im Westen einen vortrefflichen Hafen gebe, der im Norden von dem festen Lande eingeschlossen, im Süden aber durch Grundeisblöcke geschützt werde. Von der Besatzung des Axel Thordsen hatte bis dahin noch Keiner in diesem Theile des Storfjordes geankert, wir nahmen die Nachricht daher mit großer Freude auf und ließen das Schiff durch die Boote in den ersehnten Hafen bugsiren. Nach einigen Stunden Arbeit warfen wir daselbst Anker und fanden die Aussage der Jäger durchweg richtig. Am folgenden Tage, als der am Vormittage herrschende Nebel sich ein wenig verzogen hatte, machten wir den Versuch, über den östlich vom

*) Unter überkühltem Wasser versteht man bekanntlich dasjenige, dessen Temperatur unter den Gefrierpunkt gesunken ist, ohne daß es zu einer Eisbildung gekommen. Wenn solches Wasser geschüttelt wird oder in Berührung mit einem kantigen Gegenstande kommt, einem Eisstücke z. B., so wird ein bedeutender Theil desselben in einem Augenblicke in Eis verwandelt und die Temperatur steigt bis zu dem gewöhnlichen Gefrierpunkte. Auf diese Art bildet sich also auch das „Grundeis" in unseren Strömen.

Edlundberge befindlichen Gletscher den Gipfel desselben zu besteigen. Unser Unternehmen war anfangs vom Wetter begünstigt. Als wir aber so weit hinaufgekommen waren, daß wir vor dem Nordwinde keinen Schutz mehr fanden, empfing uns ein so eisiger, heftiger Sturm mit Nebel, daß wir uns kaum aufrecht zu halten vermochten. An eine weitere Aussicht war natürlich gar nicht zu denken. So kehrten wir denn zum Schiffe zurück. Als wir beim Niedersteigen wieder den Gletscher passirten, kamen wir zu einer kleinen Eisspalte und vernahmen, während wir noch nach einer Stelle zum Ueberspringen suchten, oberhalb ein dumpfes Brausen. Gleich darauf aber stürzte eine bedeutende Wassermasse durch die Spalte und verrann in wenigen Secunden. Dieses Schauspiel wiederholte sich mehrere Male. Neugierig setzten wir uns an der Eiskante nieder und begannen, den Chronometer in der Hand, das Phänomen genauer zu beobachten, wobei es sich denn herausstellte, daß wir es hier mit einem intermittirenden Gletscherflusse zu thun hatten; die Pause zwischen jedem Schwalle betrug 40 bis 60 Secunden. Der Grund für diese Erscheinung war wahrscheinlich derselbe wie bei der Intermittenz des aus dem engen Halse einer Flasche strömenden Wassers.

Am 21. August klärte sich das Wetter so vollkommen auf, daß wir wiederum an's Land fuhren, um den Edlundberg zu besteigen. Wir legten am Rande des Gletschers an, welcher ohne Absturz hinabsteigt. Parallel mit dem Strande, in einer Entfernung von etwa 1,000 Ellen, zieht sich eine breite Moränenbank hin, worauf der eigentliche Gletscher folgt, dessen unterster Theil aus einem hügeligen, — zuweilen von kleinen, meist mit Wasser angefüllten Spalten durchschnittenen, — Eisfelde besteht. Die Besteigung war leicht und bequem, und wir erreichten bald das unterste Plateau des Berges. Darauf folgte ein geneigter Grasplan, welcher erst weiter nach oben steiler wurde, zuletzt aber, nahe dem obersten Plateau, in ein senkrechtes, in vierkantige Pfeiler zerklüftetes Hyperitband überging. Das letztere war zwar 50 Fuß hoch und senkrecht abgeschnitten, aber auch fest und sicher, und konnte daher ohne Schwierigkeit erklettert werden. So erreichten wir die Spitze. Die Aussicht von hier entsprach unserer Erwartung vollkommen. Im Nordwesten breiteten sich, so weit der Blick reichte, endlose Schneeflächen und Hügel aus, nur durch einzelne mehr oder weniger freistehende Bergspitzen unterbrochen. Von diesen verdienen in erster Reihe mehrere entferntere Berge, welche wahrscheinlich den südlichen Strand von der Wijde-Bai umgeben, genannt zu werden, ferner eine Kette von Bergspitzen, welche weiter im Nordosten den Horizont unterbrach. Der Chydenius-Berg bildete den nördlichsten und höchsten dieser gewaltigen Bergriesen. Nach Süden hin vermochten wir den ganzen Storfjord zu übersehen, von Whales Point und Whales Head ab bis zu seiner tiefsten Einbuchtung in der Nähe des Weißen Berges. Im Westen ragten lauter von Eis umgebene Bergmassen auf. Den Blick über Heenlopen Strat hinderte dichter Nebel, welcher — wie so oft — nur über dieser Straße und ihren Strandbergen zu liegen schien.

Um die nach Nordwesten sich erstreckende Bergkette noch weiter verfolgen zu können und uns zu überzeugen, ob eine Wanderung über die Schneefelder mit Schwierigkeiten verbunden sei, gingen wir von der Spitze weiter nach dem Innern des Landes, welches sich fast zu derselben Höhe erhob. Es war vollkommen eben und mit hartgefrorenem Schnee bedeckt, auf welchem es sich wie auf einem Tische wandern ließ. Dieser Schneeplan schien sich bis zum Chydenius-Berg zu erstrecken, so daß derselbe, behufs einer Triangulation, leicht zu erreichen wäre. Nachdem wir bis zu einem kleinen, entfernteren Schneehügel gekommen, ohne ein anderes Resultat, als daß immer neue Bergspitzen aus der Schneefläche auftauchten, beschlossen wir zurückzukehren.

Der kürzeste Weg zum Schiffe führte neben einem ziemlich steil abfallenden Eisstrome, welcher, zwischen zweien Bergen eingezwängt, von der Stelle, wo wir uns befanden, zu einem breiten, ebenen Gletscher niederfloß, demselben, über welchen wir beim Hinaufsteigen gewandert waren. Die eigentliche Quelle des letztern war eben dieser mit dem Binneneise im Zusammenhange stehende Eisstrom. Wir standen eine Weile an seinem Rande, mit dem Fernglase in der Hand, um uns zu überzeugen, ob es möglich sei, diesen anscheinend sehr bequemen Weg hinabzusteigen, oder ob wir wieder zu dem weiteren, beim Hyperitabsatze überdies etwas gefährlichen, zurückkehren müßten. Ein junger „Balsfjording", der unsere Instrumente trug und in seiner Heimath gewiß schon manchen Berg erklettert hatte, aber wahrscheinlich noch niemals über einen Gletscher gewandert war, betrachtete uns, als wir ihn um seine Meinung fragten, mit großen Augen. Seine Mienen schienen auszudrücken: „Wie kann man in einer so klaren Sache noch zweifeln?“ — und ohne ein Wort zu sagen sprang er plötzlich, den Theodoliten in der Hand, den Eisabhang hinab, zu unserm großen Schrecken, indem wir fürchteten, der Gletscher werde wie gewöhnlich von Spalten durchsetzt, also schwer zu passiren sein. Es dauerte indessen nicht lange, so sahen wir ihn Halt machen, und zwar noch zur rechten Zeit, denn als wir näher kamen, zeigte es sich, daß ein ungeheurer Eisabgrund ihm den Weg versperrte. Wir krochen zu seinem Rande und blickten in die unheimliche, bodenlose Tiefe hinab, deren Wände aus azurblauen Eisklippen bestanden, nur hier und da mit weißen, tropfsteinartigen Bildungen bekleidet. Weiter verlor sich Alles in einem schwarzblauen Dunkel. Diese Spalte erstreckte sich beinahe quer über den ganzen Gletscher, so daß wir, um darüber zu kommen, einen ganz bedeutenden Umweg zu machen gezwungen waren. Auch später noch stießen wir auf eine große Zahl solcher Spalten, welche wir theils umgingen, theils übersprangen, theils auf einem darüber befindlichen Eisgewölbe passirten. Erst dann, als wir die Hauptmasse des eigentlichen Gletschers erreichten, nahmen die Spalten ein Ende und das Herabsteigen erfolgte rasch und ohne Anstrengung. Der intermittirende Bach, welchen wir am Tage vorher gesehen hatten, war jetzt beinahe beständig, so daß wir nur noch ein schwaches Pulsiren wahrnehmen konnten.

Schon bevor wir das Schiff verlassen, hatten wir den Auftrag ertheilt, das englische Boot auszurüsten und zur Fahrt von einigen Tagen zu bemannen. Wir fuhren deshalb gleich nach unserer Rückkehr mit dem Boote zu dem kleinen Sunde ab, welcher das östliche Eismeer mit dem Storfjord verbindet. Bei der weiten Entfernung und zwischen dem Treibeise, das hier und da den Weg versperrte, wurde das Rudern recht ermüdend. Als wir unsern Bestimmungsort erreicht und das Boot auf die Ebene zwischen dem Helissund und dem Gletscher, welcher den Weißen Berg umgiebt, gezogen, auch das Zelt aufgeschlagen hatten, krochen wir daher sofort in unsere Schlafsäcke, um erst am folgenden Tage mit frischen Kräften unsere Arbeiten zu beginnen.

Als wir erwachten, fanden wir den Himmel klar und beinahe wolkenfrei. Nachdem das Frühstück eingenommen, begannen wir sofort in Gemeinschaft mit Hellstad den Weißen Berg zu besteigen. Die Mannschaft sollte sich dagegen während unserer Abwesenheit der Rennthierjagd am nördlichen Strande des Helissundes hingeben. Wir wanderten zunächst über die bedeutenden Moränen, welche der Gletscher vor sich hergeschoben hatte, und bestiegen sodann das langsam abfallende Eisfeld, eine wider Erwarten sehr ermüdende und unbehagliche Wanderung, indem die Oberfläche aus erst aufgethautem und dann wieder gefrorenem Schnee bestand, so daß er von einer pfeifenartigen, vom Winde gefurchten Kruste bedeckt war, welche unter unsern Füßen oft zusammenbrach. Infolge dessen sank der Fuß in den darunter befindlichen lockern Schnee tief ein und konnte nur mit Anstrengung wieder durch die Eiskruste, deren scharfe Kanten in das Schuhwerk schnitten, gezogen werden. Erst nachdem wir eine Stunde lang hinaufgewandert, erblickten wir den Gipfel des Berges, welcher bis dahin von den Höckern des Gletschers verdeckt gewesen war, aber wir befanden uns noch immer weit von dem Ziele unserer Wanderung. Stunden lang mußten wir noch über Schnee von ähnlicher Beschaffenheit weiter gehen, bevor wir den Gipfel, ein kleines, von fußtiefem pulverartigen Schnee, darunter sich festes Eis befand, bedecktes Plateau erreichten.

Die Aussicht von hier ist vielleicht die großartigste, welche man auf Spitzbergen finden kann. Im Osten, in etwa 20 Meilen Entfernung, erblickten wir ein hohes Gebirgsland mit zweien die übrigen Berge überragenden Kuppeln. Es war der am weitesten nach Westen vortretende Theil eines großen, noch beinahe ganz unbekannten arktischen Continents, welcher, obwohl schon im Jahre 1707 vom Commandeur Giles entdeckt, seitdem ganz vergessen und auf den neuesten Karten übergangen worden ist. Zwischen diesem Lande und Spitzbergen lag ein von großen, zusammenhängenden Eisfeldern bedecktes Meer, das offenbar von keinem Schiffe durchsegelt werden konnte. Unser Lieblingsplan, nach beendigter Untersuchung des Storfjordes uns dorthin zu wenden, mußte daher aufgegeben werden. Im Nordosten und Norden erschienen, so weit der Blick reichte, die Berge des Nordostlandes und der Heenlopen Strat, und dazwischen die letztere selbst mit ihren Inseln, welche — wie es den Anschein hatte — jetzt von eisfreiem Wasser umgeben waren. Nordenskiöld erkannte den von ihm im Jahre 1861 besuchten Lovénberg wieder. Zwischen diesem- und dem Weißen Berge erhoben sich die schneebedeckten Berghäupter von Thumb Point, dahinter aber schnitt ein langer, stark gebogener Sund, in welchem mehrere Gletscher mündeten, tief in das Land ein.

Das Innere des Landes lag ebenfalls vor unseren Blicken da, eine endlose, unermeßliche Schneewüste, aus welcher hier und da eine dunkle, gegen den blendend weißen Grund stark contrastirende Felsmasse herausragte. Erst weiter im Westen und Nordwesten erschienen mehr zusammenhängende Bergketten. Ueberdies war die ganze West- und Nordküste des Storfjordes sichtbar und der nördliche Theil von Barents' Land, dessen äußerste Spitze aus einem bedeutenden, steil in's Meer abstürzenden, stark zerklüfteten Schneeberge besteht. Zu unseren Füßen lag der kleine von norwegischen Walroßjägern im Jahre 1858 entdeckte Sund, welchen wir mit dem schon auf holländischen Karten vorkommenden Namen Helissund bezeichnet haben. Mr. Lamont nennt ihn zwar Ginevrasund, aus seiner Beschreibung ist aber zu entnehmen, daß er nur bis zu der Verwechslungsspitze gedrungen, den eigentlichen Sund also gar nicht zu Gesicht bekommen hat. Derselbe macht sich übrigens noch eines andern Irrthums schuldig, indem er die zu Parry's berühmter Reise publicirte Karte des nordöstlichen Spitzbergen nicht zu kennen scheint, auch selber keine Ortsbestimmungen gemacht hat. Er läßt nämlich seinen Ginevrasund da münden, wo sich etwa die Lommebucht befindet; sein Irrthum beträgt mithin nicht weniger als 50 Minuten.

Wie gewöhnlich maßen wir, bevor wir zurückkehrten, eine Menge Winkel mit dem Theodoliten, aber diesesmal unter ganz besonders erschwerenden Umständen. Irgend ein Stativ hatten wir natürlich nicht bei uns, und im Allgemeinen bedarf es auch eines solchen nicht, da die meisten Bergspitzen auf Spitzbergen, selbst diejenigen, welche über die in 1,000 bis 1,500 Fuß liegende Schneegrenze aufsteigen, schneefrei sind, so daß man bei Messungen die Instrumente leicht auf einem Steine oder einem Varde aufstellen kann. Hier aber fanden wir weder Steine noch andere zu einer Unterlage passende Gegenstände vor. Wir mußten deshalb erst einen großen Schneehaufen zusammenschaufeln, ihn so fest als möglich stampfen und den Theodoliten darin bis zum Horizontalkreise niederdrücken. Sodann legte sich Einer von uns in den Schnee und maß die Winkel, während der Andere sie aufzeichnete. Die Aufstellung erwies sich als ganz fest; aber nach der anstrengenden Bergbesteigung schweißtriefend im lockern Schnee zu liegen, während ein eisiger Wind den Berggipfel fegte, war doch so unbehaglich, daß nur ein paar Winkel gemessen und die Beobachtungen rascher als sonst abgebrochen wurden.

Auch das Hinabsteigen war sehr ermüdend, theils infolge des großen Abstandes der Bergspitze von der See, theils aus denselben Gründen, welche schon das Aufsteigen erschwert hatten. Aber sie fand doch, wenigstens am Anfange, wo der Abhang steiler war, in lebhaftem, von verschiedenen Purzelbäumen begleitetem Wettlaufe statt, und mit einer solchen Hast, daß wir schon am Abend um zehn Uhr das Boot erreichten.

Während unserer Abwesenheit war, wie schon erwähnt, die Mannschaft auf der Rennthierjagd gewesen und hatte das Glück gehabt, zwei außerordentlich fette und stattliche Thiere zu schießen. Sie kamen einige Augenblicke vor uns zu dem Boote und fanden Alles in der größten Unordnung. Offenbar hatte ein Bär eine Hausvisitation bei uns abgehalten und sich dabei schlimmer benommen, als ein diensteifriger Thorcontroleur in den goldenen Zeiten des Zoll- und Paßzwanges. Durch den Schlag seiner Tatzen war das Bootzelt an zweien Stellen von oben bis unten zerrissen. Zwei wollene Jacken, sowie einen Dunér gehörigen Nachtsack hatte er als unbrauchbar blos umgekehrt, dagegen einer gebratenen Rennthierseite größere Achtung erwiesen, indem er sie bis auf die Knochen aufgefressen. Und da er offenbar gefunden, daß sie nicht gehörig in Fett geschmort worden, hatte er als Zukost etwa die Hälfte einer Talgbütte verzehrt, welche wir für den Fall, daß es uns an Feuerung fehlen sollte, mitgenommen. Eine rohe Rennthierhälfte, zum Schutze gegen hungrige Füchse und Möwen in das Bootssegel gewickelt, mochte ihm zu gewöhnlich und simpel erschienen sein, denn sie lag unberührt, das Segel dagegen war zerrissen. Endlich hatte er noch einen Sack mit Schiffszwieback geöffnet und seinen Inhalt auf dem Strande ausgeschüttet. Aber das dadurch verursachte Geräusch schien — nach den Spuren im Sande zu urtheilen — den vierbeinigen Fiskal schleunigst verscheucht zu haben.

Es verging über eine Stunde, bis wir das Zelt in Ordnung gebracht und die rings umhergestreuten Sachen gesammelt hatten. Da wir indessen dem Bären, wenn er wiederkehren sollte, eine gehörige Strafe zudachten, so luden wir alle Gewehre und legten, nachdem wir unser Abendbrod gekocht, einige Stücke Rennthierfleisch auf die Kohlen, damit der Duft ihm recht verlockend in die

Nase ziehe. Kurz darauf krochen wir Alle in das Zelt, um in der warmen Hülle des Schlafsacks Ruhe und Schlaf zu finden. Aber nun entstand die große Frage, wie wir aufwachen sollten, wenn unser Gast wiederkäme? Die Bergbesteigung, die Rennthierjagd und die darauf folgende reichliche Mahlzeit hatten uns so sehr ermüdet und schläfrig gemacht, daß an ein ordentliches Wachehalten nicht zu denken war. Es wurden eine Menge Vorschläge gemacht, unter Anderm, daß man das eine Ende eines Strickes um die geröstete Rennthierseite oder um einen Schinken, und das andere um das Bein des Kochs, dessen Würde durch den Besuch des Bären ganz besonders gekränkt war, binden solle. Aber obwohl er auf den Bären am meisten ergrimmt war und sonst jede Mißachtung seines Muthes und des ihm gewordenen Mandats auf's Empfindlichste rügte, weigerte er sich, trotz des lauten Beifalls der übrigen Besatzung, doch ganz entschieden, hierauf einzugehen. Er fürchtete offenbar zuerst fortgeschleppt zu werden. So fiel der Vorschlag, ohne daß — wie so oft der Fall — ein besserer an seine Stelle gesetzt wurde. Alle Mann krochen in ihre Schlafsäcke und vergaßen in den Armen des Schlafes sowohl Rennthiere als auch Bären, Sturm und Treibeis.

Wir lagen noch eine Weile halb wachend, plaudernd von Gradmessungen, geographischen Aufnahmen, Fahrten zu unerhörten nördlichen Breiten, und waren im Begriffe einzuschlafen, als wir draußen vor dem Boote ein leises Geräusch vernahmen. Wir meinten indeß, daß es nur eine Fortsetzung des Scherzes sei, den man mit dem Koch getrieben, und hüteten uns auf die Sache einzugehen, um nicht selber in die Falle zu gerathen. Plötzlich hörten wir aber doch einen heftigeren Lärm, der uns veranlaßte, die Zeltleinwand aufzuheben und hinauszublicken. Ein großer Bär sprang eben, so schnell er nur konnte, davon und war, bevor wir noch ein paar Schüsse auf ihn abfeuern konnten, verschwunden. Als wir hinaustraten, wurde uns der Schmerz, zu sehen, daß der Bär nicht blos das auf den Kohlen geröstete Fleisch, sondern auch das zum Frühstück bestimmte gekochte Fleisch, welches auf einer Schüssel über einer Menge zur Hälfte mit Rennthiersuppe gefüllter Becher lag, dicht neben der Bootkante, aufgezehrt hatte. Bei seinem Versuche, zu dieser Fleischsuppe zu kommen, hatte er sich offenbar ungeschickt benommen und dadurch das Geräusch verursacht. Wir beschlossen jetzt wenigstens eine Stunde lang zu wachen; da der

Bär aber während dieser Zeit nicht erscheinen wollte, schliefen wir wieder ein. Als wir nach einem zehnstündigen festen Schlafe erwachten, fanden wir, daß unser Boot mit keinem neuen Besuche beehrt worden war. Auch das zweite Mal hatte der offenbar ungewöhnlich civilisirte Bär das rohe Rennthierfleisch unberührt gelassen, das geröstete und gekochte dagegen vollständig verzehrt. Wir gingen aus dieser Affaire also in der That als die Geschlagenen davon, und waren ein wenig verstimmt, daß wir uns das bereits zu zweien Decken vor dem Schreibtische bestimmte Bärenfell nicht theilen konnten. Ueberdies hatten wir dem Bärenfleische, und besonders den leckeren Schinken, Geschmack abgewonnen. Die Leute dagegen legen auf dieses Fleisch kein Gewicht; ja es giebt Viele unter ihnen, die für keinen Preis sich zu seinem Genusse verstehen würden, obwohl es sehr gut schmeckt und beinahe vollkommen an fettes, grobfaseriges Rindfleisch — vielleicht mit einem geringen Beigeschmack von Schweinefleisch — erinnert. Dieses Vorurtheil scheint sich theils auf die — wie es scheint — richtige Tradition von der Giftigkeit der Bärenleber, theils darauf zu gründen, daß das Bärenfleisch zuweilen in der That einen üblen Geruch und Geschmack bekommt. Ueberdies fürchten die jüngeren Seeleute, daß man infolge seines Genusses frühzeitig ergraut.

Nachdem wir das Boot in's Wasser geschoben, ruderten wir zur Schute zurück und erreichten sie in der Nacht zum 24. August.

Die Untersuchungen zum Zweck einer Gradmessung durften nunmehr als abgeschlossen angesehen werden, und es entstand deshalb die Frage, in welcher Weise wir den Rest der noch vorhandenen Arbeitszeit wohl am besten anwenden könnten. Ursprünglich hatten wir beabsichtigt, sobald die Arbeiten im Storfjorde abgeschlossen wären, nach Osten hin zu segeln und die Lage von Giles' Land zu bestimmen, vielleicht eine Karte davon zu entwerfen. Von der Spitze des Weißen Berges konnte man indessen wahrnehmen, daß dieser Plan für dieses Jahr unausführbar sei. Wir beschlossen daher, anstatt dessen so weit als möglich nach Norden zu fahren, um wenigstens *eine* sichere Beobachtung, betreffend die Lage des Eises in der ersten Hälfte des September, zu machen. Es darf nämlich als ziemlich wahrscheinlich angenommen werden, daß in diesem Monat das Meer im Norden und Westen Spitzbergens, infolge des Einflusses des Golfstromes, bis zu einer ganz erheblichen Breite eisfrei wird. Von der Stelle, wo wir vor Anker lagen, führten zwei Wege nach der nördlichen Küste, der eine durch den Helissund und die Heenlopen-Straße an Verlegen-Hoek vorbei, der andere nach Süden um das Südcap und sodann längs der westlichen Küste nach Norden. Der erste Weg hätte wegen seiner Kürze unbedingt den Vorzug verdient, wenn unser Schiff ein Dampfboot oder wenigstens für den Winter verproviantirt gewesen wäre. Denn wenn auch der nördliche Theil von Heenlopen Strat durch Eis gesperrt wurde, so hätte man doch durch den Storfjord zurückkehren können, bevor ihn das von Osten her kommende Eis verschloß. Mit einem Segelschiffe aber mußte dieser Weg äußerst gefährlich erscheinen, da ein Ostwind in wenigen Stunden das zwischen Spitzbergen und Giles' Land befindliche Eisfeld gegen die Küste pressen und die Rückkehr unmöglich machen konnte. Der zweite Weg war dagegen mit keinem besondern Risico verbunden und verschaffte uns überdies die Möglichkeit, die Lage des Südpunktes von Spitzbergen zu bestimmen. So verzichteten wir auf die, im Ganzen genommen auch nur in der Vorstellung vorhandene, Ehre einer Umschiffung Spitzbergens und wandten uns wieder nach Süden.

Die Spitzbergenfahrer sprechen oft davon, daß sie Spitzbergen umschifft haben; sie verstehen darunter aber immer nur, daß sie in verschiedenen Jahren zu demselben Punkte in der Heenlopen-Straße gekommen, das eine Mal längs der West- und Nord-, das andere Mal längs der Ostküste. Nur ein einziges norwegisches Schiff hat, so viel wir wissen, wirklich die ganze Inselgruppe umschifft, nämlich die Brigg Jaen Mayen unter Führung des Capitäns E. Karlsen. Wir geben hier nach der Tromsöer Stiftszeitung den Bericht über seine interessante Reise.

„Nachdem wir am 7. Juli 1863 Prinz Charles Vorland und den folgenden Tag die nordwestliche Spitze Spitzbergens passirt hatten, setzten wir die Reise nach Nordosten zur Heenlopen-Straße fort. Auf dieser ganzen Strecke zeigte sich nur sehr wenig Treibeis, und wir hatten im Norden, so weit wir nur sehen konnten, offenes Wasser. Wir lavirten nun nach Süden durch die Heenlopen-Straße, die noch voll von Eis war, und trafen mit mehreren anderen Schiffen zusammen. Den 27. erreichten wir die südliche Spitze des Nordostlandes und erlegten ungefähr 40 Walrosse und eben so viele Seehunde. Ich versuchte hierauf erst die Fahrt nach Süden längs der Ostküste Spitzbergens fortzusetzen, vermochte aber das dichtgepackte Eis nicht zu durchbringen, wandte deshalb um und begann nach Nordosten um das Nordostland zu segeln. Aber auch dieses ließ sich wegen des Eises nicht ausführen. So mußte ich wieder durch die Heenlopen-Straße zurück. Den 1. August verließ ich diesen Sund, und da das Fahrwasser nach Osten hin offen war, so dachte ich einmal zu versuchen, ob sich nicht das Nordostland von Norden her umschiffen ließe, und begann auch gleich gegen den Ostwind zu kreuzen. Am 2. August befand ich mich nördlich von Little Table Island und erreichte lavirend den 81. Grad. Von hier war das Wasser, so weit wir mit dem Fernglase vom Maste aus sehen konnten, nach Norden hin eisfrei. In der Nähe schwammen ein paar Eisfelder. Weiter im Osten zeigte sich zwar mehr Eis, doch ziemlich vertheilt, so daß es nicht schwer hielt, vorwärts zu kommen. Den 9. August befanden wir uns bei der Walroßö, der äußersten Insel an der nordöstlichen Spitze des Nordostlandes. Wir ließen die Boote hinab und gingen auf die Jagd. Wegen der starken Strömung nach Nordosten warfen wir näher dem Lande, bei einigen Inseln, und zwar an einer Stelle, welche auf den Seekarten Dove-Bai genannt wird, obwohl hier gar keine Bucht vorhanden, Anker. Wir lagen hier bis zum 13. August und hatten eine gute Jagd; aber das Treibeis und der Strom zwangen uns wieder unter Segel zu gehen. Wir wurden sehr schnell nach Osten hin geführt. Ebbe und Fluth waren hier sehr unbedeutend; letztere betrug nur 3 Fuß, wogegen sie an der Nordwestküste Spitzbergens eine Höhe von 6 bis 8 Fuß erreicht. Wir kreuzten demnächst nach Süden an der Storö vorbei und weiter längs der Ostküste des Nordostlandes. Dieselbe besteht aus zusammenhängenden Gletschern, welche sich weit in das Meer hinein erstrecken, und zwar, wie es scheint, viel weiter als zu der Zeit, da die Karten aufgenommen wurden, denn die sogenannten Frozen Islands sind jetzt vollkommen verschwunden. Ebenso ist die Entfernung zwischen dem Nordostlande und der Storö (Große Insel), welche nach der Karte 3 norwegische Meilen betragen soll, jetzt so verringert, daß sie nur noch ein enger Sund, welchen ich zu passiren nicht für räthlich fand, von einander trennt.

„Am 16. August, etwa eine halbe Meile vom Nordostlande entfernt, in 79° 34′ nördl. Br., nahmen wir im Ostsüdost die südlichste Spitze von Giles' Land wahr, welche sich nach der Karte in 80° 10′ nördl. Br. befinden soll. Ich schätzte die Entfernung auf 8 Seemeilen; das Land liegt also etwa in 79° 5′ nördl. Br. was auch mit späteren Messungen übereinstimmt. Wir behielten es nämlich noch in Sicht, bis wir zur Walther Thymen's Strat, in 78° 30′, kamen, wo wir es im Nordosten hatten. Giles' Land ist übrigens wiederholt von mir und anderen Spitzbergenfahrern gesehen worden. Einmal kam ich ihm bis auf eine Meile Entfernung nahe, da aber der Fang hier nicht sehr lohnend war, so mochte ich nicht weiter gehen. Es ist ein großes, „weitläufiges" Land mit hohen Bergen und großen Fjorden, geradeso wie Spitzbergen.

„Nachdem wir das Ende der Heenlopen-Straße passirt hatten, setzten wir die Reise nach Süden längs der Ostküste Spitzbergens fort, machten gute Beute und kamen überall, wo wir einen Monat vorher nicht durchzudringen vermocht hatten, leicht hindurch. Am 20. segelten wir zwischen Ryk Yses Inseln und Stans Vorland, sodann längs der Südküste des Südostlandes und kehrten nach Norwegen zurück." — —

Am 25. lichtete Axel Thordsen die Anker, um nach Süden zu fahren. Der Wind war schwach, und nur die Strömung brachte uns vorwärts. Gerade da wir für immer den Nordstrand des Storfjordes verlassen sollten, zeigte sich auf seiner äußersten Spitze ein Rudel Rennthiere. Natürlich wurde das Jagdboot sofort ausgesetzt. Es dauerte nicht lange, so kehrten die Leute mit einem halben Dutzend sehr großer und fetter Thiere zurück. Sie waren auf der niedrigen Hyperitspitze unter dem Walroßberge, welchen wir zwei Tage vorher in allen Richtungen durchkreuzt hatten, ohne auch nur die Spur eines Rennthieres wahrzunehmen, geschossen worden. Es scheint deshalb, daß sie über das Binneneis, welches von der Landseite die Spitze umgab, gekommen.

Die Fahrt wurde längs der Ostküste des Storfjordes meist bei schwachem Winde und unter starkem Nebel fortgesetzt. Am Morgen des 26. erlegte Hellstad einen Bären auf dem Eise, Nachmittags aber schossen Malmgren und Dunér vom Schiffsdeck aus eine Menge der kleinen Seehunde, welche neugierig unser Fahrzeug umschwärmten. Sie waren so fett, daß sie nicht, wie es sonst der Fall zu sein pflegt, zu Grunde gingen, wenn sie getödtet wurden.

Als wir uns den Tausend Inseln näherten, fanden wir sie in dem Grade durch Eis versperrt, daß weder wir noch drei an=

dere Schiffe, welche ebenfalls dorthin zu gehen beabsichtigten, vorwärts kommen konnten. Wir richteten deshalb den Cours erst auf das Südcap und später mehr nach Norden. Zwar hatte es in unserm Plane gelegen, bei dieser Spitze an's Land zu steigen, aber der Wind wehte mit einer solchen Gewalt, daß an das Aussetzen eines Bootes nicht zu denken war. Wir fuhren deshalb ohne Aufenthalt weiter längs der Westküste Spitzbergens, und erreichten, von einem guten Winde begünstigt, schon am Morgen des 30. die Höhe von Prinz Charles Vorland. Hier sollte aber unsere Reise infolge eines unerwarteten Hindernisses zum Abschlusse gelangen. Wir erblickten nämlich draußen im Vorlandssunde ein mit Leuten überfülltes Boot, welches, eine große Fahne an seinem Hinterende, mit aller Kraft nach unserm Schiffe zu gerudert kam. Offenbar waren es Schiffbrüchige, welche ihre Rettung auf einem der wenigen noch nicht nach Norwegen zurückgekehrten Schiffe suchten, und wir hielten deshalb gerade auf das Boot zu. Bald befand sich die Besatzung an unserm Bord und bekräftigte unsere Vermuthung. Sie berichteten aber, daß wir uns auf noch weitere sechs Boote mit 37 Mann, welche zum Schoner Aeolus, geführt vom Capitän Tobiesen, der Yacht Anna Elisabeth, geführt von unserm alten Freunde, dem Quänen Mattilas, und der Yacht Danolina, geführt vom Schiffer Janne Åström, gefaßt machen müßten.

Die protokollarische Erklärung Mattilas' über den Schiffbruch lautet folgendermaßen:

„Am 19. April verließen wir bei gutem Südwinde Norwegen. Das Schiff war mit Booten und Jagdgeräthschaften gut ausgerüstet. Die Besatzung bestand Alles in Allem aus 11 Mann. Das Schiff war leicht und stark und für alle Verhältnisse wohl eingerichtet. Den 28. April kamen wir Spitzbergen, in der Gegend des Bellsundes, nahe, doch hielt uns das vorhandene Eis mindestens zwei Meilen davon entfernt. Wir setzten unsere Fahrt längs der Westküste nach Norden hin fort und hatten am 30. die Nordspitze von Prinz Charles Vorland vor uns. Da wir uns hier vergebens bemühten, einen Fang zu machen, segelten wir noch weiter. Am 2. Mai lagen wir bei der Amsterdam-Insel, fingen aber auch hier nichts. Darauf fuhren wir längs der Nordküste von Spitzbergen, gingen in die Weite Bucht und froren daselbst einige Tage ein. Wir hauten uns indessen hinaus und segelten nach Moffen, mußten wegen des hereinbrechenden Sturmes aber wieder in die Wijde-Bai. Hier warfen wir an der Ostküste Anker und blieben bis zum 19. Juni eingeschlossen. In dieser ganzen Zeit erbeuteten wir, mit Ausnahme einiger Seehunde, nichts. Den 19. arbeiteten wir uns hindurch und segelten längere Zeit an der Nordküste Spitzbergens, indem wir jagten. Am 20. Juli warfen wir bei Low Island Anker. Sodann hielten wir uns kurze Zeit in der Heenloopen Strat auf. Da wir aber nichts erbeuteten, fuhren wir wieder hinaus und richteten den Cours nach Nordosten, in der Hoffnung, hier mehr Glück zu haben. Hier trafen wir die Yacht Danolina und blieben mit derselben auch später zusammen. Am 25. Juli befanden wir uns bei den Sieben Inseln und jagten Seehunde und Walrosse. Den 4. August trafen wir mit dem Aeolus zusammen. Dann warfen wir alle drei an der nordöstlichen Spitze des Nordostlandes Anker, machten gute Beute, und fuhren weiter zur Storö, wo Walrosse in solcher Menge auf dem Lande lagen, daß wir so viele tödten konnten, als wir nur wollten.

„Am 11. fuhren wir nordwärts und trafen mit Tobiesen zusammen, welcher, nach einem vergeblichen Versuche in die Heenloopen-Straße zu gelangen, von Süden her kam. Ich theilte ihm mit, daß noch eine Menge von getödteten Walrossen, die wir nicht mehr hätten mitnehmen können, auf der Storö lägen, und segelte weiter nach Norden. Den 12. hinderte uns das vom Nordwinde dicht gepackte Eis am Weiterkommen. Wir segelten nun mehrere Tage hin und her, in der Hoffnung, das Eis werde sich vertheilen, statt dessen häufte es sich aber immer mehr an, so daß wir zuletzt die Hoffnung aufgaben und nach dem Nordostlande zurückkehrten. Nun segelten wir mit den anderen Schiffen nach Süden, um möglicher Weise hier eine Durchfahrt zu finden, erreichten auch am 16. die Südostspitze des Nordostlandes, vermochten aber wegen des Eises nicht weiter zu kommen. Wir hatten nur noch einige Meilen bis zur Heenloopen-Straße, aber die ganze See lag voller Eis, und um das Unglück voll zu machen, begann dasselbe von Osten her nach der Gletscherküste zu drängen, so daß uns keine andere Rettung blieb als die Boote.

„Nachdem wir dieselben einige Meilen über die Eisfelder geschleppt, kamen wir zu einer ziemlich eisfreien Rinne längs einem Gletscher. Während wir gerade in derselben ruderten, stürzte von der oberen Gletscherkante ein Eisblock herab und verursachte eine so gewaltige Dünung, daß eines der Boote umgeworfen wurde und mit dem Kiele nach oben schwamm. Die darin befindliche Mannschaft verlor ihre Sachen und allen Proviant, rettete sich aber in den anderen Booten. Nachdem wir den endlosen Gletscher passirt hatten, ruderten wir in eisfreiem Wasser durch die Heenloopen-Straße längs der Nord- und Nordwestküste Spitzbergens bis zu dem Eingange des Eisfjordes, wo wir Schiffer, die daselbst auf Rennthiere jagten, anzutreffen hofften. Im schlimmsten Falle wollten wir in einzelnen Abtheilungen in den Hütten an der Advent-, Red- und Wijde-Bai überwintern.“ — —

Als wir mit den Leuten im Vorlandsfunde zusammentrafen, hatten sie in 14 Tagen eine Entfernung von 100 geographischen Meilen, im Boote, rudernd, zurückgelegt. Es machte einen eigenthümlichen Eindruck, die Freude auf den wettergebräunten Gesichtern der Menschen zu sehen, da sie von ihrem Boote aus über die Brüstung des Axel Thordsen kletterten. Sahen sie sich doch von einer Ueberwinterung — ohne die nothwendigste Ausrüstung und ohne Lebensmittel — ja von einem ziemlich gewissen oder mindestens wahrscheinlichen Tode durch Hunger oder Skorbut gerettet! Unter den Schiffbrüchigen befand sich auch ein elf Jahre alter Knabe, ein Neffe Mattilas’, welcher den Burschen bei einem Besuche seiner Verwandten in Finland mit sich genommen. Sein Benehmen offenbarte auch sofort den quänischen Ursprung. Er war verschlossen, einsilbig, kühn und verwegen, und ließ vermuthen, daß ihm in den Kämpfen des Lebens Entschlossenheit und Selbstvertrauen nicht fehlen werde.

Wenn die Spitzbergenfahrer sich so sehr vor einer Ueberwinterung fürchten, so hat das seinen guten Grund. Der größere Theil der von den Westeuropäern gemachten Versuche (denn die Russen scheinen dem spitzbergischen Klima bessern Widerstand leisten zu können) haben meist den Ausgang gehabt, daß die ganze Wintercolonie dem Skorbut erlegen ist, und sonderbarer Weise scheint dieses vorherrschend das Schicksal derjenigen Partien gewesen zu sein, welche so vortrefflich ausgerüstet waren, daß sie sich während der langen Polarnacht ungestört dem Schlafe und dem Nichtsthun überlassen konnten. Diejenigen dagegen, welche infolge des Verlustes ihres Schiffes eine Ueberwinterung durchzumachen hatten und ohne Vorräthe, ohne luxuriöse Ausrüstung durch die Noth zu anhaltender Arbeit, zum Einsammeln von Holz, zur

Rennthier- und Seehundsjagd gezwungen wurden, sind dadurch, sowie durch die frische Nahrung, vom Untergange verschont geblieben.

Zu den vielen schon bekannten Beispielen der Art können wir noch einige Notizen in Betreff einer Ueberwinterung in der Croß-Bai 1843—1844 mittheilen, welche wir von einem der Theilnehmer, dem Schweden Andreas Lindström, erhalten haben.

Das Schiff, auf welchem sich Lindström befand, ging am 10. Juli im Treibeise bei Moffen verloren. Man rettete sich zwar auf ein anderes Schiff, doch wurde auch dieses einige Stunden später so plötzlich zerdrückt, daß nur das Nothwendigste geborgen werden konnte. Es befanden sich nun zusammen 24 Mann, mit geringem Proviant, in zweien gebrechlichen Booten fern vom Lande, mitten im Treibeise, welches so dicht gepackt war, daß von einem Rudern nicht die Rede sein konnte. Sie schleppten deshalb die Boote über das Eis nach der Verlegen-Huuk, die sie nach achttägiger ermüdender Arbeit erreichten. Wieder vergingen drei Wochen, bevor man zur Croß-Bai kam. Glücklicher Weise stieß man unterwegs auf ein von Parry zurückgelassenes Depot von Fleisch in Blechbüchsen und etwas Rum, was zu ihrer Erfrischung und Belebung nicht wenig betrug. Ein Theil der Schiffbrüchigen blieb in der Croß-Bai zurück, ein anderer ging nach Süden, um irgend ein Schiff aufzusuchen. Es glückte ihnen auch, bis zum Norden des Bellsundes vorzudringen, von wo sie eine nach Süden kreuzende Schute wahrnahmen. Aber trotz aller verzweifelten Versuche gelang es ihnen nicht, das dazwischen liegende Treibeis zu durchbrechen. So blieb nichts übrig, als unverrichteter Dinge zur Croß-Bai zurückzukehren. Die Mannschaft aber sah sich genöthigt, sich auf eine Ueberwinterung in den beiden daselbst befindlichen Hütten vorzubereiten. Glücklicher Weise fanden sie in der einen etwas Mehl vor, das für solche Fälle zurückgelassen war. Man sammelte Treibholz, schoß Seehunde und Rennthiere und suchte sich in steter Bewegung zu erhalten. Trotzdem starben schon im Januar Dreie von ihnen am Skorbut, welcher auch mehrere von den Anderen überfiel, indessen durch den Genuß von Seehundsblut gemildert wurde. Am Anfange des Juni holte ein Schiff die Ueberlebenden ab. Die Kälte begann erst um Neujahr und erreichte ihre größte Höhe mit dem Ende der langen Winternacht. Im Winter herrschten Nordwinde vor, im Herbste und Frühling West- und Südwinde. Die See blieb bis Neujahr offen, da das Treibeis ankam. Nun fror bei dem stillen Wetter auch die See zu, sie wurde aber von Zeit zu Zeit wieder durch Stürme aufgerissen. Zur Zeit als sie am weitesten zugefroren war, konnte man selbst von den höchsten Bergspitzen kein offenes Wasser wahrnehmen. Nordlichter waren im Winter etwas ganz Gewöhnliches. — —

Schon am Nachmittage nahmen wir die Mannschaft eines zweiten Bootes auf; es war aber noch die von fünfen übrig. Sie hatten sich nach verschiedenen Seiten zerstreut, um Schiffe aufzusuchen und eine schließliche Zusammenkunft in Safe Haven im Eisfjorde verabredet. So beschlossen auch wir in diesem Hafen die Rückkehr der schiffbrüchigen Besatzungen abzuwarten, wurden jedoch durch den von hohen Wellen begleiteten Wind aus Südosten am Einlaufen verhindert und gezwungen, im Vorlandssunde Schutz zu suchen, woselbst wir vor der St. Johns-Bai Anker warfen.

In der Nacht vom 2. zum 3. September kamen wieder vier mit 21 Leuten bemannte Boote an. Sie hatten sogar einen Hund bei sich, der sich auf unserm Schiffsdeck sofort ganz ungenirt benahm, wie ein Wesen etwa, das sein ganzes Leben an Bord zugebracht hatte. Als dieser Hund später dagegen bei Tromsö an das Land kam, war er äußerst unruhig und wild. Sah er doch zum ersten Male Wohnhäuser, bellende Hunde und deren Junge!

Das siebente Boot, welches unter Tobiesen's Führung nach dem Vorlande gerudert war, blieb noch immer aus und versetzte uns in die größte Unruhe. Um ihm entgegen zu gehen, lichteten wir am 3. Morgens die Anker, fuhren zum südlichen Theile des Vorlandes und hielten uns der Küste so nahe als möglich. Nachdem wir einige Stunden lang vergeblich nach dem vermißten Boote gespäht, hielten wir auf den Eingang des Eisfjordes zu, wohin Tobiesen, der Verabredung gemäß, sich möglicher Weise schon begeben hatte. Am Abende kamen wir bei einem laberen Winde in den Fjord, am 4. Morgens traf endlich auch Tobiesen ein, mit der erfreulichen Nachricht, daß mindestens 10 Mann auf zweien englischen Jagdschiffen, welche noch im Eisfjorde lagen, untergebracht werden könnten. So blieben denn nur 27 Mann auf unserm Schiffe zurück, zusammen mit der eigenen Besatzung immerhin 42, eine Zahl, die uns nothwendig zur Rückkehr zwang, da es uns sowohl an dem genügenden Proviante als auch an Wasser fehlte. Die 42 Leute repräsentirten alle Nationalitäten Schwedens,

Norwegens und Finlands. Wir fanden also genügende Gelegenheit, nichts blos den nationalen Charakter, sondern auch den individuellen Ausdruck, welchen das oft wechselvolle Geschick den Einzelnen verliehen hatte, zu studiren.

Ein großer Theil der Schiffbrüchigen bestand aus Lappen, kenntlich an ihrer kurzen, untersetzten Figur, ihren halb mongolischen Zügen, der dunkelbraunen Gesichtsfarbe und der durch das Jagdleben auf Spitzbergen wenig veränderten Nationaltracht. Durch den Schiffbruch hatten sie ihren ganzen Lohn, von welchem sie den Winter über leben sollten, verloren, so daß sie eine schwere Zeit erwartete. Aber trotzdem sah man sie immer bei guter Laune. Nur ein junger Lappenbursche mit schiefstehenden Augen und kohlschwarzen Haaren rechnete uns wiederholt wehmüthig vor, wie viele Silberspecies er verloren. Ein anderer älterer Lappe hatte schon in diesem Sommer auf dem Jaen Mayen und früher unzählige Male Schiffbruch erlitten. Er wurde denn auch als ein wahrer Unglücksbringer bezeichnet, den kein Schiffer mehr mitzunehmen wagen dürfe. Im Allgemeinen brachten die Lappen auf unserer Rückreise die ganze Zeit auf ihrem Lager zu und waren nur bei den Mahlzeiten sichtbar.

Erst die neueste Zeit hat den Lappen vermocht, seine Fischereigeräthgeschaften und Schären zu verlassen und an den Fahrten nach Spitzbergen Theil zu nehmen. Wird er dabei von einem Norweger oder Quänen mit gehörigem Nachdruck zur Arbeit angehalten, so erscheint er dazu auch ganz geeignet. Besonders sind sie als vortreffliche Schützen bekannt. Sehr Viele von ihnen sind in den letzten Jahren nach Amerika ausgewandert. Das Merkwürdigste aber ist, daß selbst ein Gebirgslappe mit seiner Familie in die neue Welt gezogen ist, um dort sein Glück zu suchen.

Die drei Capitäne der untergegangenen Schiffe: der energische Norweger Tobiesen, der gefällige und allgemein beliebte Schwede Åström und der vielerfahrene spitzbergische Veteran, der Quäne Mattilas, repräsentirten die in culturhistorischer Hinsicht so nahe verwandten, den höchsten Norden bewohnenden Völkerschaften. Sowohl bei ihnen wie bei den schwedischen, norwegischen und finnischen Seeleuten waren die verschiedenen Charaktere der drei Nationalitäten deutlich und bestimmt ausgeprägt; zugleich aber hatte die Beschäftigung mit dem blutigen Jagdhandwerk und dem Hazardspiele des Fanges, sowie die unzähligen Gefahren und Abenteuer in dem ewigen Kampfe mit Sturm und Treibeis, ihren Zügen einen gewissen gemeinsamen, unvertilgbaren Stempel fast von Wildheit, jedenfalls von Muth, Selbstvertrauen und — wenn wir es so nennen dürfen — Herrschbegier verliehen. Und in der That, es ist ein schweres, abenteuerliches Dasein das Leben der spitzbergischen Jagdfahrer.

Mit Gefahr den Leser zu ermüden, wollen wir, bevor wir den Bericht über unsere eigene Reise abschließen, noch einen der vielen Unglücksfälle, welche die Leute in einem schlimmen Eisjahre bedrohen, erzählen. Der Bericht gründet sich auch diesesmal auf eine beschworene Aussage.

Am 7. Mai 1850 segelte der vom Schiffer Börresen geführte Schoner Karl Johann nach Spitzbergen, erreichte am 9. Bären-Eiland und fuhr sodann längs der Küste eines Eisfeldes bis Prinz Charles Vorland, welches er am 17. Mai wahrnahm. Nachdem man verschiedene Häfen an der Westküste besucht, beschloß man in Gesellschaft mit der Yacht die „Brüder" — Capitän Henrikſen — zu der Ostküste Spitzbergens, woselbst man bessern Fang zu machen hoffte, zu fahren. Oestlich vom Südcap trafen sie am 25. Juli wieder auf Eis, welches anfangs vertheilt war, infolge eines südlichen Sturmes mit Nebel aber sich zu verdichten begann. Man setzte nun so viel Segel als möglich bei, um heraus zu kommen, indessen ohne Erfolg. Die Strömung und der Wind häuften das Eis zu immer dichteren und festeren Massen zusammen, und die beiden Schiffe, besonders aber der Schoner, wurden so beschädigt, daß man am 15. August, nach gehaltenem Schiffsrath, das eine Fahrzeug, welches auch bald darauf sank, aufzugeben beschloß. Man hatte damals im Südosten in einer Entfernung von etwa 2 Meilen Walther Thymen's Strat. Alle Mann begaben sich nun an Bord der „Brüder", drei Tage später wurde aber auch dieses Schiff zerdrückt, so daß man die Rettung auf dem Eise zu suchen gezwungen war. Nachdem sie mehrere Tage umhergeirrt, nahmen sie ein Schiff wahr und schickten vier Mann mit einer kleinen Jolle ab, um Hülfe zu bitten. Es war die Slup Fortuna — Capitän E. Meier, — und sie erreichten dieselbe ohne besondere Schwierigkeiten, aber einige Stunden darauf ging auch Fortuna unter, und zwar so plötzlich, daß man sich wiederum auf das Eis retten mußte, ohne auch nur das Nothwendigste mitnehmen zu können. Von Proviant barg man nur 8 bis 9 Roggen-

Zwiebacke und einen Sack mit Grütze, welcher überdies im Salzwasser und Thran gelegen hatte. Auch rettete man zwei Boote und zwei Gewehre, doch ohne Munition, und zog sie auf dasselbe Eisstück, auf welchem sich die Leute befanden. Nachdem sie mehrere Tage lang am Südcap vorbei bis zum Hornsund getrieben, trafen sie auf ebenes, niedriges Eis und begannen die Boote auf das Land zu ziehen. Die Leute waren aber von dem Hunger so geschwächt, daß man das eine Boot im Stich lassen mußte, das zweite schleppte man weiter fort, bis man am 26. Abends von einem hohen Eisblocke wieder ein Schiff in Sicht bekam, welches in 2 bis 3 Meilen Entfernung im Eise lag. Die am wenigsten Geschwächten wurden nun zu Fuß über das in anhaltender Bewegung befindliche Treibeis zu dem Schiffe geschickt, das sie auch erreichten, obwohl sie oft nur mit Hülfe einer Stange — zugleich ihrer einzigen Waffe — über die breiten Oeffnungen im Eise springen konnten und sich auf ihrer Wanderung die Begleitung einiger verwunderten und neugierigen Eisbären, welche sie allerdings nicht weiter beunruhigten, gefallen lassen mußten. Sie kehrten nach 24 Stunden mit Speise und Munition zurück und berichteten, daß das Schiff von seiner Besatzung verlassen sei, aber Proviant und Anderes in Fülle enthalte. Nachdem sie sich mit den mitgebrachten Speisen gestärkt, begaben sie sich nun sämmtlich über das Eis zu der verlassenen Schute, pumpten sie aus und fuhren nach Norwegen zurück.

Meier ist jetzt ein wohlhabender Kaufmann in Tromsö, von dem wir vielfache Beweise von Wohlwollen erhielten, aber die Erinnerung an die ausgestandenen Leiden ist noch jetzt, nach 14 Jahren, bei ihm so lebhaft, daß er ungerne von seinen Abenteuern im Eise sprechen mag. — —

Aber es ist Zeit, daß wir zum Axel zurückkehren.

Am 4. September verließen wir den Eisfjord. Der Wind war so schwach und ungünstig, daß wir uns noch am 6. vor dem Bellsund befanden. Wir legten hier bei, um aus einem in die Dunder-Bai mündenden Flusse die Wasserfässer zu füllen, und segelten weiter nach Süden.

An der Westküste Spitzbergens war der Wind wie gewöhnlich sehr schwach, so daß wir erst in der Nacht vom 7. zum 8. September des Südcap passirten, bald darauf begann aber ein frischer Wind aus Osten zu wehen, welcher am 9. zum Sturme anschwoll.

Am 10. Mittags befanden wir uns in 72° 54′, zugleich stieg die Temperatur des Wassers plötzlich von + 3° auf + 8° C., ein deutlicher Beweis, daß wir das Gebiet des eigentlichen Eismeeres verlassen hatten. Das wärmere Wasser brachte uns auch bald Nebel, welcher zusammen mit dem Dunkel der Herbstnächte die Einfahrt in die Schärenflur Norwegens, die wir in der Nacht zwischen dem 11. und 12. September in Sicht bekamen, hinderte. Am 12. klärte sich das Wetter zwar auf, es trat aber zugleich eine vollkommene Windstille ein. Ungeduldig, endlich Nachrichten aus der Heimath zu erhalten, ließen wir ein Boot aussetzen und erreichten Tromsö, rudernd, am frühen Morgen des 13. September. Axel Thordsen langte erst am Abende des folgenden Tages an.

Giles' Land.
— Das sagenhafte Land im Osten. —

1868.

Da der ausführliche Reisebericht über die im Jahre 1868 von Schweden aus unternommene Expedition nach Spitzbergen erst am Ende dieses Jahres die Presse verlassen wird, so hat der Leiter derselben, Professor Nordenskiöld in Stockholm, die Güte gehabt, den nachstehenden Auszug eigens für diese Ausgabe mitzutheilen.

---

Die wissenschaftliche Untersuchung der Natur des höchsten Nordens ist bekanntlich in den letzten Jahren von Schweden aus mit so großer Vorliebe in Angriff genommen worden, daß mit Einschluß der privaten Unternehmung im Jahre 1858, im Laufe eines einzigen Jahrzehnts, vier Expeditionen in die arktischen Gewässer abgesandt worden sind. Die letzte vom Jahre 1868 fand bei dem schwedischen Publikum einen solchen Anklang, daß allein die Stadt Gothenburg die gesammten Kosten zusammenbrachte, während die Regierung das zu einem solchen Zwecke vorzüglich ausgerüstete und bemannte Schraubendampfschiff Sophia zur Disposition stellte. So vermochte man dem Unternehmen eine weit größere Ausdehnung zu geben, als ursprünglich beabsichtigt worden war.

Die meisten Expeditionen dieser Art haben sich stets als Hauptzweck gesetzt, einen möglichst hohen nördlichen Breitengrad zu erreichen; aber ein Blick auf ihren Ausgang zeigt auch, wie schwer dieses Ziel zu erstreben war, und wie selbst ein geringfügiger Umstand oft vortrefflich ausgerüstete Expeditionen zur Rückkehr genöthigt hat, ohne irgend ein nennenswerthes Resultat heimzubringen. Und doch hätte dieses so leicht vermieden werden können, wenn nur die wissenschaftliche Ausrüstung und Bemannung mit der erforderlichen Sorgfalt in's Werk gesetzt worden wäre. Um nun der neuen schwedischen Expedition einen solchen

Ausgang, so weit es in unseren Kräften stand, zu ersparen, sollte, wie bei den früheren arktischen Unternehmungen, die möglichst erschöpfende Untersuchung der physikalischen Verhältnisse Spitzbergens fortgesetzt werden. Zu diesem Zwecke wurde die Expedition von der wissenschaftlichen Akademie in Stockholm mit Allem was zu den wissenschaftlichen Untersuchungen erforderlich, mit großer Sorgfalt ausgerüstet und von einer so großen Zahl von Fachmännern aus allen Wissenschaften, als Raum und Verhältnisse nur irgend zuließen, begleitet.

Nach dem Reiseplane sollte man im Sommer und beim Beginne des Herbstes Bären-Eiland besuchen und die marine und terrestrische Fauna, die phanerogame und kryptogame Flora, sowie die Geographie und Geologie Spitzbergens untersuchen. Außerdem beabsichtigte man sich mit Tiefenmessungen, meteorologischen und magnetischen Beobachtungen u. s. w. zu beschäftigen. Ein Kohlendepot sollte von einem hierzu ausdrücklich gemietheten Schiffe an irgend einer geeigneten Stelle des nordwestlichen Spitzbergen angelegt werden, damit die Sophia im Laufe des Herbstes hier anlaufen und ein Theil der Gelehrten mit dem Kohlenschiffe anfangs oder Mitte des September nach Norwegen zurückkehren könne. Die Uebrigen sollten mit der Sophia nach Norden vorzudringen versuchen und nöthigenfalls in einem geeigneten Hafen der nördlichsten Inselgruppe der alten Welt, den Sieben Inseln, überwintern.

Die Theilnehmer der Expedition waren:

A. E. Nordenskiöld, Geolog.
Fr. W. von Otter, Capitän der Sophia.
A. L. Palander, Lieutenant.
L. Nyström, Arzt.
S. Lemström, Physiker.
E. Holmgren,
A. J. Malmgren, } Zoologen.
F. A. Smitt,
Sv. Berggren,
Th. Fries, } Botaniker.
G. Nauckhoff, Geolog.

Ueberdies hatte das Schiff 14 Mann Besatzung, zu der noch ein zoologischer Conservator, Svenson, und sechs in Norwegen geheuerte Jäger kamen.

Nachdem das der Expedition zur Verfügung gestellte Schiff, unter Capitän von Otter's Leitung, in Carlskrona ausgerüstet und verproviantirt worden, — und zwar für etwas über ein Jahr, oder, mit Rücksicht auf die Jagdbeute, auf welche man in diesen Gegenden immer rechnen kann, auf etwa anderthalb Jahr, — nachdem es ferner Gothenburg angelaufen und die wissenschaftlichen Mitglieder nebst der Ausrüstung an Bord genommen, wurden die Anker am 7. Juli gelichtet. Den 16. bis zum 20. brachte man in Tromsö zu, um Kohlen u. s. w. einzunehmen.

Den 22. warf die Sophia im Südhafen bei Bären-Eiland Anker und setzte einen Theil der Mitglieder an's Land, um die Verhältnisse dieser infolge mangelnder Häfen schwer zugänglichen Insel zu untersuchen, während ein anderer Theil in der Nähe des Schiffes sich mit Tiefenmessungen und Untersuchungen über die marine Fauna beschäftigte.

Bären-Eiland ist bekanntlich eine kleine, zwischen Norwegen und Spitzbergen belegene Insel, welche, sobald die Schneeschmelze eingetreten, ein 50 bis 100 Fuß hohes, äußerst ödes Plateau bildet, das im Süden und Osten zu zweien bedeutenden Bergen, dem Mount Misery (1,000 bis 1,200 Fuß) und dem Vogelberge aufsteigt und nach dem Meere zu mit einer steilen Wand abfällt, auf welcher sich erstaunlich zahlreiche Vogelschaaren aufhalten, denen diese Insel als Rast- und Brutplatz dient. Das Plateau wird theils von unzähligen, kleinen, flachen Seen, theils von harten, vollkommen ebenen und bloßen Sandstein- oder Geröllfeldern, theils von niedrigen, meilenlangen Wällen von kantigen Steinen bedeckt, welche man beim ersten Anblick für gewaltige Moränen, Zeugen der einstigen „Eiszeit", in welcher das Thal zwischen dem Mount Misery und dem Vogelberge gebildet worden, halten möchte. Bei genauerer Untersuchung findet man indessen alle möglichen Uebergänge, von einem ebenen, harten und spaltenfreien Sandsteinfels bis zu einem Sandstein mit kleinen Rissen und einem mit fuß-, ellen- oder gar klafterbreiten Sprüngen, ferner bis zu einer Sammlung kolossaler Felsblöcke, welche mit ihren Fugen noch in einander passen, und endlich durcheinander geworfene, moränenartige Steinwälle, welche ausschließlich aus scharfkantigen Steinblöcken bestehen.

Gletscher kommen hier eben so wenig vor als wirkliche Moränen oder Gletscherschliffe.

Weder diese dem Wanderer so beschwerlichen Steinanhäufungen, welche ohne Zweifel durch den Einfluß des Frostes und des Wassers auf den bloßen Felsboden entstanden sind, noch die steinharten Geröllflächen, noch die von Moos bedeckten feuchten Ränder der kleinen Seen vermögen den Pflanzen genug Nahrung zu gewähren, um dem harten Klima Trotz zu bieten. Die von unseren Botanikern entdeckten Arten bilden daher nur eine kleine Zahl, obwohl sie für die Pflanzengeographie, besonders was die Kryptogamen anlangt, von großem Interesse waren. Dasselbe gilt von der Landfauna der Insel. Die an den Küsten der Insel brütenden Vögel waren schon früher vollständig bekannt geworden, die Ornithologie konnte daher nur mit einer einzigen, auf der Nordküste angetroffenen Lopiafamilie bereichert werden. Die in südlicheren Regionen an Formen so reiche Klasse der Insecten wird hier nur durch zwölf kleine unansehnliche Arten repräsentirt, (darunter keine einzige Kaleoptenart), welche merkwürdiger Weise fast ohne Ausnahme neuen, eigenthümlichen Formen angehören. Landschnecken kommen hier so wenig als auf Spitzbergen vor, unsere Zoologen konnten wenigstens durch Dreggen in den kleinen Teichen nicht einmal eine kleine Pisidiumart heraufziehen, trafen hier aber zahlreiche Meer-Crustaceen an, oft von einer verhältnißmäßig sehr bedeutenden Größe.

Die Meeresfauna, auf welche wir später noch zurückkommen werden, und die Geologie boten dagegen die reichste und interessanteste Ausbeute dar. Schon Keilhau hatte von Bären-Eiland ein paar, später von Leopold von Buch beschriebene, der Bergkalkformation angehörende Brachiopoden mitgebracht; überdies theilt er uns einige interessante Notizen über die Steinkohlenlager mit, welche in dem nördlichen Theile der Insel zu Tage treten. Seine Beschreibung läßt jedoch keinen vollkommen sichern Schluß auf das geologische Alter dieser Steinkohlenlager zu, da er keine Pflanzenabdrücke mitgebracht hat, daraus man die Beschaffenheit der einst hier herrschenden Flora hätte kennen lernen können. Diese Feststellung bildete eben einen Hauptzweck der wissenschaftlichen Abtheilung der Expedition, und wir hatten dann auch das Glück, in den neben oder zwischen den Kohlenflötzen belegenen Schieferschichten zahlreiche, sigillariaartige Pflanzenreste anzutreffen, welche ebenso wie die fossilen Pflanzen, die wir später im Eisfjord und der Kings-Bai fanden, dem berühmten Kenner der fossilen Flora des höchsten Nordens, Professor Oswald Heer in Zürich, zur Bestimmung und Bearbeitung überlassen worden sind. Von den oberhalb der Kohlen liegenden Schichten wurde eine große Zahl von Bergkalkversteinerungen eingesammelt, auch fanden wir bei den fast durchweg bloßliegenden Profilen der Küsten Gelegenheit, die geologische Bildung der Insel in ihren Hauptzügen festzustellen. Es wurden ferner verschiedene mineralogische Funde gemacht, von denen hier die Wiederauffindung der äußerst unbedeutenden Bleiglanz- und Zinkblendeadern, welche kurz nach der Entdeckung der Insel derselben einen — wie wir kaum noch hinzuzufügen brauchen — unverdienten Ruf an mineralischen Reichthümern verschafften, erwähnt werden mag. Die Kohlenlager sind dagegen ganz bedeutend und ziehen sich wahrscheinlich unter dem Meere nach Norden hin fort. Möglicher Weise können sie in der Zukunft, da die Entwicklung der Industrie neue Steinkohlenschätze im Innern der Erde fordert, von praktischem Werthe werden, obwohl auf der andern Seite die nördliche Lage der Stelle und vor Allem der Mangel eines Hafens eine Ausbeutung der Flötze verhindern möchte. — —

Die Expedition verließ Bären-Eiland am 27. Juli. Der Cours wurde auf die früher von den schwedischen Expeditionen nicht besuchte Ostküste Spitzbergens gerichtet. Aber schon am Südcap stießen wir auf Eis, das in der Nähe der Tausend Inseln immer mehr gepackt auftrat, so daß wir uns zur Umkehr gezwungen sahen. Nach einigem Schwanken, ob man in der Gegend des Südcaps günstigere Eisverhältnisse abwarten und demnächst nach Osten hin vordringen, oder sofort die im Reiseplane vorgesehenen wissenschaftlichen Arbeiten an der Westküste Spitzbergens angreifen solle, entschieden wir uns für letzteres, und zwar zu unserm Besten, da wir später bei unserer Rückkehr erfuhren, daß die Ostküste während des ganzen Sommers von 1868 durch Eismassen vollkommen gesperrt gewesen sei.

So richteten wir unsern Cours denn zum Eisfjorde, wo Sophia am Morgen des 31. Anker warf. Wir hielten uns 14 Tage lang in den verschiedenen Häfen dieses Fjordes auf, und drangen überdies mit Booten bis zu dem Ende des nördlichen Armes vor, welchen die früheren schwedischen Expeditionen nicht besucht hatten. Während dessen waren alle Theilnehmer der Expedition eifrig mit wissenschaftlichen Untersuchungen und der Einsammlung von Naturalien beschäftigt. Die Ausbeute war denn auch sowohl in zoologischer als auch botanischer und besonders in geologischer Hinsicht reichlich und befriedigend.

Durch die früheren Expeditionen waren die Hauptzüge der Geologie des Eisfjordes ziemlich vollständig festgestellt; außerdem erschien aber dieser schöne Fjord mit seinen von den verschiedensten Thieren und Pflanzen erfüllten Gebirgsschichten seiner Ufer außerordentlich reich an Urkunden für eine geologische Geschichte des höchsten Nordens. Zu innerst im Fjorde stößt man auf mächtige, vermuthlich der devonischen Bildung angehörige Schichten eines rothen Schiefer- und Sandsteins, welche hier jedoch keinerlei Versteinerungen enthalten. Auf demselben ruhen Kalksteingyps- und Flintschichten, mit großen, dickschaligen Bergkalks-Brachiopoden; demnächst folgen Triasschichten mit großen Nautilusformen und Resten krokodilartiger Thiere, darauf Jura mit Ammoniten, sodann tertiäre Schichten, welche mit ihrem Reichthum an Pflanzenresten von dem milden Klima, das einst hier geherrscht hat, Zeugniß ablegen; weiterhin vereinzelte Reste von posttertiären Schichten, mit Pflanzen und Schnecken, welche die in diesen Gegenden nunmehr herrschende Eisperiode nicht zu überdauern vermocht haben und daher lebend erst im nördlichen Norwegen angetroffen werden. Von allen diesen Bildungen hatten schon die früheren schwedischen Expeditionen Proben mitgebracht, wenn auch ungenügend, um ein vollständiges geologisches Bild der einstigen Geschichte dieser Landschaft zu geben. Diese Lücke auszufüllen, bildete einen Hauptzweck der Expedition von 1868, und es gelang uns denn auch, eine außerordentlich reiche Ausbeute heimzuführen, besonders von Pflanzenabdrücken und Triasversteinerungen, welche — wissenschaftlich bearbeitet — unzweifelhaft ein ganz neues Licht auf die einstigen klimatischen Verhältnisse und die Vertheilung von Wasser und Land im höchsten Norden werfen werden.

Spitzbergen wird bekanntlich gegenwärtig von einer Menge norwegischer Schiffe besucht, welche zum Fange von Walrossen und Seehunden oder des „Haakjäringfisches" (Scymnus microcephalus) ausgerüstet sind. Das Walroß kommt gegenwärtig nur noch höchst selten an der Westküste Spitzbergens vor; man läuft daher die dortigen Häfen nur im Vorbeifahren an, theils um Wasser einzunehmen, theils um auf Rennthiere zu jagen. Mit welchem Erfolge diese Jagd betrieben werden kann, mag man daraus ersehen, daß im Jahre 1868 blos die von Tromsö ausgerüsteten Jagdschiffe, nach amtlichen Angaben, 996 Stück erlegt haben. Der Fang von Hammerfest ist noch bedeutender. Man darf daher annehmen, daß trotz des Vernichtungskrieges, welcher unter dem Namen einer Jagd schon längere Zeit hindurch gegen diese Thiere geführt wird, jährlich noch immer 2= bis 3,000 Stück getödtet werden. Vergleicht man diese Zahl mit dem unbedeutenden Areal eisfreien Landes auf Spitzbergen, so sieht man sich zu der Annahme versucht, daß über Novaja Semlja eine Einwanderung stattfindet, was indessen nicht gut möglich ist, auch wenn eine bedeutendere Insel oder Inselgruppe die Verbindung zwischen diesen 100 schwedische Meilen von einander entfernten Ländern vermitteln sollte.

Während der letzten Jahre haben die Norweger auch die schon früher von den Russen zum Fange des Weißfisches (Delphinapterus leucas) gebrauchten großen, aus Seilen gearbeiteten Netze eingeführt, und im Jahre 1868 waren mehrere Schiffe einzig zu diesem Zwecke ausgerüstet worden. Einige dieser Schiffe, die wir antrafen, hatten ein paarmal bei einem einzigen Zuge 12 bis 20 Stück dieser Weißfische gefangen; ein ganz erheblicher Fang, wenn man erwägt, daß der Weißfisch an Größe oft sogar das Walroß übertrifft.

Der Eisfjord ist ebenso wie die übrigen Meeresbuchten Spitzbergens von einem Kranze mächtiger, zum Meere niedersteigender Gletscher umgeben, welche dem Forscher genügende Gelegenheit bieten, ihre für die Entwicklungsgeschichte der Erde so bedeutungsvollen Phänomene zu studiren. Es kommen aber, besonders in dem inneren Theile des Fjordes, auch weite eis= und schneefreie Thäler und Bergabhänge vor, wo der fruchtbare Erdboden eine Vegetation erzeugt, üppiger als an den sonstigen Küsten der Inselgruppe. Man erblickt hier ganze Felder bedeckt von dem gelben Mohn (Papaver nudicaule) oder bekleidet mit einer dichten grün und rothen Matte der schönen Saxifraga oppositifolia. Der daneben liegende, in den Sommermonaten oft spiegelglatte Fjord wimmelt von Seethieren verschiedenster Art. Alles trägt dazu bei, die Stelle zu einem Hauptpunkte zu machen, wo man die Thier= und Pflanzenwelt des höchsten Nordens studiren kann. So hielten denn auch die Zoologen und Botaniker eine reiche Ernte. Wir wollen hier nur beispielsweise mehrere schöne Lachse und vollkommen ausgebildete Exemplare eines eßbaren Champignons nennen.

Wir verließen den Eisfjord am 13. August. An seinem Ausgange schickten wir eine Bootpartie nach Norden, um den Vorlandssund geologisch genau zu untersuchen und zu kartographiren. Diese Arbeiten wurden jedoch wie im Jahre 1861, da der Sund von Blomstrand und Dunér durchfahren wurde, durch anhaltenden Nebel erschwert. Das Schiff selbst segelte ein Ende nach Westen, um Tiefenmessungen anzustellen, welche indessen diesesmal, infolge der starken Dünung, ohne Erfolg blieben. Zur Zusammenkunft war die Kings-Bai bestimmt. Hier trafen denn auch beide Partien am Abende des 17. August ein. Nachdem auch hier verschiedene zoologische, botanische und geologische Ausflüge unternommen und eine große Zahl miocener Pflanzenabdrücke eingesammelt worden, ging die Sophia am 19. weiter nach Norden ab.

Wir hatten gehofft, hier unsern schon sehr mitgenommenen Kohlenvorrath wenigstens etwas verstärken zu können, erkannten aber bald, daß dieses mit allzu großem Zeitverlust verbunden sei. Während nämlich die Tertiärformation weiter nach Süden hin den größten Theil der umfangreichen Halbinsel zwischen dem Eisfjorde und dem Belsund einnimmt und daselbst mehrfach über tausend Fuß hohe Berge bildet, ist dagegen ihre Ausdehnung in der Kings-Bai äußerst unbedeutend, so daß sie gegenwärtig nur aus einigen kleinen Hügeln besteht, die durch — von Gletscherflüssen gebildete — Einsenkungen von einander getrennt werden und stark gefaltete Schichten haben. Die Kohlenflötze sind trotz ihrer Mächtigkeit und obwohl sie leicht zugänglich, — sie liegen nur einige Hundert Fuß vom Strande entfernt, an einem der besten Häfen Spitzbergens — nur von geringem Werthe, da der Boden ein wenig unter der Oberfläche gefroren ist und die vom Wasser durchzogene äußerst zähe Kohle ohne Sprengung nicht gebrochen werden kann. Uebrigens läßt sich schon jetzt übersehen, daß die ganze noch vorhandene kohlenführende Miocenbildung in einer verhältnißmäßig kurzen Periode fortgespült sein wird.

Spät am Abende des 20. August warf die Sophia bei der Amsterdaminsel Anker, und wir hatten am folgenden Tage die Freude, das erste der Schiffe, welche wir für die Expedition zum Kohlentransporte in Norwegen gemiethet hatten, in eben diesem

Hafen zu begrüßen. Nachdem wir auf der niedrigen Landzunge, welche im Südosten der Amsterdaminsel sich in's Meer erstreckt, ein Kohlendepot errichtet hatten und fünf der wissenschaftlichen Mitglieder der Expedition mit den erforderlichen Zelten und Booten in der Kobbe-Bai an's Land gesetzt worden, um zoologische, botanische und physikalische Versuche anzustellen, ging der übrige Theil der Expedition behufs einer Tiefenmessung nach Grönland ab. Es lag in unserem Plane, auf dem 80. Breitengrade dorthin vorzudringen, wir stießen indessen schon in der Länge von Greenwich auf undurchdringliche Eismassen. Es war offenbar, daß die grönländische Küste nur in einer weit südlicheren Breite erreicht werden konnte. Doch lag dieses außerhalb unseres Reiseplanes. Wir wandten daher nach Norden und Nordosten zurück und erreichten allmählich im Treibeise 81° 16′. Die Temperatur war bis auf — 6° C. gesunken, bei dichtem Eisnebel und häufigen Schneeschauern. Das Meer bedeckte sich zeitweise mit einer dünnen Kruste neugebildeten Eises; das Eis im Norden blieb unbezwingbar: so sahen wir uns genöthigt, einen Ausweg in südöstlicher Richtung zu suchen. Nachdem wir zuletzt noch vergeblich versucht hatten, zur Depotinsel in der Branntwein-Bucht vorzudringen, warf die Sophia am 28. August in der Liefde-Bai Anker.

Schon während der Ueberfahrt der Sophia von Norwegen nach Spitzbergen stellten die Officiere derselben, Capitän Freiherr von Otter und Lieutenant Palander, eine große Zahl von Tiefenmessungen an, auf größeren Tiefen mit der „Bulldoggmaschine“, welche, von eben der Art, wie sie auf der Reise im Jahre 1861 von Torell und Chydenius in Tromsö construirt worden war, sich als vorzüglich erwies. Diese Messungen wurden mit großem Eifer während unseres Kreuzens im Treibeise zwischen dem 80. und 82. Grade fortgesetzt und lieferten uns höchst interessante Resultate, nicht blos in Ansehung der Tiefenverhältnisse der von uns besuchten Gegenden des Polarmeeres, sondern auch in Ansehung des arktischen Thierlebens in den größten Meerestiefen. Es stellte sich unter Anderm heraus, daß Spitzbergen in gewissem Sinne als eine Fortsetzung der Skandinavischen Halbinsel angesehen werden kann, da diese Inselgruppe von Norwegen durch keine größeren Tiefen (nicht über 300 Faden) getrennt wird, während man ein Ende nördlich und westlich von Spitzbergen Tiefen bis zu 2,000 Faden und darüber mißt. Aus dieser großen Tiefe wurden nun mit der Bulldogmaschine Thonproben heraufgeholt, welche, wie eine genauere Untersuchung erwies, nicht allein verschiedene mikroskopische, sondern auch größere, ziemlich hoch organisirte Thierformen enthielten, z. B. verschiedene Arten von Crustaceen und Annulaten. Die größte Tiefe, von welcher man Proben erhielt, betrug 2,600 Faden, und die hier heraufgebrachte Masse bestand fast ausschließlich aus weißen und rothen Foraminiferen, größtentheils von der Größe eines Stecknadelkopfes. Außerdem verdient angeführt zu werden, daß wir während unseres Kreuzens im Eise nicht allein eine Menge Treibholz antrafen und einsammelten, sondern auch in 80° 40′, fern vom Lande, Glaskugeln von der Art, wie sie die Fischer bei den Lofoten zu gebrauchen pflegen; ein weiterer Beweis für die bereits früher festgestellte Thatsache, daß der Golfstrom, wenn auch nur schwach, noch bis in diese Regionen vordringt.

Liefde-Bai ist früher noch niemals von einer wissenschaftlichen Expedition besucht worden. Ihre Topographie und Geologie waren daher noch vollkommen unbekannt. Es wurde eine aus Malmgren, Nordenskiöld und Nyström nebst drei Mann bestehende Bootpartie daselbst zurückgelassen, während das Schiff nach der Kobbe-Bai ging, um die dort zurückgebliebenen Kameraden abzuholen. Die Bootfahrt wurde von einem stillen, milden Wetter und klarem Himmel begünstigt, obwohl draußen ein starker Wind mit Schneeschauern herrschte, ein auf Spitzbergen ganz gewöhnliches Verhältniß, was namentlich diesen schönen Fjord, nach der übereinstimmenden Erklärung der Jäger, charakterisiren soll. Wir waren daher auch im Stande, in den wenigen Tagen unserer Bootfahrt diese „liebe Bucht" zu kartographiren und ihre etwas einförmigen geologischen Verhältnisse festzustellen. Die Küsten bestehen nämlich ausschließlich aus denselben rothen, grünen und dunkelblauen Thonarten, welche im Eisfjorde von Productus führenden Bergkalkschichten überlagert werden und beim Hecla Mount die oberste Schicht der von uns nach diesem Berge benannten Schichtenfolge bilden. Bis dahin hatten wir in diesen Schichten indessen Versteinerungen nicht angetroffen. Ihr Alter blieb mithin zweifelhaft, und die — wahrscheinlich — devonischen Fischreste, welche wir hier fanden, bildeten daher einen für die Feststellung der Geologie Spitzbergens wichtigen Fund. Die darunter befindlichen Schieferschichten enthielten einige Pflanzenreste, doch waren dieselben zu undeutlich, um bestimmt zu werden.

Den 2. September traf die Bootpartie und das mit unseren Kameraden von der Kobbe-Bai zurückgekehrte Schiff ein Ende vor der Spitze, welche die Wijde- und Liefde-Bai von einander trennt, zusammen. Nachdem man ein paar Tage in dieser Gegend zugebracht hatte, lichtete die Sophia wieder die Anker und lief die nunmehr eisfreie Depotspitze in der Branntwein-Bucht an, um das im Jahre 1861 daselbst niedergelegte Depot von Pemmikan, ein eisernes Boot u. A. abzuholen. Darauf wandten wir uns nordwärts, um, das Nordostland umfahrend, Giles' Land zu erreichen. Wir fanden den größten Theil der zwischen den Sieben Inseln, dem Cap Platen und dem Nordcap belegenen Meeresbucht, welche 1861 schon in der Mitte des August vollkommen eisfrei gewesen, jetzt beim Beginne des September mit einer fast ununterbrochenen Eisdecke belegt. Auf diesem Wege konnte Giles' Land also nicht erreicht werden, und wir sahen uns, nachdem wir uns behufs botanischer und zoologischer Untersuchungen kurze Zeit an den Castréninseln und der noch von einem festen Eisgürtel umgebenen Parryinsel aufgehalten hatten, genöthigt, auf einem andern Wege zu unserm Ziele vorzubringen, nämlich durch die Heenloopen-Straße. So richteten wir denn den Cours nach deren südlichem Theile.

Schon vor dem Beginne des September hatten verschiedene Zeichen das Nahen des Herbstes verkündigt, und oft waren die Berge, einigemal sogar schon die Ebenen, mit einer weißen Decke frischgefallenen Schnees, der indessen bald wieder schmolz und unseren wissenschaftlichen Arbeiten kein Hinderniß in den Weg stellte, bedeckt gewesen. Jetzt aber, da wir zu den Südwaigatsinseln segelten, trat ein außerordentlich starker Schneefall ein, der uns die Ueberzeugung gab, daß die Zeit für unsere rein wissenschaftlichen Arbeiten verflossen sei. Wir wandten daher beim Lovénberge im südlichen Theile der Heenloopen-Straße, nachdem wir daselbst eine Menge Bergkalkversteinerungen unter einer fußhohen Schneedecke eingesammelt hatten, wieder um. Am 12. September ankerten wir von Neuem bei dem Kohlendepot auf der Amsterdaminsel und trafen daselbst auch das zweite Kohlenschiff an, mit welchem ein Theil der Mitglieder der Expedition (Fries, Holmgren, Malmgren, Nauckhoff, Smitt) nach Norwegen zurückkehrten, indem sie die reichen naturhistorischen Sammlungen, welche bis dahin zu erwerben der Expedition gelungen waren, mit sich nahmen. Diese Sammlungen sind später glücklich nach Stockholm gekommen und sollen, sobald sie nur erst wissenschaftlich bearbeitet worden, dem Reichsmuseum daselbst, welches schon vorher reichliche, von den früheren Expeditionen heimgebrachte arktische Sammlungen besitzt, und dem Museum der Stadt Gothenburg, deren Liberalität die erste Veranlassung zu dieser Expedition gegeben hat, überwiesen werden. Um eine Vorstellung von dem Umfange dieser Sammlungen zu geben, will ich hier blos an die obigen Mittheilungen betreffend unsere geologischen Arbeiten erinnern, ebenso daran, daß die Zoologie in der Expedition durch drei Gelehrte vertreten war, denen nicht blos ein besonderer Präparator und Conservator zur Disposition gestellt war, sondern auch ein mit mindestens vier Mann besetztes Boot, um an jedem Tage, da das Schiff still lag, zu dreggen. Dadurch wurde es nicht blos möglich, die marine Fauna des hohen Nordens gründlich zu untersuchen, eine Fauna, welche, was den Reichthum an Individuen betrifft, mit der mancher südlichen Gegenden wetteifern kann, sondern auch der Landfauna, besonders der an Individuen und Arten armen und deshalb nur sehr schwer zu untersuchenden Insectenfauna, die gehörige Aufmerksamkeit zu schenken. Durch Dreggen erhielt man auch reichliche Beiträge zur Kenntniß der Algenflora. Jede vorhandene Gelegenheit zu Ausflügen auf das Land wurde von den beiden Botanikern der Expedition zur Untersuchung der Flora und zur Einsammlung von Typenexemplaren für Normalharberien der Phanerogamen, Moose, Flechten und Algen Spitzbergens benutzt.

Den 16. September nahmen wir von unseren heimkehrenden Genossen Abschied und steuerten sofort wieder nordwärts. Wir beabsichtigten die Sieben Inseln anzulaufen, aber wir fanden sie nunmehr noch viel mehr vom Eise umgeben, als vierzehn Tage früher, da wir diese Gegenden besuchten. Wir beschlossen dafür längs einer nördlich um diese Inseln führenden, ziemlich eisfreien Rinne zu fahren und so weit als möglich vorzudringen.

Nach einer Reihe von Zickzackfahrten durch das Treibeis gelang es unserm Schiffe am 19. in $17\frac{1}{2}°$ östl. L. von Greenwich $81° 42'$ nördl. Br. zu erreichen, wie wir annehmen dürfen, die höchste Breite, bis zu welcher bis jetzt ein Schiff gekommen ist.*) Nordwärts lagen zwar lauter zerbrochene Treibeismassen, aber so dicht gepackt, daß nicht einmal ein Boot sie zu durchdringen vermocht hätte. Wir sahen uns daher genöthigt, uns nach Südwesten zu wenden, um eine andere Oeffnung in dem Eise aufzufinden. Statt einer solchen fanden wir aber die Eisgrenze mehr und mehr südlich, je weiter wir nach Westen kamen, so daß wir uns am 23., in der Länge von Greenwich, bereits in 79° befanden. Während dieser Fahrt waren wir wiederholt auf Eis gestoßen, schwärzlich gefärbt von Steinen, Grus und Erde, was auf ein weiter im Norden belegenes Land schließen läßt. Auch das Eis hatte ein ganz anderes Aussehen als dasjenige, welches wir hier Ende August angetroffen hatten. Es bestand nämlich nicht blos aus größeren Eisfeldern, sondern auch aus großen Eisblöcken; es scheint also, daß das frühere Eis nach Süden getrieben und von den aus Norden kommenden Eismassen ersetzt worden war. Die Temperatur war nun bis 8 und 9 Grad unter Null gesunken und hatte das früher ziemlich mürbe Eis so gehärtet, daß jeder stärkere Stoß gegen dasselbe mit nicht geringer Gefahr verbunden blieb. Ueberdies war die Nacht nunmehr so dunkel, daß man bei jedem größeren Eisfelde beilegen mußte, in beständiger Angst, sich am Morgen eingefroren zu sehen. Schon am Anfange des September hatte die Oberfläche des Meeres, nach einem stärkeren Schneefalle, angefangen sich zwischen den Eisstücken mit einer Kruste zu bedecken, welche indessen so dünn war, daß sie leicht durchbrochen werden konnte. Jetzt aber trat sie oft in solcher Stärke auf, daß sie ohne Schwierigkeit nicht forcirt werden konnte. Alles deutete darauf, daß die Jahreszeit, in welcher in diesen Gegenden überhaupt eine Fahrt möglich, bald verflossen sein werde; da wir aber noch einen Versuch wagen wollten, von den Sieben Inseln nach Norden vorzudringen und im Nothfalle dort zu überwintern, beschlossen wir zu unserm Kohlendepot zurückzukehren.

Den 25. September warf die Sophia an der Nordwestküste

---

*) In Betreff der Angabe Bäckström's, S. 349, daß er mit Capitän Souter 82° und einige Minuten nördl. Br. erreicht habe, bemerkt Herr Professor Nordenskiöld in einer brieflichen Mittheilung vom 6. Juni 1869: — — „daß die nördliche Küste Spitzbergens (North Bank) schon bei 80° 40′, mindestens aber 81°, unter den Horizont sinkt; selbst Table Island ist in 81° 30′ nicht mehr sichtbar. Die Angabe in Ansehung der hohen Breite, welche Bäckström erreicht haben will, ist daher, ebenso wie die meisten sonstigen dergleichen Berichte, unzuverlässig und unrichtig.“

Spitzbergens, nachdem sie mitten im Southgate auf eine unter dem Wasser befindliche Klippe, jedoch nicht heftig, aufgestoßen war, wieder Anker. Die Klippe ist in Buchan's und Franklin's vortrefflicher Karte dieses Hafens nicht eingezeichnet, obwohl es nach Beechy's Beschreibung scheint, daß auch sie auf diese Untiefe gerathen sind.

Nachdem wir einige Tage gerastet, um die Maschine auszubessern und Kohlen einzunehmen, — die letzten Reste unseres Kohlendepots mußten unter einer dicken Schneedecke hervorgesucht werden — und nachdem wir in dem „Briefkasten" auf dem Holme in der Kobbe-Bai einige Notizen in Betreff unserer früheren Fahrten und Zukunftspläne niedergelegt, dampften wir wieder am 1. October nach Norden, obwohl ein starker Wind mit Schneeschauern in dem Hafen, den wir verließen, herrschte. Unsere Vermuthung, daß er nur local sei, bewahrheitete sich, als wir weiter nach Norden kamen. Das Wetter wurde klarer und ruhiger, aber schon in 80° 14′ stießen wir auf einzelne Treibeisstücke, welche weiterhin an Größe und Zahl zunahmen. Wir hielten die nördliche Richtung noch am folgenden Tage bei, aber es zeigte sich bald, daß auf diesem Wege offenes Wasser nicht mehr zu erreichen sei; wir steuerten deshalb gegen Abend wieder in südlicher Richtung. In der Nacht legten wir neben einer größeren Eisflarde bei. Die Temperatur war nun bis auf $-14{,}_5{}^0$ gesunken, so daß bei dem stillen Wetter die Wasserfläche zwischen den Eisschollen sich mit 2 bis 3 Zoll dickem Eise belegte, welches die Fahrt des Schiffes ganz erheblich behinderte. Am folgenden Tage steuerten wir erst nach Süden, um ein beinahe offenes Wasser zu erreichen, sodann folgten wir der Eiskante in nördlicher und nordwestlicher Richtung. Auf diese Art erreichten wir wieder den 81. Grad. Hier aber stieß der Sophia ein Unglücksfall zu, der unserm weiteren Streben nach Norden ein Ziel setzte. Während eines Sturmes aus Südosten und bei ziemlich hohem Seegange wurde das Schiff am Morgen des 4. October mit einer solchen Gewalt gegen einen großen Eisblock, oder vielmehr kleinen Eisberg, geworfen, daß es einen bedeutenden Leck erhielt. Wir mußten umwenden, um einen Hafen aufzusuchen, und erreichten einen solchen spät Nachmittags, nach elf Stunden langer, schwerer Arbeit an den Pumpen. Obwohl alle Mann dabei thätig waren, stieg das Wasser doch von Stunde zu Stunde, so daß, als der Anker an der Amsterdaminsel fiel, es ungefähr zwei Fuß hoch über dem Zwischenboden stand. Glücklicher Weise blieb der in einem wasserdichten Verschlage untergebrachte Proviant unbeschädigt, auch der Maschinenraum konnte, obwohl nur mit großer Mühe, so wasserfrei erhalten bleiben, daß das Feuer nicht verlosch. Im andern Falle wäre unser Schiff ohne Zweifel sehr bald ein Opfer des Sturmes und der heftigen Wogen geworden, welche, durchaus im Widerspruche mit den bisherigen Erfahrungen, sogar zwischen den einzelnen Eisblöcken und Treibeisfeldern rasten.

Gleich nach unserer Ankunft bei der Amsterdaminsel wurde das Schiff auf eine Seite gelegt und der Leck provisorisch verstopft, so daß wir schon am folgenden Tage einen mehr sichern Hafen in der Kings-Bai aufsuchen konnten. Hier holten wir das Schiff während der Fluth so weit an das Land, daß es bei eintretender Ebbe auf dem Grunde stand, infolge dessen der Leck erreicht und vollkommen verstopft werden konnte.

Die im Sommer beinahe eisfreie Kings-Bai war jetzt mit unzähligen, von den Gletschern herabgefallenen Eisblöcken bedeckt, welche, von der Fluth näher an's Land gebracht, den Hafen, in welchem die Sophia ihre Zuflucht genommen, beinahe vollkommen sperrten. Auch froren die Eisblöcke, obwohl die Temperatur hier viel höher war, als unter dem 81. Breitengrade, während des stillen Wetters doch so fest zusammen, daß unser Schiff am 12. October, da wir zur Abfahrt bereit waren, nur mit großer Mühe hinaus zu gelangen vermochte.

Die Ruhe in der Kings-Bai, ebenso wie jeden früheren längeren Aufenthalt, benutzte unser Physiker Dr. Lemström, um magnetische Beobachtungen anzustellen. Dagegen ließ das mit Schnee bedeckte Land eine weitere Fortsetzung unserer geologischen und botanischen Arbeiten nicht mehr zu. Auch die im Sommer so wasserreichen Bäche, welche die Ebene in der Nähe des Kohlenhafens durchschnitten, waren infolge der Kälte so trocken, daß wir vor unserer Abreise uns vergebens bemühten, unsern sehr mitgenommenen Vorrath an Wasser zu ergänzen.

Unser Schiff war infolge des Leckes und anderer erhaltenen Beschädigungen zu schwach, als daß es mit der geringsten Aussicht auf Erfolg einem neuen Versuche, das Treibeisfeld zu forciren, hätte ausgesetzt werden können. Letzteres war aber offenbar nothwendig, wenn wir die zu unserer Ueberwinterung bestimmte Stelle, die Sieben Inseln, erreichen wollten. Die Ueberwinterung an einem andern Theile Spitzbergens lag aber weder in unserm Plane, noch stellte sie Resultate, welche den damit verbundenen Kosten, Gefahren und Entbehrungen entsprachen, in Aussicht. So beschlossen wir denn nach Norwegen zurückzukehren. Doch wollten wir wenigstens noch den Versuch machen, um die vermuthlich eisfreie Südspitze Spitzbergens herum, Giles' Land zu erreichen. Schon während der Fahrt längs der im Sommer vollkommen eisfreien Westküste passirten wir große, wenngleich vertheilte Treibeisfelder, welche weiter nach Osten, den Tausend Inseln hin den Weg beinahe vollständig versperrten. So mußten wir denn auch diesen Plan aufgeben und richteten den Cours direct nach Norwegen.

Nachdem wir noch nahe daran waren, auf den flachen Bänken bei Bären-Eiland während eines heftigen Sturmes und des infolge des seichten Wassers schweren Seeganges vom Eise eingeschlossen zu werden, warf die Sophia am 20. October wieder im Tromsöer Hafen, wo wir zu unserer Freude erfuhren, daß auch unsere Genossen den heimathlichen Strand glücklich und gesund erreicht hätten, Anker. — —

Wie aus dieser Darstellung zu ersehen, glückte es der Expedition nicht, einen außergewöhnlich hohen Breitengrad zu erreichen, und es ist ihr nicht vergönnt gewesen, den Umfang des bekannten Gebietes unseres Erdballs wesentlich zu erweitern. Doch hoffe ich, daß sie einen nicht unwichtigen Beitrag zur Lösung der sogenannten Polarfrage geliefert hat.

Bekanntlich ist in den letzten Jahren ein lebhafter Streit zwischen den ersten geographischen Autoritäten in Betreff der wirklichen Beschaffenheit des Polarbassins geführt worden, indem ein Theil der Geographen annahm, daß es mit einer zusammenhängenden Eisdecke bedeckt sei, welche dem Vordringen eines Schiffes unüberwindliche Hindernisse in den Weg lege, während die Anderen dieses nur für ein altes Vorurtheil hielten, welches auf übertriebenen Schilderungen der Hindernisse, denen sich der Schiffer dort ausgesetzt sehe, beruhe. Daß diese letztere Ansicht, was wenigstens den Europa zunächst belegenen Theil des Polarmeeres zur Zeit der eigentlichen Schifffahrt, d. h. im Sommer, betrifft, mit den realen Verhältnissen nicht in Uebereinstimmung zu bringen, ist nicht allein durch die Reisen der älteren muthigen Polarfahrer bewiesen worden, sondern auch durch eine Reihe der in den letzten hundert Jahren einzig zu diesem Zwecke abgesandten Expeditionen, von denen wir blos nennen wollen:

| | | |
|---|---|---|
| Tschitschagoff's erste Expedition | 1765, | welcher mit seinem Schiffe nur erreichen konnte 80° 21′. |
| Tschitschagoff's zweite Expedition | 1766 | 80° 28′. |
| Phipps | 1773 | 80° 37′. |
| Scoresby | 1806 | 81° 30′. |
| Buchan und Franklin | 1818 | 80° 34′. |
| Sabine und Clavering | 1823 | 80° 20′. |
| Parry | 1827 | 81° 6′, |
| (zu Schiffe, denn auf dem Eise erreichte er 82° 45′.) | | |
| Torell | 1861 | 80° 30′, |
| (zu Schiffe, mit dem Boote erreichte er 80° 45′.) | | |

Man kann hiernach annehmen, daß ein weiteres Vordringen im Polarbassin während dieser Jahreszeit nicht möglich ist; ein nochmaliger Versuch in derselben Jahreszeit muß daher als ein in dieselben Fußspuren Treten angesehen werden, wodurch man dem Ziele wenigstens nicht näher kommt. Aber es blieb doch noch ein Zweifel zurück. In der Zeit, da die Eismassen infolge der Sommerwärme und des Einflusses der Meereswogen und Strömungen ihr Minimum erreicht haben, d. h. im Herbste, bevor das neue Eis sich bildet, war das Polarbassin noch niemals von einem Schiffe besucht worden. Es ließ sich mit Bestimmtheit voraussehen, daß es dann möglich sei, weiter zu kommen, als im Sommer, ja es war die Möglichkeit vorhanden, erheblich weit vorzudringen, vielleicht zu einem nördlich von Spitzbergen gelegenen Lande, welches später als Basis für ein weiteres Vorschreiten dienen konnte. Diese Erwägungen lagen dem Arbeitsplane der letzten schwedischen Expedition zu Grunde, und es hat sich herausgestellt, daß man im Herbste zu Schiffe eine bedeutend höhere Breite erreichen kann, als diejenige ist, welche von den meisten Expeditionen im Sommer erreicht worden; und wäre das Jahr 1868 in Betreff der Eisverhältnisse nicht ein außergewöhnlich ungünstiges gewesen, so würden wir aller Wahrscheinlichkeit nach noch erheblich weiter, wahrscheinlich über den 83. Grad hinaus gelangt sein. Aber wir haben uns gleichzeitig überzeugt, daß selbst im Herbste ein weiteres Vorschreiten bald durch undurchdringliche Massen zerbrochenen Eises gehindert wird. Dabei ist die Fahrt ist in dieser Jahreszeit zufolge der Kälte, Dunkelheit und der dann herrschenden Winde und Schneestürme und des schweren Seeganges mitten im Treibeise so gefährlich, daß das Risico, welches man über sich nimmt, keineswegs der geringen Aussicht auf einen Erfolg entspricht.

Aber auch die Vorstellung eines offenen Polarmeeres ist offenbar eine nicht haltbare Hypothese, welcher eine durch bedeutende Opfer gewonnene Erfahrung entgegensteht, und der einzige Weg, den man mit der Aussicht, den Pol zu erreichen, betreten mag, ist der von den berühmtesten arktischen Autoritäten Englands vorgeschlagene: nach einer Ueberwinterung bei den Sieben Inseln oder im Smittsunde, im Frühlinge auf Schlitten nordwärts vorzubringen.

# Verzeichniß

der Abhandlungen, welche sich auf die Resultate der schwedischen Expeditionen nach Spitzbergen gründen, sowie der hauptsächlichsten Thiere und Pflanzen, so weit sie daselbst vorkommen.

„In gewisser Beziehung können wir jetzt Spitzbergen zu den in naturhistorischer Hinsicht am besten bekannten Ländern der Erde zählen."

A. J. Malmgren.

## I. Physik, Geographie und Geodäsie.

1. K. Chydenius: Ueber die während der schwedischen Expedition nach Spitzbergen im Jahre 1861 ausgeführte Untersuchung, betreffend die Möglichkeit einer daselbst vorzunehmenden Gradmessung (mit einer Karte).
   — Uebersicht der Verhandlungen der Königl. Akademie der Wissenschaften. 1862. S. 89—111.
2. K. Chydenius: Beiträge zur Kenntniß der erdmagnetischen Verhältnisse auf Spitzbergen, gesammelt während der schwedischen Expedition im Jahre 1861.
   — Ebendaselbst S. 271—297.
3. S. Lovén: Ueber die Resultate der von der schwedischen Expedition nach Spitzbergen im Jahre 1861 ausgeführten Tiefenmessungen.
   — Verhandlungen der 9. Versammlung der skandinavischen Naturforscher im Jahre 1863. Stockholm 1865. S. 384—386.
4. D. G. Lindhagen: Geographische Ortsbestimmungen auf Spitzbergen, gemacht von A. E. Nordenskiöld, berechnet und zusammengestellt von D. G. Lindhagen.
   — Abhandlungen der Königl. Akademie der Wissenschaften. Bd. IV. 1863.
5. N. Dunér und A. E. Nordenskiöld: Anmerkungen zur Geographie Spitzbergens (15 S. mit einer Karte).
   Ebendaselbst Bd. VI. 1865.

6. N. Dunér und Nordenskiöld: Vorbereitende Untersuchungen, betreffend die Ausführbarkeit einer Gradmessung auf Spitzbergen (15 S. mit einer Karte).
— Ebendaselbst Bd. VI. 1866.

## II. Geologie.

7. Otto Torell: Beiträge zur Moluskenfauna Spitzbergens nebst einer allgemeinen Uebersicht der physikalischen Verhältnisse des arktischen Nordens und seiner einstigen Ausdehnung.
— Akademische Abhandlung. Stockholm 1859.

8. C. W. Blomstrand: Geognostische Beobachtungen während einer Reise nach Spitzbergen (46 S. mit 2 Tafeln).
— Abhandlung der Königl. Akademie ꝛc. Bd. IV. 1864.

9. A. E. Nordenskiöld: Geographische und geognostische Beschreibung des nordöstlichen Theiles von Spitzbergen und der Hinlopen-Straße (25 S. mit einer Karte).
— Ebendaselbst Bd. IV. 1863.

10. G. Lindström: Ueber spitzbergische Trias- und Jura-Versteinerungen (20 S. mit 3 Tafeln).
— Ebendaselbst. Bd. VI. 1865.

11. Oswald Heer: Ueber die von A. Nordenskiöld und C. W. Blomstrand auf Spitzbergen entdeckten vorweltlichen Pflanzen.
— Uebersicht der Verhandlungen ꝛc. 1866. S. 149—155.

12. A. E. Nordenskiöld: Entwurf einer Geologie Spitzbergens (mit 2 Karten).
— Abhandlungen der Königl. Akademie ꝛc. Bd. VI. 1866.

## III. Zoologie.

### Säugethiere.

13. C. H. Anderssón: Ueber das spitzbergische Renn, Cervus tarandus, forma Spitsbergensis.
— Uebersicht ꝛc. 1862. S. 457—461.

14. A. Quennerstedt: Einige Bemerkungen über die Säugethiere und Vögel Spitzbergens.
— Akadem. Abhandlung. Lund 1862. (33 S.)

15. A. J. Malmgren: Beobachtungen und Bemerkungen zur Säugethier-Fauna Finlands und Spitzbergens.
— Uebersicht ꝛc. 1863. S. 127—155.

16. A. J. Malmgren: Ueber die Form der Zähne der Walrosse (Odobaenus rosmarus) und den Zahnwechsel bei den ungeborenen Jungen (mit einer Tafel).
— Uebersicht ꝛc. 1863. S. 505—522.

### Verzeichniß der spitzbergischen Säugethiere.

1. Ursus maritimus L. Eisbär.
2. Canis lagopus L. Gebirgsfuchs, Fjällräf.

3. Odobaenus rosmarus K. Walroß.
4. Cystophora cristata (Erxl.). Klappmütze.
5. Phoca barbata Fabr. Seehund, Storkoppe, Blåkobbe.
6. Phoca groenlandica Muell. Grönländischer Seehund, Svartsida.
7. Phoca hispida Erxl. Steinkobbe.
8. Cervus tarandus L. Renn. Spitzbergisches Rennthier.
9. Orca gladiator (Desm.) Sund. Stourvagn, Stourhynning.
10. Delphinapterus leucas (Pallas). Weißfisch, Weißwal.
11. Monodon monoceros L. Narhwal.
12. Hyperoodon rostratus (Pontopp.) Näbbhval.
13. Balaenoptera gigas Eschr. Slätbak.
14. Balaenoptera laticeps (J. Gray).
15. Balaena mysticetus L. Walfisch.

## Vögel.

17. A. J. Malmgren: Bemerkungen zur Vogelfauna Spitzbergens. — Uebersicht ꝛc. 1863. S. 87—126.
18. A. J. Malmgren: Neue Bemerkungen zur Vogelfauna Spitzbergens. — Uebersicht ꝛc. 1864. S. 377—412.
19. A. J. Malmgren: „Zur Vogelfauna Spitzbergens.“ — Cabanis' Journal für Ornithologie. 1865. S. 385—400.

### A. Vögel, welche jedes Jahr auf Spitzbergen bruten.

1. Plectrophanes nivalis L. Schneesperling.
2. Lagopus alpinus v. hyperboreus (Sund). Schneehuhn Ripa.
3. Aegialites hiaticula L.
4. Tringa maritima (Brünn). Strandvipa, Fjäreplyt.
5. Phalaropus fulicarius L. Wasserschnepfe.
6. Sterna macrura (Naum.). Meerschwalbe. Tärna.
7. Pagophila eburnea (Phipps). Eismöwe.
8. Ryssa tridactyla L. Krycke.
9. Larus glaucus (Brünn.). Bürgermeister, Große oder Graue Möwe.
10. Stercorarius parasiticus L. var. tephras Malmgren. Raubmöwe, Tjufjo.
11. Stercorarius Buffoni (Boie) Elliot. Coues.
12. Procellaria glacialis L. Mallemuck, Sturmvogel, Seepferd (Havhäst).
13. Bernicla brenta (Pall.) Spitzbergische Gans.
14. Bernicla leucopsis (Bechst.)
15. Anser segetum var. brachyrhynchus (Baill.) Graue Gans Grågås.
16. Harelda glacialis L. Alfogel.
17. Somateria mollissima L. var. thulensis (Mgrn.). Eibergans.
18. Somateria spectabilis L. Prachteibergans.
19. Colymbus septentrionalis L. Lumme.
20. Uria grylle L. v. Mandti Licht. = Uria glacialis (Brehm). Grisla, Teist.
21. Alca troile v. Brünnichi (Sabine). Alke.
22. Mergulus alle L. Rattenvogel, Rotjes (Rattchen).
23. Mormon arcticus L. = M. glacialis (Leach). Lunne.

B. Vögel, welche nur gelegentlich Spitzbergen besuchen, jedoch daselbst nicht bruten:

24. Falco gryfalco L. (Nilss.)
25. Nyctea scandiaca L.
26. Cygnus sp.?
27. Stercorarius pomarhinus (Temm.).

## Fische.

20. A. J. Malmgren: Spitzbergens Fische.
— Uebersicht ꝛc. 1864. S. 489—539.

1. Cottus scorpius L.
2. Phobetor ventralis (Cuv. et Val.) = Cottus tricaspis.
3. Icelus hamatus (Kröyer).
4. Triglops Pingeli (Rhdt.).
5. Sebastes norvegicus (Müell.).
6. Cylopterus spinosus (Müell.).
7. Liparus barbatus (Ekström).
8. Liparis Fabricii (Kröyer).
9. Uronectes Parryi (J. C. Ross). Eine sehr unsichere Art und nur auf Roß' Autorität hier aufgenommen.
10. Gymnelis viridis (Fabr.).
11. Lycodes Rossi (Mgrn.).
12. Lumpenus medius (Rhdt.).
13. Lumpenus Fabricii (Rhdt.).
14. Lumpenus nubilus (Richardson).
15. Lumpenus nebulosus (Fries).
16. Drepanopsetta platessoides (Fabr.).
17. Hippoglossus vulgaris (Flem).
18. Gadus morrhua L.
19. Gadus aeglefinus L.
20. Boreogadus polaris (Sabine).
21. Salmo alpinus L.
22. Clupea harengus L.
23. Scymnus microcephalus (Bloch) = Scymnus borealis (Nilss.)

## Insecten.

21. C. H. Boheman: Die Insecten Spitzbergens.
— Uebersicht ꝛc. 1865 S. 563—577.

22. C. H. Boheman: Beitrag zur Kenntniß der Insecten Spitzbergens.
— Verhandlungen der 9. Zusammenkunft der skandinavischen Naturforscher im Jahre 1863. Stockholm 1865. S. 393—399.

## Crustaceen.

23. A. v. Goës: Crustacea decapoda padophthalma marina Sveciae, interpositis speciebus norvegicis aliisque vicinis.
— Uebersicht ꝛc. 1863. S. 161—180.

24. A. v. Goës: Crustacea amphipoda maris Spitzbergiam alluentis cum speciebus aliis arcticis (mit 6 Tafeln).
— Uebersicht ꝛc. 1865. S. 517—536.

### Mollusken.

25. S. Lovén: Ueber die Molluskenart Pilidium (Midd.).
Uebersicht ꝛc. 1859. S. 119—120.

### Bryozoen.

26. F. A. Smitt: Kritisches Verzeichniß der skandinavischen Meeres-Bryozoen.
Uebersicht ꝛc. 1865. S. 115—142.
1866. S. 395—534.
1867. S. 265.

### Annulaten.

27. A. J. Malmgren: Nordische Meer-Annulate (mit 20 Tafeln in 4to.)
— Uebersicht ꝛc. 1865. S. 51—110; 181—192; 355—410.

28. A. J. Malmgren: Annulata polychaeta Spitsbergiae, Groenlandiae, Islandiae et Scandinaviae hactenus cognita (mit 14 Tafeln).
— Uebersicht ꝛc. 1867. 127—235.

### Echinodermen.

29. Axel Ljungman: Ophiuroida viventia huc usque cognita.
— Uebersicht ꝛc. 1866. S. 303—336.

## IV. Botanik.

30. A. J. Malmgren. Uebersicht der phanerogamen Flora Spitzbergens.
— Uebersicht ꝛc. 1862. S. 229—268.

31. N. J. Andersson. Beiträge zur nordischen Flora.
— Uebersicht ꝛc. 1866. S. 121—124. —

Das in der Arbeit ad Nr. 30 gegebene Verzeichniß hat Charles Martins in seinem Buche: Du Spitzberg au Sahara. Paris 1865. S. 86 ohne Angabe der Quelle (sogar mit allen Druckfehlern) aufgenommen, indem er es mit den Worten einleitet: „Je crois devoir donner ici la liste complète des plantes du Spitsberg, disposées par familles naturelles.“ —

### Phanerogamen.

1. Ranunculus glacialis (L.).
2. „ hyperboreus (L.).
3. „ pygmaeus (Whlbg.).
4. „ nivalis (L. Whlbg.).
5. „ sulphureus (Sol.) v. hirtus (Mgrn). Carpellis fusco hispidulis; Norway Jsland.
6. Ranunculus arcticus (Richs.).

7. Papaver nudicaule (L.).
8. Cardamine pratensis (L.).
9. „ bellidifolia (L.)
10. Arabis alpina (L.).
11. Parrya arctica (R. Br.).
12. Eutrema Edwardsi (R. Br.).
13. Braya purpurascens (R. Br.).
14. Draba alpina (L. Hook). Variirt im höchsten Grade.
15. Draba alpina v. oxycarpa. Whales point, Keilhau's Fundort.
16. „ glacialis (Adams v. γ Hook).
17. „ pauciflora (R. Br. ?).
18. „ micropetala (Hook ?).
19. „ nivalis (Siljeblad ?).
20. „ arctica (Fl. Dan. 2294).
21. „ corymbosa (R. Br.).
22. „ rupestris (R. Br.).
23. „ hirta (L.).
24. „ Wahlenbergi (Hrmt.).
25. Cochlearia fenestrata (R. Br.) a, typica (Mgrn.).
„ „ „ b, prostrata (Mgrn.).
„ „ „ c, laevigata (Mgrn.).
26. Silene acaulis (L.).
27. Wahlbergella apetala (L. Fr.).
28. „ affinis (Fr.).
29. Stellaria Edwardsi (R. Br.).
30. „ humifusa (Rottb.).
31. Cerastium alpinum L. α, typicum.
„ „ β, latifolium (Hrtm.).
„ „ γ, caespitosum (Mgrn.).
32. Arenaria ciliata (L.).
33. „ Rossi (R. Br.).
34. Ammadenia peploides (L.).
35. Alsine biflora (L.).
36. „ rubella (Wbg.).
37. Sagina nivalis (Lindbl.) Fr.
38. Dryas octopetala (L.).
39. Potentilla pulchella (R. Br.).
40. „ maculata (Pourret).
41. „ nivea (L.).
42. „ emarginata (Pursh.).
43. Saxifraga hieracifolia (Walst. et Kit.).
44. „ nivalis (L.).
45. „ foliolosa (R. Br.).
46. „ oppositifolia (L.).
47. „ flagellaris (Sternb. R. Br.).
48. „ hirculus (L.).

49. Saxifraga aizoides (L.).
50. „ cernua (L.).
51. „ rivularis (L.).
52. „ caespitosa (L.).
53. Chrysosplenium tetrandrum (Lund. Th. Fr.).
54. Arnica alpina (Murr.).
55. Erigeron uniflorus (L.).
56. Nardosmia frigida (L. — Hook).
57. Taraxacum palustre (L. — Fl. D. 1708).
58. „ phymatocarpum (Vahl.).
59. Mertensia maritima (L. DC.).
60. Polemonium pulchellum (Bunge). Am Bellsunde.
61. Pudicularis hirsuta (L.).
62. Andromeda tetragona (L.).
63. Empetrum nigrum (L.). Bisher nur von Vahl am Bellsunde gefunden.
64. Koenigia islandica (L.). Wurde von Malmgren 1864 in großer Zahl am Hornsunde vor dem Steinwalle gefunden, wo Mergulus Alle brütete.
65. Polygonum viviparum (L.).
66. Oxyria digyna (L. — Campd.).
67. Salix reticulata (L.). In Menge an der Midterhuk des Bellsundes.
68. „ polaris Whnbg.).
69. Juncus biglumis (L.).
70. Luzula hyperporea (R. Br.).
71. „ arctica (Blytt.).
72. Eriophorum capitatum (Host.).
73. Carex pulla (Good.).
74. „ misandra (R. Br.).
75. „ glareosa (Wnbg.).
76. „ nardina Fr. In der Tiefe des Eisfjordes in Menge.
77. „ rupestris (All.).
78. Alopecurus alpinus (Sm.).
79. Aira alpina (L.).
80. Calamagrostis neglecta (Ehrh.).
81. Trisetum subspicatum (P. Beauv.).
82. Hierochloa pauciflora (R. Br.).
83. Dupontia Fisheri (R. Br.).
84. „ psilosantha (Rupr.).
85. Poa alpigena (Fr.).
86. „ cenisia (All.).
„ α, arctica (R. Br.).
„ β, flevuosa (Wnbg.).
„ γ, vivipara (Mgrn.).
87. „ stricta (Lindeb.).
88. „ abbreviata (R. Br.)

89. Poa Vahliana (Liebm.). Fr.
90. Glyceria angustata (R. Br.).
91. Catabrosa algida (Sol.) Fr.
92. „ vilfoidea (Andersson). Diese Pflanze ist nur in dem östlichen Spitzbergen (Waigatsinseln, Branntwein-Bucht, Edelundsberg ꝛc.) gefunden worden.
93. Colopodium Malmgreni (Andersson). Edelundsberg.
94. Festuca hirsuta (Fl. D. 1627).
95. „ *α*, ovina (L.)
„ „ *β*, vivipara (Horn).
„ „ *γ*, violacea (Gaud.).
96. „ brevifolia (R. Br.).

## Filices.

97. Cystopteris fragilis (Bernh.). Ziemlich selten und nur an der Westküste gefunden.
98. Equisetum scirpoides (Mich.). Selten, z. B. an der Lomme-Bucht.
99. „ arvense (L.). var. riparium (Fr.). Hier und da.
100. Lycopodium selago (L.).

Malmgren hat in seiner Abhandlung: Uebersicht der phanerogamen Flora Spitzbergens über das Verhältniß derselben zu der der übrigen arktischen Länder berichtet. Hier mag nur noch erwähnt werden, daß nach J. D. Hooker von den obigen 96 Phanerogamen ungefähr 43 Arten in den Pyrenäen, den Alpen, dem Kaukasus, den Gebirgen Persiens und Tibets und dem Himalaya vorkommen, davon allein 31 im Himalaya in Persien und Tibet, 37 im Kaukasus, den Alpen und Pyrenäen. Vier von diesen so weit verbreiteten Arten: Cardamine pratensis, Taraxacum palustre, Trisetum subspicatum und Festuca ovina findet man, nach J. D. Hooker, sogar in Australien und auf Neu-Seeland, woselbst auch noch Cystopteris fragilis und Lycopodium selago vorkommen sollen.

## Moose.

32. S. O. Lindberg's: Die im Jahre 1858 von A. E. Nordenskiöld auf Spitzbergen gesammelten Moose.
— Uebersicht ꝛc. 1861. S. 189. 190.

## Algen.

33. J. G. Agardh: Ueber die Algen Spitzbergens. Lund 1862.

## Flechten.

34. Th. M. Fries: Lichenes Spitzbergenses.
— Abhandlungen der Königl. Akademie ꝛc. Bd. VII, 1867.

Die Zahl ihrer Arten beträgt 247, das heißt sie übertrifft die der Phanerogamen um mehr als das Doppelte, wogegen in Skandinavien auf ungefähr 1300 Phanerogamen nur etwa 300 Flechtenarten kommen. Natürlich fehlen in Spitzbergen die Baumflechten sämmtlich.

## Pilze.

Es kommen nur wenige Arten vor, diese treten aber ziemlich häufig auf, z. B. an der Advent-Bai im Eisfjorde.

www.ingramcontent.com/pod-product-compliance
Lightning Source LLC
Chambersburg PA
CBHW020855210326
41598CB00018B/1670
* 9 7 8 3 9 5 7 0 0 2 1 1 2 *